中国石油天然气集团有限公司统建培训资源
业务骨干能力提升系列培训丛书

油气田管道完整性管理理论与实践

《油气田管道完整性管理理论与实践》编写组　编

石油工业出版社

内容提要

本书全面梳理了油气田管道完整性管理的发展概况、国内外应用现状及中国石油油气田管道完整性管理发展历程，系统介绍了完整性管理基本理念及油气田管道数据采集与管理、高后果区风险识别与评价、检测评价技术、维护维修、效能评价、腐蚀防护、失效识别与统计等内容。

本书可作为从事油气田管道和站场完整性管理工作的管理人员、技术人员和操作人员的培训教材，其他相关人员也可参考使用。

图书在版编目（CIP）数据

油气田管道完整性管理理论与实践／《油气田管道完整性管理理论与实践》编写组编． -- 北京：石油工业出版社，2024. 9. -- （中国石油天然气集团有限公司统建培训资源）． -- ISBN 978-7-5183-6898-3

I. TE973

中国国家版本馆 CIP 数据核字第 2024B974W5 号

出版发行：石油工业出版社
（北京市朝阳区安华里二区 1 号楼　100011）
网　　址：www.petropub.com
编辑部：（010）64269289
图书营销中心：（010）64523633
经　　销：全国新华书店
印　　刷：北京晨旭印刷厂

2024 年 9 月第 1 版　2024 年 9 月第 1 次印刷
787×1092 毫米　开本：1/16　印张：26.75
字数：685 千字

定价：93.00 元
（如出现印装质量问题，我社图书营销中心负责调换）
版权所有，翻印必究

《油气田管道完整性管理理论与实践》编写组

主　　编：张维智

副 主 编：陈宏健　谷　坛　唐德志　胡　敏　邓小娇

编写人员：高　健　张　昆　熊新强　亢　春　滕卫卫
　　　　　臧国军　刘付刚　李双林　刘　畅　宫彦双
　　　　　邵克拉　李　卓　孙明楠　唐洪军　刘晓丽
　　　　　袁述武　郭大成　李宏斌　舒　洁　吴　超
　　　　　周子栋　东静波　付　勇　范　猛　何　沫
　　　　　陈庆国　杨龙斐　田发国　郝晓东　伊春涛
　　　　　罗倩云　鲜　俊　李远朋　秦　瑗　毕福顺
　　　　　李潮浪　陈绍云　李　超　董智涛　齐昌超
　　　　　翟博文　符中欣　申芙蓉　刘艳双　牟永春
　　　　　刘　杰　赵　飞　陈　涵　唐　雨

前言

完整性管理是以风险管理为核心的科学管理体系。该体系能够主动识别风险、评价风险、消减风险，因而可以有效降低风险，提高安全生产水平。2017 年以来，中国石油天然气集团有限公司（以下简称"中国石油"）在油气田管道和站场探索开展完整性管理，形成了以风险管理为核心的油气田管道完整性管理新理念。在上游板块推广应用后，取得了显著的效果。截至 2023 年底，管道失效率下降了 75% 以上，5 年累计经济效益 160 亿元以上。

为落实《中国石油天然气股份有限公司油气田管道和站场完整性管理规定》，更好地开展培训工作，提升人员素质，组织编写了本书。本书主要包括 10 个章节，适用于完整性管理专业相关技术人员的培训工作，也可用于地面工程、腐蚀防控专业技术人员的培训。

本书的编写单位包括油气和新能源分公司、规划总院、西南油气田公司、大庆油田有限责任公司、长庆油田公司、塔里木油田公司、新疆油田公司等 7 家单位。在编写过程中规划总院为本书的编审工作做出突出贡献，期间也得到集团公司完整性管理领域相关领导、专家的大力支持和帮助，在此一并表示感谢。

考虑到中国石油是国际上第一家在上游管道和站场全面开展完整性管理的大型石油公司，且本书涵盖专业较多，编写难度较大，加之编者水平有限，书中难免有不足和疏漏之处，敬请读者提出宝贵意见和建议。

说 明

本书可以作为中国石油天然气集团有限公司所属各油气田完整性培训的专用教材。根据《中国石油天然气股份有限公司油气田管道和站场完整性管理规定》的要求，为促进管道和站场完整性管理工作开展，保证工作质量，中国石油天然气股份有限公司（以下简称"股份公司"）和油气田公司应组织开展培训工作，培训分为基础培训和高级培训。本书主要内容包括数据收集处理、高后果区识别、风险评价、失效识别、检测评价、维修维护、效能评价等完整性管理工作内容，可作为完整性管理基层人员、技术人员和操作人员在进行管道和设备完整性培训时的教材。为便于正确使用本书，在此对本书内容的培训人员进行了划分，并规定了各类人员应掌握或了解的主要内容。

基层从业人员要求掌握完整性管理基本知识，含发展历程、核心理念和主要做法等；掌握完整性管理相关法规和标准规范；掌握完整性管理主要数据类型和采集方法；掌握完整性管理分类分级方法，能独立进行高后果区识别和风险评价；掌握检测评价、维修维护、效能评价基本知识；能在操作权限内独立使用完整性管理系统平台。

高级管理人员、技术研发人员和标准规定主要制定人，要求掌握完整性管理前沿技术和发展趋势；掌握完整性管理工作流程全过程主要工作；能对专业服务公司提出技术要求并验收。

目 录

第一章　绪论 ·· 1
　第一节　管道完整性管理概述 ·· 1
　第二节　管道完整性管理发展概况 ·· 3
　第三节　国外油气田管道完整性管理应用现状 ··· 5
　第四节　中国石油油气田管道完整性管理发展历程 ··· 9

第二章　油气田管道完整性管理基础 ··· 12
　第一节　油气田管道完整性管理概述 ·· 12
　第二节　油气田管道完整性管理工作流程及方法 ·· 13
　第三节　油气田管道完整性管理策略 ·· 16
　第四节　油气田管道完整性管理体系 ·· 22

第三章　油气田管道数据采集与管理 ··· 24
　第一节　油气田管道分级分类数据管理 ··· 24
　第二节　油气田管道数据采集要求 ·· 26
　第三节　油气田管道历史数据恢复方法 ··· 30
　第四节　油气田管道数据采集的应用 ·· 33
　第五节　油气田管道数据对齐与整合 ·· 43

第四章　油气田管道高后果区识别与风险评价 ··· 48
　第一节　概述 ·· 48
　第二节　油气田管道高后果区识别 ·· 49
　第三节　油气田管道风险评价 ·· 56

第五章　油气田管道检测评价技术 ··· 84
　第一节　油气田埋地管道探测定位技术 ··· 84
　第二节　油气田管道直接评价技术 ·· 89
　第三节　油气田管道内检测评价技术 ·· 112
　第四节　油气田管道应力应变检测技术 ··· 136
　第五节　油气田管道特殊管段检测技术 ··· 143
　第六节　管道压力试验技术 ··· 151
　第七节　管道泄漏监测技术 ··· 155

  第八节 检测评价技术应用策略 ·· 159

第六章 油气田管道维修维护

  第一节 管道本体维修 ·· 166
  第二节 管道本体抢修 ·· 204
  第三节 管道外防腐层与保温层维修 ·· 207
  第四节 管道内防腐层维修 ··· 236
  第五节 阴极保护系统维修 ··· 273
  第六节 管道日常管理与维护 ·· 281

第七章 效能评价

  第一节 基本要求 ··· 292
  第二节 评价流程 ··· 292

第八章 腐蚀防护

  第一节 金属腐蚀的基本原理 ·· 295
  第二节 油气田管道面临的腐蚀环境 ·· 311
  第三节 油气田管道常见腐蚀类型 ·· 313
  第四节 油气田管道内腐蚀监测技术 ·· 329
  第五节 油气田管道腐蚀控制技术 ·· 346
  第六节 油气田管道腐蚀管理 ·· 375

第九章 油气田管道失效识别与统计

  第一节 油气田管道失效类型 ·· 383
  第二节 油气田管道失效识别 ·· 387
  第三节 油气田管道失效统计 ·· 402

第十章 完整性管理展望

  第一节 建设期完整性管理 ··· 407
  第二节 站场设备完整性管理 ·· 409
  第三节 海上生产设施完整性管理 ·· 410
  第四节 燃气完整性管理 ·· 411
  第五节 储气库完整性管理 ··· 413
  第六节 新能源完整性管理 ··· 415

参考文献 ··· 417

第一章　绪　论

20世纪初以来，全世界的石油工业取得了引人瞩目的成就。石油工业的发展也给管道工业的发展注入了活力，使管道运输成为除铁路、公路、水运、航空运输以外的第五大运输体系。

管道是现已知最安全、最经济、最主要的油气资源配送方式，具有输量大、成本低、损耗低等优势。将油气产品在管道内进行输送，可以保证公众安全、保护环境。然而，由于油气介质易燃、易爆的特性以及储存量大等原因，油气管道一旦发生泄漏，可能引发重大伤亡或环境污染的灾难性事故，后果十分严重。

纵观油气输送管道的发展史，国内外的油气管道事故不在少数。2000年8月9日，美国新墨西哥州发生天然气管道爆炸事故，造成12人死亡。2010年7月25日，美国密歇根州的输油管道破裂，大量的原油泄漏到湿地和河流，对环境造成巨大影响，清理的费用超过7.67亿美元。近年来我国的油气管道也发生过严重事故。2013年11月22日，位于山东省青岛经济技术开发区的东黄输油管道泄漏，原油进入市政排水暗渠，在形成密闭空间的暗渠内积聚，遇火花发生爆炸，造成62人死亡、136人受伤，直接经济损失达7.5亿元。油气管道安全已经成为我国社会公共安全重点关注的问题。

管道的安全管理问题由来已久，它一直受到国内外油气管道行业的高度重视，在长期的管道安全管理实践中，逐渐形成了油气管道行业特有的安全管理体系和技术方法——管道完整性管理。世界各国油气管道运营安全管理的经验证明，管道完整性管理是预防油气管道事故发生、实现事前预控的重要手段，也是管道运营企业必须实施的安全管理内容。

第一节　管道完整性管理概述

一、管道完整性管理的定义

完整性指的是一种未受损坏的状态，意味着结构在物理上是完整的，尽管工程结构在物理上的绝对完整是不可能的，但不应该存在影响其结构功能的缺陷。管道完整性指的是管道本身不存在威胁其安全性的缺陷，表示管道具备抵抗内压以及其他载荷等的作用并保持安全运行的能力。

与完整性相对的是缺陷。油气管道的缺陷，指的是管道及其附属结构物理上的损失或损伤。缺陷即隐患，特别是超标缺陷，如果不能及时发现并处理，就有可能引发事故。管道系统中的缺陷客观上是不可避免的，因为产生缺陷的原因是多方面的，有内在原因，也有外在原因。内在原因是管道系统的性能退化，如管体的腐蚀、防腐涂层（简称防腐层）

的老化等。外在原因有两方面，一是外部环境的影响，如管道及其周边地区的地质灾害，如滑坡、泥石流、洪水等，可导致管道的损毁；二是人类活动的影响，如管道及其周边地区的建筑施工、道路施工及其他生产活动等，还有不法分子的打孔盗油等。金属材质的管道因腐蚀和疲劳等总体上的性能是不断劣化的，因而在管道运营期间会滋生许多缺陷，一些缺陷也可能在制造和安装期间就已存在，在运行期间暴露并进一步恶化。因此，影响管道产生缺陷的因素是复杂的、多变的，并伴随于管道的制造、施工以及运行的全过程。

管道完整性管理是指对导致管道缺陷或损伤的各项因素进行综合的、一体化的管理，是以管道安全为目标的系统化管理体系，贯穿于管道设计、施工、运行、更换及报废的全寿命过程。完整性管理的基本做法是管道公司（生产运行管理单位）面对不断变化的因素，对油气管道运行中面临的风险因素进行识别和评价，通过监测、检测、检验等方式，获取管道缺陷或损伤的信息，通过技术评价，制定相应的风险控制对策，不断改善识别到的不利影响因素，从而将管道运行的风险水平控制在合理的、可接受的范围内，最终达到持续改进、经济合理地保证管道安全运行的目的。

二、管道完整性管理的特点

管道完整性管理的特点如下：

（1）时间完整性。管道完整性管理贯穿管道的规划、设计、制造、施工、运行维护到报废的全过程，即是全生命周期的管理。

（2）数据完整性。管道完整性管理依赖于数据，要求从数据收集、整合、管理等环节，保证数据完整、准确。

（3）过程完整性。管道完整性管理包含多个环节，且是闭环管理，需要持续进行、定期循环、不断改善。

（4）灵活性。不存在适用于各种各样管道的"唯一"或"最优"的方案，任何一个管道系统的完整性管理方案应该适合其自身的特点，才能有效。

三、管道完整性管理的原则

管道完整性管理的原则为：

（1）在设计、建设和运行新管道系统时，应融入管道完整性管理的理念和做法。

（2）应结合管道系统面临的危害因素的特点，进行动态管理。

（3）要建立管理流程，配备专门人员，规范相关业务活动。

（4）要对所有与管道完整性管理相关的信息进行分析、整合。

（5）采用各种新技术。

还应该强调的是，管道完整性管理有别于传统的管道安全管理。传统的管道安全管理是常常基于事故发生后被动地进行补救，存在管理方式粗放、松散的问题，是一种亡羊补牢的模式。管道完整性管理工作的着眼点是预先对危险点（源）进行鉴别、分析和监控，做到预防为主，变亡羊补牢为关口前移，防患于未然。管道完整性管理就是在事故发生前进行危害因素识别与风险评价，主动实施风险减缓措施，是主动的和系统的预防机制，而且这个过程是循环进行的，从而使管道完整性不断改进，保障管道一直处于无事故状态。

第二节　管道完整性管理发展概况

管道完整性管理是国内外油气管道工业在几十年的实践中逐渐形成的管理理念与成套技术方法，对世界油气管道行业产生了深远影响。

一、国外发展历程

管道完整性管理理念大约形成于20世纪70年代。当时欧美等工业发达国家在第二次世界大战以后兴建的大量油气输送管道已接近或超过设计寿命，进入老龄期，各种事故，特别是重大事故的发生率升高，造成了巨大的经济损失和人员伤亡，降低了管道运营的盈利水平，同时也严重影响和制约了上游油气田的正常生产。为此，美国首先开始借鉴经济学和其他工业领域中的风险分析技术来评价油气管道的运营风险，以期合理地分配有限的管道维护费用，最大限度地降低油气管道的事故发生率，并尽可能地延长重要干线管道的使用寿命。

20世纪90年代末，美国发生了3起重大管道事故，伤亡人数超过80人。为了消除隐患、预防事故，美国运输部（Department of Transportation，DOT）管道安全办公室（Office of Pipeline Safety，OPS）开始在一些管道公司开展管道完整性管理的试点。

进入21世纪，管道完整性管理的概念逐渐明晰。2001年前后，美国机械工程师协会（American Society of Mechanical Engineers，ASME）和美国石油学会（American Petroleum Institute，API）分别出台了ASME B31.8S《输气管道完整性管理》和API 1160《危险液体管道的完整性管理》，规范了油气管道完整性管理的流程、要素及技术方法。2002年11月，美国国会通过H.R.3609 "Pipeline Safety Improvement Act of 2002"（PSIA）法案，即《管道安全促进法》。该法案首次从法律上明确要求在高后果区实施管道完整性管理，要求所有的管道运营商都要实施完整性管理，包括高后果区内管段的完整性确认。此举预示了管道完整性管理得到大范围推广。OPS于2002年初确定了管道运营公司完整性管理的职责，即对管道和设备进行完整性评价，避免或减轻周围环境对管道的威胁，对管道外部和内部进行检测，提出准确的检测报告，采取更快、更好的修复方法及时进行泄漏监测。美国运输部（DOT）也制定了CFR42 PART195《在管道高后果区实施管道完整性管理》法规，推进并加速管道高风险区域的完整性评价，以促进管道公司建立和完善完整性管理体系。经过美国政府和专业界技术人士的不断努力，最终建立了管道完整性管理的体系。

管道完整性管理经历了由"风险评价"至"风险管理"再至"风险与完整性管理"三个阶段的发展历程，根据业界共识，最终将形成"基于风险的完整性管理"模式，如图1-1所示。

经过约20年的全面推广，世界各管道公司均形成了本公司的管道完整性管理体系，大都采用参考国际标准（如ASME、API、NACE标准），编制本公司的二级或多级操作规程，细化完整性管理的每个环节。

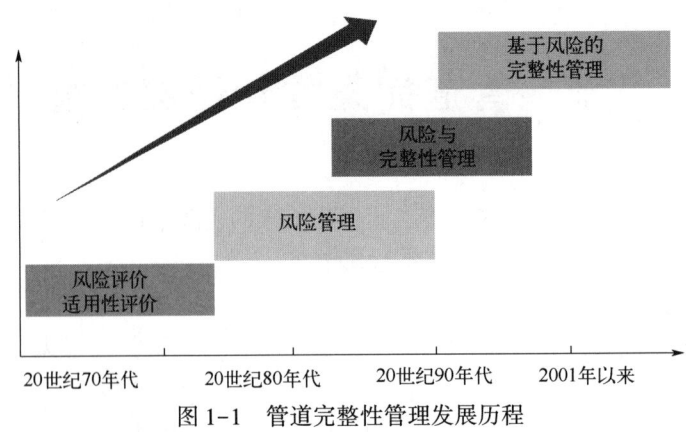

图 1-1 管道完整性管理发展历程

在管道完整性管理的基础上，欧美各国又相继将该理念引入石油化工设备和海上生产设施。由于海上油气开发所处环境恶劣，技术复杂、投资大，且属于环境敏感区，发生事故所造成的后果往往十分严重，投资方难以承受，因此许多石油公司实施完整性管理，以保证安全生产，保护海洋环境，减少事故发生。以英国石油公司（BP）、康菲、道达尔、Woodside 为代表的国外石油公司，在海上设施管理领域，以完整性管理为基础，通过数据库技术，初步实现工程设施全生命期的标准化和数字化管理。这样就能及时掌握设施的生产运行状况，做到有针对性地进行风险识别和安全治理，有效提升组织运作效率，降低工程建设和生产运营成本，保证海上设施的安全运行。澳大利亚 Woodside 公司自 2004 年启动了针对海上设施的完整性管理工作，完成在建油田和已建油田的完整性管理平台建设。经过德勤咨询评估，由于减少数据查询时间，降低事故发生率，使得生产率提升 10%以上。2004—2009 年，该公司的投资回报率达到 27%。完整性管理理念应用领域及典型企业示意图见图 1-2。

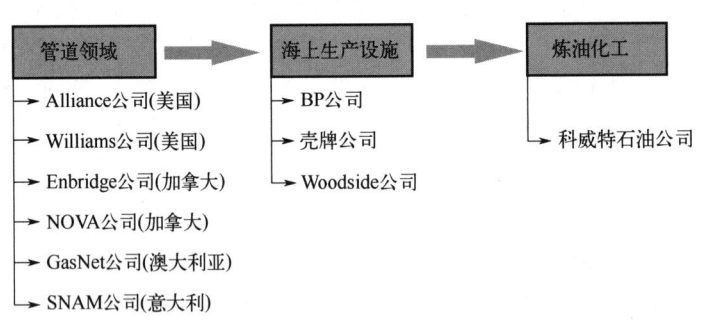

图 1-2 完整性管理理念应用领域及典型企业

二、国内应用情况

管道完整性管理作为保障油气管道安全的重大举措，得到国内油气管道企业的高度重视，并被推广应用。

2005年，中国石油管道分公司（以下简称"管道分公司"）借鉴国外同行的做法及经验，摸索陆上管道完整性管理方法。管道分公司依据ASME B31.8S制定了SY/T 6621—2005《输气管道系统完整性管理》，依据API RP 1160制定了SY/T 6648—2006《危险液体管道的完整性管理》。2008年，确立了中国石油管道完整性管理的体系和方法，开始在兰成渝管道、庆铁管道等多个试点开展应用。2009年，管道分公司要求各地区管道公司完整性管理覆盖率达50%，在2010年达100%。2010年的管道维修维护费用要根据完整管理评价报告批复。通过实施管道完整性管理，各地区管道公司发生的滑坡、变形、腐蚀穿孔等灾害事故大幅降低，管道运行高效平稳。通过完整性管理系统不断完善，技术防范措施的有针对性设置，盗油事故逐年减少——2002年发生92起，2007年发生27起，2008—2012年只发生14起。经调研对标，管道分公司的完整性管理实践可以近似认为是全国乃至全球陆上长输管道的最佳实践案例，也是集输管道开展完整性管理学习和对标的对象。

中国海油也将海上生产设施的完整性管理作为发展方向，以设施的数字化管理作为切入点，向海上设施的完整性管理过渡。2009年以海上固定式平台作为试点，开始尝试数字油田的建设；2010年初验收通过后全面推广，开展对新建设施数字化建设，并陆续开展对已建设施数字化建设，目标是对所有设施进行数字化建设，对生产设施进行全生命周期完整性管理。经调研对标，中国海油的完整性管理实践是行业内海上生产设施完整性管理最佳实践案例之一，也是上游地面站场开展完整性管理学习的对象。

2015年，GB 32167—2015《油气输送管道完整性管理规范》的颁布是我国油气管道技术发展史上的一个里程碑，标志着管道完整性管理从企业自主研发阶段提升到国家正式推广的层面。该标准作为全面提高管道本质安全的技术保障与规范，要求对管道运行的风险因素进行定期辨识与评估，以实现对事故的预防，并在规定的时间和条件下使管道处于安全可靠的服役状态。2016年11月，国家发展和改革委员会等五部委联合发文，要求建立完善油气输送管道完整性管理体系，极大地促进了我国油气管道的完整性管理。

第三节　国外油气田管道完整性管理应用现状

一、壳牌公司

结合公开发表的资料整理分析，壳牌公司完整性管理一直被认为是国际石油公司开展完整性管理的最佳实践单位。完整性管理理念与该公司长期倡导的HSE理念高度契合，技术体系与挪威船级社（DET NORSKE VERITAS，DNV）的理念一致，且该公司高度重视理念与经验的分享与宣传，为大型石油公司开展完整性管理提供了模板。

壳牌公司将企业完整性管理统称为资产完整性管理，包括管道完整性管理、设施完整性管理、结构完整性管理和井场完整性管理。2009年壳牌公司提出了资产完整性过程安全管理（Asset Integrity Process Safety Management，AIPSM），覆盖项目的设计、技术、操作完整性及管理者的行为。这一管理模式被壳牌公司应用于不同领域和地区,包括海上和陆地油田,管理的重点在三个方面:(1)设计完整性[油井或设施的设计达到的风险水平符合最低合理可行原则(As Low As Reasonably Practicable,ALARP)];(2)技术完整性(建造和维护油井和设施完整性);(3)操作完整性(系统安全操作)(图1-3)。

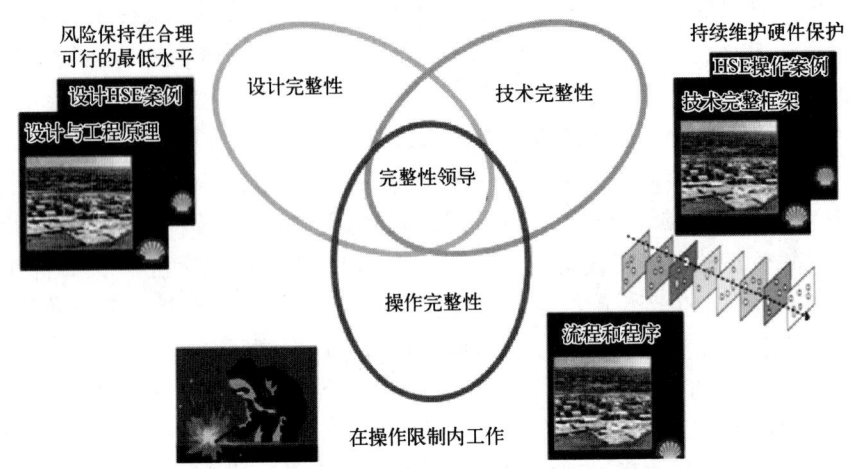

图1-3 壳牌公司资产完整性过程安全管理框架图

壳牌公司的陆上油田完整性管理经验是从其海上平台的项目升级实践中引进的,在这个过程中最为重要的阶段是确定安全关键因素(Safety Critical Elements)的界定范围,公司为此制定出了一系列的性能标准,如管道性能标准PC006、截断阀性能标准SD005、紧急关断阀(ESDVs)性能标准SD006等,通过对这些安全关键因素的性能进行检测和风险评价,确定是否需要维修或更换。

设计完整性管理更加关注"变更管理",因为一次很小的设计改变可能导致设施事故的发生,因此,这个过程中,设计的变更需遵循建立的设计程序,包括必要的风险减缓措施及相关的技术原则。

操作完整性管理最先要完成的工作是确定管道或设备的不同安全界限。首先是设计界限(Design Envelop),设计界限的确定应当在管道或设备的设计阶段完成;其次是在此基础上制定出安全操作的界限(Operating Envelop),只有在这个界限内才能保证管道或设备的操作运行是安全的;再次是需要确定管道或设备的有效安全操作界限,在该界限内可保证其有效且安全运行,这个界限被称为操作窗口(Operating Window)。

管道完整性管理作为壳牌公司企业资产完整性管理的一部分,是建立在API RP 1160和ASME B31G之上的,整个管理过程包括:(1)资产登记;(2)风险评价;(3)工作计划和执行;(4)完整性有效性检验。在此基础上,壳牌公司开发出了PipeRBA管道风险评价软件,可完成管道的性能退化评价、临界状态评价、建立检测频率及确定风险减缓措施等工作。由于管道完整性随着时间的推移会因设备的老化、技术人员的流动、工艺的改变等因素而不断降低,为此,壳牌公司开发了两种关注资产完整性审查(Focus Asset Integrity Review,FAIR)管理流程,从设备工况和管理系统两个方面提高管道的完整性(图1-4、图1-5)。

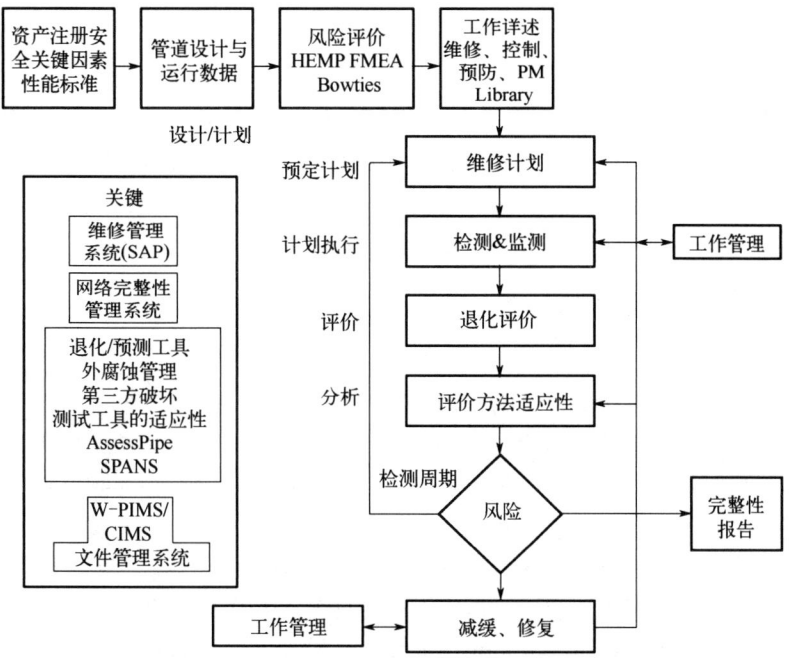

图 1-4　壳牌公司数据库分析法（W-PIMS）过程图

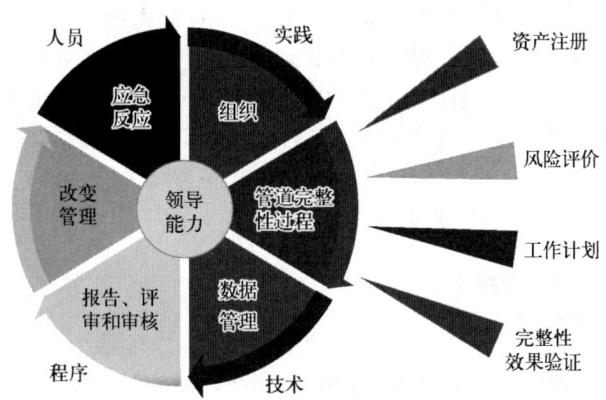

图 1-5　壳牌公司管道管整性管理系统

二、澳大利亚石油公司 Woodside

澳大利亚石油公司 Woodside 在 Cossack-Wanaea-Lambert-Hermes 海上油田搭建了一套海上智能油田管理模式平台，启动了针对海上生产系统设施的完整性管理工作，并取得较好的效果：增产、提效果，加强完整性管理；有效减少测井次数；检修效率更高、频次更少。这些效果使得事故发生率明显降低，生产率提升 10% 以上，2004 年至 2009 年期间，投资回报率达到了 27%。

三、BP 公司

BP 公司在墨西哥湾的海上生产平台上应用了海上生产系统完整性管理模式（FSIM），建立了一套完整的管理体系和绩效评价方法。FSIM 的重点是船舶监测、平台检查和船舶保障工程。该管理模式包含了管道在内的所有的生产设施，可完成对系统进行风险分析、维修维护、应急响应以及设施和操作的完整性管理工作。

四、阿拉伯海湾石油公司

阿拉伯海湾石油公司所属的利比亚最大的油田 Sarir 油田大多数在役管道寿命超过了 25 年，油田目前正在实施的管道完整性管理是参照美国 NACE SP0502 规范并基于公司在管道腐蚀减缓和检测的实践之上建立起来的，完整性管理建立在公司现有的管道安全规定的基础上，涵盖管道设计、建造、测试、运行和维修整个过程，并已实施多年。

Sarir 油田形成了适合于自身的六步完整性管理流程：（1）高后果区识别；（2）危险识别和风险评价；（3）完整性评价；（4）修复；（5）预防和缓和措施；（6）持续评估和评价。油田管道被分为集输管道、集输支干线、外输净化油气管道。

油田管道完整性管理的重点在减缓管道的腐蚀速度以及对管道腐蚀情况的监测和检测工作上，包括利用高性能管道涂料和阴极保护减缓管道外腐蚀，利用缓蚀剂、内检测及控制进入管道的气体质量等方法以减缓管道内腐蚀。Sarir 油田使用诸如电阻探针（ER）、线性极化电阻探针（LPR）及非破坏性管道腐蚀监测技术（NDT）等设备对管道的腐蚀现状进行监测进而对管道进行内腐蚀评价，使用漏磁内检测器检测管道的表面点蚀、裂纹和焊缝缺陷，根据检测的结果判断被检测管道是否应进行修复。该公司基于 NACE SP0502 标准使用了直流电位梯度法（DCVG）、密间隔电位测试（CIPS）、交流电位梯度法（ACVG）等技术对管道进行外腐蚀直接评价。

五、中国海油所属海外油田

中国海油所属海外油田 South East Sumatra oil offshore field 于 1971 年开始运作，部分油田设施包括输送管道的运行时间已经超过了设计年限，该油田基于 API RP 581 风险检测制定了自己的油田管道完整性管理规范。油田非常重视对现役管道的风险评价，并得到一种风险值更低、更能节省油田维护费用的新的基于风险的检验（Risk Based Inspection，RBI）方法。

该评价方法的参数选取包括：（1）管道剩余寿命（ASME B31G）；（2）机械完整性校验参数；（3）不同类型第三方破坏结果（爆炸压力、释放速度等）。

该油田开发了自己的管道风险评价系统，通过录入管道各项数据参数，经系统模拟分析输出管道检测、维修、维护计划。

六、科威特石油公司

科威特石油公司进行资产完整性管理的重点是关注工艺过程安全管理（PSM）的相关

问题和事故预防。公司通过选定的各项关键绩效指标（KPI）对其每个资产单元实施监控，绩效考核结果连同季度总结报告一起审核。达标的 KPI 需要不断改进以适应当前环境，对于审核报告提及的新识别出的 KPI，在下次监控中需要关注。

总结国外油田相关资料可以发现，国外油田目前并没有在油气田集输管道系统提出完整性管理的概念和内涵。但是这不意味着国外在该领域落后于我国，恰恰相反，由于西方国家油气田深厚的风险管理积淀，其整体管理水平远远高于我国，其失效率也大大低于我国。因此，在油气田管道完整性管理理念构建方面，既要吸收完整性管理理念的先进性，同时也要结合油气田管道自身特点，同时还要充分吸收国外在风险管理领域的成果和知识，在补旧账的基础上，形成新发展。具体总结，国外油气田管道完整性管理方面具有如下特点：

（1）国外并无真正意义上的油气田管道完整性管理的先例，也没有油气田管道完整性管理的技术标准发布，部分油气田管道的风险评价工作也是建立在已有的长输管道完整性管理标准体系之上的，但由于油气田管道与长输管道的安全影响因素不同，长输管道风险评价方法在油气田管道的适应性有待进一步研究。

（2）以壳牌公司为代表的国外大型石油公司在海上生产设施的完整性管理方面已经比较成熟，这些公司将海上生产设施完整性管理的经验融入陆上油气田生产设施完整性管理的实践中，并取得良好的效果。壳牌公司的管道完整性管理被应用在长输管道，强调将完整性管理理念贯彻到管道的设计与施工、操作与维护、腐蚀监测与防护等全部过程，更加重视管道的设计完整性，加强对安全因素的改进、更新，预防和缓和管道风险。但这些大型石油公司并没有建立适宜的油气田管道完整性管理总体框架，而是统一采用资产完整性管理的办法，没有把油气田管道与长输管道区分开来。

（3）油气田管道完整性检测可借鉴长输管道完整性检测技术的应用成果，并在油气田完整性管理程序中，采用新技术，以提高管道评价的效果，更好地识别评价油气田管道系统潜在的危险。

第四节　中国石油油气田管道完整性管理发展历程

受 2013 年中国石化"11·22"输油管道爆炸事故警示，自 2014 年以来，中国石油启动油气田管道完整性管理研究工作，探索在上游板块管道和站场开展完整性管理的可行性。面对油气田管道普遍管径小、内检测应用受限，且国内外没有成熟案例和标准的困局，突破结构化完整性管理理念，创新形成了"以风险管理为核心的管道完整性管理新理念"，建立了一整套以风险闭环管理为目的的技术体系。

按照中国石油"集中几年时间加强工作，扭转被动局面"要求，上游板块以试点工程为抓手，建立健全规章制度、持续攻关瓶颈技术，连续 6 年召开完整性管理相关推进会议，有序有效推进了完整性管理工作的开展。

据查新，中国石油是国际上首家全面开展油气田管道完整性管理的大型石油公司，在国内外油气田领域率先开展完整性管理工作，明确了"先重点、后一般，先试点、再推广"的工作思路，实现"事后处置、被动治理"向"事前预防、主动控制"的转变。完整性管理工作在风险源头管控治理、风险状态有效评估、风险有效消减，以及改善地面系统本质安全等方面取得显著成效，促进了油气田绿色安全平稳生产，提高了开发效益。回顾发展历程，具体开展了以下几个方面工作：

（1）在完整性管理理念方面，首创油气田管道完整性管理理论方法，实现了集输管道完整性管理。以风险管理为核心的油气田集输管道完整性管理理论方法将风险管理（风险识别、风险评价、风险消减和风险确认）流程与PDCA（策划、实施、检查、处理）流程有机融合，形成数据采集、高后果区识别和风险评价、检测评价、维修维护、效能评价完整性管理五步流程，将工作重点从全面检验聚焦于双高管道筛查及治理，成功破解了油气田管道规模庞大与资金、人力资源投入之间的矛盾。提出了管道分类、风险分级方法，研发区域高后果区识别、含硫气田高后果区识别、集输管道风险评价等风险评价技术，依托内外腐蚀和完整性评价领域的创新成果，综合构建了6大风险消减策略和技术体系，为开展复杂介质环境下小口径管网的风险精准识别、科学评价及有效消减奠定了理论和技术基础，实现了油气田管道全类型、全流程、全生命周期风险闭环管理。创新建立油气田管道失效分类方法（7大项24小项），提出了失效三级识别策略，解决了现场识别比例低、识别精度差的瓶颈难题，现场识别精度提升44%，开发应用了油气田管道失效识别与统计系统，构建了规模最大、数据最完整的管道失效信息数据库，累计录入基础数据25.3万条、失效数据1.5万条，为管道风险评价和科学失效防护提供了数据支撑。在失效识别统计、应力腐蚀风险评价、内腐蚀风险评价研究成果的基础上，首创涵盖内腐蚀、外腐蚀、应力腐蚀开裂、自然灾害、第三方破坏、运行操作不当、施工及制造缺陷、附属站场等8大风险类型的油气田集输管道系列风险评价方法，包括通用评价方法7套、专项评价方法3套。

（2）在文件和标准体系方面，在理论和方法研究的基础上，编制发布了指导完整性管理工作的"一规三则四手册"《中国石油天然气股份有限公司油气田管道和站场完整性管理规定》《中国石油天然气股份有限公司油田集输管道检测评价及修复技术导则》《中国石油天然气股份有限公司气田集输管道检测评价及修复技术导则》《中国石油天然气股份有限公司油气集输站场检测评价及维护技术导则》《股份公司气田管道完整性管理手册》《股份公司油田管道完整性管理手册》《气田站场完整性管理手册》《油田站场完整性管理手册》，标志着中国石油油气田管道和站场完整性管理体系文件全面建成，这也是国内外首次在油气田企业发布完整性管理体系文件。该体系文件包括4个总则、32个程序文件、114个作业文件，明确了完整性管理的原则、目标、要求和工作流程，为工作开展提供了制度保障。

（3）在机构设置和人员保障方面，各油气田公司按照股份公司的要求，结合本单位管理的实际情况，加强了管道和站场的管理，明确了公司主管领导、主管部门及技术支持机构。专业管理人员和技术人员从2014年初的56人增加到2023年的4336人（机关和技术支撑单位完整性管理专职人数1421人、兼职人数2915人），实现了从兼职管理向专业管理转变，基本完善了管理组织机构，充实了管道和站场的管理力量，实现了1名管理人员/100千米，并建立了长效管理机制，强化了管道和站场的生产管理，提高了完整性管理水平。

（4）在试点工程实践方面，2015—2019年间中国石油专项费用2亿元，油气田企业配套费用7.8亿元，推进油气田管道和站场完整性管理试点工程建设。经历了"管道检修评价和修复技术试点""全流程完整性管理试点""'三全'模式完整性管理试点""'一规三则'完整性管理试点""培育完整性管理示范工程"5个发展阶段，促进完整性管理工作逐步深入，并向更高层次、更大范围发展。

2015年，开展管道检测评价和修复技术试点，颁布管道和站场地面生产管理两个规定。

2016年，开展全流程完整性管理试点，部署"十三五"期间完整性管理重点工作。

2017年，开展"三全"模式完整性管理试点，颁布完整性管理规定及三个技术导则。

2018年，开展"一规三则"完整性管理试点，颁布油田和气田管道完整性管理手册。

2019年，开展培育完整性管理示范工程，颁布油田和气田站场完整性管理手册和系列标准。

（5）在无泄漏示范区实践方面，组织规划总院编制了《油气田管道和站场完整性管理无泄漏建设指导意见（草案）》（以下简称《指导意见》），指导了各油田无泄漏示范区建设方案的编制。在《指导意见》的指导下，各油气田公司结合自身实际情况，细化深化体系文件102项。例如，长庆油田公司通过艾家湾无泄漏示范区建设的开展和经验总结、技术完善升级，形成《黄河流域集输管道设计与维修维护技术标准》等管理、技术体系共11项。

历经7年的强力推进，油气田管道和站场完整性管理取得了系列成果，标准体系初步建立，人员队伍更加齐整，技术进步取得实效，信息化建设进展顺利；双高管道筛查及治理工作效果凸显，管道失效率持续大幅降低，由2017年的0.258次/（千米·年）下降至2022年的0.100次/（千米·年），下降了61%；完整性管理业务逐步向储气库、城镇燃气管道及滩海管道拓展，无泄漏示范区建设有力引领了完整性管理工作的提升，完整性管理效益显著，近年来获得直接经济效益约200亿元，有力支撑了中国石油绿色矿山建设、提质增效以及创一流等工作。

第二章　油气田管道完整性管理基础

第一节　油气田管道完整性管理概述

一、定义及内涵

油气田管道完整性管理（以下简称"完整性管理"）是指管理者不断根据最新信息，对管道和站场运营中面临的风险因素进行识别和评价，并不断采取针对性的风险减缓措施，将风险控制在合理、可接受的范围内，使管道和站场始终处于可控状态，预防和减少事故发生，为其安全经济运行提供保障。

管道完整性管理是目前国内外公认的保证管道安全的核心技术手段。其工作流程示意图见图2-1。

完整性管理内涵如下：
(1) 物理和功能上完整。
(2) 始终处于受控状态。
(3) 不断采取措施防止失效事故的发生。
(4) 全生命周期管理。

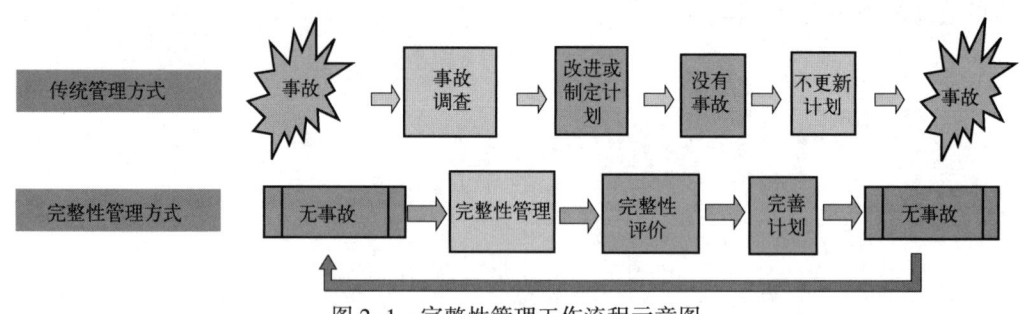

图2-1　完整性管理工作流程示意图

二、完整性管理原则

(1) 合理可行原则。科学制定风险可接受准则，采取经济有效的风险减缓措施，将风险控制在可接受范围内。
(2) 分类分级原则。对管道和站场实行管理分类、风险分级，针对不同类别的管道和站场采取差异化的策略。

(3) 风险优先原则。针对评价后位于高后果、环境敏感等区域的高风险管道和站场，要及时采取相应的风险消减措施。

(4) 区域管理原则。突出以区域为单元开展高后果区识别、风险评价和检测评价等工作。

(5) 有序开展原则。按照先重点、后一般，先试点、再推广的顺序开展完整性管理工作。

三、完整性管理目标

油气田公司应制定年度管道失效率目标，逐年降低管道失效率。完整性管理实施后，至少应达到以下目标。对于处于高后果区、环境敏感区域的高风险管道，应加强管理，进一步降低失效率。

(1) Ⅰ类管道失效率不高于 0.002 次/(千米·年)。
(2) Ⅱ类管道失效率不高于 0.01 次/(千米·年)。
(3) Ⅲ类管道失效率不高于 0.05 次/(千米·年)。
(4) 管道更新改造维护费用下降 10%。

第二节　油气田管道完整性管理工作流程及方法

2014 年以来，中国石油逐步探索和启动油气田管道完整性管理工作，以试点工程为载体，配套开展科研攻关，逐步扩大完整性管理应用范围，力争由"事后被动维修"转变为"基于风险的完整性管理"理念，总体上实现了提升管道本质安全、降低更新改造费用、提高地面管理水平的目标，并形成了具有油气田特色的完整性管理工作流程和管理方法。

一、工作流程

提出并建立了适应油气田管道特点的完整性管理五步工作流程，包括数据采集、高后果区识别和风险评价、检测评价、维修维护、效能评价 5 个环节（图 2-2）。通过上述过程的循环，逐步提高完整性管理水平。

数据采集：结合管道竣工资料和历史数据恢复，开展数据采集、整理和分析工作。

高后果区识别和风险评价：综合考虑周边安全、环境及生产影响等因素，进行高后果区识别，开展风险评价，明确管理重点。

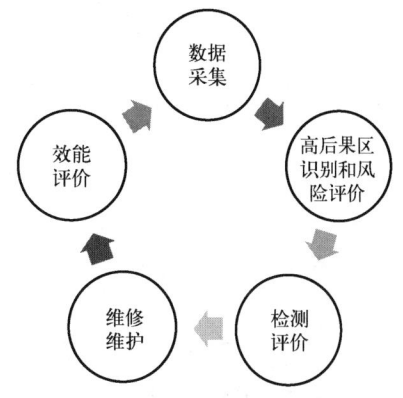

图 2-2　完整性管理工作流程示意图

检测评价：通过实施管道检测或数据分析，评价管道状态，提出风险减缓方案。
维修维护：依据风险减缓方案，采取有针对性的维修与维护措施。
效能评价：通过效能评价，考察完整性管理工作的有效性。

二、分类分级管理

针对油气田管道系统庞杂、管径大小不一、输送介质复杂等特点，为了更加有效开展完整性管理工作，对管道实施分类分级管理。管道分类有利于按类设计不同的管理策略，采用不同的检测技术与评价方法，应对油气田管道复杂多样的特点。风险分级有利于按照风险等级高低确定油气田管道关键风险管控点，提升本质安全和节约资金投入。

（一）分类管理

按照介质类型、压力等级和管径等因素，将管道划分为Ⅰ类、Ⅱ类、Ⅲ类管道，详见表 2-1 至表 2-4。油气田公司可结合自身实际，适当调整分类界限。

表 2-1 采气、集气、注气管道分类

管径，mm	压力等级，MPa			
	$p \geqslant 16$	$9.9 \leqslant p < 16$	$6.3 \leqslant p < 9.9$	$p < 6.3$
DN≥200	Ⅰ类管道	Ⅰ类管道	Ⅰ类管道	Ⅱ类管道
100≤DN<200	Ⅰ类管道	Ⅱ类管道	Ⅱ类管道	Ⅱ类管道
DN<100	Ⅰ类管道	Ⅱ类管道	Ⅱ类管道	Ⅲ类管道

表 2-2 输气管道分类

管径，mm	压力等级，MPa			
	$p \geqslant 6.3$	$4.0 \leqslant p < 6.3$	$2.5 \leqslant p < 4.0$	$p < 2.5$
DN≥400	Ⅰ类管道	Ⅰ类管道	Ⅰ类管道	Ⅱ类管道
200≤DN<400	Ⅰ类管道	Ⅱ类管道	Ⅱ类管道	Ⅱ类管道
DN<200	Ⅰ类管道	Ⅱ类管道	Ⅱ类管道	Ⅲ类管道

注：(1) p 表示最近 3 年的最高运行压力，MPa；DN 表示管道公称直径，mm。
(2) 硫化氢含量不小于 5% 的原料气管道，直接划分为Ⅰ类管道。
(3) Ⅰ类、Ⅱ类管道长度小于 3km 的，类别下降一级；Ⅱ类、Ⅲ类管道长度不小于 20km 的，类别上升一级；Ⅲ类管道中的高后果区管道，类别上升一级。

表 2-3 出油、集油、输油管道分类

管径，mm	压力等级，MPa			
	$p \geqslant 6.3$	$4 \leqslant p < 6.3$	$2.5 < p < 4$	$p \leqslant 2.5$
DN≥250	Ⅰ类管道	Ⅰ类管道	Ⅱ类管道	Ⅱ类管道
100≤DN<250	Ⅰ类管道	Ⅱ类管道	Ⅱ类管道	Ⅱ类管道
DN<100	Ⅱ类管道	Ⅱ类管道	Ⅱ类管道	Ⅲ类管道

注：(1) p 表示最近 3 年的最高运行压力，MPa；DN 表示管道公称直径，mm。
(2) 输油管道按Ⅰ类管道处理；液化气、轻烃管道，类别上升一级；Ⅰ类、Ⅱ类管道长度小于 3km 的，类别下降一级；Ⅲ类管道中的高后果区管道，类别上升一级。

表 2-4 供水、注入管道分类

管径，mm	压力等级，MPa			
	$p \geqslant 16$	$6.3 \leqslant p < 16$	$2.5 < p < 6.3$	$p \leqslant 2.5$
DN≥200	Ⅱ类管道	Ⅱ类管道	Ⅲ类管道	Ⅲ类管道
DN<200	Ⅱ类管道	Ⅲ类管道	Ⅲ类管道	Ⅲ类管道

注：p 表示最近3年的最高运行压力，MPa；DN 表示管道公称直径，mm。

（二）分级管理

管道按照风险大小可划分为高风险级管道、中风险级管道和低风险级管道三个等级。风险等级示意图见图 2-3。

失效概率 \ 失效后果		1 一般	2 中等	3 较大	4 重大	5 特大
80%～100%	5	中 5	中 10	高 15	高 20	高 25
60%～80%	4	低 4	中 8	中 12	高 16	高 20
40%～60%	3	低 3	中 6	中 9	中 12	高 15
20%～40%	2	低 2	低 4	中 6	中 8	中 10
0～20%	1	低 1	低 2	低 3	低 4	中 5

图 2-3 风险等级示意图

（1）失效概率，是指发生失效的可能性，最低为0，最高为100%。
（2）失效后果，是指失效后产生后果的严重程度，考虑人员伤亡、环境破坏、财产损失、生产影响、社会信誉等方面，可分为一般、中等、较大、重大、特大。
（3）风险=失效概率×失效后果。根据风险数值可分为高、中、低三个等级。

三、全流程、全区域、全生命周期管理

全流程是指涵盖完整性管理数据采集、高后果区识别和风险评价、完整性评价、维修维护和效能评价等五个方面的工作内容。
全区域是指选择在一个厂处或作业区开展，涵盖区域内所有的管道和站场。
全生命周期是指在前期、建设、运行和报废等各个阶段中都要贯彻完整性管理的理念。

四、"双高"管理

"双高"管道指的是高后果区内的高风险管道，这类管道是关键风险管控点，也是完整性管理的重中之重。针对"双高"管道加强了管理，制定"双高"管道治理方案，明确工作重点内容，确保高后果区管道管理到位，高风险级管道采取风险消减措施，降低风

险等级，实现"双高"区域得到有效控制。

五、日常维护管理

日常维护管理是完整性管理的重要内容，也是减缓风险的主要手段之一。应围绕影响管道完整性的相关要素管控要求，重点做好管道腐蚀控制、管道巡护、第三方管理、地质灾害预防等工作。

（1）应根据地面生产工艺流程和输送介质特点，分析确定管道内腐蚀机理，设定腐蚀控制目标，制订内腐蚀控制方案及腐蚀监测方案，通过定期开展监测数据的分析评价，结合生产运行工况、介质性质变化等情况，适时调整腐蚀控制参数，优化防腐方案和措施。

应充分考虑输送介质和输送工艺的影响，开展腐蚀影响因素分析和腐蚀规律预测分析，采取有针对性的腐蚀减缓措施，如：改变工艺参数、添加缓蚀剂、清管、采用耐腐蚀管材、增加管道内衬和内涂层等，做好内腐蚀控制。

建立管道外腐蚀监测制度，及时掌控管道防腐层状况、管体腐蚀状况、环境腐蚀性、管道覆土层厚度、附属设施状况等信息。

应建立阴极保护系统检测评价制度，定期开展阴极保护系统运行参数监测，评价阴极保护系统有效性，及时调整优化，将运行参数控制在规定范围内。定期检查与维护阴极保护系统相关设施，确保系统有效运行。管道阴极保护率应达到100%，阴极保护系统运行率达到98%以上。

（2）应建立并完善管道巡护制度，对高后果区和高风险段加密巡线周期。高后果区和高风险段管道每日巡检次数宜不低于一次；宜采用 GPS 等手段，靠近管道中心线进行巡检，以保证巡线质量；难以实施人工巡线的管道和长距离管道可采用无人机巡线。

（3）应建立和完善第三方作业信息管理机制和管道保护沟通机制，及时获取、掌握、上报管道周边交叉工程动态信息，提出相关管道保护要求。

（4）应定期开展管道沿途的地质灾害识别工作。必要时开展专项风险评价，并依据评价结果及时采取相应措施，预防和处置地质灾害的破坏，确保管线平稳安全运行。

第三节 油气田管道完整性管理策略

一、Ⅰ类管道完整性管理策略

对Ⅰ类管道开展高后果区识别和风险评价后，依据风险评价结果确定检测范围，并实施有针对性的检测评价，根据评价结果及时采取维修维护措施，使风险处于可控状态。

Ⅰ类管道运行期数据采集工作主要包括对所管辖管道数据的收集、整合、存储与上报。

数据采集应贯彻"简约、实用"的原则，宜只采集后续流程必需的数据，减少冗余，并应确保数据真实、准确、完整。运行期主要收集的数据包括管道运行数据、输送介质数据、管道风险数据、失效管理数据、历史记录数据和检测数据等。例如：输送介质，操作压力，操作温度，防腐层状况，管道检测报告，内外壁腐蚀监控、阴极保护数据，维护、维修、检测数据，失效事故、第三方破坏等信息。Ⅰ类管道数据采集最低标准应满足表2-5的要求。

表2-5 Ⅰ类管道数据采集最低标准

数据类型	数据项	Ⅰ类管道
管道运行期数据	管道运行数据	√
	失效管理数据	√
	历史记录数据	√
	输送介质数据	√
	检测数据	√
	管道风险数据	√

Ⅰ类管道高后果区识别工作应每年开展1次，并形成"高后果区识别报告"。如发生管道改线、周边环境重大变化时，应及时开展识别并更新识别结果。

Ⅰ类管道风险评价推荐采用半定量风险评价方法，在开展半定量风险评价的基础上，必要时可对高风险级、高后果区管道开展定量风险评价或地质灾害、第三方破坏等专项风险评价。

Ⅰ类管道风险评价工作应每年开展1次，形成"风险评价报告"。如发生管道改线、周边环境重大变化时，应及时开展风险评价并更新记录。

Ⅰ类管道满足智能内检测条件时优先推荐智能内检测，不满足时也可采用直接评价或压力试验。液体管道智能内检测可采取漏磁内检测技术或超声内检测技术，气体管道可采取漏磁内检测技术。

Ⅰ类管道修复工作应结合检测评价报告和相应的数据信息，制订有针对性的、合理的维修方案。维修建议包括监控、降压使用、计划维修、立即维修等。

Ⅰ类管道进行维修时，优先采用对生产影响较小且安全环保的技术。对于采用智能内检测的管道，不应采用影响内检测器通过性的维修方法。管体缺陷修复相关技术要求参见表2-6和表2-7。

表2-6 管道防腐层缺陷类型推荐修复方法

原防腐层类型	局部修复			大修
	缺陷直径≤30mm	缺陷直径>30mm	补口修复	
石油沥青、煤焦油磁漆	石油沥青、煤焦油磁漆、冷缠胶带①、黏弹体+外防护带②	冷缠胶带、黏弹体+外防护带	黏弹体+外防护带、冷缠胶带	无溶剂液态环氧/聚氨酯、无溶剂液态环氧玻璃、冷缠胶带
熔结环氧、液体环氧	无溶剂液态环氧	无溶剂液态环氧	无溶剂液态环氧/聚氨酯	
三层聚乙烯/聚丙烯	热熔胶+补伤片、压敏胶+补伤片、黏弹体+外防护带	黏弹体+外防护带、压敏胶热收缩带、冷缠胶带	黏弹体+外防护带、无溶剂液态环氧+外防护带	

① 原油管道宜采用聚丙烯冷缠带。
② 外防护带包括冷缠胶带、压敏胶热收缩带等。

表 2-7 管体常见缺陷类型推荐修复方法

缺陷分类		缺陷尺寸	修复方法
腐蚀	外腐蚀	泄漏	机械夹具（临时修复）、B型套筒、环氧钢套筒或换管
		缺陷深度≥80%壁厚	B型套筒、环氧钢套筒或换管
		超过允许尺寸的	玻璃纤维复合材料补强、A型套筒、B型套筒、环氧钢套筒或换管
		未超过允许尺寸的	黏弹体修复防腐层
	内腐蚀	缺陷深度≥80%壁厚	B型套筒或换管
		超过允许尺寸的	B型套筒或换管
		当前或计划修复时间内未超过允许尺寸的	暂不修复
制造缺陷	内外制造缺陷	缺陷深度≥80%壁厚	B型套筒、环氧钢套筒或换管
		超过允许尺寸的	玻璃纤维复合材料补强、A型套筒、B型套筒、环氧钢套筒或换管
		未超过允许尺寸的	暂不修复
凹陷	普通凹陷、腐蚀相关凹陷（移除压迫体后的尺寸）	深度≥6%外径	B型套筒（临时）或者换管
		2%外径≤深度<6%外径	进行磁粉探伤，无裂纹则采用A型套筒、B型套筒或环氧套筒或者换管修复，有裂纹采用B型套筒或者换管修复
		深度<2%外径	巡线监控
	焊缝相关凹陷（移除压迫体后的尺寸）	深度≥6%外径	B型套筒（临时）或者换管
		2%外径≤深度<6%外径	进行表面磁粉探伤，焊缝进行射线探伤或者超声探伤，无裂纹则采用A型套筒、B型套筒或环氧套筒或者换管修复，有裂纹采用B型套筒或者换管修复
		深度<2%外径	进行表面磁粉探伤，焊缝进行射线探伤或者超声探伤，无裂纹则不修复，有裂纹采用B型套筒或者换管修复
焊缝缺陷	开挖检测，采用射线和超声探伤得到焊接缺陷的长度、深度，进行缺陷强度评价	不安全（有裂纹）	换管
		安全（有裂纹）	打磨（表面裂纹）、B型套筒和换管
		安全	不修复
	开挖检测，采用射线和超声探伤得到焊接缺陷尺寸，未进行缺陷强度评价	焊缝超过标准允许级别	打磨（表面裂纹）、B型套筒和换管
		焊缝在标准允许级别内	不修复

Ⅰ类管道完整性管理策略主要包括高后果区识别和风险评价、检测评价、维修维护3个方面，详见表2-8。

表2-8　Ⅰ类管道完整性管理策略

列1	列2	列3	列4	内容
高后果区识别和风险评价				高后果区识别每年1次。风险评价推荐半定量风险评价方法，每年1次，必要时可对高后果区、高风险级管道开展定量风险评价或地质灾害、第三方破坏等专项风险评价
检测评价	直接评价	智能内检测		具备智能内检测条件时优先采用智能内检测
		内腐蚀直接评价		有内腐蚀风险时开展直接评价
		外腐蚀直接评价	敷设环境调查	开展管道标识、穿跨越、辅助设施、地区等级、建（构）筑物、地质灾害敏感点等调查
			土壤腐蚀性检测	当管道沿线土壤环境变化时，开展土壤电阻率检测
			杂散电流测试	开展杂散电流干扰源调查，测试交直流管地电位及其分布，推荐采用数据记录仪
			防腐层（保温）检测	采用交流电流衰减法和交流电位梯度法（ACAS+ACVG）组合技术开展检测
			阴极保护有效性检测	对采用强制电流保护的管道，开展通断电位测试，并对高后果区、高风险级管段推荐开展CIPS检测；对牺牲阳极保护的高后果区、高风险级管段，推荐开展极化探头法或试片法检测
			开挖直接检测	优先选择高后果区、高风险段开展开挖直接检测，推荐采取超声波测厚等方法检测管道壁厚，必要时可采用超声波C扫描、超声导波等方法测试；推荐采取防腐层黏结力测试方法检测管道防腐层性能
	压力试验			无法开展智能内检测和直接评价的管道选择压力试验
	专项检测			必要时可开展河流穿越管段敷设状况检测、公路铁路穿越检测和跨越检测等
维修维护				开展管体和防腐层修复，应在检测评价后1年内完成。开展管道巡护、腐蚀控制、第三方管理和地质灾害预防等维护工作

二、Ⅱ类管道完整性管理策略

Ⅱ类管道在数据采集的基础上，开展高后果区识别和风险评价，重点对其高后果区、高风险段实施有针对性的检测评价，并根据评价结果及时采取维修维护措施，使风险处于可控状态。

Ⅱ类管道风险评价技术方法推荐采用半定量风险评价方法；检测评价技术方法推荐采用直接评价或压力试验方法。

Ⅱ类管道完整性管理策略主要包括高后果区识别和风险评价、检测评价、维修维护3个方面，详见表2-9。

表 2-9　Ⅱ类管道完整性管理策略

	高后果区识别和风险评价		高后果区识别每年 1 次。风险评价推荐半定量风险评价方法，每年 1 次
检测评价	直接评价	内腐蚀直接评价	具备内腐蚀直接评价条件时优先推荐内腐蚀直接评价
		外腐蚀直接评价 · 敷设环境调查	开展管道标识、穿跨越、辅助设施、地区等级、建（构）筑物、地质灾害敏感点等调查
		外腐蚀直接评价 · 土壤腐蚀性检测	当管道沿线土壤环境变化时，开展土壤电阻率检测
		外腐蚀直接评价 · 杂散电流测试	开展杂散电流干扰源调查，测试交直流管地电位及其分布，推荐采用数据记录仪
		外腐蚀直接评价 · 防腐层检测	采用交流电流衰减法和交流电位梯度法（ACAS+ACVG）组合技术开展检测
		外腐蚀直接评价 · 阴极保护有效性检测	对采用强制电流保护的管道，开展通断电位测试，必要时对高后果区、高风险级管段可开展 CIPS 检测；对牺牲阳极保护的高后果区、高风险级管段，测试开路电位、通电电位和输出电流，必要时可开展极化探头法或试片法检测
		外腐蚀直接评价 · 开挖直接检测	优先选择高后果区、高风险段开展开挖直接检测，推荐采取超声波测厚等方法检测管道壁厚，必要时可采用超声波 C 扫描、超声导波等方法测试；推荐采取防腐层黏结力测试方法检测管道防腐层性能
	压力试验		无法开展内腐蚀直接评价时开展压力试验
维修维护			开展管体和防腐层修复，应在检测评价后 1 年内完成。开展管道巡护、腐蚀控制、第三方管理和地质灾害预防等维护工作

三、Ⅲ类管道完整性管理策略

对于Ⅲ类管道完整性管理，以加强日常维护管理为主要手段，重点抓好区域腐蚀控制。同时，推荐采用区域高后果区识别和风险评价方法，确定高后果区和高风险级管道，根据其主导风险因素，有针对性地采取腐蚀检测和修复措施，使风险处于可控状态。

Ⅲ类管道数据采集工作主要包括对所管辖管道数据的收集、整理、存储与上报。Ⅲ类管道运行期应简化采集数据，一般收集管道运行数据、失效管理数据、历史记录数据和输送介质数据等。Ⅲ类管道数据采集最低标准应满足表 2-10 的要求。

表 2-10　Ⅲ类管道数据采集最低标准

数据类型	数据项	Ⅲ类管道
管道运行数据	管道运行数据	√
	失效管理数据	√
	历史记录数据	√
	输送介质数据	√
	检测数据	区域采集
	管道风险数据	区域采集

对Ⅲ类管道优先采用区域法开展高后果区识别，重点对位于区域管网边界处、可能造成人员安全和环保事故的管道进行识别。高后果区管道参照Ⅱ类管道开展完整性管理工作。

开展高后果区识别工作并形成"高后果区识别报告"。高后果区识别工作应每年开展1次。如发生管道改线、周边环境重大变化时，应及时重新开展识别。

开展风险评价工作并形成"风险评价报告"。Ⅲ类管道宜开展区域性风险评价，突出失效统计分析、腐蚀分析、区域风险类比分析等内容，要求如下：

（1）科学开展失效数据对比分析工作，明确失效的主导风险因素。

（2）识别管道主要腐蚀特征，确定管道主要腐蚀类型，分析管道腐蚀成因，明确腐蚀主控因素。

（3）充分利用Ⅲ类管道在管道材质、介质类型、外部环境、运行条件和腐蚀规律方面存在的相似性，根据失效统计及腐蚀分析，总结规律，确定高风险级管道。

（4）近一年内发生过腐蚀失效或历史上发生过两次及以上腐蚀失效的管道直接判别为高风险级管道。

对于以外腐蚀为主导风险因素的管道，检测及维修维护要求如下：

（1）采用 ACAS+ACVG 方法，开展管道外防腐层检测；管道开挖后，采取超声波测厚检测管道壁厚；修复管道本体和防腐层缺陷。

（2）对于有阴极保护的管道，开展阴极保护有效性测试。

对于以内腐蚀为主导风险因素的管道，检测及维修维护要求如下：

（1）采用失效数据分析法或参照内腐蚀直接评价（ICDA）方法，预测腐蚀敏感点，进行开挖检测。

（2）管道开挖后，采取超声波测厚、超声波 C 扫描、超声导波等检测管道壁厚；修复管道缺陷。

对于以第三方破坏为主导风险因素的管道，应加强管理，重点做好巡线、第三方信息上报、地企双方信息沟通等工作。

对于以地质灾害为主导风险因素的管道，应加强地质灾害识别及监测工作。

Ⅲ类管道还应加强制造与施工缺陷、误操作等失效类型的识别工作，并采取相应措施。

Ⅲ类管道完整性管理策略主要包括高后果区识别和风险评价、检测评价、维修维护3个方面，详见表 2-11。

表 2-11　Ⅲ类管道完整性管理策略

高后果区识别和风险评价			推荐采用区域高后果区识别，每年 1 次。推荐采用失效分析、腐蚀分析、类比分析等定性方法确定高风险级管道；近一年内发生过腐蚀失效或历史上发生过两次及以上腐蚀失效的管道直接判别为高风险级管道；风险评价每年开展 1 次
检测评价	腐蚀检测	内腐蚀检测	对管道沿线的腐蚀敏感点进行开挖抽查
^	^	外腐蚀检测 — 土壤腐蚀性检测	测试管网所在区域土壤电阻率
^	^	外腐蚀检测 — 防腐层检测	对于高风险级管道，采用 ACAS+ACVG 组合技术开展检测

续表

检测评价	腐蚀检测	外腐蚀检测	阴极保护参数测试	对采用强制电流保护的管道，开展通/断电位测试；对牺牲阳极保护的高后果区、高风险级管段，测试开路电位、通电电位和输出电流
			开挖直接检测	优先选择高后果区、高风险段开展开挖直接检测，推荐采取超声波测厚等方法检测管道壁厚；推荐采取防腐层黏结力测试方法检测管道防腐层性能
		压力试验		无法开展内、外腐蚀检测的管道可进行压力试验
维修维护				开展管体和防腐层修复，应在检测评价后1年内完成。开展管道巡护、腐蚀控制、第三方管理和地质灾害预防等维护工作

第四节 油气田管道完整性管理体系

一、完整性管理体系文件

为保证中国石油天然气股份有限公司油气田管道和站场完整性管理的顺利实施，指导完整性管理工作实践，油气与新能源分公司从2017年开始，组织规划总院、西南油气田公司、大庆油田有限责任公司等单位，编制了《中国石油天然气股份有限公司油气田管道和站场完整性管理规定》等一系列体系文件，建立了适合中国石油天然气股份有限公司油气田管道的完整性管理体系。体系文件明确了完整性管理的具体要求，规定了完整性管理各个要素的工作流程和技术方法，并通过评价完整性管理实施的有效性和执行效果，实现完整性管理工作目标并持续改进。体系文件是各油气田公司开展完整性管理的核心管理要求和技术支持文件，油气与新能源分公司负责组织编制并发布。

体系文件包括"一个规定""三个手册"和"三个导则"。"一个规定"即《中国石油天然气股份有限公司油气田管道和站场完整性管理规定》，是体系文件的纲领性文件，规定了开展完整性管理的总体原则、工作目标、职责分工、基本要求和工作流程。"三个手册"即《中国石油天然气股份有限公司油田管道完整性管理手册》《中国石油天然气股份有限公司气田管道完整性管理手册》《中国石油天然气股份有限公司油气田站场完整性管理手册》，是开展完整性管理工作的执行文件，明确了完整性管理各个要素的实施程序和具体做法。"三个导则"即《中国石油天然气股份有限公司油田集输管道检测评价及修复技术导则》《中国石油天然气股份有限公司气田集输管道检测评价及修复技术导则》《中国石油天然气股份有限公司油气集输站场检测评价及维护技术导则》，是开展完整性管理检测评价及修复工作的技术指导文件。

二、完整性管理技术体系

管道完整性管理的技术体系主要由数据分析整合技术、高后果区识别与技术风险评价技术、管道检测评价技术、管道监测技术、管道修复技术、效能评价技术等 6 个技术方面组成，如图 2-4 所示。

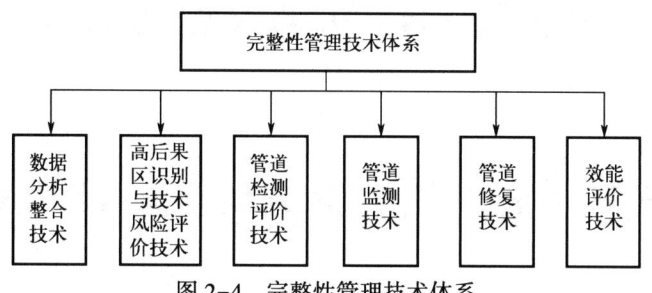

图 2-4　完整性管理技术体系

第三章 油气田管道数据采集与管理

第一节 油气田管道分级分类数据管理

油气田管道数据管理采取分级分类的原则,建设期与运行期管理要求略有区别。油气田公司负责组织数据采集年度计划的审查与数据审定,厂(处)级单位负责运行期的数据采集的具体组织实施和审核,完整性管理技术支撑单位负责数据库的管理与维护。

一、建设期数据管理

建设期数据采集的主要内容具体如下:

(1)管道属性数据,主要包括中心线数据、基础数据等。例如,起始点、结束点、测量控制点、壁厚、设计温度、设计压力、设计流量、弯管类型、压力试验、管材、管径、三通、弯头、焊口、防腐层、补口材料、缺陷记录等数据。

(2)管道环境及人文数据,主要包括地理信息数据、侵占数据等。例如,行政区划、地理位置、土壤信息、水工保护、附近人口密度、建筑、三桩、海拔高度、交通便道、环保绿化、穿跨越、管道支撑、道路交叉、水文地质、降水量、航拍和卫星遥感图像等数据信息。还包括管道周边的社会依托信息,例如,政府机构、公安、消防、医院、电力供应和机具租赁等数据。

(3)管道建造数据,主要包括阴极保护系统数据、设施数据等。例如,管子制造商、制造日期、施工单位、施工日期、连接方式、工艺及检验结果、阴极保护装置的安装、管道纵断面图、埋深、土壤回填等数据。

新建管道采集数据和已建管道恢复建设期数据时,根据管道类型不同,数据内容和深度可以有所差异,但不应低于表3-1所示最低标准。新建管道在竣工验收、检测和维修项目在验收评审时,应同步完成数据移交工作,所有数据必须符合要求。

表3-1 建设期数据采集最低标准

数据类型	数据项	I类管道	II类管道	III类管道
管道属性数据	中心线数据	√	√	√
	基础数据	√	√	√
管道环境及人文数据	地理信息数据	√	√	区域采集
	侵占数据	√	√	区域采集
管道建造数据	阴极保护数据	√	√	不要求
	附属设施数据	√	√	√

二、运行期数据管理

管道运行期数据采集工作应由厂（处）完成，具体包括对所管辖管道数据的采集、整合、存储与上报。油气田公司在制定数据采集计划时应根据本单位实际情况，明确数据采集目标、范围、时间安排、职责安排、采集频次等。厂（处）级单位根据油气田公司的年度数据采集计划制定本单位的数据采集计划，数据采集计划需经主管部门审批备案。

管道相关数据由厂（处）级单位的管道管理部门负责安排人员按照数据采集计划进行采集，并进行监督。

基础数据采集工作原则上由生产基层完成；在进行测绘、检测评价、管道改造过程中产生的数据应由相应项目承担单位在完工交接前提供。

厂（处）级单位与建设项目部将所采集到的数据进行校验，首先保证数据的真实性和准确性，数据校验可通过数据录入软件进行，必要时需要与现场情况进行核实。厂（处）级单位和建设项目部将所采集到的各种资料和数据按相关数据具体要求转化为电子版格式。

厂（处）级单位与建设项目部将校验后的数据进行初步整合，整合过程依据统一的参照系和统一的计量单位进行，将从多种渠道获得的各种数据综合起来，并与管道位置准确关联。例如，管道内检测的缺陷数据可参照里程轮在管道内的行进距离，结合阴极保护测试桩的位置联合定位，综合确定腐蚀点和第三方破坏点的位置。有条件的可将所采集的数据存入 GIS 等信息系统，实现数据的完全整合。

管道基础信息应从管道设计文件中提取，确定管道规格、材质、输送介质、压力等信息。有变更时以变更后的为准。

管道设施采集应包括但不限于以下要素：水工保护设施、穿跨越、场站（阀室）、第三方设施、沿线光缆、线路阀门等设施的位置和属性信息。

阴极保护设施包括强制电流保护系统和（或）牺牲阳极保护系统设施，应包括绝缘装置、排流装置、牺牲阳极、阳极地床、测试桩、阴极保护电源位置和属性信息。位置信息应在隐蔽工程施工完成前采集，便于管理维护；属性信息从设施的厂家合格证、产品说明书等文件提取。

风险数据包括高后果区信息数据和地质灾害风险识别数据。高后果区数据宜从设计踏勘资料提取，获取地区等级和特定场所等信息。地质灾害风险识别数据宜从设计踏勘资料获取，若管道开展了前期专项地质灾害评价，可从专项报告中提取地质灾害类型、地理位置、易发性、灾害点描述和治理措施等信息。

各类管道运行期数据采集最低标准应不低于表 3-2 的要求。

表 3-2　各类管道运行期数据采集最低标准

数据类型	数据项	Ⅰ类管道	Ⅱ类管道	Ⅲ类管道
管道运行期数据	管道运行数据	√	√	√
	失效管理数据	√	√	√
	历史记录数据	√	√	√

续表

数据类型	数据项	Ⅰ类管道	Ⅱ类管道	Ⅲ类管道
管道运行期数据	输送介质数据	√	√	√
	检测数据	√	√	区域采集
	管道风险数据	√	√	区域采集

第二节　油气田管道数据采集要求

一、管道数据采集一般要求

管道完整性数据应按照管道基础数据、高后果区识别和风险评价数据、检测评价数据、维修维护数据以及效能评价数据五大类进行采集，详见表3-3。

新建和改扩建管道数据应在管道投产前完成采集，在役管道的数据恢复应按数据恢复计划分期完善。新建管道和改扩建管道基础数据及基线检测相关的数据应由建设单位组织采集，在役管道数据应由运营单位组织采集。

管道建设及运营单位应对采集到的数据的真实性和准确性进行校验和审核，数据异常时应进行现场验证。

二、管道数据采集管理要求

（一）数据采集

应制定数据采集、恢复计划，明确数据采集目标、范围、时间安排、采集频次等。在役管道的数据恢复应从竣工验收资料中提取，有变更的以变更后的为准。

（二）数据整合

数据采集实施单位应将校验后的数据依据统一的参照系（绝对里程、相对里程等）和统一的计量单位进行整合，将与里程相关的数据与管道位置进行关联，位置坐标数据宜存入地理信息系统。

管道数据与位置的关联应以内检测提供的环焊缝信息或测绘数据为基准，具体要求如下：

（1）当有内检测数据时，应以内检测环焊缝编号为基准。

（2）当无内检测数据时，应基于测绘数据。

（3）当测绘数据精度不满足 GB 50026—2020《工程测量标准》要求时，宜根据外检测和补充测绘结果更新位置信息。

（4）当测绘数据和内检测数据出现较大偏差时，宜进行开挖测量校准。

(三) 数据移交

新建、改扩建管道在竣工验收前，应将采集的管道基础数据及基线检测相关的数据、前期方案及专项评价中的高后果区识别和风险评价数据等资料提交给运营单位。

在役管道在高后果区识别和风险评价、检测评价、维修等项目验收评审时，应同步完成数据移交工作。

数据移交方应在数据移交前完成数据校验，宜采用数字化方式移交，运营单位应对移交的数据进行审核、入库。

(四) 数据更新与维护

管道数据应每年更新1次。

运营单位应对数据进行备份，并确定数据的访问与修改权限，明确数据保存与销毁要求，及时对异常数据进行分析，发现问题应采取纠正措施。

三、管道数据采集技术要求

(一) 数据格式

数据采集时，数据格式应满足下列要求：
(1) 数值类数据保留小数点后3位。
(2) 文本类数据根据内容确定字节长度，给定值域的，按值域的最长字节长度确定。
(3) 日期类数据格式为"yyyy-mm-dd"，长度为8字节。
(4) 经纬度坐标数据单位为"(°)"，长度为11字节，保留小数点后8位。
(5) 图片格式为 jpg 或 png 格式。

(二) 管道基础数据

管道基础数据中的管道地理信息相关数据测量应符合 GB 50026—2020 的要求，数字地图中同比例尺地图的分层、属性和编码标准应符合 GB/T 20257.1~4—2017《国家基本比例尺地图图式》和 GB/T 20258.1~4—2019《基础地理信息要素数据字典》的要求。

1. 地理信息数据格式及坐标系统要求

(1) 数字地图文件应为 GeoDatabase 格式。
(2) 管道测绘数据应为 DWG 数据格式或 Geodatabase 格式。
(3) 遥感影像应为 GeoTiff 格式。
(4) 平面坐标系应采用 CGCS2000 坐标系，单位为"m"，保留小数点后2位。
(5) 高程应采用1985年国家高程基准，单位为"m"，保留小数点后2位。

2. 遥感影像类类数据精度要求

遥感影像类数据包括卫星遥感影像、航空摄影影像、机载激光雷达测量数据，影像精度至少满足如下要求：

(1) 地区等级为四级地区和三级地区影像分辨率应不大于1m。

(2) 地区等级为二级地区和一级地区影像分辨率应不大于 5m。

(3) 数据采集时宜获取 2 年以内拍摄的影像数据。

对于三级、四级地区，遥感影像应能够清晰地识别出建筑物轮廓及道路河流等要素，对于大型河流等环境敏感区应按其所在地区等级的高一级地区等级要求执行。

3. 管道中心线数据采集要求

(1) 管道中心线带状地形图成图比例尺宜为 1∶2000，高后果区、高风险管段成图比例尺宜为 1∶500，站场及阀室周边成图比例尺宜为 1∶500，地方政府有更高要求的区域按地方政府要求执行。

(2) 管道中心线带状地形图成图范围是管道中心线两侧各 200m（共 400m 的带状范围）。

(3) 新建管道中心线采集应采集钢管、焊缝的属性信息，应在管道下沟后、回填前进行，可采用环焊缝处管道顶点、弯头转角点和穿越出入地点为准测定管线点坐标和高程，并采用全站仪测量或者全球导航卫星系统（GNSS）测量管顶经纬度及高程。

(4) 已建管道数据恢复采集的测量间距不应超过 75m，至少采集特征点的埋深、坐标和高程，遇到拐点、变坡弯管段应加密测量。

(5) 具备条件的，宜采用内检测惯性测绘获取管道中心线、管道特征点坐标。

(6) 测量控制点的设置应符合 GB 50026—2020 的要求。

(7) 对于由于建筑阻挡等原因难以测量的设施，应结合设计资料，使用测距仪、皮尺等设备进行测量。对于定向钻、隧道等无法测量部分，应对设施起点、终点进行测量，同时结合原始设计图纸完成无法测量部分管道中心线成图。

（三）高后果区识别和风险评价数据

新建管道的高后果区识别、地质灾害风险评价数据宜从设计踏勘资料提取，获取地区等级和特定场所等信息，若管道开展了前期专项地质灾害评价，可从专项报告中提取地质灾害类型、地理位置、易发性、灾害点描述和治理措施等信息。

在役管道的数据采集应根据管道运行实际状况进行高后果区识别和风险评价后采集。

（四）检测评价数据

新建管道宜开展管道投运前检测，采集防腐层漏损点、焊缝无损检测、压力试验、土壤腐蚀性的检测数据等。在役管道应采集全部检测评价数据。

（五）维修维护数据

应根据管道运行期的维修维护实施情况采集维修维护数据，包括管道绝缘层修复数据、管道本体缺陷修复数据、管道更换情况动态表、内腐蚀控制、第三方施工、管道浮露管、管道周边建筑物、管道运行数据、清管收发球数据等。

（六）效能评价数据

根据效能评价实施情况采集效能评价数据，包括管道完整性管理方案、气田管道失效数据、完整性管理审核结果、完整性管理执行结果、管道效能指标等数据。

油气田管道数据表单目录见表 3-3。

表 3-3 油气田管道数据表单目录

序号	类型	数据表名称	适用类别	表单序号
1		油气管道基础信息	Ⅰ、Ⅱ、Ⅲ	B.1
2		供注水（气、汽）管道基础信息	Ⅰ、Ⅱ、Ⅲ	B.2
3		途经站场阀室	Ⅰ、Ⅱ、Ⅲ	B.3
4		数据成果坐标系	Ⅰ、Ⅱ、Ⅲ	B.4
5		中心线数据	Ⅰ、Ⅱ、Ⅲ	B.5
6		测量控制点	Ⅰ、Ⅱ、Ⅲ	B.6
7		穿跨越	Ⅰ、Ⅱ	B.7
8		线路阀门	Ⅰ、Ⅱ、Ⅲ	B.8
9		水工保护	Ⅰ、Ⅱ	B.9
10		桩	Ⅰ、Ⅱ、Ⅲ	B.10
11		三通	Ⅰ、Ⅱ	B.11
12	管道基础数据	弯头	Ⅰ、Ⅱ	B.12
13		收发球筒规格	Ⅰ、Ⅱ	B.13
14		沿线异径管	Ⅰ、Ⅱ	B.14
15		沿线封堵物	Ⅰ、Ⅱ	B.15
16		光缆	Ⅰ、Ⅱ	B.16
17		绝缘装置	Ⅰ、Ⅱ、Ⅲ	B.17
18		排流装置	Ⅰ、Ⅱ	B.18
19		牺牲阳极	Ⅰ、Ⅱ、Ⅲ	B.19
20		阳极地床	Ⅰ、Ⅱ、Ⅲ	B.20
21		测试桩	Ⅰ、Ⅱ、Ⅲ	B.21
22		阴保电源	Ⅰ、Ⅱ、Ⅲ	B.22
23		其他（第三方设施等）	Ⅰ、Ⅱ	B.23
24		管道高后果区识别	Ⅰ、Ⅱ、Ⅲ	B.24
25	高后果区识别和风险评价数据	管道风险评价	Ⅰ、Ⅱ、Ⅲ	B.25
26		地质灾害风险评价	Ⅰ、Ⅱ	B.26
27		第三方破坏风险评价	Ⅰ、Ⅱ	B.27
28		管道内检测统计数据	Ⅰ、Ⅱ	B.28
29		管道内腐蚀直接评价数据	Ⅰ、Ⅱ、Ⅲ	B.29
30		管道外腐蚀直接评价数据	Ⅰ、Ⅱ、Ⅲ	B.30
31	检测评价数据	防腐层等级	Ⅰ、Ⅱ、Ⅲ	B.31
32		防腐层漏损点	Ⅰ、Ⅱ、Ⅲ	B.32
33		管道本体缺陷	Ⅰ、Ⅱ	B.33
34		合于使用评价	Ⅰ、Ⅱ	B.34

续表

序号	类型	数据表名称	适用类别	表单序号
35	检测评价数据	焊缝无损检测	Ⅰ、Ⅱ	B.35
36		压力试验	Ⅰ、Ⅱ、Ⅲ	B.36
37		土壤腐蚀性	Ⅰ、Ⅱ	B.37
38		阴极保护有效性评价	Ⅰ、Ⅱ、Ⅲ	B.38
39		管道电位测试记录	Ⅰ、Ⅱ、Ⅲ	B.39
40		交流干扰调查记录	Ⅰ、Ⅱ	B.40
41		直流干扰调查记录	Ⅰ、Ⅱ	B.41
42		绝缘装置测试记录	Ⅰ、Ⅱ、Ⅲ	B.42
43		牺牲阳极测试记录	Ⅰ、Ⅱ、Ⅲ	B.43
44		阴极保护电源调查记录	Ⅰ、Ⅱ、Ⅲ	B.44
45	维修维护数据	管道绝缘层修复数据	Ⅰ、Ⅱ、Ⅲ	B.45
46		管道本体缺陷修复数据	Ⅰ、Ⅱ、Ⅲ	B.46
47		管道更换情况动态表	Ⅰ、Ⅱ、Ⅲ	B.47
48		内腐蚀控制	Ⅰ、Ⅱ、Ⅲ	B.48
49		第三方施工	Ⅰ、Ⅱ、Ⅲ	B.49
50		管道浮露管	Ⅰ、Ⅱ、Ⅲ	B.50
51		管道周边建筑物	Ⅰ、Ⅱ、Ⅲ	B.51
52		管道运行日数据	Ⅰ、Ⅱ、Ⅲ	B.52
53		清管收发球数据	Ⅰ、Ⅱ、Ⅲ	B.53
54		油品监测	Ⅰ、Ⅱ	B.54
55		气质监测	Ⅰ、Ⅱ	B.55
56		水质监测	Ⅰ、Ⅱ	B.56
57		细菌检测	Ⅰ	B.57
58		腐蚀挂片	Ⅰ、Ⅱ、Ⅲ	B.58
59		腐蚀探针	Ⅰ、Ⅱ、Ⅲ	B.59
60	效能评价数据	管道完整性管理方案	Ⅰ、Ⅱ、Ⅲ	B.60
61		气田管道失效数据	Ⅰ、Ⅱ、Ⅲ	B.61
62		完整性管理执行结果	Ⅰ、Ⅱ、Ⅲ	B.62
63		管道效能指标数据	Ⅰ、Ⅱ、Ⅲ	B.63

第三节　油气田管道历史数据恢复方法

在传统的管道建设、管理过程中，管道建设与管理数据管理的数字化程度低，管道各种技术数据、历史数据资料缺失严重、精度不高、格式不统一，特别是缺乏地理位置信息。因此，为了保证管道完整性管理的良好运行，在首个完整性管理循环中，必须进行大规模的管道数据恢复工作，以满足完整性管理相关要求。

一、不同阶段数据恢复的重点

由于需要恢复的数据种类繁杂，如何科学高效地整合、处理与组织入库，为管道完整性数据系统提供高质量的数据，是数据恢复需要解决的重要问题。

一般来说，不同完整性管理等级对数据的完备性有着不同需求，在进行数据恢复时，应遵循在满足较低的管理等级对数据要求的基础上，逐步补充数据，以满足更高的管理要求。按照数据的完备程度，数据恢复可分为五个阶段。

（一）原始数据管理状态

管道的基础信息表单信息缺失，相应基础信息分散于各类竣工、检测资料之中尚未进行整理，管道管理定位以地名、桩号作为索引。在此状态下，数据的完备程度不足以开展完整性管理工作，此时数据恢复的重点应是建立绝对里程索引，完善基础信息。

确认管道及管道附件的基础信息主要包括：

（1）管道基础信息。
（2）管道设施。
（3）阴极保护设施基础信息。

管道及管道附件基础信息恢复的主要方式是通过查阅设计资料，对相应的管道数据进行核实、补充。其中，部分难以查证的信息，可以结合常规检测进行恢复。

（二）基于台账的管理状态

管道的基础信息表单信息基本齐全，定位与索引方式为以绝对里程与相对桩号共同索引，检测评价数据分散于各自制台账与检测报告之中。在此状态下，管道已经初步具备开展完整性管理的条件，但由于动态数据缺失，无法做到基于风险。此时数据恢复的重点应是采集重点部位的精确地理坐标，完善管道检测评价数据与运行动态数据。

在进行重点部位的精确地理坐标采集时，建议采集精确坐标的重点主要包括：

（1）管道沿线场站、阀室的坐标。
（2）作为相对位置定位的测试桩坐标。
（3）高后果区起止点的坐标。
（4）检测出的严重缺陷点。

在进行动态数据采集时，应先明确要求尚未提交数据的检测、评价工作按照最新的要求进行，同时对历史检测评价数据进行逐步恢复。在此过程中涉及的主要动态数据包括：

（1）管道运行数据。
（2）检测评价数据。
（3）阴极保护测试信息。
（4）维修维护信息。
（5）风险管理信息。

(6) 巡线管理信息。
(7) 效能评价中完整性管理方案与执行结果部分。

(三) 基于数据表单的管理状态

管道的基础信息表单信息基本齐全，定位与索引方式为以绝对里程与相对桩号共同索引，检测评价数据已整理成统一的表单台账。在此状态下，管道已经完全具备开展完整性管理的条件，但由于地理信息数据不全，无法将地理信息与历次检测准确对齐。此时数据恢复的重点应是采集重点部位的精确地理坐标，完善管道检测评价数据与运行动态数据，主要内容包括：

(1) 基于 GIS（地理信息系统）的管道管理系统建立。
(2) 管道中心线坐标采集。
(3) 管道周边带状图测绘。
(4) 管道缺陷坐标采集。
(5) 线路关键节点测绘。

在完成 GIS 构建并采集相关地理信息与坐标后，管道数据管理进入基于 GIS 的管道管理状态。

(四) 基于 GIS 管理状态

管道的静态数据与动态数据齐全，定位与索引方式为以绝对里程与地理信息为主，管道所有数据均与地理信息进行了初步关联。在此状态下，数据系统已能满足较高完整性管理水平的需求，数据管理提升的重点是如何结合管道管理制度规定的要求，建立合适的完整性管理体系，主要包含以下要点：

(1) 完善的上报机制。
(2) 系统的作业管理。
(3) 信息化的资料采集。
(4) 基于数据库的资料管理。
(5) 历史检测评价数据的对齐。

(五) 智能化管道管理系统

完整性数据管理的最终状态是基于完备的静态与动态数据库，具备自动识别、自动报告、自动判断与自动响应乃至自动决策的智能化管道管理系统。如何合理地构建智能化管道完整性管理系统是目前完整性数据管理发展的前沿方向。

二、静态数据的恢复

在进行管道数据恢复时，需先明确现有的数据完备程度、最终需要达到的数据管理状态，为保证完整性管理体系的良好运行，应至少达到基于表单的数据管理状态。

在确定数据恢复目标后，对于静态数据，新数据应按照新的要求进行数据采集，而对于历史数据则开展数据恢复工作。静态数据建议恢复方式见表 3-4。

表 3-4　静态数据建议恢复方式

数据类型	建议恢复方式
管道、附属设施及场站、阀室的基础信息	查询竣工资料逐项核实
管道材质	结合直接评价的坑检工作，进行光谱分析等无损材质测试
管道走向、三桩、附属设施信息	结合敷设环境调查进行
管道中心线坐标	进行专项测绘，应使用实时动态差分法（RTK）测试高精度坐标
三桩、附属设施坐标	在敷设环境调查中增加高精度坐标采集

三、动态数据的恢复

对于管道运行类动态数据，应采取新入库数据按照新的标准进行采集的方式，在一个完整性管理周期内完成数据的更新。

对于检测评价类数据，在确认管道数据恢复计划后，对于尚未完工的检测评价工作，应按照新的数据标准进行验收；对于历史检测数据，可按管道重要性，逐步进行恢复。

由于检测评价使用的定位记录方式多是绝对里程，而每次测试的绝对里程均存在一定的误差，不同时期的检测评价数据在入库时需要先对管道定位信息进行对齐。在进行管道数据对齐时，建议优先使用中心线测绘得到的里程。

第四节　油气田管道数据采集的应用

一、油田管道应用实例

塔里木油田公司管辖的管道涵盖油田和气田的净化油气管道、集输管道、站场管道和公用燃气管道，分布点多线长，在"两新两高"、少人高效的管理体制下，开展管道信息化、数字化建设是必需的、必要的。

塔里木油田公司从 2008 年起开始管道信息化建设，截至 2019 年，与管道和站场完整性管理数据采集与应用直接相关的信息系统有两套，分别是管道管理系统、A11 系统（油气生产物联网系统）。两套系统均暂时录入不了的其他完整性管理数据，依照塔里木油田公司制定的基础数据表单采集数据后，以电子文档方式存储。

管道管理系统原为压力管道管理信息系统，是 2008 年引进并二次开发建设的，共有 9 个模块 29 个子系统，涵盖管道基本信息管理、管道运行信息管理、管道检验计划管理、管道检验实施管理、管道超标缺陷管理、管道检测管理、承包商管理、RBI 数据管理、系统维护管理等。信息格式包括属性数据、单条管道空视图和站场 PID 图、单条管道照片、各类报告文档等，如图 3-1 所示。从 2009 年起，压力管道管理信息系统在全油田推广应用，并全面排查、整理、录入在用管道信息。2014 年对压力管道管理信息系统进行了大的升级完善，由原来的 B/S 与 C/S 并行改成 B/S 运行，并推进新建管道信息化建设与工程建设同步开展，实现数字化移交。2019年对压力管道管理信息系统再次进行了大的升级完善，补全了现阶段开展油气田管道和站场完整性管理所需求的管道和站场分类、管道高后果区识别和风险评价、管道失效统计分析、完整性管理文档库等功能模块，并更名为管道管理系统。截至2019年底，管道管理系统已入库管道53599条，PID图739幅，管道空视图47034幅，管道照片42519张，数据项达6895.6万项，基本实现油田管道全覆盖。

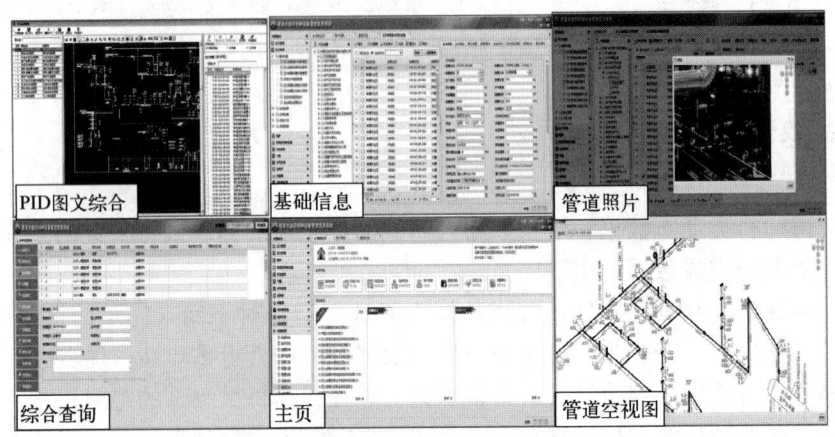

图3-1　塔田木油田公司管道管理系统功能及数据格式示意图

油气生产物联网系统（A11系统）于2015年在塔里木油田公司开展试点，先后建成油气生产物联网、油气运销管道物联网、炼化物联网，并进行了集成，涵盖了油田生产、储运、炼化、销售各个环节，分为集成展示、设计建设、油气生产、集输处理、储运销售、炼化销售等子系统。

在储运销售子系统中，开发建设了长输管道管理和站场管理模块。长输管道管理模块主要功能有智能巡线、管道生产运行、管道风险数据采集、管道运行数据采集、综合数据浏览、管道分析（结果统计）。站场管理模块主要功能有完整性资料管理、风险识别与分析、完整性评价、减缓措施、效能评价、统计分析、三维可视化。

截至2019年底，A11系统储运销售子系统已完成36条净化油气管道、7座站场的数字化建设。

2019年，塔里木油田公司发布了油气田管道和站场完整性管理基础数据采集表单，包括碳钢管道完整性管理基础数据采集表单（表3-5）、双金属复合管管道完整性管理基础数据采集表单（表3-6）、不锈钢管道完整性管理基础数据采集表单（表3-7）、柔性复合管管道完整性管理基础数据采集表单（表3-8）、玻璃钢管道完整性管理基础数据采集表单（表3-9）、钢骨架复合管管道完整性管理基础数据采集表单（表3-10）、站场完整性管理基础数据采集表单（表3-11）共7大类。

表3-5　碳钢管道完整性管理基础数据采集表单

序号	类别	数据表名称	管道分类	采集阶段	备注
1	管道中心线	管道中心线	Ⅰ、Ⅱ、Ⅲ	建设期、运行期	
2	管道设施	管道基本信息	Ⅰ、Ⅱ、Ⅲ	建设期、运行期	
3		管道途经站场阀室	Ⅰ、Ⅱ	建设期、运行期	

续表

序号	类别	数据表名称	管道分类	采集阶段	备注
4	管道设施	管道封堵物	Ⅰ、Ⅱ、Ⅲ	建设期、运行期	
5		管道弯头	Ⅰ、Ⅱ、Ⅲ	建设期、运行期	
6		管道桩	Ⅰ、Ⅱ、Ⅲ	建设期、运行期	
7		管道三通	Ⅰ、Ⅱ、Ⅲ	建设期、运行期	
8		管道阀门	Ⅰ、Ⅱ、Ⅲ	建设期、运行期	
9		管道穿跨越	Ⅰ、Ⅱ、Ⅲ	建设期、运行期	
10		水工保护	Ⅰ、Ⅱ	建设期、运行期	
11	阴极保护	阳极地床	Ⅰ、Ⅱ、Ⅲ	建设期、运行期	
12		阴极保护电源	Ⅰ、Ⅱ、Ⅲ	建设期、运行期	
13		绝缘装置	Ⅰ、Ⅱ、Ⅲ	建设期、运行期	
14		排流装置	Ⅰ、Ⅱ、Ⅲ	建设期、运行期	
15	第三方设施	第三方设施	Ⅰ、Ⅱ、Ⅲ	建设期、运行期	
16		光缆	Ⅰ、Ⅱ、Ⅲ	建设期、运行期	
17	高后果区数据	管道高后果区	Ⅰ、Ⅱ、Ⅲ	建设期、运行期	
18	基线检测	管道基线内检测	Ⅰ	建设期、运行期	

表3-6　双金属复合管管道完整性管理基础数据采集表单

序号	类别	数据表名称	管道分类	采集阶段	备注
1	管道中心线	管道中心线	Ⅰ、Ⅱ、Ⅲ	建设期、运行期	
2	管道设施	管道基本信息	Ⅰ、Ⅱ、Ⅲ	建设期、运行期	
3		管道封堵物	Ⅰ、Ⅱ、Ⅲ	建设期、运行期	
4		管道弯头	Ⅰ、Ⅱ、Ⅲ	建设期、运行期	
5		管道桩	Ⅰ、Ⅱ、Ⅲ	建设期、运行期	
6		管道三通	Ⅰ、Ⅱ、Ⅲ	建设期、运行期	
7		管道阀门	Ⅰ、Ⅱ、Ⅲ	建设期、运行期	
8		管道穿跨越	Ⅰ、Ⅱ、Ⅲ	建设期、运行期	
9		管道途经站场阀室	Ⅰ、Ⅱ	建设期、运行期	
10		水工保护	Ⅰ、Ⅱ	建设期、运行期	
11	阴极保护	阳极地床	Ⅰ、Ⅱ、Ⅲ	建设期、运行期	
12		阴极保护电源	Ⅰ、Ⅱ、Ⅲ	建设期、运行期	
13		绝缘装置	Ⅰ、Ⅱ、Ⅲ	建设期、运行期	
14		排流装置	Ⅰ、Ⅱ、Ⅲ	建设期、运行期	
15	第三方设施	第三方设施	Ⅰ、Ⅱ、Ⅲ	建设期、运行期	
16		光缆	Ⅰ、Ⅱ、Ⅲ	建设期、运行期	
17	高后果区数据	管道高后果区	Ⅰ、Ⅱ、Ⅲ	建设期、运行期	

表 3-7　不锈钢管道完整性管理基础数据采集表单

序号	类别	数据表名称	管道分类	采集阶段	备注
1	管道中心线	管道中心线	Ⅰ、Ⅱ、Ⅲ	建设期、运行期	
2	管道设施	管道基本信息	Ⅰ、Ⅱ、Ⅲ	建设期、运行期	
3		管道途经站场阀室	Ⅰ、Ⅱ、Ⅲ	建设期、运行期	
4		管道封堵物	Ⅰ、Ⅱ	建设期、运行期	
5		管道弯头	Ⅰ、Ⅱ	建设期、运行期	
6		管道桩	Ⅰ、Ⅱ、Ⅲ	建设期、运行期	
7		管道三通	Ⅰ、Ⅱ	建设期、运行期	
8		管道阀门	Ⅰ、Ⅱ	建设期、运行期	
9		管道穿跨越	Ⅰ、Ⅱ	建设期、运行期	
10		水工保护	Ⅰ、Ⅱ	建设期、运行期	
11	第三方设施	第三方设施	Ⅰ、Ⅱ、Ⅲ	建设期、运行期	
12		光缆	Ⅰ、Ⅱ、Ⅲ	建设期、运行期	
13	高后果区数据	管道高后果区	Ⅰ、Ⅱ、Ⅲ	建设期、运行期	

表 3-8　柔性复合管管道完整性管理基础数据采集表单

序号	类别	数据表名称	管道分类	采集阶段	备注
1	管道中心线	管道中心线	Ⅰ、Ⅱ、Ⅲ	建设期、运行期	
2	管道设施	管道基本信息	Ⅰ、Ⅱ、Ⅲ	建设期、运行期	
3		管道途经站场阀室	Ⅰ、Ⅱ、Ⅲ	建设期、运行期	
4		管道接头	Ⅰ、Ⅱ、Ⅲ	建设期、运行期	
5		管道桩	Ⅰ、Ⅱ、Ⅲ	建设期、运行期	
6		管道三通	Ⅰ、Ⅱ	建设期、运行期	
7		管道穿跨越	Ⅰ、Ⅱ	建设期、运行期	
8		水工保护	Ⅰ、Ⅱ	建设期、运行期	
9	第三方设施	第三方设施	Ⅰ、Ⅱ、Ⅲ	建设期、运行期	
10		光缆	Ⅰ、Ⅱ、Ⅲ	建设期、运行期	
11	高后果区数据	管道高后果区	Ⅰ、Ⅱ、Ⅲ	建设期、运行期	

表 3-9　玻璃钢管道完整性管理基础数据采集表单

序号	类别	数据表名称	管道分类	采集阶段	备注
1	管道中心线	管道中心线	Ⅰ、Ⅱ、Ⅲ	建设期、运行期	
2	管道设施	管道基本信息	Ⅰ、Ⅱ、Ⅲ	建设期、运行期	
3		管道途经站场阀室	Ⅰ、Ⅱ、Ⅲ	建设期、运行期	
4		管道弯头	Ⅰ、Ⅱ、Ⅲ	建设期、运行期	
5		管道桩	Ⅰ、Ⅱ、Ⅲ	建设期、运行期	
6		管道三通	Ⅰ、Ⅱ	建设期、运行期	
7		管道接头	Ⅰ、Ⅱ、Ⅲ	建设期、运行期	

续表

序号	类别	数据表名称	管道分类	采集阶段	备注
8	管道设施	管道穿跨越	Ⅰ、Ⅱ	建设期、运行期	
9		水工保护	Ⅰ、Ⅱ	建设期、运行期	
10	第三方设施	第三方设施	Ⅰ、Ⅱ、Ⅲ	建设期、运行期	
11		光缆	Ⅰ、Ⅱ、Ⅲ	建设期、运行期	
12	高后果区数据	管道高后果区	Ⅰ、Ⅱ、Ⅲ	建设期、运行期	

表 3-10　钢骨架复合管管道完整性管理基础数据采集表单

序号	类别	数据表名称	管道分类	采集阶段	备注
1	管道中心线	管道中心线	Ⅰ、Ⅱ、Ⅲ	建设期、运行期	
2	管道设施	管道基本信息	Ⅰ、Ⅱ、Ⅲ	建设期、运行期	
3		管道途经站场阀室	Ⅰ、Ⅱ、Ⅲ	建设期、运行期	
4		管道弯头	Ⅰ、Ⅱ、Ⅲ	建设期、运行期	
5		管道桩	Ⅰ、Ⅱ、Ⅲ	建设期、运行期	
6		管道三通	Ⅰ、Ⅱ	建设期、运行期	
7		管道穿跨越	Ⅰ、Ⅱ	建设期、运行期	
8		水工保护	Ⅰ、Ⅱ	建设期、运行期	
9	第三方设施	第三方设施	Ⅰ、Ⅱ、Ⅲ	建设期、运行期	
10		光缆	Ⅰ、Ⅱ、Ⅲ	建设期、运行期	
11	高后果区数据	管道高后果区	Ⅰ、Ⅱ、Ⅲ	建设期、运行期	

表 3-11　站场完整性管理基础数据采集表单

序号	数据采集内容	数据类型	站场分类	采集阶段	备注
1	站场名称	文本	一、二、三	建设期、运营期	
2	站场类型	文本	一、二、三	建设期、运营期	
3	站场完整性管理分类	文本		建设期、运营期	
4	设计规模	文本	一、二、三	建设期	
5	设计压力	数字	一、二、三	建设期	
6	主要设备	文本	一、二、三	建设期、运营期	
7	主要工艺	文本	一、二、三	建设期、运营期	
8	建筑面积	数字	一、二、三	建设期	
9	占地面积	数字	一、二、三	建设期	
10	周边环境	文本	一、二、三	建设期、运营期	
11	总投资	数字	一、二、三	建设期	
12	设计单位	文本	一、二、三	建设期	
13	施工单位	文本	一、二、三	建设期	
14	监理单位	文本	一、二、三	建设期	
15	无损检测单位	文本	一、二、三	建设期	
16	备注	文本	一、二、三	建设期、运营期	

期间，为规范压力管道信息化建设和净化油气管道数字化建设工作，塔里木油田公司先后制定了企业标准Q/SY TZ 0042—2019《压力管道管理信息系统数据采集建档规范》、Q/SY TZ 0459—2016《油气长输管道建设期数据采集规范》，确保了采集入库数据的完整性。

目前，塔里木油田公司已制定了《油气田管道和站场建设期完整性管理设计专章编制基本要求》《油气田管道和站场建设期施工阶段完整性管理专项方案编制基本要求》，将压力管道信息化建设、净化油气管道数字化建设、油气田管道和站场建设期完整性管理数据采集与整合等工作纳入，要求与地面工程建设项目同步设计、同步施工、同步验收，推进油气田管道和站场建设期完整性管理数据采集与储存、录入的规范化、常态化。

二、气田管道应用实例

2006年，随着西南油气田公司管道完整性管理工作的开展，管道相关的数据日益增多，同时管网分布更复杂。而当时压力管道普遍存在原始资料严重不齐全的情况，各使用单位对于管道的管理均处于书面台账管理模式，而台账的内容也仅仅是管道设计运行的基本参数与简单的管线走向示意图。显然，这种管理方式已经远远不能满足管道完整性管理的需求，各种弊端逐渐显露。对于如此庞大的管网系统，亟须形成系统化的管理机制。

（一）管道与场站完整性管理系统

2010年，为规范化气田管道完整性管理数据管理，西南油气田公司建立了管道与场站完整性管理系统。

管道与场站完整性管理系统是在GIS基础上，接收西南油气田公司天然气管网测绘及信息数字化处理项目的1∶500、1∶2000天然气管线带状图测绘数据和采集的管道场站属性数据，辅以川渝两地1∶50000的基础地理信息数据建立的。系统包括数字化图（DLG）、数字高程模型（DEM）、数字正射影像图（DOM），并融入管道设计、施工、维护、检测及维修等数据，参照管线地理数据模型（APDM），基于Oracle数据库和ArcGIS地图软件，以C/S或B/S相结合的方式，构建的天然气管道及场站数据管理系统平台（图3-2）。

管道与场站完整性管理系统目前已集成包括管道场站系统、数字化系统、完整性管理系统、腐蚀检测系统、生产月报填报系统以及数据管理系统等6项子系统。其主要系统功能如下：

（1）管道场站系统主要分为管道模块和场站阀室模块。管道模块中包含数据查询（管道管段查询、数据综合查询）、管网示意图、管道统计3大模块。场站阀室模块中包含数据查询（场站阀室查询、站场综合查询）、站场工艺流程图、站场统计3大模块。

（2）完整性管理系统：主要功能是收集、管理西南油气田公司历年完成的检测、评价、修复数据，实现数据从分散管理到规范、集中管理，为相关管理人员制定下一次的检测、修复计划提供快捷、全面的数据支撑。完整性管理系统共包含7大模块，共计整合35类数据。7大模块包含完整性管理方案、高后果区识别、风险评价、完整性评价、维修与维护、效能评价和标准规范。

（3）生产月报填报系统：整合了西南油气田公司现有17类集输工程月报，实现了月报的填报、修改、审批、查询等功能，对提高工作效率、减少重复工作提供了有效的手段。生产月报填报系统满足了规范月报表格、数据自动生成、数据网上传输、用户分级管理等4项基本功能。

（4）腐蚀检测系统：包含管道预警功能模块、图上选择功能模块、分级查询功能模块、监测点预警功能模块、检测点分布功能模块、腐蚀状况统计功能模块和管道腐蚀方案功能模块。

（二）油气田完整性管理共建共享平台

2020年11月17日，勘探与生产分公司召开油气田管道和站场完整性管理推进会，提出到"十四五"末，实现油气田Ⅰ类、Ⅱ类以及Ⅲ类管道完整性管理全覆盖，建成一批"无泄漏示范区"，达到完整性管理智能化水平；到2035年，油气田地面生产系统达到失效风险全方位感知、综合性预判、一体化管控、自适应优化，实现智慧化管理。

按照中国石油总体部署和要求，到"十三五"末，基本建成数字化油气田，到"十四五"末，初步建成智能化油气田。勘探与生产分公司编制了油田生产物联网"十四五"总体规划、数字化交付和油气田地面智能化建设方案。

自2019年开始，中国石油向着数字化转型和智能化发展全面迈进，将大数据、物联网、人工智能等新一代信息技术与油气生产业务链不断融合，在此背景下，勘探与生产分公司开展了油气田地面工程智能化顶层设计，指导各油气田智能化示范工程有序开展。同时，各油气田公司已开展了智能化油气田的探索。在完整性管理水平提升方面，中国石油发布了《中国石油天然气股份有限公司油气田管道和站场完整性管理规定》《中国石油天然气股份有限公司油田集输管道检测评价及修复技术导则》《中国石油天然气股份有限公司气田集输管道检测评价及修复技术导则》《中国石油天然气股份有限公司油气集输站场检测评价及维护技术导则》等，明确了管道和站场完整性管理工作内容，有效推进了管道和站场完整性管理工作的开展，初步实现了重点环节的完整性管理数字化管理。但在实际应用中存在以下痛点：

（1）人工录入，任务繁重：各业务系统数据来源依靠传统的人工数据录入为主，数据存在重复采集等问题，基层采集工作量大，任务繁重。

（2）数据分散，应用价值低：各个系统没有进行整合，数据存在孤岛，数据重复利用率不高，数据深度应用不够，决策分析功能薄弱，数据应用价值低。

（3）流程独立，系统割裂：完整性管理各项业务工作流程主要是以线下流程方式为主，各个系统独立运作，没有相互打通，导致了各个环节存在割裂。

（4）系统无法上云共享：目前部分完整性管理工具存在单机版、网页版等不同版本，功能相对独立，无法实现共享复用。

根据完整性管理数据管理和数智化管理的需求，基于管道、站场的日常生产管理业务场景，结合油气田管道站场完整性管理理念和技术，围绕油气田完整性管理共建共享的目标，以任务驱动为机制，以风险管理为核心，西南油气田公司打造完整性管理共建共享模块，提供管道站场风险评价、检测评价、维修维护、效能评价等业务过程管理和技术管理工具，实现风险从识别、评价、跟踪、处置到销项的闭环管理，确保管道站场运行的本质安全。

利用云原生技术，采用微服务开发框架，在管道与场站完整性管理系统基础上，基于统一的完整性管理数据标准，完成管道和站场完整性管理的业务场景以及完整性技术管理工具的建设。实现对管道、站场分级分类的精细化管控，统筹实现西南油气田公司管道和站场完整性管理各项管理措施落地。

（1）建立股份公司统一的完整性管理数据库：依托 Q/SY 01023.2—2020《油气田管道和站场完整性管理规范 第 2 部分：管道数据》和《西南油气田分公司气田管道和站场完整性管理办法》，建立管道和站场完整性管理数据库，包括 63 张管道完整性管理表单和 30 张站场完整性管理表单（开发过程中，根据 93 张数据表单的扩展应用增加了新的功能类数据表单），实现完整性管理数据统一管理、统一应用，为共建共享奠定数据基础。

（2）建设股份公司统一的完整性管理过程管理功能：依托股份公司完整性管理办法（管理规范），结合各油气田的完整性管理机构设置，根据完整性管理工作的实际应用需求，全面梳理优化管道完整性管理相关的业务流程，引入流程引擎自动驱动完整性管理工作的开展，打造完整性管理工作闭环管理流程，提供完整性管理方案管理、管道高后果区过程管理、地质灾害监测预警管理、站场监/检测评价过程管理等 15 个完整性管理过程管理功能，实现完整性管理工作动态监督审核，提升完整性管理水平。

（3）建设股份公司统一的完整性技术管理工具：依托股份公司和西南油气田公司完整性管理办法（作业规范），集成管道风险评估模型、管道失效后果评价、缺陷评价模型、剩余寿命计算模型、站场 RCM 评价、RBI 评价、SIL 评价等模型算法，按照云框架构建 14 个完整性管理工具，为管道、站场完整性管理提供分析评价，并实现各油气田共建共享的目标。

该系统（图 3-2）2023 年建成并上线试运行，目前已开展覆盖西南油气田公司全部完整性管理相关生产单位，通过数据治理和历史数据恢复，完善了地面系统的基础信息，通过年度任务下发，逐步开展年度方案、一线一案、一区一案编制，开展高后果区识别和风险评价等年度规定开展的工作。

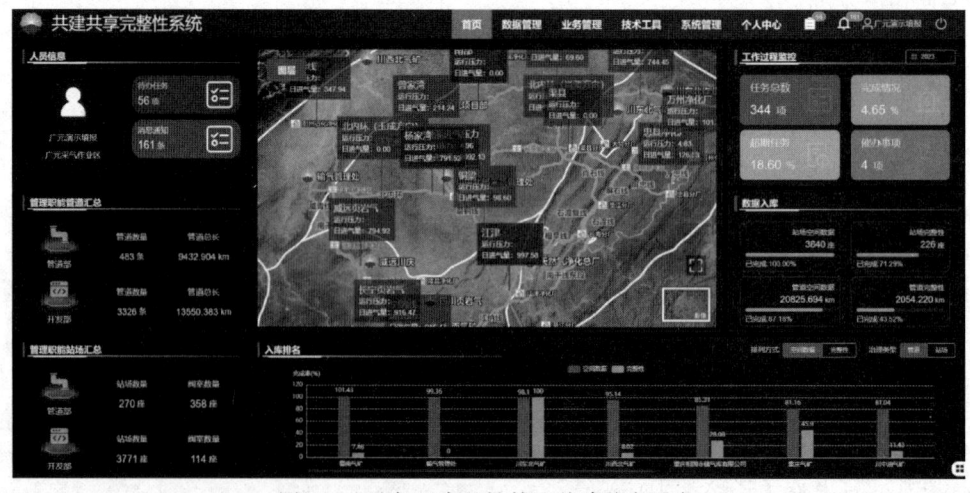

图 3-2 油气田完整性管理共建共享平台

第三章　油气田管道数据采集与管理

（三）管道建设期数据

为解决完整性管理对管道建设期信息的需求与传统竣工移交方式之间的矛盾，规范管道建设期的数据采集工作，西南油气田公司编制《油气田地面建设数字化工程信息移交规范》，用于指导数字化移交工作。通过规范建设单位提供的数据格式、结构、内容与质量要求，提高管道数字化移交的质量。同时，在移交规范的基础上，西南油气田建立了地面建设数字化工程信息移交系统（图3-3），平台已在多个重点建设工程区块开展设计、采购、施工信息的数字化移交试点。

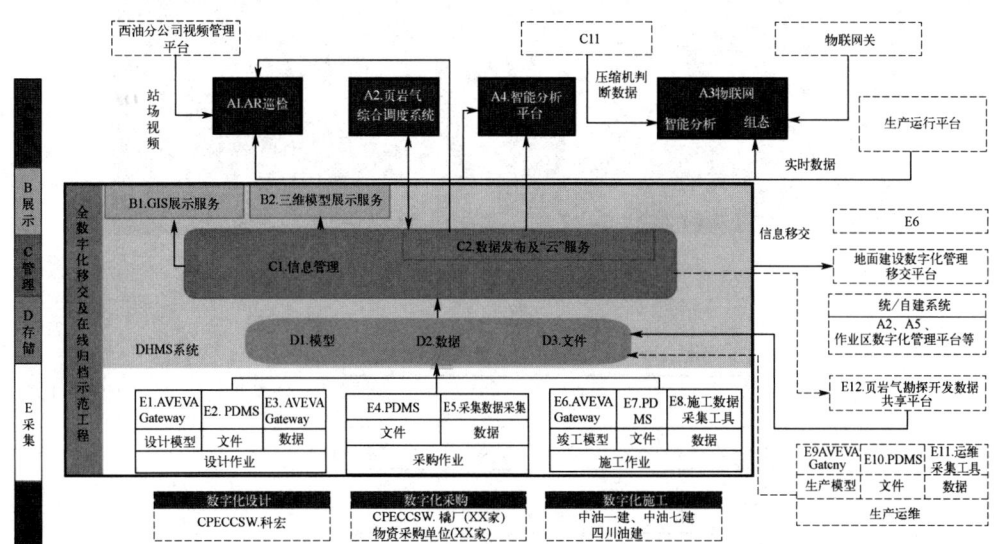

图3-3　油气田地面建设数字化工程信息移交系统示意图

（四）管道运行数据

为提高管道运行数据收集的准确性与及时性，除生产管理系统外，西南油气田公司额外建立了"作业区数字化管理平台"，用于管道与站场信息的录入和更新，油气田完整性管理共建共享平台的基础数据来自本平台。

作业区数字化管理平台（图3-4），通过将作业区的日常管理工作与维护工作的流程、标准与要求固化，实现了现场操作人员使用个人终端与技术人员及管理人员互联，实现了实时指导、实时监督的功能，从而实现基层管理"岗位标准化、属地规范化、管理数字化"。在数据收集方面，作业区数字化管理平台实现了在进行维护工作的同时将产生数据实时记录的功能。

（五）管道检测评价数据

在检测评价数据的收集方面，西南油气田公司采取的是由检测评价承揽单位进行收集，并在项目验收的同时提交符合要求的数据表单。

同时，为了满足智能化管道的要求，西南油气田公司目前正在逐步对进行过智能内检测的管道开展管道数字化恢复工作。

在进行管道数字化恢复时一般采用图3-5所示的流程。

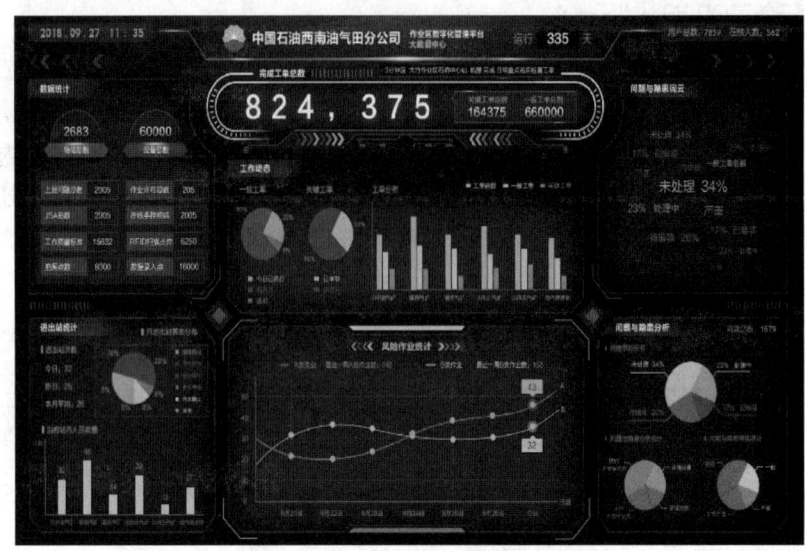

图 3-4 作业区数字化管理平台

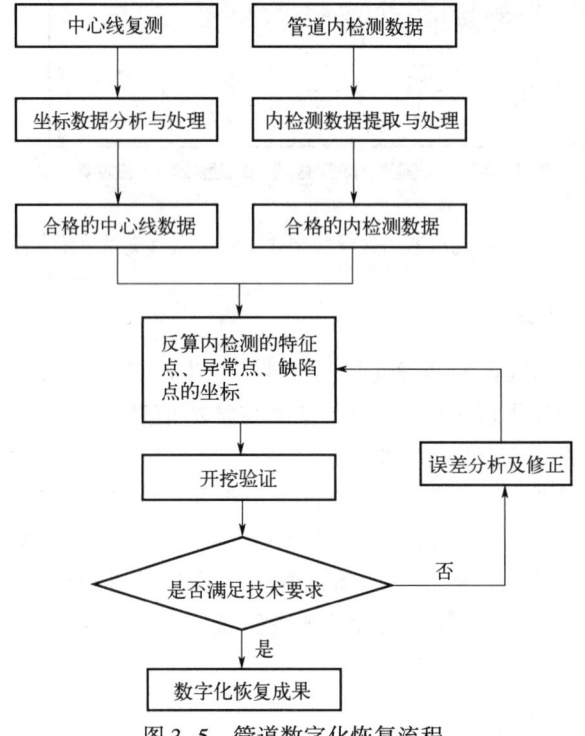

图 3-5 管道数字化恢复流程

主要工作内容如下：

（1）空间数据质量验证。空间数据质量验证的目的是确认管道中线及桩等数据位置精度，以此为基础逐步建立一套高精度的管道中心线及桩、站场等沿线设施数据。数据精度验证工作包括测绘数据现状分析、坐标系转换、数据位置精度验证。

（2）管道中心线复测。若空间数据验证精度不合格，应组织开展复测。管道中心线及设施测量范围应覆盖管道全线，包括从近出站口至收发球筒部分站内管道，以便于内检测数据对齐。管道地面标记是运营管理主要的定位参照物，直接影响到高后果区、高风险管段、第三方开挖、应急抢险等定位和上报，因此除管道中线位置外，三桩坐标位置不合格的必须重点复测整改。大规模复测工作可由具备资质的外部专业测绘单位具体实施。

（3）管道数据对齐与整合的主要内容包括数据分析与处理，测绘数据与内检测数据对齐，管道运营期数据整理入库并与测绘数据对齐以及管道外检测数据整理入库并与测绘数据对齐几个方面的工作内容，其详细内容见表3-12。

表3-12　数据对齐的主要工作内容明细表

工作内容	详细内容
数据分析与处理	对复测的中心线数据、建设期数据、检测评价数据进行分析处理
测绘数据与内检测数据对齐	管道内检测数据特征类别归一化； 测绘数据与内检测特征点对齐； 通过已对齐的内检测特征点反算环焊缝空间坐标； 管道内检测缺陷数据空间位置生成入库
管道运营期数据整理入库并与测绘数据对齐	管道运营期高后果区、风险评价、地质灾害评价、穿越、水工保护、修复信息等数据整理入库
管道外检测数据整理入库并与测绘数据对齐	管道外检测数据分类、坐标数据整理，入库

通过管道数据对齐工作，将完整性管理动态数据与地理信息进行了有机结合，可以实现突破传统的依据相对里程进行定位的模式，实现了直接通过高精度地理坐标信息指导现场工作，可以极大提高各项日常管理工作的效率，同时数据对齐也是完整性管理管道和站场失效管理数字化、信息化的基础。

第五节　油气田管道数据对齐与整合

一、数据对齐与整合要求

（一）工作内容

将管道建设期和运营期产生的各类数据对齐到管道中心线上。整合对齐的数据类型应包含但不限于下列类型：

（1）管道内检测特征数据。
（2）施工期环焊缝数据。
（3）管道本体缺陷修复数据。
（4）管道电位测试桩数据。

（5）阀室、大中型穿跨越数据。

（6）管道高后果区与风险评价数据。

（7）管道地质灾害风险评价数据。

（8）管道泄漏监测点、应力监测点、视频监控点数据。

（二）各类数据对齐与整合流程

（1）施工期环焊缝数据对齐与整合：通过环焊缝前后管长对比，将施工期环焊缝与内检测环焊缝对齐，建立内检测焊缝编号与建设期焊缝编号的一一对应关系，使建设期管道本体所有属性与内检测结果建立关联关系。

（2）内检测特征数据与管道中心线对齐与整合：施工环焊缝对齐后，结合定标点间管道焊缝、弯头、阀门等特征点在管道中心线上对应点的相对位置，利用线性参考技术，得到内检测特征数据在管道中心线上的位置。提取各类数据的里程信息，实现内检测特征数据与管道中心线数据对齐。数字化管道应解算出所有内检测特征点的空间坐标；非数字化管道可直接将内检测特征数据叠加到管道中心线上。

（3）管道本体缺陷修复数据与管道中心线对齐与整合：对齐缺陷评价报告中明确8年内需要修复的缺陷，可结合内检测特征数据对齐结果与本体缺陷修复台账，实现管道中心线数据对齐与整合。

（4）管道电位测试桩数据与管道中心线对齐与整合：管道电位测试桩数据可直接通过空间坐标叠加在管道中心线上。

（5）阀室、大中型穿跨越数据与管道中心线对齐与整合：阀室、大中型穿跨越数据可直接通过空间坐标叠加在管道中心线上。

（6）管道高后果区与风险评价数据与管道中心线对齐与整合：管道高后果区与风险评价数据可使用线性参考技术通过绝对里程叠加在管道中心线上。

（7）管道地质灾害风险评价数据与管道中心线对齐与整合：管道地质灾害风险评价数据可使用线性参考技术通过绝对里程叠加在管道中心线上。

（8）管道泄漏监测点、应力监测点、视频监控点数据与管道中心线对齐与整合：管道泄漏监测点、应力监测点、视频监控点数据可使用线性参考技术通过绝对里程叠加在管道中心线上。

（三）数据定位方式

根据各类数据特点，将对齐数据分为在线要素点和离线要素点，在线要素点必须对齐在中心线上。主要特征数据定位方式见表3-13。

表3-13 主要特征数据定位方式

数据类型	数据类别	定位方式	属性文件
焊口	在线要素点	坐标/绝对里程	焊口
穿跨越	在线要素点	坐标	穿跨越
测试桩	在线要素点	坐标	测试桩
管道本体缺陷及修复点	在线要素点	环焊缝编号+相对里程	管道本体缺陷与缺陷修复数据表

续表

数据类型	数据类别	定位方式	属性文件
管道高后果区	在线要素点	绝对里程	管道高后果区
管道风险评价	在线要素点	绝对里程	管道风险评价
地质灾害敏感点	离线要素点	绝对里程	地质灾害敏感点调查结果表

（四）其他要求

对于管道数据对齐与整合，应满足以下要求：

（1）数据对齐过程中使用到的空间坐标应采用 CGCS2000 坐标系，高程应采用 1985 国家高程基准。

（2）开展内检测数据对齐前，需收集内检测定标点空间坐标信息，若定标点空间坐标未采用 CGCS2000 坐标系与 1985 国家高程基准，需对其进行转换。

（3）若管道在开展内检测后进行过改线，则改线段不进行内检测特征数据对齐，需作好标注。

（4）施工期焊缝与内检测焊缝对齐时，若施工方向与内检测方向相反，应将数据进行颠倒处理，确保同一方向。

（5）中心线测量数据可能存在人为错误（例如，建设期的焊缝坐标测量数据重复、缺失等错误），在对齐过程中需注意将它们找出并修正。

（6）内检测数据可能存在环焊缝数据丢失的情况，在对齐过程中需注意将它们找出并修正。

（五）成果交付

成果可包括以下内容：

（1）管道地上地下数据对齐综合大表，格式为 Excel。

（2）管道数据对齐分析总结报告，格式为 Word。内容应包含开展数据对齐管道的各类数据基本情况，对比分析结果，对齐技术方案，对齐结果，改线段、换管、截管的开始焊缝和结束焊缝等内容。

二、应用案例

开展过内检测和中心线测绘的管道，具备数据整合对齐的较好条件。

利用管道中心线测量数据形成的三维管线图与内检测数据形成的线性关系分布进行模拟计算，当数据匹配达到一定程度时，可通过管道中心线坐标反算出缺陷点、环焊缝、弯头、三通、阀门、绝缘接头等管道特征点坐标。这不仅实现了内检测一维里程数据向三维空间数据的转换，还实现了内检测数据与管道敷设环境数据的匹配（如埋深、地貌信息），同时，还可利用双向校正功能恢复难以测量管段的地面坐标。

西南油气田公司开展数据整合对齐时，收集管道已有测绘成果，包含管道中心线、场站阀室测绘坐标、成果列表及报告等，同时与"西南油气田分公司地理信息系统（A4）"数据进行核对。管道中心线数据应基于环焊缝信息或其他拥有唯一地理空间坐标的实体信息进行生成，管道中心线（地面测量坐标）的生成原则如下：

（1）优先选择建设期采集焊口坐标作为管道中心线。

（2）建设期没有采集焊口坐标的管道，选择搭载内检测惯性传感器（IMU）的管节坐标作为管道中心线。

（3）运营期未开展内检测 IMU 或者内检测未搭载 IMU 时，选择管道地面测绘点作为管道中心线基准位置。

为更好地实现数据纠偏与对齐，使管道中心线数据能够准确反映管道所处状况，管道中心线修正后再进行数据纠偏与对齐，处理后的管道中心线应符合管道敷设原理。某管道修正前后对比如图 3-6 所示。

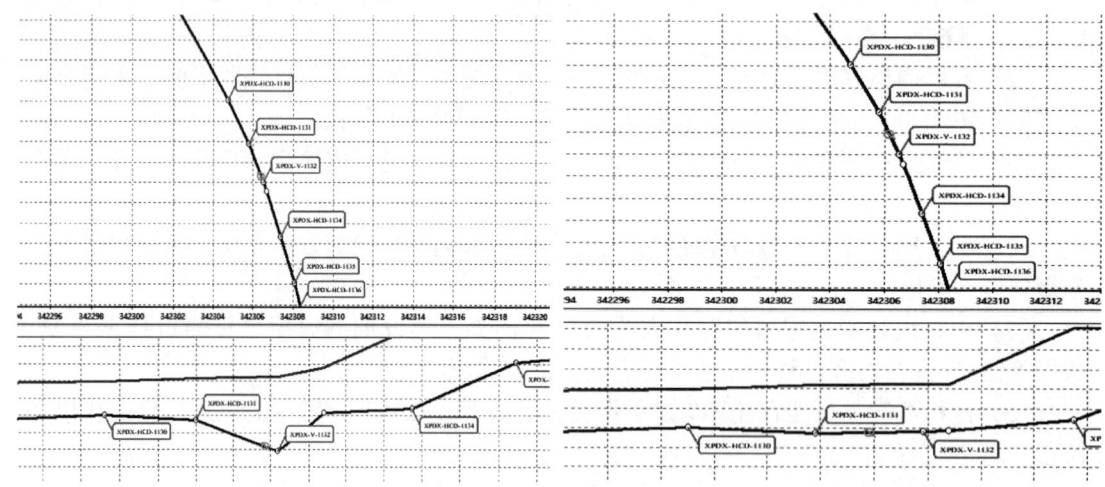

图 3-6　某管道修正前后对比

当管道中心线与内检测数据修正处理满足拟合要求后，通过拟合计算得到数据成果，数据成果包含如下：

（1）内检测数据特征坐标化（表单）。

（2）修正后的管道中心线。

通过管道中心线与内检测数据的拟合对齐，最终形成的管道中心线可在一定程度上满足数据整合、应用对齐要求，但是依旧存在一定误差，后期可通过管道本体特征采集（开挖）进行纠正。

管道中心线与运营期数据（高后果区、检维修等）对齐时，现阶段管道大部分数据的记录形式并不统一，因此对埋地管道的不同类型数据进行整合时，会存在数据对应不准确或者缺乏相对参考的情况。不同位置描述的管道环境数据与管道运行数据，暂不能进行精准对齐。例如，高后果区与地质灾害信息中没有记录详细的位置信息（坐标），则不能与管道中心线数据准确对应，只能依靠记录的相对位置（桩+距离）进行换算对齐。数据对齐通过坐标或者前期建立对应关系进行匹配，如果已有数据没有这两方面的对应关系，那么也不能进行数据对齐。

管道中心线与运营期（高后果区、地质灾害等）数据对齐成果形成了"地上地下数据对齐综合大表"，后续新成果可按照该表内容进行补充完善。"地上地下数据对齐综合大表"从管道起点开始，建立与管道里程关联的所有相关信息。

数据整合对齐后，进行数据入库。

（1）按照《西南油气田分公司输气管道数字化恢复技术规范》中相关表单（A类、B类表单）的要求进行数据结构化处理，并入库至管道管理平台。

（2）按照西南油气田公司地理信息系统（A4）相关入库标准，将核实准确的空间数据（管道及附属设施）、影像数据、三维模型入库至西南油气田公司地理信息系统（A4）。

第四章 油气田管道高后果区识别与风险评价

第一节 概述

在油气集输管道完整性管理工作流程中，油气集输管道高后果区识别和风险评价，居于十分突出的位置，是基于风险的完整性管理的重要技术手段。通过高后果区识别和风险评价，管理者可以明确完整性管理工作重点，合理制定检测、修复计划，科学调度人力、物力和资金，优化资源配置。

在管道完整性管理中，风险包括失效可能性和失效后果两层含义。失效后果是指输送易燃、易爆或有毒、有害介质（或产品）管道发生泄漏，甚至燃烧、爆炸时，对公共安全和环境造成的不利影响，包括人员伤亡、财产损失、环境污染等。

高后果区是指管道发生泄漏后可能会对公众和环境造成较大不良影响，严重危及公众安全和（或）破坏环境的区域。高后果区内的管段是实施完整性管理（风险评价和完整性评价）的重点管段。管道管理单位必须在高后果区管段上实施管道完整性管理计划，以保护公众生命财产和环境的安全。

高后果区与管道周边的环境有密切关系。人口及建筑物聚集程度高的地区，或者水源、河流、水库等环境敏感区域，是形成高后果区的主要环境因素。

高后果区与管道输送介质类型有关。输送介质不同，失效后果表现形式存在差别，影响高后果的因素也有所不同。例如，天然气管道失效后果主要表现为燃烧、爆炸造成的人员伤亡和财产损失，天然气管道高后果区通常与人或建筑物的聚集程度有关。对于原油输送管道，管道失效后果除燃烧造成人员伤亡和财产损失外，还表现为介质泄漏对环境造成的损害。原油管道后果区除了考虑人或建筑物的聚集程度外，还与水源、河流、水库等环境敏感因素有关。

对于易形成突发性公共安全后果的天然气管道，除了人口聚集程度外，商场、学校、医院、监狱、寺庙、集市特定的人群聚集等场所，在突发公共安全事件时，由于人口聚集度异常高，给快速疏散造成困难，上述场所是天然气管道高后果区组成因素。

高后果区与管道直径和运行压力有关。特定条件下，管道失效后果的大小取决于泄漏量。相对于较小口径和较低输送压力的油气管道，较大口径、较高输送压力的油气管道，在相同时间内，将有更大的泄漏量和影响范围。

高后果区并不是一成不变的，随着管道周边人口和环境的变化，高后果区的位置和范围也会随之改变。因此，管道管理单位对高后果区也需定期重新分析，及时掌握需要采取完整性管理计划的重点区段，保障管道的安全运营。

高后果区管道识别是根据管道周围人口、环境因素及管道自身的因素，按照特定规范规定的准则，对高后果区的位置、影响范围或者程度进行识别的过程。

由于不同输送介质的管道需要考虑的因素存在较大的差别，在高后果区后识别时，原油管道、天然气管道、含硫气管道高后果区后识别采用不同的识别原则。

相对于油气输送管道，油气田内部的油气集输管道，由于在介质、管径、长度、压力、敷设条件、运行工况等方面存在较大的差异，根据输送介质类型、管道分类，在高后果区识别准则和具体的实施方案上，采用了差异化识别策略，以降低高后果区识别成本，提高识别精度。

油气管道风险评价是对管道失效发生概率以及失效产生的后果大小进行评估的过程。根据评价方法的量化特征，油气管道风险评价可分为定性风险评价、半定量风险评价和定量风险评价。不同的评价方法有着不同的数据量需求、不同的评价指标体系及风险计算和分级方法。

随着计算机技术的应用，基于数据库和地理信息技术的管道高后果区识别技术和风险评价技术，为油气田油气集输管道高后果区识别和风险评价提供了新的、更为高效的解决方案。

第二节 油气田管道高后果区识别

一、管道高后果区识别一般原则

（一）地区等级划分

根据 GB 50251—2015《输气管道工程设计规范》，按管道沿线居民户数和（或）建筑物的密集程度等划分等级，分为四个地区等级，相关规定如下：

（1）沿管线中心线两侧各 200m 范围内，任意划分成长度为 2km 并能包括最大聚居户数的若干地段，按划定地段内的户数应划分为四个等级。在农村人口聚集的村庄、大院及住宅楼，应以每一独立户作为一个供人居住的建筑物计算。地区等级应按下列原则划分：

① 一级一类地区：不经常有人活动及无永久性人员居住的区段。
② 一级二类地区：户数在 15 户或以下的区段。
③ 二级地区：户数在 15 户以上 100 户以下的区段。
④ 三级地区：户数在 100 户或以上的区段，包括市郊居住区、商业区、工业区、规划发展区以及不够四级地区条件的人口稠密区。
⑤ 四级地区：四层及四层以上楼房（不计地下室层数）普遍集中、交通频繁、地下设施多的区段。

（2）当划分地区等级边界线时，边界线距最近一户建筑物外边缘应不小于 200m。

（3）在一级、二级地区内的学校、医院以及其他公共场所等人群聚集的地方，应按三级地区选取。

（4）一个地区的发展规划，足以改变该地区的现有等级时，应按发展规划划分地区等级。

（二）特定场所

除三级、四级地区以外，由于管道泄漏可能造成人员伤亡的潜在区域包括：

（1）特定场所Ⅰ：医院、学校、托儿所、幼儿园、养老院、监狱、商场等人群难以疏散的建筑区域。

（2）特定场所Ⅱ：在一年内至少有50天（时间计算可不连续）聚集30人或更多人的区域，包括集贸市场、寺庙、运动场、广场、娱乐休闲地、剧院、露营地等。

二、高后果区识别准则

（一）油管道高后果区识别准则

管道或管段处于如下位置时，可判定管道处于高后果区：

（1）管道经过的三级地区、四级地区。

（2）管道两侧各200m内有聚居户数在50户或以上的村庄、乡镇等。

（3）管道两侧各50m内有高速公路、国道、省道、铁路及易燃易爆场所等。

（4）管道两侧各200m内有湿地、森林、河口等国家自然保护地区或者水源、河流、大中型水库等。

（二）气管道高后果区识别准则

管道或管段处于如下位置时，可判定管道处于高后果区：

（1）管道经过的三级地区、四级地区。

（2）潜在影响半径内，有特定场所，潜在影响半径按表4-1计算。

（3）管道两侧各200m范围内有加油站、油库、第三方油气站场等易燃易爆场所。

表4-1 潜在影响半径计算公式

参数	管径<273mm	273mm≤管径≤762mm	管径>762mm
最大允许操作压力<1.6MPa	按式(4-1)	200m	200m
1.6MPa≤最大允许操作压力≤6.9MPa	200m	200m	200m
最大允许操作压力>6.9MPa	200m	200m	按式(4-1)

天然气管道潜在影响半径（r）计算公式为：

$$r = 0.099\sqrt{d^2 p} \qquad (4-1)$$

式中　　d——管道外径，mm；

　　　　p——管段最大允许工作压力，MPa；

　　　　r——潜在影响半径，m。

（三）含硫气管道高后果区识别准则

含硫气管道经过区域符合下列任何一条即为高后果区：

第四章 油气田管道高后果区识别与风险评价

(1) 硫化氢在空气中浓度达到 144mg/m³（100ppm）时，暴露半径范围内有 50 人及以上人员居住的区域，暴露半径计算采用式(4-2)。

(2) 硫化氢在空气中浓度达到 720mg/m³（500ppm）时，暴露半径范围内有 10 人及以上人员居住的区域，暴露半径计算采用式(4-3)。

(3) 硫化氢在空气中浓度达到 720mg/m³（500ppm）时，暴露半径范围内有高速公路、国道、省道、铁路及航道等的区域，暴露半径计算采用式(4-3)。

根据 ASME B31.8：2010，硫化氢暴露半径是指硫化氢浓度达到规定浓度的距离，计算公式如下：

扩散后，硫化氢浓度为 144mg/m³（100ppm）时的情况：

$$X_m = (8.404 n Q_m)^{0.6258} \tag{4-2}$$

扩散后，硫化氢浓度为 720mg/m³（500ppm）时的情况：

$$X_m = (2.404 n Q_m)^{0.6258} \tag{4-3}$$

$$Q_m = \min(W_g t, q) \tag{4-4}$$

$$W_g = 0.0063 S_k p \sqrt{\frac{M}{T}} \tag{4-5}$$

式中 X_m——暴露半径，m；

n——混合气体中硫化氢的摩尔分数；

Q_m——在标准大气压和 15.6℃ 条件下每天泄漏的最大容积，m³；

W_g——介质泄漏速度，m³/s；

t——泄漏时间，按表 4-2 确定，s；

q——泄漏管道容量，m³；

S_k——泄漏面积，mm²；

M——介质相对分子质量；

p——介质运行压力，MPa；

T——介质运行温度，K。

表 4-2 泄漏时间估算

监测系统等级	切断系统等级	泄漏时间估算，s		
		小规模泄漏	中等规模泄漏	较大规模泄漏
A	A	1200	600	300
A	B	1800	1800	600
B	C	2400	1800	1200
B	A 或 B	2400	1800	1200
C	C	3600	1800	1200
C	A，B 或 C	3600	2400	1200

注：(1) 小规模泄漏指泄漏面积小于 15mm²，中等规模泄漏指泄漏面积小于 500mm²，较大规模泄漏指泄漏面积不小于 500mm²。

(2) 监测系统等级按表 4-3 确定，切断系统等级按表 4-4 确定。

表 4-3 监测系统等级

监测系统类型	等级
监测关键参数的变化从而间接监测介质流失的专用设备	A
直接监测介质实际流失的灵敏的探测器	B
目测，摄像头等	C

表 4-4 切断系统等级

切断系统类型	等级
由监测设备或探测设备激活的自动切断装置	A
由操作员在操作室或其他远离泄漏点的位置人为操作的切断装置	B
人工操作的切断阀	C

（四）其他类型管道高后果区识别准则

其他类型管道高后果区识别准则，可根据管道输送介质类型及泄漏危害性质，参照以上管道高后果区识别准则确定，如油田中注水和污水管道，可参照油管道识别准则。

三、油气管网高后果区识别方法

（一）管网单元划分

管网单元作为管网高后果区识别最小单元，其划分原则如下：
(1) 根据生产管理按特定区域或特定场所划分管网单元。
(2) 以管网和场站的边界外延 200m 形成的封闭区域。

（二）调查统计与测绘

对管网单元内存在的以下情况进行调查、统计和测绘：
(1) 特定场所。
(2) 加油站、油库、第三方油气站场等易燃易爆场所。
(3) 居民点。
(4) 高速公路、国道、省道、铁路。
(5) 湿地、森林、河口等自然保护区。
(6) 水源、河流、大中型水库。

调查方法有现场调查、基于区域管网图调查、基于地理信息系统（GIS）调查。调查期间，通常需要对上述调查对象的空间位置进行测绘或确认。

当利用特定软件进行高后果区自动识别时，一般还需要对识别范围内的管道空间位置进行调查。

（三）高后果区识别

1. 地区等级划分

根据居民点统计数据及地区等级划分方法，确定识别区域内管道穿越的地区等级，并将三级、四级地区设定为高后果区。

2. 特定场所影响范围划分

对于天然气管道，根据特定场所统计及潜在影响区计算结果，确定特定场所的影响范围。

3. 易燃易爆场所影响范围划分

根据易燃易爆场所调查结果及管道两侧 200m 识别范围，确定易燃易爆场所的影响范围。

4. 硫化氢暴露半径影响区划分

对于含硫天然气管道，根据居民点人口统计及硫化氢暴露半径计算结果，确定硫化氢暴露半径影响范围。

5. 道路、自然保护区及水源等影响范围划分

对于油管道，道路、自然保护区及水源等的影响范围按下列方法划分：

（1）根据高速公路、国道、省道、铁路等统计结果计 50m 影响范围，确定高速公路、国道、省道、铁路等的影响范围。

（2）根据湿地、森林、河口等自然保护区等统计结果计 200m 影响范围，确定湿地、森林、河口等自然保护区等的影响范围。

（3）根据水源、河流、大中型水库等统计结果计 200m 影响范围，确定水源、河流、大中型水库等的影响范围。

四、高后果区识别报告

高后果区识别报告至少包括以下内容：
（1）识别工作概况，包括识别单位、识别日期。
（2）管道基础数据调查情况。
（3）识别区人口及环境数据调查情况。
（4）管段识别统计表。
（5）管理措施。
（6）再识别日期。

五、高后果区管理

（1）管道运营期周期性开展高后果区识别，识别时间间隔最长不超过 18 个月。
（2）已确定的高后果区应定期复核，复核时间间隔一般不超过 12 个月。
（3）当管道周边环境或管道相关参数发生变化，可能影响高后果区划分时，及时进行高后果区识别和更新。
（4）对管道高后果区的变化情况进行统计和对比，分析变化原因，根据情况提出建议措施。
（5）对识别出的高后果区管道进行风险评价，根据评价结果及时采取风险消减措施，

加强风险管控。

六、油气管网高后果区计算机识别技术及应用

（一）高后果区计算机识别技术

高后果区计算机识别技术是高后果区识别技术与地理信息技术相结合的产物，其核心是高后果区识别软件。作为管道完整性管理的辅助工具，高后果区识别软件在国外有相对成熟的产品，如可直接在 ArcGIS Desktop 和 ArcGIS Pro 内部运行的 G2-IS 工具软件，可以提供端到端的地区等级分析、高后果区及中后果区分析。Gas HCA Analyst 是一款可运行于单机的 HCA 分析软件，可用于天然气输送管道、天然气集输管道及受监管的集水管道的高后果区识别，快速、准确确定管道附近建筑物类型和位置。国内也有应用于高后果区识别的软件。应用计算机软件进行管道高后果区识别，可大幅度提升高后果区识别的工作效率，提高识别成果的一致性、可靠性和重现性。

（二）油气管网高后果区识别软件及应用

HCA2022 是一款基于 GIS 和相关标准开发的高后果区识别软件，运行于 Windows 桌面平台，符合 GB 32167—2015《油气输送管道完整性管理规范》和 Q/SY 01039.3—2019《油气集输管道和场站完整性管理规范 第 3 部分 管道高后果区识别和风险评价》要求，可以进行油气输送管道和集输管网的高后果区自动识别。

HCA2022 软件包括数据库管理模块、数据分析模块和成果输出等模块。其中，数据库管理模块负责管道空间信息及高后果区要素信息的录入；数据分析模块负责高后果区识别相关的数据分析，如缓冲区分析、地区等级划分、高后果区识别与修订、高后果区统计；成果输出模块负责识别成果的图形展示、成果数据存储、成果文件生成等。

基于 HCA2022 软件的高后果区识别流程如下：

（1）确定被识别管道或管网，收集管道空间信息和属性信息，包括管道类型、管径、输送介质类型、设计压力等。为便于协同工作，管道空间信息采用 KML 通用数据交换格式。

（2）将管道空间信息和空间基础信息录入数据库，管道空间信息可以使用管道中心线数据或现场测试。HCA2022 软件提供管道空间数据的一键式导入操作，并提供管道基础属性信息的维护管理。

（3）确定识别范围。HCA2022 软件可以导出识别的管道信息或管网周围待识别的区域信息。

（4）高后果区要素信息采集，可现场采集，也可使用卫星图像软件采集。HCA2022 软件提供了与识别准则一致的全要素数据模板，可以方便要素信息采集和记录。

（5）高后果区要素信息录入数据库。HCA2022 软件提供要素信息的一键式导入操作。

（6）用软件进行高后果区的识别。HCA2022 软件提供一键式识别操作。

（7）输出识别结果，包括高后果区统计表、高后果区明细表、高后果区要素登记表等。

图 4-1 所示是 HCA2022 软件用户主界面。应用 HCA2022 软件进行某天然气管网高后

果区识别的应用案例见表 4-5 至表 4-8。

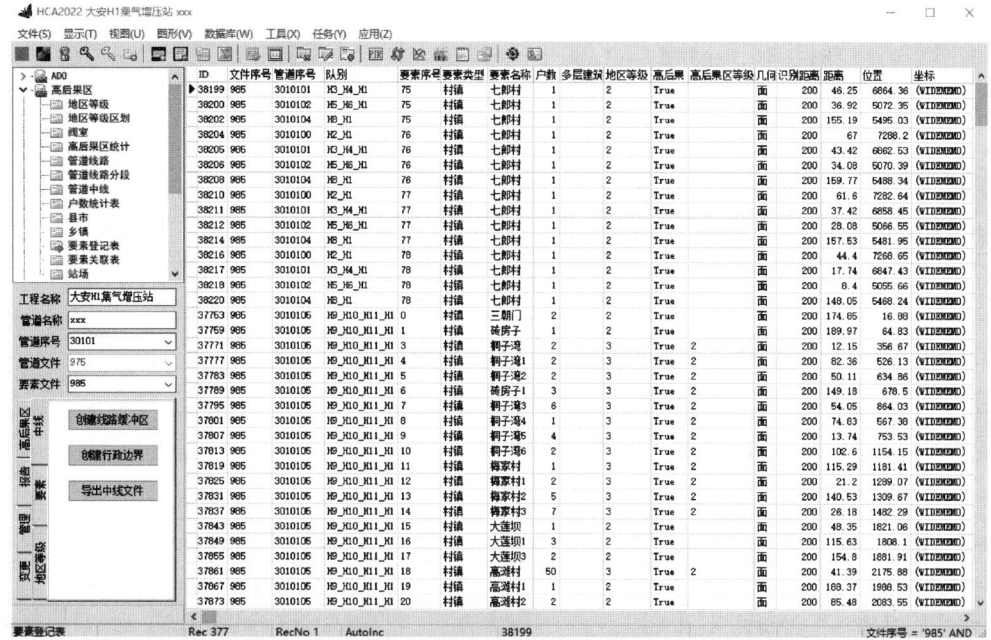

图 4-1 HCA2022 软件用户主界面

表 4-5 管道基础信息

工程名称	管道名称	管道类型	介质类型	执行标准	管道外径 mm	设计压力 MPa	管道长度 m
大安 H1 集气增压站	H2_H1	输气管道	天然气	GB 32167	168.3	8.5	11310
大安 H1 集气增压站	H3_H4_H1	输气管道	天然气	GB 32167	219.1	8.5	10690
大安 H1 集气增压站	H5_H6_H1	输气管道	天然气	GB 32167	219.1	8.5	7890
大安 H1 集气增压站	H7_H1	输气管道	天然气	GB 32167	168.3	8.5	2550
大安 H1 集气增压站	H8_H1	输气管道	天然气	GB 32167	168.3	8.5	8480
大安 H1 集气增压站	H9_H10_H11_H1	输气管道	天然气	GB 32167	219.1	8.5	10190

表 4-6 高后果区统计表

工程名称	管道名称	管道类型	介质类型	管道长度 m	高后果区长度, m	高后果区比例, %
大安 H1 集气增压站	H2_H1	输气管道	天然气	7511	2250.59	30
大安 H1 集气增压站	H3_H4_H1	输气管道	天然气	7103	0	0
大安 H1 集气增压站	H5_H6_H1	输气管道	天然气	5308	0	0
大安 H1 集气增压站	H7_H1	输气管道	天然气	1702	0	0
大安 H1 集气增压站	H8_H1	输气管道	天然气	5645	2292.69	40.6
大安 H1 集气增压站	H9_H10_H11_H1	输气管道	天然气	6785	3488.46	51.4

表 4-7 高后果区明细

管道名称	序号	所属行政区	距离管道, m	长度 m	高后果区类型	识别描述	起点位置 km	终点位置 km
H2_H1	1	何埂镇	20.17	2251	三级地区	穿井村, 染坊头, 齐心村……	0	2.251
H8_H1	1	临江镇	7.92	2255	三级地区	坛子坡村, 董家屋基……	0	2.255
H8_H1	2	何埂镇	52.94	38	三级地区	烂泥沟	2.255	2.293
H9_H10_H11_H1	1	临江镇	12.15	3488	三级地区	桐子湾, 桐子湾……	0.08	3.568

表 4-8 高后果区要素统计

要素序号	要素类型	要素名称	户数	多层建筑	高后果区等级	位置 m	相对位置 m	距离 m	管道名称
248	村镇	穿井村	2		2	33.51	P000+034m	136.41	H2_H1
246	村镇	穿井村	6		2	86.59	P000+087m	112.98	H2_H1
247	村镇	穿井村	1		2	104.46	P000+104m	127.9	H2_H1
245	村镇	穿井村	10		2	200.2	P001+056m	23.61	H2_H1
244	村镇	穿井村	3		2	311.95	P001+168m	103.06	H2_H1
243	村镇	染坊头	6		2	451.81	P001+308m	55.11	H2_H1
242	村镇	染坊头	1		2	659.57	P001+515m	129.58	H2_H1
241	村镇	齐心村	3		2	712.66	P001+569m	64.21	H2_H1
…	…	…	…	…	…	…	…	…	…

第三节 油气田管道风险评价

风险评价的目的是识别影响管道完整性的危害因素，分析管道失效可能性和失效后果，判断风险水平。对管段按风险大小进行排序，根据高后果区、地区等级、地形地貌、管道敷设土壤性质等环境数据和管道关键属性数据，沿管道变化情况进行分段，确定完整性评价和实施风险消减措施的优先顺序。

一、风险评价一般原则

（1）管道投产后1年内应进行风险评价。

（2）高后果区管道进行周期性风险评价，其他管段根据具体情况确定是否开展评估。

（3）应根据管道分类选择合适的评价方法，Ⅰ类、Ⅱ类管道宜采用半定量风险评价方法；Ⅲ类管道宜采用定性风险评价方法；高后果区、高风险级管道或含硫气管道可开展定量风险评价。

（4）应在设计、施工阶段进行危害因素识别和风险评价，根据评价结果进行设计、施工和投产优化，规避风险。

二、定性风险评价方法

（一）数据收集

收集数据的方式包括现场踏勘、与管道管理人员访谈和查阅资料等。一般需要收集以下资料：

（1）管道基本参数。
（2）管道穿跨越、阀室等设施。
（3）第三方施工。
（4）管道内外监测报告，内容应包括内、外检测工作及结果情况。
（5）管道泄漏事故历史，含打孔盗油。
（6）管道高后果区、关键段统计，管道周围人口分布。
（7）管道输量、管道运行压力报表。
（8）阴极保护报表及每年的通/断电电位测试结果。
（9）管道更新改造工程资料，含管道改线、管体缺陷修复、防腐层大修、站场大的改造等。
（10）管道地质灾害调查/识别。
（11）管道介质分析报告。
（12）员工培训。

（二）失效可能性分析

风险失效可能性指标等级见表4-9。

表4-9 风险失效可能性指标等级

序号	失效可能性指标		等级
1	管道沿线是否存在露管	是 □	2
		否 □	1
2	巡线频率	一周及以下一次 □	1
		半月以下一次 □	2
		半月及以上一次 □	3
3	管道沿线两侧5m范围内是否存在第三方施工	是 □	3
		否 □	1
4	管道沿线两侧5m范围内是否存在违章建筑、道路、杂物占压	是 □	2
		否 □	1
5	管道沿线是否存在重车碾压且未采取相应保护措施	是 □	2
		否 □	1
6	管道沿线标志桩、警示桩是否齐全	是 □	1
		否 □	2

续表

序号	失效可能性指标		等级
7	管道地面装置是否有效保护	是 □	1
		否 □	2
8	管道输送介质是否含水	是 □	2
		否 □	1
9	管道输送介质是否含硫化氢	是 □	2
		否 □	1
10	管道是否采取有效内防腐措施	是 □	1
		否 □	2
11	管道采用的防腐层类型	石油沥青、环氧煤沥青、聚乙烯胶带 □	2
		3PE □	1
12	管道外防腐层质量	好 □	1
		一般 □	2
		差 □	3
13	管道沿线是否采取阴极保护	是 □	2
		否 □	1
14	管道沿线是否存在杂散电流干扰	是 □	2
		否 □	1
15	管道沿线敷设土壤环境腐蚀性	强 □	3
		中 □	2
		弱 □	1
16	设计安全防御系统是否完善，设备选型是否合理	是 □	1
		否 □	2
17	根据运营历史和内检测结果是否存在焊缝缺陷	是 □	1
		否 □	2
18	是否定期举行员工培训	是 □	1
		否 □	2
19	是否做过管道防腐层外检测	是 □	1
		否 □	2
20	防腐层外检测结果如何	防腐层为1级 □	1
		防腐层为2~3级 □	2
		防腐层为4级 □	3
21	规程与操作指导是否受控	是 □	1
		否 □	2
22	管道所经地形地貌	高山、丘陵、黄土区、台田地 □	2
		平原、沙漠 □	1

续表

序号	失效可能性指标		等级
23	管道是否经过地质灾害敏感点区域，例如滑坡、地面沉降、地面塌陷的区域等	是 □	2
		否 □	1
24	是否存在挖掘及其他线路建设工程活动	是 □	2
		否 □	1

注：失效可能性等级可根据油、气管道类型和实际情况调整。

（三）失效后果分析

油管道风险失效后果等级见表 4-10。气管道风险失效后果等级见表 4-11。

表 4-10　油管道风险失效后果等级

序号	失效后果指标		等级
1	管道经过的地区等级	四级地区	3
		三级地区	2
		一级、二级地区	1
2	管道两侧各 200m 内是否有聚居户数在 50 户或以上的村庄、乡镇	是 □	2
		否 □	1
3	管道两侧各 50m 内是否有高速公路、国道、省道、铁路及易燃易爆场所	是 □	2
		否 □	1
4	管道两侧各 200m 内是否有湿地、森林、河口等国家自然保护地区	是 □	2
		否 □	1
5	管道两侧各 200m 内是否有水源、河流、大中型水库	是 □	2
		否 □	1

表 4-11　气管道风险失效后果等级

序号	失效后果指标		等级
1	管道经过的地区等级	四级地区	3
		三级地区	2
		一级、二级地区	1
2	管道经过一级、二级地区时，管道两侧各 200m 内是否存在医院、学校、托儿所、养老院、监狱、商场等人群难以疏散的建筑区域	是 □	2
		否 □	1
3	管道经过一级、二级地区时，管道两侧各 200m 内是否存在集贸市场、寺庙、运动场、广场、娱乐休闲地、剧院、露营地等	是 □	2
		否 □	1
4	管道两侧各 200m 内是否有高速公路、国道、省道、铁路	是 □	2
		否 □	1
5	管道两侧各 200m 内是否有易燃易爆场所	是 □	2
		否 □	1

(四) 风险计算及风险等级分级

（1）风险失效可能性等级根据风险失效可能性每项指标等级确定，即失效可能性每项指标等级的和除以管道失效可能性指标实际项数（N_i）后向上圆整（如若计算的 P 值为 1.1，向上圆整后的取值为 2）。

$$P = \text{ROUNDUP} \frac{\sum P_i}{N_i} \tag{4-6}$$

式中　P——失效可能性等级；
　　　P_i——失效可能性每项指标等级；
　　　N_i——管道失效可能性指标实际项数。

（2）失效后果等级根据风险失效后果每项指标等级确定，即失效后果每项指标等级的和除以管道失效后果指标实际项数（N_j）后向上圆整（如若计算的 C 值为 1.1，向上圆整后的取值为 2）。

$$C = \text{ROUNDUP} \frac{\sum C_j}{N_j} \tag{4-7}$$

式中　C——失效后果等级；
　　　C_j——失效后果每项指标等级；
　　　N_j——管道失效后果指标实际项数。

（3）失效可能性等级、后果等级结合风险矩阵确定管道风险等级。

根据事故发生的可能性和严重程度等级，将风险等级分为低、中、高三级，见表4-12。

表 4-12　风险等级标准

后果严重程度		失效可能性		
		较不可能	偶然	可能
		1	2	3
轻微的	1	低	低	中
较大的	2	低	中	中*
严重的	3	中	中*	高

注：*表示可根据各油气田实际情况，部分或全部调整为"高"。

(五) 风险减缓措施

风险等级与安全对策措施响应要求见表4-13。

表 4-13　风险等级与安全对策措施响应要求

风险等级	要求
低	可接受风险，应对措施有效，不必采取额外技术、管理方面的预防措施
中	需要管控风险，有进一步实施预防措施以提升安全性的必要
高	重点管控风险，必须采取有效应对措施

三、半定量风险评价方法

（一）数据收集

数据收集的方式包括现场踏勘、与管道管理人员访谈和查阅资料等。一般需要收集以下资料：

(1) 管道基本参数。
(2) 管道穿跨越、阀室等设施。
(3) 施工情况。
(4) 管道内外检测报告，内容应包括内、外检测工作及结果情况。
(5) 管道失效事件分析。
(6) 管道高后果区、关键段统计，管道周围人口分布。
(7) 管道输量、管道运行压力报表。
(8) 阴极保护报表及每年的通/断电电位测试结果。
(9) 管道更新改造工程资料，含管道改线、管体缺陷修复、防腐层大修、站场大的改造等。
(10) 第三方交叉施工及相关规章制度，如开挖响应制度。
(11) 管道地质灾害调查/识别。
(12) 管道介质分析报告。
(13) 管道清管杂质分析报告。
(14) 管道初步设计及竣工资料。
(15) 管道安全隐患识别清单。
(16) 管道抢修情况及应急预案。
(17) 是否安装有泄漏监测系统、安全预警系统等情况。

（二）失效可能性分析

1. 第三方破坏

第三方破坏评价表见表 4-14。

表 4-14　第三方破坏评价表

风险因素名称			最大分值
管道覆土层最小厚度			20
地面活动状况		地区等级	5
		其他设施维护	5
		交通繁忙程度	5
		农业活动	5
地面装置			10
占压			10
打孔盗油盗气和盗土			20

续表

风险因素名称		最大分值
管道用地标志	地面标志	5
	管线走廊或管堤	5
巡线情况		15

1) 管道覆土层最小厚度

覆土层厚度为管顶以上到地面之间的土层厚度，对各种保护措施按以下规定折算成覆土层厚度：

（1）每5cm水泥保护层相当于20cm的覆土层厚度。

（2）每10cm水泥保护层相当于30cm的覆土层厚度。

（3）管道套管相当于60cm的覆土层厚度。

（4）加强水泥盖板相当于60cm的覆土层厚度。

（5）警告标志带相当于15cm的覆土层厚度。

（6）围栏相当于46cm的覆土层厚度。

取管段的最小值为覆土层最小厚度，覆土层最小厚度得分计算方法：分数值等于20减去覆土层最小厚度（cm），再除以8，分数值最小值为0分。

2) 地面活动状况

（1）地区等级。

① 管道附近没有挖掘活动的地区（荒野、无人区等），0分。

② 一级地区，1分。

③ 二级地区，2分。

④ 三级地区，4分。

⑤ 四级地区，5分。

（2）其他设施维护。

以目标管线为中心，根据两侧各10m范围内其他管道的条数进行评分：

① 无，0分；

② 1~3条，3分。

③ 大于3条，5分。

（3）交通繁忙程度。

交通繁忙程度通过道路等级来确定，道路的划分等级为：一级公路、二级公路、三级公路、四级公路、等外公路。

① 一级公路为供汽车分向、分车道行驶的公路，一般能适应按各种汽车折合成小客车的设计年平均每昼夜交通量为15000~30000辆。

② 二级公路一般能适应按各种车辆折合成中型载重汽车的远景设计年限年平均昼夜交通量为3000~7500辆。

③ 三级公路一般能适应按各种车辆折合成中型载重汽车的远景设计年限年平均昼夜交通量为1000~4000辆。

④ 四级公路一般能适应按各种车辆折合成中型载重汽车的远景设计年限年平均昼夜

交通量为：双车道1500辆以下；单车道200辆以下。

⑤ 等外公路是指土路和砂石路。

交通繁忙程度评分如下：

① 无道路，0分。

② 等外公路，0分。

③ 四级公路，1分。

④ 三级公路，2分。

⑤ 二级公路，3分。

⑥ 一级公路，4分。

⑦ 铁路，5分。

（4）农业活动。

根据管道上方的植被对管道的影响，农业活动评分如下：

① 荒地，1分。

② 耕地，3分。

③ 芦苇塘、林地，5分。

3）地面装置

地面装置是指暴露于大气环境中的管道附属设施，如截断阀、排空阀、安全阀等。当无地面装置得0分；存在地面装置时，地面装置得分为以下各项得分之和。

（1）地面装置与公路的距离：

① 地面装置与公路的距离不大于15m，则为3分。

② 地面装置与公路的距离大于15m，则为0分。

③ 无地面装置，则为0分。

（2）地面装置的围栏：

① 地面装置没有保护围栏或者粗壮的树将装置与路隔离，则为2分。

② 地面装置设有保护围栏或者粗壮的树将装置与路隔离，则为0分。

③ 无地面装置，则为0分。

（3）装置的沟渠：

① 地面装置与道路之间无不低于1.2m深的沟渠，则为2分。

② 地面装置与道路之间有不低于1.2m深的沟渠，则为0分。

③ 无地面装置，则为0分。

（4）地面装置的警示标志符号：

① 地面装置无警示标志符号，则为1分。

② 地面装置有警示标志符号，则为0分。

③ 无地面装置，则为0分。

4）占压

（1）无，0分。

（2）有，10分。

5）打孔盗油盗气和盗土

打孔盗油盗气和盗土行为影响区域为发生此事件的管段位置前后500m的范围。此项评分为：

(1) 无，0分。

(2) 存在盗土，5分。

(3) 存在盗油盗气，10分。

(4) 存在盗油盗气和盗土，20分。

6) 管道用地标志

此项评分为以下两个因素之和。

(1) 地面标志：

① 有地面标志（测试桩、转角桩、标志桩、警示带等），0分。

② 无任何标志，5分。

(2) 管线走廊或管堤：

① 有管线走廊或管堤，0分。

② 无管线走廊及管堤，5分。

7) 巡线情况

(1) 至少一周一次，0分。

(2) 不定期，10分。

(3) 无，15分。

2. 腐蚀损伤

腐蚀损伤评价表见表4-15。

表4-15 腐蚀损伤评价表

风险因素名称		最大分值
穿跨越管段外防腐层检查	环境特点	2
	结构特点	2
	防腐层质量	6
输送介质腐蚀性		15
内防腐状况		20
防腐层状况	防腐层类型	7
	防腐层质量等级	18
土壤腐蚀性		10
管道运行年限		10
杂散电流干扰	直流杂散电流干扰	17
	交流杂散电流干扰	8
阴极保护	保护措施种类	10
	保护效果	15
管道内检测		10

1) 穿跨越管段外防腐层检查

穿跨越管段外防腐层检查得分为以下各项得分之和。

(1) 环境特点：
① 位于大气中，0分。
② 位于水与空气的界面，2分（水和空气的界面指管道交替地暴露在水中或是空气中）。
(2) 结构特点：
① 不存在支撑或吊架，0分。
② 有支撑或吊架，1分。
③ 加装套管，2分。
(3) 跨越管段防腐层质量：
① 完整或经修复后良好，0分。
② 有破损，4分。
③ 无包覆层，6分。

2) 输送介质腐蚀性
(1) 无腐蚀性，0分（管内输送的无腐蚀性产品为干气、轻烃、净化油）。
(2) 中等腐蚀性，7分（管内输送的中等腐蚀性产品为湿气、含水油、供水管线中的清水）。
(3) 强腐蚀性，15分（管内输送的强腐蚀性产品为采出气（二氧化碳分压>0.21MPa，硫化氢含量>20mg/m^3、供水管线中的污水）。

3) 内防腐状况
(1) 无须采取措施，0分。
(2) 内涂层：有补口，12分；无补口，18分。
(3) 实施内腐蚀监测（挂片、传感器），17分。
(4) 清管，18分。
(5) 注入缓蚀剂，16分。
(6) 无防护，20分。
(7) 两种以上防护措施，7分。

4) 防腐层状况
防腐层状况得分为以下各项得分之和。
(1) 防腐层类型：
① 三层PE，1分。
② 沥青玻璃布，2分。
③ 泡沫黄夹克，有防水帽，泡沫下有防腐层，3分；有防水帽，泡沫下无防腐层，4分；无防水帽，泡沫下有防腐层，5分；无防水帽，泡沫下无防腐层，7分。
④ 两层PE，4分。
⑤ 聚乙烯胶带，5分。
⑥ 玻璃钢防腐，7分。
(2) 防腐层质量等级：
采用电流衰减法测量管道外防腐层，计算得出防腐层绝缘电阻R_g值，防腐层质量等级划分见表4-16。

表4-16 防腐层质量等级划分　　　　　单位：kΩ·m²

防腐类型	级别			
	1	2	3	4
3LPE/2LPE	$R_g \geq 100$	$20 \leq R_g < 100$	$5 \leq R_g < 20$	$R_g < 5$
其他防腐保温层	$R_g \geq 10$	$5 \leq R_g < 10$	$2 \leq R_g < 5$	$R_g < 2$

① 1级、2级，0分。

② 3级，8分。

③ 4级，16分。

④ 无防腐层，18分。

5）土壤腐蚀性

(1) 土壤电阻率>20Ω·m，则为0分。

(2) 10Ω·m≤土壤电阻率≤20Ω·m，则为5分。

(3) 土壤电阻率<10Ω·m，则为10分。

(4) 未进行土壤电阻率测量及在水体环境中或管道处于水下环境中，则为10分。

6）管道运行年限

(1) 投用0~5年，0分。

(2) 投用5~25年，4分。

(3) 投用25~30年，7分。

(4) 运行年限>30年，10分。

7）杂散电流干扰

杂散电流干扰评分为以下两项之和。

(1) 直流杂散电流干扰及排流措施：

① 不存在干扰或采取的排流措施效果较好，0分。

② 采取的排流措施不满足需求，或干扰强度为中级，9分。

③ 存在干扰，17分。

(2) 交流杂散电流干扰及排流措施：

① 不存在干扰或采取的排流措施效果较好，0分。

② 采取的排流措施不满足需求，或干扰强度为中级，4分。

③ 存在干扰，8分。

8）阴极保护

阴极保护评分为以下两项之和。

(1) 保护措施种类：

① 以强制电流阴极保护为主，牺牲阳极保护为辅，0分。

② 采用强制电流阴极保护，2分。

③ 采用牺牲阳极保护，5分。

④ 无阴极保护，10分。

(2) 保护效果（保护电位）：

① -1.2~-0.85V，0分。

② 正于-0.85V，15分。
③ 负于-1.2V，15分。

9）管道内检测

(1) 每5年一次或更频繁，0分。

(2) 无内检，10分。

3. 设计指数

设计指数评价表见表4-17。

表4-17 设计指数评价表

风险因素名称	最大分值
管道安全系数	6
系统安全系数	3
土壤移动	6

1）管道安全系数

管道安全系数分值根据管道设计壁厚（t）与管道设计压力下所需壁厚（t_{min}）的比值来确定，分值计算公式为：

$$分值=6-(t/t_{min}-1)\times6 \qquad (4-8)$$

管道设计压力下所需壁厚值按照管道设计标准进行计算。

此项最大分值为6分，最小分值为0分。

2）系统安全系数

系统安全系数分值根据设计压力与最大允许工作压力的比值来确定，分值计算公式为：

$$分值=3-(设计压力/设计最大允许工作压力-1)\times6 \qquad (4-9)$$

此项最大分值为3分，最小分值为0分。

3）土壤移动

(1) 油管道有保温层或伴热管道，不受冻土影响，0分。

(2) 气管道埋深大于冻土深度，0分。

(3) 气管道埋深小于冻土深度，6分。

4. 误操作指数

误操作指数评价表见表4-18。

表4-18 误操作指数评价表

风险因素名称		最大分值
设计	危害识别	3
	达到最大运行操作压力（MAOP）的可能性	3
施工	回填	2
	包覆层破损点数量	6
	补口	2

续表

风险因素名称		最大分值
运行	工艺规程	2
	检查	2
	培训	4
维护	管道抢修中防腐层修复工作	3
	维修计划	3

1) 设计

设计评分为以下两项之和。

(1) 危害识别：

① 有安全评价，0分。

② 无安全评价，3分。

(2) 达到MAOP的可能性：

① 不可能达到MAOP，0分。

② 可能达到MAOP，3分。

2) 施工

施工评分为以下三项之和。

(1) 回填：

① 在非冬季（4月至10月）回填，0分。

② 在冬季（11月至次年3月）回填，2分。

(2) 包覆层破损点数量：

① 破损点数量为0或1个/km，1分。

② 破损点数量为2个/km，2分。

③ 破损点数量为3个/km，4分。

④ 破损点数量为4个/km或以上，6分。

(3) 补口：

① 补口修补好，0分。

② 补口未修补，2分。

3) 运行

运行评分为以下三项之和。

(1) 工艺规程：

① 工艺规程文件完整，0分。

② 工艺规程文件不全，1分。

③ 无工艺规程文件，2分。

(2) 检查：

① 检查文件完整，0分。

② 检查文件不全，1分。

③ 无检查文件，2分。

(3) 培训：
① 有相关的培训，0分。
② 无培训，4分。

4) 维护

维护评分为以下两项之和。

(1) 管道抢修中防腐层修复工作：
① 对抢修的管道做了防腐保护，0分。
② 对抢修的管道未做防腐保护，3分。

(2) 维修计划：
① 有维修计划，按照维修计划执行，0分。
② 有维修计划，未执行，2分。
③ 没有维修计划，3分。

(三) 失效后果分析

失效后果评价表见表4-19。

表4-19 失效后果评价表

风险因素名称		最大分值
介质短期危害性	介质燃烧性	12
	介质反应性	8
	介质毒性	12
介质最大泄漏量		20
介质扩散性		15
人口密度		20
泄漏原因		8
供应中断对下游用户的影响	抢修时间	9
	影响范围和程度	15
	介质依赖性	12

1. 介质短期危害性

介质短期危害性的得分为介质燃烧性得分、介质反应性得分、介质毒性得分之和。介质燃烧性、反应性和毒性根据管道内输送的介质确定。

1) 介质燃烧性

在规定的条件下，加热试样，当试样达到某温度时，试样的蒸气和周围空气的混合气，一旦与火焰接触，即发生闪燃现象，发生闪燃时试样的最低温度，称为闪点。此项评分为：

(1) 介质不可燃，则为0分。
(2) 介质可燃，介质闪点>93℃，则为3分。
(3) 介质可燃，38℃<介质闪点≤93℃，则为6分。
(4) 介质可燃，介质闪点≤38℃并且介质沸点≤38℃，则为9分。

(5) 介质可燃,介质闪点≤23℃并且介质沸点≤38℃,则为12分。

2) 介质反应性

介质反应性得分为低放热值的峰值温度得分与介质最高工作压力得分之和。

(1) 低放热值的峰值温度:

① 峰值温度>400℃,则为0分。

② 305℃<峰值温度≤400℃,则为2分。

③ 215℃<峰值温度≤305℃,则为4分。

④ 125℃<峰值温度≤215℃,则为6分。

⑤ 峰值温度≤125℃,则为8分。

(2) 介质最高工作压力:

① 介质为液体状态时:

(a) 最高工作压力≤0.68MPa,则为0分。

(b) 最高工作压力>0.68MPa,则为4分。

② 介质为气体状态时:

(a) 最高工作压力≤0.34MPa,则为0分。

(b) 0.34MPa<最高工作压力≤1.36MPa,则为2分。

(c) 最高工作压力>1.36MPa,则为4分。

3) 介质毒性

(1) 介质无毒性,则为0分。

(2) 介质有轻度危害毒性,则为2分。

(3) 介质有中度危害毒性,则为4分。

(4) 介质有高度危害毒性,则为8分。

(5) 介质有极度危害毒性,则为12分。

2. 介质最大泄漏量

介质最大泄漏量评分见表4-20。

表4-20 介质最大泄漏量评分表

设计压力,MPa	气体介质管径, mm			液体介质管径, mm	
	(-∞,200)	[200,300]	(300,+∞)	(-∞,300]	(300,+∞)
(-∞,0.5]	1分	5分	9分	1分	9分
(0.5, 1)	5分	9分	13分	5分	13分
[1, +∞)	9分	13分	20分	13分	20分

3. 介质扩散性

介质扩散性得分,为以下两项得分之和。

1) 液体介质的扩散性

(1) 若泄漏处的土壤为泥土、密集硬黏土或无缝岩石(渗透率<10^{-7}cm/s),则为0分。

(2) 泄漏处土壤为砂砾、沙子和大块碎石(渗透率>10^{-3}cm/s),则为12分。

2）气体介质的扩散性

气体介质的扩散性得分，为以下两项得分之和。

（1）地形：

① 可能的泄漏处地形开阔，则为 1 分。

② 可能的泄漏处地形闭塞，则为 6 分。

（2）风速：

① 可能的泄漏处年平均风速低，则为 2 分。

② 可能的泄漏处年平均风速中等，则为 5 分。

③ 可能的泄漏处年平均风速高，则为 9 分。

4．人口密度

（1）荒无人烟地区，则为 6 分。

（2）一级地区，则为 6 分。

（3）二级地区，则为 10 分。

（4）三级地区，则为 14 分。

（5）四级地区，则为 20 分。

5．泄漏原因

（1）最可能的泄漏原因是操作失误，则为 1 分。

（2）最可能的泄漏原因是焊接质量或腐蚀穿孔，则为 4 分。

（3）最可能的泄漏原因是第三方损坏或自然灾害，则为 8 分。

6．供应中断对下游用户的影响

供应中断对下游用户的影响的得分，为以下各项得分之和。

（1）抢修时间：

① 抢修时间<1d，则为 1 分。

② 1d≤抢修时间<2d，则为 3 分。

③ 2d≤抢修时间<4d，则为 5 分。

④ 4d≤抢修时间<7d，则为 7 分。

⑤ 抢修时间≥7d，则为 9 分。

（2）影响范围和程度：

① 无重要用户，供应中断对其他单位影响一般，则为 3 分。

② 供应中断影响小城市、小城镇的工业用燃料，则为 6 分。

③ 供应中断影响小企业、小城市生活，则为 9 分。

④ 供应中断影响一般的工业生产、中型城市生活，则为 12 分。

⑤ 供应中断影响重要大型企业、大型中心城市的生产、生活，则为 15 分。

（3）介质依赖性：

① 供应中断的影响很小，则为 3 分。

② 有替代介质可用，则为 6 分。

③ 有自备储存设施，则为 9 分。

④ 用户对管道所输送介质绝对依赖，则为 12 分。

（四）风险计算及风险等级划分

按照式(4-10)计算风险值 R：

$$R = CP \tag{4-10}$$

式中　C——失效后果得分；

　　　P——失效可能性得分。

管道风险等级的划分标准见表 4-21。

表 4-21　管道风险等级划分标准

风险等级	风险分值
低风险	0～19440
中风险	19441～30780
高风险	30781～40500

（五）风险减缓措施

1. 第三方破坏

（1）管道某位置的覆土层厚度小于 30cm，应对管道覆土层厚度小于 30cm 处进行培土，培土后管道最小覆土层厚度应达到管道设计埋深值。

（2）管道周围有居民，对于无警告标志的位置，应标明管道的具体位置，树立警告牌等警告标志。

（3）管道设施（截断阀、排空阀、安全阀）暴露于大气环境中，且无防护措施，应采取必要的防护措施。

（4）管道存在占压情况，应采取改线、拆除违章建筑物等方式消除安全隐患。对正在发生的位于管道附近的施工活动加强管理，以防造成管道损伤。

（5）管道存在盗油和盗土情况，应加强管道的巡线工作，增加巡线频率。对已有的盗油设施进行拆除，并修复管道，对管道附近缺失的土壤进行填充。

（6）管道未开展巡线工作，应建立定期巡线制度，减少第三方对管道的侵扰。

（7）对于存在第三方破坏隐患的管道，应对沿线居民、企业加强管道保护法律法规的宣传和安全教育。

2. 腐蚀损伤

（1）管道输送介质的腐蚀性较强，且管道内未采取防护措施，应采取必要的防护措施减少内腐蚀，具体步骤详见 KT/OIM/ZY-0605—2018《油田管道内腐蚀防护作业规程》。

（2）管道外防腐层存在破损时，应进行修复，具体步骤详见 KT/OIM/ZY-0603—2018《油田管道防腐（保温）层缺陷修复作业规程》。

（3）管道的运行年限超过 15 年，宜加强管道的腐蚀监测。

（4）对于存在直流或交流杂散电流干扰的管道，应采取排流措施。

（5）对于已施加阴极保护的管道，管地电位相对硫酸铜参比电极正于 -850mV 时，宜通过现场检验测试分析问题产生的原因，并采取针对性措施，使得保护电位达到标准要求。

3. 设计指数

（1）管道安全性为无，应检查设计文件中的管道壁厚是否有余量。
（2）系统安全性为无，应检查设计文件中设计压力与运行压力参数。
（3）对于气管道，且最小覆土层厚度值小于 2m 时，应对管道采取防冻保温措施。

4. 误操作指数

（1）工艺规程文件不完整，应完善管道运行的工艺规程。
（2）检查文件不完整，应完善管道检查文件。
（3）无管道安全培训，应对管道系统安全进行培训。
（4）抢修的管道未做防腐保护，应对抢修的管道采取防腐保护。
（5）管道的维护有相关的计划，但未执行，应按照维修计划执行。
（6）无维修计划，应制定计划，并按照维修计划执行。

四、定量风险评价方法

（一）资料数据收集

根据定量风险评价的目标和深度确定所需收集的资料数据，包括但不局限于表 4-22 的资料数据。

表 4-22 定量风险分析收集的数据资料

类别	资料数据
危害信息	单元存量、危险物质安全技术说明书（MSDS）、现有的工艺危害分析［如危险与可操作性危害信息分析（HAZOP）］结果、点火源分布等
设计与运行数据	区域位置图、平面布置图、设计说明、工艺技术规程、安全操作规程、仪表数据、管道数据、运行数据等
减缓控制系统	探测和隔离系统（可燃气体和有毒气体检测、火焰探测、电视监控、联镜切断等）、消防、水幕等减缓控制系统
自然条件	气象条件（气压、温度、湿度、太阳辐射热、风速、风向及大气稳定度等）；地质、地貌条件（现场周边的地形条件、表面粗糙度）等
历史数据	事故案例、设备失效、仪表失效统计资料等；历次自然灾害（如洪水、地震、台风、海啸、泥石流、塌方等）记录等
人口数据	分析目标范围内室内和室外人口分布
管理系统	管理制度、操作和维护手册、设备维修与检验记录、作业程序，以及培训、应急、事故调查、承包商管理、设施完整性管理、变更管理等

典型点火源分为：
（1）点源，如加热炉（锅炉）、机车、火炬、人员。
（2）线源，如公路、铁路、输电线路。
（3）面源，如厂区外的化工厂、炼油厂。
应对分析对象单元的工艺条件、设备、平面布局等资料进行分析，结合现场调研情况，针对可燃物泄漏，确定最严重事故场景范围内的潜在点火源，并统计点火源的名称、种类、方位、数目以及出现的概率等要素。

人口分布调查时，应遵循以下原则：

（1）根据分析目标，确定人口调查的地域边界。

（2）考虑人员在不同时间上的分布，如白天与晚上。

（3）考虑娱乐场所、体育馆等敏感场所人员的流动性。

（4）考虑已批准的规划区内可能存在的人口。

人口数据可采用实地统计数据，也可采用通过政府主管部门、地理信息系统或商业途径获得的数据。

（二）危险辨识

1. 危害介质识别

天然气属易燃、易爆气体，与空气混合形成爆炸性混合物，遇明火极易燃烧爆炸，在相对密闭空间内有窒息危险。作为主要烃组分的甲烷属于《化学品分类和危险性公示 通则》（GB 13690—2009）中的气相爆炸物质，其爆炸极限范围是5%~15%（体积分数）。按《石油和天然气工程设计防火规范》（GB 50183—2004），天然气的火灾危险性为甲类。

2. 管道输送危险特性

气管道输送危险特性主要体现在以下几个方面：

（1）燃烧。天然气遇火源点燃后在空气中会剧烈燃烧，有可能发生喷射火、火球。

（2）扩散。天然气能以任何比例与空气混合。比空气轻的天然气组分逸散在空气中，顺风扩散，与空气混合易形成爆炸性混合物。比空气重的天然气组分会漂流到地面、沟渠等处，长时间聚集不散，遇点火源可能发生燃烧或爆炸。

（3）爆炸。天然气泄漏后遇空气混合形成爆炸性混合物后，遇点火源会发生燃烧或爆炸。

（4）毒性。含硫天然气具有毒性，伴随扩散作用其危害性更大。

3. 危险度判定

危险度判定参考 Q/SY 1646—2013《定量风险分析导则》附录 A 规定的危险度评价法。该方法以研究对象中物料、容量、温度、压力和操作 5 项指标进行评定。每项指标分为 A、B、C、D 4 个类别，分别赋予 10 分、5 分、2 分、0 分，根据 5 项指标得分之和来确定该研究对象的危险程度等级，从而判定进行定量风险评价的必要性。

4. 泄漏场景的确定

（1）在定量风险分析中，应包括对个体风险和（或）社会风险产生影响的所有泄漏场景。

（2）泄漏场景的选择应考虑主要设备（设施）的工艺条件、历史事故和实际的运行环境。

（3）泄漏场景根据泄漏当量孔径大小可分为完全破裂以及孔泄漏两大类，有代表性的泄漏场景见表 4-23。当设备（设施）直径小于 150mm 时，取小于设备（设施）直径的孔泄漏场景以及完全破裂场景。

表 4-23 泄漏场景

泄漏场景	当量孔径（d_e）范围	代表值
小孔泄漏	0mm<d_e≤5mm	5mm
中孔泄漏	5mm<d_e≤50mm	25mm
大孔泄漏	50mm<d_e≤150mm	100mm
完全破裂	150mm<d_e	设备设施完全破裂或泄漏孔径>150mm；全部存量瞬时释放

5. 管线泄漏场景

（1）对于完全破裂场景，如果泄漏位置严重影响泄漏量或泄漏后果，应至少分别考虑三个位置的完全破裂：

① 管线前端。

② 管线中间。

③ 管线末端。

（2）对于长距离管线，应沿管线选择一系列泄漏点，泄漏点的初始间距可取为 50m，漏点数应确保当增加激漏点数量时，风险曲线不会显著变化。

（三）频率分析

1. 泄漏频率

失效频率可使用以下数据来源，也可按 SY/T 6714—2020《油气管道基于风险的检测方法》确定：

（1）工业失效数据库。

（2）企业历史数据。

（3）供应商的数据。

（4）基于可靠性的失效概率模型。

（5）其他数据来源。

泄漏频率数据选择应考虑以下事项：

（1）应确保使用的失效数据与数据内在的基本假设相一致。

（2）使用化工行业数据时，宜考虑下列因素对漏频率的影响。

① 减薄（冲割、腐蚀、磨损等）。

② 衬里破损。

③ 外部破坏。

④ 应力腐蚀开裂。

⑤ 高温氢腐蚀。

⑥ 疲劳（温度、压力、机械作用等引起）。

⑦ 内部元件脱落。

⑧ 脆性断裂。

⑨ 其他引起泄漏的危害因素。

（3）如果使用企业历史统计数据，则只有该历史数据充足并具有统计意义时才能使用。

2. 事故发生频率

通过事件树分析可以得到物料泄漏后发生各种事故的频率ω。

事件树分析中主要分支包括：是否立即点火；是否检测失效；是否延迟点火；是否爆炸；是否隔离失效。事件树分析结果参见 Q/SY 1646—2013 附录 D。

立即点火的点火概率应考虑设备类型、物质种类和泄漏形式（瞬时释放或者连续释放），可根据数据库统计或通过概率模型计算获得。可燃物质泄漏后立即点火的概率参见 Q/SY 1646—2013 附录 E。

延迟点火的点火概率应考虑点火源的火源特性、泄漏物特性以及泄漏发生时点火源存在的概率，计算方法如下：

$$P(t) = P_{\text{present}}(1-e^{-\omega t}) \tag{4-11}$$

式中　$P(t)$——延迟点火的点火概率；

　　　P_{present}——泄漏发生时点火源存在的概率；

　　　ω——物料泄漏后的事故发生频率，$\min^{-1}$；

　　　t——时间，min。

常见点火源在 1mim 内的点火概率参见 Q/SY 1646—2013 附录 E。

对于有毒可燃物质，反应活性较低的物质只考虑中毒事故；对于反应活性为中等或活性较高的物质，需分别考虑发生中毒和可燃两种独立事故。

（四）后果严重性分析

1. 气管道事故事件树分析

管道失效后有可能发生的事故类型以及各事故发生的频率分析采用事件树分析方法。该方法是归纳推理，从原因到结果，即沿着特定时间发生顺序正向追踪，随之描绘出逻辑关系图——事件树。在事件树中，分析起始于一特定事件（初始事件），再跟踪所有可能后续发生的事件，以确定可能要发生的事故。

管线失效后，从管线内泄放的易燃易爆有毒的气体可能产生各种不同的失效后果，对失效点附近的人员及财产将造成巨大的威胁。对于给定的管线，其失效后果的类型与气体泄漏源类型、管线运行状态、失效模式以及点燃时间（立即点燃或延迟点燃）等因素有关。

根据泄漏源面积的大小和泄漏持续的时间，泄漏源分为连续泄漏源和瞬时泄漏源：

（1）连续泄漏源：气田管道或容器上腐蚀或疲劳形成的裂纹或孔洞造成气体连续泄放的泄漏源为连续泄漏源。连续源具有长时间较小泄漏量的稳态泄放的特点。

（2）瞬时泄漏源：油气在储运生产中，管道或容器爆炸破裂瞬间，气体能形成一定半径和高度的气云团的泄漏源为瞬时泄漏源。瞬时泄漏源具有短时间大量泄漏特点，其泄漏时间远小于扩散时间。

气管道失效事件树分析结果如图 4-2 所示，其中喷射火、火球、爆炸和中毒是常见的后果类型。

2. 喷射火

气田管道高压天然气泄漏时形成射流，如果在裂口处被点燃，则形成喷射火。

第四章 油气田管道高后果区识别与风险评价

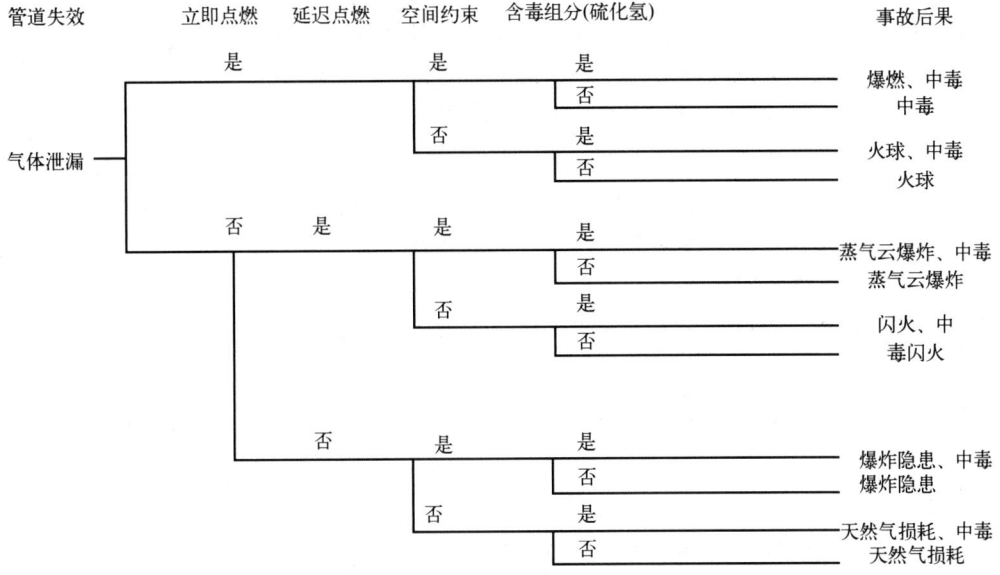

图 4-2 气管道失效事件树分析

喷射火要通过热辐射的方式影响周围环境。喷射火的影响主要取决于是否有人员暴露于火焰或特定的热辐射中。一般而言，人员暴露于 $4kW/m^2$ 的热辐射 20s 以上会感觉疼痛；$12.5kW/m^2$ 热辐射范围内木材燃烧，塑料熔化，4s 之内将达到正常人疼痛的极限；如果暴露于 $37.5kW/m^2$ 的热辐射，将导致人员在来不及逃生的情况下立即死亡。

3. 火球

火球是气态可燃物和空气的混合云团，处于可燃范围内时被一定量的引燃能点燃后发生的瞬态燃烧。它的热辐射经验和半经验模型之间的差别很大，尚没有能够全面准确描述火球发生、发展及其后果的计算模型。目前计算火球热辐射通量的模型主要有两种：固体火焰模型（假设火球表面热辐射通量与可燃物质量无关，为某一常数，通过实验测定）和点源模型（火球表面热辐射通量依赖于火球中的燃料质量、持续时间及火球直径大小等因素）。实验表明热辐射通量与火球大小有关，火球大小与储罐数量、形状、存储压力和存储质量等因素有关。定量风险计算给出的火球半径，是火球导致人员死亡的影响距离。

4. 蒸气云爆炸

爆炸是物质的一种非常急剧的物理、化学变化，也是大量能量在短时间内迅速释放或急剧转化成机械能对外做功的现象。它通常借助于气体的膨胀来实现。从物质运动的表现形式来看，爆炸就是物质剧烈运动的一种表现。物质运动急剧增速，由一种状态迅速地转变为另一种状态，并在瞬间释放出大量的能量。一般来说，爆炸现象具有以下特点：爆炸过程进行得很快；爆炸点附近压力急剧升高，产生冲击波；发出或大或小的声响；周围介质发生震动或邻近物质遭受破坏。

蒸气云发生爆炸事故必须满足以下几个条件：

（1）泄漏的物质必须可燃，而且具备适当的压力和温度条件。

（2）必须在点燃之前，即扩散阶段形成一个足够大的云团。如果可燃物刚泄漏就立即被点燃，则形成喷射火焰。但如果泄漏物质经过一段时间的扩散形成了蒸气云，然后被点燃，则会产生较强的爆炸波压力，并从云团中心向外传播，在大范围内造成严重破坏。据统计，绝大部分蒸气云爆炸事故发生在泄漏开始后的3min之内。

（3）局部蒸气云的浓度必须处于燃烧极限范围之内。

（4）存在湍流。蒸气云爆炸产生的爆炸波效应，是由火焰的传播速度决定的。火焰在可燃气云中传播得越快，云中产生的超压就越高，相应地，蒸气云的爆炸波效应就得到增强。研究实验表明，湍流能够显著提高蒸气云的燃烧速率，加快火焰的传播速度。一般来说，火焰都是以爆燃方式传播的，只有在非常特殊的条件下，才会出现爆轰。高速燃烧通常局限于障碍区域。一旦火焰进入无障碍区或无湍流区，燃烧速度和压力都将下降。

（5）存在足够能量的点火源。

对蒸气云爆炸（VCE）事故进行定量分析的方法主要有两种：TNT当量法和TNO模型法。

5. 扩散中毒

天然气中有毒的气体组分主要包括硫化氢、二氧化硫。

硫化氢具有极强毒性，为无色、可燃气体，具有典型的臭鸡蛋气味，冷却时很容易液化成为无色液体。硫化氢爆炸极限为4.3%~46%，可溶于水、乙醇、二氧化碳以及四氯化碳等。硫化氢在空气中的最高容许浓度是$10mg/m^3$；当空气中硫化氢浓度达10~$300mg/m^3$时，可引起眼急性刺激症状，接触时间稍长会引起肺水肿；当硫化氢浓度介于300~$760mg/m^3$时，可引发肺水肿、支气管炎及肺炎、头痛、头昏、恶心、呕吐；当硫化氢浓度$\geq 760mg/m^3$时，人会很快出现急性中毒，呼吸麻痹而死亡；人的绝对致死浓度为$1000mg/m^3$。

二氧化硫也具有毒性，为无色透明气体，有刺激性气味，可溶于水、乙醇和乙醚。当空气中的二氧化硫浓度达到$50mg/m^3$时，即可使人感到窒息，并引起眼刺激症状；当浓度达到1050~$1310mg/m^3$时，人即便是短时间接触，也有中毒的危险；当空气中二氧化硫浓度达到$5240mg/m^3$，会立刻引起人的喉头痉挛、喉水肿而引起窒息。

泄漏出的含硫天然气，若在泄漏口未遇火源，将在其自身动量作用下，与空气混合、扩散形成毒性云团。在泄漏过程中，含硫天然气会受到气质条件、气象和气候、地形地貌、压力、管长、管径以及破裂面积、泄漏位置等因素的影响。在泄漏过程结束后，毒性云团将脱离泄漏点并向下风向移动，直至被空气完全稀释。

气田管道泄漏释放的天然气在大气湍流的影响下扩散到周围环境中，在周围环境中的浓度可以通过大气扩散模型进行计算。这些浓度对有毒气体是否会导致人员损伤是十分重要的。

在扩散模型中需要考虑被称为Pasquill等级（A到F）的大气稳定性和一定的风速。

（五）风险定量计算

气管道定量风险评价分为个人风险和社会风险。个人风险和社会风险结果应满足：

（1）个人风险应在比例尺地理图上以等值线的形式给出，具体给出的等值线应根据个人风险接受标准和所关心的个人风险值来确定。

（2）社会风险以表示累计频率和死亡人数之间关系的曲线图，即F-N曲线形式给出。

1. 个人风险

个人风险（Individual Risk）代表一个人死于意外事故的频率，且假定该人没有采取保护措施，个人风险在地形图上以等值线的形式给出。

个人风险计算流程由图 4-3 给出，具体为：

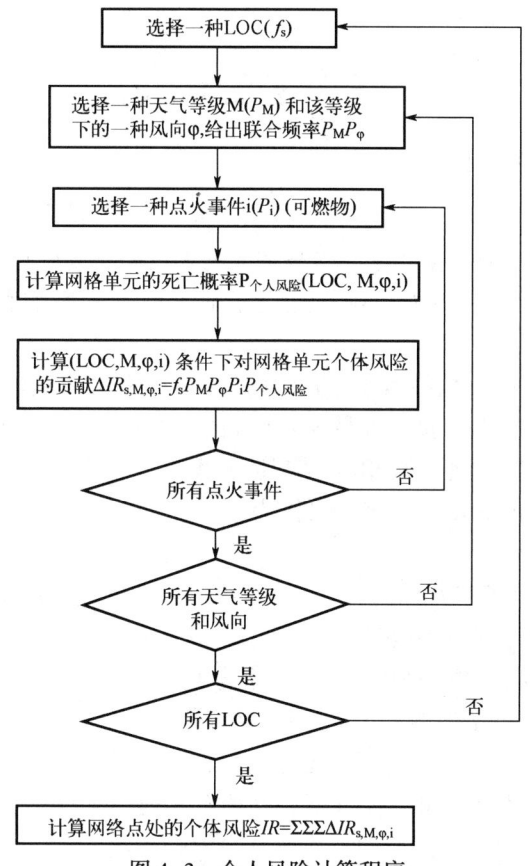

图 4-3　个人风险计算程序

（1）选择一个泄漏场景（LOC），确定 LOC 的发生频率 f_s。

（2）选择一种天气等级 M 和该天气等级下的一种风向 φ，给出天气等级 M 和风向 φ 同时出现的联合频率 $P_M P_φ$。

（3）如果是可燃物释放，选择一个点火事件 i 并确定点火频率 P_i。如果考虑物质毒性影响，则不考虑点火事件。

（4）计算在特定的 LOC、天气等级 M、风向 φ 及点火事件 i（可燃物）条件下网格单元上的致死率 $P_{个人风险}$，计算中参考高度取 1m。

（5）计算（LOC,M,φ,i）条件下对网格单元个体风险的贡献。

$$\Delta IR_{s,M,φ,i} = f_s P_M P_φ P_i P_{个人风险} \tag{4-12}$$

式中　f_s——某个泄漏场景（LOC）的发生频率；

$P_M P_φ$——天气等级 M 和风向 φ 同时出现的联合频率；

P_i——某个点火事件的点火频率；

$P_{个人风险}$——特定的 LOC、天气等级 M、风向 φ 及点火事件 i（可燃物）条件下网格单元上的致死率；

$\Delta IR_{s,M,\varphi,i}$——（LOC，M，φ，i）条件下对网格单元个体风险的贡献。

(6) 对所有点火事件，重复步骤（3）~（5）的计算；对所有的天气等级和风向，重复步骤（2）~（5）的计算；对所有 LOC，按照步骤（1）~（5）计算，则网格点处的个体风险为：

$$IR = \sum_s \sum_M \sum_\varphi \sum_i \Delta IR_{s,M,\varphi,i} \qquad (4-13)$$

式中 IR——网格点处的个体风险。

2. 社会风险

社会风险用于描述事故发生频率与事故造成的人员受伤或死亡人数的相互关系，是指同时影响许多人的灾难性事故的风险。这类事故对社会的影响程度大，易引起社会的关注。

社会风险一般通过 F-N 曲线表示（F 为频率，N 为伤亡人员数）。F-N 曲线表示可接受的风险水平—频率与事故引起的人员伤亡数目之间的关系。F-N 曲线值的计算是累加的，例如与"N 或更多"的死亡数相应的特定频率。

社会风险计算流程由图 4-4 给出，具体为：

(1) 首先确定以下条件：

① 确定 LOC 及发生频率 f_s。

② 选择天气等级 M，频率为 P_M。

③ 选择天气等级 M 下的一种风向 φ，频率为 P_φ。

④ 对于可燃物，选择条件频率为 P_i 的点火事件 i。

(2) 选一个网格单元，确定网格单元内的人数 N_{cell}；

(3) 计算在特定的 LOC，M，φ，i 下，网格单元内的人口死亡百分数 $P_{社会风险}$，计算中参考高度取 1m。

(4) 计算在特定的 LOC，M，φ，i 下网格单元的死亡人数 $\Delta N_{s,M,\varphi,i}$。

$$\Delta N_{s,M,\varphi,i} = P_{社会风险} N_{cell}$$

(5) 对所有网格单元，重复步骤（2）~（4）的计算，对 LOC，M，φ，i 计算死亡人数 $\Delta N_{s,M,\varphi,i}$。

$$\Delta N_{s,M,\varphi,i} = \sum_{所有网格单元} \Delta N_{s,M,\varphi,i}$$

(6) 计算 LOC，M，φ，i 的联合频率 $f_{s,M,\varphi,i}$。

$$f_{s,M,\varphi,i} = f_s P_M P_\varphi P_i$$

(7) 对所有 LOC(f_s)，M，φ，i，重复步骤（1）~（7）的计算，用累计死亡人数 $\Delta N_{s,M,\varphi,i} \geq N$ 的所有事故发生的频率 $f_{s,M,\varphi,i}$ 构造 F-N 曲线。

$$FN = \sum_{s,M,\varphi,i} f_{s,M,\varphi,i} \longrightarrow \Delta N_{s,M,\varphi,i} \geq N$$

第四章 油气田管道高后果区识别与风险评价

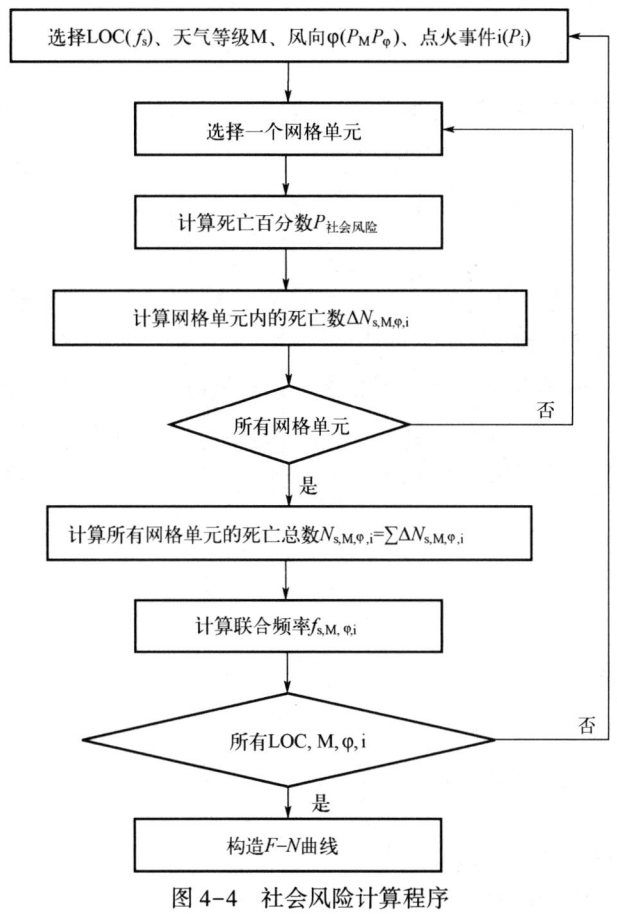

图 4-4 社会风险计算程序

(六) 风险评价

1. 风险可接受标准

个体风险可接受标准见表 4-24。

表 4-24 个体风险可接受标准

危险化学品单位周边重要目标和敏感场所类别	可接受风险年$^{-1}$
高敏感场所：学校、医院、幼儿园、养老院、监狱等； 重要目标：军事禁区、军事管理区、文物保护单位等； 特殊高密度场所（人数≥100人）：大型体育场、交通枢纽、露天市场、居住区、宾馆、度假村、办公场所、商场、饭店、娱乐场所等	$3×10^{-7}$
居住类高密度场所（30人≤人数<100人）：居民区、宾馆、度假村等； 公众聚集类高密度场所（30人≤人数<100人）：办公场所、商场、饭店、娱乐场所等	$1×10^{-5}$

社会风险可接受标准应满足图 4-5 要求。

2. 风险控制

将风险计算的结果和风险可接受标准相比较，判断项目的实际风险水平是否可以接受。如果项目的风险超出容许上限，则应采取降低风险的措施，并重新进行定量风险分析，并将计算的结果再次与风险可接受标准进行比较分析，直到满足风险可接受标准。

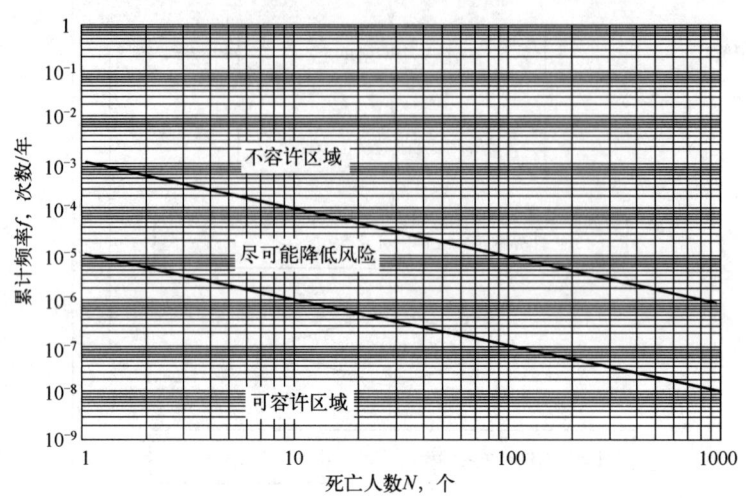

图 4-5　社会风险可接受标准

（七）风险减缓策略

1. 火灾、爆炸、中毒风险

由火灾、爆炸、中毒引起的风险可从以下三个方面来消减：

（1）消除。

（2）降低事故后果的严重性。

（2）降低事故发生的频率。

2. 本质安全风险

本质安全可以通过以下途径实现：

（1）集约化：减少危险物质的用量。

（2）替代：用相对危险性小的物质替代危险物质。

（3）衰减：通过使用降低物质危险性的工艺，如降低物料的储存温度和压力。

（4）简化：通过使装置或工艺更加简单易操作来降低设备或人失误的可能性。

3. 工艺、经济风险

如果由于工艺、经济等原因，危险不能被消除，需要考虑降低事故后果来消减风险：

（1）通过安装远程控材阀来对工艺物料进行及时切断。

（2）通过减小管道的尺寸来降低管线破裂后的物料潜在泄漏量。

（3）通过降低操作压力来减小事故发生时的泄漏流量。

（4）通过水喷雾系统或泡沫系统来控制火灾。

（5）通过水幕或蒸汽幕来减小有毒气体的扩散范围。

（6）通过防爆墙的设置来降低爆炸超压的危害。

（7）通过设置气体探测器早期发现可燃、有毒物质的泄漏，缩小有害气体的扩散范围。

4. 降低事故发生频率的措施

（1）通过选择腐蚀性低的物质来降低设备或管道破裂的可能性。
（2）减少法兰连接的数量。
（3）为转动设备配置可靠的密封装置。
（4）通过提高设计的安全系数来降低设备失效的可能性。
（5）通过设置双壁罐或双层管道来降低设备泄漏的可能性。
（6）有效的安全管理体系可以减少危险的发生。

第五章 油气田管道检测评价技术

第一节 油气田埋地管道探测定位技术

一、电磁法

电磁法利用电磁感应原理或电磁波原理，分为被动源法和主动源法。

（一）被动源法

被动源法是利用动力电缆或工业游散电流在金属管线中感应电流的电磁场，用探测仪接收。被动源法工作原理如图 5-1 所示。

特点：方法简便，成本低，适用于干扰背景小的地区，用于检测气源管道或干扰小的管道。

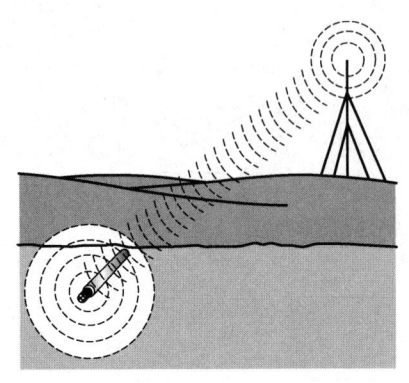
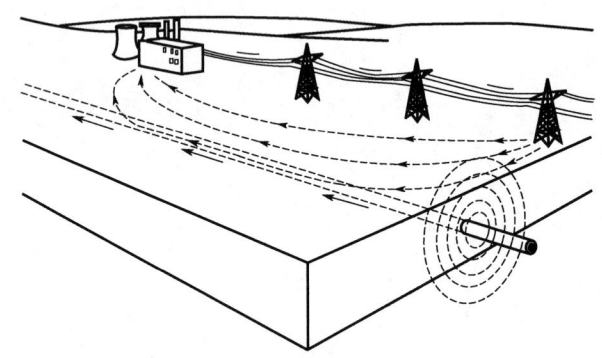

(a) 长波电台信号耦合到管道上　　(b) 动力电缆信号耦合到管道上

图 5-1　被动源法工作原理示意图

（二）主动源法

主动源法是将探测仪的发射机一端接到被测金属管线上，另一端接地，利用直接加到金属管线上的信号定位。

特点：定位和定深的精度高，且不受邻近管线干扰，但金属管线必须有出露点，用于金属管线的精确定位或追踪各种金属管线。

主动源法又可细分为直连法、感应法、夹钳线圈法、探地雷达。

1. 直连法

直连法是直接向目标管线导入信号电流的最佳方式和最常用的方式,信号(交流电流)将通过土壤回流到发射机,适合管线密集区域使用。

直连法常用的仪器包括 PCM、PCM+、DM 等(图 5-2)。

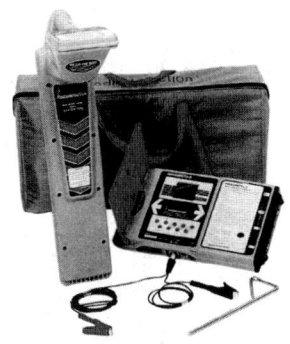

图 5-2 直连法常用仪器

2. 感应法

发射机与目标管线不方便进行直接连接,则可使用此方法。

感应法是将发射机放在目标管线正上方的地面上,信号将感应到埋地管线上。

该方法适用于干扰小的管段,主要用于气源管道的探查。

3. 夹钳线圈法

无法使用直连模式的情况适合使用夹钳线圈法,该方法适合管线密集区域使用。

特点:具有直连法的信号激发效果,发射机无须接地,现场使用发现检测距离较短。

4. 探地雷达

探地雷达也属于主动源法,利用电磁波探测所有材质的地下管线,也可用于地下掩埋物体的查找。

探地雷达是用频率介于 1MHz~1GHz 的无线电波来确定地下介质分布的一种方法。探地雷达的使用方法和原理是通过发射天线向地下发射高频电磁波,通过接收天线接收反射回地面的电磁波,推断地下介质的空间位置、结构、形态和埋藏深度,从而达到对地下目标管段的探测目的(图 5-3)。

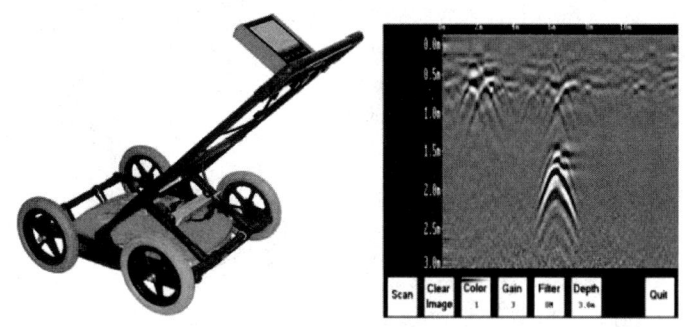

图 5-3 探地雷达

在探地雷达使用过程中发现，当地面铺有石块、水泥时，地面反射信号比较强，0~0.5m深度的管线干扰信号比较严重，无法测量此范围内的管线有效深度，当存在很多管线时，干扰严重，无法具体分辨出每条管线。

在实际探测过程中，对埋地燃气管网的探测，应依具体情况用不同的方法。尤其是对于管线复杂的地段，更应采用多种方法反复探测，以保证定位准确。

（三）适用性分析

上述方法的适用性分析汇总见表5-1。

表5-1 管道走向埋深探查技术适用性

方法	原理	应用范围	仪器设备/使用方法	城镇燃气适用性
被动源法	利用动力电缆或工业游散电流在金属管线中感应电流的电磁场，用探测仪接收	方法简便，成本低，适用于干扰背景小的地区，用于探查动力电缆和搜查金属管线		部分适用气源管道、信号干扰小的管道
主动源法—直连法	直接向目标管线导入信号电流，例如最常用的PCM仪器	适合管线密集区域使用		适用
主动源法—感应法	将发射机放在目标管线正上方的地面上，信号将感应到埋地管线上	发射机与目标管线不方便进行直接连接，则可使用此方法		部分适用信号干扰小的管道
主动源法—夹钳线圈法	采用夹钳线圈法产生感应电流	无法使用直连模式的情况适合使用此方法，该方法适合管线密集区域使用		适用
主动源法—探地雷达	通过发射天线向地下发射高频电磁波，接收反射回到地面的电磁波，推断地下介质的空间位置、结构、形态和埋藏深度	当地面铺有石块、水泥时，地面反射信号比较强，0~0.5m深度的管线干扰信号比较严重，当存在很多管线时，干扰严重，无法具体分辨出每条管线		部分适用地面反射信号较小的管道

二、管道惯性导航探测定位技术

管道惯性导航探测定位技术是利用搭载了惯性测量单元（Inertial Measurement Unit, IMU）的内检测器，在管道正常运行状态下，测量管道中心的三维轨迹坐标，以地面高精度参考点（例如检测起点、Mark 盒埋设点、检测终点等）的 GPS 坐标或者其他卫星定位系统提供的坐标加以修正，最终能够精确描绘出管道中心的三维走向图。IMU 单元内部结构示意图如图 5-4 所示。

（一）技术原理

管道惯性导航探测定位技术的核心是惯性导航系统（Inertial Navigation System, INS，简称惯导系统）。惯导系统用一种称为加速度计的仪表测量运载体的加速度，用陀螺稳定平台模拟当地水平面、建立一个空间直角坐标系，三个坐标轴分别指向东向 e、北向 n 及天顶方向 u，通常称为东北天坐标系。在载体运动过程中，利用陀螺使平台始终跟踪当地水平面，三个轴始终指向东、北、天方向。在三个轴的方向上分别安装东向加速度计、北向加速度计和垂直加速度计。东向加速度计测量载体沿东西方向的运动加速度 a_e，北向加速度计测量载体沿南北方向的加速度 a_n，而垂直加速度计则测量载体沿天顶方向的加速度 a_u。将这三个方向上的加速度分量进行积分，便可得到载体沿这三个方向上的速度分量。

由惯导系统的定位原理可以看出，一个完整的惯导系统应包括以下几个主要部分：

（1）加速度计。用于测量航行体的运动加速度。通常应有 3 个，并安装在三个坐标轴方向上。

（2）陀螺稳定平台。为加速度计提供一个精确的坐标基准，以保持加速度计始终沿三个轴向测定加速度，同时也使惯性测量元件与航行体的运动相隔离。

（3）导航计算机。用来完成诸如积分等导航计算工作，并提供陀螺施矩的指令信号。

（4）电源及必要的附件等。

按照惯性测量装置在载体上的安装方式，惯导系统可以分为平台式惯性导航系统和捷联式惯性导航系统。

平台式惯性导航系统是将惯性测量元件安装在惯性平台（物理平台）的台体上。根据平台所模拟的坐标系不同，平台式惯性导航系统又分为空间稳定惯性导航系统和当地水平面惯性导航系统。

捷联式惯性导航系统是将惯性测量元件直接安装在载体上，没有实体平台，惯性元件的敏感轴安装在载体坐标系的三轴方向上。它用于存储在计算机中的"数学平台"代替平台式惯性导航系统中物理平台的台体。在运动过程中，陀螺测定载体相对于惯性参考系的运动角速度，并由此计算载体坐标系至导航（计算）坐标系，然后进行导航计算，得到所需要的导航参数。由于省去了物理平台，因而与平台式惯性导航系统相比较，捷联式惯性导航系统的结构简单、体积小、维护方便。目前管道惯性导航探测定位技术使用的几乎都是捷联式惯性导航系统。

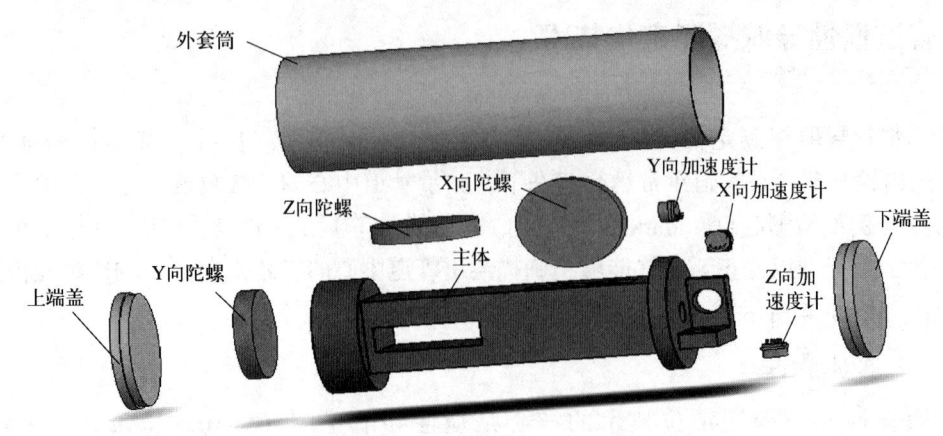

图 5-4　IMU 单元内部结构示意图

（二）技术现状

管道惯性导航探测定位技术适用于管道地理坐标测量及管道位移、弯曲应变的测量。惯性测量单元搭载在漏磁、变形等内检测器上，可以同时定位管道缺陷位置。

1988 年，美国的 Byron Jackson 公司（BJ，2010 年被 Baker Hughes 买断）研制出管道曲率内检测器，利用低精度惯性器件加载到内检测器上对管道进行测量，结合测径器可以计算出管道的曲率和几何变形。

2004 年，美国 Honeywell 公司的科研人员提出利用 GPS 与捷联惯导技术组合的导航定位方法，利用 GPS 标记管道地面部分的几个点的位置，并校正捷联惯导计算的结果。将组合导航应用到内检测中，可以校正错误的位置。

美国 GE-PII 使用由 Honeywell 公司提供的惯性导航系统对 $37×10^4$ mile 的管道进行了检测，结合通过管线沿途的标志点坐标信息，进行管道缺陷定位和管道地理位置测量。

英国 NOWSCO 管道公司与 SNAM 公司合作，利用加载有惯性导航系统的管道内检测器（GEOPIG）对 SNAM 公司从 Rimini 至 San Sepolcro 的管线进行管道轨迹测量，并测量了管道弯曲应变，计算管道张力。

国内在管道惯性导航探测定位技术领域的研究较少。沈阳工业大学杨理践团队设计了通用 SINS/Od 组合惯导系统的实验载车平台和 PIG 实验、使用平台，构建了完整的研究框架，对系统相关要素建立了各种数学模型，初步掌握了相关传感器数据误差的传递规律和演化模型，在安装误差估计、静基座初始对准、各级数据去噪、速度融合、姿态修正、终止点校正、里程轮数据管理等方面取得了多项研究成果，使用较低精度的 IMU 达到了初步的工程应用目标。

北京自动化控制设备研究所提出了经典组合惯导系统惯导测绘的设计方案，由 SINS 提供姿态信息，对加速度计积分速度和里程速度进行卡尔曼数据融合，再积分成位置信息，并研制出适用于管道惯性导航探测定位的 IMU 单元。

目前管道惯性导航探测定位主要包括中精度和高精度。中精度通常采用光纤陀螺仪，精度为 $0.05°/h$；高精度通常采用激光陀螺仪，精度为 $0.01°/h$。

第二节　油气田管道直接评价技术

一、外腐蚀直接评价技术

外腐蚀直接评价（ECDA）又称为外腐蚀外检测，该方法是一个不断完善的过程，通过系列技术成功应用，ECDA 可以识别并处理已经发生、正在发生和将要发生腐蚀的部位。油气田管道开展外腐蚀直接评价是为了提高管道安全性，其主要目的是防止未来出现的外部腐蚀损伤。外部腐蚀是一种可评估的危险，用 ECDA 方法来建立一个基准，并依此来评价那些目前外部腐蚀尚不构成明显危险的管道，及其今后的腐蚀。本方法只适用于油气田的陆上埋地钢质管道。ECDA 也可发现影响管道完整性的其他危险，例如，机械破坏、应力腐蚀开裂（SCC）、微生物致腐蚀（MIC）等。一旦检出这些危险，还必须使用其他评价方法及/或检测手段来验证，例如，ASMEB 31.4，ASME B31.8 和 API 1160 等，确定除外部腐蚀因素外造成的其他风险。

外腐蚀直接评价主要包括预评价、间接检测、直接检测与后评价，如图 5-5 所示。

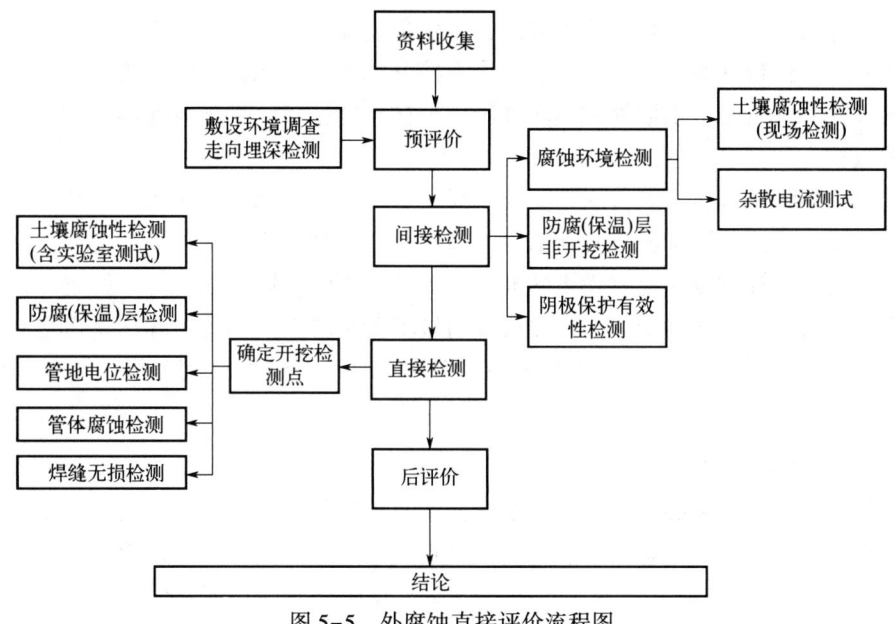

图 5-5　外腐蚀直接评价流程图

（一）预评价

在收集管道原始特征、施工和运行、防腐层概况、历次检测评价数据基础上，对管道进行 ECDA 管段划分，并选择适当的检测方法和设备，编制管道外腐蚀直接评价作业方案。

1. 资料收集

应收集的资料包括但不限于管道、建设、环境、运行和腐蚀控制等5个方面的数据，可参照SY/T 0087.1—2018《钢质管道及储罐腐蚀评价标准 第1部分：埋地钢质管道外腐蚀直接评价》附录表格。若管道缺乏敷设环境、走向埋深等资料，需开展敷设环境调查及走向埋深检测。敷设环境调查包括地区等级划分、管道标识情况调查、周边建构筑物调查、穿跨越管段检查、管道附属设施调查、地面泄漏情况检查、管道周围环境调查等。

管道经过地区等级划分按照GB 50251—2015《输气管道工程设计规范》4.2条的要求进行。

管道标识情况调查按照GB 50251—2015《输气管道工程设计规范》4.5条及SY/T 6064—2017《油气管道线路标识设置技术规范》的要求进行。

管道周边建构筑物调查按照《中华人民共和国石油天然气管道保护法》第三十条、第三十一条的要求对建构筑物进行调查统计，并记录相关情况。

穿跨越管段检查应检查跨越段管道防腐层、锚固墩的完好情况，钢结构及基础、钢丝绳、索具及其连接件等腐蚀损伤情况；检查管道河流穿越处保护工程的稳固性及河道变迁等情况；检查公路铁路穿越处的保护工程的稳固性、穿越处的埋深及穿越段两端的标识桩完好情况。

管道附属设施调查包括标志桩、测试桩、里程桩、标志牌、围栏等外观完好情况，护坡堡坎完好情况，固定探坑维护情况等。

地面泄漏情况检查采用目视检查方法，对疑似泄漏处采用泄漏检查仪进一步确认。泄漏检查的重点部位包括阀室、阀井、三通、直接开挖点、地质灾害影响段、施工造成的管道悬空段，并对管道经过水面处有气泡冒出、植被异常枯黄、有气体泄出声响、有异常气味等处重点检查。

管道周围环境调查包括管道周围交流电线及其他管道情况、地面活跃程度情况（包括地面建设及管道周围公路情况等）调查，以及进行管道防护带内深根植物统计。

管道走向与埋深调查在检测管道的准确位置和深度时，同时包括穿、跨越河流情况调查及浮管、露管段、浅埋段统计，按照设计与竣工资料要求判断管道埋深是否合格。设计与竣工资料要求缺失的，参照GB 50349—2015《气田集输设计规范》7.4.2条的要求判断。

2. ECDA管段划分

应按管道材质、施工因素、管道腐蚀泄漏事故发生频率等运行中发现的问题及间接检测方法、管段风险、自然地理位置、地貌环境特点、土壤类别等因素确定ECDA管段划分原则。ECDA管段可为连续的，也可为不连续的。宜根据间接检测与评价及直接检测与评价的结果对管段的划分进行修正。

下列管段宜划分为单独管段：

（1）防腐层管道的裸管部分、不同焊接方法段、不同金属连接处的两端。

（2）不同防腐层类型的管段、不同年代施工的防腐层管段。

（3）弯头、套管、阀门、绝缘接头、连接器、进出土壤管段、固定墩等影响防腐层老化和质量的共性部位，施工质量差异段、穿越段、未施加阴极保护的管段、管道埋深差异大的管段。

（4）腐蚀事故多发段、风险高的管段、阴极保护电流明显流失和改变区域、改线或更换段、防腐层和阴极保护修复段、交（直）流干扰段。

（5）不同土壤性质段、冻土段、沥青和水泥路面段、细菌腐蚀管段。

（二）检测方法选择

检测方法应根据检测需求、检测对象特性、工况环境等因素确定，间接检测方法宜按表 5-2 进行选择，宜对所选择检测方法的适用性进行评估。

选择检测方法时应考虑该方法对防腐层漏点及腐蚀活性点的检出能力，同一 ECDA 管段应采用相同的间接检测方法。对一种间接检测方法检出和评价为"重"的点应采用另一种互补的间接检测方法进行再检。

表 5-2　ECDA 检测方法选择表

环境	密间隔电位测试法（CIPS）	电位梯度法 ACVG	电位梯度法 DCVG	皮尔逊法	交流电流衰减法（ACAS）	通/断电位法	试片断电法	防腐层电阻率法
带防腐层漏点的管段	2	1, 2	1, 2	2	1, 2	2	2	2
裸管的阳极区管段	2	3	3	3	3	2	2	3
接近河流或水下穿越段	2	3	3	3	2	2	2	2
无套管穿越的管段	2	1, 2	1, 2	3	1, 2	2	2	2
带套管的管段	3	3	3	3	3	3	3	3
屏蔽的腐蚀热点	3	3	3	3	3	3	3	3
铺砌路面下的管段	3	3	3	3	1, 2	3	3	3
冻土区的管段	2	3	3	3	1, 2	3	3	2
相邻金属构筑物的管段	2	1, 2	1, 2	3	1, 2	2	2	2
相邻平行管段	2	1, 2	1, 2	3	1, 2	2	2	2
杂散电流区的管段	2	1, 2	1, 2	2	1, 2	2	2	3
高压交流输电线下管段	2	1, 2	1, 2	2	3	2	2	2
管道深埋区的管段	2	2	2	2	2	2	2	2
湿地管段	2	1, 2	1, 2	3	1, 2	2	2	2
岩石带/岩礁/岩石回填区的管段	3	3	3	3	2	3	3	3
牺牲阳极无法断开管段	3	2	2	2	2	3	2	2

注：（1）1 表示可适用于小的防腐层漏点（孤立的，一般面积小于 600mm^2）和在正常运行条件下不会引起阴极保护电位波动的环境。

（2）2 表示可适用于大面积的防腐层漏点（孤立或连续）和在正常运行条件下引起阴极保护电位波动的环境。

（3）3 表示不能应用此方法。

1. 可行性评价

ECDA 不宜用于处于下列环境的管道：

（1）防腐层剥离引起的电屏蔽部分。

（2）石方区、沥青路面、冻结路面、钢筋混凝土地面。

（3）附近埋设有金属构筑物的部分。

（4）穿跨越地区及其他不易检测或检测不能实施的区域。

经可行性评价的管段不能使用间接检测方法或其他检测方法时，该管道也不得使用 ECDA 进行评价。

2. 间接检测与评价

管道间接检测采用非开挖检测技术。

间接检测结果应根据现场检测和历史运行情况确定分级原则。分级评价时应包括但不限于以下内容：

（1）阴极保护。

（2）交直流干扰。

（3）土壤腐蚀性。

（4）外防腐层漏点大小及密度。

间接检测结果单项评价可按表5-3进行，综合评价可按表5-4进行。交流干扰腐蚀宜作为一个相对独立的评价因素，在交流干扰严重管段应单独进行评价，交流干扰评价指标应按现行国家标准《埋地钢质管道交流干扰防护技术标准》（GB/T 50698—2011）的有关规定进行。

表5-3 间接检测结果单项评价指标

检测方法/指标评价	轻	中	重
皮尔逊法/交流电位梯度法（ACVG）或直流电位梯度法（DCVG）	低电压降	中等电压降	高电压降
密间隔电位法（CIPS）/通断电位法或试片断电法	电位曲线轻微下降，满足阴极保护电位准则	电位曲线中等下降，不满足阴极保护电位准则	电位曲线大幅下降，不满足阴极保护电位准则
交流电流衰减法	单位长度衰减量小	单位长度衰减量中等	单位长度衰减量较大
防腐层电阻率法	电阻率轻微下降	电阻率中等下降	电阻率大幅下降

表5-4 间接检测结果综合评价指标

间接检测结果单项指标评价			综合评价结果
土壤腐蚀性	阴极保护	外防腐层	
强	不达标	重	重
		中	重
		轻	中
	轻微不达标	重	重
		中	中
		轻	中

续表

间接检测结果单项指标评价			综合评价结果
土壤腐蚀性	阴极保护	外防腐层	
强	达标	重	中
		中	中
		轻	轻
中	不达标	重	重
		中	中
		轻	中
	轻微不达标	重	中
		中	中
		轻	轻
	达标	重	中
		中	轻
		轻	轻
弱	不达标	重	重
		中	中
		轻	轻
	轻微不达标	重	中
		中	轻
		轻	轻
	达标	重	轻
		中	轻
		轻	轻

3. 直接检测与评价

直接检测应确定间接检测结果中腐蚀活性趋向严重的点，并应收集数据进行管体腐蚀安全评价。

直接检测应包括下列内容：
(1) 确定开挖顺序及数量，在最可能出现腐蚀活性的区域开挖并收集数据。
(2) 进行土壤腐蚀性参数测试。
(3) 测试防腐层损伤及管体腐蚀状况。
(4) 腐蚀管道安全评价。
(5) 原因分析。
(6) 确定间接评价分级准则、修正开挖顺序。

1) 开挖选点原则

按下列类别确定开挖顺序：
(1) 下列腐蚀可能正在进行的点或正常运行条件下可能对管道构成近期危险的点应为一类点：

① 存在多个相邻"重"等级的点。
② 两种以上间接检测和评价均为"重"等级的点。
③ 同时存在"重""中"等级的点，结合历史和经验判断有可能出现严重腐蚀的点。
④ 无法判定腐蚀活性严重程度的点；或初次开展 ECDA 评价时，检测结果不能解释的点；或不同间接检测方法测试结果有差异的点。

（2）下列腐蚀可能正在进行的点或正常运行条件下可能不会对管道构成近期危险的点应为二类点：
① 孤立并未被列入一类"重"等级的点。
② 只存在"中"等级点的集中区域，并以往有腐蚀事故记录的点。

（3）以下腐蚀活性低的点或正常运行条件下管道发生腐蚀的可能性极低应为三类点：
① 间接检测判断为"轻"等级的点。
② 未被列入一类、二类的点。

确定开挖数量：

（1）对于列入一类的点，宜全部开挖检测。数量多时可按抽样检查程序按一定比例抽样开挖，并可根据开挖验证的结果处理其他未开挖的点。

（2）对于列入二类的点，开挖数量宜按下列情况确定：
① 在同一 ECDA 管段中，二类点应至少选择一处相对严重点进行开挖检测。首次开展 ECDA 时，宜至少选择两处。
② 在二类点的开挖检测结果表明腐蚀深度超出管壁原厚度的 20%，并比一类点显示结果更严重的点，应至少增加一处开挖点。首次应用 ECDA 时，应至少增加两处开挖点。

（3）对于列入三类的点，可选择一处进行开挖检测验证，也可不进行开挖检测。

（4）间接检测的评价结果均为三类点时，可选择 ECDA 管段中相对严重的点进行开挖检测。首次开展 ECDA 时，应至少选择两处相对严重的点进行开挖。

（5）应至少选择一处开挖检测点验证评价方法和结果的有效性。首次进行 ECDA 时，应选择两处开挖检测点，一处宜为二类点，无二类点时可选择三类点，另一处可为任意点。

（6）开挖数量宜满足 TSG D7003—2022《压力管道定期检验规则——长输管道》规定的数量。

开挖直接检测点具体要求如下：

（1）记录开挖点行政地理位置、绝对距离、相对距离、深度、选点原因、开挖尺寸等。

（2）腐蚀环境检测应检测并记录管地电位、土壤电阻率等。

（3）防腐层质量检测应检测并记录防腐层类型、结构、厚度、黏结力、电火花检测漏电点等，对防腐层破损点应检测并记录外观描述、破损点个数、露铁个数、时钟位置、长宽尺寸等。

（4）管道外腐蚀检测应检测并记录腐蚀的部位、腐蚀产物颜色、腐蚀坑深、腐蚀面积、腐蚀缺陷示意图等。

（5）管道壁厚检测应检测并记录 12 个时钟位置的壁厚，壁厚减薄异常区域应加密检测。

(6) 修复剥离后的防腐层。

2) 防腐层质量检测

(1) 应检测并记录开挖点探坑处管道防腐层类型、外观、厚度、黏结力、破损面积、损伤形式等情况。

(2) 防腐层外观检查内容应包括表面有无破损、裂纹、鼓包、剥离等，并应切开防腐层记录其材料和结构。对于已进水的防腐层，应测量防腐层膜下液体的 pH 值，记录破损防腐层周边的剥离情况及管体表面腐蚀情况。

(3) 管道补口处防腐层检查内容应包括表面有无破损、褶皱、剥离情况，并应测量并记录补口防腐层与管体及管道防腐层搭接处的黏结力。

(4) 应根据不同防腐层类型并按相关标准要求检测防腐层厚度，测量并记录每个调查点上、下、左、右 4 个位置的防腐层厚度。

(5) 应根据不同防腐层类型并按相应标准要求进行黏结力检测，并记录黏结力大小。

(6) 带有保温层的管道检测时，应在完成保温层检测后，再进行防腐层检测；保温层检查内容应包括保温层外观、材质和结构，测量管道圆周上、下、左、右 4 个点保温层的厚度，保温层吸水情况及水膜的 pH 值。

(7) 可在现场收集防腐（保温）层样品，并送至实验室按相关标准进行防腐（保温）层性能分析。

(8) 应对防腐（保温）层状况进行现场彩色拍照。

3) 管道腐蚀状况检查

清除破损防腐层后，应观察和记录管道金属表面的腐蚀产物、腐蚀形貌。外观目检时应详细描述金属腐蚀的部位，腐蚀产物厚度、颜色、结构、紧实度及产物分布状况，并应对腐蚀部位外观进行拍照。清除腐蚀产物后，应记录腐蚀形状、位置，宜按表 5-5 初步判定腐蚀类型，并应对管体的腐蚀状况进行拍照。

(1) 外观目视检。应详细描述金属腐蚀的部位，腐蚀产物厚度、颜色、结构、紧实度及产物分布状况，并应对腐蚀部位外观进行拍照。

(2) 腐蚀类型判定。清除腐蚀产物后，应记录腐蚀形状、位置，宜按表 5-5 初步判定腐蚀类型。

表 5-5 腐蚀形貌特征

类型	特征
均匀腐蚀	腐蚀深度较均匀一致，创面较大
点蚀	腐蚀呈坑穴状，散点分布，呈麻面，深度大于孔径
交流干扰腐蚀	防腐层破损面积小，腐蚀产物大而坚实，腐蚀坑呈凹陷的半球圆坑状
直流干扰腐蚀	腐蚀呈坑穴状、创面光滑、有金属光泽，腐蚀产物呈炭黑色
微生物腐蚀	腐蚀呈坑穴状、成片状或线状分布，坑面粗糙，腐蚀产物堆积成瘤状

(3) 腐蚀产物成分现场初步鉴定应按以下步骤进行：

① 目检法鉴定可根据产物颜色按表 5-6 的方法进行。

② 化学法鉴定时取少量腐蚀产物于小试管内，加数滴 10% 的盐酸，若无气泡，可评定腐蚀产物为 FeO；若有气体，但不使湿润的醋酸铅试纸变色，可判为 $FeCO_3$；若产生有

臭味的气体，并使湿润的醋酸铅试纸变色，可判为FeS。

表5-6 现场目检法判别腐蚀产物成分

产物颜色	主要成分	产物结构
黑色	FeO	—
红棕色至黑色	Fe_2O_3	六角形结晶
红棕色	Fe_3O_4	无定形粉末或糊状
黑棕色	FeS	六角形结晶
绿色或白色	$Fe(OH)_2$	六角形或无定形结晶
灰色	$FeCO_3$	三角形结晶

（4）腐蚀产物采样分析应符合下列要求：
① 现场取样的腐蚀产物应密封保存后送至实验室进行成分和结构分析。
② 腐蚀产物现场取样应具代表性，当腐蚀产物的颜色、外观等不同时，应分别采样，收集在不同的容器内并进行标注，并在采集腐蚀产物前进行拍照。
③ 采集到的腐蚀产物宜进行腐蚀产物形貌（SEM）、能谱分析（EDS）以及X射线衍射分析（XRD）。

（5）管壁腐蚀坑深和腐蚀面积的测量。
金属管壁腐蚀区域的最大腐蚀坑深或最小剩余壁厚、腐蚀面积应在清除表面腐蚀产物后进行测量，可采用超声波法或探针法、三维激光扫描等方法测量。
当管体存在大面积腐蚀坑时，除测量腐蚀区域的最大腐蚀坑深或最小剩余壁厚、腐蚀面积外，还应按照现行行业标准SY/T 6151—2022《钢质管道金属损失缺陷评价方法》确定危险区域尺寸。

（6）管道内壁腐蚀检测。
清除待测区域的管道外壁异物后，采用超声波测厚仪对管道壁厚进行检测，沿管道环向时钟方位检测12个点，每个点至少应采集3组数据，记录最小的一个。若发现某处检测数据与管道公称壁厚差距较大，应在附近加大检测密度，判断是否有明显的内壁腐蚀发生。
PE防腐层管道只对外防腐层缺陷进行清除，采用透涂层测厚仪进行壁厚测试。石油沥青防腐层管道，需整圈剥开进行壁厚测试，根据管径大小测试剥落宽度为0.3~0.5m适宜。
管道内壁腐蚀检测的重点在管道低洼积液处、弯头冲刷段等内壁易受腐蚀的管段。将管体表面打磨干净后，采用超声波测厚仪沿管道周向进行管道壁厚测试，以实际测试数据进行管道内壁腐蚀评价。
检测管道壁厚时，沿管道环向时钟位置测试3个环带，每个环带测试12个点，对小于ϕ100mm的管道，测试3个环带，每个环带测试4个点（3点、6点、9点、12点部位），记录每个时钟位置壁厚最小值。当检测发现有减薄时应加密测试直到减薄消失，以确定是点还是面，同时记录减薄部位和面积。如检测点管道有弯头，应增加测试弯头大面4个点，并做好记录。

（7）管地电位检测及其他需要检测的项目。
测量探坑中的管地电位（包括自然电位、通电电位、断电电位），选择GB/T 21246—

2020 第 5 章规定的测量方法。

管道防腐层缺陷修复，按照 SY T 5918—2017《埋地钢质管道外防腐层保温层修复技术规范》执行。

4）土壤腐蚀性评价

土壤腐蚀性评价可按表 5-7 采用腐蚀速率指标进行评价，也可按表 5-8 采用土壤电阻率指标进行评价。

表 5-7 按腐蚀速率划分土壤腐蚀性评价指标

指标	等级				
	弱	较弱	中	较强	强
平均腐蚀速率（试片失重法）g/（dm²·年）	<1	1~3	3~5	5~7	>7
最大腐蚀速率（腐蚀坑深测试法）mm/年	<0.1	0.1~0.3	0.3~0.6	0.6~0.9	>0.9

表 5-8 按土壤电阻率划分土壤腐蚀性评价指标

指标	等级		
	弱	中	强
土壤电阻率，Ω·m	>50	20~50	<20

5）交直流干扰腐蚀评价

（1）直流干扰腐蚀评价应按现行国家标准《埋地钢质管道直流干扰防护技术标准》（GB 50991—2014）的有关规定进行。

（2）交流干扰腐蚀评价应按现行国家标准《埋地钢质管道交流干扰防护技术标准》（GB/T 50698—2011）的有关规定进行。

（3）对于干扰源复杂且难以评价干扰腐蚀程度的管段，可在埋设腐蚀试片后根据表 5-7 中的试片平均腐蚀速率指标进行评价。

6）土壤细菌腐蚀评价

管道周围土壤的细菌腐蚀评价宜按表 5-9 进行。

表 5-9 土壤细菌腐蚀评价指标

指标	等级			
	弱	中	较强	强
氧化还原电位，mV	≥400	200~400	100~200	<100

7）金属腐蚀性评价

金属腐蚀性评价宜按表 5-10 的要求进行。

表 5-10 金属腐蚀性评价指标

指标	等级			
	轻	中	重	严重
最大点蚀速度，mm/年	<0.305	0.305~0.611	0.611~2.438	≥2.438

8）防腐层状况评价

开挖检测处的防腐层状况评价应按表5-11进行。

表5-11 防腐层状况评价指标

等级	描述
优	外观完好，厚度、黏结力满足标准的要求
中	外观良好，黏结力低于标准值，但保持一定黏结强度
差	出现大面积麻点、鼓泡、裂纹、破损等，或剥离

9）腐蚀管道的安全评价

根据直接检测结果，应对管道外壁腐蚀减薄严重部位进行管道剩余强度评价；开挖处管道腐蚀深度减薄超过壁厚的10%时，应进行管道剩余强度评价，并应给出"立即维修""计划维修""监控使用"建议。管道剩余强度评价应按现行行业标准《腐蚀管道评估推荐作法》（SY/T 10048—2016）、《含缺陷油气管道剩余强度评价方法》（SY/T 6477—2017）或《钢质管道金属损失缺陷评价方法》（SY/T 6151—2022）等相关规定进行。评价得出的剩余强度最小值或最严重评价级别可确定为ECDA评价管段的最终评价结果。开挖时发现不在本评价方法的范围内的管道外部缺陷、应力腐蚀等其他类型腐蚀缺陷，应采用其他相应的方法进行评价。

10）原因分析

应结合腐蚀产物分析结果、环境腐蚀性分析结果、管道阴极保护电位测试结果及内检测情况分析腐蚀发生的原因，并应评估当前外腐蚀防护措施是否有效。分析中出现不适应于ECDA评价的原因时，应考虑采用其他方法评价管段的完整性。

（1）缓解措施。

应确定并采取补救措施减缓或排除今后来自主要根本原因的外部腐蚀。采取补救措施后，可选择重复的间接检测。也可基于后面所述的补救措施，重新排列检测迹象的优先次序。

（2）过程评价。

应对间接检测数据、剩余强度评价和原因分析结果进行评价。评价目的是评估管段修理需要的分类准则和确定个别严重迹象的准则。

4. 后评价

再评价时间间隔应基于腐蚀发展情况和计划维修指示制定。"立即维修"应在本次直接检测期间维修；"计划维修"应在再评价时间间隔内维修。

开展下一轮评价的最大时间不宜超过再评价时间间隔的要求。不同管段可有不同的腐蚀发展速率和再评价时间间隔。可根据前次调查发现的腐蚀程度、维修程度及腐蚀发展速度估算再评价时间间隔。

剩余寿命评估可按下列公式计算：

$$RL = CSM \frac{t}{GR} \tag{5-1}$$

$$失效压力比 = 计算失效压力 \div 屈服压力 \tag{5-2}$$

$$最大操作压力比 = 最大操作压力 \div 屈服压力 \tag{5-3}$$

式中　　RL——剩余寿命，年；
　　　　C——校正系数，取0.85；
　　　　SM——安全裕量，等于失效压力比减去最大操作压力（MAOP）比；
　　　　t——管道公称壁厚，mm；
　　　　GR——腐蚀速率，mm/年。

再评价时间间隔可按下列两种方式进行计算：

（1）根据剩余寿命近似估算时，最大再评价时间间隔应取剩余寿命的一半。不同ECDA管段可有不同的再评价时间间隔。

（2）根据腐蚀速率可按下式计算：

$$再评价时间间隔(年) = (T_{mm} - T_{min})/GR \tag{5-4}$$

式中　　T_{mm}——上次调查维修后，按SY/T 0087.1—2018《钢质管道及储罐腐蚀评价标准 第1部分：埋地钢质管道外腐蚀直接评价》第7.6.6条确定的被评价管段的最小剩余壁厚，mm；
　　　　T_{min}——最小安全壁厚，mm。

根据工程分析确定腐蚀速率（GR），可采用下列方法：

（1）可通过一定时间间隔实际测量被评价管段的管道最大腐蚀坑深，计算实际腐蚀速率。

（2）缺乏被评价管道的实际腐蚀速率时，可按《埋地钢质检查片应用技术规范》（SY/T 0029—2012）测算被评价管道的外壁腐蚀速率。

（3）缺乏被评价管道的实际腐蚀速率时，可采用相同管材、相近腐蚀环境的管道腐蚀速率数据。

（4）基于内检测结果分析给出腐蚀速率。

（5）缺乏被评价管道的实际腐蚀速率时，可按0.4mm/年的点蚀速度作为被评价管道的外壁腐蚀速率。

（三）ECDA有效性评价

应对评价过程的有效性、评价方法的有效性进行评价，并应对管道外腐蚀状况作出整体评价，提出改进建议。应根据直接检测结果，确认ECDA过程的有效性；发现比ECDA过程中的评价结果更严重时，应重新评价或采用其他完整性评价方法。对于已进行内检测与评价的管道，可结合检测数据评价ECDA的有效性。

评价ECDA过程的长期有效性应采用下列方法：

① 应跟踪ECDA过程中分级和重排优先次序的数目，再分级和重排优先次序所占百分数较大时，建立的准则可认为不可靠。

② 应跟踪ECDA的应用过程。潜在问题调查的开挖数量增加时，应确定是否需要进行加密腐蚀监测；多次间接检测的管道总千米数增加时，应确定是否需要进行加密腐蚀监测；有效的间接检测方法在管线上使用的长度增加时，可认为ECDA的应用更有针对性。

③ 应跟踪ECDA的应用结果。评价得出的"立即维修"和"计划维修"点的出现频率减小，可认为整个管网的腐蚀管理水平在提高；直接检测时发现管道外壁腐蚀严重性降

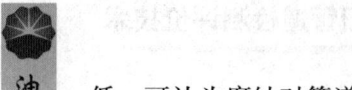

低，可认为腐蚀对管道结构完整性的影响降低。

④ 在本次直接评价后至下次再评价前，管道没有发生因外腐蚀造成的泄漏和破裂，可证明该评价管段与外腐蚀有关的完整性满足标准要求。

在下次开展的 ECDA 评价中发现经本次 ECDA 评价修复后，管道腐蚀控制状态没有改善时，宜重新评估 ECDA 应用的有效性。

（四）应用案例

某管道，规格为 $\phi219.1mm\times7.1mm$，采用 3PE 防腐。通过对管道开展定期检验和合于使用评价，各检测评价项目详细结论如下。

1. 宏观检查

（1）埋深与浮露管情况：盘龙阀室至盘龙首站设计长度 0.9km，实际地面走线长度 823m，全线埋深检测 50 点，存在露管 1 处，露管长度 16m；存在浅埋段 1 处，浅埋长度 22m。共计 38m 覆土层厚度（管道中心至地面深度）范围为 0.00~0.91m，不满足标准 GB 50251—2015 关于覆土层最小厚度的要求。其他覆土层厚度（管道中心至地面深度）范围为 0.91~2.65m，满足标准 GB 50251—2015 关于覆土层最小厚度的要求。

（2）地面装置情况：标识桩（含里程桩）12 处；无警示牌；测试桩 3 根，宏观检查完好。

（3）管道沿线防护带情况：根据《中华人民共和国石油天然气管道保护法》"管道中心 5m 范围内不能有建构筑物"要求，对管道沿线防护带调查，未发现 5m 范围内有建构筑物。

（4）地面泄漏情况：管道沿线、阀室均未发现泄漏。

（5）穿、跨越管段情况：管道沿途途经公路（含高速公路、国道、县道、乡道）、河流、沟渠。管道穿越 2 处，其中穿越公路 2 处。穿越段覆盖层厚度为（管道中心至地面深度）1.32~2.1m，穿越处覆盖层厚度均符合标准 GB 50423—2013 规定"输送管道或套管顶部最小覆盖层厚度 1.2m"的要求。穿越管段地表面未见异常。

（6）水工保护设施情况：经宏观检查，管段全线未发现水工保护设施损坏。

（7）地区等级情况：根据 GB 50251—2015 要求，沿盘龙阀室至盘龙首站中心线两侧各 200m 范围内，任意划分成长度为 2km 并能包括最大聚集户数的若干地段，按划定地段内的户数划分为一个地区等级。15 户以上 100 户以下的二级地区为 823m。

2. 外腐蚀外检测

1）敷设环境调查

盘龙阀室至盘龙首站起于盘龙阀室，止于盘龙首站，规格为 $\phi219.1mm\times7.1mm$，采用 3PE 防腐，管段全长 823m（地面测量长度）。

杂散电流情况：经敷设环境调查未发现杂散电流干扰源。

2）防腐（保温）层状况不开挖检测

该管道共检测出 4 处漏损点。盘龙阀室至盘龙首站管线采用 3PE 防腐层，评价防腐层整体状况的相对好坏程度，其中质量一级为 682m，占比 82.87%；质量二级为 68m，占比 8.26%；质量三级为 47m，占比 5.71%；质量四级为 26m，占比 3.16%。

3）阴极保护检测

本次用通断电位法测得 1# 至 4# 测试桩断电电位在 -0.977V 至 -1.082V 之间，阴极保护情况良好。

4）杂散电流干扰检测评价

经敷设环境调查未发现杂散电流干扰源。

5）腐蚀防护系统综合评价

根据检测结果开展管道腐蚀防护系统综合评价，盘龙阀室至盘龙首站评价结果为二级。

6）开挖直接检测

土壤腐蚀性：经 4 处土壤电阻率测试，均属于中腐蚀性。

管地电位：经 4 处管地电位测试，均在 -1300mV。

管道本体：开挖 4 处探坑，外防腐层均破损，未见管体；剥开防腐层，打磨后管体可见金属光泽，未见腐蚀坑。

防腐层厚度：检测 4 个点，其中 3 个点满足普通级要求（2#、3#、4#），1# 坑不满足普通级要求。

防腐层剥离强度：均满足 3PE 防腐层剥离强度要求。

内腐蚀方面：按公称壁厚计算，ϕ219mm×7mm 管道最大腐蚀量为 3.52%，位于 4# 抽样点。该管道按壁厚减薄量评价均为低，按点腐蚀速率评价内腐蚀级别该管道所有开挖点均为轻。

3. 开挖检验

1）焊缝无损检测

本次对盘龙阀室出入地端弯头 1 处环焊缝进行射线无损检测，检测结果为合格。

2）强度评估

对 4 处防腐层漏损点进行开挖检测，当前减薄的管体为制管偏差，剩余强度满足运行要求。

3）剩余寿命预测

开挖检测的 4 处管段，1# 处管段剩余寿命为 3 年，2# 和 4# 处管段剩余寿命为 5 年，3# 处管段剩余寿命为 6 年。考虑到投运时间较短，存在制管偏差，且该管道输送介质为净化气，阴极保护状况较好，实际发生内外腐蚀风险较低，在下一个周期内管道正常运行。

二、内腐蚀直接评价技术

油气田管道具有管道规格繁多、弯头通过性差等特点，大大增加了内检测成本。内腐蚀直接评价技术（又称为内腐蚀外检测技术）是通过积液分析、流动建模、腐蚀速率预测等方法，确定管道内腐蚀敏感区，在对最有可能发生内腐蚀位置检测结果分析的基础上，判断管段内腐蚀状况的一种评价方法。它综合利用收集的资料和检查、检测、计算等结果来判断内腐蚀是否已严重影响了管道的物理完整性，进而对内腐蚀缺陷实施修补和防护措施。

内腐蚀直接评价技术按管道集输介质可分为输气管道内腐蚀直接评价技术和输油管道

内腐蚀直接评价技术两大类，又可细分为干气管道内腐蚀直接评价技术、湿气管道内腐蚀直接评价技术、液体石油管道内腐蚀直接评价技术和多相流内腐蚀直接评价技术。

（一）干气管道内腐蚀直接评价技术

干气管道内腐蚀直接评价（Internal Corrosion Direct Assessment for Dry Natural Gas，DG-ICDA）适用于输送温度高于露点温度、无液体凝结的天然气钢质管道。其基本原理是采用多相流建模、临界积液分析、腐蚀速率预测等技术来确定管道中内腐蚀敏感部位。

干气管道内腐蚀直接评价实施流程如图5-6所示。

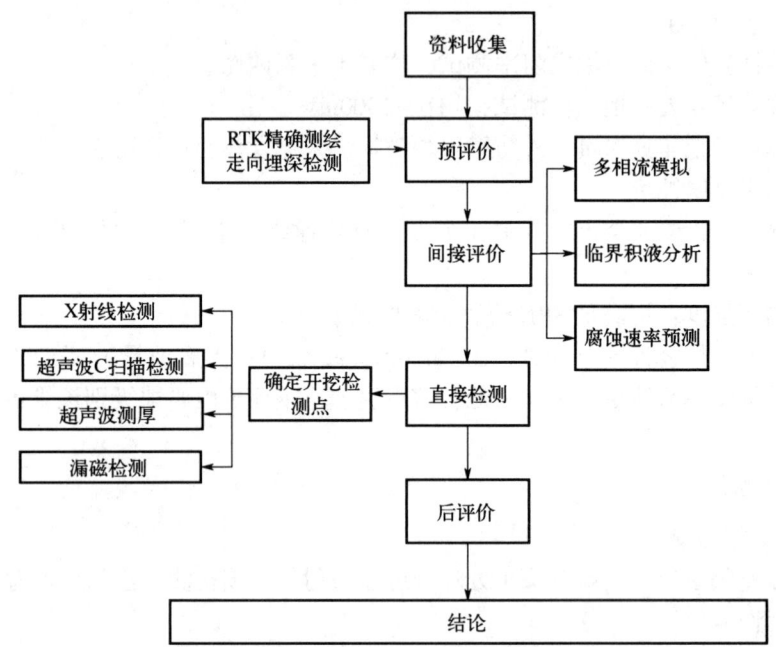

图5-6 干气管道内腐蚀直接评价流程图

1. 预评价

预评价包括收集和整理所有对内腐蚀评价有关的历史和当前运行数据，确定DG-ICDA是否适用并明确评价区域。

需要收集并核实目标管道与内腐蚀相关的数据包括但不限于以下内容：

（1）管道管径、壁厚等设计资料，及管道走向图、高程曲线图。
（2）管道输送介质种类、温度、压力、输量、含水量等运行参数。
（3）管道沿线进出气口位置及进出气量等资料。
（4）管道所使用的化学试剂种类、加注方式、加注位置等资料。
（5）管道腐蚀泄漏事故、失效及维修情况报告。
（6）根据管段历史和介质情况，确定收集评价所需的其他资料。

收集数据时应注意：

（1）气体分析至少应包括H_2S、CO_2和溶解的O_2；碳氢化合物分析至少到C_{7+}；水分析至少包括Mn^{2+}、Fe^{2+}、Fe^{3+}和Cr^{3+}。
（2）若管内有固体杂质，需明确固体尺寸、特性描述和分布。

(3) 应检测硫酸盐还原细菌（SRB）、产酸细菌（APB）等含量。

(4) 若以往进行过无损检测，需明确检测结果。

(5) 若某些数据缺失，应由业内专家判断是否可以通过检测或者假设等方式获取。如能通过检测获取，应在专家指导下选择适宜的检测方式，以保证数据的可靠性；如能通过假设方式获取，须由专家判断该假设是否可以接受。

2. 间接评价

间接评价目的是确定内腐蚀敏感部位，包括预测不同位置的内腐蚀程度，并确定这些评价点直接检测的先后顺序。DG-ICDA 间接评价的基础是利用流动建模的结果，预测在各 DG-ICDA 区域内最有可能发生内腐蚀的位置。

评价点选取方法是采用收集得到的数据进行多相流计算，确定产生积液的管段临界倾角；同时绘制管道倾角剖面图；比较二者，识别可能存在内腐蚀的位置。

3. 直接检测

直接检测的目的在于按先后顺序对评价点进行详细检测，得出内腐蚀状况并进行剩余强度评价。直接检测前必须掌握足够的细节信息来确定腐蚀的存在位置、范围和严重程度。对比直接检测结果与间接评价结果，如对应程度不好，应重新排列各评价点的评价顺序。

开挖后管道内腐蚀状况检测应进行无损检测，所采用的检测技术不得少于两种。根据检测结果进行评价。常用的无损检测技术有超声波测厚、超声波 C 扫描、漏磁检测、X 射线等。采用何种检测技术需根据检测对象、现场工况和检测技术特点决定。检测完成后，对需立即修复的缺陷进行修复；对不需立即修复的缺陷应恢复防腐层，按规定填埋并恢复地面。

4. 后评价

后评价包括有效性评价，按重要性确定防治顺序和实施防治措施，建立腐蚀控制和维护建议，并确定再评价的间隔时间。

常见的腐蚀控制和维护建议包括：

(1) 若腐蚀速率较大，但还未危及管道安全运行，则建议优选缓蚀剂。

(2) 有清管条件的，建议加大清管频率。

(3) 有条件的建议管道起点设置分离器或是提高分离效率。

(4) 介质含硫量大的建议在起点脱硫。

(5) 在管道适宜的位置安装腐蚀监测设施。

(6) 若存在腐蚀性细菌，建议添加杀菌剂。

（二）湿气管道内腐蚀直接评价技术

湿气管道内腐蚀直接评价（Internal Corrosion Direct Assessment for Wet Natural Gas，WG-ICDA）适用于输送气液体积比大于 5000 的湿润天然气钢质管道。其基本原理是采用流动建模、腐蚀速率预测等技术来确定管道中内腐蚀敏感部位。

湿气管道内腐蚀直接评价实施流程如图 5-7 所示。

WG-ICDA 与 DG-ICDA 主要不同之处在于间接评价。

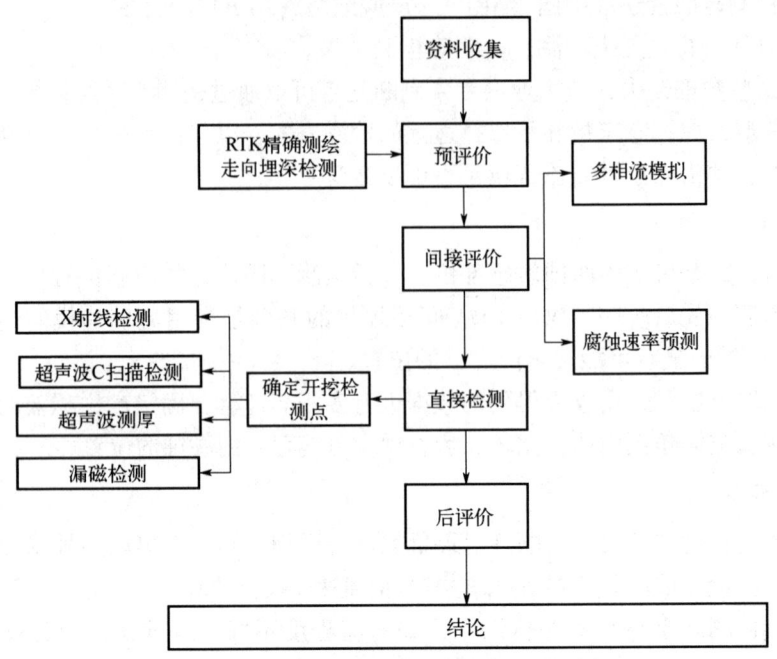

图 5-7 湿气管道内腐蚀直接评价流程图

WG-ICDA 间接评价的基础是识别流体动力学控制的因素、影响腐蚀程度的因素、影响或控制腐蚀减缓、扰动的因素及其他影响腐蚀损害的因素，将管道分为若干评价次区域。评价次区域是指一个评价区域内由流型和/或垂直剖面变化决定的连续管段。相对于垂直面的纵剖面、水平面管线方向以及管道内径发生变化，会导致管道内介质的流型随之变化。不同流型对管道的冲刷及内腐蚀的影响不同。

由于酸性气体腐蚀尤其是含 H_2S 的腐蚀机理非常复杂，影响因素非常多，不可能准确预测腐蚀速率。但通过大量的腐蚀行为总结，国内外专家建立了许多腐蚀预测模型。评价人员应根据目标管道的具体情况、能够获取的参数选择腐蚀预测模型。

通过多相流模拟得到腐蚀速率预测模型所需的参数，用所选的腐蚀速率预测模型预测各次区域内的内腐蚀速率。需要注意的是如果管道使用了腐蚀抑制剂，应对腐蚀预测模型进行修正。

对每个评价次区域以不超过 50m 的管段为单位进行内腐蚀速率预测，并转换成管壁腐蚀损伤率。需要注意由于管道中经常发生影响内腐蚀的因素的变化，如启动、流体减少、管线气/水量增加、混入 O_2 或加入腐蚀抑制剂，因而应针对这些因素发生重大变化的不同时间间隔分别预测腐蚀速率，然后进行叠加。如果已知点蚀速率，则可采用历史或实验室数据确定预期管壁腐蚀损伤。

直接评价点选取采用以下标准预选，两个标准相互独立：

（1）以管壁腐蚀损伤为标准选择：在所选的区域内，计算所有管壁腐蚀损伤的平均值；选择高于管壁腐蚀损伤平均值的位置。

（2）以持液率为标准选择：在所选的区域内，取持液率值的平均值；选择高于持液率平均值的位置。

结合上述两种标准预选各直接评价次区域的评价点。然后编制汇总表，列入所有直接评价区域和次区域的压力、温度、持液率、表观液/气速、流型、腐蚀速率和管壁腐蚀损伤、持液率和管壁腐蚀损伤平均值、预选标准等信息，用于说明评价点预选原因。

选出评价点后，宜优先考虑以下管段开挖直接检测：
（1）紧靠公共场所等高风险地段。
（2）管道的维修记录、内腐蚀失效历史等。
（3）管道上的阀门、三通等容易造成游离水沉积的部件及装置。
（4）所选位置位于更换过的管段上时，宜考虑换到运行更长时间的管段上。
（5）应对比分析间接评价结果与已发生内腐蚀的位置、历史腐蚀状况及预评价的一致性。如果不一致，宜重新进行间接评价。

（三）液体石油管道内腐蚀直接评价技术

液体石油管道内腐蚀直接评价（Internal Corrosion Direct Assessment Methodology for Liquid Petroleum Pipelines，LP-ICDA）适用于液体及固态杂质体积<5%的输油钢质管道，依据腐蚀性介质积聚可能性最大的位置为发生内腐蚀可能性最大的原则来确定管道中内腐蚀敏感部位。

LP-ICDA 的流程与 DG-ICDA 相似，由于介质不同，预评价阶段收集的数据不完全相同，间接评价的原理不同，直接检测所采用的技术不完全相同。

所需搜集的数据和信息应包括管道整个生命周期中历史和当前运行数据，同时应基于管段的历史条件，确定评价所需最少数据量。具体所需基本数据见表 5-12。

当管道评价人员当不能获取某类数据时，可根据管道运行类似系统的相关资料进行保守假设，并做好记录。不能获得液态石油成分资料时（如 CO_2、H_2S、O_2 含量），应取样进行检测和分析。

表 5-12 LP-ICDA 所需基本数据表

目录	收集的数据
运行历史	流向的变化、介质类型、建设日期等
内径和壁厚	公称外径和壁厚
液态水（包括干扰）	识别水分的位置；水分干扰的频次，属性，包括体积等
油中水和固体含量	原油中水含量；原油的实验室分析结果
原油的成分	典型质量规格；原油分析和管道位置关系
最大最小流速	所有出入口最大最小流速；典型低输量和停输周期
管道高程	高程数据，包括管道埋深。应选择精度高的设备，确保测量精度
温度	典型运行温度，除非存在特定环境（如河流穿越或跨越管道）
出入口（注入排放点）	清管器类型、清管频次、清出的液体或固体体积
内检测或外观检查发现的内腐蚀	通过内检测或外观检查发现的任何内腐蚀
其他记录的腐蚀	内腐蚀发生的位置、严重程度及潜在原因（如 CO_2）
内腐蚀泄漏/失效	内腐蚀泄漏/失效的位置
腐蚀监测	腐蚀监测数据，包括监测类型，如试片、电阻/线性极化探针，监测日期和腐蚀速率之间的关系，数据精度；其他无损检测结果

续表

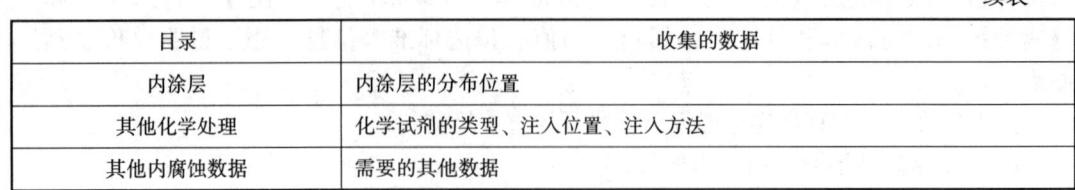

目录	收集的数据
内涂层	内涂层的分布位置
其他化学处理	化学试剂的类型、注入位置、注入方法
其他内腐蚀数据	需要的其他数据

间接评价旨在进行流体模型分析和绘制管道高程剖面图，评价内腐蚀可能性沿管道的分布。根据腐蚀性介质积聚可能性最大的位置为发生内腐蚀可能性最大的原则，需将临界速率、水分和固体积聚的临界倾角与管道高程比较分析，确定腐蚀性介质积聚可能性最大的位置。

利用现有数据进行多相流计算，确定最大流速和水/固体积聚的临界角。识别其他影响内腐蚀的因素；绘制管道高程剖面图；综合流态计算结果和管道高程剖面图，识别水积聚、固体积聚或水和固体均积聚的位置；采用腐蚀模型或其他工程计算，识别最有可能发生内腐蚀的位置。

除上述影响水和固体积聚位置的分布之外，还需要考虑破乳、缓蚀剂、水的化学性质、细菌和杀菌剂、固体组成、湿润滞后性、水和固体传输的滞后性、湍流和流动异常的影响等。

应通过对比分析临界倾角与水和固体积聚倾角，确定内腐蚀发生基本位置。所有倾角大于水积聚临界倾角或固体积聚临界倾角的位置应作为内腐蚀发生的基本位置。如果管段中曾经发生过内腐蚀，则具有相同属性的位置可作为基本位置。

每一个 LP-ICDA 区间发生内腐蚀概率最高的位置应选择进行详细检查。对于距离大于 5km 的区间，LP-ICDA 区间应分成多个子区，每个子区应选择 2 个腐蚀概率最高的位置进行开挖检查。一个区间或子区含有多个具有相同腐蚀概率的位置，应选择额外的位置进行检查。管道中存在双向流，每个方向都应进行单独的分区。

由于流动干扰影响导致固体积聚的管道，每个 LP-ICDA 区间或子区应选择 2 个内腐蚀概率较高的位置进行开挖检查，包括因管径增大和碳烃化合物密度增大，导致流场异常产生固体积聚的位置。在开挖位置选择过程中，应考虑开挖位置可接近性、修复历史/记录和泄漏/断裂历史。如果多个相同腐蚀概率的位置具有相同腐蚀机理，可选择最容易接近的位置进行开挖检查。开挖位置选择时应对比修复历史和记录，以便能识别钢/复合材料修复位置。应至少检查 1 处介质流动易造成水或固体沉积的位置。

LP-ICDA 间接评价的结果也应与预评价搜集的数据，以及曾经发生过内腐蚀的位置进行对比。对开挖位置所有因素进行重新评价，确定是否与已知内腐蚀位置或预评价数据一致。

（四）多相流管道内腐蚀直接评价技术

多相流管道内腐蚀直接评价（Multiphase Flow Internal Corrosion Direct Assessment Methodology for Pipelines，MP-ICDA），适用于输送介质存在多个相态（如气体、固体杂质、水和油共存）的钢质管道，利用多相流模拟识别容易发生腐蚀的管段，然后对这些管段进行内腐蚀风险分析，再对高风险进行直接详细检查。

MP-ICDA 与 LP-ICDA 的主要不同之处在于间接评价。

MP-ICDA 的间接评价包括以下主要工作内容：
(1) 管道内多相流动工艺计算。
(2) 识别其他影响管道内腐蚀的因素，包括不稳定流动、清管历史等。
(3) 依据工艺计算识别的流型划分子管段。
(4) 依据腐蚀模型预测各子管段内腐蚀严重程度。
(5) 依据内腐蚀风险点确定直接检测开挖点。

流动状态模拟分析应基于预评价收集的管道数据。流动状态模拟预测结果应与管道实际运行工况相符，并能提供流型、气体流速、液体流速、温度和压力、持液率、固体颗粒沉积趋势等参数。根据流动状态计算确定的管内流型划分子管段，子管段应为连续的具有相同流型的管段。

确定同一子管段内不同部位的腐蚀风险采用内腐蚀预测模型。内腐蚀预测模型既可通过融合流动模型结果和腐蚀速率模型获得，也可在腐蚀速率模型中内置流动模型结果。内腐蚀预测模型应考虑影响管道内腐蚀的各种因素，可在一种模型中综合考虑；也可利用多种模型分别计算，综合分析计算结果。内腐蚀预测结果应结合直接检测现场实际情况进行相应调整。

在划分的子管段内应基于管壁的壁厚损失、固体沉积原则选取风险点：
(1) 子管段计算的内壁厚损失高于子管段平均壁厚损失的区域。
(2) 由积水导致的高风险点。
(3) 基于流体模型或者专家依据经验判断管道中存在固体沉积倾向的管道部位。
(4) 应考虑管道曲率过大、弯头、截止阀、注入点等流体模型不进行预测的管道部位。

(五) 应用案例

某管道输送介质为三甘醇脱水后的含硫干气，管线自 2007 年 9 月开始运行，存在间歇停输情况；沿线无进气点和出气点；管线全长 20.3km，规格为 ϕ323.9mm×8(10) mm，管材为 L360 无缝钢，设计压力为 7.8MPa，设计输量为 $120\times10^4 m^3/d$，采用三层 PE 防腐层防腐，外加强制电流阴极保护。

1. 预评价

1) 数据收集

所需收集的管道资料见表 5-13。

表 5-13 DG-ICDA 方法所需的关键数据

类别	需收集的数据	已收集的数据
运行历史	包括停运或非正常活动周期、气体流向的改变、供气类型、拆卸的阀门、安装历史等。管道以前是否输送过原油或液态产品。作为注入管线、输出管线的时间或停运的时间。其他与内腐蚀相关的资料，如淤泥沉积的位置、烃类物质、乳化液等。管道建设数据、输送工艺，尤其是上游，有助于理解异常情况对管段的影响	①管线 2008—2011 年无停运，2012 年 8—9 月间歇停运，2013 年 12 月停运，2014 年 5—12 月间歇停运，2015 年 1—5 月间歇停运。 ②运行历史上，管线输送方向为返输，偶尔采取正输（2015 年 5 月 30 日正输 15.5h，反输 8.5h；2015 年 5 月 31 日正输 24h）。 ③管线历史运行输量 $28\times10^4 \sim 120\times10^4 m^3/d$，历史运行压力 5~6MPa

续表

类别	需收集的数据	已收集的数据
长度	出口/入口之间的距离	资料记录管道全长 20.3km，管道测绘资料中里程数为 19.7km
海拔剖面	地理信息数据，如 USGS 数据，包括管线埋深，注意设备的选择可获得足够的准确性和精度	管道地理信息数据由精确测绘得到
倾角特征	道路、河流、渠沟、阀门、积液包等	沿线有穿越公路、河流、排水沟、藕田养殖场；有 3 个阀室（金山 2 号阀室、开江阀室、讲治 2 号阀室），每个阀室内只有一个干线控制阀，并且阀室内阀门保持常开状态
管径及壁厚	管道公称直径和壁厚	管径 323.9mm，壁厚 8mm 和 10mm。提供的资料中未明确壁厚变化的具体位置，可通过实际检测分辨
压力	包括最大压力、最小压力、运行压力和设计压力	①起点压力为 5.6MPa，终点压力为 5.5MPa。沿线压力降由软件计算得到。②历史最大运行压力为 6MPa，最小运行压力为 5MPa
流速	所有入口和出口在最小运行压力和最大运行压力下的最高和最低流速。低流速/无流速的时间段	有近期标准压力、流量，最大流速和最小流速可计算
温度	温度随管道的变化。出站温度、地温、沿线温度	夏季最高 25℃，冬季最低 5℃
进气/出气	必须识别管道上所有的当前及历史进气口位置和出气口位置	无
缓蚀剂	关于添加方式、药品类型及剂量的信息	地面管线未加注缓蚀剂
异常	频率、异常的类型（间歇性或慢性）	①管线 2008—2011 年无停运，2012 年 8—9 月间歇停运，2013 年 12 月停运，2014 年 5—12 月间歇停运，2015 年 1—5 月间歇停运 ②运行历史上，管线输送方向为返输，偶尔采取正输（2015 年 5 月 30 日正输 15.5h，反输 8.5h；2015 年 5 月 31 日正输 24h）
脱水方式	是否采用乙二醇、三甘醇或分子筛进行深度脱水	采用三甘醇脱水
水压试验	压力试验及水品质数据	未收集到水压试验资料
维修/维护数据	是否存在固体；管段的维修及更换情况；之前的检测数据；无损检测数据。清管的位置、频率和日期。使用清管器、液体分离器、水化器等时，清除出来的所有污泥和流体的分析数据，以及为确定其化学特性、腐蚀性、是否存在细菌而进行分析	①2009 年 10 月 15 日，由 PII Pipeline Solutions 完成了讲金复线的漏磁检测。②2009 年进行智能检测，对异常焊缝缺陷及腐蚀程度大于 40%的缺陷点换管 4 处，长度 7m。③2013 年通球一次，无污水，污物 3kg；2014 未通球；2015 年 7 月 16 日进行智能检测前期清管，无污水，污物 15kg（呈糊状）。④未对清除出来的污泥和流体进行分析
泄漏/失效情况	泄漏/失效位置，情况描述	没有发生过失效

续表

类别	需收集的数据	已收集的数据
气质组成	气体和液体分析，管道及输出支管的细菌测试结果。气体分析与管道位置的关系	管道内输送介质为含硫干气，其中 H_2S 含量 0.52%、CO_2 含量 1.9%（摩尔分数）。数据来源于2014年9月讲治站进站管线的气质分析报告，有明确的天然气组分含量
腐蚀监测	腐蚀监测数据，包括监测装置的类型（例如，腐蚀挂片、电阻［ER］探针/线性极化电阻［LPR］探针）、管道位置的监测日期、记录/计算腐蚀速率。所有能获得的无损检测结果	未安装腐蚀监测系统
内涂层	内涂层的具体位置信息	未使用内涂层
影响内腐蚀的其他资料	由管道运营商定义确定	无

2）DG-ICDA 可行性评价

对以上资料分析可知，该管线资料齐全，且不包含任何液体（包括甲醇）；管线自投运开始，常年采取返输；除少量穿跨越管段外，满足干气输送管道内腐蚀直接评价方法（DG-ICDA）的使用条件，可以进行 DG-ICDA 评价。

3）管道识别

本次管道沿线数据测绘采用了 RTK 测量系统，得到了管线完整的地理信息数据。管线全长 19.7km，阀室处于管道 10.66km 处；首站到阀室管段走势平缓，高程变化不大；阀室至末站管段，高程在 470~694m 之间变化，管线起伏很大。沿线走势如图 5-8 所示。

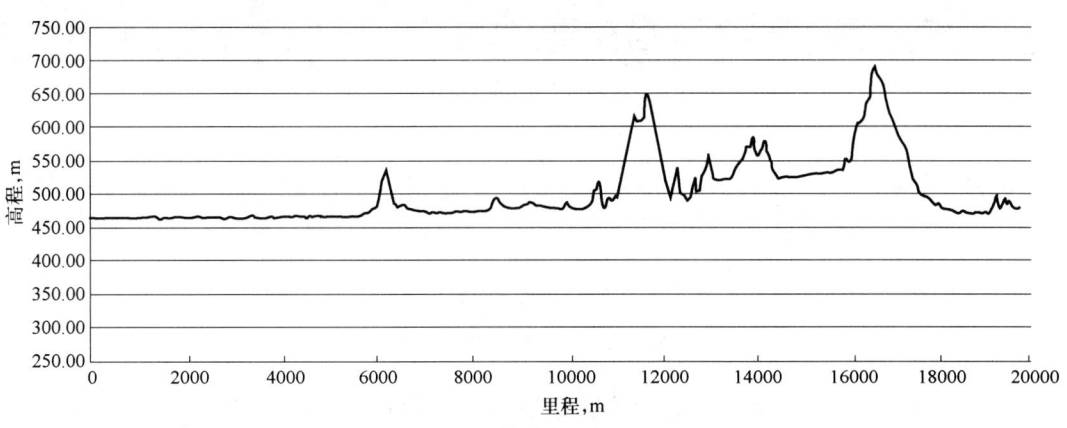

图 5-8 管道高程剖面图

4）DG-ICDA 分区

根据 DG-ICDA 管段划分原则，沿线无加热、加压设备和化学物注入点，也无支线进出气点；金山 2 号阀室、开江阀室、讲治 2 号阀室内均只有一个干线控制阀，并且阀室内阀门保持常开状态，阀室前后不存在集输介质成分、流量、温度和压力的突变。因而可将整条管线近似看作一个区间。

2. 间接评价

1) 腐蚀机理分析

在酸性环境中,当 H_2S 分压 $\geq 0.0003\text{MPa}$ 时,H_2S 腐蚀倾向就存在了（NACE MR0175-97）；酸性环境下,二氧化碳分压在 $0.05\sim0.21\text{MPa}$ 范围内为轻度 CO_2 腐蚀（API SPEC 6A）。

讲金复线输送介质为含酸性气体（H_2S 和 CO_2）的干气,H_2S 分压为 0.0312MPa（大于 0.0003MPa）,CO_2 分压为 0.114MPa（大于 0.05MPa）,CO_2 和 H_2S 分压比为 3.65（小于 20）,因此该管线可能存在以 H_2S 腐蚀为主,CO_2 腐蚀为辅的内腐蚀。

2) 流动建模计算临界倾角

讲金复线只有一个 DG-ICDA 区间,因此全线临界倾角唯一。计算参数为：最小集输压力 p 为 5MPa,最大集输流量 Q 为 $120\times10^4\text{m}^3/\text{d}$,温度 T 为 298K,管内径 D 为 307.9mm,液体密度 ρ_l 为 1g/cm^3,气体的分子质量 M_W 为 16g/mol,重力加速度 g 为 9.81m/s^2,常数 R 为 $8.314\text{Pa}\cdot\text{m}^3/(\text{mol}\cdot\text{K})$,压缩系数取 0.998。

计算得到该管线气体最大流速为 4.0m/s,临界倾角为 $5.9°$。

3) 倾角剖面计算

通过管线测绘资料分析,计算得到了讲金复线的实际倾角。全线 695 个管段的实际倾角与临界倾角对比结果如图 5-9 所示。

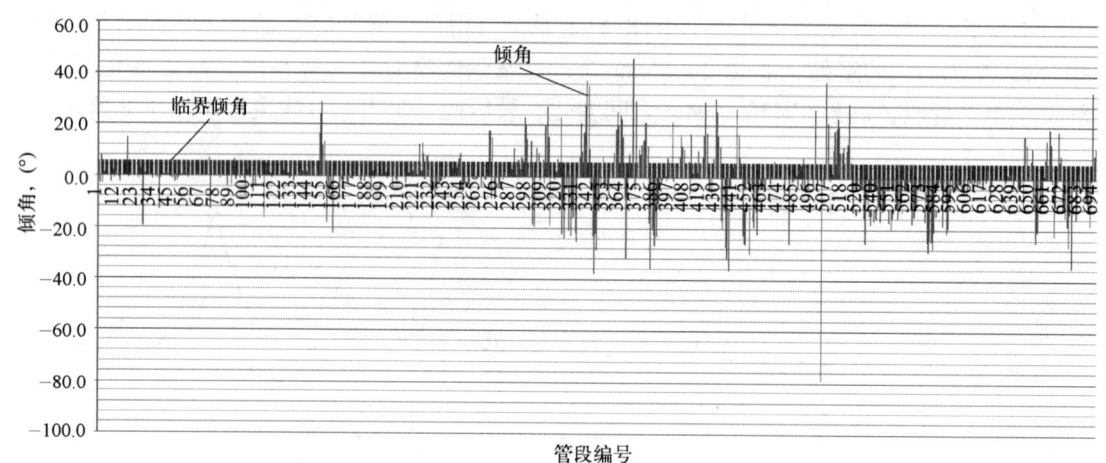

图 5-9　讲金复线倾角分布

统计该管线大于临界倾角的管段数量为 116 段,即易积液的管段有 116 段。由图 5-9 可见,易积液管段主要集中于管道的中部和后部。

4) 开挖验证点确定

根据以上分析,结合管线临界倾角大小,确定讲金复线开挖验证点。

3. 直接检测

本次开挖了 31 个检测点进行直接检测,检测手段包括 X 射线、超声波 C 扫描、超声波 A 扫描和超声波测厚。针对每个探坑的检测条件,采取不同的检测方法。

对 24 个开挖点进行 X 射线扫查,4 处存在轻微腐蚀带。

采用超声波 C 扫描和超声波 A 扫描对 2 个开挖点进行复查，检测结果见表 5-14。

表 5-14　超声波 C 扫描和超声波 A 扫描结果

检测序号	坑号	结果描述
7#	H298	未发现明显腐蚀痕迹
16#	H692	存在轻微腐蚀带
		制造缺陷（图 5-10）

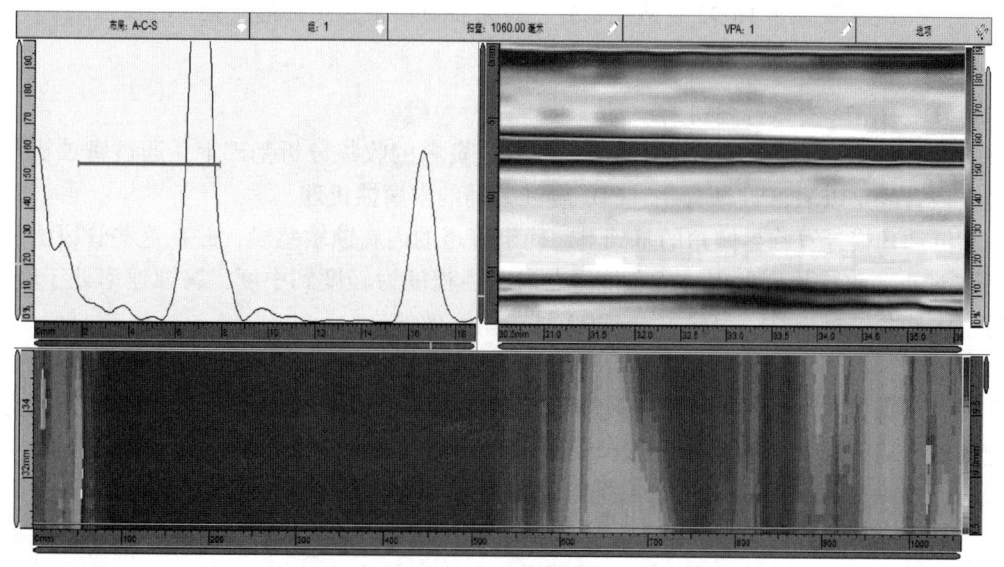

图 5-10　16#检测点（H692）超声波 A/C 扫描结果

注：右边和左边显示的缺陷为同一缺陷（由于扫描搭接原因）

为了更直观地判断讲金复线的管线内腐蚀状况，采用管线壁厚变化量和腐蚀速率对其腐蚀程度进行分析。

1）最大壁厚分布

检测发现该管线的实测最大壁厚值均大于公称壁厚值，且存在两种不同规格（8mm、10mm）；管线存在制管偏差，最大为 20.1%（检测点 H298）。

2）最大壁厚损失量分布

检测发现除了 H692 制造缺陷处最大壁厚损失量达 14.2% 外，其余各管段最大壁厚损失量在 3%~11.38% 壁厚之间。最大蚀深小于 10% 原始壁厚为轻度腐蚀，在 10%~25% 原始壁厚为中度腐蚀。因此，该管线所检 31 个管段有 30 个处于轻度腐蚀，仅有一个管段（检测点 H471）内腐蚀最严重处达到中度腐蚀。

3）最大点蚀速度分布

同理，检测发现除了 H692 制造缺陷外，其余各管段最大点蚀速度为 0.0375~0.1138mm/a。点蚀速度小于 0.13mm/a 为轻度点蚀范围。因此，该管线最大点蚀速度处于轻度。

4）开挖检测结果分析

通过以上分析可以得到如下结论：

（1）X 射线检测发现 10#、13#、16#、31# 检测点存在轻微腐蚀带。

（2）超声波 C 扫描和超声波 A 扫描发现管道顶部存在明显缺陷，分析判断其为管道的一个制造缺陷，环向长度为 4.96mm，轴向长度为 1.54mm，管壁厚度为 8.58mm。

（3）检测发现该管线的实测最大壁厚值均大于公称壁厚值，且存在两种不同规格的公称壁厚（8mm、10mm）；管线存在制管偏差，最大为 20.1%（H298）。

（4）检测发现各管段最大壁厚损失量在 3%~11.38% 壁厚之间，绝大多数管段属于轻度腐蚀，只有一个检测点属于中度腐蚀。

（5）检测发现除了 H692 制造缺陷外，其余各管段最大点蚀速度处于轻度点蚀。

4. 后评价

1）DG-ICDA 有效性评价

本次 ICDA 检测评价建立在对讲金复线管道资料的收集分析基础上，通过腐蚀机理分析推断该管线是以 H_2S 腐蚀为主，CO_2 腐蚀为辅的内腐蚀机理。

在流动建模计算临界倾角的基础上，确定管道的内腐蚀敏感段，并在这些管段上开挖 31 个验证点。直接检测发现，所有检测点内腐蚀程度为轻度到中度，腐蚀速率处于轻度，与管道内检测结果相符，因此本次 ICDA 评价是有效的。

2）缺陷剩余强度评价

对管道直接检测开挖点发现的最严重内腐蚀缺陷进行剩余强度评价，以明确是否危及管道的安全运行。依据的标准为 ASME B31G—2009《Manual for Determining the Remaining Strength of Corroded Pipelines》(《腐蚀管道剩余强度确定手册》)。

当最大允许操作压力（MAOP）达到管道设计压力 7.8MPa 时，所有检测点缺陷处修复系数 ERF 均小于 1，表明其满足目前管道的安全运行要求。

3）再评价时间确定

根据 SY/T 0087.2—2020《钢质管道及储罐腐蚀评价标准 第 2 部分：埋地钢质管道内腐蚀直接评价》规定，再评价时间间隔应取剩余使用寿命的一半。

可见，在内腐蚀缺陷发展保持当前内腐蚀速率条件下，所有检测点缺陷可以满足安全运行要求。考虑到腐蚀加速的可能，且再评价时间间隔应为剩余使用寿命的一半，因此该管道再评价时间间隔为 7 年。

第三节 油气田管道内检测评价技术

一、管道几何变形内检测技术

（一）技术发展简介

机械式几何变形内检测技术是通过测量管壁对探头臂的压缩量实现检测的，设备主要由机械载体、皮碗、发射机、探头臂、里程轮、电子记录系统 6 部分构成。

第五章 油气田管道检测评价技术

机械式管道几何变形检测器最早由美国 TDW 公司制造,该设备由一堆皮碗驱动,探头臂及里程轮一端沿圆周固定在检测设备上,另一端紧贴着管道内壁,并随着管道内壁的形变移动,通过纸带记录下偏移并存储。随着传感器技术和电子技术的发展,Pipesurvey、Enduro、PII、Rosen 等公司相继发展出了轮式、杆式、探针式等不同类型的变形检测设备。到 21 世纪初,发展出了对旋转角度或直线位移等参数进行电子测量、存储的测量方法,检测设备将管道径向变形、椭圆度变形和管道特征等信息与管道里程对应记录。

我国变形检测设备的研究始于 1980 年,但是可靠性不高,且无法将径向的变形量和变形处的位置信息记录下来。中国石油天然气管道科学研究院于 1988 年联合天津激光技术研究所开发了管道变形检测仪,应用伞状测径传感器和里程轮记录管道几何信息和里程。中国石油天然气管道技术公司于 1993 年研制了 DN700mm 管道变形检测设备,并进行了工业现场应用,能检测管道凹陷、椭圆度变形,并且能够识别环焊缝、三通等特征。2008 年,中机生产力促进中心开始研制多款管道多通道变形检测设备,并成功应用到工业现场。

管道涡流几何内检测技术利用金属导体表面在交变磁场的作用下感应产生涡流,涡流的电流方向与线圈相反,传感器线圈的电参数受涡流影响发生变化,从而实现对金属管壁几何形状的测量,根据多个传感器的测量值还原实际的管道情况。但是,涡流传感技术较复杂,目前应用涡流法进行管道几何变形检测的只有 Rosen 公司的技术研究较为领先。国内,清华大学、沈阳工业大学也对涡流检测的基本原理、电涡流传感器的研制等方面做了相关试验研究,具有重要的参考价值。

(二)技术原理

管道几何变形内检测技术是利用接触式传感器(带角度传感器的支臂)进行检测,当支臂遇到凹陷、褶皱、异物、焊缝等几何变形特征时,由于支臂装有弹簧,接触后发生压缩或者弹起,角度随之变化,通过计算机分析从而得出几何变形特征的尺寸(图 5-11)。

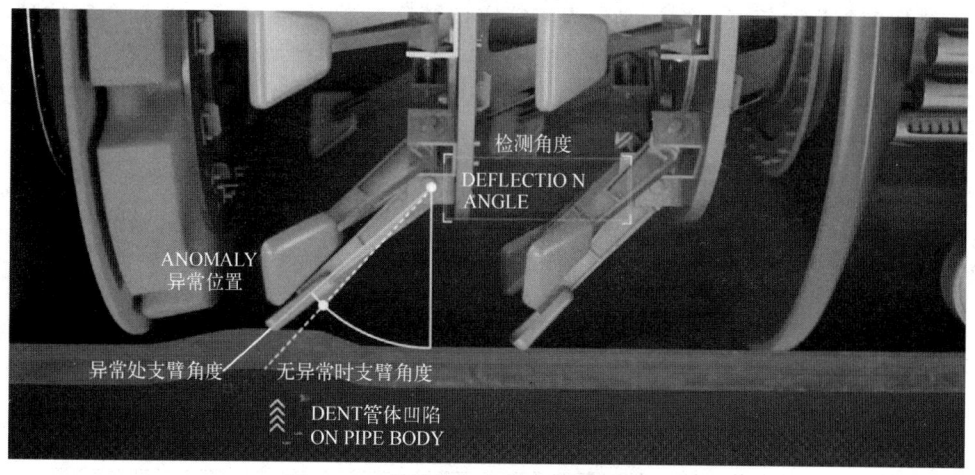

图 5-11 管道几何变形内检测技术原理

1. 检测器结构

管道几何变形内检测器结构(图 5-12)和漏磁内检测装置结构大体相同,不同之处在于：

（1）管道几何变形内检测器没有磁化单元。

（2）传感器单元相对于漏磁内检测装置更为简单。

因此，管道几何变形内检测器的重量比漏磁内检测装置小，设备通过性更好，一般情况下通过开展几何变形内检测判断管道内部变形情况是开展漏磁内检测的前提。

图 5-12　管道几何变形内检测器结构

2. 检测能力

1）识别能力

管道几何变形内检测器可以检测识别凹陷、椭圆度、褶皱、屈曲、膨胀、焊缝及阀门、三通、弯头、壁厚变化等特征。

对于凹陷、椭圆度、褶皱、屈曲、膨胀和焊缝的 POI（识别率）大于 90%，对阀门、三通、弯头、壁厚变化等特征的 POI（识别率）大于 98%。

2）检测精度

检测精度分为两部分，第一部分为特征定位精度，见表 5-15，分为轴向定位精度和环向定位精度。轴向定位精度即检测发现的特征点的位置距参考点的距离误差在 ±1% 范围内，距上下游环焊缝的距离误差在 ±0.1m 范围内。环向定位精度即检测发现的特征点在管道时钟方位的定位误差应在 ±15° 范围内。第二部分为几何变形内检测尺寸量化精度，见表 5-16，按不同制管方式和不同缺陷类型分为以下四个精度指标：

（1）检测概率（POD）90% 时的检测阈值：该检测概率下多大及以上深度尺寸的缺陷应该被检测出来。

（2）可信度 90% 的壁厚变化精度：该可信度下的壁厚变化特征的精度范围。

（3）可信度 90% 的椭圆度精度：该可信度下的椭圆度特征的精度范围。

（4）可信度 90% 的凹陷精度：该可信度下的凹陷缺陷的深度精度范围。

表 5-15　几何变形内检测特征定位精度要求

可信度=90%时的 轴向定位精度	相对于参考点距离	±1%
	距参考环焊缝距离，m	±0.1
可信度=90%时的环向定位精度		±15°

表 5-16 几何变形内检测尺寸量化精度要求

	POD=90%时的检测阈值	可信度=90%的精度		
		$OD \leqslant 406mm$	$406mm < OD \leqslant 1016mm$	$OD \geqslant 1016mm$
壁厚变化	1.5mm	±1mm		
椭圆度	1%	±1%		
凹陷深度	1%OD	±2mm	±3.5mm	±5mm

注：OD 为管道外径；椭圆度（%）=（最大直径-最小直径）/公称直径

3. 检测信号显示

管道几何变形内检测原始信号如图 5-13 所示，横坐标为检测里程，纵坐标为管道时钟方位，每一条横线代表一个检测探头的信号，较为平直的信号显示代表没有缺陷，有波动的信号代表可能存在缺陷。与漏磁内检测相比，管道几何变形内检测的信号较为简单，除信号深度量化外还有椭圆度的分析和计算。图 5-13 左上位置的显示即为缺陷处的椭圆计算和模拟。

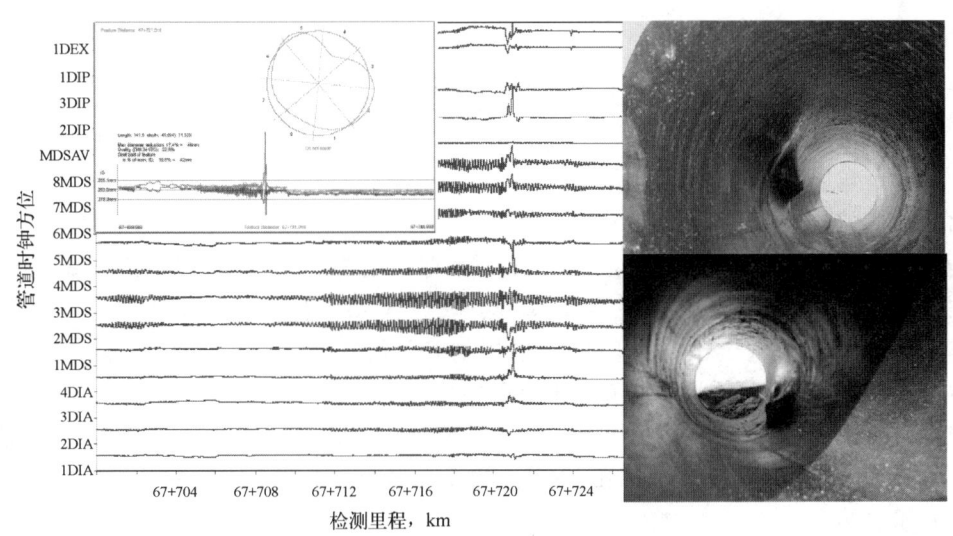

图 5-13 管道几何变形内检测信号

（三）应用案例

1. 检测管线数据

管线外径：20in（508mm）。
管线壁厚：7mm。
管线长度：12.4km。

2. 管线准备

运行几何变形检测设备前，进行清管来清除管线内的污物，防止影响几何变形检测的精度。

3. 检测器准备

在检测公司的工作间，所有的感应针都被逐一校对，整个测径轮也进行了校对。电子部件也接受过系统测试和功能测试。

到达现场后，通过系统测试和记录测试来检查所有的电子元件。进行新的校对且校对后的数据被传输到便携式计算机上，相应地生成校准曲线。

4. 检测器运行

检测器发射时间：2020年9月3日，11:27。
检测器到达时间：2020年9月3日，15:00。
记录的数据数量：292MB。
检测器平均速度：3.2m/s。

运行前，几何变形检测器在发球筒前端被激活，该状态下将检测器推进发球筒。发射和接收过程中，检测器的具体位置由检测工程师通过检测器定位系统来监控。

5. 检测器运行后操作

经过初步的清洁后，检测器被连接到便携式计算机上，对电子元件状况进行检查。状态数据和收集到的测量数据被传输到便携式计算机硬盘上，进行数据质量评估。

6. 现场初步分析

现场初步分析中，评估软件搜寻内径减小超过外径5%的凹陷和内径减小超过外径5%的椭圆变形。

7. 最终检测分析结果

1）检测速度

在59%的管线范围内，检测设备的运行速度超过了3m/s。其中有6%的管线范围，速度超过了5m/s。设备运行速度在3~5m/s时，缺陷不会被漏检，但缺陷的尺寸可能会被夸大。当设备运行速度大于5m/s时，特征的探测能力和尺寸测量能力均有所降级，然而在与MFL漏磁检测数据校准后，没有发现显著的特征丢失。

检测过程中，几何变形检测设备的运行速度出现几次低于最小速度0.2m/s的情况，造成了少量的数据丢失，但在与MFL漏磁检测数据校准后，没有发现显著的特征丢失。

2）检测结果

几何变形检测工具探测到的特征见表5-17。

表5-17 几何变形检测探测特征汇总表

特征类型	数量
凹陷	49
含凹陷的椭圆变形	0
椭圆变形	2
内径减小	2
标志盒	11
阀门	2
三通	9
法兰	2
管道装置	0

续表

特征类型	数量
壁厚变化	0
环焊缝	0
弯头	429
膨胀物	0

具体的几何变形检测缺陷特征示例见表5-18。

表 5-18　几何变形检测缺陷特征汇总表示例

焊缝编号	编号	距离 m	特征	深度百分比 %	凹陷最大深度 mm	最小内径 mm	方位	备注
1190	42	686.91	凹陷	3.46	21.97	574.6	06：15	与螺旋焊缝有关
1250	45	732.73	凹陷	2.85	18.10	586	06：00	
1300	47	771.39	凹陷	3.82	24.27	577.5	06：00	与螺旋焊缝有关
1330	49	790.63	凹陷	3.45	21.88	580.1	06：00	与螺旋焊缝有关
1400	51	846.04	凹陷	2.41	15.29	583.9	07：15	与环焊缝/螺旋焊缝有关
1860	63	1171.2	凹陷	2.45	15.58	589.3	06：00	与螺旋焊缝有关
2240	73	1430.42	凹陷	2.00	12.64	592.7	06：00	

二、管道金属损失内检测技术

（一）管道漏磁内检测技术

1. 概述

管道漏磁内检测系统利用漏磁检测原理，以管道输送介质作为行进动力在管道中运行，对管道进行本体无损检测。通过管道漏磁内检测，可以完成管道缺陷、管壁变化、管壁材质变化、缺陷内外分辨、管道特征（管箍、补疤、弯头、焊缝、三通等）识别，可提供缺陷面积、程度、方位、位置等全面信息，为管道运行、维护、安全评价提供科学依据。

管道漏磁内检测系统一般由以下3部分组成：
（1）管道漏磁内检测装置。
（2）里程定标装置（低频跟踪系统、内检测器通过时间定位装置）。
（3）数据分析处理系统。

管道漏磁内检测装置是在管道中运行的部分，一般可以分为四节：动力节、检测节、计算机节和电池节。其中，每个部分都是独立密闭的结构，具有较强的耐压性，保证检测装置能够正常工作。每节前后都设置有聚氨酯皮碗，具有支撑作用，将各个部分支撑在管道内。每节之间都设置有万向节，将检测器各节之间以柔性方式连接。管道漏磁内检测装置在管道内的示意图如图5-14所示。

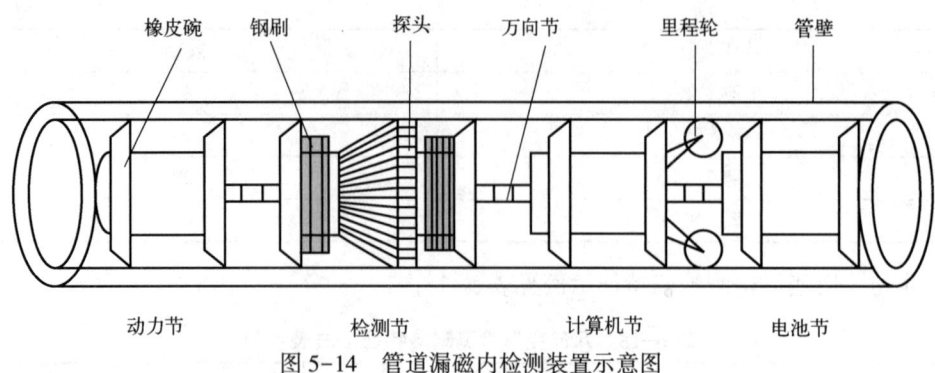

图 5-14 管道漏磁内检测装置示意图

组成管道漏磁内检测装置的四节（动力节、检测节、计算机节、电池节），各自具备的功能和作用如下：

（1）动力节。依靠管道内输送的石油、天然气等介质，为漏磁内检测装置在管道里运行提供动力，并有效地控制漏磁内检测装置的运行速度，使得检测装置平稳运行，保证管道被充分磁化。

（2）检测节。检测节是管道漏磁内检测装置中负责检测的部分，它包含了磁化装置、霍尔探头。其中，磁化装置又包含了钢刷、永磁铁、轭铁，该部分主要是使管壁磁化，产生漏磁通。霍尔探头内装有霍尔元件，前级放大电路由差动放大器构成，霍尔元件与管壁相连处为不导磁耐磨材料（金属或非金属），整个探头完全封闭。霍尔元件用于测量管道的漏磁通。

（3）计算机节。计算机节是管道漏磁内检测装置的核心部分，主要负责管道内检测中的过程控制和检测探头的检测数据处理和存储。里程轮则通过脉冲式码盘来测量并记录里程。

（4）电池节。管道漏磁内检测装置在工作时，是在密封管道中运行的，无法使用外界电源来提供电能。要维持内检测装置机芯、各个探头及里程轮传感器等正常工作，就需要检测装置自己携带一个大容量的电源供给装置，来为检测装置正常检测、处理和存储数据提供充足的电能。

电池节里携带的电池通常电压较高。机芯、各个传感器、数据采集卡、硬盘等用电设备，使用的电压不同，因此电池节无法直接给各个用电设备供电，需要直流—直流变换器（DC-DC），将电压转换成相应的合适电压。

里程标定装置包括管道外标记标定、管道内外时间同步标定、检测器里程轮记录，三部分共同参与，完成管道特征和各种缺陷位置的确定。

数据分析处理系统由数据格式处理软件、人工判读和管理软件组成。软件将管道内检测过程中采集到的漏磁检测探头信号数据、里程轮数据、时钟方位数据，描绘成曲线图，数据分析人员可直观地通过曲线图查看各种管道特征和管道缺陷，并通过曲线描述的长、宽、幅值等来描述管道损失的程度。通过里程显示判定管道特征及缺陷所在的位置，作为检测或评估管道寿命的依据。

管道漏磁内检测技术的发展历史可以归纳为以下三个发展阶段：

第一代的内检测装置仅能完成基本的、大面积缺陷的检测，检测装置体型庞大，通过能力弱,不足以胜任对输油、气管道的检测。

第二代内检测装置在磁化材料上选用了钕硼磁铁,提高了对钢管的磁化强度,通过整体的优化设计,通过能力也得到很大程度提高,同时由于检测元件灵敏度提高和存储技术的进步,检测精度和单次检测长度上有了较大改善。

第三代管道漏磁内检测装置随着材料科学,特别是计算机技术水平的飞速发展,内检测水平和能力得到了充分提升,具有超高分辨率和更高的检测精度,检测单程距离更长,同时由于计算机及图像处理技术的发展,检测结果的表达方式和对缺陷描述方面也得到大幅度提高。

2. 技术原理

管道漏磁内检测技术是以管道清管技术为基础,通过整合磁化和检测装置,实现在管道不停输的情况下检测管道金属损失(腐蚀、制造缺陷)的技术。

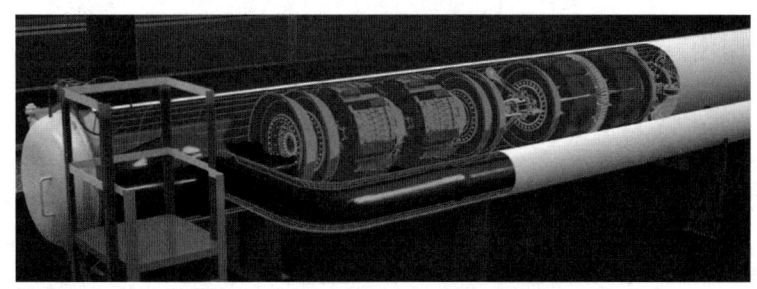

图 5-15　管道漏磁内检测示意图

1) 漏磁技术原理

漏磁技术原理普遍用这样一句话来解释:铁磁性材料由于高磁导率特性而易于被磁化,且当达到磁化饱和时其体内的磁通在缺陷处发生泄漏,形成漏磁场。

为了理解漏磁场到底是如何产生的,首先要了解磁场的固有物理特性。表现在磁力线上的主要特性如下:

(1) 磁力线为连续并且具有封闭回路,总是经历磁体外部由 N 极到 S 极和磁体内部由 S 极到 N 极的闭合磁回路,即磁通连续性定理。

(2) 任意两条磁力线之间永远不会交叉。

(3) 平行磁力线具有弹性,会相互排斥。

(4) 磁力线是张紧的,即磁力线总是趋近最短。

(5) 磁力线不存在呈直角拐弯的现象,它总是走磁阻最小(磁导率最大)的路径,因此通常呈直线或曲线。

(6) 磁力线密度与磁场强度成正比,其疏密表示磁场强度大小(稀疏则表示磁场弱,密集则表示磁场强)。

在上述固有物理特性作用下,磁场之间易于形成相互磁作用,如磁折射、磁聚集和磁扩散作用,如图 5-16(a) 和图 5-16(b) 所示。另外,在相互作用的磁场中,磁力线会在另一种磁场的作用下发生改变,即磁力线会被压缩变形,如图 5-16(c) 所示。

基于上述特性,缺陷漏磁场产生的过程为:缺陷磁折射、缺陷磁扩散和缺陷磁压缩。由于铁磁性材料(铁磁体)具有磁导率高的特性,它们被磁化后在体内可聚集高密度的磁感应场,如图 5-17(a) 所示。当铁磁体与空气相接触的交界面处出现不连续即缺陷时,由于磁的边界条件首先引发磁折射,铁磁体内的磁场由磁折射作用折射偏转到缺陷附近的空气中,并很快形成磁扩散,如图 5-17(b) 所示。但由于缺陷附近空气区域中有较强背景磁场的存在,扩散场磁力线在该背景磁场的反向阻碍下形成磁压缩,如图 5-17(c) 所示。

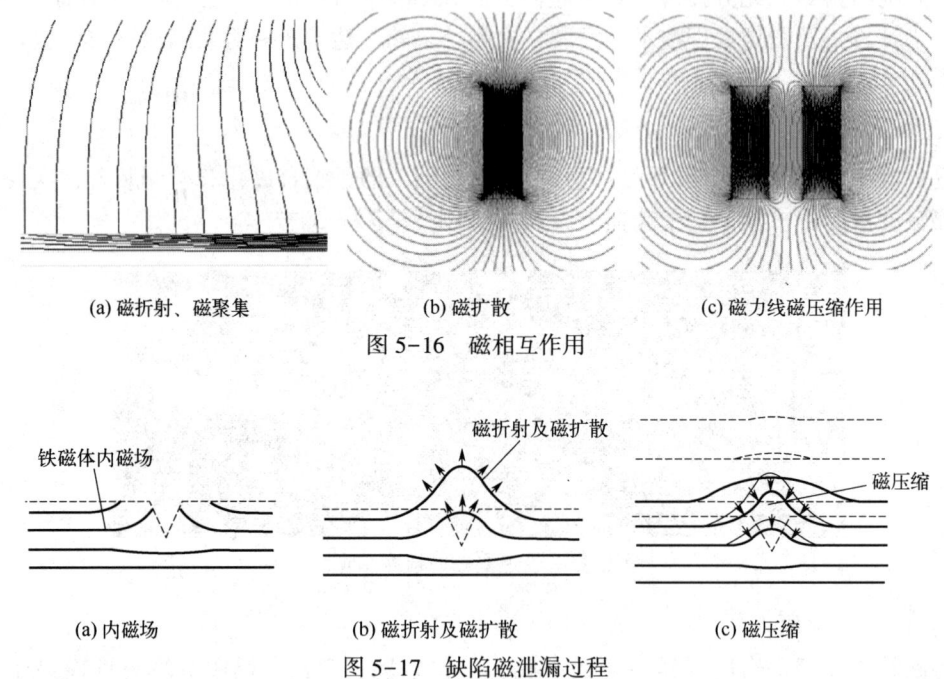

(a) 磁折射、磁聚集　　(b) 磁扩散　　(c) 磁力线磁压缩作用

图 5-16　磁相互作用

(a) 内磁场　　(b) 磁折射及磁扩散　　(c) 磁压缩

图 5-17　缺陷磁泄漏过程

铁磁性材料内磁通经过上述磁折射、磁扩散及反向磁压缩过程后,形成最终缺陷漏磁场。

2) 管道漏磁内检测技术原理

管道漏磁内检测技术是利用检测装置自身携带的强磁铁将管道磁化,在管壁上产生磁回路场,使检测装置磁铁两极间的管壁达到磁饱和状态,如果管壁没有缺陷,则磁力线在管壁内均匀分布,反之则管壁横截面减小,磁力线发生变形,部分磁力线穿出管壁两侧产生漏磁场,该信号被位于两磁极之间紧贴管壁的传感器检测到,经过滤波、放大、模数转换等处理后被记录到检测装置的存储器中,最后通过对检测的数据进行分析,从而掌握全管道特征的技术。技术原理如图 5-18 所示。

3. 检测装置结构

不同管径的管道漏磁内检测装置由于管道内径的限制,其设备节数和各单元功能各有不同,大口径管道通常为一节,设备结构如图 5-19 所示。

(1) 磁化单元:包含了钢刷、永磁铁、轭铁,该部分主要是使管壁磁化,产生漏磁通。

(2) 计算机单元:是管道漏磁内检测装置的核心部分,主要负责管道内检测中的过程控制和检测探头检测数据的处理和存储。

图 5-18　管道漏磁内检测技术原理

图 5-19　大口径管道漏磁内检测装置结构示意图

（3）速度控制单元：用于防止检测装置运行速度过快。

（4）里程轮单元：通过与管壁直接接触的轮子和脉冲式码盘来测量并记录检测装置在管道内的行走里程。

（5）传感器单元：通常由霍尔探头制成，内装有霍尔元件和前级放大电路，霍尔元件与管壁相连处为不导磁耐磨材料（金属或非金属），整个探头完全封闭，用于测量管道的漏磁通。

（6）检测装置舱体及电池单元：舱体是检测装置的骨架，起支撑作用，同时在舱体内部装有电池，这是由于管道漏磁内检测装置在工作时是在密封管道中运行的，无法使用外界电源来提供电能，要维持内检测装置机芯、各个探头及里程轮传感器等正常工作，就需要检测装置自己携带一个大容量的电源供给装置，来为检测装置正常检测、处理和存储数据提供充足的电能。

(7) 其他：检测装置中还装有低频电磁信号发射机，通过手持式信号接收机采集该信号，可以用于检测装置发送、接收和查找时的定位。

上述功能单元在小口径管道设备中被拆分在不同的设备节上，不同节之间采用万向节进行连接，同时没有了速度控制单元，其设备结构如图 5-20 所示。

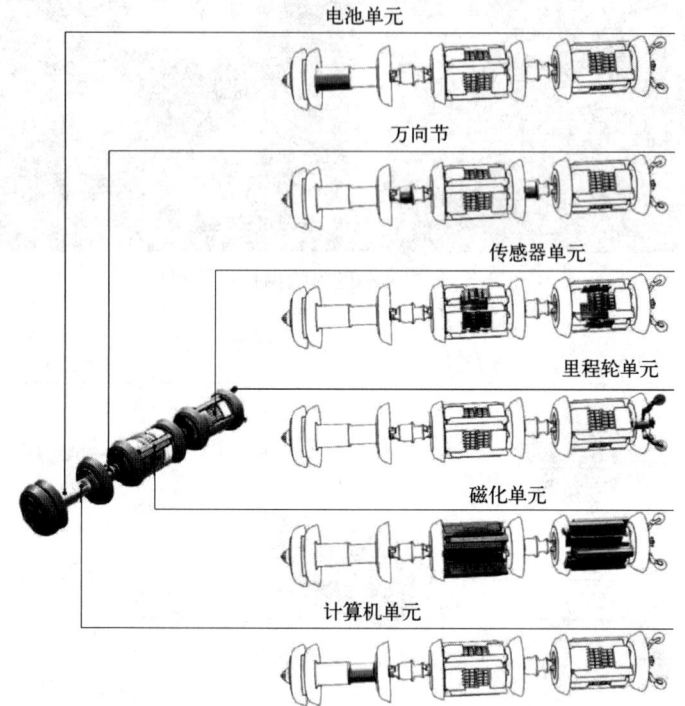

图 5-20 小口径管道漏磁内检测装置结构示意图

4. 检测能力

1) 识别能力

管道漏磁内检测装置可以检测识别出内/外金属损失、凹陷、偏心套筒、部件、焊缝、阀门、三通、弯头、壁厚变化，并能对焊缝异常进行分级。

对于内/外金属损失、凹陷、偏心套筒、部件和焊缝的 POI（识别率）大于 90%，对阀门、三通、弯头、壁厚变化等特征的 POI（识别率）大于 98%。

2) 检测精度

检测精度分为两部分，第一部分为特征定位精度，见表 5-17，分为轴向定位精度和环向定位精度。轴向定位精度即检测发现的特征点的位置距参考点的距离误差在±1%范围内，距上下游环焊缝的距离误差在±0.1m 范围内。环向定位精度即检测发现的特征点在管道时钟方位的定位误差应在±5°范围内。

第二部分为金属损失尺寸量化精度，见表 5-18，按不同制管方式和不同缺陷类型分为以下四个精度指标：

检测概率（POD）90%时的检测阈值：该检测概率下多大及以上深度尺寸的缺陷应该被检测出来。

可信度90%的深度精度：该可信度下的检测缺陷深度精度范围。
可信度90%的宽度精度：该可信度下的检测缺陷宽度精度范围。
可信度90%的长度精度：该可信度下的检测缺陷长度精度范围。

这里的检测概率（POD）定义为特征能被检测出来的概率；可信度定义为检测结果报告的异常特征在给定的公差范围内的概率。

表 5-19　漏磁内检测特征定位精度要求

可信度=90%时的轴向定位精度	相对于参考点距离	±1%
	距参考环焊缝距离，m	±0.1
可信度=90%时的环向定位精度		±5°

表 5-20　管道漏磁内检测金属损失尺寸量化精度要求

	管道母材区域检测精度							
	普通金属损失（4A×4A）		点蚀（2A×2A）		轴向沟槽（4A×2A）		环向沟槽（2A×4A）	
	无缝钢管	直(螺旋)焊缝钢管	无缝钢管	直(螺旋)焊缝钢管	无缝钢管	直(螺旋)焊缝钢管	无缝钢管	直(螺旋)焊缝钢管
POD=90%时的检测阈值	9%t	5%t	13%t	8%t	13%t	8%t	9%t	5%t
可信度=90%时的深度精度	±10%t	±10%t	±10%t	±10%t	−15%t/+10%t	−15%t/+10%t	−10%t/+15%t	−10%t/+15%t
可信度=90%时的宽度精度	±15mm	±15mm	±15mm	±15mm	±15mm	±15mm	±15mm	±15mm
可信度=90%时的长度精度	±10mm	±10mm	±10mm	±10mm	±10mm	±10mm	±10mm	±10mm

注：t 为管道公称壁厚，A 是几何参数，如果 $t<10mm$，那么 $A=10mm$；如果 $t\geq 10mm$，那么 $A=t$。

5. 检测信号显示

1）信号图谱

漏磁检测原始信号如图 5-21 所示，横坐标为检测里程（单位为 km），纵坐标为管道时钟方位，每一条短横线代表一个检测探头的信号，较为平直的信号显示代表没有缺陷，有波动的信号代表可能存在缺陷。

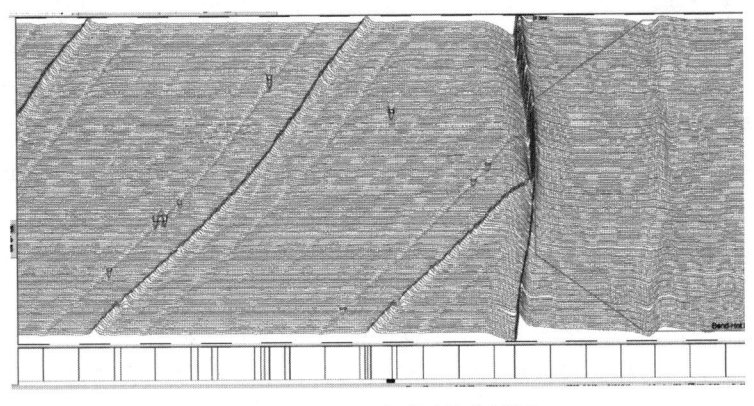

图 5-21　漏磁检测原始信号图

原始信号通过电子处理，可以转换为灰色显示（图5-22）和彩色显示，方便判断缺陷。漏磁内检测数据分析即是对缺陷处信号进行分析，每一处缺陷信号如图5-23所示，可以分解为轴向、径向和环向三个方向的信号，其中前两者为缺陷判断的主要依据，经过对它们的分析求解从而给出缺陷长度、宽度和深度尺寸。因此下面对这两者进行浅要分析。

图5-22 检测信号灰度图

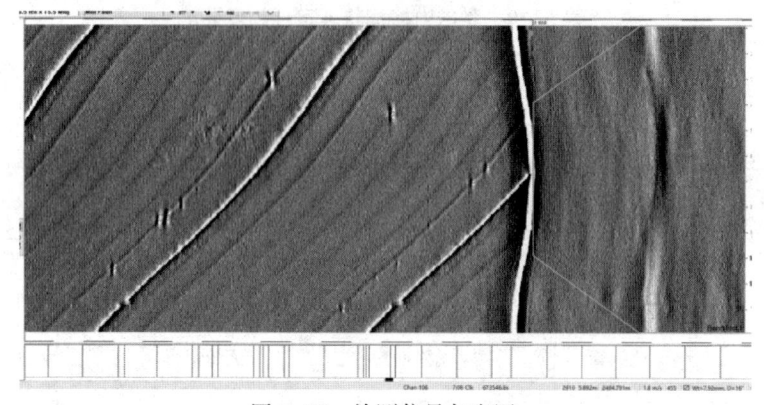

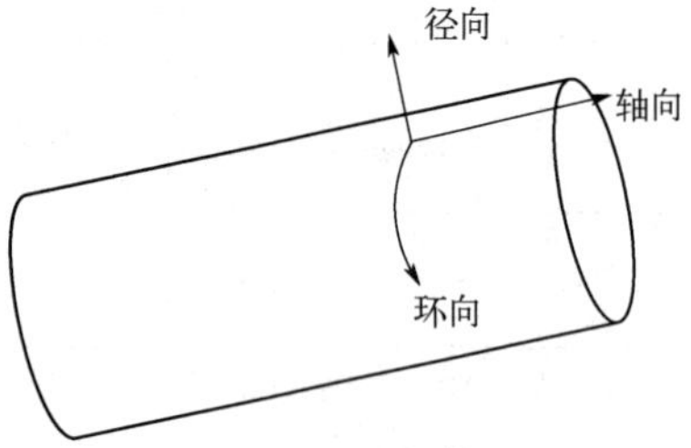

图5-23 检测方向示意图

2）漏磁场的具体形状

通过有限元模型分析，磁泄漏场并非简单的单向泄漏，而是呈气泡边界状分布扩散，可称之为"泄漏磁泡"。它由磁场中感应线的不交叉、排斥和封闭性的固有物理特性综合所致。很明显，"泄漏磁泡"的特有形状直接影响缺陷漏磁检测信号。

3）轴向漏磁信号

在图5-24中，将磁感应线进行层叠标示，建立x-y直角坐标系。依据层叠感应线在x轴方向上的投影，对"泄漏磁泡"进行磁区域划分，分别为A区、B区及A'区。由磁区与磁感应线在x轴方向的对应关系，可知A区为负磁区，B区为正磁区，A'区为负磁区。磁感应线的密集度反映磁场的强弱，可知A区、A'区及B区的下半部分区域的磁场较强，而B区的上半部分区域的磁场较弱。

假设磁敏元件的扫描方向平行于x轴，设定不同提离值所对应的扫描路径分别为①~⑥。当探测x方向漏磁分量（轴向分量）的磁敏元件扫描路径为①~③时，要依次通过缺陷"泄漏磁泡"的负磁区A、正磁区B及负磁区A'，所以，磁敏元件所检出信号值顺次为负—正—负，形成三峰波形；但由于正磁区B的下部区域磁场强度比负磁区A及A'的大，所以，出现以正值为主体、两边产生负旁瓣的信号。因为路径经过正磁区B的下部强磁区，此时信号幅值S_{PP}较大，而通过的所有磁区域跨度较小，所以检出信号的磁跨区S_W较小。当扫描路径为⑤、⑥时，只通过"泄漏磁泡"的正磁区B的上部区域的正单向区，检出信号只为正值，负旁瓣不存在；另外，由于通过正磁区B的上部区域磁场较弱，信号幅值S_{PP}变小，但其跨度区域较大，导致磁跨区S_W变大。不同扫描路径①~⑥上磁感应强度的轴向分量值仿真如图5-25所示。真实缺陷的轴向信号显示如图5-26所示。

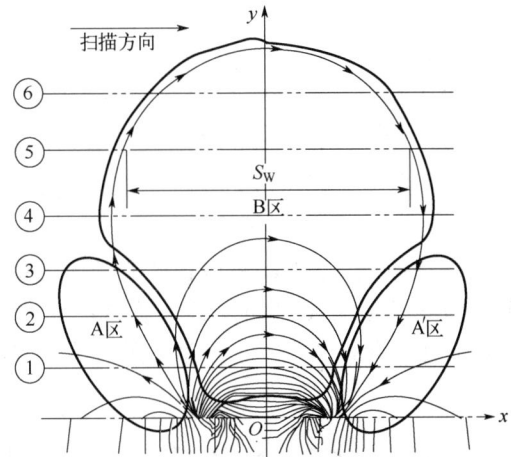

图 5-24 缺陷的"泄漏磁泡"的标示以及磁区 A、B 及 A'的划分
①~⑥—扫描路径

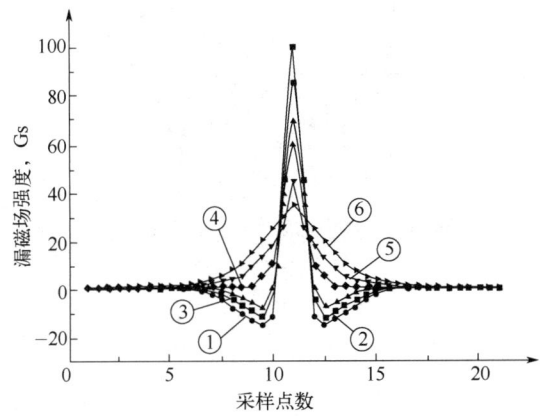

图 5-25 不同扫描路径上磁感应强度的轴向分量值仿真
①~⑥—扫描路径

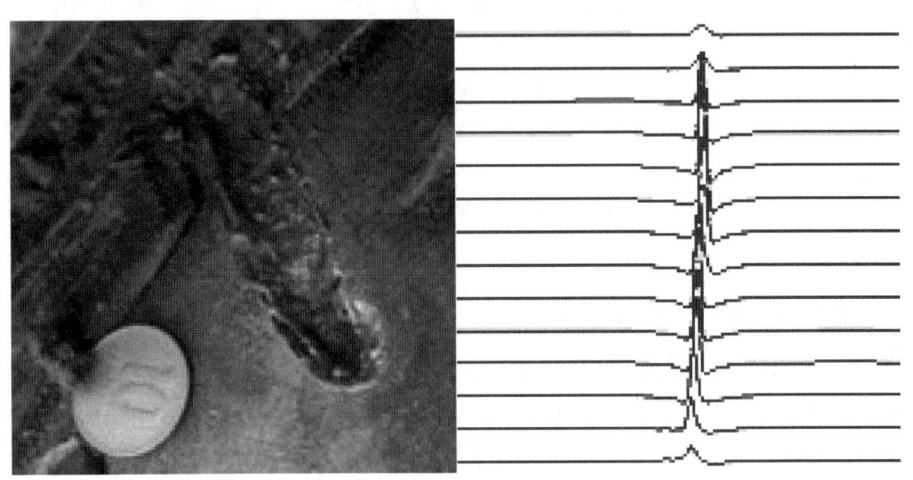

图 5-26 真实缺陷的轴向信号

4) 径向漏磁信号

采用上述相同的方式，建立 x-y 直角坐标系、磁感应线和磁敏元件扫描路径设定，依据层叠磁感应线在 y 轴上的投影分量，对"泄漏磁泡"进行区域划分，划分为 C 区和 C′ 区，如图 5-27 所示。可知 C 区和 C′ 区分别为正负磁区。当测量 y 方向的径向磁分量，磁敏元件沿着路径①扫描时，分别通过正磁区和负磁区，获得先正后负的双峰检出信号，并且由于 C 正磁区和 C′ 负磁区的磁感应线正反的快速切换，使得正峰值迅速跳变到负峰值，形成窄的双峰信号。不同扫描路径①~⑥上磁感应强度的径向分量值仿真如图 5-28 所示。泄漏磁区跨度与磁区内磁感应线的密集度也同样影响着磁跨区 S_W 及信号幅值 S_{PP}。提离值加大，磁跨区 S_W 增大，而信号幅值 S_{PP} 减小，最终使信号越来越平缓。真实缺陷的径向信号显示如图 5-29 所示。

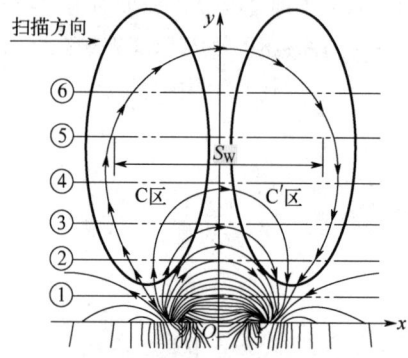

图 5-27 缺陷的"泄漏磁泡"标示以及磁区 C、C′ 的划分
①~⑥—扫描路径

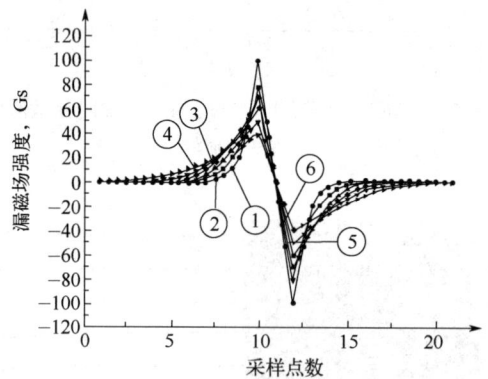

图 5-28 不同扫描路径上磁感应强度的径向分量值仿真
①~⑥—扫描路径

（二）管道超声波内检测技术

管道超声波内检测技术是利用脉冲回波原理进行管道检测。当脉冲发生器发出的高频电脉冲激励探头的压电晶片时，发射超声波 P，经过一种间隙介质（石油）传播后，一部分声波 B 从管道内壁反射回探头；另一部分发生透射，到达管道外壁，其中一部分声波透射（探头接收不到），另一部分声波 W 反射回探头。回波传输时间、起始波及内外壁回波

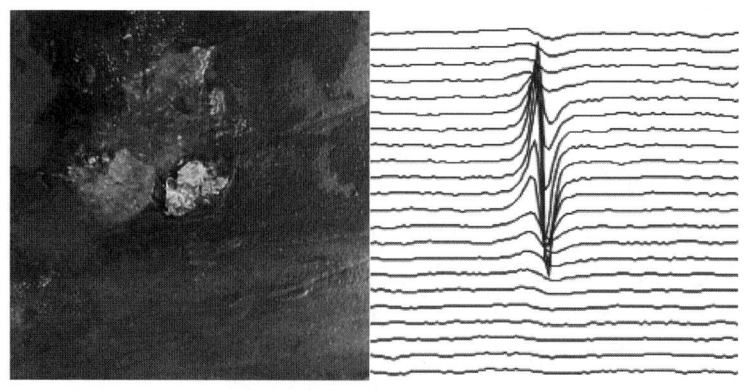

图 5-29 真实缺陷的径向信号

间的时间差均被记录下来，再综合超声波在被测管壁中的传播速度及对该管道的检测速度，可以精确描述管道壁厚的情况。图 5-30 中，d_1、d_2 即分别为油层厚度、管壁厚度的 2 倍。

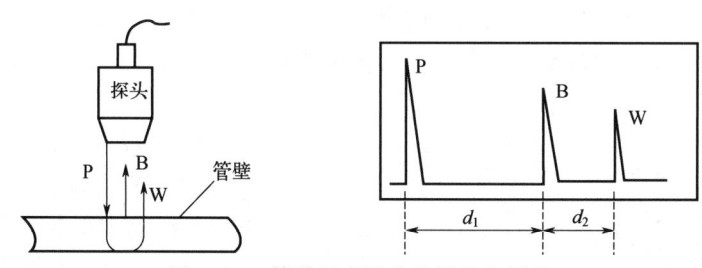

图 5-30 管道超声波内检测基本原理

管道腐蚀后一般表现为壁厚减薄，局部出现凹坑或者麻点。因此，通过超声波内检测技术可得到管道的剩余壁厚，作为管道维修或者报废的依据。输油管道超声波内检测具备可以利用输送液体作为传播介质（即耦合剂）的天然有利因素，超声波在没有耦合剂的情况下（例如空气中）衰减很快，而输油管道中的石油就是良好的声耦合剂，超声波检测管壁厚度精确度高、可定量探测厚壁管（40~50mm），避免了漏磁内检测技术不能探测厚壁管的缺点。

由于超声波内检测脉冲重复频率很高，探头接收的海量回波数据须在瞬间内存储完毕；但在实际检测过程中，有用的回波信号受到液体中气泡、大的杂质颗粒等干扰而混杂了多种噪声，给数据处理带来极大困难。目前存在的主要问题有 A 波海量数据的在线实时存储问题没有得到有效解决；B 扫描壁厚转换算法精度较低，存在误判率和漏检率较高等情况；C 扫描图像后处理工作不足。因此，管道超声波内检测的关键技术是对回波信号进行有效处理，精确、直观地呈现管道腐蚀状况。

目前超声波内检测信号的显示方式主要有三种：A 型扫描显示、B 型扫描显示、C 型扫描显示。

（1）A 型扫描显示：是一种用横坐标表示时间、纵坐标表示幅值的脉冲回波显示方式，用来表示声束线上工件的内部结构和缺陷情况。

（2）B 型扫描显示：以 A 型扫描为基础，显示工件内部与声束传播方向平行的横断面

"解剖图像",从该图像上可观察到缺陷的深度和位置。

(3) C型扫描显示:是被测工件的投影面。该平面与B型扫描显示平面垂直,能够在水平投影位置上给出缺陷轮廓及分布状况,但却无法确定缺陷在工件内的深度,多用于超声波自动扫描检查。

(三) 管道涡流内检测技术

管道涡流内检测技术是非接触检测中一种重要检测方法,应用原理主要是电磁感应原理。当通有交变电流的线圈逐渐靠近被测导体试件时,根据电磁感应原理,由于激励线圈的磁场作用,线圈中会产生交变的磁场,交变的磁场在被测试件表面产生涡流。

试件导电性能对涡流的大小及流动形式产生影响。当试件中有缺陷时,涡流分布会发生变化,从而会影响涡流产生的磁场分布,这个磁场反作用使检测线圈中的阻抗发生变化,检测输出的电压信号会在幅值、峰值等处发生变化。为此通过测量瞬态感应电压信号,就可以判断被测试件有无缺陷及其性能。

单频涡流内检测技术的激励信号一般采用单一频率的正弦波电压或电流。激励信号的频率范围很大,可以从几赫兹到几兆赫兹。感应电流的大小与激励频率、激励电流的大小、激励线圈的尺寸和形状及被测试件的电导率、磁导率都有关,通过测量线圈的阻抗或电压的变化对缺陷进行检测。但是由于其他参数也很敏感,往往会对缺陷的检测造成影响。

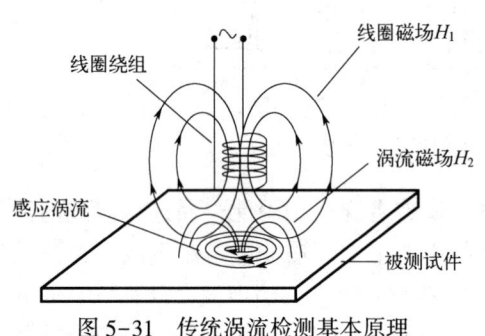

图 5-31 传统涡流检测基本原理

涡流内检测的基本原理如图 5-31 所示。在一个线圈中通入交变电流 I_1 并置于被测金属试件的上方,线圈中交变电流产生交变磁场 H_1,使被测试件中产生感应电动势,形成交变的涡流 I_2,交变的涡流激发出次级磁场 H_2,其方向与 H_1 相反,因此会对 H_1 产生抵消作用,使得原磁场的大小与空间分布、激励线圈阻抗 Z 等参数发生变化。

涡流检测传感器的优化与设计一方面是为了更稳定、更快速地获取涡流检测信号;另一方面是为了增强检测信号的信噪比。在 2002 年,H. Huang 和 T. Takagi 设计了一种差分式具有高空间分辨率的涡流检测传感器,以便更快、更好地实现缺陷形状检测。J. J Xin,N. G Lei 和 L. Udpa 等学者于 2011 年提出采用旋转式的磁场涡流探头,以提高空间利用率和检测速度。学者 N. Kobayashia 和 S. Uenoa 于 2011 年采用有限元的方法研究了管道远场涡流检测中导磁体对发射信号的影响,并比较了接收线圈垂直和水平放置时检测信号的差异。在 2012 年,S. K. Brady 和 D. D. Palmer 提出采用巨磁阻传感器来检测涡流信号,以提高涡流检测信号的强度。在 2013 年,R. Keshwani 和 S. Bhattacharya 通过优化和设计新型涡流检测传感器研发出了一种可实现管道在线无损检测的仪器 Pipeline Inspection Gauge (PIG);T. Peng 和 J. Moulin 等采用磁阻抗微型传感器实现了涡流检测中深层缺陷的检测。C. F Ye 和 L. Udpa 等学者在 2016 年结合巨磁阻传感器和阵列信号检测技术设计了一种新型的旋转涡流探头,同时提高了轴向和周向缺陷的检测能力。

（四）应用案例

1. 检测管道信息

管线长度：5.617km。
建管日期：2022 年。
管子材质：X52。
标称壁厚：6.30mm，7.10mm/10.00mm/10.31mm。
最大允许运行压力（MAOP）：8.5MPa。

2. 检测过程

发球日期：2022 年 7 月 25 日。
收球日期：2022 年 7 月 25 日。
数据到达分析中心日期：2022 年 7 月 26 日。
最终报告提交日期：2022 年 8 月 9 日。

3. 工具速度信息

漏磁检测器运行速度图显示检测运行期间检测工具的速度。速度图（图 5-32）上的两条横虚线表示对检测工具所规定的最小运行速度和最大运行速度，即 0.10m/s 和 5.00m/s。如果检测工具的运行速度超出这一规定的运行速度窗口，可能导致检测工具的检测性能下降。本次检测中，检测器运行速度没有超出规定的最大运行速度。检测运行中，检测器的平均速度为 0.12m/s。

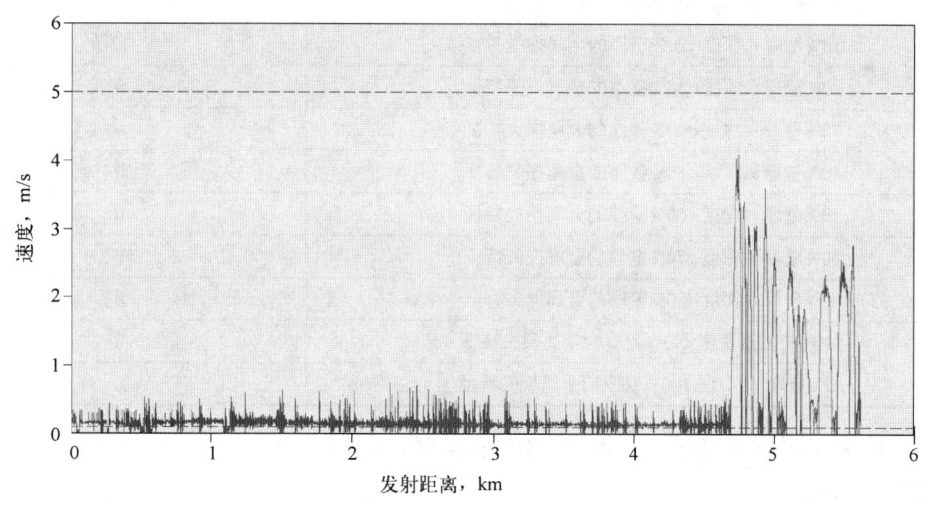

图 5-32　漏磁检测器运行速度图

4. 检测结果

1）漏磁数据质量

已获得管线全长（5.617km）的检测数据。检测器低于规定的最小速度运行共出现 825 次，覆盖的总距离为 312m，但是并不影响检测数据的质量。在管线绝对距离 495m 处检测器出现停顿，与几何数据交叉对比后，约有 0.7m 的数据丢失。根据检测数据判断管道内存在少量污物。除以上所述外，检测数据质量可以接受，可在此基础上对管道进行综合评估。

2）结果数据

表5-21是对检测过程中识别的所有金属损失特征（含制造缺陷）的汇总。

表5-21 金属损失特征汇总表

金属损失特征的总数	82
根据类型定义分类	
外部金属损失特征数量	11
普通金属损失特征数量	27
点蚀数量	32
轴向沟槽数量	3
环向沟槽数量	3
针孔数量	0
轴向沟纹数量	0
环向沟纹数量	0
轴向和环向沟槽数量	6
轴向和环向沟纹数量	0
根据深度分类	
0%壁厚≤深度<10%壁厚的金属损失特征	67
10%壁厚≤深度<20%壁厚的金属损失特征	12
20%壁厚≤深度<30%壁厚的金属损失特征	3
30%壁厚≤深度<40%壁厚的金属损失特征	0
40%壁厚≤深度<50%壁厚的金属损失特征	0
50%壁厚≤深度<60%壁厚的金属损失特征	0
60%壁厚≤深度<70%壁厚的金属损失特征	0
70%壁厚≤深度<80%壁厚的金属损失特征	0
80%壁厚≤深度<90%壁厚的金属损失特征	0
90%壁厚≤深度<100%壁厚的金属损失特征	0

本次检测探测到4处凹陷。最深的凹陷深度达外径的2.35%，位于1060号管节上。凹陷特征汇总见表5-22。

表5-22 凹陷特征汇总表

凹陷类型	顶部凹陷 （时针方位8点—12点—4点， 包括8点和4点）	底部凹陷 （时针方位8点—6点—4点）	合计
普通凹陷	3	1	4
与金属损失相关的凹陷	0	0	0

续表

凹陷类型	顶部凹陷 (时针方位8点—12点—4点, 包括8点和4点)	底部凹陷 (时针方位8点—6点—4点)	合计
与焊缝相关的凹陷	0	0	0
与椭圆变形相关的凹陷	0	0	0
与金属损失和焊缝相关的凹陷	0	0	0
与金属损失和椭圆变形相关的凹陷	0	0	0
与焊缝和椭圆变形相关的凹陷	0	0	0
与金属损失、焊缝和椭圆变形相关的凹陷	0	0	0
合计	3	1	4

其他检测结果：本次检测共识别出 81 处环焊缝异常。这些环焊缝异常的起因不明，可能是由于环焊缝打磨造成的。本次检测没有探测到金属外接物。本次检测没有探测到偏心套管。本次检测没有探测到环向修补壳层或修复补丁。

3）开挖单

报告提供了选定的金属损失特征的详细开挖单，用于验证检测质量。

开挖单包括以下三个部分：

特征描述：该部分提供金属损失特征的详细信息。

特征定位：该部分提供了用于开挖时定位金属损失特征的信息。为了易于从地表面对特征进行识别和定位，应尽可能地将金属损失特征位置与参考点联系起来。

位置示意图：该部分提供了金属损失特征附近的管道示意图。

示意图上给出七个管节，即金属损失特征所在的管节和两侧各三段管节，图中还给出了环焊缝编号、标称壁厚及管节长度。

表 5-23　缺陷开挖单示例

特征描述
类型：内部制造缺陷 时钟方位：08：39(o'clock) 轴向长度：26mm 环向宽度：47mm 峰值深度：壁厚的 25% 特征选择规则：9 管节标称壁厚：6.30mm 离发球筒的绝对距离：1088.996m
特征定位—参考点
上游参考点： 1. 1#加密点 （环焊缝 1410m+11.537m） 距离发球筒：931.156m 距离参考环焊缝：154.109m 2. 球阀 （环焊缝 10m+0.494m） 距离发球筒：1.531m 距离参考环焊缝：1083.734m

续表

特征定位—参考点
下游参考点： 1. 2#阴极保护桩 （环焊缝 2610m+2.345m） 距离发球筒：2007.308m 距离参考环焊缝：922.043m 2. 3#阴极保护桩 （环焊缝 4070m+9.528m） 距离发球筒：2923.210m 距离参考环焊缝：1837.945m 3. 2#加密点 （环焊缝 4450m+0.039m） 距离发球筒：3239.491m 距离参考环焊缝：2154.226m
参考环焊缝
位于特征管节金浅 5H 集气站（上游）端的参考环焊缝编号为 1580 该焊缝位于参考点 1 的下游 154.109m 和参考点 2 的上游 922.043m
特征
该特征位于参考环焊缝的下游 3.731m 该特征位于下游环焊缝（环焊缝编号 1590）的上游 8.403m 最深点距离参考环焊缝 3.744m，时钟位置 09:04
位置示意图
 环焊缝编号：1550 参考点1，1560，1570，1580，特征，1590，1600，1610，1620 参考点2 管节长度：11.954m，12.125m，12.121m，12.134m，12.137m，12.161m，12.164m 标称壁厚：6.30mm，6.30mm，6.30mm，6.30mm，6.30mm，6.30mm，6.30mm

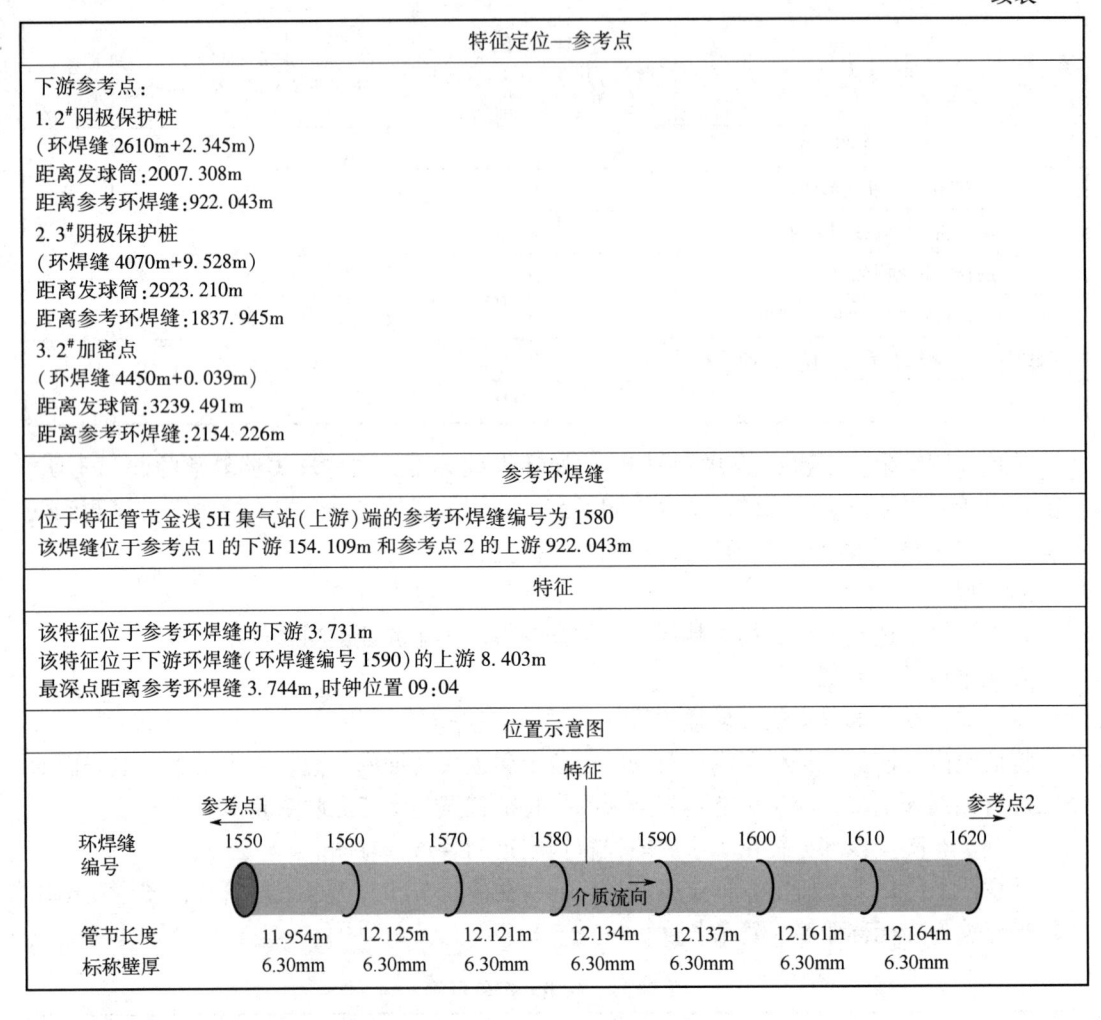

三、含缺陷管道适用性评价技术

管道中实际腐蚀缺陷的形状是多种多样的，不是简单的、有规则的、均匀的形状。精确划分缺陷的形状，判断缺陷之间的影响比较困难，任何缺陷形状的描述都是基于经验的判断，是不准确的。即使是通过熟练的工程师现场测量得到的尺寸，在很大程度上也含有主观的判断。在各个评估方法中对缺陷形状的考虑也是不同的，例如，ASME B31G 将缺陷考虑成为抛物线形或半椭圆形，RSTERNG 0.85dL 面积方法是介于抛物线形和矩形之间的中间状态。一些评估方法简单地近似了缺陷的形状，这种简化也就使缺陷评估的结果过于保守。因此，精确地描述出缺陷的形状，充分验证缺陷之间的关系，准确测量出特征值的大小，对缺陷评估结果的精确度有很大的影响。缺陷可分为孤立的腐蚀缺陷、复杂的腐蚀缺陷及腐蚀缺陷群。评估腐蚀缺陷需要的特征参数为缺陷的长度、缺陷的深度、缺陷的环向宽度和与邻近缺陷的间距。影响评估精确度的因素有缺陷形状描述、缺陷深度尺寸、缺陷长度尺寸及缺陷位置。

(一) 常用的标准和方法

(1) ASME B31G《确定腐蚀管道剩余强度手册》，由美国机械工程师协会（ASME）编制的方法。

(2) RSTRENG《腐蚀管道剩余强度评估方法》，分为 RSTRENG $0.85dL$ 方法和 RSTRENG 有效面积法，由国际管道研究协会（PRCI）编制。

(3) DNV RP F-101《腐蚀管道评估方法》，是 BG 公司（现在的 Advantica）和挪威船级社（DNV）联合为缺陷管道的评估开发的 DNV 指导文件，是 DNV 推荐方法。

这 3 种方法是推荐使用的常用方法。但是由于在流动应力、缺陷剖面、几何形状校正等假设考虑的差异，所评估的结果不同，都有各自的局限性，适用的范围也有差别。根据各缺陷之间的相互关系，将腐蚀缺陷评估方法归为两类，分述如下。

(二) 对孤立缺陷的评估方法

1. ASME B31G

ASME B31G 评估方法，只使用两个缺陷参数（深度和长度）来评估在多大运行压力下，有缺陷的管道不会发生断裂。该方法主要对孤立缺陷进行评估，适应管材等级较低、管道服役年限长的老管道，为半经验、偏保守方法。使用 ASME B31G 对缺陷进行评估时，它将所有的缺陷，即使是有交互影响的缺陷群，也考虑成为一个孤立的缺陷，这样评估时就忽略了很多东西。另外，试验验证，ASME B31G 评估方法不适用于管材等级较高的高强度钢管道，例如 X70 管道、X80 管道。

2. RSTRENG $0.85dL$ 方法

该方法是改进的方法，也只是需要缺陷深度和长度两个容易测量获得的参数，增加了 ASME B31G 方程定义的流动应力值，将流动应力定义为 SMYS+68.9MPa。面积表示为 $0.85dL$（d 是最大深度，L 是缺陷总长度），$0.85dL$ 计算得到的缺陷面积的大小介于抛物线形状面积和矩形面积之间。该方法比 RSTERNG 有效面积方法计算简单，但是精确度不如 RSTRENG 有效面积方法。该方法主要对孤立缺陷进行评估，得到的结果没有 ASME B31G 保守。RSTRENG $0.85dL$ 方法在流动应力和鼓胀系数上用的术语与 RSTRENG 有效面积方法相同。该方法同 ASME B31G 方法一样，不适用于管材等级较高的高强度钢。

3. PCORRC 方法

PCORRC（Pipeline Corrosion Criterion）方法是近几年开发的用于评价含钝口腐蚀缺陷的中高强度等级管道由塑性失稳导致失效的剩余强度。该方法认为管子的失效由真实极限拉伸强度决定，在诸多参数中，缺陷的长度和深度是最主要的影响因素，而管材的应变硬化和缺陷的宽度可以忽略。该评价方法预测中高强度钢的结果与试验值偏差较小，很好地改善了较为保守的 ASME B31G 等评价方法，比较适于管材为中高强度钢管道（如 X52-X70 管道）的剩余强度评定，在评价低强度等级的管道时出现偏于危险的结果。

4. DNV-RP-F101 标准

DNV-RP-F101 标准由英国 BG 公司和挪威船级社（DNV）于 1999 年合作开发，该标准不但考虑了内压，而且还考虑了管道所受的轴向载荷和弯曲载荷。流变应力的定义不是根据屈服极限,而是根据极限拉伸强度,采用实际面积来表述缺陷形状。此标准针对中高强度等级管道(X80以下钢),更适合于现代高强度大口径管道的安全评价。

该标准提供分项安全系数法和许用应力法。由于分项安全系数法需要考虑腐蚀缺陷测量的不确定性和管道材料的不确定性等因素,对于操作人员而言,其计算过程和测定也要相对复杂一些,因此简化计算采用后者,即许用应力法。该方法根据许用应力设计(ASD)标准,计算腐蚀缺陷的失效压力后再乘以管道的强度设计系数。

(三) 对复杂缺陷、交互影响缺陷的评估方法

邻近缺陷的交互作用产生的破坏压力低于单个缺陷产生的破坏压力。在这里,对交互作用缺陷的简单解释是,当相邻缺陷在纵向或环向上距离达到一定程度时,管道失效压力会降低。因此,评估交互作用的缺陷,还需要知道缺陷轴向和环向方向的间距。而当两个缺陷之间的距离是多少时才有交互,目前没有一种合适的合并方法,不同的评估方法,有自己合并缺陷的经验准则。

1. RSTRENG 有效面积法

RSTRENG 有效面积法,除了需要缺陷深度和长度数据之外,它还要求得到一系列的沿缺陷轴向方向和缺陷环向方向的数据。用 RSTRENG 有效面积法对孤立缺陷、交互影响缺陷、形状复杂的缺陷进行评估时,如何确定缺陷之间的关系,有其经验性规则,推荐的判据有:当两个轴向分离的缺陷间距超过 25.4mm 时,可以忽略缺陷间的交互作用;当两个环向方向的缺陷间距超过 6 倍的管道壁厚时,可以看作是孤立的缺陷。相对于 DNV-RP-F101 标准,RSTRENG 有效面积法评估的结果偏保守。

2. DNV-RP-F101 标准

DNV-RP-F101 标准对含机械缺陷(包括单个缺陷、相互作用的缺陷和复杂形状缺陷)的管道,通过爆破试验,得出有关爆破的数据库和有关管道材料性质的数据库。另外,通过三维非线性有限元分析得出更为综合的数据结果,提出了预测含缺陷管道剩余强度的准则,包括缺陷管道含有单个缺陷、相互作用缺陷和复杂形状缺陷。也通过对含缺陷管道的三维非线性有限元计算,得出概率的方法修正规范并确定安全系数。它比 RSTRENG 法更先进,同时它可以对环形焊缝缺陷、打磨修复金属损失进行评估。但对于较老的管道,应该慎重选择该标准。

以上几种方法都适合对腐蚀缺陷进行评估,已经被多个国家作为行业标准所采用。各种不同的评估方法适应各种不同的情况,需要根据管道年限、管材性质、缺陷特征、检测器的分辨率及业主要求进行选择,各种方法评估出的结果也是不同的。ASME B31G 偏保守,对于老管道较安全;RSTRENG 是在 ASME B31G 的基础上改进的,有一些进步,但是也有不足之处;DNV-RP-F101 标准较好,但用于老管道时应慎重。但是,这些方法都不能很好地解决成片的缺陷,对缺陷进行分组的判据都是很保守的,这相当于降低了缺陷评估的精确度。

上述几种方法仅仅是众多评价方法中的一部分,它们在使用上各有不同,但是有一个共同的特点就是通过简化的方程来达到目的。每种方法各自的适用范围不同,见表 5-24,可以满足我国新、旧管道剩余强度评价的需要。

表 5-24 几种缺陷评价方法适用性比较

比较项目	ASME B31G、RSTRENG 0.85dL	PCORRC	DNV-RP-F101
性质	国家标准	工业方法	工业标准
安全准则	屈服强度，流动应力	真实极限拉伸强度	极限拉伸强度 UTS
材料范围	X52 以下	X52~X70	X65~X80
最佳适用材料范围	中低强度钢	中高强度钢	X80 以下钢
缺陷类型	孤立缺陷或将相邻缺陷作为一个孤立缺陷	孤立缺陷或将相邻缺陷作为一个孤立缺陷	孤立缺陷、交互作用缺陷、复杂缺陷
载荷范围	内压	内压	内压、轴向压应力
裂纹适用性	是	否	否

缺陷强度评价应根据缺陷的类型选择强度评价或安全评定方法。不同缺陷类型推荐的评价标准见表 5-25。

表 5-25 不同缺陷类型推荐的评价标准

缺陷类型	推荐标准	备注
腐蚀缺陷	ASME B31G	—
	API RP 579	—
	SY/T 6477—2017	推荐用于对缺陷的长度、深度、宽度进行评价
	SY/T 6151—2022	推荐用于对缺陷的长度和深度进行评价
	GB/T 30582—2014	推荐用于采用有效面积法对使用缺陷的截面详细长度和深度进行评价
	SY/T 0087.1—2018	推荐用于对缺陷的长度、深度、宽度进行筛选评价
制造缺陷	SY/T 6477—2017	可当作腐蚀缺陷处理，推荐用于对缺陷的长度、深度、宽度进行评价
	GB/T 30582—2014	推荐用于对缺陷的长度和深度进行评价
机械损伤	ASME B31G	—
	API RP 579	—
	SY/T 6477—2017	推荐用于对缺陷的长度、深度、宽度进行评价
焊缝裂纹、表面裂纹	BS 7910	推荐使用
	API RP 579	—
	SY/T 6477—2017	—
	GB/T 19624—2019	—
几何缺陷（凹陷）	SY/T 6996—2014	推荐使用
	API RP 579	—
几何缺陷（噘嘴、错边）	API RP 579	推荐使用
划伤	BS 7910	推荐使用
	API RP 579	—

平面型缺陷剩余强度评价等级根据所需要的材料和应力数据的复杂性增大而增大,而提供的分析结果的准确度也随着增大。SY/T 6477—2014 仅有 1 级评价,API RP 579 有 3 级评价,BS 7910 有 3 级评价,它们之间的对应关系见表 5-26。

表 5-26 平面缺陷评价等级

评价级别	包含标准	说明
初级	API RP 579 的一级评价	平面缺陷的初级评价方法简单,结果较安全,工程应用简便,一般情况下评价更为保守,起到筛选作用
中级	API RP 579 的二级、三级评价 SY/T 6477—2017 BS 7910 的一级、二级评价	平面缺陷的中级评价计算过程易行,安全裕度明确,结果可靠安全,是平面缺陷剩余强度评价的主要方法
高级	BS 7910 的三级评价	平面缺陷的高级评价又称为延性撕裂分析,主要用于重要的承压管段和失效极其严重的管段,适用于符合 Ramberg-Osgood 幂硬化关系材料和具有长屈服平台材料制成的管道剩余强度评价,能比较精确地预测管道起裂及撕裂失稳载荷

第四节 油气田管道应力应变检测技术

一、管道应力检测技术

残余应力检测分为无损检测技术与有损检测技术。机械法测残余应力是一类典型的有损检测技术,该方法对被检构件进行部分加工或完全剥离,使被检构件上的残余应力部分释放或完全释放,利用应变计测出残余应力。有损检测技术会对管道造成结构破坏,因此不适用于管道应力检测。无损检测技术是以不损害被检测对象的使用性为前提,应用多种物理或化学现象,借以评价它们连续性、安全可靠性和其他物理性能的技术。显然,无损检测技术更适用于管道应力检测的工程应用。目前,工程应用较为广泛的管道应力检测技术主要有磁记忆检测法、超声波法、X 射线衍射法等。

(一)磁记忆检测法

磁记忆检测法是一种利用金属磁记忆效应来检测部件应力集中部位的快速无损检测方法。20 世纪 90 年代,俄罗斯学者杜波夫(Doubuv)首先提出了金属磁记忆(Metal Magnetic Memory)的检测方法。杜波夫教授给出了磁记忆检测方法的明确定义:铁磁性金属零件在加工和运行时,由于受载荷和地磁场共同作用,在应力和变形集中区域会发生具有磁致伸缩性质的磁畴组织定向和不可逆的重新取向,这种磁状态的不可逆变化在工作载荷消除后不仅会保留,还与最大作用应力有关。金属构件表面的这种磁状态"记忆"着微观缺陷或应力集中的位置,即所谓的磁记忆效应。

磁记忆检测技术不需要对被检测工件的表面进行清理、打磨或其他预处理,检测效率高，成本低，尤其可以进行快速全面普查。但由于它是一种弱磁信号检测方法，信号容易受到材质、缺陷大小和种类、外激励或残余磁场的大小和方向等因素影响，检测时只能发现缺陷可能出现的危险部位，尚不能对缺陷的形状、大小及性质进行定量具体分析。

北京理工大学张卫民指出：由于在稳恒弱磁场作用下，磁信号呈复杂的非线性变化，且易受众多干扰因素影响，给应力定量化评价带来实质性困难，换言之，磁记忆检测方法不适于作为一种应力定量化评价的有效方法。这一点，在磁记忆方法引进国内之初，尚缺乏明确而深刻的认识。目前在以磁记忆检测法为原理的应力检测设备领域，俄罗斯动力诊断公司（Energodiagnostika Co. Ltd）生产的TSC系列产品占主导地位，如图5-33所示。

（二）超声波法

超声波可穿透物体，且其声弹效应主要取决于材料内部的应变大小，因此，可利用超声波的声弹常数与应力之间的特定关系来检测残余应力。超声波可以实现定向发射，对管道钢材而言超声波的穿透能力较强，通过对管道钢材的应力常数标定，可以定量检测管道应力。但利用超声波检测应力时，需对油气管道表面进行打磨处理，使超声波应力检测设备的传感器接触管道金属本体。

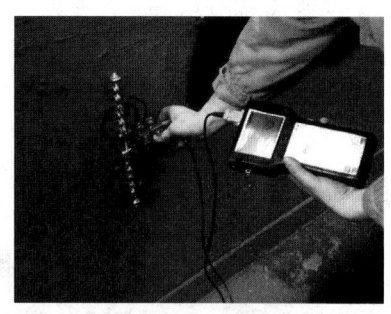

图5-33 TSC-4M-16应力集中检测仪

设两个固态媒质的分界面为$x\text{-}z$平面（即$y=0$）。一个在媒质1中的超声纵波以一定倾斜角度入射，通过两媒质的界面向媒质2内传递时，它将分解成两个纵波和两个横波，如图5-34(a)所示。但当入射波是沿垂直于各向同性介质表面传播时，它将形成两个与入射波同类型的波。这个规律为利用超声波测定残余应力提供了理论依据和实验基础。一个各向同性的固态介质（通常假定所测样品为各向同性的），在应力的作用下是具有声弹性的。即在有应力的情况下，由于应力的方向和大小不同，会使在固态介质中的超声波的传播速度发生变化，也就是说由于应力的存在引起了各向异性。当应力为平面应力状态且超声波又以垂直于应力平面方向传播时，超声波只分解为两个方向的超声波（反射波和折射波），如图5-34(b)所示。

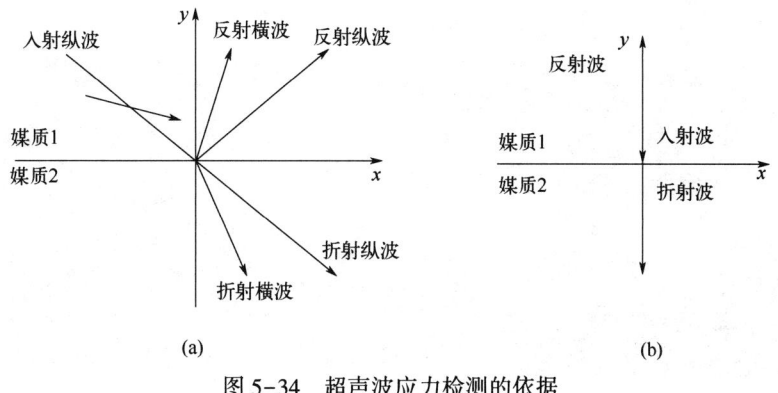

图5-34 超声波应力检测的依据

超声波应力检测系统主要由超声波发射装置、发射和接收探头、数据采集同步触发系统、高速数据采集卡和数据采集计算机等构成。从超声波发射装置发出的电脉冲分为两路输出，一路经数据采集同步触发系统后触发高速数据采集卡，对两接收通道进行同步采集；另一路到超声波发射换能器用于激发纵波，产生的纵波随后以第一临界角从有机玻璃楔块中入射被检测试样，在其近表面产生临界折射纵波。该波先后传播到两接收探头，接收探头将超声信号转化为电信号后传输至高速数据采集卡的两接收通道，然后将采集到的数据存入计算机，经数据处理后得出声波时差、应力常数及材料应力的大小等信息。

目前在超声波检测残余应力的设备领域，国外方面，加拿大 Sintec 公司（Structural Integrity Technologies Inc.）开发了 UltraMARS 超声波应力检测系统。该检测系统可对 2～200mm 厚材料的残余应力进行测量，应力测定误差（外部施加应力）为 5～10MPa，可选用独立电源供电（12V 蓄电池），整套设备外形尺寸约为 330mm×215mm×165mm，支持软件可对检测过程进行控制，存储检测数据及其他数据，并对残余应力的分布情况进行计算并绘制图形。图 5-35 所示为该检测系统实物。

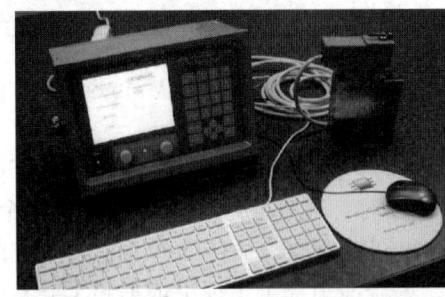

图 5-35　UltraMARS 超声波应力检测系统及其探头

国内方面，北京理工大学徐春广团队开发了 HT1000 超声残余应力检测仪。该设备根据声弹性理论研制而成，利用超声纵波可实现对金属及非金属表面和亚表面残余应力的宏观检测，可对材料表面及亚表面残余应力大小、方向及其分布进行直观分析。该设备对被检测构件的检测深度为 0.2～5mm，检测范围为 ±1000MPa，检测误差为 ±20MPa。图 5-36 所示是该设备实物照片。

图 5-36　HT1000 超声残余应力检测仪及其探头

(三) X 射线衍射法

X 射线衍射法最早由苏联学者 Akcehob 在 1929 年提出。1961 年德国学者 E. Macherauch 提出 X 射线应力测定的标准方法。X 射线衍射法于 20 世纪 90 年代已经发展成为材料科学和工程技术上成熟的残余应力测量手段。目前我国也做了很多 X 射线应力检测方面的研究工作，多集中于对低碳钢和不锈钢等的检测。其原理为当材料受到力的作用时，宏观上会产生应变，微观上相应的晶粒中晶面间距会发生变化，从而导致布拉格角发生角位移。此时若采用 X 射线穿透金属晶格，会发生衍射现象，通过测量入射线和衍射线的角度可以得到晶粒应变值。一般认为应力状态引起的晶粒应变和宏观应变是一致的，因此根据弹性力学理论从测得晶格应变可计算材料的宏观应力。在实际测量时，一般测量不同的入射角所对应的 X 射线的衍射角，然后采用合适的方法求其斜率，就可确定构件上某一点的应力。由于 X 射线的入射深度很小，因此仅能测量材料表面的应力。X 射线衍射法是仅有的几种测量残余应力的无损检测方法之一，也是人们应用最广泛的残余应力测量方法。但 X 射线衍射法设备庞大，针对运行状态下的油气管道现场检测而言实施难度较大，更无法实现快速检测，因而适用于室内样品检测。

加拿大 Proto 公司生产的 iXRD 残余应力仪（图 5-37）是基于 X 射线衍射法检测残余应力的设备之一。该设备检测精度为 ±10MPa。

图 5-37　iXRD 残余应力仪

二、管道应变监测技术

目前用于管道应变监测的传感器技术主要包括电阻式应变传感器、振弦式应变传感器、光纤光栅式应变传感器三种。

（一）电阻式应变传感器

电阻式应变传感器技术采用的通常称为应变片，应变片主要根据金属应变效应来进行测量，即电阻随着其变形而改变的一种现象。将被测量的应变通过所产生的金属弹性变形转换成电阻变化，然后把应变片接成惠斯通电桥的形式，让其电阻值的变化对电路的电压进行控制，最后通过电阻应变仪进行信号解调将电压信号记录并显示。

电阻应变片测量技术是对应变进行测量的一种成熟的技术，它具有精度高、测量范围广、频率响应特性较好等优点；且其价格低廉、品种多样、便于选择也是一般工程中应变测量常使用的原因之一。但该技术存在以下不足之处：

（1）每次测量需要调零，无记忆性。电阻应变片在每次测量前，必须保证惠斯通电桥平衡，即电桥输出为零。如果在测量前，电桥失去平衡，测量得到的读数就是电桥不平衡的输出和应变片对结构应变测量得到的输出的共同体现。因此，应变片每次测量都是一个相对变化值，没有记忆性。而且对于复杂的情况，如电力供应不足断电的情况，将会中断测试过程的继续，影响测量结果。

（2）存在零漂，不能进行长期测量。应变片在恒温和不受力的情况下，会随着时间的变化而发生变化，这种现象称为应变片的零漂，极大地限制了应变片使用寿命。一般用应变片零漂指标来衡量应变片的稳定性、测试允许的时间。

（3）多点测量不方便。由于电阻应变片需要通过两根引线将其连接到电桥或者电阻应变仪中，在需布置多个测量点的情况下，采用应变片测量连接线路非常繁杂。

（4）抗电磁干扰能力差。由于应变片主要通过电量进行解调与转换，容易受到外界强电磁的干扰。

（5）防水性较差。应变片由敏感元件线栅、基底和引线组成。应变片受潮后，水分在线栅之间产生电解，腐蚀线栅，导致电阻值发生变化，桥路输出有所变动。

（二）振弦式应变传感器

振弦式应变传感器的工作原理是弦固有频率与外界应变存在线性关系。它的基本结构是在起支撑和保护作用的金属管内，一根金属钢丝弦两端固定，金属管外中间位置放置一个激励线圈和热敏电阻（图5-38）。振弦式应变传感器主要有两种工作方式：一种是单线圈激励方式，另一种为双线圈激励方式。单线圈激励方式的工作原理是激励线圈既激励弦产生振动，也接收弦的振动所产生的激励信号。双线圈激励方式是一个线圈激励，一个线圈接收。除了线圈外，传感器还带有一个热敏电阻，用以测试传感器周围环境温度，以便进行温度修正。

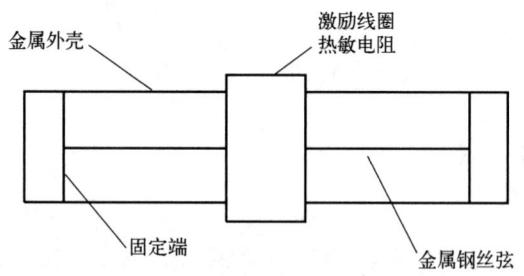

图5-38 振弦式应变传感器的基本结构

振弦式应变传感器的最大特点就是它克服了电阻式应变传感器稳定性较差的缺点，它没有零漂，温度修正效果明显。目前国际上生产振弦式应变传感器的厂家主要有美国的基康（GEKON）公司和加拿大的ROCTEST公司，其产品各项性能稳定可靠，占领了国内外绝大部分市场。

（三）光纤光栅式应变传感器

光纤光栅式应变传感器是新一代进行应变监测的传感器。它优于常规的应变测量技术的最主要的特点就是通过光传输和传感技术。光纤光栅式应变传感器具有灵敏度高、体积小、耐腐蚀、抗电磁干扰能力强等优点，非常适合复杂条件下结构应变信息长期监测工作。根据相关试验表明，光纤光栅式应变传感器在结构的整个寿命周期内，都可以保证其可靠性，实现全寿命、长周期监测。因此基于现代结构监测技术的要求，光纤光栅式应变传感器是满足结构需要的应变长期监测的理想传感器。其结构如图 5-39 所示。

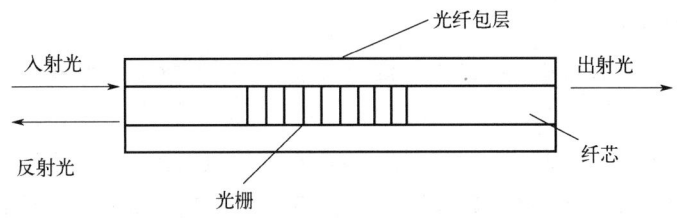

图 5-39 光纤光栅式应变传感器结构示意图

光纤光栅式应变传感器具备以下优点：

（1）无须调零，且有记忆性。每次测量或者记录的都是反射波长的绝对值。测量以传感器被安装时的值作为参考，当电子设备被关掉，传感器不需要重新标定参考值，也就是光纤光栅式应变传感器不像电阻应变片技术，需要"电桥平衡"。由于这个特性，光纤光栅式应变传感器在测量时，测量得到的应变受到前一段时间状态的影响，具有一定的记忆效应。

（2）多点测量。光纤光栅式应变传感器是波长调制型传感器，波分复用技术是光纤传感技术的重要特点之一。利用波分复用技术，可实现分布式多点测量。光纤光栅式应变传感器的一个传感阵列可以在一根光纤上写入一系列不同周期的空间分布的光栅。

（3）抗电磁干扰，防水性能好。光纤在整个传输过程中都是采用光信号，与电磁波信号不在同一个频段，不会受到电磁波的干扰。另外，光纤由高分子材料组成，具有良好的耐水性能，在防水封装上要比电阻式应变片简单。

光纤光栅式应变传感器技术的监测系统在各工程领域应用较为广泛，且体现出技术的优越性和在各个领域的极大应用前景。

三、应用案例

对某处受地灾影响的管段，采用应力应变自动化监测系统对管道应力应变进行监测，通过实时监测掌握管道受力及应变情况，确定滑坡对管道的危害性；为是否启动应急抢险提供依据；通过管道受力及变形情况制定行之有效的抢险方案，确保管道安全运营或将损失降至最低。

（一）监测项目及数量

针对该管道应变振动监测，建立的监测项目及数量整体情况见表 5-27。

表 5-27 监测项目及数量

类别	监测项目	数量	备注
管道监测	管道应变	2 处	6 个应变计
	管道高频应变	2 处	6 个高频应变计
	管道振动	2 处	2 个振动传感器
土体监测	地表拉线位移	2 处	—
	GNSS 位移	3 处	—
	土压力	2 处	—

（二）监测点布置

监测点布设位置如下：

1#点：1 处管道高频应变、1 处地表拉线位移、1 处管道高频振动、1 处土压力、1 处 GNSS 位移监测。

2#点：1 处管道高频应变、1 处管道高频振动、1 处 GNSS 位移监测。

3#点：2 处管道应变、1 处地表拉线位移、1 处土压力、1 处 GNSS 位移监测。

现场共建立了 7 处自动化监测站，具体情况见表 5-28。

表 5-28 监测站数量及监测内容

名称	监测站数量	监测内容
1#	3 套	管道高频应变、地表拉线位移、管道高频振动、土压力、GNSS 位移
2#	2 套	管道高频应变、管道高频振动、GNSS 位移监测
3#	2 套	管道应变、地表拉线位移、土压力、GNSS 位移监测

（三）监测数据

通过信息平台自动获取监测数据。当监测数据超过设定阈值时，系统自动报警并短信通知到事先录入的手机号，便于技术人员及时核实情况并处置。应力监测数据示意图如图 5-40 所示。

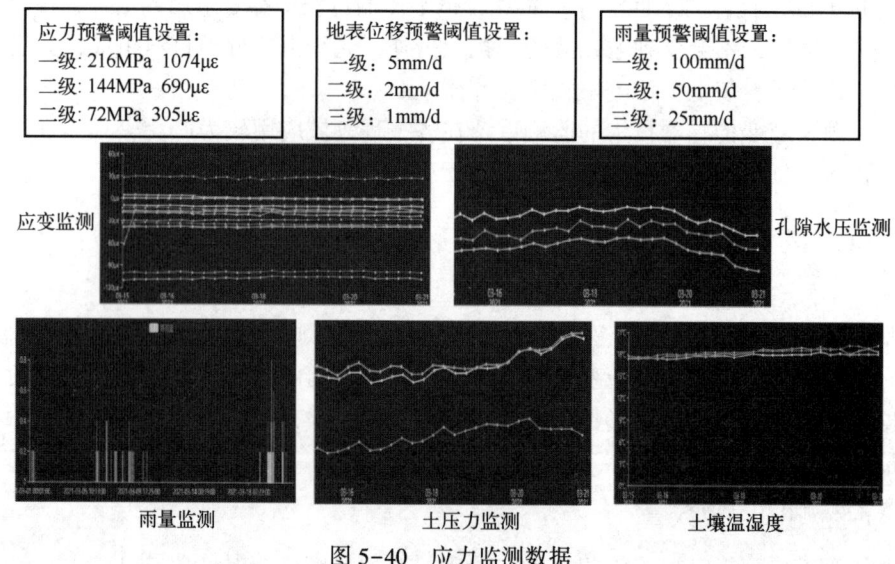

图 5-40 应力监测数据

第五节　油气田管道特殊管段检测技术

一、管道河流穿越段敷设状态检测技术

河流穿越段已成为管道敷设的一个重要环节。由于常年水流冲刷以及采砂等的影响，管道覆土层逐年减薄，甚至出现露管、悬空等情况，此时管道直接受水流冲刷、砂石撞击、船锚及捕鱼工具撞击等多种因素的损伤破坏，因此，河流穿越段也是管道安全风险较大的管段。为了保证管道运行安全，需定期对水下管道的敷设状态进行检测，常用的河流穿越管段敷设状态检测技术按其原理分为惯性导航法、目视法、声呐法和电磁声波法四类。

（一）惯性导航法

惯性导航法是利用惯性元件来测量运载体本身的加速度，经过积分和运算得到速度和位置，从而达到对运载体导航定位的目的。管道惯性测绘系统（IMU）核心部件由三维正交的陀螺仪与加速度计组成，利用陀螺仪和加速度计测量物体 3 个方向的转动角速度和运动加速度，将采集、记录的数据使用专门的计算软件进行积分等运算处理，便可以得到检测器任意时刻的速度、位置与姿态信息，获得管道的中心线坐标。

管道惯性测绘系统通常搭载于几何、漏磁等其他内检测器中，通过主时钟与所搭载的其他内检测器进行时钟同步。整个系统在介质的推动下前进，通过在河流两岸埋设定标盒并结合 IMU 检测得到的管道图检测出河流穿越管段的位置和高程，再采用声呐和 GPS 设备测量管道处河床的位置和高程，就能对河流穿越段管道敷设状态进行有效检测。

从目前应用现状看，如果采用这种方式针对定向钻河流穿越管段进行检测，可操作性较差，且经济性也较差，还存在丢失数据的可能，导致检测失败，不能作为一种常规的检测方法。

（二）目视法

目视法就是直接观察或者接触的方法，通常包括潜水员观察及摸管、高清摄像头、水下机器人摄像等。目视法受环境影响较大，潜水员观察甚至直接摸管均可能由于环境的影响失真，同时也受到人为感官因素的影响；高清摄像头受河流浊度影响可能无法观察，且保证摄像头在管道上方摄像难度较大；水下机器人摄像受河流浊度影响可能无法观察，而且设备下水后有可能受河床地形或者杂物的影响卡在河床附近，操作不方便。它属于定性的方法，无具体深度相关的检测数据，从而无法判断未来管道深度发展的趋势，对于即将露出河床也不能有效检测，仅适宜作参考和管道裸露出河床后的验证手段。

（三）声呐法

声呐法是以声呐技术为基础，辅以实时动态载波相位差分技术（RTK），将浅地层剖

面仪、侧扫声呐和GPS组合或者分别应用于穿越段管道敷设情况检测的方法。

1. 浅地层剖面仪

浅地层剖面仪是海洋物探的一个重要设备，其换能器按一定时间间隔垂直向下发射声脉冲，声脉冲穿过海水触及海底以后，部分声能反射返回换能器；另一部分声能继续向地层深层传播，同时回波陆续返回，声波传播的声能逐渐损失，直到声波能量损失耗尽为止。测量地层厚度，实际是测量声波穿透地层传播的时间，当相邻两层界面有一定的密度和声速差，其两层的相邻界面就会有较强的声强，在剖面仪终端显示器上就会反映成灰度较强的剖面的界面线，利用河床和管道的声强区别就能有效进行水下管段的埋深检测。其检测管道的检测数据如图5-41、图5-42所示。

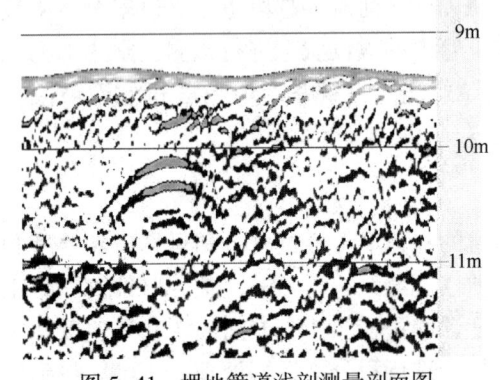

图5-41 埋地管道浅剖测量剖面图

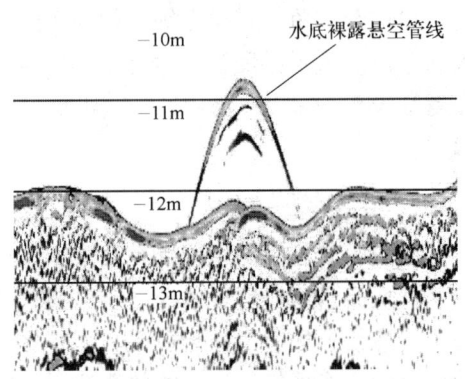

图5-42 裸露管道剖面图

2. 侧扫声呐

侧扫声呐是河床扫查的一种声呐设备，它以一定的角度发出声波束，声波束在遇到河床或河床上的物体后会返回到设备的接收系统中，返回的声波由声能转换成电能，通过电缆传送到系统软件的记录显示单元内。由于声波反射传送的距离不同，接收到的声波返回的时间也不同，在数据记录软件中会显示不同的灰度。数据处理软件会将每一条扫描线有序地排列起来形成一幅记录图像，可间接显示出水底目标的形貌和尺寸。当管道露出河床后，采用侧扫声呐就能对管道露出情况进行成图显示，从而了解管道的敷设现状。

（四）电磁声波法

电磁声波法是以电磁法和声学水深测量技术为基础，辅以实时动态载波相位差分技术（RTK），将电磁设备、水深测量设备和GPS组合应用于穿越段管道敷设情况检测的方法。其基本原理是采用电磁法定位管道及检测埋深，采用声学技术测量水深并测绘河床等高线，并通过后期数据处理完成穿越管段的检测。根据电磁声波法采用的发射机频率不同、接收天线阵列和信号反算模型的不同，电磁声波法又可分为相对电磁法和绝对电磁法两类。

应用电磁声波法检测埋深时，将发射机与管道连接形成电信号传输回路，发射机向该回路施加特定频率的交变电流信号，从而在管道周围形成以管道为中心的交变电磁场。然后，利用接收机在管道上方沿管道方向来回跨越管道，检测管道周围的磁场信号变化，通过分析接收机接收到的磁场信号强弱变化,确定接收机是否位于管道正上方。当接收机位于管道正上方时记录该点信号值,并根据相应的公式计算得出接收机与管道之间的检测深度。

1. 相对电磁法

相对电磁法被广泛运用于国内外常用各类多频管道电流检测仪,该类设备的接收机通过两组平行的接收线圈接收电磁信号来实现检测,如图 5-43 和图 5-44 所示。

 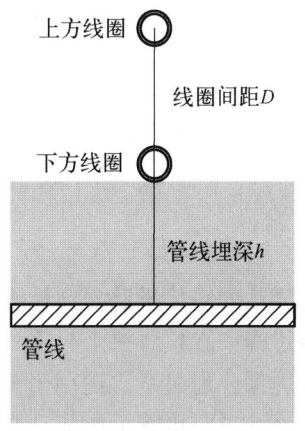

图 5-43 相对电磁法接收机内部的接收线圈　　图 5-44 相对电磁法计算埋深示意图

由于管道管径远小于管道长度,可以将管道看作一根无限长的导线,根据奥萨法尔定律,管道磁场 B 的分布是一组以管线为中心的同心圆。在任意点 p 的磁感应强度 B_p 为:

$$B_p = \frac{\mu_0 I_Z}{2\pi r} \tag{5-5}$$

式中　μ_0——真空磁导率,H/m;
　　　I_Z——电流,A;
　　　r——半径,m。

若下方线圈的磁感应强度为 B_1,上方线圈磁感应强度为 B_2,根据图 5-44 所示接收天线的位置关系可得:

$$B_1 = \frac{\mu_0 I_Z}{2\pi h} \tag{5-6}$$

$$B_2 = \frac{\mu_0 I_Z}{2\pi(h+D)} \tag{5-7}$$

式中　D——两个线圈间距,m;
　　　h——下方线圈距离管线距离,即管道埋深,m。

$$h = \frac{1}{\frac{B_1}{B_2}-1}D \tag{5-8}$$

当 $D=0.5\text{m}$ 时,B_2 与 B_1 的比值随埋深变化如图 5-45 所示。

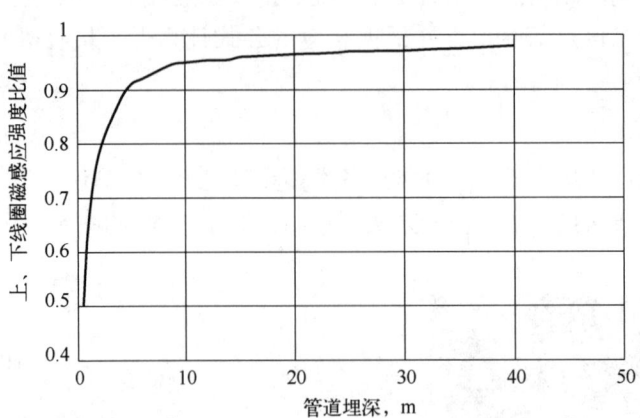

图 5-45 相对电磁法上下线圈磁感应强度比值随埋深变化曲线

2. 绝对电磁法

绝对电磁法的总体思路是在检测开始之初建立出一个能适用于全管段的管道埋深计算模型，检测过程中在接收机上只需用单个探棒读取沿线各点的磁感应强度，即能运用模型反算出该点埋深。通过建立适用于全管段的计算模型必须考虑电流沿管道方向不断衰减的问题，这种衰减主要由管道电流从防腐层破损点泄漏导致，解决这个问题的方法是用一根电缆将被检管段两端连通，将管段与电缆形成回路，此时，在防腐层破损处管道外土壤与回路电缆形成并联，由于土壤电阻远大于电缆电阻，整个管段的电流泄漏量极小，如图 5-46 所示。

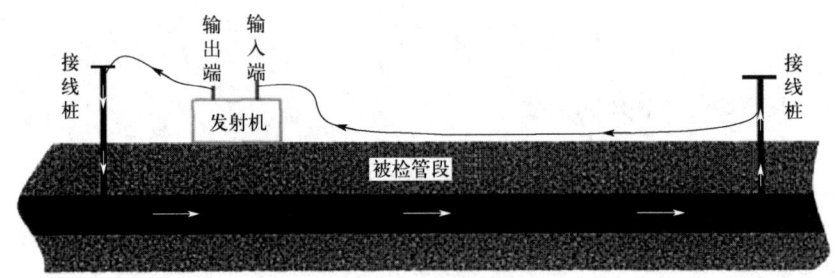

图 5-46 绝对电磁法检测管道埋深的线路连接示意图

绝对电磁法对管道埋深的计算过程由建立埋深计算模型、对计算模型在空间上进行修正、对计算模型在时间上进行修正、计算等步骤组成。

（1）建立埋深计算模型。

在检测管段的两端各寻找一个埋深已知分别为 h_{01}、h_{02} 的点，设置其为校准点，由此在该点可读取埋深为 h_{01}、h_{02} 时的磁感应强度值 B_{01}、B_{02}。在该点保持探棒垂直于管道，不断上升探棒位置，可记录探棒升至不同高度 h 的磁感应强度。

根据两侧校准点所记录的数据，可拟合出 2 条磁信号随管道埋深的变化曲线，进而得到对应函数关系：

$$B = \varphi(h) \tag{5-9}$$

（2）模型修正。

即使将电缆与被检管段连接形成回路，由于检测现场各种复杂的原因，电流沿管道依然存在小幅度的衰减，为避免这种衰减的影响，需要在空间上对模型进行修正，引入空间修正系数 α。受电磁信号发射系统性能影响，同时由于检测过程中环境磁导率的变化，被检管段各点的磁场分布规律会随时间发生变化，为避免这种变化的影响，同理，必须对埋深计算模型在时间上进行修正，引入时间修正系数 β。由此，可将管道埋深计算模型表达为：

$$B = \alpha \beta \varphi(h) \tag{5-10}$$

（五）各检测方法的适用性

1. 目视法

目视法受环境影响较大，潜水员观察甚至直接摸管均可能由于环境的影响失真，同时也受到人为感官因素的影响；高清摄像头受河流浊度影响可能无法观察，且保证摄像头在管道上方摄像难度较大，属于定性的方法，无具体深度相关的检测数据，仅适宜作参考和管道裸露出河床后的验证手段。

2. 声呐法

该方法准确性高，检测流程简便，检测成本较高，适用于管道上方不存在致密结构的一切河流，对河面宽度、流速、检测船只材质等都没有大的限制，但要求管道上方无其他致密构筑物，且河流水深不得过浅，管道直径不得过小。该技术的检测结果准确度与操作者的经验密切相关。

3. 相对电磁法

该方法准确性较高，检测流程较为简单，检测成本较低，但受到该方法技术限制影响，仅适用于小型河流，且水流缓慢的管段，当穿越管段存在较强电磁干扰且无法排除时，该方法不能使用。

4. 绝对电磁法

该方法准确性高，检测流程复杂，检测成本高，适用于采用大开挖或定向钻方式的内陆大型河流穿越的管段，当穿越管段存在较强电磁干扰且无法排除时，该方法不能使用。

二、管道公路铁路穿跨越段检测技术

（一）穿越段检测技术

对于公路等穿越管段，检测技术包括进行目视检查，检查管道穿越处保护工程的稳定性等情况，并可采用低频超声导波进行检测。在穿越段两端适宜开挖的位置分别开挖架设导波探头，检测管道截面损失率，从而间接判断管体腐蚀状况。同时应结合外检测的防腐（保温）层非开挖检测、阴极保护有效性检测、腐蚀环境检测、内腐蚀预评价等结果进行穿越管段的内外腐蚀可能性综合分析。

对于埋地管道，应明确管道走向工艺流程，选择合适位置开挖，剥离防腐层，架设超声导波并开始检测；对检测存在疑问或可疑缺陷点的地方进行开挖验证。最后出具检测报告。

对于架空管道，根据管道走向和工艺流程，选择适当位置（有防腐层的需剥离防腐层）架机进行检测，对可疑的缺陷点进行验证，最后出具检测报告。

针对非金属套管穿越段开展防腐层破损、阴极保护极化电位、土壤腐蚀性测试，依据GB/T 19285—2014《埋地钢质管道腐蚀防护工程检验》综合评估外腐蚀防护系统等级。针对金属套管穿越段开展套管电位和管道电位测试，判断套管是否屏蔽阴极保护电流；采用电流电位法或电流环法确定电流漏失量，评估防腐层绝缘性能。若阴极保护电流屏蔽或防腐层性能差，则外腐蚀可能性较高。

针对内腐蚀可能性，通过ICDA分析穿越段内腐蚀敏感点，若外腐蚀防护系统等级较高，超声导波测试截面金属损失超过3%，则内腐蚀可能性较高。

（二）跨越段检测技术

对于明管跨越管段，应进行目视检查，并采用低频超声导波进行检测。将低频超声导波探头分别架设在跨越段两段出地端，扫查检测管道截面损失率，对发现的截面损失在具备条件的情况下需采用超声波测厚等方法确认缺陷尺寸，不具备条件时通过内部积液可能性、防腐（保温）层状况、大气腐蚀状况等进行综合分析。

目视检查跨越段管道防腐（保温）层、补偿器、锚固墩的完好情况，钢结构及基础、钢丝绳、索具及其连接件等腐蚀损伤及管道泄漏情况。

针对外腐蚀可能性，主要通过目视检查确定防腐（保温）层状况，若防腐（保温）层完好，则外腐蚀风险低；若破损裸露金属表面，则依据大气腐蚀性等级评估外腐蚀可能性。

针对内腐蚀可能性，通过ICDA分析跨越段内腐蚀敏感点，若外腐蚀防护系统等级较高，超声导波测试截面金属损失超过3%，则内腐蚀可能性较高。

三、应用案例

某外输干线穿越东河，根据现场检测管道走向，北岸有较多砂石场、采砂场，人口活动较为密集，南岸地势平坦，多为农田。该管道设计压力为8.5MPa，穿越段管道规格为DN457mm×8mm螺旋缝埋弧焊钢管，材质L415M，防腐为常温型三层聚乙烯外防腐。穿越段管线采用水平定向钻方式施工，管道穿越位置如图5-47所示。

（一）检测流程

现场检测主要步骤分别为前期准备、检测布线、陆地检测、水上检测、数据分析、数据补测、现场恢复等。其程序如图5-48所示。

1. 前期准备

（1）熟悉目标管道资料信息，对于有竣工图纸的应重点关注，作为数据分析比较的基础，确定管道准确走向并做好地面标识。

（2）架设发射机。由于需要在整个河流穿越管道形成一个闭环电路，发射机串联在闭合回路中。本次检测闭合回路由管道和一条平行敷设的电缆组成，当发射机架设完毕并确认电流信号达到一定的强度且河流两侧管道数据变化幅度较小时，再进行接收机校准。

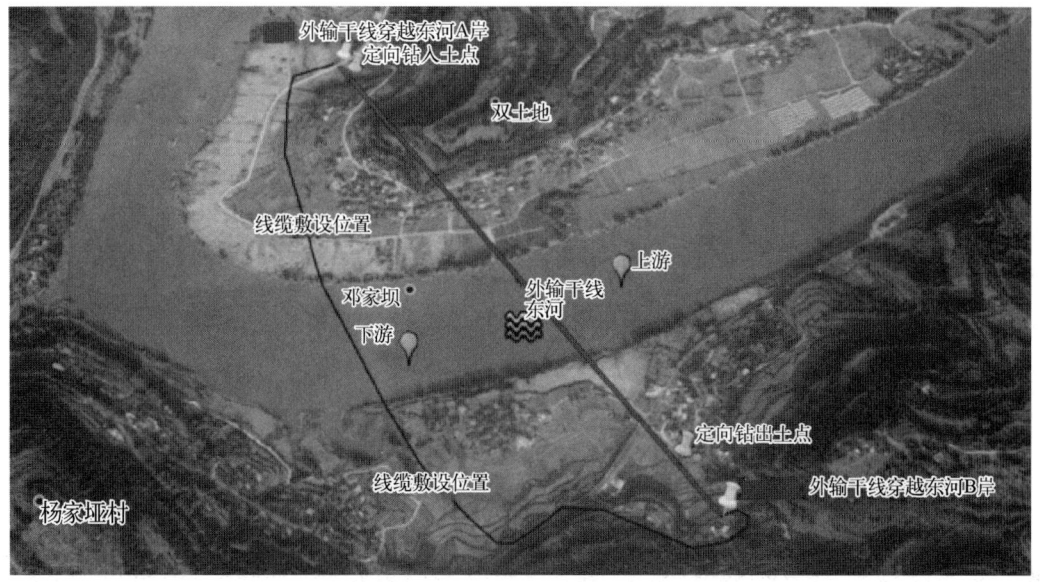

图 5-47 管道穿越位置与检测图

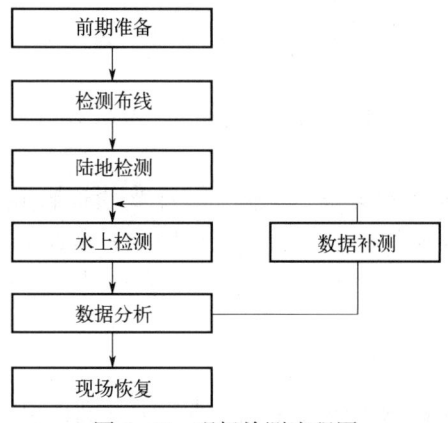

图 5-48 现场检测流程图

（3）接收机校准（图 5-49）。由于待检管段理论上埋深均较深，为了保证检测的准确性，选择管顶埋深在 4m 左右的陆地管道穿越段进行接收机校准。用塔尺、皮尺配合接收机以 50cm 的高度在校准点处不断变化与管顶的距离，得到不同距离上接收机的读数，拟合电磁信号强度随距离变化的曲线，经过在时间、空间上的修正，得出电磁信号与管道埋深的动态计算模型。校准接收机的检测精度误差不大于 0.1m。

（4）设置 GPS 控制点（图 5-50）。控制点作为检测的基准位置是多次检测数据对比的基础，应选择位置相对较高、地貌相对长期不会发生变化的位置作为 GPS 控制点，并做好长期性的标记，记录控制点信息。在控制点架设 GPS 基站，记录基站信息。控制点的数量为 3 处。

（5）检测基准线设定。使用探管仪和 GPS 移动站测量河岸两侧管道出、入点的 GPS 信息，设定检测基准线。

（6）系统校准。从检测区域的起点开始按一定间隔测量管道电流、埋深等数据至终点，初步了解检测区域管道的基本情况、信号强度、信号变化、接收机增益变化等信息。

图 5-49　现场接收机校准

图 5-50　现场设置控制点、架设基站

2. 检测布线

（1）在陆地按一定间隔设置检测点，同时管道两侧 30m 内的建（构）筑物、里程桩等也应作为 GPS 的数据采集点。

（2）根据水面情况选择合适的行船方式前进，采用 GPS 移动站记录测量点坐标，为检测校核做准备。

（3）对于绝对电磁法水下管道检测系统，需要采用闭合回路的信号架设方式，如没有测试桩或露管，需要在河岸两侧均开挖管道完成闭合回路连接。闭合回路采用电缆连接，电缆应布置在管道下游，且距离管道至少 2 倍管道埋深以上。本次检测电缆布置在管道下游 200m 位置。

3. 陆地检测

根据前期布置的测量点使用接收机和 GPS 移动站开始进行陆地检测，并做好记录，记录至少应包括测量点编号、检测数据及情况描述。陆地检测的间隔不超过 10m。

4. 水上检测

（1）水上检测时首先在船上布置好 GPS 移动站、声呐设备、接收机，并做好可靠连接。依照前期布置的测量线路，使用接收机、声呐设备、GPS 移动站在管道正上方时同步测量数据，并做好记录。

（2）水上采集数据时相邻测量点的间距不超过 10m，当检测发现有管道露出河床时，应进行加密测量。

5. 数据分析

检测完成后应及时进行数据初步处理和分析，剔除其中的无效数据和异常数据，并确认有效检测点的数量符合检测的要求。

6. 数据补测

对于存在无效数据或异常数据的情况，如需要则进行现场补测，补测主要针对水上检测步骤进行。

7. 现场恢复

所有现场检测工作完成后,对开挖点进行回填、恢复,若架设发射机破坏了防腐层,还应对防腐层进行修复,同时回收跨江电缆线。

(二)检测成果

该外输干线穿越东河管段检测工作,取得了穿越东河管段检测、测绘平面图和纵断面图,如图5-51所示。

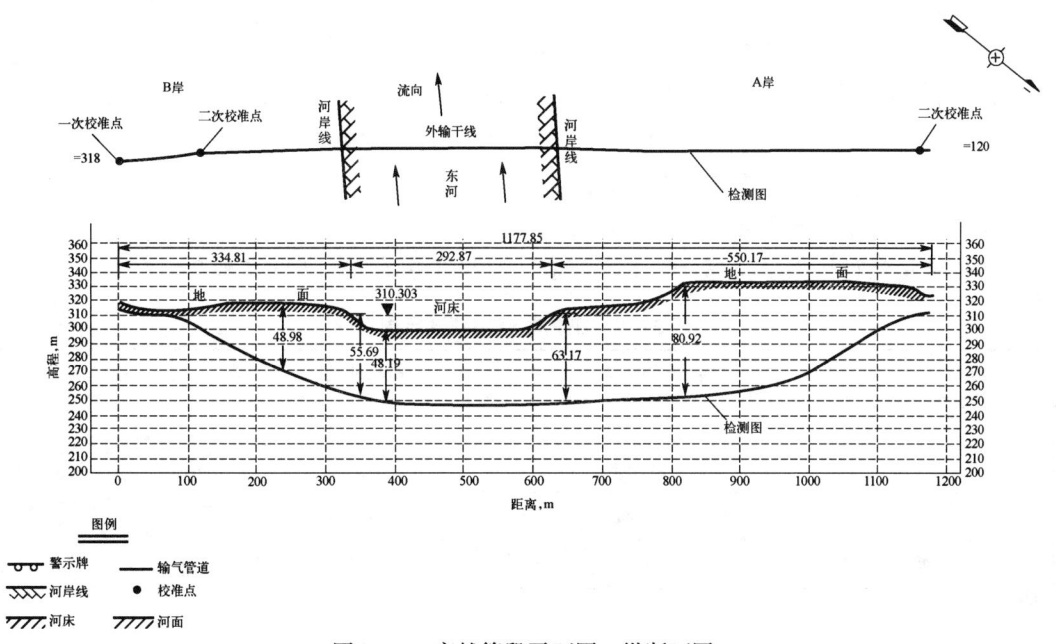

图5-51 穿越管段平面图、纵断面图

该管道穿越方向为由北至南,检测起始处为北定向钻出土点,检测结束处为西岸定向钻入土点。实际检测水下长度为292.87m,陆地长度为884.98m,实际检测总长为1177.85m。

第六节 管道压力试验技术

一、基本要求

对于油气田在役管道确定存在腐蚀或焊缝缺陷、采用多种方法进行检测评价与修复仍然事故频发、输送介质发生改变、停输封存管道再启用等情况,应进行压力试验,压力试验不宜用于判定试压后长期运行的承压能力。

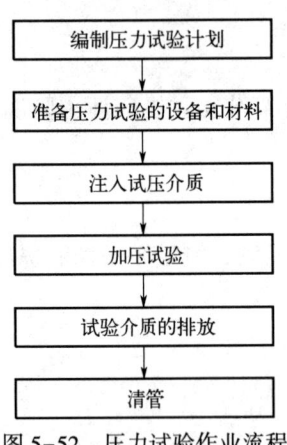

图 5-52 压力试验作业流程

集输油管道压力试验介质应采用无腐蚀洁净水。集输气管道位于一级、二级地区的管段可采用气体作为压力试验介质，位于三级、四级地区的管段应采用水作为压力试验介质。

当使用水作为压力试验介质时，在压力试验前宜选好水源和排水点。水质应符合要求。查阅国家法律法规和地方的法规以确保符合供水和排水要求。在压力试验后排水的过程中，要采取谨慎的措施以防损坏庄稼、过度冲刷或污染河流、水道或其他水体，包括地下水；水质应达到相应的排放要求才能排放。

根据油气田现场条件，可利用注水流程进行试压，也可利用水泥车增压流程进行试压。

压力试验时，环境温度应在5℃以上，否则要采取防冻措施。

压力试验的作业流程如图5-52所示。

根据管道运行年限以及综合含水率因素，推荐管道试压周期见表5-29。

表 5-29 集输管道推荐试压周期

运行年限，年	综合含水率，%	试压周期	备注
3~5	—	3年1试	运行3年以内的管道或已实施内防腐的管道不试压；高后果区高风险管道1年2试
6~10	≤50%	2年1试	
6~10	>50%	1年1试	
10以上	—	1年1试	

注：各油气田可根据实际失效情况调整试压周期。

二、压力试验

（一）压力试验准备

管道试压前要安排好试压计划，掌握管道基本状况、试压管段、预计可承受压力、相关物资准备、试压人员要求等。

管道试压前要成立管理及实施队伍，明确总负责人、监督记录人、安全环保人员、上下游站点操作人员、巡线人员、维护及抢修人员等。试压前应制定安全措施，并应进行必要的应急培训。

应正确选择试压设备，设备应处于良好的工作状态，测量仪器的测量范围应满足试压期间预期产生的压力。试压一般应包含但不限于以下设备和材料：试压头、容积泵、过滤器、流量计、泄压阀、移动式储罐、压力表及压力变送器、温度计及温度变送器、清管器、临时管汇及接头、置换设备及材料、隔离设备及材料、通信设备。

管道试压前应将不参与试压的设备、仪表和附件等加以隔离或拆除。加置盲板的部位应有明显的标志和记录，待试压后复位。

试压用的压力表或压力记录仪、温度计应检定合格,并应在有效期内使用。压力表精度不应低于0.4级,量程应为试验压力(最大值)的1.5~2倍。每段试压时的压力表不应少于2块,应分别安装在试压管段的首端、末端。试压中的稳压时间应在两端压力平衡后开始计算。

试压前首先用清水对管道进行替油(至少保证1.5倍管程水量),确保管道内原油全部替换为水,替油时驱替压力尽量不要超过正常运行压力。

管道在试压过程中,应设立警戒标志,保持通信畅通,不得沿管道巡线,对过往车辆及行人应加以限制。当试压压力达到要求值后降压至正常运行压力时,在确保安全的前提下安排人员进行巡线,检查管道有无刺漏情况。

如试验压力高于4.0MPa,则在进行水压试验过程中应采取适当保护措施,使从事试验操作的人员和试验现场隔离。

(二)试压方案

在搜集压力试验管道相关资料基础上,编制详细的压力试验方案,应包括但不限于以下内容:(1)概述;(2)目标;(3)缺陷/风险类别;(4)安全;(5)沟通;(6)管道运行条件;(7)最大实验压力;(8)已建工程和运行记录;(9)管道特性;(10)目标试验压力和压力试验持续时间;(11)故障方案;(12)验收标准。

(三)试压过程

1. 充装介质

利用加压泵充装管道,注入应连续,尽可能地排除管线内的空气。注入过程宜通过计量加压系统注入量,与计算得到的充装管线体积比较,来进行监控。

压力试验注入介质时宜加入隔离球,以防止空气存于管内,并避免在管线高点开孔排气。隔离球可在压力试验后取出。

2. 加压试验

一旦试压段充水完成并采取措施排除了所有的空气,升压即可开始。升压即将试验管段液体从充装过程的静压力升至规定的试验压力。升压过程应配备的设备包括高压活塞泵、流量计和容量计数计、压力天平、温度记录仪、压力记录仪、可移动罐。

根据管道管径、设计压力以及最高运行压力,推荐试验压力见表5-30。

表5-30 在役集输管道试验压力

设计压力,MPa	管径,mm					
	$\phi60$	$\phi76$	$\phi89$	$\phi114$	$\phi140$	$\phi168$
$p_s \leq 1.6$	\multicolumn{6}{c|}{$1.5p$}					
$1.6 < p_s \leq 2.5$	\multicolumn{6}{c|}{$1.25p$}					
$2.5 < p_s$	\multicolumn{6}{c|}{$1.1p$}					

注:p_s表示设计压力;p表示最高运行压力。

3. 压力控制措施

分段水压试验的管段,应根据该段的纵断面图,计算管道低点的静水压力,核算管道低点试压时所承受的环向应力，其值不应大于管材最低屈服强度的0.9倍。试验压力值的测量应以管道最高点测出的压力值为准，管道最低点的压力值应为试验压力与管道液位高差静压之和。

分段水压试验的管段，试压时的升压速度不宜过快，压力应缓慢上升，稳压30min，并应检查系统有无异常情况，如无异常情况可继续升压。

集输管道压力试验升压次数见表5-31。

表5-31 集输管道压力试验升压次数

试验压力，MPa	升压次数	各阶段试验压力百分数
$p_s \leq 1.6$	1	100%
$1.6 < p_s \leq 2.5$	2	50%，100%
$2.5 < p_s$	3	30%，60%，100%

试压时，升压过程分段进行，应控制升压速度，避免引起冲击，管接头应定期检查是否渗漏，控制泵的流量。当压力升至各阶段试验压力时，停泵30min，检查管道是否发生泄漏；试验压力接近或达到管道系统试验压力时，升压速度应减缓。当达到试验压力时，应及时停泵，同时检查所有阀门及管线连接处是否泄漏。泄漏检查完毕后，观察一段时间，在此期间工作人员应检查试验压力是否保持、温度是否稳定。当这一验证程序完成后，断开试压泵，试压管段系统压力稳定后，开始计算稳压时间（4h）。稳压期间应连续监控压力和温度，并将所有压力读数记录下来，管道无断裂、无渗漏及压降不大于0.1MPa为合格。

架空输气管道采用液压试验前，应核算管道及其支撑结构的强度，必要时应临时加固，防止管道及支撑结构受力变形。

稳压过程中较小或逐渐的压力变化可能是由于试压段中残留的空气及温度变化影响，或通过小缺陷渗漏，或法兰连接松动所导致的，适当延长试压时间可以验证空气或温度影响的程度。

对于可能发生泄漏的管段，应提前做好应急准备，制定安全环保防护措施。试压中如有泄漏，不得带压修补，应先泄压，再补焊或者堵漏。缺陷修补合格后，应重新试压。

（四）试压完成

压力试验合格后，管内宜采用清管器或清管球排水，清扫以不再排出游离水为合格。试压用水的处理应符合国家、地方环境保护部门的要求，应排放在指定地点，排放点应有操作人员控制和监视。

试压完成后，试压用水可进入工艺流程或通过罐车卸至卸油台，进入采出水处理系统处理。

试压完成后，应及时拆除所有临时盲板，核对记录并填写管道试压记录。

试压完成后，现场负责人必须监督井场及站内流程完全恢复，正常生产后方可离开。

第七节　管道泄漏监测技术

一、技术简介

目前国内外对管道泄漏的监测预警技术，主要有光纤振动传感技术、次声波技术、负压波技术、光纤温度传感技术、质量平衡技术等。另外，可通过带激光甲烷检测探头的无人机巡检、激光云台摄像头巡检等监测方式，或使用泄漏球进行定期泄漏内检测等方式，开展泄漏监测。

（一）光纤振动传感技术

该技术基于相位敏感 Φ-OTDR 的分布式光纤扰动传感器的原理，采用超窄线宽激光器作为激光光源，将高相干光注入传感光纤，因此系统输出信号为后向瑞利散射光的相干干涉光强。该技术通过检测扰动引起的光纤中后向瑞利散射信号的相干干涉光强，来实现扰动定位的目的。

Φ-OTDR 技术利用超窄线宽激光光源来形成脉冲宽度范围内后向瑞利散射光波的干涉。当扰动作用在传感光纤上时引起光纤内部折射率的变化，导致从扰动位置开始沿着光纤向后传输的光波的相位受到调制。此时，探测器接收到的后向散射光强会发生变化，通过比较扰动发生与扰动未发生条件下光强的变化，可以检测出扰动发生的位置。Φ-OTDR 分布式光纤扰动传感器检测的是扰动引起的干涉光的相位变化导致的光强变化，其灵敏度远高于普通 OTDR，可以用于检测多点同时扰动（时变）信号。

光纤振动传感系统（图 5-53）利用管道同沟光缆作为传感器，实时感应管道沿线的土壤振动信号，通过智能识别分析，对可能威胁管道安全的机械施工、人工挖掘和自然灾害等破坏性扰动进行预警和定位，也可用于管道清管和内检测时的定位。

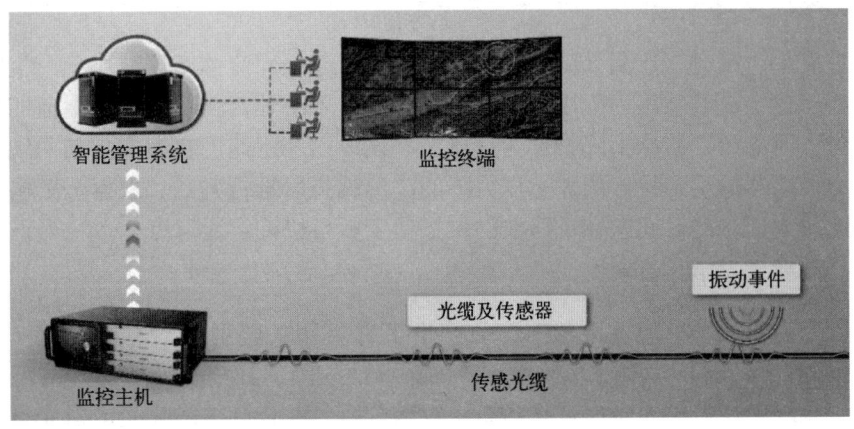

图 5-53　光纤振动传感系统

（二）次声波技术

该技术通过安装在管道两端的次声波传感器实时检测管道中的次声波信号，通过数据采集通信设备获取次声波信号进行放大及预滤波处理，利用 GPS 全球定位系统同步校时，通过光纤或 3G/4G 无线网络将次声波信号远传至中心主站服务器。服务器内的系统软件对次声波信息进行分析判定，若信号中有疑似管道泄漏信号，则结合数据库中数据、环境工况、声速及泄漏信号的时间差进行二次信号分析处理，最终判定是否发生泄漏，并准确计算出泄漏点的位置。

在管道途经的高后果区域及监测盲区可采用警示桩、地埋、壁挂等方式安装微渗漏监测单元，对土壤中的天然气浓度及周边振动进行实时监测。次声波监测系统（图 5-54）采用电池供电、无线传输（NB-IoT 窄带物联网），利用 GPS 定位系统同步校时，将监测数据经由云平台远传至中心主站服务器，进行数据分析处理，最终判定是否发生泄漏，并定位泄漏点的位置。

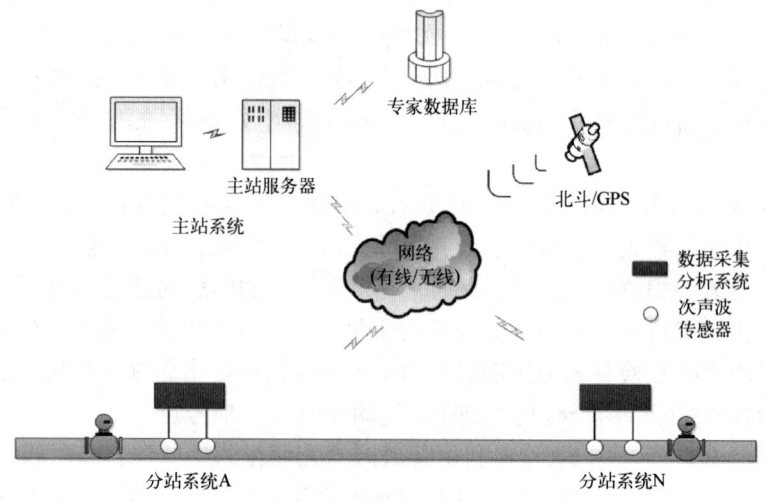

图 5-54　次声波监测系统

（三）负压波技术

当管道发生泄漏时，泄漏处因流体物质损失而引起局部流体密度减小，产生瞬时压力降和速度差。这个瞬时的压力降以声速向泄漏点的上下游处传播。当以泄漏前的压力作为参考标准时，泄漏产生的压力降就称为负压波。该波以一定速度自泄漏点向两端传播，当上下游压力传感器捕捉到特定的瞬态压力降的波形就可以进行判断，根据上下游压力传感器接收到此压力信号的时间差和负压波的传播速度就可以确定泄漏点。

（四）光纤温度传感技术

当光脉冲沿着光纤玻璃芯下移时，会产生多种类型的辐射散射，如瑞利（Rayleigh）散射、布里渊（Brillouin）散射和拉曼（Raman）散射等，其中拉曼散射是对温度最为敏感的一种。光纤中光传输的每一点都会产生拉曼散射，并且产生的拉曼散射光是均匀分布在整个空间角内的。

拉曼散射是由于光纤分子的热振动和光子相互作用发生能量交换而产生的，如果一部分热振动转换成为光能，那么将发出一个比光源波长更短的光，称为反斯托克斯光，其强度随温度的变化而变化。光在光纤中传输时一部分拉曼散射光（背向拉曼散射光）沿光纤原路返回，被光纤探测单元接收。根据光在光纤中的传输速率和入射光与背向拉曼散射光之间的时间差，可以对不同的温度点进行定位，这样就可以得到整根光纤沿线上的温度并精确定位，这就是光纤温度传感技术。液体管道泄漏，通常泄漏点处的温度与平时周边土壤温度存在一定的差异变化，利用此技术可分析得到管道泄漏点位置。

（五）质量平衡技术

质量流量平衡法简单、直观、可靠性高，但介质沿管道运行时的温度、压力和密度可能发生变化，管道内输送介质不同，管道沿线进出支线较多，这些因素使管道流体状态及参数复杂化，影响管道计量的瞬时流量，容易造成误报或漏报。

为了提高检测精度和灵敏度，人们改进了基于时点分析的质量流量平衡法，即质量平衡技术，提出了动态质量流量平衡法，即质量平衡技术。通常以现有的管网信息化系统、GIS系统、数据采集系统（SCADA）等系统的数据与信息为基础，建立管网数字孪生模型，通过新一代高智能算法，对管网的漏点在不同位置及漏量情况下的工况进行模拟仿真，采用大规模并行计算的方式在短时间内生成大量的仿真样本，然后将实测的管网运行工况数据与样本库内的样本数据进行比对，采用机器学习、人工智能和神经网络等技术提升样本比对的速度和辨识的精准性，从而实现逆向的管网泄漏判断与检测。

（六）各种技术对比

各种监测预警技术优缺点对比见表5-32。

表5-32 各种监测预警技术优缺点对比

主要技术	基本原理	优点	缺点
光纤振动传感技术	利用与管道同沟埋设的光纤作为传感元件来实现（振动信号）	（1）检测距离较长； （2）抗电磁干扰能力强； （3）定位误差小	（1）工程投资较高； （2）对光纤质量要求高； （3）易受周围振动信号的干扰，系统误报率较高
次声波技术	发生泄漏时，在泄漏处形成振动而发出声音，利用次声波传感器收集信号	（1）灵敏度高； （2）检测距离长； （3）定位精度高； （4）误报率小； （5）应用范围广； （6）受环境影响较小	（1）工程造价较高； （2）阀室和T节点需设置次声波传感器
负压波技术	泄漏使管道内外的压差，在管道内形成负压波动	（1）技术比较成熟； （2）费用较低	在天然气管道上不起作用
光纤温度传感技术	利用与管道同沟埋设的光纤作为传感元件来实现（温度信号）	（1）测量精度高； （2）检测距离较长； （3）抗电磁干扰能力强	（1）工程投资高； （2）施工要求高； （3）常温介质无法实现检测； （4）环境影响较大，误报率高

续表

主要技术	基本原理	优点	缺点
质量平衡技术	利用质量守恒原理，管道无泄漏：进入质量＝流出质量	原理简单	（1）管道沿线进出支线较多，影响计量的瞬时流量，从而容易造成误检； （2）对少量泄漏的敏感性差，不能及时发现泄漏； （3）误报率和漏报率都很高，检测的灵敏性和定位精度很低

各种监测预警技术精度对比见表5-33。结合监测预警技术的优缺点，综合考虑工程造价、灵敏度、定位精度以及误报率等情况，对于具有与管道同沟埋设的光纤的管道，光纤振动传感技术优势较为明显；对于不具有与管道同沟埋设的光纤的管道，次声波技术优势较为明显。

表5-33 各种监测预警技术精度对比

检测方法	灵敏度	造价	定位精度	误报率	漏报率
光纤振动传感技术	高	较高	±10m	高	低
次声波技术	高	较高	±50m	低	低
负压波技术	一般	低	低	高	高
光纤温度传感技术	高	高	高	高	低
质量平衡技术	差	低	低	高	高

二、应用案例

（一）光纤振动预警系统

西南油气田公司在2段共52.4km某高含硫管道应用光纤振动预警系统。光纤振动预警系统能及时对管道周边30m范围内的施工进行预警，并及时锁定具体位置。

使用性能指标如下：

（1）报警灵敏度为管道周边30m。

（2）定位精度为±10m以内。

（3）误报率：<10%。

（二）次声波泄漏监测系统

西南油气田公司某气矿在22段共669.31km管道应用次声波泄漏监测系统，对高含硫管道进行实时泄漏监测。应用情况见表5-34。

表5-34 次声波泄漏监测系统应用情况统计

管道	管道分类	管径 mm	长度 km	输量 $10^4 m^3/d$	硫化氢含量 g/m^3	高后果区长度 km
1	Ⅰ类	508	40.6	233.96	5.93	26.45
2	Ⅰ类	508	22.4	150	20	

续表

管道	管道分类	管径 mm	长度 km	输量 10^{4}m^3/d	硫化氢含量 g/m^3	高后果区长度 km
3	Ⅰ类	559	67.83	240	14	23.2
4	Ⅰ类	559	77.46	200	20	10.25
5	Ⅰ类	219.1	29.7	45.0~72.5	78.5	3.888
6	Ⅰ类	273	22.7	150~180	82.1	3.41
7	Ⅰ类	273	29.1	150	97	
8	Ⅰ类	325	18.74	28.0~31.2	31.25	5.025
9	Ⅰ类	426	32.83	50	19.953	1
10	Ⅱ类	325	4.75	5~6	2.5	2.6
11	Ⅱ类	325	6.15	5~6	2.5	1.35
12	Ⅱ类	325	34.29	11~13	3.6	10.26
13	Ⅰ类	219.1	16.3	100	高含硫	
14	Ⅰ类	426	51.09	50	19.953	10.39
15	Ⅰ类	426	28.819	40~70	6.728	1.2
16	Ⅰ类	426	40.923	110	11.33	10.137
17	Ⅰ类	426	25.695	27	4.34	6.23
18	Ⅰ类	273	39.79	48	10.89	5.26
19	Ⅱ类	406	18.243	50	13.303	3.43
20	Ⅰ类	406	18.3	118.6	19	
21	Ⅰ类	457	32.3	140	0.001	27.687
22	Ⅰ类	426	11.3	40	0.004	6.465

使用性能指标如下：
（1）报警灵敏度为孔径>2mm。
（2）响应时间为100s以内。
（3）泄漏点定位的误差为±50m以内。

第八节　检测评价技术应用策略

应遵循分类分级管理原则，优先开展高风险级管道的检测评价。其中，管道分类应依据管道类型、压力等级、管径大小和输送介质腐蚀性等进行，管道分级应依据风险评价结果进行。

油气集输管道的检测评价应周期性开展，检测评价应基于上一周期检测评价的结果，并制定下一周期检测评价计划。

一、管道分类

(一) 气管道分类

以管道类型、压力等级和管径为依据,将油气田输气管道和注气、采气、集气管道划分为Ⅰ类、Ⅱ类、Ⅲ类管道,分别见表5-35和表5-36。

表5-35 输气管道分类

管径,mm	压力等级,MPa			
	$p \geq 6.3$	$4.0 \leq p < 6.3$	$2.5 \leq p < 4.0$	$p < 2.5$
DN≥400	Ⅰ类管道	Ⅰ类管道	Ⅰ类管道	Ⅱ类管道
200≤DN<400	Ⅰ类管道	Ⅱ类管道	Ⅱ类管道	Ⅱ类管道
DN<200	Ⅰ类管道	Ⅱ类管道	Ⅱ类管道	Ⅲ类管道

注:(1) p 表示最近3年的最高运行压力,MPa;DN表示公称直径,mm。
(2) 硫化氢含量不小于5%的原料气管道,直接划分为Ⅰ类管道。
(3) Ⅰ类、Ⅱ类管道长度小于3km的,类别下降一级;Ⅱ类、Ⅲ类管道长度不小于20km的,类别上升一级;Ⅲ类管道中的高后果区管道,类别上升一级。

表5-36 注气、采气、集气管道分类

管径,mm	压力等级,MPa			
	$p \geq 16$	$9.9 \leq p < 16$	$6.3 \leq p < 9.9$	$p < 6.3$
DN≥200	Ⅰ类管道	Ⅰ类管道	Ⅰ类管道	Ⅱ类管道
100≤DN<200	Ⅰ类管道	Ⅱ类管道	Ⅱ类管道	Ⅱ类管道
DN<100	Ⅰ类管道	Ⅱ类管道	Ⅱ类管道	Ⅲ类管道

注:(1) p 表示最近3年的最高运行压力,MPa;DN表示公称直径,mm。
(2) 硫化氢含量不小于5%的原料气管道,直接划分为Ⅰ类管道。
(3) Ⅰ类、Ⅱ类管道长度小于3km的,类别下降一级;Ⅱ类、Ⅲ类管道长度不小于20km的,类别上升一级;Ⅲ类管道中的高后果区管道,类别上升一级。

(二) 油管道分类

以管道压力等级和管径为依据,将油气田出油、集油、输油管道划分为Ⅰ类、Ⅱ类、Ⅲ类管道,见表5-37。

表5-37 出油、集油、输油管道分类

管径,mm	压力等级,MPa			
	$p \geq 6.3$	$4 \leq p < 6.3$	$2.5 < p < 4$	$p \leq 2.5$
DN≥250	Ⅰ类管道	Ⅰ类管道	Ⅱ类管道	Ⅱ类管道
100≤DN<250	Ⅰ类管道	Ⅱ类管道	Ⅱ类管道	Ⅱ类管道
DN<100	Ⅱ类管道	Ⅱ类管道	Ⅱ类管道	Ⅲ类管道

注:油田输油管道按Ⅰ类管道处理;液化气、轻烃管道,类别上升一级;Ⅰ类、Ⅱ类管道长度小于3km的,类别下降一级;Ⅲ类管道中的高后果区管道,类别上升一级。

二、方法的选择

检测与评价的方法包括内检测、直接评价、压力试验、专项检测及其他技术上证明能够确认管道完整性的方法。根据检测推荐的方法，结合管道运行条件和经济条件等因素确定。

管道各主要风险因素对应需开展哪些具体的检测评价方法，可按照GB/T 30582—2014《基于风险的埋地钢质管道外损伤检验与评价》要求进行，见表5-38。

表5-38 不同风险因素可选用的检测评价方法

风险因素	可选用的检测评价方法
外腐蚀	内检测、外腐蚀直接评价
内腐蚀	内检测、内腐蚀直接评价
第三方/机械损坏	内检测、压力试验、敷设环境调查
与天气有关的因素和外力因素	敷设环境调查、专项检测

常用管道检测评价技术见表5-39至表5-42。

表5-39 常用内检测技术及适用范围

内检测器类型	检测缺陷类型	适用范围及特点
几何变形检测器	凹陷、椭圆变形、弯头等	适用于油气管道，要求具备清管条件及收发装置
漏磁检测器	金属损失、焊缝异常等	适用于油气管道，对管径、流速、运行压力有要求，要求具备清管条件及收发装置，有标准分辨率、高分辨率、三轴高清等不同精度的检测器
超声测厚检测器	金属损失、夹层等	采用超声纵波，适用于油管道。缺陷的检出条件受限。壁厚小于16mm缺陷识别误差受内部清洁度影响较大
裂纹检测器	狭窄轴向金属损失、裂纹等	采用超声横波，适用于油管道或可以通过液体耦合的管道
智能泄漏球	管道泄漏	适用于油气管道
涡流检测器	表面、近表面的金属损失、裂纹等	适用于油气管道。检测管道内腐蚀等内部缺陷
电磁超声检测器	裂纹、涂层剥离等	适用于油气管道
惯性测绘	管道三维地理坐标、管道弯曲应变	通常搭载于几何变形、漏磁等其他内检测器中。应注意坐标数据的保密
轴向应力检测器	管道轴向应力	适用于油气管道，通常搭载于漏磁检测器上同步进行

表5-40 常用阴极保护有效性评价技术和杂散电流测试技术及适用范围

方法	原理	适用范围
万用表直接测量法	测量金属管道保护电位	适用于进行阴极保护电流中断的油气输送管道
极化探头测量法或试片法	通过试片模拟管道受阴极保护情况	适用于受杂散电流干扰和牺牲阳极保护的管道，但需要极化时间较长，不推荐使用于强制电流的管道

续表

方法	原理	适用范围
密间隔电位测试 CIPS	间隔 1~3m 测试管道沿线保护电位	适用于强制电流阴极保护的管道，一般用于重点管段的测试
管地电位连续监测	连续记录管道中的直流、交流电压，检测管道所受干扰	适用于受杂散电流干扰的管道
SCM 感应杂散电流测试	用 SCM 智能感应器测量所选管道里面流动的干扰电流	适用于受杂散电流干扰的管道

表 5-41 常用管道间接检测技术及适用范围

方法	原理	适用范围
多频管中电流法	交流电流衰减	检测防腐层，适用于所有管道
C 扫描（C-Scan）	交流电流衰减	检测防腐层，适用于所有管道。仅能检测防腐层整体质量，不能精确定位防腐层漏损点
电流—电位法	直流电流衰减	检测防腐层，管道有支管、长度较短不适用。通常只能定性判断防腐层整体质量，无干扰情况下可定量计算防腐层整体质量
ACVG	交流电位梯度	检测防腐层，适用于所有管道的防腐层漏损点定位
DCVG	直流电位梯度	检测防腐层，适用于施加强制电流或施加临时电流的管道的防腐层破损点定位
TEM	瞬变电磁	检测管道整体金属腐蚀损失量，适用于单根或者可视为单根的地下管道；易受干扰。能够识别管道平均壁厚，不能确定局部腐蚀、点腐蚀位置及尺寸
MTM、SCT 等	磁记忆效应	非接触式应力扫描，适用于钢质管道，当存在高压电线、杂散电流或管道附近有铁磁性材料，受干扰大。能够检测应力的相对变化，但不能对所发现的缺陷进行准确分类

表 5-42 常用管道本体直接开挖检测技术、特点及适用范围

无损检测技术	检测原理	特点	缺点	适用范围
超声波测厚	根据超声波脉冲反射原理来进行厚度测量	操作简单，测量准确	只针对单个点进行测量	需剥除外防腐层。如果采用透涂层测厚仪，可不剥除
超声波 C 扫描	超声波在被检测材料中传播时，通过对超声波受影响程度和状况的检测，来了解材料的性能和结构变化	检测灵敏度高，声束指向性好，采用斜探头对裂纹等危害性缺陷敏感、检出率高，检测厚度大，能检测到工件的内部缺陷，可确定缺陷深度，并能对检测到的缺陷采用图形直观展示，能定量缺陷的大小，适用广泛	对检测构件表面要求比较高，检测结果定性解释困难	适用于各类管线，但需完全去除外防腐层或涂层后才能检测。采用干耦合探头可不去除薄的涂层
超声波 A 扫描	原理与超声波 C 扫描相同	连续扫查管道壁厚	对检测构件表面要求比较高，检测结果相对于超声波 C 扫描不直观	适用范围与超声波 C 扫描相同

续表

无损检测技术	检测原理	特点	缺点	适用范围
超声导波	激发不同模式的低频超声信号，分析反射回来的声波	能够检测管道横截面损失率3%以上的金属损失	不能确定缺陷尺寸	推荐应用于场站工艺管道检测、穿跨越管道检测。不适用于长距离埋地管道检测
X射线	利用正常部位与缺陷部位透过的放射线量不同，而造成平板上的明暗差别，从而识别缺陷	适用于各种金属零件检测及管板材、焊缝探伤，除了系统本身自带的射线源外，也可使用用户现有射线源。便携性强，无须剥除防腐层，检测效率高	受发射枪功率限制，对壁厚有要求，壁厚不能太厚	适用于各类管线，无须剥除外防腐层。液体石油管道不适用
漏磁外检测	缺陷处磁导率远小于钢管的磁导率，磁力线发生弯曲，部分磁力线泄漏出钢管表面。利用传感器检测缺陷处的漏磁场，从而判断缺陷是否存在及缺陷有关的尺寸参数	适用于铁磁性材料的检测，检测精度较高，检测效率高	受工件几何形状影响会降低检测灵敏度	适用于铁磁性材料检测，需去除防腐层后才能检测

三、不同类管道检测评价策略

同一类管道中优先开展高风险级管道的检测评价，检测评价策略见表5-43。

表5-43 各类管道检测评价策略

检测评价项目			检测评价策略		
			Ⅰ类管道	Ⅱ类管道	Ⅲ类管道
内检测			具备内检测条件时优先推荐内检测	—	—
直接评价	内腐蚀直接评价		有内腐蚀风险时开展	具备内腐蚀直接评价条件时优先推荐	开展内腐蚀检测，对管道沿线的腐蚀敏感点开挖抽查
	外腐蚀直接评价	敷设环境调查	开展管道标识、穿跨越、辅助设施、地区等级、建（构）筑物、地质灾害敏感点等调查	开展管道标识、穿跨越、辅助设施、地区等级、建（构）筑物、地质灾害敏感点等调查	—
		土壤腐蚀性检测	当管道沿线土壤环境变化时，开展土壤电阻率检测	当管道沿线土壤环境变化时，开展土壤电阻率检测	测试管网所在区域土壤电阻率
		杂散电流测试	开展杂散电流干扰源调查，测试交/直流管地电位及其分布，推荐采用数据记录仪	开展杂散电流干扰源调查，测试交/直流管地电位及其分布，推荐采用数据记录仪	—
		防腐（保温）层检测	采用交流电流衰减法和交流电位梯度法（ACAS+ACVG）组合技术开展检测	采用交流电流衰减法和交流电位梯度法（ACAS+ACVG）组合技术开展检测	对于高风险级管道，采用ACAS+ACVG组合技术开展检测

续表

检测评价项目			检测评价策略		
			Ⅰ类管道	Ⅱ类管道	Ⅲ类管道
直接评价	外腐蚀直接评价	阴极保护有效性检测	对采用强制电流保护的管道，开展通/断电位测试，并对高后果区、高风险级管段推荐开展 CIPS 检测；对牺牲阳极保护的高后果区、高风险级管段，推荐开展极化探头法或试片法检测	对采用强制电流保护的管道，开展通/断电位测试，必要时对高后果区、高风险级管段可开展 CIPS 检测；对牺牲阳极保护的高后果区、高风险级管段，测试开路电位、通电电位和输出电流，必要时可开展极化探头法或试片法检测	对采用强制电流保护的管道，开展通/断电位测试；对牺牲阳极保护的高后果区、高风险级管段，测试开路电位、通电电位和输出电流
		开挖直接检测	优先选择高后果区、高风险段开展开挖直接检测，推荐采取超声波测厚等方法检测管道壁厚，必要时可采用超声波 C 扫描、超声导波等方法测试；推荐采取防腐层黏结力测试方法检测管道防腐层性能	优先选择高后果区、高风险段开展开挖直接检测，推荐采取超声波测厚等方法检测管道壁厚，必要时可采用超声波 C 扫描、超声导波等方法测试；推荐采取防腐层黏结力测试方法检测管道防腐层性能	优先选择高后果区、高风险段开展开挖直接检测，推荐采取超声波测厚等方法检测管道壁厚；推荐采取防腐层黏结力测试方法检测管道防腐层性能
压力试验			无法开展内检测时选择直接评价或压力试验	无法开展内腐蚀直接评价时开展压力试验	不开展内、外腐蚀检测的管道可进行压力试验
专项检测			必要时可开展河流穿越管段敷设状况检测、公路铁路穿越检测和跨越检测等	—	—

第六章　油气田管道维修维护

管道维修维护在油气田管道完整性管理五步循环中占有重要地位,它是通过制定相应风险减缓方案,采取有针对性的维修与维护措施,不断改善识别到的不利影响因素,从而将管道的运行风险控制在合理、可接受的范围内,最终达到持续改进、减少和预防管道事故发生、经济合理地保证管道安全运行的目的。

管道维修维护的内容是依据管道制造、施工和生产运行过程中,可能对管道产生的缺陷而开展的,本章内容主要是以腐蚀控制为目标,从管道本体和腐蚀控制措施缺陷的修复来论述管道的维修维护,不包括自然灾害、第三方破坏等因素导致的管道运行风险的维修维护。其修复内容为管道本体、外防腐保温层(外防腐层、保温层、外护层)、内防腐层和阴极保护系统。典型的防腐保温管道结构如图6-1所示。应用最广泛的强制电流阴极保护结构原理如图6-2所示。

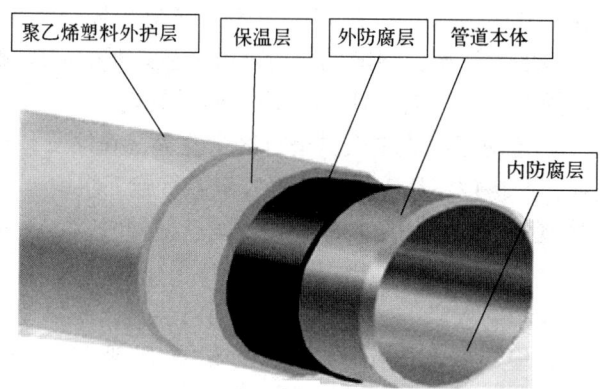

图6-1　典型的防腐管道结构图

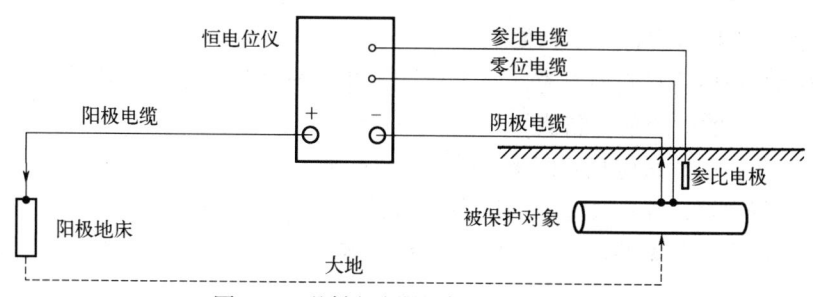

图6-2　强制电流阴极保护结构原理图

其修复方法主要以中国石油天然气股份有限公司关于油气田管道完整性管理体系文件的"一个规定""两个手册""两个导则"和"一部标准"为基础,同时参照关于油气田管道维修方面的相关书籍及最新的国家、行业标准,以便于使用者更好地理解油气田管道完整性管理体系文件的相关内容。

第一节　管道本体维修

一、一般要求

（一）资质及 HSE 要求

1. 资质

承担管道管体缺陷维修项目和质量检验的单位应具有相应的能力和资质，其项目负责人应具有工程师及以上职称及工艺、材料、焊接、检验、工程等知识和实践经验，施工作业人员应经过相关的培训，有资质证书要求的应具有相应的资质操作证书。

2. HSE 要求

管体缺陷修复作业应遵循国家和行业有关健康、安全与环境的法律、法规及相关规定。作业前应进行风险识别、评价，制定风险消减措施和必要的应急预案。

管体缺陷修复作业的全过程，应有可靠的安全防护措施：

（1）开工前，施工单位应组织施工人员进行安全教育，确保所有施工人员充分理解并严格遵守安全操作规程，严格按照经审批的施工方案进行施工组织。

（2）施工人员应按规定正确使用防护服、安全帽、防护眼镜、手套、工作鞋等劳动防护用品。

（3）施工现场应根据消防要求配置消防设施和消防器具，并保持消防通道畅通。

（4）开挖作业坑时，应根据土质情况决定边坡坡度，必要时，应采取防塌方措施。

（5）施工现场应设置明显的安全警示标志，作业坑边应设置临边防护。

（二）维修材料

所选用的维修材料应符合下列要求：

（1）缺陷维修所用材料应具有产品合格证等相关质量证明文件，有许可要求的材料，应由取得相应许可的生产单位制造。

（2）配套使用的材料应相互匹配，并宜由同一供应商配套供应。

（3）应包装完好，外包装上应有明显的标识。

（4）应提供生产厂家的名称、厂址、材料名称、型号、批号、生产日期、保存期、保存条件等。

（5）应有出厂质量证明、材料使用说明书和检验报告，材料说明书中应明确规定材料的质量要求、工艺要求、储存条件及储存期限。

管道维修所选用的材料储存与使用应符合下列要求：

（1）材料储存应满足材料使用说明书要求的储存条件，并在储存期限内使用。

（2）材料使用应符合材料说明书中的工艺要求和相关标准要求。

(3) 材料使用前，宜进行材料性能复检，各项指标应符合设计和标准要求。

（三）维修技术方案

管道使用单位应依据管道检测和完整性评价结果制定维修计划。列入同一批维修计划的缺陷点，应先对高后果区内、高风险管段的缺陷点进行维修。采用临时维修方法维修后，应及时采用永久维修方法替换。

管道本体缺陷维修前应编制相关维修技术方案并通过审查，方案内容至少应包括工程概况、编制依据、组织机构及职责、维修材料及方法选择、施工工艺、质量检验要求、维修工作量及计划进度、安全保障措施等。油气管道本体缺陷维修技术方案编制模板示例如图6-3所示。

```
1    工程概况
2    编制依据
3    组织机构及职责
4    维修期间工艺处置措施
5    管道本体缺陷维修作业
5.1  缺陷维修主要工作
5.2  作业前准备
5.3  作业实施计划
5.4  作业质量控制及保障措施
5.5  作业主要工作量
6    风险识别及控制措施
6.1  风险识别
6.2  QHSE措施
6.2.1 质量保证措施
6.2.2 健康保证措施
6.2.3 安全保证措施
6.2.4 环境保护措施
7    应急预案
8    竣工资料
```

图6-3 油气管道管体缺陷维修技术方案编制模板示例

对管道自身运行安全产生不利影响的施工工况，应在维修方案中明确应对措施。施工过程应满足HSE管理相关要求，施工现场应设置危险地区、限制出入区、禁人区等标识；易燃物品应有专人负责，并按照有关制度和规定管理和使用；现场应执行临时电路的相关规定。

（四）操作压力

维修缺陷过程中，管道操作压力不应高于维修技术要求的施工操作压力。

（1）对于非焊接维修技术，其施工操作压力不应超过0.8倍的最大允许操作压力及0.3倍的管道最小屈服强度。其中，管道由于施工操作压力产生的环向拉伸应力计算方法为：

$$\sigma = \frac{pD}{2t_n} \tag{6-1}$$

式中　p——施工操作压力，MPa；
　　　D——管道外径，mm；
　　　σ——内压造成的管道拉伸强度，MPa；
　　　t_n——管道设计壁厚，mm。

（2）对于用焊接维修技术维修原油管道，其施工操作压力不应超过0.5倍的最大允许操作压力，且原油充满管道。在运行的天然气或成品油管道上焊接时，其施工操作压力不应超过0.4倍的最大允许操作压力，且输送介质充满管道。如果焊接施工操作压力无法降至上述要求时，管道允许的带压施焊的最高压力应符合如下要求：

$$p \leqslant \frac{2\sigma_s(t-c)}{D}F \tag{6-2}$$

式中　p——管道允许带压施焊的压力，MPa；
　　　σ_s——管材的最小屈服极限，MPa；
　　　t——焊接处管道实际壁厚，mm；
　　　c——因焊接引起的壁厚修正量，mm，按表6-1取值；
　　　D——管道外径，mm；
　　　F——安全系数，按表6-2取值。

表6-1　壁厚修正量

焊条直径，mm	<2.0	2.5	3.2	4.0
c，mm	1.4	1.6	2.0	2.8

表6-2　安全系数

t，mm	$t \geqslant 12.7$	$8.7 \leqslant t < 12.7$	$6.4 \leqslant t < 8.7$	$t < 6.4$
F	0.72	0.68	0.55	0.4

管道带压焊接时承受的最大允许施焊压力可按下式进行计算：

$$p = \frac{2StFET}{D} \tag{6-3}$$

$$t = t_n - u \tag{6-4}$$

式中　p——管道带压施焊时的最大允许施焊压力，MPa；
　　　S——管材的最小屈服极限，MPa；
　　　D——管道外径，mm；
　　　F——安全系数（推荐值最大0.8）；
　　　E——焊接系数，取1；
　　　t——减少的管道壁厚，mm；
　　　u——焊接时穿透的深度，mm；
　　　t_n——管道最小实际壁厚，mm；
　　　T——温度降低系数，K；

焊接时穿透的深度，即焊接熔池深度，可根据实验结果查得或适当假定为3mm。

管道温度降低系数见表6-3（适用于管道最大承载压力）。

表6-3　管道温度降低系数

焊接时管壁最高温度，℃	>675	675	600	500	400	300	200	120	<120
温度降低系数，K	0.00	0.20	0.35	0.57	0.65	0.75	0.85	0.91	1.00

式(6-2)和式(6-3)有所不同，式(6-2)忽略了不同焊接工艺的差异性，但使用起来更为简单方便，也是国内关于管道本体维修的标准GB/T 36701—2018《埋地钢质管道管体缺陷修复指南》、SY/T 6649—2018《油气管道管体缺陷修复技术规范》、Q/SY 05595—2019《油气管道管体修复技术规范》中的推荐做法。式(6-3)充分考虑了不同的焊接工艺对管道强度及壁厚的影响，因此，针对某一具体焊接规程来讲，更具有针对性。

（五）管道在役焊接作业

1. 范围

本部分内容适用于采用手工电弧焊对在役埋地钢质管道的管体缺陷进行的维抢修焊接作业，包括堆焊维修、补板维修、套筒维修、换管维修和带压开孔维修。

2. 焊接工艺及评定

管道在役焊接前，应根据管道材料、运行参数以及焊接材料等信息制定预焊接工艺规程，按照GB/T 31032—2023《钢质管道焊接及验收》的相关要求进行焊接工艺评定，并依据评定合格的焊接工艺编制焊接工艺规程。

3. 人员要求

（1）从事管道在役焊接的焊工和无损检测人员应持有相关部门颁发的资格证书。

（2）管道在役焊接前，焊工应通过焊工上岗考试，上岗考试应符合GB/T 31032—2023的相关要求。

4. 焊条的保管和运输

（1）焊条的保管和运输应符合生产厂家的规定，应避免损坏、受潮。包装开启后，应保护焊条不变质，有损坏或变质迹象的焊条不应使用。

（2）低氢焊条应妥善保管和使用，以确保其低氢水平。低氢焊条应进行烘干处理，焊条从烘箱中取出后，应立即进行焊接，1h内未使用完的焊条要放回烘箱继续烘干。

5. 在役焊接前的准备工作

（1）管道在役焊接前，应对焊接区域进行彻底清理直至漏出金属光泽，必要时，还应通过打磨以满足焊接要求。

（2）应使用超声波测厚仪测量焊接位置的管道剩余壁厚，管道在役焊接位置的最小剩余壁厚应不小于3.2mm，且输气管道在役焊接位置的最小剩余壁厚应不小于4.8mm。

（3）应调节介质流速，管道内液体流速应不大于5m/s，气体流速应不大于10m/s。

（4）缺陷维修工件的装配与组对应满足以下要求：

① 套筒、补板或对开三通与管道之间的间隙不应太大，宜使用机械外力使其紧贴管壁，必要时可在管道上焊接预堆层以减小间隙。

② 对焊接缺陷维修工件部位的管道螺旋焊缝和直焊缝宜打磨至母材高度。

③ 对开三通法兰沿管道轴线方向的两端到管顶的距离差应小于 1mm，对开三通法兰轴线与其所在位置管道轴线间距应不大于 1.5mm。

（5）在役焊接的作业环境应满足以下要求：

① 应利用开挖搭建平台等手段为焊接创造足够的作业空间；

② 应对可能存在的可燃气体进行浓度检测，可燃气体浓度应低于其爆炸下限的 10%。

（6）管道在役焊接前，应采用火焰加热或中频加热的方式进行预热，预热不仅可以减缓焊接冷却速度，还能促进氢、水分及其他污染物的扩散挥发。预热应满足以下要求：

① 预热温度应符合焊接工艺规程的要求，建议预热温度为 100~150℃。

② 管道内部介质温度较低或流速过快时，预热应采用火焰加热和中频加热相结合的形式。

③ 在整个焊接过程中，层间温度的最小值应不低于预热温度的最小值。

④ 当焊接作业中断时，再次焊接前应重新加热到要求的预热温度。

6. 在役焊接

（1）管道在役焊接应执行焊接工艺规程，焊工应取得相应的焊接资质并通过上岗考试。

（2）焊接套筒或对开三通时，应先同时焊接两侧纵向对接焊缝，再焊接环向角焊缝，且两道环向角焊缝不应同时焊接；对于其他类型的工件，应采用把残余应力减至最小的焊接顺序。

（3）纵向对接焊缝的焊接应满足以下要求：

① 焊接套筒或对开三通的纵向对接焊缝时，宜在对接焊缝下装配低碳钢垫板，以防止焊接到管道上，垫板长度应与套筒或对开三通的护板长度相同或略长，宽度为对接焊缝宽度的 2~3 倍。

② 套筒或对开三通的纵向对接焊缝应 100% 焊透，根部间隙（对接面的间隙）宜为 3~6mm。

③ 焊道应主要位于套筒或对开三通的护板上，位于垫板上的焊道不应超过 2mm 宽，否则易烧穿垫板。

④ 套筒或对开三通的护板长度大于 750mm 时，每道纵向对接焊缝应由至少 2 名焊工同时施焊。

⑤ 由 1 名焊工焊接每道纵向对接焊缝时，应按图 6-4(a) 所示焊接顺序同时施焊；由 2 名焊工焊接每道纵向对接焊缝时，应按图 6-4(b) 所示焊接顺序同时施焊。

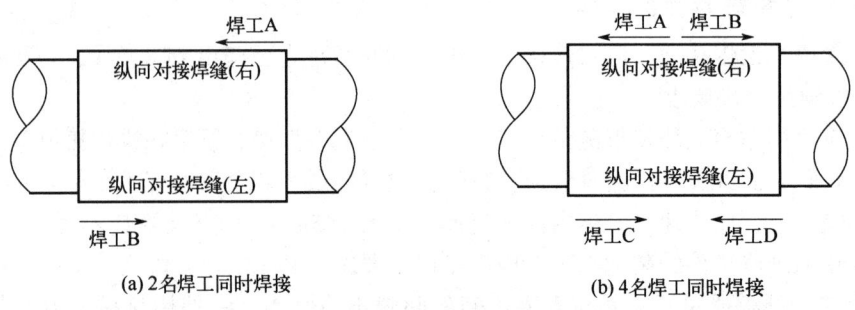

图 6-4　纵向对接焊缝焊接顺序

（4）环向角焊缝的焊接应满足以下要求：

① B 型套筒或对开三通的护板与管道的环向角焊缝宜采用多道堆焊，一般的堆焊形式如图 6-5 所示。

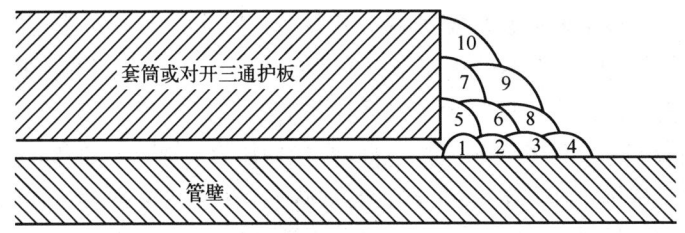

图 6-5　环向角焊缝堆焊焊接形式示意图
说明：数字代表焊接顺序

② 第一条焊道与 B 型套筒或对开三通的护板距离应小于 2mm，但不应与护板连接。

③ 在管道外径不小于 325mm 的管道上进行 B 型套筒或对开三通的环向角焊缝的焊接时，每道焊缝应由至少 2 名焊工同时施焊，且两电弧间应至少相距 50mm，焊接顺序如图 6-6 所示。

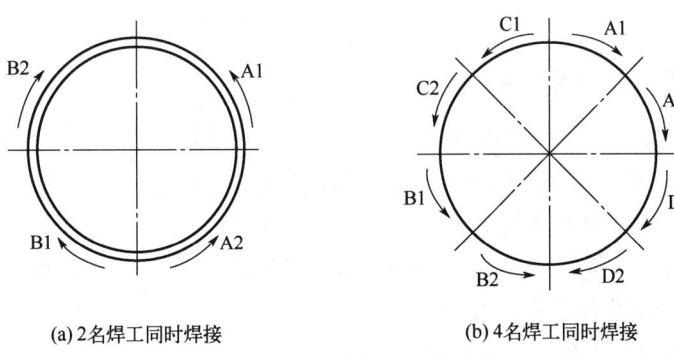

(a) 2名焊工同时焊接　　　　　　(b) 4名焊工同时焊接

图 6-6　环向角焊缝焊接顺序

④ B 型套筒或对开三通的护板厚度不大于管壁厚度的 1.4 倍时，角焊缝的焊脚高度和宽度应等于护板厚度，如图 6-7(a) 所示。

⑤ B 型套筒或对开三通的护板厚度大于管壁厚度的 1.4 倍时，应把 B 型套筒或对开三通护板的外表面磨成坡度为 1∶1 的斜面，且角焊缝的焊脚高度和宽度应等于管壁厚度的 1.4 倍，以减少应力集中，如图 6-7(b) 所示。

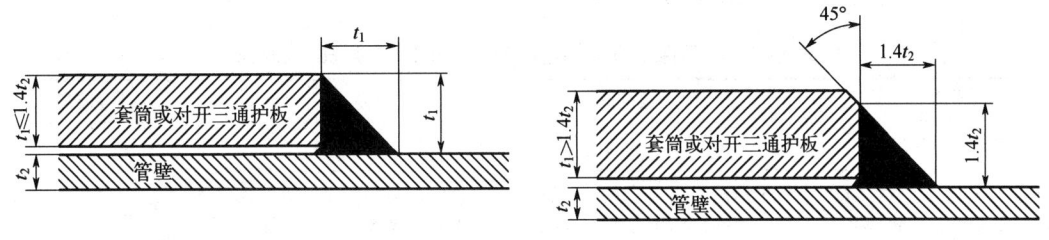

(a) 护板厚度不大于管壁厚度的1.4倍　　　　(b) 护板厚度大于管壁厚度的1.4倍

图 6-7　环向角焊缝焊脚尺寸
t_1—护板厚度；t_2—管壁厚度

⑥ 坡口和每层焊道上的锈皮及焊渣，在下一步焊接前应清除干净。

7. 在役焊接控制

（1）管道在役焊接主要存在烧穿和氢致开裂两个风险，应综合考虑管道操作压力、流动状态和焊接处剩余壁厚等影响焊接安全可靠性的因素，采取适当的控制措施。

（2）为防止烧穿，在役焊接应采取以下控制措施：
① 当管道剩余壁厚小于 6.4mm 时，打底焊应使用直径不大于 2.5mm 的焊条。
② 当管道剩余壁厚不小于 6.4mm 时，打底焊应使用直径不大于 32mm 的焊条。

（3）为防止氢致开裂，在役焊接应采取以下控制措施：
① 使用低氢焊条或低氢焊接工艺方法。
② 采用足够的热输入量，规定最小热输入量要求等级，但应防止烧穿。
③ 采用合理的焊接顺序，宜采用回火焊道焊接工艺，多组施焊时，焊接顺序应对称布置。
④ 合理装配缺陷维修工件，以减少焊缝根部的应力集中。
⑤ 按在役焊接前准备工作的要求进行预热，并在焊接后维持加热 15min，厚壁管宜适当延长加热时间。

（六）维修作业的环境条件

维修作业的环境条件应符合维修材料产品说明书的规定，若无明确规定，当存在下列情况之一，且无有效防护措施时，不应进行施工作业：

（1）雨、雾、雪、风沙天气。
（2）焊接环境：气体保护焊风力达到 2 级、其他焊接方法风力达到 5 级。
（3）非焊接环境风力达到 3 级。
（4）环境温度低于 5℃。
（5）环境相对湿度大于 85%。
（6）管体温度低于露点以上 3℃。

二、响应时间计划

维修前，应根据管道检测评价结果确定管道本体缺陷维修响应时间，不同评价方法确定的管道本体缺陷维修响应时间见表 6-4。

表 6-4　不同评价方法确定的管道本体缺陷维修响应时间

评价方法	立即响应	计划响应	进行监测
SY/T 6151—2022	1 类	2 类	3 类
SY/T 6477—2017、SY/T 10048—2016、ASME B31G、API579、BS 7910	评价结论为不安全，且计算的最大允许操作压力低于运行压力的缺陷	评价结论为不安全，且计算的最大允许操作压力低于设计压力的缺陷	评价结论为安全的缺陷
内检测缺陷评价	结论为立即维修的缺陷	结论为计划维修的缺陷	结论为安全的缺陷
SY/T 6996—2014	凹陷深度>6%	2%<凹陷深度<6%	凹陷深度<2%

续表

评价方法	立即响应	计划响应	进行监测
SY/T 6996—2014	凹陷应变>6%	2%<凹陷应变<6%	凹陷应变<2%
响应措施	5天内确认并评价，采取降压措施，根据评价结果维修	1年内进行确认，1个检测周期内根据评价结果维修	可选择代表性强的缺陷定期开挖检测

三、维修方法及选择

常用的管道本体维修方法包括打磨、堆焊、补板、A型套筒、B型套筒、钢质环氧套筒、复合材料补强、螺栓紧固夹具、堵漏夹具、带压开孔、换管等。

当采用其他的管道本体维修方法维修缺陷时，应至少考虑以下关键问题：缺陷位置的承压、抗拉伸及抗弯曲性能的恢复；长期应力断裂强度；长期蠕变行为；循环疲劳行为；对管材金相组织的影响。

（一）常用管道本体维修方法的适用范围

常用管道本体维修方法适用范围见表6-5。

表6-5 常用管道本体维修方法的适用范围

维修方法		适用范围	不适用
打磨		焊接缺陷、浅裂纹、电弧烧伤、沟槽等非泄漏缺陷	凹陷、深裂纹和电阻焊缝上的缺陷
堆焊		管道外表面金属损失，尤其是弯头和三通上的腐蚀缺陷	凹陷、焊接缺陷和内部缺陷
补板		小面积腐蚀或直径小于8mm的腐蚀穿孔、浅裂纹、盗油孔	焊接缺陷、高应力管线上的缺陷
套筒	A型套筒	管体金属损失、电弧烧伤、管体或直焊缝上的凹陷、裂纹	环向缺陷、泄露继续发展的缺陷
	B型套筒	多种类型的维修，包括泄漏和环向缺陷	
钢质环氧套筒		腐蚀、沟槽、裂纹、凹陷、焊接缺陷（环焊缝除外）、褶皱、屈曲等非泄漏缺陷	泄漏缺陷
复合材料补强		腐蚀、沟槽、裂纹、管体或直焊缝上的凹陷等非泄漏缺陷	环向缺陷、深度大于80%公称壁厚的缺陷和会继续发展的内部腐蚀
夹具	螺栓紧固夹具	除褶皱、屈曲外大多数缺陷	褶皱、屈曲
	堵漏夹具	仅适用于泄漏	
带压开孔		局部机械损伤、外腐蚀、沟槽、裂纹等缺陷及泄漏	
换管		所有缺陷类型及泄漏	

1. 典型缺陷维修方法选择

一种缺陷可能存在多种适用的维修方法，应依据管道检测与评价报告确定的缺陷类型和大小，结合客观条件、企业运行需求、管道运行现状、重要性、停产的可能性、不同材质产生的电偶腐蚀对后续运行的影响等因素确定适宜的维修方法。不同类型缺陷的维修方法见表6-6。

表 6-6 不同类型缺陷的维修方法

缺陷类型		打磨	堆焊	补板	A型套筒	B型套筒	钢质环氧套筒	复合材料补强	螺栓紧固夹具	堵漏夹具	带压开孔①
泄漏		否	否	永久	否	永久	否	否	永久②	临时③	永久
腐蚀	外腐蚀（$d \leq 0.8t$）	永久④	永久	永久	永久	永久	永久	永久	永久	否	永久
	外腐蚀（$d > 0.8t$）	否	否	永久	永久	永久	永久	否	永久	否	永久
	焊缝选择性腐蚀	否	否	否	否	否	否	否	永久	否	否
	内部腐蚀或缺陷	否	否	永久⑤	永久⑤	永久⑤	永久⑤	永久⑤	永久	否	否
沟槽或其他管体金属损失		永久④	永久⑥	永久⑥	永久⑥	永久⑦	永久⑥	永久⑥	永久⑦	否	永久
焊接缺陷	直焊缝或螺旋焊缝缺陷	永久④	否	否	永久⑥	永久⑥	永久⑥	永久⑥	永久	否	否
	电阻焊焊缝上或附近的缺陷	否	否	否	永久⑥	永久⑥	永久	永久	永久	否	否
	环焊缝缺陷	永久④	永久⑧	否	永久	永久	否	否	永久②	否	否
	电弧烧伤	永久④	永久⑥	否	永久	永久	永久	永久	永久	否	否
硬点		否	否	否	否	否	否	否	否	否	否
裂纹	浅裂纹（$d \leq 0.4t$）	永久④	永久⑥	永久⑥	永久⑥	永久⑥	永久⑥	永久⑥	永久	否	否
	深裂纹（$d > 0.4t$）	否	永久⑥	永久⑥	永久⑥	永久⑥	永久⑥	永久⑥	永久⑨	否	否
凹陷	管体或直焊缝上的普通平滑凹陷	否	否	否	永久⑩	永久⑩	永久⑩	永久⑩	永久	否	否
	环焊缝上的普通平滑凹陷	否	否	否	否	永久⑩	永久⑩	永久⑩	永久②	否	否
	管体或直焊缝上含应力集中的凹陷	永久⑪	否	否	永久⑥,⑩	永久⑥,⑩	永久⑥,⑩	永久⑥,⑩	永久	否	永久
	环焊缝上含应力集中的凹陷	永久⑪	否	否	否	永久⑥,⑩	永久⑥,⑩	永久⑥,⑩	永久②	否	否
鼓泡和氢致开裂		否	否	否	永久	永久	永久	永久	否	否	否
褶皱、屈曲		否	否	否	否	永久⑫	永久⑫	否	否	否	否

注：d 表示缺陷深度，mm；t 表示管道公称壁厚，mm。
① 带压开孔仅适用于可以通过开孔去除的局部小尺寸缺陷。
② 螺栓紧固夹具应能传递轴向载荷且保证结构完整性。
③ 堵漏夹具仅适用于能被夹具封堵的小泄漏孔。
④ 若缺陷在最大允许打磨量限制的范围内能完全消除，则可单独进行深度小于 $0.4t$ 的打磨。
⑤ 确保内部缺陷或腐蚀不会继续发展，需要对缺陷进行监控或仅作为临时维修措施。
⑥ 损伤材料已通过打磨去除并通过检验，可维修深度小于 $0.8t$ 的缺陷。
⑦ 维修前，宜通过打磨去除损伤材料并通过检验。
⑧ 损伤材料已通过打磨去除并通过检验且焊缝内部无缺陷，可维修深度小于 $0.1t$ 的缺陷。
⑨ 应保证维修后的裂纹长度始终小于裂纹扩展临界值。
⑩ 应使用合适的填充材料填补凹陷且凹陷深度不大于管道外径的 15%。
⑪ 打磨区域的深度和长度满足限制要求且凹陷深度可接受。
⑫ 该修复技术在常规条件下不推荐，但非禁止项在特定的情况下可以使用，需预先进行适用性评估。

2. 腐蚀维修

套筒的设计应与管道缺陷形状、尺寸相符。

（1）在维修腐蚀缺陷前，应对管道的外腐蚀区域进行彻底清理，以准确测定外腐蚀区域的尺寸，包括纵向长度和最大腐蚀深度（图6-8）。

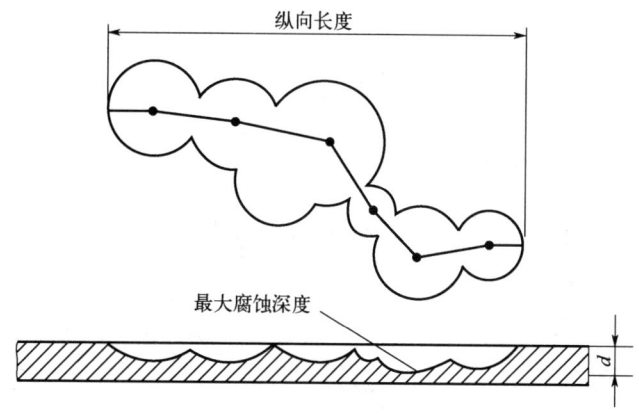

图6-8 腐蚀区域测量示意图

（2）若腐蚀不位于凹陷内，且腐蚀区域的尺寸（包括外腐蚀、内腐蚀）满足以下两个条件之一，则无须进行维修：

① 最大腐蚀深度不大于管道公称壁厚的10%或设计壁厚的腐蚀裕量。

② 当最大腐蚀深度大于管道公称壁厚的10%且不大于40%时，纵向长度不超过按式(6-6)计算的纵向可接受长度或管道的最大操作压力满足式(6-7)。

（3）对于焊缝选择性腐蚀应采用B型套筒、钢质环氧套筒或螺栓紧固夹具的方法进行维修；对于环向的、环焊缝上的或焊缝热影响区内的腐蚀，应按照环焊缝缺陷进行维修。

（4）对于外腐蚀，若最大腐蚀深度d不大于管道公称壁厚t的80%，可采用堆焊、补板、A型套筒、B型套筒、钢质环氧套筒、复合材料补强、螺栓紧固夹具或带压开孔的方法进行维修；若最大腐蚀深度大于管道公称壁厚的80%，则应采用补板、B型套筒、螺栓紧固夹具或带压开孔的方法进行维修。具体的维修流程见图6-9。

（5）对于内腐蚀，若腐蚀程度不会继续发展超出其临界值，可采用A型套筒、B型套筒、钢质环氧套筒、复合材料补强或螺栓紧固夹具进行维修；若腐蚀可能继续发展，以上方法中的A型套筒、复合材料补强和螺栓紧固夹具则仅作为临时维修措施，应监控使用。具体的维修流程见图6-10。

（6）对于点蚀，若点蚀深度大于管道公称壁厚的80%，可采用补板、B型套筒、螺栓紧固夹具的方法进行维修。采用补板和B型套筒维修时，应采取降压措施。

3. 焊接缺陷维修

（1）对于直焊缝或螺旋焊缝上的体积缺陷和平面缺陷，可采用打磨、A型套筒、B型套筒、钢质环氧套筒、复合材料补强、螺栓紧固夹具或带压开孔的方法进行维修。

（2）对于电阻焊焊缝上或附近的缺陷，可采用B型套筒、钢质环氧套筒或螺栓紧固夹具的方法进行维修。

（3）在维修环焊缝缺陷前，应采用无损检测的方法对缺陷进行检测。具体的维修流程见图6-11。要求如下：

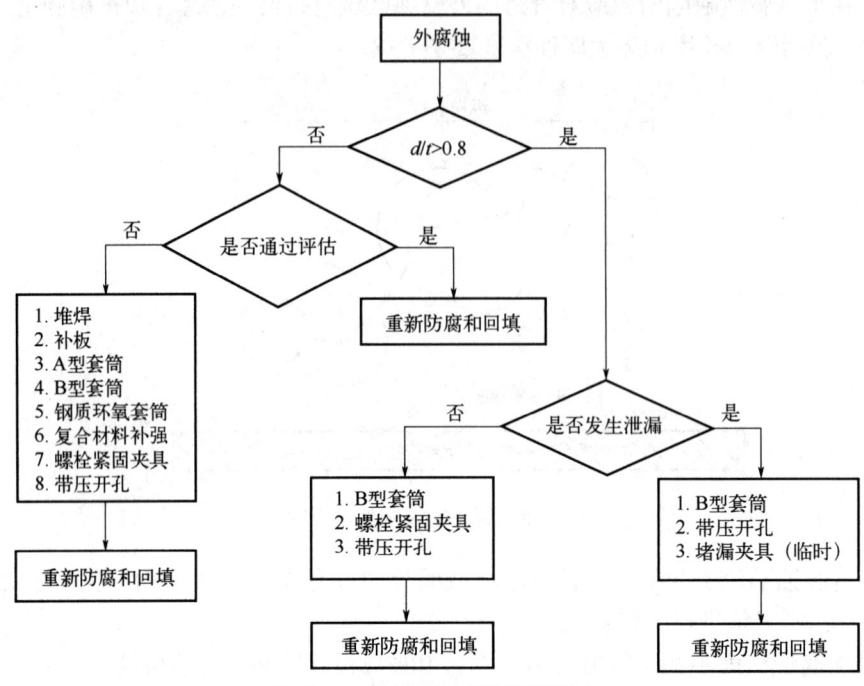

图 6-9　外腐蚀缺陷维修流程图

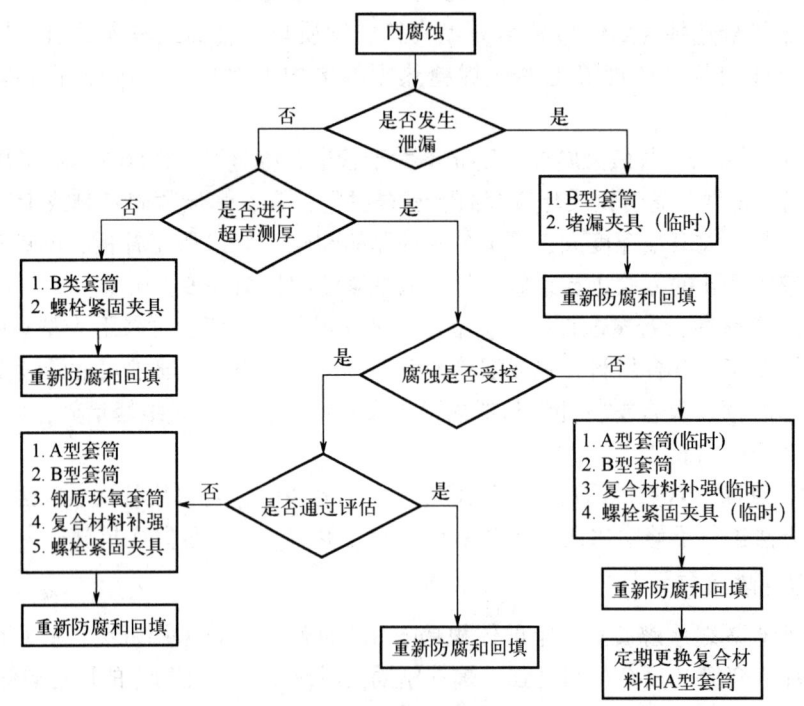

图 6-10　内腐蚀缺陷维修流程图

① 若缺陷为深度不超过公称壁厚 10% 的表面金属损失且焊缝内部无缺陷，可采用打磨或打磨后堆焊的方法进行维修。

② 若缺陷为深度超过公称壁厚10%的表面金属损失或内部缺陷（气孔、夹渣、未焊透等），则应采用B型套筒或螺栓紧固夹具进行维修。

③ 若环向缺陷长度大于管道周长的1/12或存在较高的纵向应力，应优先采用B型套筒进行维修。

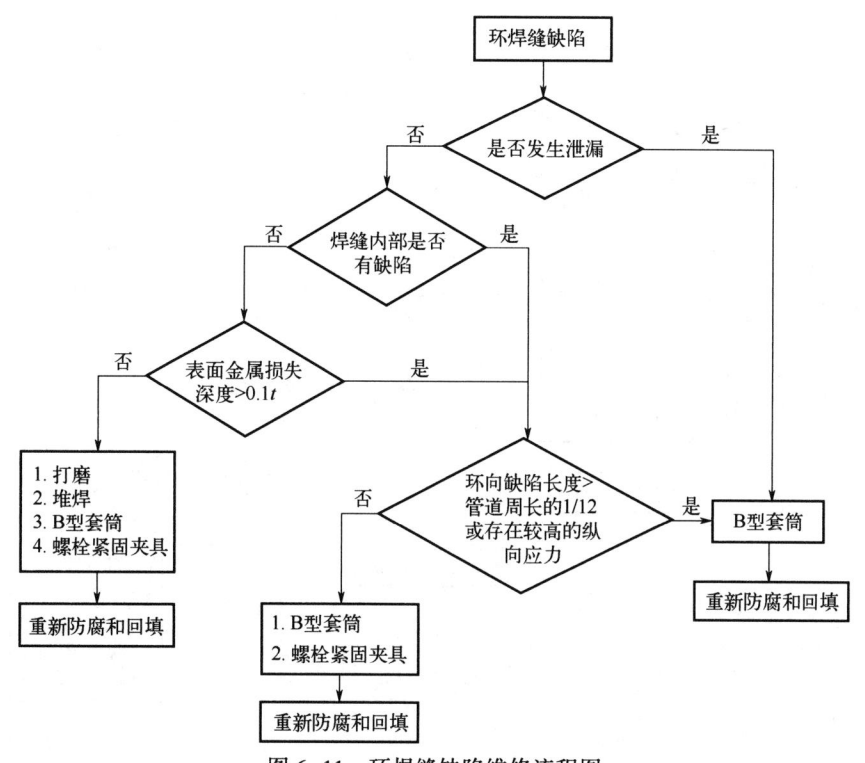

图6-11 环焊缝缺陷维修流程图

（4）对于电弧烧伤，宜先对缺陷进行打磨，若打磨后异常金相组织已完全消除，则可单独采用打磨或继续采用堆焊或复合材料补强的方法进行维修；若打磨后异常金相组织没有完全消除，则应继续采用A型套筒、B型套筒、钢质环氧套筒、螺栓紧固夹具或带压开孔的方法进行维修。若采用套筒维修焊接缺陷，应采用预制了突起或凹槽的凸式套筒或凹槽式套筒，以加强套筒安装的紧密度。

4. 裂纹维修

（1）在维修裂纹前，应采用无损检测的方法对裂纹进行检测，具体的维修流程见图6-12。

（2）对于最大深度不大于管道公称壁厚40%的浅裂纹，可采用打磨、堆焊、补板、A型套筒、B型套筒、钢质环氧套筒、复合材料补强、螺栓紧固夹具或带压开孔的方法进行维修。若采用堆焊、补板、A型套筒、钢质环氧套筒或复合材料补强的方法进行维修，应保证维修前裂纹已通过打磨完全消除。

（3）对于最大深度大于管道公称壁厚40%的深裂纹，可采用堆焊、A型套筒、B型套筒、钢质环氧套筒、螺栓紧固夹具、复合材料补强或带压开孔的方法进行维修。以上方法中，若采用除带压开孔以外的其他方法进行维修，应保证维修前裂纹已通过打磨完全消除或维修后的裂纹长度始终小于裂纹扩展临界值。

（4）环向裂纹不宜采用 A 型套筒、钢质环氧套筒和复合材料补强维修技术进行维修。

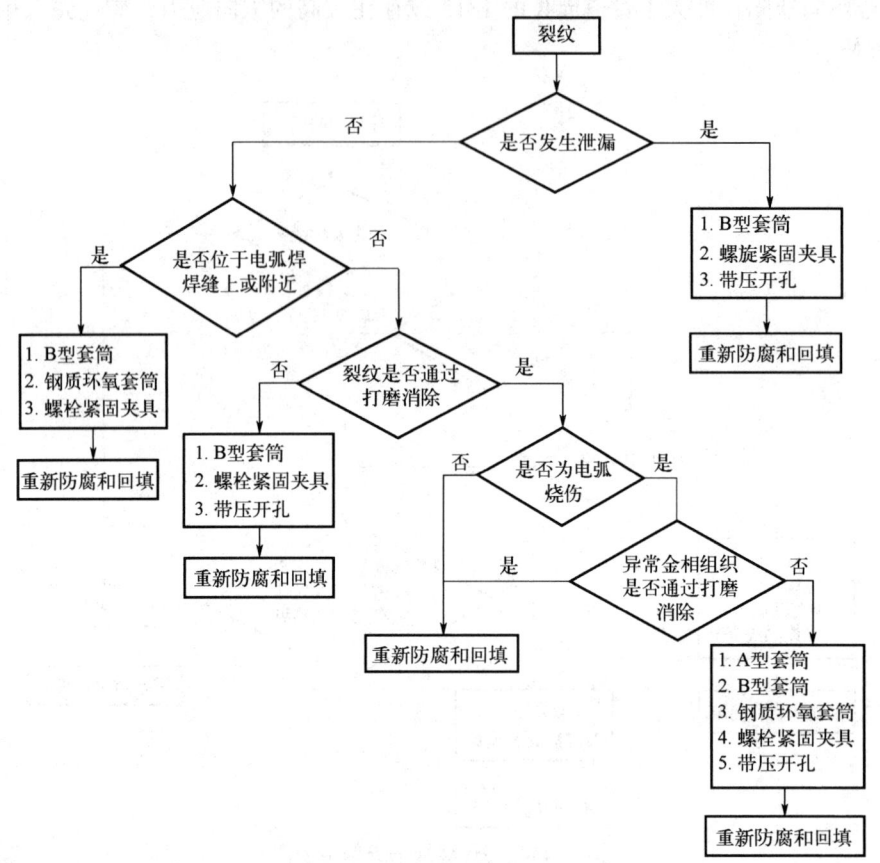

图 6-12 裂纹维修流程图

5. 凹陷维修

（1）在维修凹陷前，应对凹陷尺寸进行测量，并采用无损检测的方法对凹陷处可能存在的其他缺陷进行检测。若同时满足以下条件，则无须进行维修：

① 凹陷为普通平滑凹陷（凹陷处不存在导致应力集中的其他缺陷）。

② 管体上的凹陷深度小于管道外径（OD）的 6%，焊缝上的凹陷深度小于管道外径的 2%。

③ 凹陷长度与深度的比值（L/d）不小于 20。

④ 凹陷处的腐蚀深度不大于管道公称壁厚的 10%。

（2）若凹陷影响到清管，则应采用换管的方法进行维修。

（3）对于普通平滑凹陷，若凹陷位于管体或直焊缝上，可采用 A 型套筒、B 型套筒、钢质环氧套筒、复合材料补强或螺栓紧固夹具的方法进行维修；若凹陷位于环焊缝上，以上方法中的 A 型套筒和复合材料补强则不适用。

（4）对于含应力集中的凹陷，若凹陷位于管体或直焊缝上，可采用打磨、A 型套筒、B 型套筒、钢质环氧套筒、复合材料补强、螺栓紧固夹具或带压开孔的方法进行维修；若凹陷位于环焊缝上，以上方法中的 A 型套筒、复合材料补强和带压开孔则不适用。具体的维修流程见图 6-13。

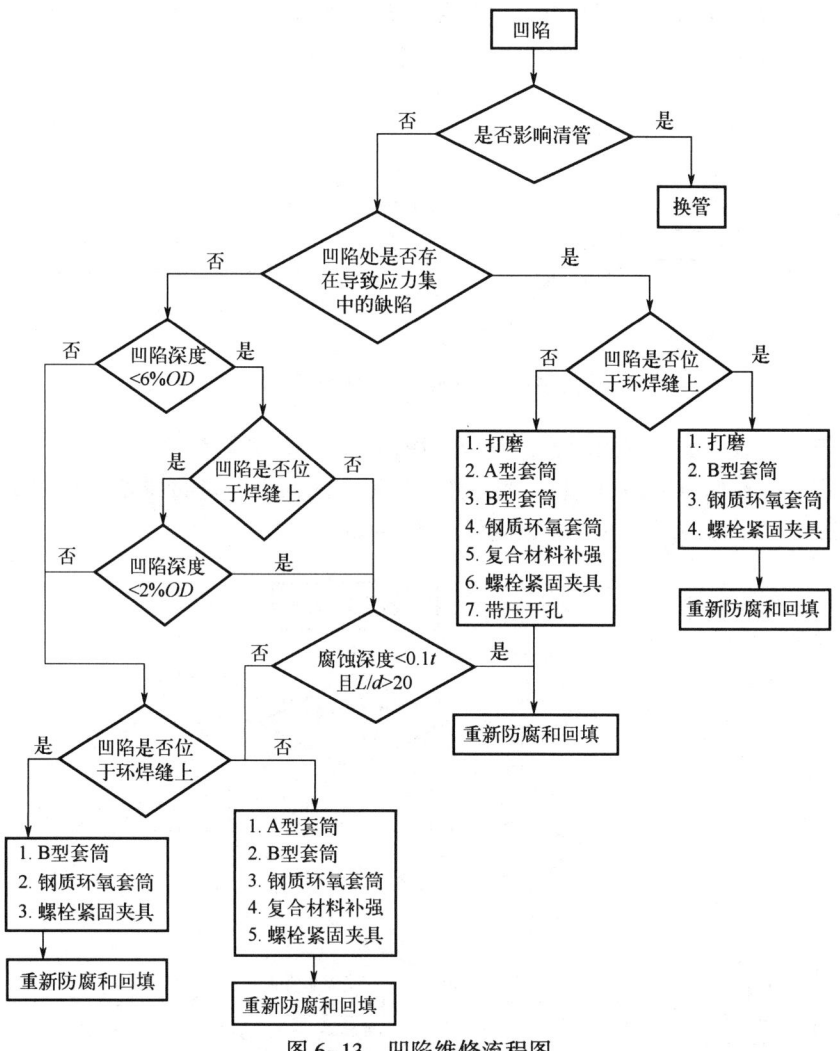

图 6-13　凹陷维修流程图

（5）采用 A 型套筒、钢质环氧套筒或复合材料补强维修凹陷时，应同时满足以下要求：

① 凹陷深度不大于管道外径的 15%。

② 已通过打磨消除了凹陷处的其他应力集中缺陷。

③ 已使用合适的填充材料填补了凹陷。

6. 鼓泡和氢致开裂维修

（1）对于鼓泡和氢致开裂，若管道无泄漏，可采用 A 型套筒、B 型套筒、钢质环氧套筒或螺栓紧固夹具的方法进行维修；若管道已发生泄漏，则只能用 B 型套筒的方法进行维修。

（2）若使用 B 型套筒进行维修，应采用超声波检测对鼓泡和裂纹进行定位，以避免在鼓泡和裂纹上进行焊接。

7. 褶皱或屈曲维修

（1）对于褶皱或屈曲，若通过无损检测的方法确认不存在导致应力集中的其他缺陷，且测量的褶皱高度满足式（6-5），则无须进行维修。褶皱高度测量示意图如图6-14所示。

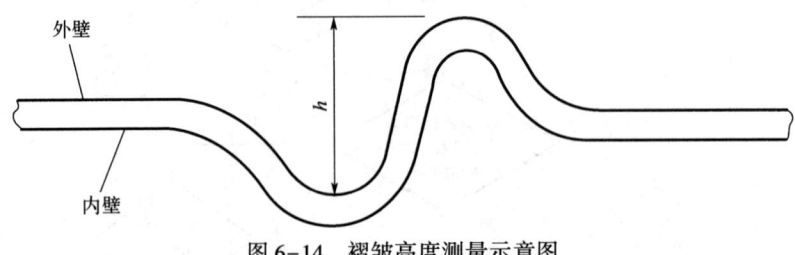

图6-14　褶皱高度测量示意图

（2）若褶皱或屈曲影响到清管，则应采用换管的方法进行维修。

（3）褶皱或屈曲可采用B型套筒或钢质环氧套筒的方法进行维修，套筒的设计应与管道缺陷形状尺寸相符。具体的维修流程见图6-15。

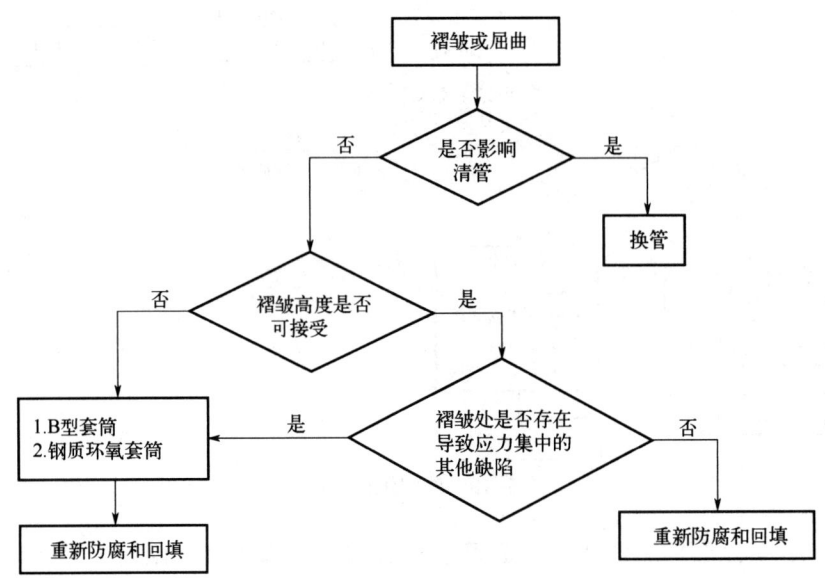

图6-15　褶皱或屈曲维修流程图

$$h/D \times 100 \leq \begin{cases} 2, & S \leq 138\text{MPa} \\ (207-S)/69+1, & 138\text{MPa} < S \leq 207\text{MPa} \\ 0.5 \times [(324-S)/117+1], & 207\text{MPa} < S \leq 324\text{MPa} \\ 0.5, & S > 324\text{MPa} \end{cases} \quad (6-5)$$

式中　h——褶皱高度，mm；

　　　D——管道外径，mm；

　　　S——最大环向应力，MPa。

（二）常见管道本体维修方法

1. 打磨

（1）打磨维修适用于焊接缺陷（电阻焊除外）、浅裂纹、电弧烧伤、沟槽等非泄漏缺陷，不适用于凹陷、深裂纹和电阻焊缝上的缺陷。

（2）打磨维修前，应对缺陷区域进行彻底清理，并测量缺陷的纵向长度和剩余壁厚。

（3）如果打磨深度不超过 $0.1t$，则打磨长度无限制；如果打磨深度超过 $0.1t$，若满足以下两个条件之一，则打磨深度的最大值可以达到 $0.4t$：

① 打磨长度不超过按式(6-6)计算的纵向可接受长度：

$$L_a = 1.12 \sqrt{Dt\left[\left(\frac{d/t}{1.1d/t - 0.11}\right)^2 - 1\right]} \quad (6-6)$$

式中　L_a——打磨区域纵向可接受长度，mm；
　　　D——管道外径，mm；
　　　d——打磨区域的最大测量深度，mm；
　　　t——管道公称壁厚，mm。

② 管道的最大操作压力（MOP）不大于按式(6-7)计算的管道失效压力与设计系数的乘积：

$$MOP \leqslant K \times p_F \quad (6-7)$$

式中　MOP——管道最大操作压力，MPa；
　　　K——设计系数，应根据管道内的介质、缺陷所处的地区级别等，按照 GB 50349—2015《气田集输设计规范》或 GB 50350—2015《油田油气集输设计规范》确定；
　　　p_F——含体积缺陷管道的失效压力，MPa。

（4）打磨宜采用手锉、角向磨光机、翼片砂轮或电动盘式打磨机进行打磨维修，打磨角度宜不大于 45°，应沿管壁表面平滑打磨，保证修补区域的轮廓平滑，打磨时应防止管体过热。

（5）对于电弧烧伤的打磨维修，应采用 10% 过硫酸铵或 5% 硝酸酒精对打磨表面进行蚀刻，以验证异常金相组织是否已经完全消除；对于沟槽和裂纹的打磨维修，应按 NB/T 47013.4—2015《承压设备无损检测　第 4 部分：磁粉检测》或 NB/T 47013.5—2015《承压设备无损检测　第 5 部分：渗透检测》、SY/T 4109—2020《石油天然气钢质管道无损检测》的要求对打磨后的表面进行渗透检测或磁粉检测，以验证缺陷是否已经完全消除。

（6）如果打磨维修后打磨区域的深度和长度在限制条件内不能完全消除缺陷，应采用其他方法维修管道缺陷。

2. 堆焊

（1）堆焊适用于管道外表面金属损失的维修，尤其是弯头和三通上的腐蚀缺陷，不适用于凹陷、焊接缺陷和内部缺陷。L415/X60 及以上钢级的管材，不宜采用堆焊方法进行缺陷维修。

（2）堆焊需同时满足以下要求：

① 缺陷处最小剩余壁厚不小于 4.8mm。

② 缺陷长度不大于管道外径的 1/2。

③ 缺陷不位于凹陷或电阻焊焊缝上。
④ 堆焊维修的焊接长度不小于50mm（平行于焊接方向）。
⑤ 堆焊维修区域的最终厚度不小于待维修管道的公称壁厚。
⑥ 宜采用回火焊道焊接技术。

3. 补板

（1）补板维修时应将管道压力降低到通过维修工艺所要求的压力评估计算值。焊接维修前，应进行焊接工艺评定；维修时，由具有资质的焊工采用评定合格的焊接工艺进行焊接。焊接表面应均匀光滑，无层状撕裂、氧化皮、夹渣、油脂、油漆及其他对焊缝有害的材料。焊缝接头设计应遵循焊接工艺评定。

（2）补板适用于小面积腐蚀或直径小于8mm的腐蚀穿孔、浅裂纹、盗油孔等缺陷的维修，不适用于焊接缺陷、高应力管线上的缺陷和高压管线上的泄漏。L360/X52及以上钢级的管材，不宜采用补板方法进行缺陷维修，输气管道宜停气泄压后再进行补板维修。补板维修方法存在焊穿、氢脆开裂和爆管等风险，易产生应力集中，应谨慎采用。

（3）补板需同时满足以下要求：
① 补板的形状为圆形或椭圆形，补板末端距离缺陷外侧边界不小于50mm，补板与管壁之间的间隙不大于5mm。
② 补板的厚度不小于待维修管道的公称壁厚，补板的材料等级一般与待维修管道的材料等级相同，具体材料可根据实际情况确定。
③ 补板安装的位置应保证缺陷位于补板中心，补板末端角焊缝和管道原有环焊缝的距离不小于管道外径，且不小于150mm。

4. 套筒

1）技术简介

套筒维修技术是利用两个由钢板制成的半圆柱外壳覆盖在管道外，通过焊接技术连接在一起，套筒与管壁紧密结合，协同变形，控制管体缺陷的继续发展，提高缺陷管体承压能力。该维修技术中所述套筒有两种类型，即A型套筒、B型套筒，套筒可使用钢管或轧制板材制作。

A型套筒：A型套筒末端不焊接在待维修的管道上，A型套筒不能保持内部压力，但可对缺陷处增强。这种管套的功能是作为缺陷部位的加强件，不能带有压力并只能用于没有泄漏的缺陷，也必须安装在低于缺陷可能失效的压力水平之下。此类套筒只能应用于没有泄漏和不会继续增长缺陷的维修，或者是充分了解了缺陷的损伤机理和增长速率后方可采用。典型的A型套筒结构如图6-16(a)所示。

B型套筒：B型套筒的末端采用角焊的方式固定在输送管道上。B型套筒可保持管道内压，因为它末端焊接在管道上。此类套筒可用于维修含泄漏缺陷和以后可能泄漏的缺陷管道，可以加强因缺陷降低轴向载荷的管道。B型管筒可以承压，也能承受因管道受到侧向载荷而产生的轴向应力，因此它必须是一个高度完整性的构件，必须仔细装配以确保它的完整。典型的B型套筒结构如图6-16(b)所示。

采用套筒进行管体缺陷维修时，还应同时满足以下技术要求：
（1）套筒长度不小于150mm，且套筒末端距离缺陷外侧边界不小于50mm。

第六章 油气田管道维修维护

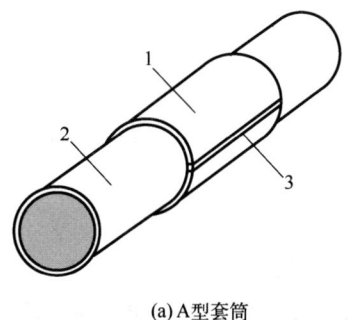
(a) A型套筒

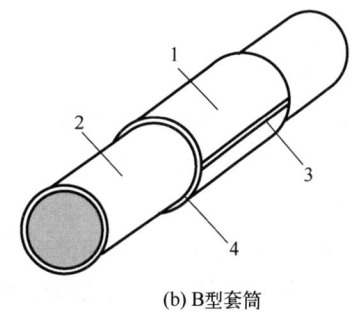
(b) B型套筒

图 6-16 套筒示意图

1—套筒；2—管道管体；3—纵向对接焊缝；4—环向角焊缝

（2）套筒安装的位置应保证缺陷位于套筒的中间位置。

（3）套筒的材料等级一般与待维修管道的材料等级相同，具体材料可根据实际情况确定。

（4）套筒的技术指标包括套筒加工的技术要求以及施工中的技术要求两个方面。依据 ASME PCC-2 和 PRCI PR-186-0324 以及 SY/T 5918—2017、SY/T 6499—2017 的相关规定，B 型套筒的技术指标包括套筒加工的技术要求及施工中的技术要求见表6-7、表6-8，A 型套筒可参照执行相关要求。

表 6-7 B 型套筒的加工技术要求

检测项目	适用标准（方法）	要求
套筒材质		与待维修管道相同或相近
套筒壁厚		≥待维修管道壁厚
套筒内径		待维修管道外径±2mm
填充材料抗压强度（如有），MPa	CB/T 2567	≥80
填充物/钢材附着力	SY/T 0315	S2 级

表 6-8 B 型套筒的施工技术要求

检测项目	适用标准（方法）	要求
运行压力	—	≤0.5 倍运行压力，≤30%最小屈服强度
缺陷表面等级	GB/T 8923.1	St3 或 St2.5 级
套筒安装间隙		≤2.5mm
套筒焊接	SY/T 4103	无缺陷

2) A 型套筒

（1）A 型套筒适用于管体金属损失、电弧烧伤、管体或直焊缝上的凹陷、裂纹，不适用于环向缺陷、泄漏和继续发展的缺陷。

（2）若缺陷长度小于 L，则套筒的厚度应不小于待维修管道公称壁厚的 2/3；若缺陷长度不小于 L，则套筒的厚度应不小于待维修管道公称壁厚。L 按式（6-8）计算：

$$L=20\sqrt{Dt} \tag{6-8}$$

式中　　D——管道外径，mm；

　　　　t——管道公称壁厚，mm。

（3）宜采取适当的措施密封套筒两端并确保套筒与管道之间的电连续性。

（4）宜采取以下措施提高 A 型套筒维修的有效性：

① 维修时降低管道操作压力。

② 通过预热套筒或对套筒施加机械外力的方法，使套管紧贴管壁。

③ 为避免套管与管体之间出现缝隙导致腐蚀，可使用环氧树脂或聚酯化合物等可固化的填充材料，对维修区域管体及管体上的凹坑、划痕、点蚀坑进行填充抹平。

3）B 型套筒

（1）B 型套筒适用于多种类型的维修，包括泄漏和环向缺陷，维修效果好，可靠性高。缺点如下：

① 施工中待维修管道需降压（降压20%），影响管道介质正常运输。

② 动火存在一定的安全隐患。

③ 安装难度大，焊接质量对维修效果影响较大。

④ 施工中使用大型配套设备，效率较低，维修成本较高。

（2）B 型套筒的设计、安装应满足以下要求：

① 套筒的厚度应不小于待维修管道的公称壁厚；套筒必须按与输送管道相同的标准进行设计，且套筒的承压能力不能低于输送管道。

② 套筒末端角焊缝和管道原有焊缝的距离不小于管道外径，且不小于150mm。

③ 相邻套筒的角焊缝距离不小于管道外径的 1/2，若距离小于管道外径的 1/2，则不能将套筒相邻端与管体焊接，而应使用另一个稍大的套筒连接这两个套筒。

④ 套筒与管壁之间的间隙不超过 2.5mm。

⑤ 若维修长度大于管道外径的 4 倍，维修时应对管道采取临时支撑措施，并分层回填，避免冲击管道。

⑥ 维修泄漏缺陷时，应预先封堵泄漏处再安装，可采用堵漏夹具、在套筒上安装引流管等方式。

⑦ 若套筒覆盖区域的管道上有焊缝，宜通过打磨消除焊缝余高或采用预制的凸式套筒或凹槽式套筒的方式加强套筒安装的紧密度。B 型套筒按外形分为圆形套筒、凸式套筒和凹槽式套筒（图 6-17）。圆形套筒用于维修表面平滑无焊缝的管道，也可用于维修焊缝事先打磨掉的管道；凸式套筒预制突起部分是为了满足过渡焊缝的要求，焊接到管道上可承受轴向应力；凹槽式套筒安装时凹槽罩于焊缝上，其他部分与管体紧密结合，套筒设计壁厚要减去凹槽深度，即套筒整体厚度要大于上述两类套筒壁厚。维修螺旋焊缝管道，如不打磨掉焊缝余高，宜采用凸式 B 型套筒维修；若出现套筒角焊缝与管道螺旋焊缝叠加情况，可在套筒内添加密封圈，以防泄漏。

⑧ 套筒的纵向对接焊缝应采用全熔透焊接技术。

5. 钢质环氧套筒

（1）钢质环氧套筒适用于腐蚀、沟槽、裂纹、凹陷、焊接缺陷（环焊缝除外）、褶

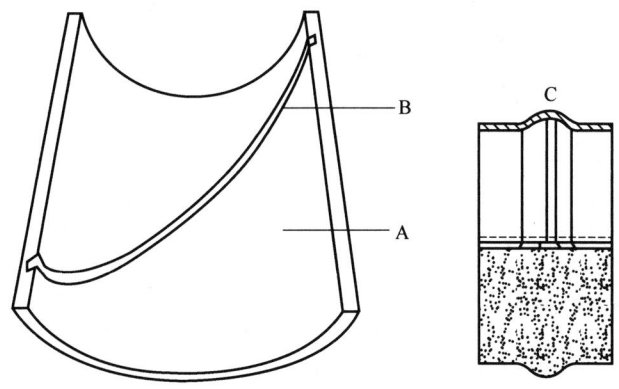

图 6-17 带凹槽或突起的 B 型套筒
A—套筒；B—凹槽或凸起；C—热影响区

皱、屈曲等非泄漏缺陷。具有作业简便、无须焊接、不再管壁上直接操作的优点，不存在热操作的各种风险，对管道正常运行基本没有影响。钢质环氧套筒示意图如图 6-18 所示，套筒的技术指标见表 6-9。

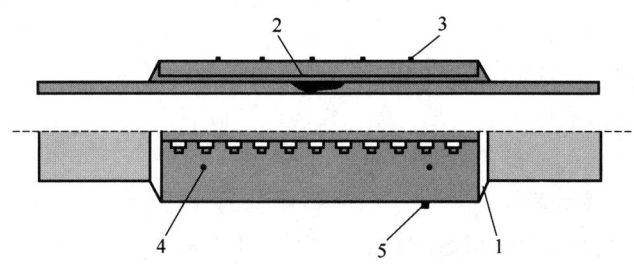

图 6-18 钢质环氧套筒示意图
1—端面密封胶；2—环氧填料；3—排气孔；4—定位孔；5—填料注入孔

表 6-9 钢质环氧套筒技术指标

项目	内容
管径范围，mm	DN100~DN1400
适用壁厚，mm	4~30
钢管类型	螺旋焊缝、直焊缝、无缝钢管
输送介质	原油、成品油、天然气、含水油、污水
输送温度，℃	0~-80

（2）环氧填充料应具备下列性能：
① 有足够的刚度和硬度，使其两侧的钢管与钢壳能共同承受内外作用力，不会塌陷。
② 固化迅速，24h 后其强度应达到最终强度的 90% 以上。
③ 胶凝时间在 1h 以上，以满足施工工艺的要求。
④ 黏结力强，固化后与钢管钢壳共同形成一个整体，避免钢管穿孔后泄漏的介质沿钢管外壁扩散。

⑤ 流动性好，应保证其能顺利通过最小 3mm 间隙，以便于充满整个环隙。
⑥ 耐化学介质侵蚀，钢管因内腐蚀导致穿孔时，能有效抑制管内介质的扩散。
⑦ 填充料技术指标见表 6-10。

表 6-10 填充料技术指标

项目	性能指标
混合后黏度（25℃，主剂+固化剂混合后），cPs	不小于 4700cPs
固化时间，h	小于 8h
固化后硬度	不小于 92（肖氏 D）
固化后收缩率	0.001
抗剪强度，MPa	不低于 13.8
抗压强度，MPa	不低于 95.7
弯曲强度，MPa	不低于 59
弹性模量，MPa	不低于 6353

（3）钢制环氧套筒应具备以下功能结构：
① 定位孔：在钢质环氧套筒两侧，通过调节定位螺栓的高度而使钢质护板与管道圆周方向的间隙保持一致的螺纹孔。
② 排气孔：在钢质环氧套筒正上方，可排除钢质护板与管道之间的空气以及环氧填料中的气泡，并可以指示环氧填料是否灌注完成的孔洞。
（4）钢质环氧套筒的设计、安装应满足以下要求：
① 钢质护板的厚度和材料等级应不低于待维修管道设计压力的承压能力，长度不小于 150mm，且钢质护板末端距离缺陷外侧边界不小于 50mm。
② 安装时，管体温度高于露点 3℃ 且不高于 60℃，相对湿度不高于 85%。
③ 钢制护板与管道圆周方向的间隙保持一致。
④ 钢质环氧套筒施工前需对管体进行打磨，打磨应达到 GB/T 8923.1—2011 规定的 Sa2.5 或 St3 级。
⑤ 环氧填料在管道运行温度范围内不发生劣化；环氧填料与端面密封胶应按产品说明书提供的工艺条件进行配置，并在有效时间内使用完毕；填料固化后，应采用肖式硬度计测量填料的固化硬度，固化硬度应不小于 90HS。

6. 复合材料补强

1）简介

管体缺陷复合材料补强维修技术是利用复合材料维修层的高强度和高模量，通过涂敷在缺部位的高强度填料，以及管体上和纤维材料层间的强力胶，将作用管道损伤部位的应力均匀地传递到复合材料维修层上。复合材料与缺陷管道协同变形，并承受大部分压力，提高管体的抗拉与抗压能力，从而抑制管体缺陷的继续发展。

用于管道维修的复合材料一般由基体（树脂）和增强材料组成，使用较多的基体种类包括不饱和聚酯、环氧树脂和乙烯基树脂，增强材料有玻璃纤维、碳纤维、芳族聚酰胺纤维等类型。目前，国际上应用较多的是玻璃纤维复合材料和碳纤维复合材料。

管体缺陷复合材料补强维修技术主要有预成型法、湿缠绕法和预浸料法三种成型方法。

预成型法就是将复合材料维修层在工厂预制成成品,现场安装时只需用黏合剂将碳纤维复合材料维修层缠绕到管体上即可。

湿缠绕法是将碳纤维复合材料人工缠绕在管外部,树脂固化后复合材料与缺陷管道紧密接合、协同变形,合理分布缺陷管道应力,从而起到补强目的。

预浸料法是将树脂与纤维在工厂提前预制成浸料,其本身树脂基本未固化,具备一定黏度,现场安装只需将维修层缠绕到缺陷管体表行面,然后加热树脂固化成型即可。

2) 适用范围

该技术适用于腐蚀、电弧烧伤、沟槽、裂纹、机械损伤、管体或直焊缝上的凹陷等非泄漏缺陷的维修补强,不适用于环向缺陷、深度大于80%公称壁厚的缺陷和会继续发展的内部腐蚀。该技术可用于内腐蚀管道临时增强、单点补强,也可用于整体管道的缺陷补强、增大管道安全系数和提高管道运行压力的提压增强。当管道缺陷位于人口密集、公路、铁路、河流以及水源地等高后果区,不宜采用复合材料补强维修技术维修。该技术适用于管输介质温度正向变化的管道维修,不适用于管输介质温度负向变化超过15℃的管道缺陷维修。

采用该技术施工无须降压、无须动火、操作简单,所使用的纤维材料具有良好的柔性,但是管体缺陷复合材料补强维修技术的三种成型方法又各有其局限性:

(1) 预成型法由于维修层在工厂预制成型,因此幅宽无法改变。对于较长缺陷,只能采用若干维修层连续安装的方法进行维修,成本相对较高。另外,由于维修层硬度较大,不能弯曲,因此不能用于管道不规则部位(如弯头、接头等)的维修。

(2) 湿缠绕法的缺点是维修层树脂与增强材料的比例难以控制,树脂的饱和度、增强材料的调整以及维修层强度的一致性受安装过程的影响较大。

(3) 预浸料法在很大程度上解决了上述两种施工方法的缺陷,但是其现场施工需要加热设备,加热温度一般在100℃以上,且有较严格的控温要求。

3) 典型的纤维补强层特性

(1) 碳纤维复合材料。

① 碳纤维的弹性模量与钢的弹性模量接近,有利于维修层与钢质管道之间的协同变形,使应力均匀分布,维修补强效果良好;但碳纤维具有导电性,维修时应采取绝缘措施。

② 碳纤维延伸率大于1.4%,管道最大操作压力对应的变形量是碳纤维复合材料可承受变形量的1/4~1/10,满足管体变形要求。

③ 碳纤维比强、比模高,维修层厚度较其他类型复合材料小,修补厚度仅为钢材厚度的1/5就能达到相同补强效果。

④ 在载荷作用下,碳纤维稳定性好,在含水介质中,碳纤维复合材料性能也很稳定。

⑤ 碳纤维复合材料弹性模量大、强度大、补强层很薄,土壤作用于补强层的滑脱力不会造成补强层的滑脱现象。

⑥ 碳纤维复合材料弹性模量大,配以高黏结性树脂,可以进行环焊缝和螺旋焊缝的补强。

⑦ 碳纤维布柔韧性好,可维修高焊缝余高、错边严重或者有补疤的缺陷管体。

⑧ 碳纤维复合材料可用于弯管、三通、大小头等不规则管道补强。

（2）玻璃纤维价格低廉，维修层的强度随着时间增长而降低。但其弹性模量比钢小约一个数量级，维修时只有当钢质管道发生较大塑性变形后，才能将载荷传递到维修层，且抗老化性较差。

（3）凯夫拉纤维具有密度低、强度高、韧度好、耐高温、电绝缘性良好等特点，适用于不规则管件的缺陷维修。

4）技术特点

复合材料补强维修技术中的复合材料主要是指纤维增强复合材料，包括高强度填料、绝缘层和纤维补强层，无论纤维补强层是否导电，均宜在管道与纤维补强层之间设置绝缘层，以避免电偶腐蚀。

复合材料补强维修技术具有如下技术特点：

（1）作业简便、快速，现场维修设备简单，无须焊接。

（2）铺设方法灵活，纤维可轴向、环向和呈一定倾角进行灵活剪裁、组合铺设，铺层之间还可交错组合，使补强层形成一个整体。

（3）可采用不同的黏结树脂施工，温度范围广。

（4）复合材料可紧紧地包覆在管道外层上，与管道形成一体，共同承载管内压力，以恢复甚至超过管道的设计运行压力。

5）技术指标

复合材料应符合设计要求，使用前宜对关键技术指标进行性能抽检复验。复合材料应具有产品说明书、合格证、性能检验报告、安全数据表等技术资料；复合材料的存储、运输和详细的设计、安装要求应符合制造商的相关规定。复合材料应在保质期内使用，若纤维布放置时间超过2个月，使用前应在烘箱内用60℃温度干燥2h后方可继续使用。

（1）碳纤维复合材料主要技术指标。

对于碳纤维复合材料主要技术指标，Q/SY 05592—2019《油气管道管体修复技术规范》要比SY/T 6649—2018多且严格，具体按哪个标准执行可由管道管理单位依据不同标准和管道安全运行要求选择确定。

碳纤维复合材料维修技术涉及使用的维修材料包括：专用树脂、专用填平腻子和碳纤维布。

（2）玻璃纤维复合材料主要技术指标。

玻璃纤维复合材料性能指标见表6-11。

表6-11 玻璃纤维复合材料性能指标

检测项目		适用标准	性能要求
单向玻璃纤维丝	拉伸断裂强力，N	GB/T 7689.5—2013	≥2800
玻璃纤维复合材料	拉伸强度，MPa	GB/T 3354—2014	≥421
	拉伸弹性模量，GPa	GB/T 3354—2014	≥19.2
玻璃纤维复合材料	断裂伸长率，%	GB/T 3354—2014	≥1.6
	弯曲强度，MPa	GB/T 3354—2014	≥621
	拉伸剪切强度（复合材料对钢），MPa	GB/T 7124—2008	≥8.01
	层间剪切强度，MPa	GB/T 1450.1—2005	≥24.5

(3) 凯夫拉纤维复合材料主要技术指标。

凯夫拉纤维复合材料性能指标见表 6-12。

表 6-12 凯夫拉纤维复合材料性能指标

检测项目		适用标准	性能要求
单向凯夫拉纤维丝	拉伸断裂强力，N	GB/T 7689.5—2013	≥6000
芳纶纤维复合材料	拉伸强度，MPa	GB/T 3354—2014	≥483
	拉伸弹性模量，GPa	GB/T 3354—2014	≥27.4
	断裂伸长率，%	GB/T 3354—2014	≥1.9
	弯曲强度（环向），MPa	GB/T 3354—2014	≥265
	拉伸剪切强度（复合材料对钢），MPa	GB/T 7124—2008	≥7.95
	层间剪切强度，MPa	GB/T 1450.1—2005	≥29.9

6）维修设计

根据缺陷评估结果和管道运行情况，制定复合材料补强维修方案，维修层的设计应满足以下要求：

(1) 维修层与缺陷处管道剩余壁厚之和的承压能力应不小于待维修管道的设计压力。

(2) 复合材料的使用温度范围应包含待维修管道的运行温度范围。

(3) 复合材料的性能应不受管道输送介质的影响。

(4) 专用树脂的玻璃化转变温度应比待维修管道的运行温度高 15℃ 以上。

(5) 管道维修厚度满足以下要求：

① 管体未屈服时：

(a) 当管道没有泄漏，且承载管体没有屈服时，采用内压引起的周向应力计算维修层的最小厚度。

$$t_{\min} = \frac{D}{2\sigma_s}\left(\frac{E_s}{E_c}\right)(p - p_s) \tag{6-9}$$

式中 $t_{\min}$——最小维修厚度，mm；

D——管道外径，mm；

σ_s——管道的规定最小屈服强度，MPa；

E_s——管道材料的拉伸模量，MPa；

E_c——复合材料的周拉伸模量，MPa；

p——管道的设计内压，MPa；

p_s——管道的最大允许工作压力，MPa。

(b) 采用内压、弯曲和轴向力引起的轴向应力计算维修层的最小厚度。

$$t_{\min} = \frac{D}{2\sigma_s}\left(\frac{E_s}{E_c}\right)\left(\frac{2F}{\pi D^2} - p_s\right) \tag{6-10}$$

式中 F——总轴向拉伸载荷（包括内压、弯矩引起的轴向力和轴向推力），N。

(c) 实际维修时，维修层的厚度应不小于式（6-9）和式（6-10）所确定的值。

② 管体屈服时：

(a) 当管道没有泄漏，但承载管体屈服时，基于碳纤维复合材料的许用应变进行维修设计。采用内压引起的周向应变计算维修层的厚度。

$$\varepsilon_c = \frac{pD}{2E_c t_{repair}} - \sigma_s \frac{t_s}{E_c t_{repair}} - \frac{p_{live}D}{2(E_c t_{repair} + E_s t_s)} \quad (6-11)$$

式中　ε_c——复合材料的许用周向应变；
　　　p——管道的设计内压，MPa；
　　　D——管道外径，mm；
　　　E_c——复合材料的周向拉伸模量，MPa；
　　　t_{repair}——维修层的设计厚度，mm；
　　　σ_s——管道的规定最小屈服强度，MPa；
　　　t_s——管道的最小剩余壁厚，mm；
　　　p_{live}——管道维修时的内压，MPa；
　　　E_s——管道材料的拉伸模量，MPa。

(b) 若管道为停输维修，即维修时内压为零（$p_{live}=0$），则式（6-11）可简化为：

$$t_{repair} = \frac{1}{\varepsilon_c E_c}\left(\frac{pD}{2} - \sigma_s t_s\right) \quad (6-12)$$

(c) 碳纤维复合材料的许用周向应变采用式（6-13）计算得到：

$$\varepsilon_c = f_T \varepsilon_{c0} - \Delta T(\alpha_s - \alpha_c) \quad (6-13)$$

式中　f_T——温度损耗因子，由表6-13确定；
　　　ε_{c0}——复合材料的许用周向应变，由表6-14确定；
　　　ΔT——使用与安装时的温差，℃；
　　　α_s——管道的热膨胀系数，℃$^{-1}$；
　　　α_c——复合材料的周向热膨胀系数，℃$^{-1}$。

表6-13　温度损耗因子

温度，℃	温度损耗因子 f_T
$T_d = T_m$	0.7
$T_d = T_m - 20$	0.75
$T_d = T_m - 40$	0.85
$T_d = T_m - 50$	0.9
$T_d < T_m - 60$	1

注：T_d 为维修层的设计温度，T_m 为维修层的温度上限。

表6-14　复合材料的许用应变

载荷类型	许用应变	很少发生的情况	连续发生的情况
$E_a > 0.5E_c$	ε_{c0}	0.4	0.25
$E_a > 0.5E_c$			
周向	ε_{c0}	0.4	0.25
轴向	ε_{a0}	0.25	1

注：(1) E_a 表示复合材料的轴向拉伸模量，N/m^2；E_c 表示复合材料的周向拉伸模量，N/m^2。
　　(2) 管道压力超过设计压力视为很少发生的情况，且在管道的使用寿命内出现该情况的次数小于10次，每次持续时间小于30min。

(6）维修层的轴向长度：

维修层的总轴向长度采用式（6-14）计算得到：

$$L = 2L_{over} + L_{defect} + 2L_{taper} \quad (6-14)$$

式中　L——维修层的总轴向长度，mm；

　　　L_{over}——维修层与原管道重叠区的长度，mm；

　　　L_{defect}——管道的缺陷长度，mm；

　　　L_{taper}——维修层末端的削边长度，mm，一般最小锥度为5∶1（水平与垂直之比）。

维修层与原管道重叠区的长度用式（6-15）表示：

$$L_{over} = 2\sqrt{Dt} \quad (6-15)$$

式中　t——原管道的壁厚，mm。

7. 机械夹具

1）螺栓紧固夹具

（1）螺栓紧固夹具适用于除褶皱、屈曲外大多数缺陷。

（2）螺栓紧固夹具通常采用弹性密封，用来承受泄漏的压力，需要使用较大的螺栓来提供足够的夹紧力。

（3）采用螺栓紧固夹具维修时，应同时满足以下要求：

① 夹具末端距离缺陷外侧边界不小于50mm。

② 承压能力不低于待维修管道的设计压力。

③ 采用焊接固定时，螺栓紧固夹具的在役焊接应满足 GB/T 36701—2018 的相关要求。

2）堵漏夹具

（1）堵漏夹具仅适用于泄漏的临时维修。点状式堵漏夹具主要用于对尖锐物体撞击或铁锈侵蚀形成的小穿孔维修；对开式堵漏夹具用于管道出现裂纹或破裂的维修；柔性堵漏夹具用于漏点直径小于50mm，运行压力小于10MPa管道的带压临时维修。

（2）点状式堵漏夹具的技术特点如下：

① 重量轻，费用低。

② 所需拧紧力小。

③ 安装安全、方便。

（3）对开式堵漏夹具的技术特点如下：

① 可在管道不停输的情况下进行安装，安全可靠。

② 临时和永久性安装均可。

③ 安装时动用大型的施工设备，且施工工艺相对复杂，成本较高。

（4）柔性堵漏夹具的技术特点如下：

① 可承受10MPa的泄漏压力。

② 不需要动火作业，没有施工作业风险。

③ 使用手动安装工具，便于操作。

④ 可以维修陆上及水下直管段、弯头及螺旋焊缝等不平整表面。

⑤ 体积小，重量轻，不会给管道增加额外应力。

⑥ 耐酸碱及有机溶剂的腐蚀。

⑦ 产品涵盖了 4～56in 的管道应急性维修及结合环氧钢套筒技术进行永久性维修。

⑧ 可提高在狭小空间作业时的效率。

（5）采用堵漏夹具维修时，应同时满足以下要求：

① 维修压力不高于管道操作压力的 80%。

② 工程分析结果显示泄漏周围的腐蚀不会出现裂纹。

8. 带压开孔

（1）带压开孔适用于局部机械损伤、外腐蚀、沟槽、电弧烧伤、裂纹等缺陷及泄漏。

（2）采用带压开孔的方法维修在役管道上的缺陷，应按照 GB/T 28055—2023《钢质管道带压封堵技术规范》的相关要求实施，并同时满足以下要求：

① 缺陷的位置、方向、几何尺寸等数据已准确测量并记录。

② 开孔尺寸符合缺陷范围要求。

③ 开孔工艺应严格设计、规范施工，以确保管道能承受开孔过程中产生的各种应力，应预制外径比开孔孔径小 15～30mm 的鞍形板，并随塞堵安装回管道。

9. 换管

（1）换管适用于所有缺陷类型及泄漏。当连续维修较长距离的管道，或管道存在包括材质在内的多个问题时，换管维修是唯一选择。

（2）可选择采用停输换管或不停输换管，不停输换管一般通过带压封堵的方式实现，带压开孔按 GB/T 28055—2023 的要求实施。

（3）换管维修时，管道切除位置距离缺陷、破坏或泄漏处顶端至少应有 100mm。

（4）替换管段壁厚应不小于现有管道的壁厚，材料等级应与现有管道相同；如果替换管道的厚度超出现有管道厚度 2.4mm，应对其进行内部加工或将后斜面加工成 4:1 的斜率，以保证与现有管道的厚度相同。

（5）替换管道的承压能力应不低于待维修管道的设计压力，替换管应预先进行压力试验，试验压力的最小值为被维修管道最大操作压力的 1.25 倍。如果被维修管段位置位于高后果区（HCA）或异常敏感区（USA），替换管段预先压力试验的最小压力为被维修管道最大操作压力的 1.5 倍。更换新管道试压标准具体执行 GB 50369—2014、GB 50819—2013 等标准的相关要求。

（6）替换管段的长度应不小于 L_r。L_r 按式（6-16）计算：

$$L_r = \begin{cases} 150, & D < 168mm \\ 2D, & 168mm \leqslant D \leqslant 610mm \\ 1220, & D \geqslant 610mm \end{cases} \quad (6\text{-}16)$$

式中 D——管道外径，mm；

L_r——替换管段的最小长度，mm。

（7）维修施工时，需同时满足以下要求：

① 不停输换管或作业环境有可燃气体时，应采用机械方法断管。

② 断管后，应对管内和管口进行清理，并采用气囊、黄油墙等隔离措施。

③ 为防止隔离管段内压力积聚，应在隔离管段上开排气孔，并在维修过程中持续检查，确保焊接作业安全。

④ 替换管段与待维修管道应采用对接环焊缝焊接工艺，对于磁偏吹现象严重的管线，应采取消磁措施，且应按 NB/T 47013.2—2015 或 NB/T 47013.3—2023、SY/T 4109—2020 的要求对焊缝进行射线检测或超声检测（双百检测）。

（8）换管维修可一次性且永久地解决维修段所存在的所有问题，但存在以下缺点：

① 施工作业时影响管道正常输送，给运营企业造成大的经济损失。

② 存在一定的安全和环境风险，尤其是天然气、成品油等危险介质管道，对施工作业的安全措施要求较高。

③ 需要大型的设备和优秀的焊接技术工人，耗费的时间也较长，换管维修是成本最高的维修方法。

四、施工作业及质量控制

（一）施工流程

管道本体缺陷维修宜按图 6-19 所示施工流程进行，管道本体缺陷维修后应实施外防腐（保温）层的维修。

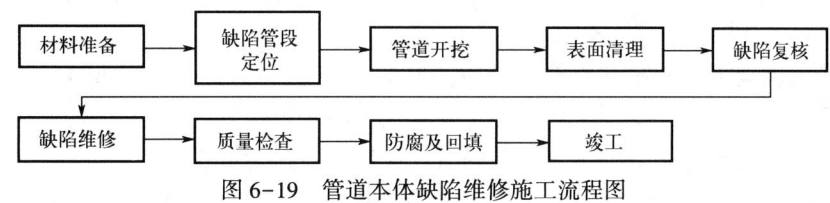

图 6-19 管道本体缺陷维修施工流程图

（二）材料准备

应组织施工单位按照管道本体维修技术方案准备性能参数满足要求的维修材料。

（三）缺陷管段定位

依据管道检测与评价报告，确定缺陷点位置信息，缺陷点位置信息应至少包括管道名称、管段名称及编号、缺陷类型、绝对里程、相对位置、位置信息、时钟方向、所处位置等。

（四）管道开挖

管道开挖应以缺陷点位置为中心，符合油气田公司动土作业安全管理规定并满足施工操作空间需要。作业坑开挖选取的坡度按照表 6-15 确定。采用复合材料补强方式维修管体缺陷时，按维修技术要求开挖。对于壁厚减薄不小于 $0.5t$ 的缺陷，无论缺陷尺寸、面积大小，均应采用局部开挖方式，管道轴向方向开挖超出缺陷至少 1000mm，满足管体维修所需作业空间即可。

表 6-15 深度在 5m 以内（不加支撑）管沟最陡边坡的坡度

土壤类别	最陡边坡坡度		
	坡顶无载荷	坡顶有静载荷	坡顶有动载荷
中密的砂土	1：1.00	1：1.25	1：1.50
中密的碎石类土（填充物为砂土）	1：0.75	1：1.00	1：1.25
硬塑的轻亚黏土	1：0.67	1：0.75	1：1.00
中密的碎石类土（填充物为黏性土）	1：0.50	1：0.67	1：0.75
硬塑的亚黏土	1：0.33	1：0.50	1：0.67
老黄土	1：0.10	1：0.25	1：0.33
软土（经井点降水）	1：1.00	—	—
硬质岩	1：0	1：0.1	1：0.2
冻土	1：0	1：0	1：0

注：(1) 静载荷指堆土或料堆等；动载荷指有机械挖土、吊管机或推土机作业。
(2) 当冻土发生融化时，应进行现场试验确定其坡度。

1. 一般地段开挖

缺陷管段定位后，管道开挖宜采用人工开挖的方式进行，应注意与管道同沟敷设的通信光缆的安全。开挖应满足下列要求：

(1) 管道轴向方向开挖超出缺陷至少 500mm，管道两侧至少开挖 650mm，管道下方至少开挖 500mm。

(2) 遇管体出现连续缺陷，作业坑的开挖长度应根据管道直径、剩余壁厚、材质、输送介质等进行计算确定。作业时应尽量减少接头数量，支撑墩长度宜与作业坑长度相当。对于连续长距离缺陷的维修，应采用分段开挖方式，管道悬空长度不超过 6m，维修完成后再开挖未维修管段。采用其他方式开挖时，确保悬空管道中部下沉距离低于 5mm，管道开挖侧向示意图如图 6-20 所示。

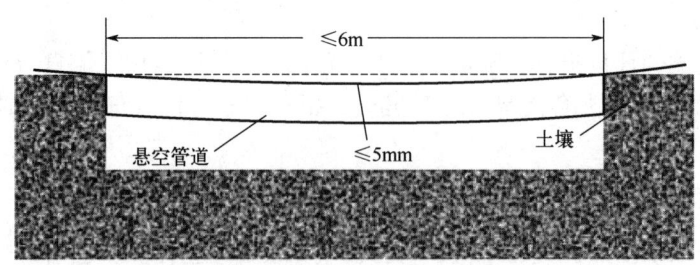

图 6-20 管道开挖侧向示意图

2. 高寒冻土区的冻土开挖

冻土开挖前，应编制施工方案并报审。高寒地区管道冬季维修施工的作业坑开挖选取的坡度按照表 6-15 确定，作业坑坑底最小宽度尺寸按式(6-17)计算确定，作业坑深度按式(6-18)计算确定,示意图如图6-21所示。管道轴向方向开挖超出缺陷至少500mm,并满足施工操作空间需要。

$$W = D + K \quad (6-17)$$

式中　W——坑底宽度,m;
　　　D——管道外径,m;
　　　K——坑底加宽系数,$K=2.5$m。

$$H = h_1 + h_2 + D \quad (6-18)$$

式中　H——作业坑深度,m;
　　　h_1——管顶至地面的距离,m;
　　　h_2——管底至坑底的距离,m,$h_2 \geq 0.7$m;
　　　D——管道外径,m。

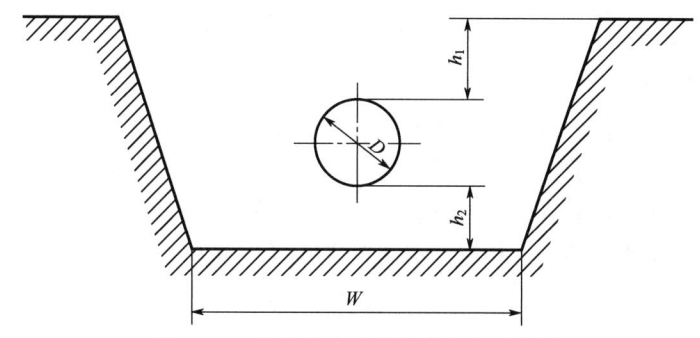

图6-21　作业坑宽度及深度方向示意图
注:h_2是基于安装和焊接的需要来确定的

冻土开挖可采用烧融法、冻土切制法等方法。开挖过程注意事项如下:
(1) 先用探管仪探测管道的位置和埋深。
(2) 管道正上方严禁机械开挖。
(3) 开挖时注意保护管道和光缆。
(4) 采用烧融法时应注意防火。

3. 流沙地段的开挖

流沙地段可采用降水法、打桩法等方法开挖。根据管道埋深、流沙层厚度及出水量,采用不同的降水和打桩支护方法。

(五)表面清理

表面清理完成后宜立即进行维修施工,间隔时间不宜超过4h。任何出现返锈或者未维修施工过夜的已处理表面,在管道本体维修施工之前都应重新进行处理。

1. 旧防腐层清除及防腐层表面污物的清洁

缺陷管段开挖完全暴露后,应对缺陷点外侧边界至少100mm范围(复合材料补强维修时至少500mm)原有防腐层进行清除,并将周向缠绕的外防腐层表面污物清理干净。清除方法可采用溶剂清除、动力工具清除、手工工具清除、水力清除等方法或几种方法的组合,清除至裸金属,以使所有的缺陷特征都显现出来。清除后的表面应无明显的旧防腐层残留，清除过程中避免损伤管体金属。清除下来的旧防腐层不得现场弃置，应收集并按照环保要求统一处理。

2. 表面处理

表面处理等级应按具体维修技术要求执行，具备喷砂除锈条件的，表面处理等级应达到 GB/T 8923.1—2011 规定的 Sa2.5 级，喷砂用磨料和压缩空气应洁净、无油、无水；不具备喷砂除锈条件的，应采用电动工具，表面处理等级达到 GB/T 8923.1—2011 规定的 St3 级，然后在管体表面做出锚纹，锚纹深度为 40~100μm。

采用复合材料、钢质环氧套筒及套筒维修过程中采用树脂填充空隙时，表面处理等级宜达到 GB/T 8923.1—2011 规定的 Sa2.5 级，锚纹深度为 50~75μm。选用磨料的粒径应适合粗糙度要求，对采用的磨料样品在轧制钢板上（60mm×6mm×4mm）试喷，至少测量 5 点，平均锚纹深度应符合要求。

表面处理后，应采用干燥、清洁的压缩空气吹扫或用清洁刷扫去表面浮尘。

（六）缺陷复核

表面清理完成后，应按照管道检测与评价报告中管道本体缺陷表对缺陷点信息进行复核记录，并由监理或业主单位采用直尺、超声波测厚仪等测量仪器对缺陷点信息测量、审查，缺陷信息基本符合后组织施工单位按方案进行维修。缺陷复核信息与管道检测评价报告存在较大差异（如缺陷类型不相符、缺陷深度、厚度存在差异等）时，应对该缺陷点的维修方法变更并提交业主单位审查通过后再进行维修。

（七）缺陷维修

依据管道本体维修方案对管道本体缺陷逐一进行维修，并填写管体缺陷与维修记录表。针对焊接维修的缺陷点，焊接前应对焊接部位及热影响区的管道壁厚进行测量，确认焊接处及热影响区的管道壁厚不小于 3.2mm，且输气管道在役焊接位置的最小剩余壁厚应不小于 4.8mm。打磨维修时，应控制打磨尺寸在临界范围内。

1. 堆焊

（1）表面清理。

（2）应选用直径不大于 2.4mm 的低氢焊条，热量输入水平不超过 0.59kJ/mm，以避免烧穿。在进行第一层焊接时，应使用周向焊道确定边界，超过此边界不允许有后续的焊道。

（3）施焊时应以平行焊或堆焊的方式进行（图 6-22），焊条应对准前面焊道的焊边，焊道重叠约 50%，应进行层间打磨以消除层间的高度不规则性和层间杂物。

（4）当第一层堆焊全部完成后，开始第二层堆焊（图 6-22），同时可用来对第一个周向焊道焊边的热影响区进行回火。

（5）缺陷深度不小于 3.2mm 的情况应多焊层维修，当腐蚀深度小于 3.2mm 时采用单焊层填充。应调节焊珠重叠以保证正确填充；对于剩余壁厚大于 3.2mm 或多焊层维修中的第二层填充情况，热量输入可高于 0.59kJ/mm。

2. 套筒

安装长套筒时要考虑如何支撑其附加到管道上的重量。当套筒长度超过 4 倍的管道直

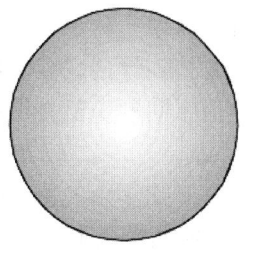
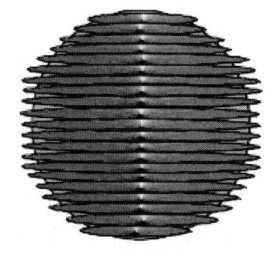

(a) 处理光滑后的缺陷　　　　　(b) 第一层焊接　　　　　(c) 第二层焊接

图 6-22　堆焊维修的焊接顺序

径时，以及一个开挖坑内的几个套筒的总长度超过 4 倍的管道直径时，则要制定有关支撑间距、临时的支撑方法（如气袋、沙袋、滑动垫木等），以及回填后管道底下的土壤条件的操作指南。

1）A 型套筒

（1）将需要套上 A 型套筒的管道区域进行表面清理，如果维修区域有焊缝存在隆起，为了保证套筒与管道的紧密接合，可采用以下三种方法进行匹配：一是将焊缝打磨平整；二是在套筒上打磨出与焊缝相匹配的凹槽，此时应使用比管道更厚的套筒以补偿套筒凹槽厚度；三是在填充足够多的填料到缝隙中之后强行将没有打磨的套筒安装到位，并使侧面焊接部位装配到一起。

（2）为避免套筒与管体之间出现缝隙导致腐蚀，可使用环氧树脂或聚酯化合物等可固化的填充材料，对维修区域管体及管体上的凹坑、划痕、点蚀坑进行填充抹平，以保证套筒紧密地贴近管体。使用填充材料时，一定要注意确保填充物不要挤到焊接区域。焊接时烧到填充物将会影响焊接质量。焊接套筒后泵入填充物可以避免这个问题，要提供足够的空隙以满足填充物流入所有的空隙。

（3）在填充材料固化前，将套筒安装在管道上，并用机械方法挤出多余的填充物。

（4）套筒安装时，使用链条套在套筒下半部上，每间隔 0.91m 套筒长度应至少安装一个链条，链条有一定的松弛度。在套筒下半部与链条之间垫上木块，木块放置在套筒下半部的中心位置，通过液压千斤顶拉紧链条，使套筒与管道尽可能地紧密配合。

（5）填充材料固化后，按照焊接作业要求对两条对接的水平侧焊缝实施焊接，也可采用搭接角焊双面胶条方法完成，胶条的强度和厚度至少与套筒的相同，胶条采用角焊焊接在套筒上，焊角长度等于套筒厚度。

2）B 型套筒

（1）在利用 B 型套筒维修非泄漏性缺陷或破坏时，p_r（维修压力）不应超过 $0.8p_h$（历史运行最高压力）。在利用 B 型套筒维修泄漏性缺陷时，p_r（维修压力）不应超过下列压力中的最低值，参见 SY/T 6499—2017 表 A.3：

① 0.5 倍运行压力。

② 30%最小屈服应力（SMYS）。

③ 可以安全排出时的压力或容许液体泄漏时的压力。

（2）将需要套上 B 型套筒的管道区域进行表面清理。

（3）将套筒的中心对准缺陷最严重的中心位置进行放置。

（4）为避免套筒与管体之间出现缝隙导致腐蚀，可使用环氧树脂或聚酯化合物等可固化的填充材料，对维修区域管体及管体上的凹坑、划痕、点蚀坑进行填充抹平，以保证套筒紧密地贴近管体。使用填充材料时，一定要注意确保填充物不要挤到焊接区域。焊接时烧到填充物将会影响焊接质量。焊接套筒后泵入填充物可以避免这个问题，要提供足够的空隙以满足填充物流入所有的空隙。

（5）在填充材料固化前，将套筒安装在管道上，并用机械方法挤出多余的填充物。

（6）套筒安装时，首先进行单V形带垫板对接侧缝焊接。可使用链条套在套筒下半部上，链条有一定松弛度。在套筒下半部与链条之间应垫上木块，木块应放置在套筒下半部的中心位置。应使用液压千斤顶（10t）顶在链条和木块之间。通过千斤顶拉紧链条，使套筒与管道尽可能地配合紧密。千斤顶应保持拉紧状态，直到套筒侧缝焊接进行到一定程度，不需要千斤顶和链条为止，安装示意图如图6-23所示。应达到无"缝隙"的安装，然而，缝隙在2.5mm以内都是允许的。如果缝隙过大，套筒的焊缝端、焊缝尺寸和焊接方法都需要调整。

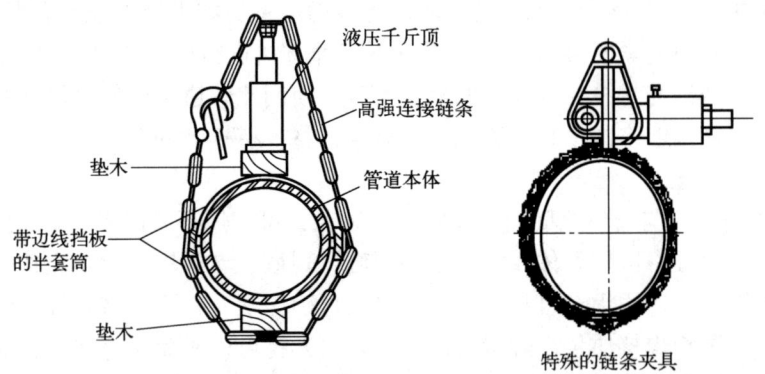

图6-23 套筒安装方法

（7）填充材料固化后，按照管道在役焊接作业要求对两条对接的水平侧焊缝和角焊缝实施焊接。应制定合适的焊接规范，并且专门培训装配这种套筒的安装人员，确保侧边对接焊缝和末端角焊缝的焊接质量。推荐使用低氢焊条，参照API 1104中所述的方法进行装配和测试。

3. 钢质环氧套筒

（1）进行待维修管道区域表面清理。

（2）对全部管体进行现场检测，确保环氧套筒应包覆所有缺陷区域。

（3）套筒焊接：宽松的钢壳对称地安置在缺陷位置，钢壳焊接时与管体不要直接接触，纵向焊缝采用标准的V形坡口焊接，如果缺陷范围较大，一副套筒覆盖不住需采用多副套筒时，各套筒钢壳间的环向焊缝也要用标准的V形坡口焊接。

（4）焊接完成通过超声波检测后，仔细调整钢壳的定位螺栓，使钢壳与钢管间的环隙尽量均匀分布。

（5）端头密封和环氧填胶注入：两端用快固聚酯胶密封。端头聚酯胶的固化时间在1h左右；待其固化后，用容积式泵和填胶混合装置注入环氧填胶。

（6）注入泵的喷嘴用低压软管连接到钢壳底部的注入口上，注入过程中通过钢壳上的监测孔了解灌注情况和进度,当监测孔有环氧填胶流出时,即可用螺栓将该孔封堵。套筒组安装时,填胶注入应通过套筒组中心附近的注入口,以保证填胶用最小的距离和最短的时间通过钢壳内的间隙到达套筒两端,多余的注入口应事先封死。当排气管有环氧填胶溢出时,即可停止注入。

(7) 注入机具需选用低压容积式泵,提高环氧填胶的密实度,增加操作的安全性,避免操作时已减薄的管壁变形或缺陷发展。

(8) 外形整理:填胶固化后,割掉钢壳外表面上的定位螺栓多余部分,修整套筒外表面,并对整个套筒外表面喷砂后实施防腐。

(9) 在维修点两端安装宽度为 1~2cm 的智能检测提示带,且智能检测提示带不应与管道本体接触,满足下一次内检测对维修点的识别。

(10) 埋地管道防腐前要先将阴极保护附件焊接到钢管和钢壳上,回填前将导线引到地面并与阴极保护测试桩连接。

4. 复合材料补强

管体缺陷碳纤维维修技术施工程序可按管道维修手册和碳纤维复合材料维修技术规范,并参考 ISO 24817—2017 或 ASME PCC-2—2008 等国外相关标准关规定执行,相关试验的结果数据应取得国际或国内权威认证机构正式颁发的认证报告。

(1) 管体表面清理:管体表面清理应在涂刷底层树脂之前的 4h 内进行,表面处理质量应达到 GB/T 8923.1—2011 中规定的 Sa 2.5 级,锚纹深度为 50~75μm。表面处理长度应超出复合套件外侧各 30mm。

(2) 配制填料、专用树脂及黏结剂:专用树脂、填料及黏结剂按产品说明书提供的工艺条件以规定比例称量准确后放入容器内,用搅拌器搅拌 2~3min,确保搅拌均匀、充分混合后方可使用。搅拌好的胶液色泽应均匀、无气泡,应采取措施防止水、油、灰尘等杂质混入。配比总量应控制在 3kg 以内,搅拌后树脂应在适用期内使用完毕。

(3) 修补、找平:采用填料对腐蚀坑、凹面等部位进行修补、找平;对于有壁厚差异、焊缝余高、弯头的部位,应抹成平滑的曲面;维修区域不应有尖锐的几何形状改变。

(4) 涂刷底层树脂:当工艺要求涂刷底层树脂时,应按底层树脂使用说明书的要求进行涂刷和养护,底层树脂涂刷完毕应静置固化至指干时,才能继续施工。

(5) 维修材料的粘贴、缠绕总体要求:应整圈缠绕,管体缺陷部位布置在维修材料中部,并保证缺陷边界距维修材料边缘的距离不小于 100mm。采用分层缠绕时,第二层与第一层搭接不应小于 30mm,层与层的接头间错开 30~50mm,依此类推,缠绕时应尽量减少维修层的接头数量。全部安装完毕后,用树脂将纤维片材边缘填实并抹成坡口。维修层固化期间,应防止沙尘,不能浸泡在水中或遭雨淋。如安装时气温低于 15℃或希望尽快固化,可施加人工暖风,加热温度不得高于 60℃。

采用湿缠绕法维修施工时,纤维布缠绕应满足以下要求:

① 若缺陷之间轴向距离小于 25mm 或环向距离小于管道公称壁厚的 6 倍,则视为同一缺陷区域,可进行连续缠绕维修。

② 纤维布轴向搭接长度应为纤维布幅宽的 20%~40%,周向搭接长度应不小于 200mm。

③ 环向缠绕纤维布长度不足时,继续缠绕纤维布搭接长度应不小于 200mm。

④ 维修螺旋焊管上的缺陷时，纤维布缠绕方向应与管道螺旋焊缝走向相反。

⑤ 复合材料层间应无气泡，纤维布应被树脂完全浸润。

⑥ 维修弯头时，应采用适当宽度的纤维布以避免褶皱，弯头内侧纤维布轴向搭接长度应为纤维布幅宽的75%~80%，外侧搭接长度应不小于纤维布幅宽的50%。

采用预成型法维修施工时，预成型复合材料的粘贴应满足以下要求：

① 安装起始垫时，应确保管体缺陷位于预成型复合材料中间位置，距离缺陷外侧边界应不小于100mm。

② 预成型复合材料的起始端应紧贴起始垫，并与管道轴向垂直。

③ 胶黏剂应涂抹均匀，预成型复合材料层间、预成型复合材料与管壁之间应无空隙。

（6）湿缠绕法粘贴、缠绕：将配制好的浸渍树脂均匀涂抹于管体和维修材料表面。按设计确定的维修层轴向总长度，以缺陷部位为中心进行缠绕，确保纤维与管道轴向垂直，维修层末端距离缺陷外侧边界100~150m（维修焊接缺陷时应不小于400mm）。织物应充分展平，不得有皱褶。沿纤维方向使用滚筒多次滚压，使胶液充分浸渍纤维织物、压实，确保纤维复合材料缠绕时与管道表面紧密接触，无任何空隙、死角。纤维布每缠绕一周，在纤维表面涂刷一层树脂，在材料表面所浸渍的胶液达到指干状态时立即粘贴下一层；直至完成纤维缠绕，最后一层材料粘贴完毕，在其表面均匀涂刷一道浸渍树脂。待最后一道浸润树脂基本固化指干后进行防腐处理，铺设防层前去除维修层表面水汽、灰尘等杂质。防腐材料可选用聚乙烯胶黏带或其他与环氧树脂接合良好的防腐层进行防腐。

（7）预成型卷材粘贴、缠绕：检查预成型卷材尺寸和与基板贴合度。将配制好的预成型卷材黏结剂涂在预成型卷材上，平均厚度为1.5~2mm并呈中间厚、两边薄的形状。将涂好胶的预成型卷材垂直于管轴线用手轻压地粘贴缠绕在管体上，然后用滚筒顺纤维方向均匀展平、压实，并应使胶液有少量从卷材两侧边挤出。使用紧固带绑紧已经安装好的预成型卷材，将层与层之间多余的胶和填料从复合套筒的边缘挤出。重复上述步骤连续粘贴。

（8）在补强套件的边缘两端安装宽度为1~2cm的智能检测提示带，且智能检测提示带不应与管道本体接触，满足下一次管道检测对维修点的识别。安装完毕后再进行防腐处理，防腐层施工过程控制和质量验收应符合本章第三节的规定。管体外防腐时新的防腐层与原防腐层的搭接宽度应不少于100mm，如采用热收缩带等加热类产品防腐，应在黏结树脂固化后进行。

5. 换管

（1）排空管内介质。

（2）管内介质浓度检测：切割管道前，应该在被替换的管段上焊接一个直径2.5cm的O形螺纹环，然后在螺纹环上装一个打孔阀门和打孔机，在管壁上钻孔，检验管内油气浓度。油气浓度应低于爆炸下限的20%，以保证切除、焊接管道的安全。

（3）切除管道：管道切割宜采用机械切割，切割位置离缺陷、破坏或泄漏处至少要有10cm的距离。

（4）替换管段准备：测量切割后的现场两管口距离，替换管段的长度宜比该距离小2mm。如果替换管段的壁厚超出现有管道厚度2.4mm，就应将其端口加工成4:1的坡口，以保证与现有管道的良好对接。

（5）管口清理：管口表面在焊接前应均匀光滑，无起鳞、裂纹、锈皮、夹渣、油脂、油漆和其他影响焊接质量的物质。

（6）坡口加工：将待焊接管口用坡口机或自动氧气切割机进行坡口加工，经业主同意，也可用手工氧气切割方法进行加工。坡口加工后应光滑均匀，尺寸应符合焊接工艺规程要求。

（7）管口组对：使用外对口器进行管口组对，应尽量减少管口组对后的错边量。

（8）焊前预热：按焊接工艺的要求进行焊前预热。

（9）对接焊缝焊接：按焊接工艺的要求进行施焊。

（八）质量检查

1. 表面清理质量检查

1）旧防腐层清除及防腐层表面污物的清洁

应对缺陷点外侧边界至少100mm范围（复合材料补强维修时至少500mm）原有防腐层清除质量和周向缠绕的外防腐层表面污物清洁情况进行目视检查，管体表面应无明显的旧防腐层残留，管体金属应无损伤，周向缠绕的外防腐层表面应无污泥、油渍等污物。

2）表面处理

应对维修区域管体进行目视检查，管体表面应干燥、清洁无浮尘，表面除锈质量应达到 GB/T 8923.1—2011 规定的 Sa2.5 级或 St3 级。宜采用粗糙度测量仪或锚纹深度测试纸检测锚纹深度。局部修复时，宜每处修复点检测1次；连续修复时，应每4h检测1次。锚纹深度应符合具体维修技术的要求。

2. 管道本体维修质量检查

1）打磨质量检查

当打磨是唯一的维修方法时，应测试打磨的深度及长度，保证打磨尺寸在临界范围内。对于电弧烧伤的打磨维修，应采用10%过硫酸铵或5%硝酸酒精对打磨表面进行蚀刻，以验证异常金相组织是否已经完全消除。对于沟槽和裂纹的打磨维修，应按 NB/T 47013.4—2015 或 NB/T 47013.5—2015、SY/T 4109—2020 的要求对打磨后的表面进行渗透检测或磁粉检测，以验证缺陷是否已经完全消除。

2）复合材料补强质量检查

（1）维修前，应进行复合材料补强维修后的性能检测，测试方法及要求如下：

① 长时间应用性能测试：为了测试复合材料修复管道缺陷后长时间应用的性能，对修复管道进行加压性能测试，试验管件数为3。采用复合材料修复技术，对含有缺陷面积至少为45mm×90mm，深度至少为70%管体壁厚的管道进行修复补强，修复后，对该管道持续加压，当管道内压不小于0.8倍管道设计压力后，保持该压力1000h，修复区域没有任何破坏。待1000h性能测试完成后，对修复管道继续加压，当管道内压不小于95%管道设计压力后，保持该压力200h，修复区域仍然没有任何破坏。待200h性能测试完成后，对修复管道继续加压，无缺陷管体压力破坏时，管道修复区域完好无损。

② 耐久试验：为了测试复合材料修复管道缺陷后常年运行年限，对修复管道进行耐久试验，试验管件数为2。采用复合材料修复技术，对含有缺陷面积至少为45mm×90mm，

深度至少为70%管体壁厚的管道进行修复补强，修复后，对该管道施加循环压力，压力范围为0.3~0.6倍的设计压力，每循环1000次模拟管道运行1年。循环加压30000次后，修复区域没有任何破坏。待30000次打压循环完成后，对修复管道继续加压，无缺陷管体压力破坏时，管道修复区域完好无损。

③ 管道轴向拉伸试验：为了测试复合材料修复层和被修复管道之间的黏合力，将两根等径没有焊接的管道拼接在一起，使用复合材料修复连接，待复合材料修复完成后，在修复管道的两端施加拉力，修复管道至少恢复85%无缺陷管道抗拉应力。

④ 抗冲击性能试验：参照 SY/T 0040—1997《管道防腐层抗冲击试验方法（落锤试验法）》，重锤质量为1.36kg，锤头为半圆形，直径为159mm。重锤从分度值为5mm的标准下落导管中，垂直下落冲击管道正上方修复层，下落高度为0.75m时，冲击强度为10J。查看冲击点无任何开裂情况发生，即为通过。

⑤ 管体表面抗剥离性能试验：为了测试复合材料修复层与管体的抗剥离性能，对管道修复层进行剥离试验。本试验参照 GB/T 5210—2006《色漆和清漆拉开法附着力试验》。从修复管道正上方，选取3处位置，粘贴直径至少20mm刚清理干净的试柱，并保持试柱垂直于试片表面。待胶黏剂固化完全后，使用切割装置将试柱周围胶黏剂和修复层切透至底材。使用机械式或液压式附着力测试仪测试修复层附着力。固定试片后，用附着力测试仪将试柱向上拉开，测试示意图如图6-24所示。在室温条件下（23℃±2℃），重复上述测试5次，取平均值。测试结果按 GB/T 5210—2006 规定记录，以兆帕（MPa）计。修复层破坏形式按以下方式评定破坏类型：

A—修复层与底材间的附着破坏。

B—修复层的内聚破坏。

B/Y—修复层与胶黏剂间的附着破坏。

Y—胶黏剂的内聚破坏。

Y/Z—胶黏剂与试柱间的黏结破坏。

对于每种破坏形式，估计破坏面积，精确至10%，记录测试结果并描述破坏形式。

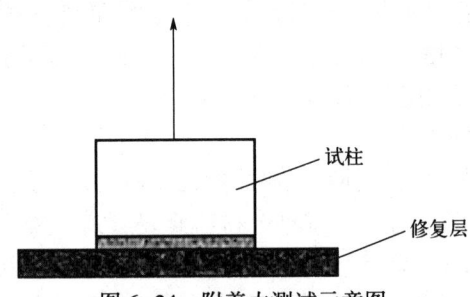

图6-24　附着力测试示意图

⑥ 纵向裂纹补强试验：为了测试复合材料修复管道纵向裂纹的性能，对未修复的缺陷管体和修复后的管体的承压能力分别进行测试。对含有缺陷面积至少为3mm×90mm（环向 x 轴向），深度至少为70%管体壁厚的管道持续加压，记录管体被损坏时的压力值和被损坏的位置。采用复合材料修复技术，对含有缺陷面积至少为3mm×90mm（环向 x 轴向），深度至少为70%管体壁厚的管道进行修复补强，修复后，对该管道持续加压，当无

缺陷管体压力破坏时，管道修复区域完好无损。

（2）维修层固化后，应对施工质量进行现场检验，维修层应满足以下要求：

① 检查维修层的外观和几何尺寸，维修层实际的轴向长度应不小于设计要求，位置偏差应不大于10mm，纤维布褶皱高度应不大于2.5mm，树脂颜色应均匀一致。

② 采用涂层测厚仪测量圆周方向均匀分布的4点的维修层厚度，结果应符合设计要求。

③ 用小锤轻敲维修层表面了解空鼓情况，缺陷位置附近100mm内应没有空鼓，整体空鼓率应不超过5%。

④ 采用巴氏硬度计测量维修层的固化硬度，固化硬度应不小于40HBa。

⑤ 每20处维修点至少抽1处按照GB/T 23257—2017《埋地钢质管道聚乙烯防腐层》规定的方法测定维修层的剥离强度，不足20处时至少抽1处，剥离强度应不低于70N/cm。

（3）为了更好地评价复合材料修复的可靠性，复合材料修复3~5年后宜进行现场开挖验证，详细记录相关特征数据。同时，对各承包商产品的可靠性和修复施工质量进行评价。

3）焊接质量检查

（1）焊接质量的检验、缺陷的清除和返修应按GB/T 31032—2023《钢质管道焊接及验收》的相关规定执行。

（2）套筒角焊缝处的管体应事先进行壁厚、裂纹和可能的选片结构的超声波测试，确保角焊缝处有足够的壁厚以防止焊穿。侧焊缝处如果不采用支撑金属带，也应用超声波测试管体情况。焊接过程中，焊缝根部区域应进行外观检查，确保正确焊透和熔化。

（3）缺陷维修完成后，对于堆焊、补板、套筒、换管及带压开孔等焊接维修的管道本体缺陷点，焊接完成后，应按NB/T 47013.2—2015、NB/T 47013.3—2023、NB/T 47013.4—2015、NB/T 47013.5—2015或SY/T 4109—2020的要求对焊缝进行射线检测、渗透检测、磁粉检测、超声检测或两种检测方法的组合。

（4）若套筒或对开三通的护板较厚，其纵向对接焊缝和环向角焊缝采用磁粉检测时，宜采用分层检测的方式。分层检测时，根焊和热焊完成后，采用磁粉检测，整条焊道完成50%填充金属时，进行二次磁粉检测，焊道完成盖面温度冷却至常温后，采用磁粉检测或渗透检测进行第三次检测。焊缝的无损检测应在焊接完后24h内完成。

（九）防腐及回填

按照本章第三节内容对本体维修后的管段进行外防腐（保温）层维修及回填。

（十）竣工

施工单位应提供竣工资料，包括但不限于以下资料：

（1）管体缺陷与维修记录，包括照片、录像及文字资料，记录缺陷部位、类型、尺寸及维修方案。

（2）质量检查及隐蔽工程验收记录。

（3）维修材料原始产品合格证，施工中的检验报告等。

(4) 开工申请报告。
(5) 施工总结。
(6) 防腐层的维修及检测记录。
(7) 合同中约定的其他资料。

第二节 管道本体抢修

一、一般要求

（一）资质及 HSE 要求

1. 资质

承担管道管体泄漏抢修项目和质量检验的单位应具有相应的能力和资质，施工作业人员应经过相关的培训，有资质证书要求的应具有相应的资质操作证书。

2. HSE 要求

管体抢修作业应遵循国家和行业有关健康、安全与环境的法律、法规及相关规定。作业前应进行风险识别、评价，制定风险消减措施和必要的应急预案。

管体抢修作业的全过程，应有可靠的安全防护措施：

（1）管道企业应制定管道失效抢修预案及相应的焊接工艺操作规程。抢修作业前应审批抢修作业方案。抢修过程中使用的卡具、套筒、对开三通等物资承压等级应不低于管道设计压力。

（2）施工人员应按规定正确使用防护服、安全帽、防护眼镜、手套、工作鞋等劳动防护用品。进入危险区的人员应佩戴正压式呼吸器、穿戴具有阻燃和防静电功能的劳保用品。进入有毒区域的人员应佩戴保护用具，并符合 SY/T 6524—2017《石油天然气作业场所劳动防护用品配备规范》的规定。

（3）施工现场应根据消防要求配置消防设施和消防器具，并保持消防通道畅通。危险区内作业应使用防爆机具，抢修设备应进行接地。

（4）开挖作业坑时，应根据土质情况决定边坡坡度，必要时，应采取防塌方措施。

（5）施工现场应设置明显的安全警示标志，作业坑边应设置临边防护。油品管道抢修作业现场应采取防渗、防扩散措施。

（二）抢修准备

（1）作业前，检查区域内的可燃气体含量，可燃气体浓度应低于其爆炸下限 10%；若可燃气体浓度超标，应采取强制通风等措施保证作业环境的安全。应检测管道周边与市政管网等地下空间存在交叉、可能存在可燃气聚集空间的区域，如污水、排水管涵等。对发现有油气存在的空间，应扩大检测范围，查找油气蔓延的边界。

（2）在作业现场应由安全专业人员持续监测作业环境中可燃气体浓度。危险区内有毒气体及液体的毒性测试应采用直接读取的仪器测量，并根据测量结果采取相应的防护措施。监测人员应依据泄漏程度及危险性，及时发出安全警示。

（3）抢修作业现场应进行工作前安全分析，并根据分析结果逐一列出相应的应对措施和保护措施。现场应识别失效的因素和种类，确定相应的抢修方法。

（4）现场应标示危险区和禁入区，应根据可燃气体浓度及时调整上述区域范围。危险区内的公路、铁路、河道应采取限制交通措施，厂矿、加油站等生产生活设施应停止生产，切断相关电源，及时疏散人员。

（5）对于泄漏点周围有河道等水体的情况，应采用收油机、围油栏、吸油毡等水上溢油处置设备物资进行防范与控制。对于介质进入涵洞、隧道、暗渠等场所的情况，应采取有效的隔离、置换措施。

二、抢修方法

常用的管道本体抢修方法包括引流式补强套筒修复、补板式卡具修复、封头式卡具修复、对开式卡具修复、柔性卡具修复、换管修复等。对于管道未泄漏或泄漏经过处置不再泄漏的情况，可使用不带引流装置的卡具进行修复。

（一）引流式补强套筒修复

（1）引流式补强套筒安装后，应检测作业区域可燃气体浓度，若可燃气体浓度高于爆炸下限的10%时，应检查密封的严密性，并采取强制通风措施降低可燃气体浓度；当可燃气体浓度低于其爆炸下限的10%时，清除套筒纵向对接焊缝及环向角焊缝管线位置的油漆及防腐层。

（2）引流式补强套筒安装应符合以下要求：

① 安装前应对安装区域进行清理，对安装区域内影响安装的焊道可打磨至与母材平整。

② 对安装位置椭圆度和壁厚进行测量，应满足安装和焊接工艺要求。套筒装配到输送管道时，对接接头的错边量不应太大，宜使用链条和液压千斤顶，也可使用其他合适的卡具调整对接接头的错边量。

③ 套筒组对时，宜通过在管道与套筒之间圆周方向均垫压垫片的方式来控制护板与管道的间隙，减小焊接应力。套筒安装后环向角焊缝和原有环焊缝间隔宜不小于管道外径一倍的距离，且不小于150mm。当套筒长度超出4倍管径时，修复时应对被修复管道采取临时支撑措施，并分层回填，避免冲击管道。

④ 套筒的纵向对接焊缝焊接时应全部焊透。

⑤ 纵向对接焊缝位置内侧应装配低碳钢垫板，禁止焊到管壁上。低碳钢垫板宜超出对开三通或套筒两端至少各150mm，用于焊接引弧或息弧。套筒壁厚大于1.4倍管道壁厚时，套筒与管道连接的环向角焊缝的焊脚高度和宽度不应小于1.4倍管道壁厚；套筒壁厚小于1.4倍管道壁厚时，焊脚高度和宽度应为套筒壁厚与组对间隙之和。

（3）焊接完成后，应将引流孔封堵。

（4）全部作业完成后，应对所有焊道采用磁粉检测或渗透检测等方法进行无损检测，表面应无裂纹、气孔、夹渣等焊接缺陷。

（二）补板式卡具修复

（1）补板式卡具修复不宜作为管线的永久性修复。

（2）补板弧板应满足以下要求：

① 弧板尺寸应覆盖金属损失区域外50mm，弧板的内弧长度与轴线长度不应超过管道外径的一半。

② 弧板的设计强度应不小于钢管的强度，弧板宜采用与母材相类似的材质。

③ 弧板形状不应有尖角，圆弧半径不小于25mm。

（3）补板修复焊接作业应满足以下要求：

① 补板弧板与管壁应贴合紧密，组对间隙应不大于5mm。角焊缝位置贴合间隙大于1.5mm的，角焊缝尺寸应在设计尺寸的基础上增加一个实际间隙量。

② 焊接区域应将油污、锈蚀、涂层等杂物清理干净。焊接区域不应与原有管道焊道交叉。

③ 焊接完成后，应使用磁粉检测或渗透检测方法对角焊缝进行检测，表面应无裂纹、气孔、夹渣等焊接缺陷。

（4）卡具应正对泄漏点，均匀夹紧。

（5）检测补板式卡具焊接位置的可燃气体浓度，当可燃气体浓度大于爆炸下限的10%时，应检查密封的严密性，并采取强制通风措施降低可燃气体浓度。应测量焊接补板与管线本体连接部位的壁厚值，满足焊接要求。

（6）焊接完成后，应将引流孔封堵。

（三）封头式卡具修复

（1）封头式卡具修复适用于管道上带有突出物（如压力表接头、非法开孔遗留的阀门等）的抢修。封头式卡具修复不宜作为管线的永久性修复。

（2）封头式卡具修复应满足以下要求：

① 封头式卡具腔体尺寸应能够容纳被修复管道上的突起物。

② 焊接完成后，应将引流孔封堵。

③ 焊接完成后，应对所有焊道采用磁粉检测或渗透检测等方法进行无损检测，表面应无裂纹、气孔、夹渣等焊接缺陷。

④ 其他要求按照补板式卡具的规定执行。

（四）对开式卡具修复

（1）对开式卡具修复适用于直管段、法兰、弯头等部位管道泄漏抢修。

（2）对开式卡具修复应满足以下要求：

① 应使用专用设备及材料。

② 安装前应测量管线椭圆度、清理管线表面。

③ 对开式卡具安装后应持续监护，发现泄漏应重新紧固、加压。

④ 紧固过程中，应使用软管将泄漏介质引流到作业区外。

⑤ 紧固完成并检测无泄漏后，应将引流孔封堵。

（五）柔性卡具修复

（1）柔性卡具修复是一种临时性修复方法，适用于管道弯头、变径等异形件泄漏的修复。

（2）柔性卡具修复不应直接填埋。

（3）柔性卡具安装过程中应满足产品使用说明书的要求。

（六）换管修复

（1）换管修复可采用停输换管和不停输换管。停输换管包括封堵、局部隔离、大放空等方法；不停输换管包括架设旁通、封堵、局部隔离等方法。

（2）换管应满足以下要求：

① 应使用冷切割方式切割第一道口。

② 使用火焰切割作业前，应进行氮气或惰性气体置换并确认管线内无可燃气体或烃类积液。

③ 断管后，应对管口进行清理，并采取气囊、黄油墙等隔离措施，隔离处距管口宜不小于300mm。

④ 为防止隔离管段内压力积聚，应在隔离管段上开排气孔，并在动火作业过程中持续检查。

⑤ 动火作业期间，如检测到可燃气体，应停止动火作业，采取强制通风等措施降低可燃气体浓度，并重新检测现场环境，合格后方可继续动火作业。

⑥ 更换管段强度应不低于原管道的设计要求。

⑦ 管段长度不宜小于1.5倍管外径，且不小于150mm。

（3）采用换管作业前，应评估管内介质中H_2S或FeS含量对动火作业产生的风险。

第三节　管道外防腐层与保温层维修

一、一般要求

（一）资质及HSE要求

1. 资质

管道外防腐层及保温层的维修宜由具有相关资质的单位及人员进行施工。

2. HSE要求

（1）施工单位应编制HSE作业方案并报业主审批，在管道外防腐层维修作业过程中执行。

（2）施工人员应穿戴合适的防护工作服，佩戴防护手套及相应的防护用具。

（3）从管体上清除下来的旧防腐层，不应随意丢弃，应统一回收处理。

（4）采用喷砂工艺时，宜在管沟上搭建临时防护棚，并对周围地面进行润湿处理。

（5）开工前，施工单位应组织施工人员进行安全教育，确保所有施工人员充分理解并严格遵守安全操作规程。

（二）维修原则

需维修管段的缺陷点集中且连续时，宜合并维修。外防腐层/保温层的维修，应在金属管体缺陷维修后进行。

（三）维修材料

（1）在选择管道外防腐层维修材料时，至少应考虑以下因素：

① 原防腐层材料的失效原因。

② 与管道原防腐层材料及等级的匹配性。

③ 与管道的运行温度相适应。

④ 现场施工条件，施工简便。

⑤ 与埋设环境及运行条件相适应。

⑥ 对人员及环境无毒害。

（2）保温层维修宜采用聚氨酯泡沫现场发泡方式，也可采用聚氨酯泡沫保温瓦块。

（3）防护层宜选用具备以下特性的材料：

① 与原管道防护层具有很好的黏结性。

② 施工方便。

③ 机械强度满足要求。

④ 防水和密封性能良好。

（4）维修采用复合防腐层材料时，材料应相互匹配，并宜由同一生产厂家配套供应。

（5）防腐/保温材料均应有产品使用说明书、合格证、检测报告等，并宜进行抽样复验。

（6）防腐/保温材料的外包装上，应有明显的标识，并注明生产厂家的名称、厂址、产品名称、型号、批号、生产日期、质保期、储存条件等。

（7）防腐/保温材料应分类存放，在使用前和使用期间不应受到污染或损坏，并在保质期内使用。

（四）维修技术方案

维修前应制定维修方案，方案内容至少应包括材料选型、施工工艺、质量检验要求及安全保障措施等。

（五）维修作业的环境条件

管壁温度低于露点以上3℃、相对湿度超过85%及遇扬沙、雨雪天气，应采取有效的防护措施后再进行外防腐层/保温层的施工。

第六章　油气田管道维修维护

二、响应时间计划

应根据标准管道检测评价结果确定管道外防腐（保温）层缺陷维修的响应时间，具体要求见表 6-16。

表 6-16　管道外防腐（保温）层维修时间响应表

管道类别	立即响应	计划响应	进行监测
Ⅰ类、Ⅱ类高风险级	破损程度为"严重"缺陷；未达到有效阴极保护、高后果区、高风险的管段中破损程度为"中等"缺陷	其余管段破损程度为"中等"的缺陷	破损程度为"轻微""极轻微"的缺陷
Ⅱ类低风险级、Ⅲ类	破损程度为"严重"缺陷	破损程度为"中等"的缺陷	破损程度为"轻微""极轻微"的缺陷
响应时间及要求	在 1 年内进行防腐层缺陷维修	在 1 个检验周期内进行防腐层缺陷维修	可以选择代表性强的防腐层缺陷开挖确认缺陷发展情况

三、维修方法及选择

（一）常用外防腐（保温）层及结构

管道外防腐（保温）层缺陷维修材料应根据原外防腐（保温）层类型、失效原因、维修规模、现场施工条件及管道运行工况条件选择，也可采用经过试验验证且满足技术要求的其他防腐（保温）材料。

（1）常用管道外防腐层缺陷维修材料及结构宜按表 6-17 执行。

表 6-17　常用管道外防腐层缺陷维修材料及结构

原防腐层类型	局部维修 缺陷直径≤30mm	局部维修 缺陷直径>30mm	局部维修 补口维修	连续维修	适用范围
石油沥青、煤焦油瓷漆	聚烯烃胶黏带[1]、黏弹体+外防护带[2]	聚烯烃胶黏带、黏弹体+外防护带	黏弹体+外防护带、聚烯烃胶黏带	无溶剂液体环氧、无溶剂液态聚氨酯、无溶剂环氧玻璃钢、聚烯烃胶黏带、黏弹体+外防护带	埋地敷设非保温管道
熔结环氧粉末、液态涂料	无溶剂液态环氧、黏弹体+外防护带	无溶剂液态环氧、黏弹体+外防护带	无溶剂液态环氧、黏弹体+外防护带	^	^
三层聚乙烯/聚丙烯、两层聚乙烯	热熔胶棒+补伤片[3]、黏弹体+外防护带	黏弹体+外防护带、压敏胶热收缩带、聚烯烃胶黏带	黏弹体+外防护带、无溶剂液态环氧+聚烯烃胶黏带、压敏胶热收缩带	^	^
聚烯烃胶黏带	聚烯烃胶黏带	聚烯烃胶黏带	聚烯烃胶黏带	聚烯烃胶黏带	^

209

续表

原防腐层类型	局部维修			连续维修	适用范围
	缺陷直径≤30mm	缺陷直径>30mm	补口维修		
环氧富锌底漆+环氧云铁中间漆+脂肪族聚氨酯或交联氟碳面漆、无溶剂聚脲	环氧富锌底漆+环氧云铁中间漆+脂肪族聚氨酯或交联氟碳面漆、无溶剂聚脲	环氧富锌底漆+环氧云铁中间漆+脂肪族聚氨酯或交联氟碳面漆、无溶剂聚脲	环氧富锌底漆+环氧云铁中间漆+脂肪族聚氨酯或交联氟碳面漆、无溶剂聚脲	环氧富锌底漆+环氧云铁中间漆+脂肪族聚氨酯或交联氟碳面漆、无溶剂聚脲	架空敷设非保温管道
三层聚乙烯、熔结环氧粉末、液态环氧、聚烯烃胶黏带	黏弹体胶带④	黏弹体胶带④	黏弹体胶带④	黏弹体胶带④	保温管道

① 天然气管道常温段宜采用聚丙烯胶黏带。
② 外防护带包括聚烯烃胶黏带、压敏胶型热收缩带、无溶剂环氧玻璃钢等。
③ 热熔胶棒+补伤片仅适用于热油管道。
④ 在常年地下水位低于管道底部的地段或确保外防护层密封良好时,防腐层维修材料可选用其他经试验验证的防腐材料。

(2) 管道保温层与防护层缺陷维修宜采用与原管道同种或类似的材料。埋地硬质聚氨酯泡沫保温管道常用的保温层与防护层缺陷维修结构见表6-18, 架空敷设管道保温层与防护层缺陷维修结构宜与原管道相同。

表6-18 硬质聚氨酯泡沫保温管道常用保温层维修结构

保温层和防护层损坏程度	保温层	防护层
仅防护层损坏	—	黏弹体+外防护带①、热熔胶型热收缩带、压敏胶型热收缩带、热熔套
防护层和保温层损坏	聚氨酯泡沫	黏弹体+外防护带、热熔胶型热收缩带、压敏胶型热收缩带、热熔套

① 外防护带包括热熔胶型热收缩带、压敏胶型热收缩带、聚烯烃胶黏带、无溶剂环氧玻璃钢等。

(二) 维修材料技术指标

1. 聚烯烃胶黏带

聚烯烃胶黏带包括聚乙烯胶黏带和聚丙烯胶黏带,其材料及防腐层的性能应符合SY/T 0414—2017 第4章的规定,见表6-19。

表6-19 聚烯烃胶黏带材料及防腐层性能要求

测试项目		单位	技术指标		测试方法
			聚乙烯胶黏带	聚丙烯胶黏带	
底漆性能	不挥发物含量 (105℃±2℃, 1h)	%	≥15		GB/T 1725
	黏度 (涂-4杯, 25℃±1℃)	s	10~30		GB/T 1723
	表干时间 (25℃±1℃)	min	≤5		GB/T 1728

续表

测试项目			单位	技术指标 聚乙烯胶黏带	技术指标 聚丙烯胶黏带	测试方法
材料性能	厚度		mm	符合厂家规定，厚度偏差≤±5%		GB/T 6672
材料性能	基膜拉伸强度（23℃±2℃）		MPa	≥18	≥60	GB/T 1040.3
材料性能	基膜断裂拉伸应变（23℃±2℃）		%	≥200	—	GB/T 1040.3
材料性能	剥离强度（23℃±2℃）	对底漆钢 厚胶型胶黏带	N/cm	≥30	≥30	GB/T 2792（180°，300mm/min）
材料性能	剥离强度（23℃±2℃）	对底漆钢 薄胶型胶黏带	N/cm	≥25	—	GB/T 2792（180°，300mm/min）
材料性能	剥离强度（23℃±2℃）	对背材 厚胶型胶黏带	N/cm	≥25	≥25	GB/T 2792（180°，300mm/min）
材料性能	剥离强度（23℃±2℃）	对背材 薄胶型胶黏带	N/cm	≥5	—	GB/T 2792（180°，300mm/min）
材料性能	吸水率		%	≤0.20	≤0.35	SY/T 0414
材料性能	基膜电气强度		kV/m	≥30	—	GB/T 1408.1
材料性能	电气强度		MV/m	—	≥15	
材料性能	体积电阻率		Ω·m	≥1×10^{12}		GB/T 1410
材料性能	水蒸气渗透率		mg/(24h·cm^2)	≤0.25	≤0.45	GB/T 1037
材料性能	耐热老化（最高运行温度±20℃，2400h）		%	≥75		SY/T 0414
材料性能	耐紫外光老化（600h）		%	≥80		GB/T 23257
防腐层性能	厚度		mm	符合设计规定		SY/T 0066
防腐层性能	抗冲击（23℃）		J/mm	≥3		SY/T 0414
防腐层性能	剥离强度（23℃±2℃）（层间）	厚胶型胶黏带	N/cm	≥20	≥20	GB/T 2792（90°，100mm/min）
防腐层性能	剥离强度（23℃±2℃）（层间）	薄胶型胶黏带	N/cm	≥5	—	GB/T 2792（90°，100mm/min）
防腐层性能	剥离强度（23℃±2℃）（对底漆）	厚胶型胶黏带	N/cm	≥30	≥30	GB/T 2792（90°，100mm/min）
防腐层性能	剥离强度（23℃±2℃）（对底漆）	薄胶型胶黏带	N/cm	≥25		GB/T 2792（90°，100mm/min）
防腐层性能	剥离强度（层间）	最高运行温度	N/cm	≥2		GB/T 2792（90°，100mm/min）
防腐层性能	剥离强度（层间）	最低运行温度	N/cm	≥5		GB/T 2792（90°，100mm/min）
防腐层性能	剥离强度（对底漆钢）	最高运行温度	N/cm	≥3		GB/T 2792（90°，100mm/min）
防腐层性能	剥离强度（对底漆钢）	最低运行温度	N/cm	≥10		GB/T 2792（90°，100mm/min）
防腐层性能	耐阴极剥离（23℃，28d）		mm	≤15	≤20	GB/T 23257

注：(1) 外带不要求对底漆钢的剥离强度性能。
(2) 耐热老化指标是指试样老化后，基膜拉伸强度、断裂拉伸应变以及胶带剥离强度的保持率。
(3) 耐紫外光老化指标是指试样老化后，基膜拉伸强度、断裂拉伸应变的保持率。与保护胶黏带配合使用的防腐胶黏带可以不考虑这项指标。
(4) 剥离强度试件为管段试件。
(5) 最低运行温度剥离强度指标只适用于低温运行条件下的胶黏带。

2. 无溶剂液体环氧涂料

无溶剂液体环氧涂料及防腐层技术指标应符合 SY/T 6854—2012《埋地钢质管道液体环氧外防腐层技术标准》的规定，见表6-20。

表6-20 无溶剂液体环氧涂料及防腐层性能要求

	测试项目	单位	质量指标	试验方法
涂料性能	细度	μm	≤100	GB/T 1724
	固体含量	%	≥98	SY/T 0457
	表干时间（23℃±2℃）	h	≤2	GB/T 1728
	实干时间（23℃±2℃）	h	≤6	GB/T 1728
防腐层性能	厚度	μm	普通级：≥400 加强级：≥600	SY/T 0066
	黏结强度（拉开法）	MPa	≥10	SY/T 6854
	抗冲击（23℃±3℃）	J	≥6	SY/T 0442
	抗1°弯曲（23℃±3℃）	—	无裂纹	SY/T 6854
	吸水率（25℃±1℃，24h）	%	≤0.6	SY/T 6854
	耐阴极剥离[①]（65℃±3℃）	mm	48h：≤8 30d：≤15	SY/T 0315
	硬度（Shore D，23℃±3℃）	—	≥70	GB/T 2411
	电气强度	MV/m	≥25	GB/T 1408.1
	体积电阻率	Ω·m	≥1×10^{13}	GB/T 1410
	耐化学介质浸泡（20℃±3℃，90d）	pH值2.5~3.0的10% NaCl加稀H_2SO_4	—	合格	SY/T 0315
		pH值2.5~3.0的稀HCl			
		5% NaOH			
		10% NaCl			

① 最高运行温度处在65~80℃时，应按照实际最高运行温度设置长期阴极剥离试验温度。

3. 无溶剂环氧玻璃钢

无溶剂环氧玻璃钢由无溶剂改性环氧涂料和增强玻璃纤维布组成。无溶剂改性环氧涂料为双组分反应固化型，由环氧树脂和固化剂组成，并由统一材料生产商配套供应。增强玻璃纤维布应选用符合GB/T 18370—2014《玻璃纤维无捻粗纱布》规定的无碱、无蜡、无捻、平纹、两侧封边、带芯轴的玻璃布卷。无溶剂环氧玻璃钢材料及防腐层技术指标应符合SY/T 5918—2017《埋地钢质管道外防腐层保温层修复技术规范》的规定，见表6-21。

表6-21 无溶剂环氧玻璃钢材料及防腐层性能要求

项目		单位	性能指标	试验方法
环氧树脂	固体含量	%	≥95	GB/T 1725
	密度	g/cm³	1.40~1.53	GB/T 6750
固化剂	密度	g/cm³	1.02~1.05	GB/T 6750
树脂与固化剂混合后的性能	凝胶时间（23℃±2℃）	min	≥15	GB 12007.7
	表干时间（23℃±2℃）	h	≤2	GB/T 1728
	实干时间（23℃±2℃）	h	≤8	GB/T 1728

续表

项目		单位	性能指标	试验方法
无溶剂环氧涂层	抗冲击（23℃±3℃）	J	≥6	SY/T 0442
	抗1°弯曲（23℃±3℃）	—	无裂纹	SY/T 6854
	黏结强度（拉开法）	MPa	≥10	SY/T 6854
增强玻璃纤维布	单位面积质量	g/cm²	200~300	GB/T 9914.3
	含水率	%	≤0.30	GB/T 9914.1
	碱金属氧化物含量	%	≤0.80	GB/T 1549
	可燃物含量	%	≤0.20	GB/T 9914.2
	拉伸断裂强度 经向	N/25mm	≥190	GB/T 7689.5
	拉伸断裂强度 纬向	N/25mm	≥180	GB/T 7689.5
	织物密度 经向	根/cm	16±1	GB/T 7689.2
	织物密度 纬向	根/cm	12±1	GB/T 7689.2
防腐层	巴柯尔硬度（23℃±3℃）	—	≥30	GB/T 3854
	黏结强度（拉开法）	MPa	≥8	SY/T 6854
	耐划伤（50kg）	μm	≤500	SY/T 4113
	耐磨性	L/μm	≥3	SY/T 0315
	抗1°弯曲（23℃±3℃）	—	无裂纹	SY/T 6854

注：涂层厚度为1200μm（二布五油）。

4. 黏弹体

黏弹体防腐材料及黏弹体+外护带复合结构防腐层的性能应符合SY/T 5918—2017的规定，见表6-22。

表6-22 黏弹体防腐材料及黏弹体+外护带复合结构防腐层的性能要求

		黏弹体			
序号	项目		单位	技术指标	试验方法
1	外观		—	边缘平直，表面平整、清洁	目测
2	胶层厚度		mm	≥1.8	GB/T 6672
3	滴垂（最高运行温度+20℃，且≥80℃，48h）		—	无滴垂	ISO 21809-3
4	绝缘电阻（23℃±2℃）	R_{S100}	Ω·m²	≥10⁸	ISO 21809-3
		R_{S100}/R_{S70}		≥0.8	
5	剥离强度（对钢/管体防腐层）	-45℃	N/cm	≥50，胶层覆盖率≥95%	GB/T 23257 (90°，10mm/min)
		23℃	N/cm	≥2，胶层覆盖率≥95%	
		最高运行温度	N/cm	≥0.2，胶层覆盖率≥95%	
6	热水浸泡，最高运行温度+20℃，剥离强度（23℃）	对钢	N/cm	≥2，胶层覆盖率≥95%	GB/T 23257
		对管体防腐层	N/cm	≥2，胶层覆盖率≥95%	

续表

黏弹体

序号	项目		单位	技术指标	试验方法
7	干热老化，最高运行温度+20℃，100d 剥离强度（23℃）	对钢	N/cm	≥2，胶层覆盖率≥95%	GB/T 23257
		对管体防腐层		≥2，胶层覆盖率≥95%	
8	搭接剪切强度	23℃	MPa	≥0.02	GB/T 7124（10mm/min）
		-45℃		≥1.0	
9	体积电阻率		Ω·m	≥1.0×10^{12}	GB/T 1410
10	吸水率（25℃±1℃，24h）		%	≤0.03	SY/T 0414
11	耐化学介质浸泡（常温，90d）	10%NaOH	—	无起泡、无剥离	SY/T 0315
		3%NaCl			

黏弹体+外护带防腐层

序号	项目		单位	技术指标		试验方法
				黏弹体+聚燃胶黏带	黏弹体+热收缩带	
12	抗冲击（23℃±2℃，检漏电压 15kV）		J	≥3	≥15	GB/T 23257
13	压痕（23℃±2℃，1MPa，检漏电压 5kV/mm+5kV），剩余厚度		mm	≥0.6，无漏点	—	GB/T 23257
14	压痕（23℃±2℃，10MPa，检漏电压 5kV/mm+5kV），剩余厚度		—		≥0.6，无漏点	GB/T 23257
15	耐阴极剥离（最高运行温度±2℃，28d）		mm	≤15		GB/T 23257
16	剥离强度（对钢/管体防腐层）	23℃±2℃	N/cm	≥4，胶层覆盖率≥95%		GB/T 23257（90°，10mm/min）
		最高运行温度±2℃		≥0.4，胶层覆盖率≥95%		

注：剩余厚度为试验前防腐层厚度与压痕深度之差。

5. 压敏胶型热收缩带

压敏胶型热收缩带材料及防腐层的性能应符合 SY/T 5918—2017 的规定，见表 6-23。

表 6-23 压敏胶型热收缩带材料及防腐层性能要求

	项目	单位	技术指标	试验方法
基材性能	拉伸强度	MPa	≥20	GB/T 1040.2
	断裂标称应变	%	≥400	GB/T 1040.2
	拉伸屈服应力（50℃）	MPa	≥7	GB/T 1040.2
	维卡软化点（A_{50}，9.8N）	℃	≥95	GB/T 1633
	脆化温度	℃	≤-65	GB/T 5470
	电气强度	MV/m	≥25	GB/T 1408.1
	体积电阻率	Ω·m	≥1×10^{13}	GB/T 1410
	耐环境应力开裂（F50）	h	≥1000	GB/T 1842

续表

项目			单位	技术指标	试验方法
基材性能	耐化学介质腐蚀浸泡（7d）	10%HCl	%	≥85	GB/T 1040.2
		10%NaOH	%	≥85	
		10%NaCl	%	≥85	
	耐热老化（150℃，21d）	拉伸强度	MPa	≥14	GB/T 1040.2
		断裂标称应变	%	≥300	
	耐热冲击（225℃，4h）		—	无裂纹、无流淌、无垂滴	GB/T 23257
胶层性能	搭接剪切强度	23℃	MPa	≥0.1	GB/T 7124（10mm/min）
		最高运行温度		≥0.05	
	滴垂（80℃，48h）		—	无滴垂	ISO 21809-3
	吸水率（25℃±1℃，24h）		%	0.2	SY/T 0414
防腐层性能	抗冲击		J/mm	≥5	GB/T 23257
	阴极剥离	65℃±2℃，48h	mm	≤8	GB/T 23257
		最高运行温度±2℃，28d		≤15	
	剥离强度（对钢管/搭接区防腐层）	23℃±2℃	N/cm	≥18	GB/T 23257（90°，10mm/min）
		最高运行温度±2℃		≥4	
	剥离强度（最高运行温度热水浸泡28d，23℃）	对钢管/底漆	N/cm	≥18	GB/T 23257（90°，10mm/min）
		对搭接区防腐层		≥18	
	剥离强度（最高运行温度热水浸泡120d，23℃）	对钢管/底漆	N/cm	≥12	GB/T 23257（90°，10mm/min）
		对搭接区防腐层		≥12	
	耐热老化（最高运行温度+20℃，100d，23℃）	P_{100}/P_0	%	≥75	GB/T 23257（90°，10mm/min）
		P_{100}/P_{70}		≥80	

6. 液体聚氨酯涂料

液体聚氨酯涂料应采用双组分无机溶剂聚氨酯涂料。液体聚氨酶涂料按照涂敷作业方式的不同，分为喷涂型、刷涂型。涂料性能及制备的涂层的性能应符合 SY/T 5918—2017 的规定，见表6-24。

表6-24 液体聚氨酯涂料及防腐层性能要求

测试项目			单位	质量指标	试验方法
涂料性能	细度		μm	≤100	GB/T 1724
	固体含量		%	≥98	GB/T 1725
	喷涂型	表干时间（23℃±1℃）	h	≤0.5	GB/T 1728
		实干时间（23℃±1℃）	h	≤2	
	刷涂型	表干时间（23℃±1℃）	h	≤1.5	
		实干时间（23℃±1℃）	h	≤6	

续表

测试项目			单位	质量指标	试验方法
防腐层性能	外观		—	平整、光滑、无漏涂、无流挂、无气泡、无色斑	目视检查
	厚度		μm	普通级：≥1000 加强级：≥1500	SY/T 0066
	抗冲击	23℃±2℃	J	≥5	GB/T 23257 （8kV检漏无漏点）
		-5℃±2℃		≥3	
	压痕	23℃±2℃	mm	≤0.2	GB/T 23257
		最高运行温度	%DFT	≤30	
	硬度（邵氏D）		—	≥70且符合生产厂家要求	GB/T 2411
	附着力（23℃±2℃）	对钢管	MPa	≥10	SY/T 6854
		对管体聚乙烯防腐层		≥3.5	
		对管体环氧类防腐层		≥5	
	附着力（最高运行温度±2℃，热水浸泡28d，23℃±2℃）	对钢管	MPa	≥7	SY/T 4106
		对管体聚乙烯防腐层		≥2	
		对管体环氧类防腐层		≥3.5	
	抗1°弯曲（23℃±2℃）		—	无裂纹、无漏点	SY/T 6854
	吸水率（25℃±1℃，24h）		%	≤0.6	SY/T 6854
	耐绝缘电阻	（23℃±2℃），R_{S100}	$\Omega \cdot m^2$	≥10^6	SY/T 4106
		（最高运行温度±2℃），R_{S30}		≥10^4	
	耐阴极剥离	48h，最高运行温度±2℃	mm	≤8	GB/T 23257
		28d，23℃±2℃		≤8	
		28d，最高运行温度±2℃		≤15	

7. 聚乙烯补伤片

聚乙烯补伤片及热熔胶的性能应符合 SY/T 5918—2017 的规定，见表6-25。

表6-25 聚乙烯补伤片及热熔胶性能要求

项目		单位	性能指标	试验方法
补伤片基材	基材厚度	mm	≥0.7	GB/T 6672
	胶层厚度	mm	≥0.8	
	拉伸强度	MPa	≥17	GB/T 1040.2
	断裂标称应变	%	≥400	GB/T 1040.2

续表

项目			单位	性能指标	试验方法
补伤片基材	拉伸屈服应力（50℃）		MPa	≥7	GB/T 1040.2
	维卡软化点（A_{50}，9.8N）		℃	≥90	GB/T 1633
	脆化温度		℃	≤-65	GB/T 5470
	电气强度		MV/m	≥25	GB/T 1408.1
	体积电阻率		Ω·m	$≥1×10^{13}$	GB/T 1410
	收缩率		%	≤5	—
	耐环境应力开裂（F50）		h	≥1000	GB/T 1842
	耐化学介质腐蚀（浸泡7d，拉伸强度或断裂伸长率的保持率）	10%HCl	%	≥85	GB/T 23257
		10%NaOH		≥85	
		10%NaCl		≥85	
	耐热老化（150℃，21d）	拉伸强度	MPa	≥14	GB/T 1040.2
		断裂应变	%	≥300	
	热冲击（225℃，4h）		—	无裂纹、无流淌、无垂滴	GB/T 23257
热熔胶黏剂	软化点（环球法）		℃	≥110	GB/T 4507
	搭接剪切强度①	23℃	MPa	≥1.8	GB/T 7124
		最高运行温度		≥0.3	
	脆化温度		℃	≤-15	GB/T 23257
	氧化诱导期（200℃）		min	≥10	GB/T 23257
	吸水率②（25℃±1℃，24h）		%	≤0.1	SY/T 0414
	剥离强度（23℃±2℃） 补伤片/钢 补伤片/PE 补伤片/FBE		N/cm	内聚破坏 ≥50 ≥50 ≥50	GB/T 23257
	剥离强度（最高运行温度±2℃） 补伤片/钢 补伤片/PE 补伤片/FBE		N/cm	内聚破坏 ≥5 ≥5 ≥5	GB/T 23257

① 拉伸速度为2mm/min。
② 试件包括基材和胶，试件规格为50mm×50mm×产品厚度。

8. 热熔胶型热收缩带

热熔胶型热收缩带的性能应符合SY/T 5918—2017的规定，见表6-26。

表6-26 热熔胶型热收缩带性能

项目			单位	技术指标	试验方法
基材性能	基材厚度	管径≤400mm	mm	≥1.2	GB/T 6672
		管径>400mm		≥1.5	

续表

项目			单位	技术指标	试验方法
基材性能	拉伸强度	中低密度型	MPa	≥17	GB/T 1040.2
		高密度型		≥20	GB/T 1040.2
	断裂标称应变		%	≥400	GB/T 1040.2
	维卡软化 (A_{50}, 9.8N)	中低密度型	℃	≥90	GB/T 1633
		高密度型		≥100	
	脆化温度		℃	≤-65	GB/T 5470
	电气强度		MV/m	≥25	GB/T 1408.1
	体积电阻率		Ω·m	≥$1×10^{13}$	GB/T 1410
	耐环境应力开裂（F50）		h	≥1000	GB/T 1842
	耐化学介质腐蚀（浸泡7d，拉伸强度或断裂伸长率的保持率）	10%HCl	%	≥85	GB/T 1040.2
		10%NaOH		≥85	
		10%NaCl		≥85	
	耐热老化（150℃，21d）	拉伸强度	MPa	≥14	GB/T 1040.2
		断裂标称应变	%	≥300	
	耐热冲击（225℃，4h）		—	无裂纹、无流淌、无垂滴	GB/T 23257
胶层性能	胶层厚度		mm	≥1.0	GB/T 6672
	软化点		℃	≥最高设计温度+40℃	GB/T 15332
	搭接剪切强度	23℃	MPa	≥1.0	GB/T 7124（10mm/min）
		最高运行温度		≥0.07	
	脆化温度		℃	≤-20	GB/T 23257
底漆性能	不挥发物含量		%	≥95	GB/T 1725
	搭接剪切强度		MPa	≥5.0	GB/T 7124（2mm/min）
	阴极剥离	65℃，48h	mm	≤8	GB/T 23257
		23℃，30d		≤15	
防腐层性能	抗冲击		J/mm	≥5	GB/T 23257
	阴极剥离	23℃±2℃，28d	mm	≤8	GB/T 23257
		最高运行温度±2℃，28d		≤15	
	剥离强度（对搭接区防腐层）	23℃±2℃	N/cm	≥50，且内聚破坏	GB/T 23257（90°，10mm/min）
		最高运行温度±2℃		≥5，且内聚破坏	
	剥离强度（最高运行温度，热水浸泡28d，23℃±2℃）	对底漆钢	N/cm	≥50，且保持率≥75%	GB/T 23257（90°，10mm/min）
		对搭接区防腐层		≥50，且保持率≥75%	

续表

项目		单位	技术指标	试验方法
防腐层性能	剥离强度（最高运行温度，热水浸泡120d，23℃±2℃） 对底漆钢	N/cm	≥50，且保持率≥75%	GB/T 23257（90°，10mm/min）
	剥离强度（最高运行温度，热水浸泡120d，23℃±2℃） 对搭接区防腐层	N/cm	≥50，且保持率≥75%	GB/T 23257（90°，10mm/min）
	热老化（最高运行温度+20℃，100d剥离强度保持率） P_{100}/P_0	%	≥75	GB/T 23257
	热老化（最高运行温度+20℃，100d剥离强度保持率） P_{100}/P_{70}	%	≥80	GB/T 23257

注：(1) 除热冲击外，基材性能需经过200℃±5℃，5min自由收缩后进行测定，拉伸试验速度均为50mm/min。
(2) 耐化学介质腐蚀指标为试验后的拉伸强度和断裂标称应变的保持率。
(3) 底漆阴极剥离试验的防腐层厚度为300~400μm。
(4) 搭接剪切强度试验采用产品胶层厚度。

9. 石油沥青和煤焦油瓷漆

石油沥青材料及防腐层的性能应符合 SY/T 0420—1997《埋地钢质管道石油沥青防腐层技术标准》的规定，煤焦油瓷漆材料及防腐层的性能应符合 SY/T 0379—2013《埋地钢质管道煤焦油瓷漆外防腐层技术规范》的规定。

10. 热熔套

热熔套高密度聚乙烯基材的性能应符合 SY/T 5918—2017 的规定，见表6-27。

表6-27 热熔套高密度聚乙烯基材性能指标

序号	项目	单位	性能指标	试验方法
1	外观	—	黑色，无气泡、裂纹、凹陷、杂质、颜色不均	—
2	密度	g/cm³	≥0.94	GB/T 29046
3	拉伸强度	MPa	≥19	GB/T 29046
4	断裂伸长率	%	≥350	GB/T 29046
5	纵向回缩率	%	≤3	GB/T 29046
6	耐环境应力开裂	h	≥300	GB/T 29046
7	长期机械性能（4MPa，80℃）	h	≥2000	GB/T 29046

11. 环氧富锌底漆+环氧云铁中间漆+脂肪族聚氨酯或交联氟碳面漆、无溶剂聚脲

架空敷设非保温管道维修用环氧富锌底漆+环氧云铁中间漆+脂肪族聚氨酯或交联氟碳面漆、无溶剂聚脲防腐层结构及厚度、涂料技术指标及防腐层性能应符合 SY/T 7347—2016《油气架空管道防腐保温技术标准》的规定。

12. 常用管道保温层缺陷维修材料

常用管道保温层缺陷维修材料性能应满足表6-28的要求，架空敷设的管道保温层缺陷维修材料性能除满足表6-28的要求外，还应满足 GB 50264—2013《工业设备及管道绝

热工程设计规范》及 SY/T 7347—2016 的相关要求。

表 6-28 常用管道保温层缺陷维修材料性能及复检要求

保温层材料		执行标准
硬质聚氨酯泡沫塑料	常温型	GB/T 50538
	高温型	GB/T 29047 或 GB/T 50538
硬质聚异氰脲酸酯泡沫塑料		GB/T 25997
硬质酚醛泡沫制品		GB/T 20974
玻璃棉制品		GB/T 13350
复合硅酸盐制品		JC/T 990
岩棉制品		GB/T 11835
柔性泡沫橡胶绝热制品		GB/T 17794

13. 架空敷设保温管道常用防护层缺陷维修材料

架空敷设保温管道常用防护层缺陷维修材料包括铝合金薄板、不锈钢薄板、彩钢薄板或镀锌薄钢板等金属保护层，非金属防护层可选用铝箔胶带或氯化橡胶玻璃布等，性能指标应符合 SY/T 7347—2016 的规定。

（三）维修材料的检验和验收

（1）所有维修材料均应有国家计量认证的质检机构出具的检验报告。
（2）所有维修材料均应符合规定的技术指标要求。
（3）使用单位宜对材料主要技术指标进行复检或现场进行质量确认，检验或确认合格后使用。
（4）复检项目及相应的要求应满足 SY/T 5918—2017 的 5.4.4 节规定。

四、施工作业及质量控制

（一）施工准备

1. 施工流程

管道外防腐（保温）层缺陷维修宜按图 6-25 所示施工流程进行。

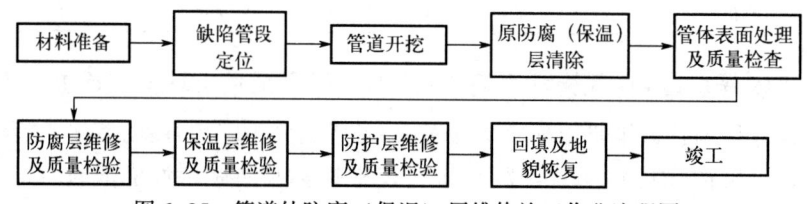

图 6-25 管道外防腐（保温）层维修施工作业流程图

2. 前期准备

（1）收集待维修管段的相关资料，包括维修管段的位置、埋深、记录在案的外接物、

第六章　油气田管道维修维护

交叉管道或光/电缆及辅助设施情况，并根据需要进行现场勘查，对可能存在不明外接物的区段制定相应的应对措施。

（2）依据管道检测与评价报告，确定缺陷点位置信息，缺陷点位置信息应至少包括管道名称、管段名称及编号、原防腐（保温）层类型、所处地貌、埋深、位置信息、缺陷点 DB 值等。

（3）施工单位应编制详细的施工组织设计报业主审查，应包括但不限于以下内容：

① 工程概况。
② 防腐层/保温层维修方案。
③ 生产运行要求。
④ 防腐层/保温层检测。
⑤ 计划进度及施工保障措施。
⑥ HSE 管理方案。

（4）应组织施工单位按照管道外防腐（保温）层缺陷维修方案准备性能参数满足要求的维修材料。

（二）管道开挖及连续维修安全保障

1. 管道开挖

1）基本规定

（1）管道防腐层/保温层维修一般采用不停输开挖、沟下作业方式。

（2）管道开挖可采用机械开挖与人工开挖相结合的方法。

（3）开挖前应首先采用检测仪器探明管道实际走向和埋深，并核实确认开挖点周围其他地下构筑物分布状况。对于存在同沟敷设光/电缆的管道，确保开挖过程不损伤光/电缆。连续维修时应沿管道按 100m 间距人工开挖探坑，并确认同沟敷设光/电缆位置。

（4）管顶上部 0.8m 以上、带管堤的管段管顶上部 0.5m 以上的覆土可采用机械推（挖）土作业，其余覆土和管沟内的土方应人工开挖。机械开挖应在人工监控下进行。推土机作业应垂直于管道进行，挖掘机宜沿管道轴向作业，任何情况下，不应使管道承受来自挖掘机械的压力。

（5）机械推（挖）管沟连续作业管段长度不应超过 200m；对于坡地弹性敷设段、管沟内有积水段，连续开挖作业管段的长度不应超过 100m；在进出站、阀室和固定墩附近 200m 以内，连续开挖作业段的长度不应超过 50m。

（6）管沟开挖时，堆土应距沟边 0.5m 以外，宜将挖出的土石方单侧堆放。耕作区开挖管沟时，应将表层耕作土与下层土分层堆放。在地质较硬地段应将细土、沙、硬土块分开堆放，以利回填。

（7）移动测试桩时不应损坏连接导线或电缆。施工完毕，应将测试桩、里程桩或标志桩及其他原有附属设施恢复原貌。

（8）埋地管道开挖维修应避开雨季，对易积水管段维修过程中应采取排水措施。

（9）对于热油管道，应根据维修施工能力安排开挖长度。管道一旦挖开，应立即进行维修施工。无论开挖长度大小，开挖管段按规定程序完成防腐层/保温层维修并满足回填要求时，应立即回填。

（10）热油管道在站间选定的维修段内，一般应沿油流方向从上游向下游方向顺序开挖。不应将开挖管段浸泡在水中，对易积水段应按开挖管段浸泡在水中的条件计算开挖长度。

（11）对于定期清蜡、特别是上游加热站热负荷余量不大的站间，在水力条件允许的情况下，维修前及维修期间宜适当延长清蜡周期。

2）连续维修管道开挖方式

埋地管道开挖应按照图6-26所示，采用间断开挖、分段维修的方式进行。首先开挖1、3、5段，2、4、6段作为支撑墩，支撑墩长度应不小于5m，最长不超过允许悬空长度减3m。1、3、5段维修完成并回填后，再开挖维修2、4、6段。

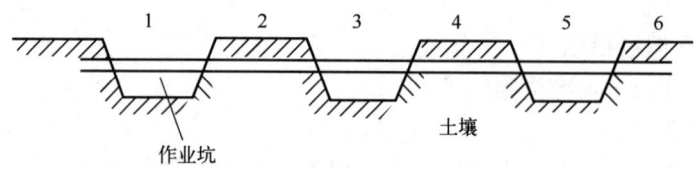

图6-26 分段间隔开挖、维修示意图
1,3,5—作业坑，2,4,6—土壤支撑墩

3）允许悬空长度计算

液体管道包括热油管道和常温管道，悬空管段的应力安全评定宜按 GB/T 19624—2019《在用含缺陷压力容器安全评定》中规定进行。依据压力、弯矩双重载荷下的极限方程，综合考虑悬空管道的各项应力、管道体积缺陷和材料性能下降等因素，得到含体积型缺陷管道的缺陷、应力与允许悬空长度之间的关系。计算中可假定体积缺陷位于悬空管段中部的最大应力点处（时钟6点或12点位置）。

$$\left(\frac{p}{p_{LS}}\right)^2+\left(\frac{M}{M_{LS}}\right)^2 \leqslant 0.44 \quad (6-19)$$

式中 p——悬空管段的运行压力，MPa；

p_{LS}——纯内压下的塑性极限内压，MPa；

M——一定悬空长度下管道的弯矩，N·m；

M_{LS}——纯弯矩下的塑性极限弯矩，N·m。

对于一定体积缺陷的悬空管段，若式（6-19）成立，则该悬空长度是安全的或可以接受的；否则，认为不能保证安全或不可接受。

4）管沟尺寸及边坡坡度

（1）管沟开挖底宽至少为管道直径加1.0m（管道向下投影两侧各0.5m），管沟深度一般开挖至管底悬空至少0.5m，采用特殊机具施工时，可适当放宽管沟尺寸。

（2）管沟边坡坡度应根据土壤类别和管沟开挖深度确定。深度在5m以内（不加支撑）的管沟，最陡边坡的坡度可按表6-18确定。沙漠地区管道或埋深不小于5m的一般土壤地区的管道，管沟边坡可根据实际情况适当放缓，加支撑或采取阶梯式开挖措施，台阶宽度不宜小于2m。

2. 热油管道防腐层连续维修安全保障要求

1）维修站间运行工艺要求

（1）对于热油管道，开挖前应提高出站温度，运行2~3个管程后再开挖。不同管道根据具体情况,升温幅度应保证管道开挖后、维修期间的进站温度不低于正常运行时运行规程规定的温度。

(2) 升温运行只限于开挖维修的站间,维修期间管道应持续在升温后的温度下运行。

(3) 开挖管段完成维修并回填后,维修站间应继续在升温后的温度下运行2~3个管程,然后再恢复正常运行温度。

2) 开挖状态下的允许停输时间

(1) 管道防腐层维修应避开计划停输时段。

(2) 维修开工之前,应对直接影响管道安全正常运行的设备进行检修,防止维修期间因设备故障出现意外停输情况。

(3) 管道开挖前,应根据管道所输油品性质、结蜡情况、管道参数、运行参数、所处的地理位置和施工季节等条件计算热油管道在一定维修长度下的允许停输时间。

3) 允许暴露总长度

一般情况下,热油管道维修站间热力允许的暴露长度以停输时间允许的维修长度为限定条件。站间允许暴露总长度根据SY/T 5918—2017《埋地钢质管道外防腐层保温层修复技术规范》中7.2.2要求考虑的影响因素计算确定。

4) 站间年度允许维修总长度

宜根据允许暴露总长度的计算结果,并结合生产经验来确定站间年度允许维修总长度。

5) 悬空管段的运行压力

(1) 维修期间,管道应在较低的压力下运行,避免越站运行。

(2) 悬空管段的内压,包括维修期间的正常运行压力和热油管道意外停输后的再启动压力,均不应使悬空管段的总应力超过在役管道材料的许用应力。

6) 连续维修长度

(1) 管道连续维修时的同时开挖维修的长度不应大于100m。

(2) 施工安排应使相互间隔的悬空段、作业段优先成为连续维修管段。站间同一季节的计划维修管段宜集中在连续管段长度内进行维修。

(三) 表面处理

1. 旧防腐(保温)层清除

(1) 管道防腐(保温)层清除前应进行旧防腐(保温)层外观检查及厚度、缺陷尺寸、漏点和黏结力测试并记录,格式见表6-29。

表6-29 防腐层修复现场记录表

管道名称		管道规格 (外径×壁厚)		业主单位	施工单位			
缺陷信息	缺陷点编号	缺陷点行政位置		缺陷点相对位置(桩-米)	缺陷点GPS坐标	缺陷点dB值(PCM检测时)	缺陷处电流(PCM检测时),mA

续表

开挖及检测信息	管道埋深，m	地形地貌（旱地、水田、岩土、沙地、树林、河床等）	土壤干湿程度（特干、一般、湿润等）	旧防腐层外观描述	旧防腐层类型	旧防腐层厚度及结构
	开挖尺寸（长宽深），m					
	电火花检漏（电压及结果）	黏结力（无变化、减小、剥落）	防腐层缺陷描述	（数量、时钟位置、尺寸、类型等）	管体缺陷描述	（数量、时钟位置、尺寸、类型等）
防腐层修复信息	新防腐层类型	结构	表面除锈等级	表面温度	环境露点	
	修复质量检验	外观	厚度	电火花检漏	黏结性能测试	每50处至少进行一次
拍照片	旧防腐层清除前		清除、打磨后		修复后	
作业人员			检验人员		修复日期	

（2）缺陷处防腐（保温）层清除应采用合适的方式并避免损伤管道本体及周边完好的防腐（保温）层。

（3）管道防腐层的清除应符合以下要求：

① 局部维修时，清除存在缺陷的旧防腐层，直至黏结良好的防腐层边缘为止。清除过程发现原防腐层存在大面积剥离，宜连续维修。缺陷四周100mm范围防腐层表面应清理干净并打毛，需周向缠绕的外防腐层表面的污物应清理干净。补口维修和连续维修时，维修区域两端原防腐层搭接区应清理干净并打毛。

② 热收缩带补口防腐层维修时，应将热收缩带整体拆除。连续维修时，应将维修段的旧防腐层全部清除。

③ 缺陷区原防腐层边缘应处理成坡面，厚涂层坡面处理角度宜为30°~45°。

（4）保温管道的防腐层、保温层和防护层清除应符合以下要求：

① 仅防护层损坏时，破损处及四周100mm范围防护层表面应清理干净并打毛，需周向缠绕的防护层表面的污物应清理干净。

② 防护层和保温层破损时，破损处保温层应清理彻底，直至露出干净的保温层，底部清理至防腐层，修整缺陷处应为规则形状以利于保温层维修。破损处清理应满足本条①的规定。

③ 防腐层破损时，应采用合适的工具周向清除保温层及防护层，清理至缺陷轴向两端向外100mm处，然后进行防腐层清除。补口处主管道两端防水帽密封失效或存在端部翘边、开裂、破损时，应去除。防水帽全部去除后，应将主体管道防护层及管体表面清理干净，并将渗入主体管道保温层/防护层内的水/泥清理干净。去除防水帽露出聚氨酯泡沫端面后，应确保PE外护层端面和聚氨酯泡沫层端面齐整。

2. 管体表面处理

（1）应进行管壁厚度测试和表面缺陷记录，测试完成后应将管体表面残留的耦合剂及标记等污物清理干净。

（2）管体表面存在的任何缺陷包括焊渣、不符合要求的外接物、焊缝缺陷（错边、未融合、噘嘴等）、腐蚀损伤、机械损伤、变形等，均应按要求进行处理或维修。粗糙的焊缝和尖锐凸起均应打磨平滑。腐蚀坑内残留的旧涂层或腐蚀产物应彻底清理干净。

（3）管道重新防腐前，宜对表面进行喷砂处理，如不能进行喷砂处理且选用的防腐材料允许时，可采用动力工具进行表面处理。动力工具处理等级应达到 GB/T 8923.1—2011 规定的 St3 级。

（4）喷砂处理应达到 GB/T 8923.1—2011 规定的 Sa2.5 级，锚纹深度为 50~90μm 或符合产品说明书规定。每次重新装填磨料后以及每连续喷砂 4h 都应进行锚纹深度测试。采用的磨料及压缩空气应干燥、洁净，磨料不应回收循环使用。

（5）处理过的表面应采用干燥的空气吹扫或清洁刷除去表面上的粉尘和残留物。

（6）表面缺陷处管体及周围防腐层表面应采取加热或其他合适的方式进行干燥处理。维修材料为黏弹体材料时，宜采用无水乙醇对维修区域进行去潮、除尘处理，必要时应对管体进行预热，并保持维修部位表面干燥洁净。

（7）表面处理完成后宜立即进行防腐施工，间隔时间不宜超过 4h。任何出现返锈或者未涂装过夜的已处理表面，在防腐施工之前都应重新进行处理。

（四）防腐层施工

1. 热熔胶+聚乙烯补伤片

（1）贴敷聚乙烯补伤片之前，应先对处理过的管体表面和周边防腐层进行预热，加热热熔胶，使其熔融在维修部位，熔敷厚度应不低于原防腐层厚度。

（2）聚乙烯补伤片四角应剪成圆角，并保证其边缘覆盖原防腐层不小于 100mm。贴补时应边加热边用辊子滚压或戴耐热手套用于挤压，排出空气，直至补伤片四周热熔胶均匀溢出。

2. 聚烯烃胶黏带

（1）有配套底漆时，应按照底漆使用说明书进行涂覆，期间应防止表面污染。

（2）胶黏带的解卷温度应满足胶黏带材料说明书规定的温度。宜使用专用缠绕机或手动缠绕机进行缠绕施工。在缠绕胶黏带时，宜采用胶黏带制造商配套供应的填充材料填充焊缝两侧。螺旋焊缝管缠绕胶黏带时，胶黏带缠绕方向应与焊缝方向一致。

（3）应在涂好底漆的管道维修区域按照搭接要求缠绕胶黏带。与管道原防腐层的搭接宽度应不小于 100mm，且至少原位缠绕 2 圈。胶黏带始末端搭接长度应不小于 1/4 管子周长，且不小于 100mm。两层缠绕时搭接缝应相互错开，搭接宽度应满足设计要求，但不应低于 25mm。缠绕时胶黏带搭接缝应平行，不得扭曲皱褶，带端应压贴，不得翘边。

3. 压敏胶型热收缩带

（1）防腐层维修时，安装前应对管体表面进行预热。压敏胶型热收缩带应按照产品说明书的要求进行安装。

（2）补口维修时，宜对焊缝进行填充。应将双面压敏胶条缠绕、贴敷在环焊缝及螺旋焊缝部位，并用压辊沿焊道进行辊压，排除气泡。双面胶条宽度宜不小于40mm，胶条厚度宜不小于0.8mm。

（3）压敏胶型热收缩带安装：补口维修时，将压敏胶型热收缩带中心线对准环焊缝位置，使其在管口焊缝位置左右对称；局部维修或防护层维修时，将压敏胶型热收缩带中心线对准维修区域轴向中心位置，如单个压敏胶型热收缩带不能覆盖维修区域，则自维修区域的轴向边缘开始安装，与原防腐层的搭接宽度不小于100mm，压敏胶型热收缩带之间的搭接宽度应不小于100mm。将压敏胶型热收缩带印有搭接线一端压贴于钢管表面2点或10点左右位置，用压辊从中间分别向两端压平；将压敏胶型热收缩带另一端头对准搭接线标记粘好，环向搭接宽度应不小于100mm，用压辊从中间分别向两端压平；然后从一侧缓慢移走防粘膜，移走过程应注意防止防粘膜残留在胶面上。

（4）固定片安装：将固定片平整地搭在压敏胶型热收缩带重叠部位，加热固定片胶层至充分软化后，接缝处用压辊反复碾压固定片以及两层压敏胶型热收缩带接缝处，并避免固定片上下部位的压敏胶型热收缩带起皱。

（5）加热收缩：用火焰加热器从压敏胶型热收缩带中心位置沿圆周方向均匀烘烤加热，使压敏胶型热收缩带中部首先完成环形收缩，然后向两侧移动加热器，使压敏胶型热收缩带环形收缩并向两边扩展，直至压敏胶型热收缩带整体完成收缩；继续加热使压敏胶型热收缩带紧锢在维修区域表面，至防腐层/防护层搭接区坡口形状突显、边缘无翘边、无缝隙并有压敏胶均匀溢出时，停止加热。

（6）表面辊压：采用压辊将压敏胶型热收缩带表面及边缘辊压平整，并驱除气泡。

4. 无溶剂环氧玻璃钢

（1）无溶剂环氧玻璃钢结构宜为二布五胶，即环氧树脂（表干）+环氧树脂+玻璃布+环氧树脂+玻璃布+环氧树脂（表干）+环氧树脂。

（2）可对管体表面凹坑及焊缝两侧刮涂环氧腻子，形成平滑过渡表面，调配好的腻子应在1h内用完。

（3）钢管表面处理合格后，应尽快涂底层环氧。涂装应均匀、无漏涂、无气泡、无凝块，湿膜厚度不应低于150μm。

（4）环氧涂料可采用刷涂、滚涂或刮涂等方式涂装；玻璃纤维布采用手工贴敷，沿管周对接包围，对接压边及两侧搭接宽度应不小于50mm。

（5）缠绕的玻璃布应表面平整、无褶皱、无鼓包，用滚刷滚压或刮刀刮压排除气泡并压实，使漆料充分浸润玻璃布。

（6）与已有防腐层搭接时，应对已有防腐层表面进行打毛处理并覆盖涂装至少50mm。

5. 黏弹体+外防护带

1) 黏弹体胶带施工

（1）黏弹体胶带可采用贴补或缠绕方式施工，防腐层连续维修和补口维修时宜采用缠绕施工。

第六章　油气田管道维修维护

（2）贴补施工时，黏弹体贴片应保证其边缘覆盖原防腐层不小于50mm。

（3）黏弹体胶带缠绕施工时，胶带轴向搭接宽度不应小于10mm，胶带始端与末端搭接长度不应小于50mm，接口应向下，其与缺陷四周管体原防腐层的搭接宽度应不小于50mm。缠绕时应保持胶带平整并具有适宜的张力，边缠绕边抽出隔离纸，同时用力擀压胶带并驱除气泡，使防腐层平整无皱褶，搭接均匀，无气泡，密封良好。

（4）保温管道防腐层施工时，管体表面缠绕时宜采用宽度为100mm的黏弹体胶带。保温层端面防水处理时，宜采用宽度为200mm的黏弹体胶带，缠绕时与主管道防护层搭接宽度不小于50mm，并覆盖保温层截面及经表面处理后的管体表面。

2）外防护带安装

（1）外防护带安装前，应对黏弹体胶带防腐层质量进行检验，且表面应保持干燥洁净。

（2）聚烯烃胶黏带的施工应符合下列要求：

① 胶黏带的解卷温度应满足胶黏带材料说明书规定的温度。宜使用专用缠绕机或手动缠绕机进行缠绕施工。

② 宜采用螺旋缠绕的施工方式，轴向搭接宽度不应小于胶带宽度的50%，胶黏带始末端搭接宽度应不少于100mm。轴向包覆宽度应超出内层黏弹体胶带防腐层两侧各100mm，且至少应原位缠绕2圈。非覆土环境下，缠绕时轴向方向两端应留出约3mm宽的黏弹体胶带。两层缠绕时搭接缝应相互错开，搭接宽度应满足设计要求，但不应低于25mm；缠绕时胶黏带搭接缝应平行，不得扭曲皱褶，带端应压贴，不得翘边。

③ 聚合物胶带缠绕时应保持一定的张力，搭接缝应平行，不应扭曲褶皱，带端应压贴，不应翘边。

（3）压敏胶型热收缩带的安装应符合下列要求：

① 压敏胶型热收缩带应按照产品说明书的要求进行安装。

② 压敏胶型热收缩带安装：将压敏胶型热收缩带中心线对准维修区域轴向中心位置，如单个压敏胶型热收缩带不能覆盖安装区域，则自安装区域的轴向边缘开始安装，与原防腐层的搭接宽度不小于100mm，压敏胶型热收缩带之间的搭接宽度应不小于100mm。将压敏胶型热收缩带印有搭接线一端压贴于黏弹体表面2点或10点左右位置，用压辊从中间分别向两端压平；将压敏胶型热收缩带另一端头对准搭接线标记粘好，环向搭接宽度应不小于100mm，用压辊从中间分别向两端压平；然后从一侧缓慢移走防粘膜，移走过程应注意防止防粘膜残留在胶面上。

③ 固定片安装：将固定片平整地搭在压敏胶型热收缩带重叠部位，加热固定片胶层至充分软化后，接缝处用压辊反复碾压固定片以及两层压敏胶型热收缩带接缝处，并避免固定片上下部位的压敏胶型热收缩带起皱。

④ 加热收缩：用火焰加热器从压敏胶型热收缩带中心位置沿圆周方向均匀烘烤加热，使压敏胶型热收缩带中部首先完成环形收缩，然后向两侧移动加热器，使压敏胶型热收缩带环形收缩并向两边扩展，直至压敏胶型热收缩带整体完成收缩；继续加热使压敏胶型热收缩带禁锢在安装区域表面，至外护带层搭接区坡口形状突显、边缘无翘边、无缝隙并有压敏胶均匀溢出时，停止加热。

⑤ 表面辊压：采用压辊将压敏胶型热收缩带表面及边缘辊压平整，并驱除气泡。

⑥ 压敏胶型热收缩带环向搭接宽度应不小于100mm，并采用固定片固定。

⑦ 轴向包覆宽度应超出内层黏弹体胶带防腐层两侧各不小于50mm。

（4）环氧玻璃钢的安装应符合下列要求：

① 无溶剂环氧玻璃钢结构宜为二布五胶，即环氧树脂（表干）+环氧树脂+玻璃布+环氧树脂+玻璃布+环氧树脂（表干）+环氧树脂。

② 应尽快涂底层环氧。涂装应均匀、无漏涂、无气泡、无凝块，湿膜厚度不应低于150μm。

③ 环氧涂料可采用刷涂、滚涂或刮涂等方式涂装；玻璃纤维布采用手工贴敷，沿管周对接包围，对接压边及两侧搭接宽度应不小于50mm。

④ 缠绕的玻璃布应表面平整、无褶皱、无鼓包，用滚刷滚压或刮刀刮压排除气泡并压实，使漆料充分浸润玻璃布。

⑤ 环氧玻璃钢宽度应超出内层黏弹体胶带防腐层两侧各100mm。

⑥ 环氧玻璃钢与主体防腐层搭接部位应拉毛和极化处理，形成粗糙表面并覆盖涂装至少50mm。

6. 无溶剂液体环氧

（1）防腐层涂敷应均匀、无漏涂、无气泡、无流挂，且防腐层厚度应符合SY/T 5918—2017的规定，与原防腐层的搭接宽度应大于50mm。

（2）开桶前，应先将涂料桶晃动或旋转振动，然后再开桶，并将涂料各个组分分别搅拌均匀。低温环境施工时，宜对涂料进行预热/保温。

（3）采用高压无气喷涂时，应按照生产厂商对涂料的配比要求，设定喷涂机的输送比例，并按要求对涂料进行预热、保温，确保涂料喷涂雾化良好。涂敷时，喷枪应匀速行走，宜一次喷涂成型，并达到规定厚度。

（4）当采用人工涂敷方式时，按产品使用说明书的规定进行搅拌、配料、混合及熟化。配好的涂料应在产品说明书规定的适用期内使用，并不应添加稀释剂。多道涂敷时，应按涂料生产厂商推荐的涂装间隔要求进行，可在上道漆表干后实干前涂敷下一道漆；如各层涂敷间隔时间超过了规定要求，应对前一道漆的表面进行打毛处理。涂敷过程中，应对湿膜厚度进行监测，及时对厚度不足的部位进行补涂。

（5）涂敷完成后，应采取有效措施避免水滴、雨雪、砂土或飞虫等影响未固化的防腐层。防腐层的固化温度宜保持在10℃以上；如温度偏低、防腐层固化缓慢时，可采取加热措施加速固化，加热温度及时间应符合涂料生产厂商的要求。

7. 无溶剂液体聚氨酯

（1）涂料开桶后，应将含填料的组分搅拌均匀。涂料组分应及时加盖，尤其应注意异氰酸酯组分的密闭。

（2）防腐层的涂敷应均匀、连续，防止流挂、漏涂，且与原防腐层的搭接宽度应大于50mm。

（3）采用喷涂方式时，应按照生产商涂料使用说明要求，设定喷涂机的输送比例，并对涂料进行预热、保温，确保涂料喷涂良好雾化。喷涂时应符合以下规定：

① 喷涂前，应将混合管路中的溶剂全部喷出，待喷出的涂料不含溶剂时，方可开始涂料的喷涂。喷涂结束或中途停顿，应随即用溶剂将喷嘴和混合料管路冲洗干净。

② 采用机械自动喷涂时，调整支架上的喷枪位置，自防腐层搭接部位开始，按照设定的涂敷时间和旋转速度进行喷涂。

③ 采用手持喷涂作业时，应保持喷嘴和管表面垂直，两者距离为 300~400mm。以 500mm 为一个喷涂单元，首先应将整个单元表面均匀喷涂一遍，不应有漏涂，然后往复移动喷枪，逐步加厚，涂覆完成后进行下一个单元喷涂。

（4）采用手工刷涂方式时，应指定专人负责涂料的配制，严格按产品使用说明书的规定进行配料、混合，并在适用期内使用涂料。涂敷时，应注意赶除气泡；应采用多道涂敷，并按照产品说明书规定的漆膜干燥程度、涂敷间隔时间进行下一道漆的涂敷；应控制每道漆的厚度，并获得均匀连续的防腐层。涂敷过程中，应采用湿膜测厚仪测试涂层厚度，并及时对厚度不足处进行补涂。

（5）涂敷完成后，应采取有效措施避免浸水、雨雪、砂土或飞虫等影响未固化的防腐层，并避免触碰。应依据钢管温度和现场环境温度条件，保证防腐层的干燥固化时间。

（6）超出产品说明书推荐的最大重涂间隔时，应对上道涂层进行打毛处理。

8. 无溶剂液体环氧+聚烯烃胶黏带

待无溶剂液体环氧实干后进行聚烯烃胶黏带施工，轴向包覆宽度应超出无溶剂液体环氧防腐层两端各 50mm。

9. 石油沥青

石油沥青防腐层维修施工应执行 SY/T 0420—1997《埋地钢质管道石油沥清防腐层技术标准》的规定。

10. 煤焦油瓷漆

煤焦油瓷漆防腐层维修施工应执行 SY/T 0379—2013《埋地钢质管道煤焦油瓷漆外防腐层技术规范》的规定。

11. 架空敷设非保温管道防腐层维修

架空敷设非保温管道防腐层维修采用环氧富锌底漆+环氧云铁中间漆+脂肪族聚氨酯或交联氟碳面漆、无溶剂聚脲防腐层，防腐层的维修施工按照 SY/T 7347—2016《油气架空管道防腐保温技术标准》的规定执行。

（五）保温层及防护层施工

1. 聚氨酯泡沫保温层维修

（1）垂直管道保温层维修施工时，应自下而上进行。

（2）维修施工过程中应保证保温层材料不被污染、损坏或受潮。

（3）采用预制保温瓦块维修，保温层厚度大于 80mm 时，应按原来保温层结构分层维修并实施错缝处理，应选择合适尺寸的预制保温瓦块，并确保保温瓦块与管道防腐层之间紧密贴合。应将保温瓦块切割至维修区域尺寸一致后进行镶嵌，若维修区域大于保温瓦片尺寸，可采用拼接方式进行镶嵌，拼接缝隙不应大于 5mm，然后用捆扎材料进行捆绑。保温瓦块的缝隙宜采用发泡剂或涂胶方式进行填充，填充完成后，应将保温层表面修整，确保维修区域保温层完整无缝隙。

（4）采用模具注料发泡填充，进行补口维修时，应选用合适的发泡模具紧固在维修位置两端的主管道外防护层上，与主体防护层搭接处应无缝隙且搭接长度不小于100mm，浇注口应向上。应按产品说明书的要求和用量调和发泡剂，混料应均匀，发泡模具内表面应涂刷脱模剂。浇注时，浇注料温度和环境温度应符合产品使用说明书要求，浇注配料应准确且宜边浇注边搅拌，确保发泡剂能充分填充模具。待发泡完成并达到产品说明要求的发泡时间后方能拆除发泡模具。发泡完成后，宜采用刀具平整保温层表面，以利于防护层维修。

（5）环境温度低于产品说明书要求的施工温度时，模具、泡沫塑料原料应预热后再进行发泡。

（6）仅部分保温层损坏时，宜采用便携式发泡枪进行发泡填充，并修整至与主管道防护层齐平。

（7）采用聚乙烯热熔套外护层维修时，应先安装热熔套，待气密性检验合格后直接进行聚氨酯泡沫现场发泡，发泡过程应执行SY/T 0324—2014《直埋高温钢质管道保温技术规范》的规定，发泡完成后两端采用热熔胶型热收缩带密封。

2. 防护层维修

（1）保温层维修完成后进行外护层施工，应清除保温层及原外护层表面杂物。

（2）黏弹体+外护带施工时，黏弹体与原聚乙烯外护层搭接宽度不小于50mm。

（3）热熔胶型热收缩带应按照产品说明书的要求进行安装，并应符合以下规定：

① 热熔胶型热收缩带安装：将热熔胶型热收缩带中心线对准维修区域轴向中心位置，如单个热熔胶型热收缩带不能覆盖维修区域，则自维修区域的轴向边缘开始安装，与原外护层的搭接宽度不小于100mm，热熔胶型热收缩带之间的搭接宽度应不小于100mm。将热熔胶型热收缩带印有搭接线一端压贴于钢管表面2点或10点左右位置，用压辊从中间分别向两端压平；将热熔胶型热收缩带另一端对准搭接线标记粘好，环向搭接宽度应不小于100mm，用压辊从中间分别向两端压平；然后从一侧缓慢移走防粘膜，移走过程应注意防止防粘膜残留在胶面上。

② 固定片安装：将固定片平整地搭在热熔胶型热收缩带重叠部位，加热固定片胶层至充分软化后，接缝处用压辊反复碾压固定片以及两层热熔胶型热收缩带接缝处，并避免固定片上下部位的热熔胶型热收缩带起皱。

③ 加热收缩：用火焰加热器从热熔胶型热收缩带中心位置沿圆周方向均匀烘烤加热，使热熔胶型热收缩带中部首先完成环形收缩，然后向两侧移动加热器，使热熔胶型热收缩带环形收缩向两边扩展，直至热熔胶型热收缩带整体完成收缩；继续加热使热熔胶型热收缩带禁锢在维修区域表面，至防护层搭接区坡口形状突显、边缘无翘边无缝隙并有热熔胶均匀溢出时，停止加热。

④ 表面辊压：采用压辊将热熔胶型热收缩带表面及边缘辊压平整，并驱除气泡。

（4）补口外防护层维修宜采用热熔套，电热熔套的安装应执行SY/T 0324—2014的规定，热熔套的安装可参照SY/T 0324—2014的规定。

（5）架空敷设保温管道防护层维修施工应按照SY/T 7347—2016的规定执行。

（六）质量检验

1. 表面处理质量检验

表面处理质量检验应符合以下要求：

（1）应对维修区域管体进行目视检查，表面除锈质量应达到 GB/T 8923.1—2011 规定的 Sa2.5 级或 St3 级。

（2）宜采用粗糙度测量仪或锚纹深度测试纸检测锚纹深度，局部维修时，宜每处维修点检测 1 次；连续维修时，应每 4h 检测 1 次。锚纹深度应符合产品说明书的要求。

（3）应对维修区域周围管体防腐层搭接部位的表面处理质量进行目测检查，处理结果应符合产品说明书的要求。

（4）局部维修时，每维修点宜检测 1 次钢管表面灰尘度；连续维修时，应每 4h 至少检测 1 次钢管表面灰尘度。每处至少随机抽查一点，灰尘度等级应达到 GB/T 18570.3—2005《涂覆涂料前钢材表面处理 表面清洁度的评定试验 第 3 部分：涂覆涂料前钢材表面的灰尘评定（压敏粘带法）》规定的 2 级。

（5）架空敷设管道维修施工现场位于海边、盐碱地带时，应按照 GB/T 18570.9—2005《涂覆涂料前钢材表面处理 表面清洁度的评定试验 第 9 部分：水溶性盐的现场电导率测定法》的要求进行表面盐分含量的测试，管体表面盐分含量应不超过 20mg/m^2，超标管体应进行除盐处理。

2. 防腐层质量检验

1）过程检验

（1）液体涂料湿膜厚度检查。

液体涂料施工过程中，应采用湿膜测厚仪测量防腐层湿膜厚度，确保厚度达到要求，且均匀一致。湿膜厚度采用四象限测量方法（即时钟位置 0:00，3:00，6:00 和 9:00）。测试厚度不满足要求的区域，应及时补涂。

（2）液体涂料固化度检查。

固化度检查仅针对反应固化型液体涂料。按涂料说明书指示的涂料固化时间进行检查：

① 表干：用手轻触防腐层不黏，或虽发黏但无漆料粘在手指上。
② 实干：用手指用力推防腐层不移动。
③ 固化：用手指甲用力刻防腐层不留痕迹。

（3）复合结构内层检查。

复合结构内层质量检查应符合以下规定：

① 黏弹体胶带施工完成后应逐一进行外观、厚度及漏点检测，检测应符合下列要求：

（a）外观：外观应平整，搭接均匀，无皱褶，无气泡；黏弹体胶带与管体防腐层搭接宽度应不小于 50mm。

（b）厚度：采用无损测厚仪进行检测，每道补口至少选择一个截面上均匀分布的 4 点，黏弹体胶带防腐层厚度应不小于 1.5mm。若不合格，应缠绕黏弹体胶带至规定厚度。

（c）漏点：采用电火花检漏仪对黏弹体胶带防腐层进行全面检查，以无漏点为合格；检漏电压为 10kV，探头移动速度约为 0.2m/s，连续检测时，检漏电压应每 4h 校正 1 次。

若有漏点，应采用黏弹体胶带进行修补并检漏，直至合格。

②无溶剂液体环氧施工完成后应进行外观、厚度及漏点检测，检测应符合液体涂料固化度检查的要求。

2）最终检验

（1）防腐层外观。

①防腐层维修时涉及的隐蔽工程，在覆土回填之前，应进行完好性检查。应对防腐层表面进行100%目测检查，防腐层外观应符合以下要求：

②聚烯烃胶黏带：防腐层表面应平整、搭接均匀、无永久性气泡、无皱褶和破损。

③液体涂料：目视检查防腐层表面应平整、色泽均匀，不应有褶皱、漏涂、流挂、龟裂、鼓泡和分层等缺陷。

④无溶剂环氧玻璃钢：防腐层表面应平整、颜色均匀一致，无开裂、皱褶、空鼓、流挂、脱层、发白以及玻璃纤维外露等缺陷，压边和搭接应均匀且黏结紧密，玻璃布网孔应为漆料所灌满。

⑤压敏胶型热收缩带及补伤片：表面应平整，无鼓包、无气泡、无烧焦炭化现象，四周应溢胶均匀。

（2）防腐层厚度。

采用液体涂料进行连续维修时，应在防腐层实干后进行厚度检测，厚度应满足以下要求：

①四象限测量（即时钟位置：0:00，3:00，6:00，9:00）。作为最低要求，沿管道长度方向每个作业坑应至少测量一组数据。

②厚度要求：防腐层的最小厚度应符合要求，每组测量平均值不应低于规定的最小厚度，90%的单个测量点值不应低于规定的最小厚度，单个测量点值不应低于规定最小厚度的90%。

③如果任意作业坑内的干膜厚度不符合本条厚度要求，则应进行附加测量以确定不符合要求的区域，按照防腐层施工要求进行修补。

（3）漏点检测。

所有防腐层维修管段应100%进行电火花漏点检测，无漏点为合格。防腐层漏点检测应满足以下要求：

①聚烯烃胶黏带液体涂料固化后，方可进行漏点检测。

②液体涂料或无溶剂环氧玻璃钢防腐层检漏电压为5V/μm；聚烯烃胶黏带及其他防腐层检漏电压为10kV。

③检测期间，应每天对电火花检漏仪输出电压进行校核。

（4）黏结力测试。

局部维修的防腐层宜进行黏结力检查。连续维修的防腐层应按下列要求进行黏结力检查：

①聚烯烃胶黏带、压敏胶型热收缩带、黏弹体+外护带：进行剥离强度测试，包括带/钢、带/带剥离强度测试，黏弹体+外护带复合结构与管体的剥离强度测试及黏弹体的覆盖率测试。每1000m连续维修段应至少抽查1个作业段（100m），每个作业段抽查2处。剥离强度应满足本节第三部分的要求，若1处不合格，应在同一作业段再抽查2处，

如仍有不合格，该作业段应全部返修；同时另外抽查一个作业段，如果不合格，该1000m应全部返修。防腐层剥离强度现场测试方法：

（a）本方法用于聚烯烃胶黏带、压敏胶型热收缩带及热熔胶型热收缩带防腐层剥离强度的现场检测，包括防腐层与钢表面剥离强度及防腐层与防腐层之间的层间剥离强度测试。

（b）防腐层现场剥离强度测试所需仪器如下：

测力计（弹簧秤）：最小刻度为1N。

钢板尺：最小刻度为1mm。

裁刀：可以划透防腐层。

（c）测试步骤：用刀环向划开宽20mm、长度大于100mm的防腐层，直至管体。然后用测力计（弹簧秤）与管壁成90°拉开，如图6-27所示，记录测力计（弹簧秤）读数。聚烯烃胶黏带的拉开速度应为100mm/min。压敏胶型热收缩带及热熔胶型热收缩带的拉开速度应为10mm/min。该测试应在防腐层施工完成4h以后进行。

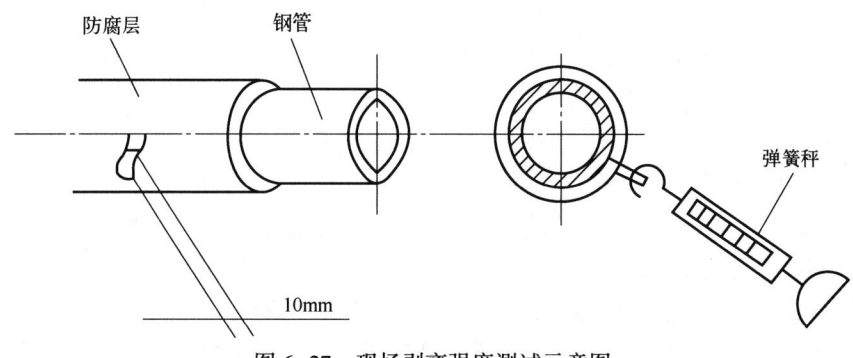

图6-27 现场剥离强度测试示意图

（d）结果表述：单位为N/cm，以3次测定结果的平均值作为测定结果。

② 液体涂料、无溶剂环氧玻璃钢：应进行黏结强度测试，每1000m连续维修段应至少抽查1个作业段（100m），每个作业段应抽查2处，黏结强度应达到2级及以上。若1处不合格，应在同一管段再抽查2处，如仍有不合格，应全部返修。液体涂料类防腐层附着力现场测试方法：

（a）本方法适用于液体涂料类防腐层及无溶剂环氧玻璃钢防腐层对钢表面黏结力的现场检测。

（b）测试工具：小刀。

（c）测试步骤：待防腐层完全固化后，用刀尖沿钢管轴线方向在涂层上刻划两条相距10mm的平行线，再刻划两条相距10mm并与前两条线相交成30°的平行线，形成一个平行四边形，要求各条刻线必须划透涂层。然后，把刀尖插入平行四边形各内角的涂层下，施加水平推力直至平行四边形内的防腐层全部撬离或防腐层表现出明显的抗撬剥性能为止。观察并记录防腐层撬剥情况。

（d）结果表述按下列分级标准评定防腐层的附着力等级：

1级：防腐层明显不能被撬剥下来。

2级：被撬离的防腐层不大于50%。

3级：被撬离的防腐层大于50%，但是防腐层表现出明显的抗撬剥性能。

4级：防腐层很容易被撬剥成条状或大块碎屑。

5级：防腐层呈一整片被剥离下来。

每处测量3点，以级别最低的测试结果代表该处防腐层的附着力级别。

③黏结力测试所破坏的防腐层应立即修补，修补完成后应进行漏点检测。

3）防腐层补涂、修补及复测

维修后的防腐层若存在厚度不够、漏点等缺陷或不符合要求，都应进行补涂、修补及复验。检测过程中破坏的防腐层也应进行修补。

3. 保温层质量检验

1）预制保温瓦块

预制保温瓦块应捆扎牢固，与管道及两端原保温层贴合紧密，且接缝处应填充平整，无明显空缺，高度与原防护层一致。

2）模具注料发泡填充

模具注料发泡填充质量检验应满足以下规定：

（1）模具注料发泡填充现场发泡后应逐一进行目视检查，保温层应无收缩、发酥、开裂、烧心等缺陷，不应有明显空洞。

（2）用手指按压发泡层，应无碎末脱落，且无明显凹坑。

3）防护层质量检验

（1）采用黏弹体+外防护带、压敏胶型热收缩带或热熔胶型热收缩带进行防护层维修后，应进行端面密封检验，密封应完好。防护层维修时涉及的隐蔽工程，在覆土回填之前，应进行完好性检查。应对防护层表面进行100%目测检查，防护层外观应符合以下要求：

①聚烯烃胶黏带：防腐层表面应平整、搭接均匀，无永久性气泡、无皱褶和破损。

②无溶剂环氧玻璃钢：防腐层表面应平整、颜色均匀一致，无开裂、皱褶、空鼓、流挂、脱层、发白以及玻璃纤维外露等缺陷，压边和搭接应均匀且黏结紧密，玻璃布网孔应为漆料所灌满。

③压敏胶型热收缩带及热熔胶型热收缩带：表面应平整，无鼓包、无气泡、无烧焦炭化现象，四周应溢胶均匀。

（2）热熔套安装完成后外观检验及气密性检验应执行SY/T 0324—2014的规定。

（3）架空敷设保温管道防护层质量检验应执行SY/T 7347—2016的规定。

（七）回填及地面恢复

1. 一般规定

（1）防腐层/保温层维修完毕、经检查/检验确认合格后，方可进行土方回填。对于胶黏带或黏弹体+外护带防腐结构，回填时应避免在中午太阳直射的高温状态下进行，并应从管道两边将管道底部回填土夯实。耕作土地段的管沟应分层回填，表面耕作土应置于最上层。

（2）管沟内如有积水，应抽干积水后再回填干土。管道水平中心线以下的回填土不应为湿的松软土壤。

（3）对于弹性敷设的管段，如管体有较大变形，回填前应在全段应力释放侧用干土草袋垒实加固。

(4) 回填完成后，连续维修的管段应进行地面检漏。

2. 回填步骤

(1) 一般地区管道回填宜按以下步骤进行：

① 管沟底至管顶上方 200mm，用过筛细土进行小回填，细土的粒径应不大于 5mm。

② 应采用人工分层回填并夯实，每层厚 200mm；在管道无法夯实的情况下，应采取加固措施。

③ 地面整形：管道水平中心线以上应松填，一般应高出地面 30~50cm。有管堤的管道，管堤应统一整形，以管道中心线为基准达到面、角整齐。

(2) 高寒冻土地区管道回填宜按以下步骤进行：

① 管沟回填前，应将沟底积雪和杂物清理干净并整平沟底，而后按要求分层进行回填。管沟的回填应连续作业，一次完成。

② 管周围宜采用砾石回填，回填至管顶上方 300mm，然后可回填原状土，且冻土块最大粒径不应超过 200mm，如有冻结，应机械破碎后再回填。

③ 回填应采取人工回填，并在光缆下部夯填，光缆应留有下垂余量，防止土方下沉造成光缆断裂。

3. 撼砂

(1) 连续维修管段的两端、固定墩、阀室两端、进出站等部位回填时应采用自然放坡撼砂施工，撼砂长度（含两侧自然放坡）不应小于 30m，撼砂深度应至管道中心线。

(2) 撼砂以外的其余管沟为人工夯实的回填土。

(3) 地下水位较高且连续较长无法放坡时，连续维修管段两端应各撼砂 20m，中间部位应每隔 10m 撼砂 2m，不足 10m 以 10m 计。

(4) 撼砂点两侧用编织袋装砂子垒砌堆实。

(5) 撼砂长度包括沙袋。

4. 地面设施及标识恢复

管沟回填过程中，沿线施工时破坏的地面设施及标识应按原貌恢复，并检查测试桩的电缆引线是否良好。

(八) 数据管理

1. 施工记录

防腐保温维修过程中，施工单位应及时、真实记录并保存有关资料，宜参照 SY/T 5918—2017 附录 C 进行记录，特殊部位应拍照存档。

2. 数据汇总

每一标段完成后，施工单位应将施工记录、管道防腐层维修记录汇总后提交业主。

(九) 交工文件

施工单位应向业主提供以下资料：

(1) 施工组织设计。

(2) 工程变更申请单及批复。

（3）维修段位置图，应包括管段的桩号、埋深、防腐层类型及等级、缺陷维修位置及维修方案、新增地下隐蔽物等。

（4）防腐层维修施工记录，维修区间应标明桩号。

（5）质量检查及隐蔽工程验收记录。

（6）防腐材料原始产品合格证、施工中的检验报告等。

（7）合同中约定的其他资料。

第四节 管道内防腐层维修

一、内衬法

（一）一般要求

（1）传统内衬法适用于燃气管道、供水管道、化学及工业管道、直管道、带弯头的管道、压力管道等。

（2）新插管的外径不大于旧管内径的90%。

（3）一次性穿插长度受作业段的作业空间、回拖设备的能力、管材强度的限制。

（4）施工环境温度宜为5~35℃，低于5℃应采取加热保温措施，高于35℃应采取遮阳措施。

（5）穿插用内衬管单管的连接应采用热熔焊接，穿插管段的连接宜采用电熔连接或法兰连接，相关要求应执行《聚乙烯燃气管道工程技术标准》（CJJ 63—2018）有关规定。热熔焊接连接的工艺参数，应符合热熔连接工具生产厂家和聚乙烯内衬管材厂家的规定。进行聚乙烯内衬管单管热熔焊接操作的操作工必须持有上岗许可证。

（6）待维修钢管不断管连续穿插内衬管允许的折弯角度为：U形变形模式折弯角度≤22.5°；径向均匀压缩模式折弯角度≤11.25°。

（7）内衬管材的现场堆放高度不应超过1.5m，不可重压或与锋利物品碰撞，不应露天长期暴晒，应远离火源、热源及化学药品。

（8）施工环境温度低于5℃时，应将聚乙烯内衬管的管端部2m范围内在大于5℃的温度下预热40min以上；环境温度高于35℃时，应使焊机在帐篷内工作以避免日光光线的直射暴晒；环境温度低于-10℃时不宜施工。在雨天环境下施工时，应使焊机在帐篷内工作并做到聚乙烯内衬管内外均无水滴。

（9）聚乙烯变形管不应有裂片、窄裂纹、龟裂或碎裂等痕迹。

（二）响应时间计划

1. 资料收集及评估

（1）设计前应收集以下资料：

① 管道基础信息：管道长度、管径与壁厚、管道材质、输送介质、温度、压力、站

点与阀室分布、内外防腐与保温措施、投产时间等。

② 管道沿线路由情况：地形起伏情况、穿跨越分布情况、沿线主要河流道路以及居民区分布情况等。

③ 输送介质信息：介质主要组分、含水率、油气比、pH 值、硫化氢含量、二氧化碳含量、氯离子含量等。

④ 管道运行及维修记录：运行压力与温度、输送介质及变化情况、维修时间、维修次数、维修原因与措施、内外腐蚀状况、实际壁厚检测结果、强度评价结果、弯头数量与位置及施工环境等。

⑤ 管道内壁焊瘤情况：焊瘤大小、位置、数量等检测结果，以及焊瘤处理方式等。

（2）应根据收集的信息对钢质管道采用聚乙烯类内衬方案进行可行性评估，内容至少包括钢质管道的承压能力、现场施工条件、内衬管对介质的适用性。

2. 一般规定

（1）聚乙烯内衬应选用高密度聚乙烯或耐高温聚乙烯管材。高密度聚乙烯内衬管的使用温度不应超过 60℃，耐高温聚乙烯内衬管的使用温度不应超过 75℃。

（2）现场钢质管道聚乙烯内衬管宜采用穿插工艺。

（3）设计应考虑内衬管的下列特性：

① 材质应满足工况要求。

② 内衬管的壁厚。

③ 内衬管与钢质管道的配合方式、外径及误差要求。

④ 一次穿插的最大长度。

⑤ 输送介质对内衬管尺寸、机械特性、抗渗性和溶胀性的影响。

⑥ 内衬管安装过程中的应力状况。

（4）内衬管最小壁厚和外径应符合下列要求：

① 内衬管最小壁厚和偏差应符合表 6-30 的要求。内衬管外径与表 6-30 所列不相同时，公差应与表 6-30 中最相近直径相同。

表 6-30 内衬管最小壁厚和偏差

公称外径，mm	最小壁厚，mm	壁厚偏差，mm
<100	3.5	+0.6 0
100	4.0	+0.6 0
150	5.0	+0.7 0
200	6.0	+0.9 0
250	7.0	+1.1 0
300	8.0	+1.3 0

续表

公称外径，mm	最小壁厚，mm	壁厚偏差，mm
350	8.5	+1.5 0
400	9.6	+1.7 0
500	12.5	+2.4 0
600	14.0	+2.5 0
700	16.0	+2.8 0

② 等径压缩内衬管的外径应比钢质管道的内径大，且不能超过钢质管道内径的 4%。U 形压缩内衬管的外径宜比钢质管道的内径小。

（5）内衬管及钢质管道连接形式可采用钢包裹连接或法兰连接。

（三）维修方法及选择

（1）高密度聚乙烯内衬管原料性能应符合《燃气用埋地聚乙烯（PE）管道系统 第 1 部分 总则》(GB/T 15558.1—2023 规定，且密度应不小于 0.941g/cm³。

（2）耐高温聚乙烯内衬管性能应符合《冷热水用耐热聚乙烯（PE-RT）管道系统 第 2 部分：管材》(GB/T 28799.2—2020 规定，并应满足表 6-31 要求。

表 6-31 耐高温聚乙烯内衬管原料的性能

项目	性能指标	试验参数		试验方法
密度	≥0.930g/cm³	试验温度	23℃	GB/T 1033.1—2008
氧化诱导时间 （热稳定性）	>20min	试验温度	200℃	GB/T 19466.6—2009
		试样质量	（15±2）mg	
熔体质量流动速率 （MFR）（g/10min）	与产品标称 MFR 偏差<20%	负荷质量	5kg	GB/T 3682.1—2018
		试验温度	190℃	

（3）应用于特定油气集输环境的高密度聚乙烯和耐高温聚乙烯管原料，应按《石油、石化与天然气工业 与油气开采相关介质接触的非金属材料 第 1 部分：热塑性塑料》(GB/T 34903.1—2017) 要求评价其适用性。

（4）采用高密度聚乙烯制成的管材理化性能应符合表 6-32 的规定，采用耐高温聚乙烯制成的管材理化性能应符合表 6-33 的规定。

表 6-32 高密度聚乙烯管的理化性能

项目	性能指标	试验参数		试验方法
静液压强度 （20℃，100h）	无破裂，无渗漏	环应力	12.0MPa	GB/T 6111—2018
		试验时间	≥100h	
		试验温度	20℃	

续表

项目	性能指标	试验参数		试验方法
静液压强度 （80℃，165h）	无破裂，无渗漏	环应力	5.4MPa	GB/T 6111—2018
		试验时间	≥165h	
		试验温度	80℃	
静液压强度 （80℃，1000h）	无破裂，无渗漏	环应力	5.0MPa	
		试验时间	≥1000h	
		试验温度	80℃	
纵向回缩率 （壁厚≤16mm）	≤3%，表面无破坏	试验温度	110℃	GB/T 6671—2001
		试样长度	200mm	
		烘箱内放置时间	1h	
拉伸屈服强度 e≤5mm	≥20MPa	试样形状	类型 2	GB/T 8804.3—2003
		试验速度	100mm/min	
拉伸屈服强度 5mm<e≤12mm	≥20MPa	试样形状	类型 1	
		试验速度	50mm/min	
拉伸屈服强度 e>12mm	≥20MPa	试样形状	类型 1	
		试验速度	25mm/min	
		或		
		试样形状	类型 3	
		试验速度	10mm/min	
断裂伸长率 e≤5mm	≥350%	试样形状	类型 2	GB/T 8804.3—2003
		试验速度	100mm/min	
断裂伸长率 5mm<e≤12mm	≥350%	试样形状	类型 1	
		试验速度	50mm/min	
断裂伸长率 e>12mm	≥350%	试样形状	类型 1	
		试验速度	25mm/min	
		或		
		试样形状	类型 3	
		试验速度	10mm/min	
氧化诱导时间 （热稳定性）	>20min	试验温度	200℃	GB/T 19466.6—2009
		试样质量	(15±2)mg	
熔体质量流动速率 （MFR）（g/10min）	加工前后 MFR 变化<20%	负荷质量	5kg	GB/T 3682.1—2018
		试验温度	190℃	

注：e 表示公称壁厚，mm。

表 6-33　耐高温聚乙烯管的理化性能

项目	性能指标	试验参数		试验方法
静液压强度 （20℃，1h）	无破裂，无渗漏	环应力	11.2MPa	GB/T 6111—2018
		试验时间	≥1h	
		试验温度	20℃	

续表

项目	性能指标	试验参数		试验方法
静液压强度 (95℃, 22h)	无破裂，无渗漏	环应力	4.1MPa	GB/T 6111—2018
		试验时间	≥22h	
		试验温度	95℃	
静液压强度 (95℃, 165h)	无破裂，无渗漏	环应力	4.0MPa	GB/T 6111—2018
		试验时间	≥165h	
		试验温度	95℃	
静液压强度 (95℃, 1000h)	无破裂，无渗漏	环应力	3.8MPa	GB/T 6111—2018
		试验时间	≥1000h	
		试验温度	95℃	
纵向回缩率 (壁厚≤16mm)	≤2%	试验温度	110℃	GB/T 6671—2001
		试样长度	200mm	
		烘箱内放置时间 $e_n \leq 8mm$	1h	
		$8mm < e_n \leq 16mm$	2h	
		$e_n > 16mm$	4h	
拉伸屈服强度 $e \leq 5mm$	≥18MPa	试样形状	类型2	GB/T 8804.3—2003
		试验速度	100mm/min	
拉伸屈服强度 $5mm < e \leq 12mm$	≥18MPa	试样形状	类型1	GB/T 8804.3—2003
		试验速度	50mm/min	
拉伸屈服强度 $e > 12mm$	≥18MPa	试样形状	类型1	GB/T 8804.3—2003
		试验速度	25mm/min	
		或		
		试样形状	类型3	
		试验速度	10mm/min	
断裂伸长率 $e \leq 5mm$	≥500%	试样形状	类型2	GB/T 8804.3—2003
		试验速度	100mm/min	
断裂伸长率 $5mm < e \leq 12mm$	≥500%	试样形状	类型1	GB/T 8804.3—2003
		试验速度	50mm/min	
断裂伸长率 $e > 12mm$	≥500%	试样形状	类型1	GB/T 8804.3—2003
		试验速度	25mm/min	
		或		
		试样形状	类型3	
		试验速度	10mm/min	
氧化诱导时间 (热稳定性)	>20min	试验温度	200℃	GB/T 19466.6—2009
		试样质量	(15±2)mg	
熔体质量流动速率 (MFR) (g/10min)	加工前后 MFR 变化<20%	负荷质量	5kg	GB/T 3682.1—2018
		试验温度	190℃	

续表

项目	性能指标	试验参数		试验方法
维卡软化温度	≥120℃	负荷	10N	GB/T 1633—2000
		加热速率	120℃/h	

注：e 表示公称壁厚，mm。

(5) 工厂预制的 U 形变形管应当连续缠绕；操作和存储应符合产品说明书的规定。

(6) 聚乙烯内衬管的内外表面应清洁、平滑，不允许有气泡、明显的划伤、凹陷、杂质、颜色不均等缺陷。管材两端应切割平整，并与管材轴线垂直。

（四）施工作业及质量控制

聚乙烯内衬管施工流程如图 6-28 所示。

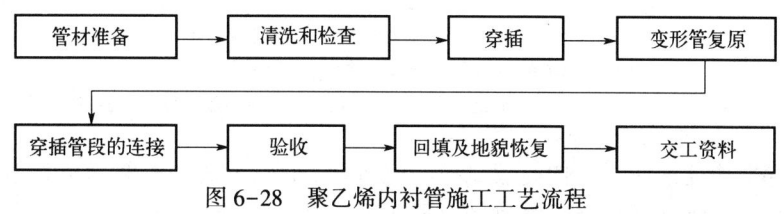

图 6-28 聚乙烯内衬管施工工艺流程

1. 管材准备

应按照设计要求、实际丈量管线的长度和施工预留长度准备聚乙烯内衬管穿插所需管材。

2. 清洗和检查

（1）应对待维修钢管内部进行清洗，宜采用高速喷射清洗机、机械驱动设备、介质推动清管器等物理清洗方式，清洗后应达到无明显附着物、无尖锐毛刺水平。

（2）待维修钢管清洗前应检查是否存在有毒或易燃气体。存在有毒或易燃气体时，应进行氮气置换或采取其他相应有效措施。

（3）对于清理检查合格后的待维修钢管，应进行通径检查。通径规不能通过的管段应进行开挖断管，排除异常。通径规的尺寸可按表 6-34 确定，通径规的材质应选用高于待维修钢管强度的金属材料。

表 6-34 通径规外径与待维修钢管内径最大差值

待维修钢管公称直径 mm	DN<100	100≤DN<150	150≤DN<250	250≤DN<350	DN≥350
最大差值，mm	-2	-3	-4	-5	-6

3. 穿插

（1）连续内衬管穿插作业坑可按图 6-29 布置，作业坑尺寸宜符合下列规定：

① 作业坑深度宜开挖至管底悬空 0.5m，底宽宜为管道两侧各增加 0.75m。

② 分段点断管长度 L_2 宜取待维修钢管外径的 5~10 倍，且应满足分段点连接要求。

③ 横截面放坡比例应符合 SY/T 5918—2017 的规定和相关安全规定。

④ 连续管道牵引进待维修钢管作业坑的最小长度宜按下列公式计算：
$$L = HB \tag{6-20}$$

式中　L——作业坑长度，m；
　　　H——管道敷设深度，m；
　　　B——坡度比例，宜取 8~10。

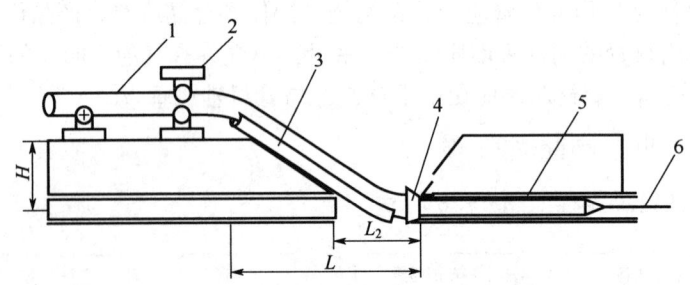

图 6-29　内衬管穿插牵引进待维修钢管作业坑布置示意图
1—内衬管；2—变形设备；3—防磨垫；4—变径导入口；4—待维修钢管；6—牵引缆索

（2）在穿插作业前应进行内衬管试拉，宜截取 2m 以上的内衬管做成试拉段，应从插入点拉到终点。当划痕深度超过内衬管壁厚 10% 或绝对深度大于 1mm 时，应重新进行清管除瘤，直至试拉合格。

（3）穿插作业前，应完成管道端头金属法兰或连接装置的安装。

（4）穿插过程中应对牵引力进行连续监测，测出的牵引力应不大于最大允许牵引力 F_m，最大允许牵引力 F_m 应按下列公式进行计算：
$$F_m = \delta S \times 50\% \tag{6-21}$$

式中　F_m——最大允许牵引力，N；
　　　δ——内衬管屈服强度，MPa；
　　　S——内衬管横截面积，mm^2。

（5）内衬管进行穿插作业时，应预留放置单根管材和热熔焊接后连续管道的场地，并做好材料保护措施。

4. 变形管复原

（1）径向均匀压缩变形管的复原宜采用自然释放恢复的方式进行，管道内衬管的恢复复原时间不应小于 24h。也可采用辅助压力或辅助温度的方式进行。

（2）工厂预制 U 形变形管的复原应采用蒸汽或压缩空气的方式进行，并符合下列要求：

① 复原过程中应检测变形管外壁温度和压力，检测点在插入管道的入口和出口。复原温度和压力应按照制造商作业指导书要求执行。

② 采用蒸汽或压缩空气的压力作用使变形管复原并与管道的内壁紧贴在一起，复原压力应确保内衬管完全膨胀。

③ 待复原内衬管冷却到环境温度时方可泄压。

（3）现场压缩 U 形变形管的复原应采用辅助压力或辅助温度的方式进行。

5. 穿插管段的连接

（1）钢管段的连接可采用钢包裹连接或法兰连接。采用钢包裹连接时，可按图6-30所示连接。

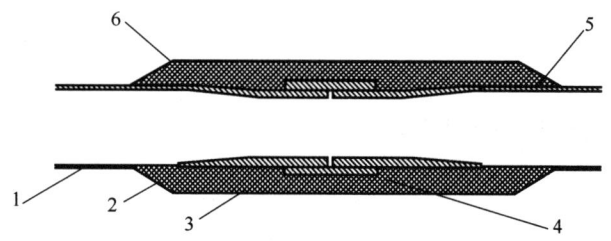

图6-30　钢包裹连接示意图

1—待维修钢管；2—钢变径；3—钢包裹套；4—电熔套；5—内衬管；6—填充水泥砂浆

（2）内衬管段的连接宜采用电熔套筒连接。

（3）内穿插管段与其他管线采用法兰连接时，宜采用图6-31所示的注塑法兰加钢包裹连接方式，不宜采用现场制作翻边法兰连接方式。注塑法兰应与内衬管材质相同，法兰密封面应有水线。

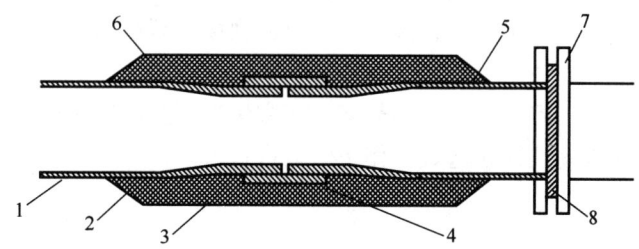

图6-31　法兰连接接头示意图

1—待维修钢管；2—钢变径；3—钢包裹套；4—电熔套；5—内衬管；
6—填充水泥砂浆；7—钢法兰；8—注塑法兰

6. 验收

（1）聚乙烯内衬管焊接完成后，应进行外观质量检验，焊缝处应无气泡、裂纹、脱皮和明显的痕纹、凹陷，色泽一致，焊缝错口应不大于内衬管壁厚的1%，否则为不合格焊缝，不合格焊缝应重新焊接。

（2）验收应采用整体试压方式。

（3）新建聚乙烯内衬管的试压应按钢质管道施工验收规范要求执行。在役管道的聚乙烯内衬管的试压应按确定的压力执行，稳压时间24h，压降不大于1%的试验压力值。试压期间，设置在穿插作业管段两端的内衬环状间隙排气孔阀门应保持开通且稳定状态下压力为零。

7. 回填和地貌恢复

按照本章第三节回填及地面恢复内容对维修后的管段进行回填和地貌恢复。

8. 交工资料

交工资料应包括但不限于以下内容：
(1) 内衬管出厂合格证和质量证明书。
(2) 工程设计文件。
(3) 施工安装记录。
(4) 验收报告。
(5) 业主要求的其他相关资料。

二、缩径法

（一）一般要求

(1) 缩径法适用于维修的管道类型为重力管道和压力管道，不适用于非圆形管道或变形管道。

(2) 缩径法适用的管径范围是 75~1200mm，缩径法单次维修管线长度可达 1000m。

(3) 缩径法选用的聚乙烯管外径应略大于旧管的内径，但不能超过旧管内径的 4%。

(4) 经缩径后聚乙烯管外径应最少比旧管的内径小 2.5% 或 10mm。

(5) 旧管道更新前必须了解旧管椭圆度、腐蚀程度、裂纹情况等数据，确定没有任何阻碍穿管的弯头及配件。

(6) 将用作内衬管的聚乙烯管采用热熔对接方法连接至所需长度并切除全部翻边。

(7) 聚乙烯管焊接宜选择在起始工作坑附近进行。

（二）设计

1. 工作坑尺寸设计

缩径内衬法穿管工作坑尺寸与管径的关系应符合表 6-35 的要求，表 6-35 中 D 为地下管道顶部至地面距离，Y 为地下管道外径。

表 6-35 工作坑尺寸与管径的对应关系

管径，mm	沟槽宽度 m	沟槽深度 m	起始工作坑长度，m	接收工作坑长度，m
DN100~DN200	0.8	$D+Y+0.3$	$3D+6Y$	4
DN250~DN300	1.0	$D+Y+0.4$	$5D+8Y$	5
DN350~DN400	1.2	$D+Y+0.5$	$6D+10Y$	6
DN450~DN500	1.4	$D+Y+0.5$	$7D+10Y$	7
DN600	2	$D+Y+0.6$	$8D+10Y$	8

2. 牵引力设计

最大拖拉力应按下式计算：

$$F = 15 \times \frac{D_n^2}{SDR} \tag{6-22}$$

式中　F——最大拖拉力，N；
　　　D_n——管道公称外径，mm；
　　　SDR——标准尺寸比。

（三）材料性能

（1）维修用的聚乙烯管材、管件应符合国家现行标准《燃气埋地聚乙烯管道系统 第1部分：总则》（GB 15558.1—2023）和国家现行标准《燃气埋地聚乙烯管道系统 第2部分：管材》（GB 15558.2—2023）的要求。

（2）PE管原材料应选择PE80或PE100及其改性材料，管材性能应满足表6-36的要求。

表6-36　PE内衬管材性能要求

性能	MDPE PE80 及其改性材料	HDPE PE80 及其改性材料	HDPE PE100 及其改性材料	试验方法
屈服强度，MPa	>18	>20	>22	GB/T 1040
断裂强度，MPa	>30	30	>30	GB/T 1040
断裂伸长率，%	>350	>350	>350	
弯曲模量，MPa	600	800	900	ISO 178
耐环境应力开裂（ESCR），h	>10000	>10000	>10000	GB/T 1842

（3）同一维修管段应采用同样材质的管道，且不得存在可见裂隙、漏洞、划痕、外来夹杂物或其他损伤缺陷。

（四）施工作业及质量控制

1. 施工工艺

缩径法主要施工工艺如图6-32所示。

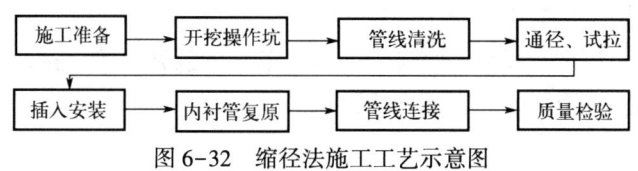

图6-32　缩径法施工工艺示意图

2. 开挖操作坑

按设计的长度开挖作业坑，断管分段，分段长度根据选用的PE管的直径、壁厚、屈服强度和现场施工环境、场地条件来确定。一般500~1000m。

3. 管线清洗

（1）应用彩色高分辨率（130万像素以上）闭路电视系统核实穿管路线、窥查管内障碍物情况，确定旧管道清理方案。

（2）维修施工前对旧管道的清理一般采用机械拉腔清理、通球清理、高压水清理等方法。清理时必须处理好污水和污物的排放，符合环保要求。

（3）清理时应清除旧管道内壁沉积物、尖锐毛刺、焊瘤和其他杂物，并用压缩空气吹净管内杂物，保证管内干燥。干燥控制应符合现行国家标准《油气长输管道工程施工及验收规范》（GB 50369—2014）或《油气集输管道施工规范》（GB 50819—2013）的规定。

（4）清理后必须再用相同的闭路电视系统对旧管道内壁进行内宽检查，内壁不得有沉积物、尖锐毛刺、焊瘤和其他杂物。

4. 通径、试拉

（1）用通径规对金属管道进行通径，消除焊瘤和毛刺，以防刮伤塑料管道。

（2）穿插前用待穿插塑料管道试拉，正式穿插前，先用一段HDPE管段进行试穿插，主要目的是检查待维修主管的通径、确定摩擦阻力大小和检查试样衬管的表面损伤情况，了解待修主管的内表面状况。试穿管段表面划痕深度小于PE管壁厚的10%，为物理清洗除瘤作业合格，否则应重新进行清管、通径、除瘤作业。

5. 插入安装

（1）应在HDPE管道缩径前进行热熔连接，管道的热熔连接应按照《塑料管材和管件聚乙烯（PE）管材/管材或管材/管件热熔对接组件的制备》（GB/T 19809—2005）的要求进行。

（2）缩径施工时，聚乙烯管的外径最大可以缩减15%。牵引时，聚乙烯管端应封闭。应用绞车牵引聚乙烯管，大于DN250mm的管道需用液压驱动机协助将聚乙烯管推入旧管。

（3）一个施工段应连续牵引聚乙烯管进入旧管道，不应中途停顿，拉入速度宜在1~2m/min范围内。

6. 内衬管复原

经过压缩的PE管直径比金属管道内径小，在一定的牵引力和一定的速度下很容易拉入主管道。拉力撤除以后，利用聚乙烯材料自身的记忆特性自然释放恢复，聚乙烯管慢慢恢复到原来的直径，紧贴于管道内壁形成管中管结构，复原时间大约为24h。

7. 管线连接

分段点连接采用钢包裹连接和法兰连接。

钢包裹连接：将塑料管用热熔套连接，钢管采用外包裹焊接连接，再向环空注入水泥砂浆，待砂浆凝固后封闭注浆口（图6-30）。

8. 质量检验

（1）施工前应对每一维修段至少取一组样品进行检测，缩径HDPE管材的取样和检测按照以下方法进行：

① 取一标准长度的HDPE管进行缩径。

② 缩径后的HDPE管经过24h的时间自然恢复后，截取具有代表性的管段作为试样进行测试。

③ 检验应符合国家现行标准《聚乙烯燃气管道工程技术标准》（CJJ 63—2018）的规定。

（2）应对连接好的聚乙烯管进行检验，检验应符合国家现行标准《聚乙烯燃气管道工程技术标准》（CJJ 63—2018）的规定。

(3) 根据设计压力对内衬 PE 管的金属管道进行整体试压。强度试验的压力为设计压力的 1.5 倍，稳压 4.0h；严密性试验时，试验压力应等于设计压力，稳压 24h。

(4) 施工完成后进行验收投产。如果不能及时投产则应用氮气吹扫后封存。

三、折叠法

（一）一般要求

(1) 折叠法适用于维修的管道类型为压力管道、重力管道及石油、天然气、煤气、化工管道。

(2) 维修管道直径为 100~1200mm。通常仅用在直管段，管段上不能有管件，如阀门、三通、弯头等，不能有明显的变形和错口，拐点夹角不宜超过 5°。

(3) 单次维修长度取决于滚筒容量、回拖机构的回拖力及材料的强度。

(4) 对于现场折叠管道，折叠速率不得大于 10m/min。

(5) 拉入折叠管道过程中应采取必要措施防止 HDPE 管进入管道时被坡道、操作坑壁、管道端口划伤。应仔细观察管道入口处 HDPE 管情况，防止管道过度弯曲或起皱。

(6) 折叠管拉入的拉伸率不得超过 1.5%。

(7) 管道拉入完毕后，卸除管道所受拉力，两端应分别预留超过原有管道 300~500mm 的预留段。

(8) 内衬管复原冷却后，将管道两端切割整齐，内衬管道两端应比原有管道长至少 100mm。

（二）设计

1. 明确设计指标

1) 水力设计指标

水力设计指标是应该首先考虑的内容，通过计算估算维修后的流量是否能够满足要求，以判断是否可用折叠法进行维修。

理论上管道中的流量可用下式计算：

$$Q = v \frac{\pi}{4} D_i^2 \tag{6-23}$$

式中　Q——流量，m^3/s；

　　　v——流速，m/s；

　　　D_i——管道内径，m。

2) 结构设计

使用薄壁衬管时要求旧管道有一定的结构性，能够承受内部的高压。内衬管必须跨越腐蚀穿孔、节头裂纹或环向裂纹后还要有足够的结构强度。一般认为，若在高压管道上存在纵向裂纹，则薄壁衬管对于管道的长期寿命不利。

2. 最大弯曲限制

按照我国城市燃气管道维修规范的要求，采用预制折叠管法维修时，旧管道弯头处的最大弯曲应满足表6-37的要求。

表6-37 旧管道的最大弯曲限制

弯曲类型	角度	旧管道最小曲率半径
转弯和接头	<22.5°	没有限制
转弯	<45°	5倍内衬管外径
转弯	<90°	8倍内衬管外径

3. 内衬材料的选择

由于HDPE和PVC材料在物理性质方面存在差异，因此首先根据行业及管道要求，选择合适的管材，然后进行壁厚设计或确定SDR值。（1）内衬管外径比旧管道内径小5mm左右。（2）内衬管的材质一般选取PE100，规格一般为SDR22（特殊位置可能会加大壁厚）。

厂商应提供以下信息：内衬材料需要处理的最小温度，内衬材料不受损坏的最大温度，内衬材料在指定温度下的处理时间，内衬材料保压冷却时间。

管道磨损既取决于输入介质，也取决于管材。表6-38中列出了几种材料磨蚀性试验结果的平均值。

表6-38 不同材料的磨蚀性

材料	单位磨损量，μm	相对于PE管材的磨损量
PE	0.17	
PVC	0.75	4.4倍
钢管	1.72	10倍
铸铁	2.09	12倍
陶土	4.31	23倍
混凝土	15.90	94倍
石棉水泥	17.28	102倍

4. 内衬管壁厚设计

对于压力管道而言，可以依据国际标准EN 1555和EN 14401，根据选定的管材和SDR值计算出所能承受的工作压力。

依据Barlow公式计算设计工作压力下管道的SDR值，再依据$SDR=D/e$，进一步求出管道壁厚e值。

Barlow公式：

$$p = \frac{20\sigma}{SDR-1} \quad (6-24)$$

式中 p——工作压力，bar；

SDR——标准尺寸比；

σ——管壁切向应力，MPa，$\sigma = MRS/c$；

MRS——最小需要强度，MPa；

c——设计系数，见表6-39。

表 6-39　不同应用场合的最大工作压力

管材		最大工作压力，bar	
PE 管类型	SDR	供水管道 $c=1.25^*$	燃气管道 $c=2.0^*$
PE80（MRS8）	26	5.1	3.2
	17.6	8.0	4.8
	11	12.8	8
PE100（MRS10）	26	6.4	4
	17	10	6
	1	16	10

注：* 为 EN 标准中的最小值。

若管道工作温度大于 20℃，允许压力则需要折减，根据 EN 12201，对于 PE100，折减系数见表 6-40。其他温度时允许插值。

表 6-40　不同温度时允许压力的折减系数

温度 t，℃	折减系数 δ
20	1.00
30	0.87
40	0.74

可以将表 6-40 中的折减系数表述为温度的函数：$\delta=1.26-0.013t$。

对压力管道而言，由外部荷载，特别是由地下水引起的弯曲，在压力管道中发生的概率是较低的。但管材通常至少选择 SDR26 级以上。在管道寿命期间，由于压力管道总是受内压力的作用，这对抵抗外力引起的弯曲有一定的作用。

5. 确定卷扬机拉力

从理论上分析，在内衬管拖入过程中，最大允许牵引力可表述为：

$$F_{\max} \leqslant \frac{\pi}{4}[d_n^2-(d_n-2t)^2]\sigma_t\alpha \tag{6-25}$$

整理后，得：

$$F_{\max} \leqslant \frac{\pi}{4}\left[d_n^2-\left(d_n-2\times\frac{d_n}{SDT}\right)^2\right]\sigma_t\alpha \tag{6-26}$$

式中　$F_{\max}$——最大允许牵引力，N；

σ_t——允许拉应力，MPa；

d_n——内衬管标准外径，mm；

t——内衬管壁厚，mm；

α——强度折减系数或称为安全系数，根据国外企业经验，取 $\alpha=0.88\sim0.95$。

最大允许拉应力（σ_t）与材料有关，PE80 管材的允许拉应力为 8.0MPa；PE100 管材的许拉应力为 10.0MPa。

6. 设计工作坑

（1）为了顺利地将折叠管通过工作坑拖入到旧管道中，同时又满足让工作坑尽可能小的要求，可以按以下经验值选取。Subline 公司推荐的拖入工作坑的最小长度见表 6-41。

表 6-41　Subline 公司推荐的拖入工作坑最小长度

覆土厚度，m 衬管直径，mm	≤1	1~2	2~3
	要求的拖入工作坑最小长度，m		
100	2	3	3
150	4	5	6
200	5	6	7
250	6	8	9
300	7	9	11
400	8	10	11
500	9	11	13
600	9	11	13
800	10	12	14
1000	10	12	15

注：工作坑的宽度可取为管道直径+1m。

（2）我国城镇燃气管道维修规范推荐做法。

起始工作坑和接收工作坑的尺寸应按下式计算：

$$L = 10 \times D + h \tag{6-27}$$

式中　L——工作坑长度，m；

　　　D——内衬管外径，m；

　　　h——连接装置（如阀门）所占的空间大小，m。

（三）材料性能

（1）用于折叠法的管材在使用前需经过专业要求测试，包括内部承压测试、外部承压测试、耐磨测试、抗腐蚀能力测试。其中抗腐性能力测试包括硫化氢、一氧化碳、二氧化碳、甲烷、硫黄酸等的测试内容。

（2）同一维修管段应采用同种管材，且无可见裂隙、漏洞、外来夹杂物或其他损伤缺陷。

（3）美国要求内衬管材料应满足 ASTM 的最低要求，出厂前应有质检证明。在美国使用折叠法维修排水管道时，若管材为 HDPE，则计算中的取值应符合表 6-42 的要求。若为 PVC 管材，则其计算取值应符合表 6-43 的规定。

表 6-42　HDPE 排水管道管材的力学性能要求

折叠管性能	ASTM 试验方法	最小值，psi
弯曲强度	D790	3300
弯曲弹性模量	D790	136000
抗拉强度	D638	3200

表 6-43　PVC 排水管道管材的力学性能要求

折叠管性能	ASTM 试验方法	最小值，psi
拉伸弹性模量	D638	350000
抗拉强度	D638	6000

(4) 折叠法对管材的其他要求还包括：
① 有较宽的温度变形窗口，易于快速安装。
② 在衬管使用寿命期间蠕变小。
③ 不易破裂、不易裂解。

(四) 施工作业及质量控制

折叠法维修的典型施工流程如图 6-33 所示。

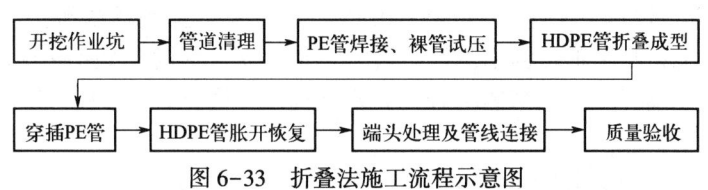

图 6-33 折叠法施工流程示意图

1. 开挖作业坑

(1) 施工前，需要开挖牵引坑和托管坑，分设在待维修管道的两端。在确定工作坑位置及尺寸时主要考虑下列影响因素：
① 对存在三通、阀门等附件的管线连接处必须开挖。
② 管道走向发生变化处（一般小于 8°）必须开挖。
③ 根据设备能力及现场施工条件，确定一次施工长度，然后进行分段开挖。
④ 作业坑的位置不应影响交通。
⑤ 作业坑的长度，要能满足安装试压装置、封堵装置及内衬管道超出待维修管道长度的要求。
⑥ 开挖的工作坑两端需开挖一个约 20° 的导向坡槽，以确保新管平滑插入旧管道（一级坑底应挖至管底以下 50cm 以便于管段间连接）。
⑦ 作业坑开挖边坡坡度在黏性土层内为 1∶0.34~1∶0.5，在砂性土层内为 1∶0.74~1∶1，较深的坑应按《建筑基坑支护技术规程》（JGJ 120—2012）进行施工。

(2) 两个工作坑间的距离依据维修现场的建筑、交通及相关管线情况确定，管段间的距离最长可达 1000m。有时可以将检查井用作工作坑。

2. 管道清理

清理管道的方式有机械清理、高压水清理、化学清理。

(1) 机械清理：①应选择适宜材质的清管球（聚氨酯泡沫、钢丝刷）多次清理，清管球的半径应逐步加大。②清管球清理后应用钢爪、刮板及拉膛的方法将管内杂物全部清理干净。

(2) 高压水清理：①应根据旧管道的壁厚和受损情况选择压力，其最小压力不小于 50MPa。②每段拟清洗的旧管道长度与高压水的软管长度应该相匹配。③高压水清理后应用钢爪、刮板及拉膛的方法将管内杂物全部清理干净。

(3) 化学清理：①应根据管内沉积物的性质选择清洗液。②化学清理后的剩余物需要做好污水的排放和污物的处理，避免对生态和环境造成污染。

3. PE管焊接、裸管试压

城镇燃气管道维修时，将PE管运到现场后，根据所要穿插段长度确定焊接长度，长度比该段原管道长5~8m（牵引头胀管余量）。加热板温度要控制在210~220℃；焊口最大错边量不得大于边厚的10%。燃气管道工程维修时，按照《城镇燃气输配工程施工及验收标准》（GB/T 51455—2023）进行强度和严密性试验。

4. HDPE管折叠成型

用专用变形设备将焊接好待穿插的HDPE管变成U形，使其截面积减小20%~30%，并用特制胶带缠绕机将变形过的HDPE管暂时捆绑定型，同时起到保护PE管外管壁的作用。这种变形技术缩径量大，穿插阻力小，能够减小穿插过程中PE管道的外壁磨损和拉力过大所带来的伤害。

在冷压前：将HDPE管表面的尘土、水珠去除干净，并检查管壁上是否有缺陷。将HDPE管一端切成鸭嘴形，鸭嘴形的尺寸应为：三角形底边长度约为管径的80%，腰长为管径的1.4~2倍，并在其上开好两个孔径约40mm的孔洞以备穿绳牵引。借助链式紧绳器，按钢质夹板孔位做好牵引头，用螺栓紧固，将钢质夹板两侧多余的HDPE管边缘切成平滑的斜面。将钢丝绳穿过两个孔与液压牵引机相连。

U形压制机的调整：①调整压制机的上下、左右压辊，应使入口处的压辊间距为HDPE管管径的70%。②主压轮后的左右压辊间距为HDPE管管径的60%~70%。③主压轮前面的左右压辊应对压扁变形的HDPE管合理限位，并使HDPE管中线与主压轮对中，使HDPE管在压制机的正中心位置上行走。④当环境温度小于10℃时，主压轮后面的左右压辊间距可适当增加到65%~75%。⑤当环境温度小于5℃时，禁止进行U形压管。

压制U形：开启液压牵引机和U形压制机，在牵引力的拖动与压制机液压的推动下，应使圆形HDPE管通过主压轮并压成U形，在压制过程中U形HDPE管下方两侧不得出现死角或皱褶现象，否则必须切掉此管段，并在调整左右限位压辊后重新工作，并且还要做到：①缠绕带将U形管缠紧。②缠绕带的缠绕速度要与HDPE管的压制速度相匹配。如果缠绕速度过快，会造成缠绕带不必要的浪费；如果缠绕速度过慢，会造成缠绕力不够，可能导致U形管在回拉过程中意外爆开。③U形管的开口不可过大，如果过大可用链式紧绳器将开口锁紧，调整左右压辊的间距。④根据U形HDPE管的直径调整缠绕带的滚轮，使得缠绕带连续平整地绑扎在U形HDPE管表面。

5. 穿插PE管

自动牵引机将U形HDPE管拉入待维修管道。穿插牵引速度应控制在9~15m/min，穿插后两端HDPE内衬管应比原管口长80cm。

配套支架的安装：（1）拖管坑处的旧管端口应安装带有上、左、右三个方向的限位轴辊的防撞支架，避免HDPE管道与旧管端口发生摩擦。②在牵引坑的旧管端口应安装只带有上方向限位轴辊的导向支架，确保牵引绳平滑地牵出旧管道，避免HDPE管道外壁与旧管内壁发生剧烈摩擦。

在拖入衬管过程中可以根据厂商的建议采用合适的符合环保要求的润滑方式，润滑剂应无毒、不生菌、对输送介质无影响、对管道施工质量无影响。

6. HDPE 管胀开恢复

国内复原 HDPE 折叠管的方法有两种：一种是使用压缩空气复原，另一种是使用软体球复原。

（1）利用压缩空气复原法：U 形 HDPE 管在母管内定位后，在管侧两端焊接 PE 法兰短节，待焊口冷却后用盲板封死，另一端用带有充气口、放气口和压力表的盲板封死，充入压缩空气。U 形 HDPE 管在压缩空气的作用下，将缠绕带崩断，从而恢复成圆形，与母管道内壁紧密贴合形成完整、光滑的内衬管。一般压缩空气升至 0.15MPa 就能将 U 形 HDPE 完全展开并达到维修的要求。

（2）利用软体球复原法：将 PIG 软体球从一端装入 U-HDPE 管，安装胀管器，连接空气压缩机，注入压缩空气胀管。要密切注意压力表，将 PIG 球的行走速度控制在 1.0m/s 左右。衬管穿入管道胀开后要恢复到原来的直径，并与原管道内壁紧贴。若因管道有较小转角、内径不均匀或错皮等情况，国内有些企业允许有未能完全胀开恢复到原来直径的凹凸部分存在，但最大高度不得大于 5cm，凸起长度不得大于 4m。待管道投入使用一段时间后，在连续施加工作压力状态下，HDPE 管道内凸起部分将与原管道内壁紧贴。

在用热水恢复衬管形状的过程中，应在衬管内不同部位设置多个温度测量装置，以便监测不同部位温水的温度。在用蒸汽复原时，应了解当地的法律规范，在指定的区域内是否允许使用流动蒸汽站，也要考虑选择合适的路线运送到现场，并考虑在现场的摆放位置。

7. 端头处理及管线连接

衬管衬贴完毕后，要采用专用的翻边设备，将 PE 管与 PE 法兰熔合在一起。原管道上钢质法兰要与钢质短节上的法兰连接；将 PE 法兰夹在两个钢质法兰中间，形成复合法兰。

8. 质量验收

1）试样管道取样测试

工厂预制折叠管应在施工前进行取样检测，现场折叠管道应在施工前制作折叠管道样品，对样品管道的性能进行测试。每批折叠管应至少抽样一组样品。

（1）应根据《塑料管道系统 塑料部件尺寸的测定》（GB/T 8806—2008）测量管道外径和壁厚，测量值应符合设计要求。

（2）拉伸强度和断裂伸长率的测量应按照《塑料 拉伸性能的测定 第 1 部分：总则》（GB/T 1040.1—2018）的相关规定进行。测量结果应符合管材出厂拉伸强度和断裂伸长率的要求。

（3）弯曲模量的测量应按照《塑料 弯曲性能的测定》（GB/T 9341—2008）的相关规定进行。测量结果应符合管材出厂弯曲模量的要求。

（4）折叠 HDPE 管试样应由国家相关权威认证机构进行检测。

2）维修管道性能测试

折叠法维修后的排污管道应通过水密封低压试验和气密试验。气密试验应在接入接户管之前完成。关于试验及验收的详细要求参见《给水排水管道工程施工及验收规范》（GB 50268—2008）。

对于城镇燃气管道维修工程，应按照《城镇燃气输配工程施工及验收标准》（GB/T 51455—2023）进行强度和严密性试验。(1) 强度试验。试验压力为 0.6MPa，并逐步缓升压力。首先，将压力升至设定试验压力的 50%进行初验，如无泄漏、异常等情况，继续将压力升至试验压力。然后，稳压 1h，压力计量不应少于 30min，若无压力降为合格。(2) 气密性试验。试验压力为 0.46MPa，将压力升至试验压力，待温度、压力稳定后开始记录。稳压的持续时间为 24h，每小时记录一次，当修正压力降小于 133Pa 为合格。

对打压合格的 U 形折叠内衬管用内窥仪检查并录像，以 U 形 HDPE 管没有塌陷为合格（在实际施工中，U 形 HDPE 管的顶部在复原后，可能会有微量的塌陷，这种现象属于正常现象，在经过一段时间后，顶部会自然恢复）。

四、软衬法

（一）一般要求

(1) 软衬法适用于维修的管道类型为压力管道和重力管道，包括下水道、燃气管道、化学管道、工业管道、饮用水管道、直管道、带弯头管道、圆形管道、非圆断面管道、可进人管道。

(2) 软衬法可用于维修铸铁管道、钢管、混凝土管、水泥管和石棉管等多种管材的地下管道。

(3) 软衬法适用管道直径范围为 150～2200mm。紫外线加热固化比较适用于管径小于 600mm 的管道。

(4) 软衬法适用于管道结构性缺陷呈现为破裂、变形、错位、脱节、渗漏、腐蚀，且错口错位宜不大于管道直径的 15%，管道基础结构基本稳定、管道线形无明显变化的情况。

(5) 软衬法不适用于带压维修，在管道断面变形时应用也很少。

（二）设计

1. 内衬管厚度设计

1) 重力管道部分损坏时的内衬设计

通常，当旧管道条件较好，具有漏点时，按部分损坏管道条件进行设计。内衬层只设计用于抵抗地下水的静液压荷载，因为土压力和活荷载仍由原管道承担。此时所需的内衬管的壁厚用下式进行计算：

$$t=\frac{D_0}{\left[\dfrac{2KE_\mathrm{L}C}{p_\mathrm{W}(1-\nu^2)N}\right]^{1/3}+1} \tag{6-28}$$

式中 t——CIPP（cured-in-place pipe，现场原位固化管道）管道设计壁厚，in；

D_0——CIPP 管道外径的平均值，in；

K——由于土层和原管道的支撑而增强的系数，通常取 7；

E_L——CIPP 管道长期弹性模量，psi；

p_W——地下水压力（静液压力），psi；
ν——泊松比，平均为0.3；
N——安全系数，通常取2.0；
C——管道变形折减系数。

2）重力管道完全破坏条件下的设计

通常，当旧管道明显损坏严重时，应按完全损坏管道条件进行设计。此时期望维修内衬管自身能够承受所有的静水压力、土压力和活荷载，好像原管道不存在一样。完全损坏管道内衬管的设计从计算作用在内衬管上的预期的外部荷载开始，一旦确定了内衬管必须承受的总的外部荷载，对于完全破坏的重力管道，内衬管的厚度就可按下式算出：

$$t = D_0 \left[\frac{0.375 \left(p_t \dfrac{N}{C} \right)^2}{E_\mathrm{L} R_\mathrm{W} B' E_\mathrm{s}'} \right]^{1/3} \tag{6-29}$$

式中　t——CIPP管道壁厚，in；
　　　D_0——CIPP管道外径的平均值，in；
　　　p_t——作用在CIPP管道上的水、土及荷载引起的总压力，psi；
　　　N——安全系数，通常取2.0；
　　　C——管道变形折减系数；
　　　E_L——CIPP管道长期弹性模量，psi；
　　　R_W——水浮力系数；
　　　B'——弹性支撑经验系数；
　　　E_s'——土层反应模量，psi。

若管道埋藏较浅，没有或很少有地下水，则应检查最小厚度。在此特例时，在ASTM F 1216中有一个规定，即需要CIPP有一定的最小刚度，为AWWAC950规定值的一半。按此约定，在无水或少水条件下的最小管壁厚度应为：

$$t \geqslant D_0 \left(\frac{1.116}{E} \right)^{1/3} \tag{6-30}$$

式中　t——CIPP管道壁厚，in；
　　　D_0——CIPP管道外径的平均值，in；
　　　E——CIPP管道初始弹性模量，psi。

2. CIPP管道水力设计

1）重力管道的水力设计

用CIPP法维修的管道流量可采用通用的曼宁公式来估算重力流（重力管道、明渠等）的流量：

$$Q = \frac{A R^{2/3} S^{1/2}}{n} \tag{6-31}$$

式中　Q——流量，m³/s；
　　　A——流体截面面积，m²；
　　　R——水力半径，$R = A/P$，m；

P——流体的湿周周长，m；
S——管道坡度，常用垂直高差除以水平长度表示；
n——曼宁常数，见表6-44。

表6-44 各种材料管道的曼宁常数

管道材料	曼宁常数范围	推荐取值
CIPP管道	0.009~0.012	0.010
陶土管道	0.013~0.017	0.014
混凝土管道	0.013~0.017	0.015
波纹金属管	0.015~0.037	0.020
砖砌沟渠	0.015~0.017	0.016

在满流状态下对圆形管道的曼宁公式进行简化，推导出用CIPP法维修后的重力流新管道的流量可用下式估算：

$$\eta_Q = \frac{Q_{CIPP}}{Q_{旧管道}} = \frac{n_{旧管道}}{n_{CIPP}} \times \left(\frac{D_{CIPP}}{D_{旧管道}}\right)^{8/3} \times 100\% \qquad (6-32)$$

式中 η_Q——CIPP管道维修前后管道的流量比；

Q_{CIPP}——用CIPP法维修后的新管道的流量，m³/s；

$Q_{旧管道}$——维修前旧管道的流量，m³/s；

$n_{旧管道}$——维修前旧管道的曼宁常数；

n_{CIPP}——用CIPP法维修后的新管道的曼宁常数；

D_{CIPP}——用CIPP法维修后的新管道的内径，m；

$D_{旧管道}$——维修前旧管道的内径，m。

2）压力管道的流量估算

压力管道的流量计算常用Hazen-Williams公式：

$$Q = KCAR^{0.63}S^{0.54} \qquad (6-33)$$

式中 Q——断面水流量，m³/s；

K——常数，取$K=0.85$；

C——Hazen-Wiiliams粗糙度系数，见表6-45；

A——过流断面面积，m²；

R——水力半径，$R=A/P$，m；

P——流体的湿周周长，m；

S——管道坡度，常用垂直高差除以水平长度表示。

表6-45 不同材质管道的Hazen-Williams粗糙度系数

管道材质	推荐的Hazen-Williams粗糙度系数
CIPP管道	140
新钢管或球墨铸铁管道（使用1年内）	120

续表

管道材质	推荐的 Hazen-Williams 粗糙度系数
混凝土内衬钢管或球墨铸铁管道	140
钢管道（使用2年内）	120
钢管道（使用5年内）	100
铸铁管道（使用5年内）	120
铸铁管道（使用18年内）	100

用 CIPP 法维修后的压力流新管道的流量可用下式估算：

$$\eta_Q = \frac{Q_{\text{CIPP}}}{Q_{\text{旧管道}}} = \frac{C_{\text{旧管道}}}{C_{\text{CIPP}}} \times \left(\frac{D_{\text{CIPP}}}{D_{\text{旧管道}}}\right)^{8/3} \times 100\% \tag{6-34}$$

式中，$C_{\text{旧管道}}$，C_{CIPP} 分别指旧管道和利用 CIPP 法维修后的新管道的 Hazen-Williams 粗糙度系数。

3. 纺织内衬层强度设计

在翻衬过程中翻衬压力作用到纺织内衬层的环向压力计算公式为：

$$\sigma_H = \frac{p_f(D+h)}{2h} \tag{6-35}$$

作用到纺织内衬层的轴向压力计算公式为：

$$\sigma_Z = \frac{p_f(D+h)}{4h} \tag{6-36}$$

式中 σ_H——纺织内衬层的环向受力值，MPa；
σ_Z——纺织内衬层的轴向受力值，MPa；
p_f——翻衬压力，MPa；
D——旧管道直径，mm；
h——纺织内衬层厚度，mm。

环向受力值与轴向受力值比较可知 $\sigma_H = 2\sigma_Z$，因此要求纺织内衬层的撕裂载荷 $\geq \sigma_H$，由 σ_H 计算纺织内衬层即织物断裂强度的公式为：

$$Q = \sigma_H S \tag{6-37}$$

式中 Q——织物断裂强度，N/(5cm×20cm)；
S——织物试样的截面积，$S = 5 \times h/2$，mm²。

4. 纺织内衬层弹性模量设计

由于纺织内衬层要求断裂伸长率足够大，若已知纺织内衬层的受力值和织物断裂强度，则可按下式设计内衬层的弹性模量：

$$E \leq \frac{\sigma_H}{Q} \tag{6-38}$$

式中 E——设计内衬层的弹性模量；
Q——织物断裂强度，N/(5×20cm)；
σ_H——纺织内衬层的环向受力值，MPa。

5. 纺织内衬层材料设计

1) 纤维设计

非开挖法管道维修所用的内衬材料要求强度高、弹性大，主要是工业用化学纤维，包括涤纶、锦纶、丙纶、玻璃纤维、芳纶、碳纤维等。其主要性能见表6-46。

表6-46 几种化学纤维性能的比较

性能	涤纶	锦纶	丙纶	玻璃纤维	芳纶	碳纤维
断裂强度，$N \cdot tex^{-1}$	0.6~0.8	0.3~0.5	0.3~0.7	0.6~1.3	1.8~1.9	0.7~1.0
断裂伸长率，%	7~17	24~65	20~80	3~5	3~5	1.4~1.53
弹性模量，$N \cdot tex^{-1}$	7.9~14.1	4~24	1.6~3.5	19.4	42.2~47.5	91~225.4

2) 纱线设计

（1）纱线线密度按下式计算：

$$T_t = \left(\frac{d}{0.03568}\right)^2 l \tag{6-39}$$

式中 T_t——纱线的线密度，tex；

　　　d——纱线直径，mm；

　　　l——纱线的密度，g/m^3。

（2）纱线捻度：由于翻转内衬浸渍树脂及涂膜工艺的要求，内衬层对纱线捻搓的密度、厚度和强度上有要求，常将纱线设计为涤纶或锦纶的弱捻长丝。

（3）纱线强度：根据断裂强度的计算公式，计算出单根纱线或合纤长丝强度值。

（4）纱线弹性：为使翻转内衬层通过弯管和管道变形部位，要求内衬层纱线的弹性越大越好，断裂伸长率在满足强度的要求下越大越好。内衬层的弹性模量与使用的纱线的层数、纱线的性质、织物的组织构造有关。可以用增厚织物的方法减小内衬层弹性模量；反之亦然。

6. 纺织内衬层结构设计

1) 针织螺纹管状织物

对计算选定的纤维和纱线，按针织螺纹组织织制工艺加工出纺织内衬层。这种针织织物的厚度通常较薄，不能满足非开挖内衬层厚度要求，可采用双层对折处理。

2) 多层管状织物

多层管状织物是将内衬管按多层设计并加工而成。分层的好处是可以选用不同性质的织制材料，充分发挥不同材质的优点。针织物的弹性好但弹性模量小，非织制布的弹性小但弹性模量高，两者结合性能互补，可使复合管状织物性能折中，使复合管状织物厚度、弹性、弹性模量都达到要求。如在维修直管段大直径的管道时，对纬度方向的强度要求较高，对弹性的要求较低，此时，可分三层针织内衬管，内外两层针织物采用高弹涤纶或锦纶，中层采用强度很高但弹性很低、价格低廉的玻璃纤维。

3) 低弹织物与高弹织物结合的管状织物

维修直管时可使用低弹性的纬起绒组织的机织管状织物作为纺织内衬层，维修弯管道时可使用高弹三明治式针织三层管状织物作为纺织内衬层，若将这两种管状织物缝合，就形成弹性介于二者之间的管状织物，具有较广的适用范围。

（三）材料性能

软衬法使用的主要材料是软衬管和热固性树脂。

1. 软衬管

（1）软衬管能承受环向及纵向安装应力，并且具有足够的柔性以适应管道的不规则形状，并不会发生扭曲、撕裂、层间开裂现象。

（2）软衬管的骨架材料常用的有聚酯树脂油毡、玻璃纤维增强聚酯树脂油毡、玻璃纤维布、圆形编织软管、无纺毡等；有些使用其中两者的复合层。

（3）浸渍物是热固性树脂、催化剂，管的内外表面浸有非渗透性的涂层，以保护管中的树脂。衬管材料厚度通常为2~20mm。

（4）软管必须与待维修的管道具有相同的长度，并且其直径的大小要能恰好与旧管道的内壁紧贴在一起。

（5）内衬材料应达到地区或行业标准的要求：

① 衬管的力学性能：根据 ASTM D790 弯曲模量应达到 1724MPa；弯曲强度应达到 31MPa；根据 ASTM D638，压力管道抗拉强度应达到 21MPa；蠕变分析符合 ASTM D2990 要求。

② 衬管化学性质：维修后的 CIPP 内衬管应能抵抗排污管道中所有化学成分或添加剂的腐蚀作用。

③ 我国城镇燃气管道维修规范要求，翻转内衬法维修用的复合筒状衬材应达到表6-47 要求的性能。

表6-47　翻转内村法维修用复合筒状衬材的力学性能要求

项目名称	性能要求	试验方法
纵向拉伸强度，MPa	≥30	GB/T 1040
横向拉伸强度，MPa	≥25	GB/T 1040

（6）防护膜。

纺织复合材料内衬管的防渗膜对管道的介质起到密封的作用，并且能够改善内衬软管的表面性能，使复合材料内衬管的内壁更加光滑，从而可以增加介质的流速。根据 ASTN F1216-03 标准，为了适应翻衬工艺的要求，防渗膜应具有较大的抗拉延伸率，同时，要与内衬软管协调变形。

防护膜质量的好坏是衬管材料质量好坏的关键。防护膜应满足以下要求：

① 厚度可以根据需要定做，通常厚度在 0.1~1mm。

② 软衬材料与复合树脂不发生化学反应。

③ 有较好的韧度、延伸性、耐磨性和较高的抗撕裂强度、较大的伸长率及良好的抗渗透性。

④ 加工性好。

⑤ 防护膜耐化学性能要求：在污水、10% H_2SO_4、20% NaOH、污油条件中 1000h 内性能无变化。

2. 热固性树脂

(1) 采用树脂复合后应该保证纺织复合材料具有抗收缩、抗脆裂和良好的固化特性，并应保证树脂在适当的温度下具有较短的固化时间和较长的工作寿命。

(2) 常用的热固性树脂材料。

① 不饱和聚醚树脂：耐热性较好，可达120℃，并且具有较高的拉伸、弯曲、压缩等强度。它的耐化学腐蚀性和介电性能也较好，固化温度低，适合于规模化生产，而且价格便宜，主要用于下水道维修。

② 乙烯树脂：用于在高温时具有防腐要求的场合，如特别脏的管道、工业管道及污水管道中。

③ 环氧树脂：可用于pH值不正常，且外层具有不渗透保护层管道的维修，也可用于自来水管道和压力管道。环氧树脂品种多，能和不同固化剂组成不同的树脂/固化体系，室温或高温下可固化，改性容易，环氧树脂的用量为总树脂混合物质量的2%~33%。

④ 热固性聚酯酸树脂：使用钴等作为催化剂，以加速其聚合作用。催化剂的用量占总树脂混合质量的1.5%~5%。

(四) 施工作业及质量控制

软衬法的施工工艺流程如图6-34所示。

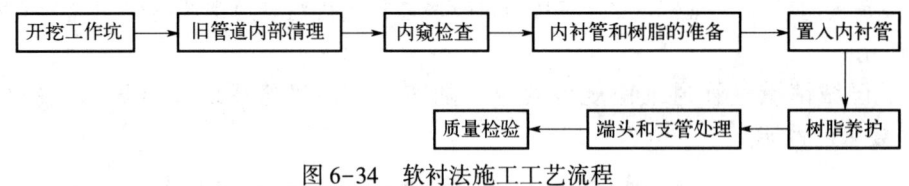

图6-34 软衬法施工工艺流程

1. 开挖工作坑

根据管道埋深、口径、弯头、管件等情况，结合沿线地表、其他市政管网和设施的分布，确定工作坑的数量和具体位置。每两个工作坑之间为一个工作段，工作段内可以有三通和大于3D（D为直管段的管径）的弯头，但不能有变径和阀门，每个工作段长度通常不宜超过400m。

工作坑的位置应根据施工设计图纸和旧管道资料进行勘测后确定，宜在闸井、抽水缸、变径、三通和90°（小于3D）弯头等处开挖工作坑。不要使弯头集中在同一工作段内，避开其他市政管网交汇处和人口稠密区，避开交通干道，选择地表开阔便于施工机具进出和展开处。每一工作段90°弯头不应大于1个，45°弯头不应大于2个，翻转时应将带弯的部位放在工作段的后半部分。工作坑的大小应根据需断管的长度及操作空间确定。工作坑选址确定后，现场设安全围护，组织开挖和断管。

2. 旧管道内部清理

旧管道清理的目的是去除旧管内壁上的垢层、腐蚀产物、沉积物、侵入的树根和凸出物，以保持尽可能大的过水截面和防止刺伤软衬层。管道内部的突出物或侵入管道内部的树根应当切除或磨平，然后用高压水射流或高压空气排出。

管道清理有机械干洗、高压水清洗、化学清洗等多种方法。

第六章 油气田管道维修维护

机械干洗法的主要流程是：在管道的一端设置绞盘车，另一端设置空气压缩机和真空吸泵，清理用具主要有用聚氨酯（黄料）或帆布作外皮的海绵软球、管道铲、钢刮、钢刷等。开始时，绞盘车的钢缆挂住软球，另一端打开真空泵吸软球，钢缆匀速控制软球的吸进速度，直到软球到达真空吸泵的一端为止。卸下软球，根据需要换上管道铲、钢刮、钢刷等器具清理，一般此类硬器清理需 6 次以上，最后再用帆布软球清理 2~3 次，直到白色帆布球面上无过多灰尘、铁锈为止。机械干洗法是清理天然气管道的最好选择，它具有成本低、效率高、无污染、操作简单等优点。

高压水清洗法适用于很脏的煤气管道，由于耗水量大，不适于天然气管道。旋转的高压水喷射压力可达到 12MPa，但在对损坏的下水道清理时忌用过高的喷射压力，以免造成更大的损坏。而且用高压水清洗后常用空气压缩机对管道内部进行吹风以风干管内的水分，以利于翻转。污水和污物的排放应满足现行国家标准《油气长输管道工程施工及验收规范》（GB 50369—2014）的要求。

化学清洗是在管道中灌满酸性的清洗液，反应一定时间后排掉。排掉的液体必须在现场附近专门设置的中和池内中和后才能允许排污。这种方法虽然清理效果好，但成本太高。

3. 内窥检查

清理告一段落后，就要对管道内部进行探查。非进人管道可用 CCTV（管道闭路电视检测系统）法检查，进人管道可用 CCTV 法或人员检查。

用 CCTV 法内窥检测时，首先要对管道内壁拍摄录像，然后评估清理效果是否满足内衬的要求。要求管道内部在清理后应无尘、无颗粒、无油垢、无尖锐突起，露出 70%金属光泽，表面焊瘤及固定遗留物的高度不得超过 10mm。否则必须再次清理或打磨处理。

为准确下料，应测量、记录管道的精确长度，记录支线三通的位置，以便内衬完成后精确确定三通开口的位置；记录坡度变化、各种弯头的角度，将这些信息与竣工图做比较，校核内衬方案。

4. 内衬管和树脂的准备

1）内衬管准备

维修材料根据测量的管径尺寸和检测的内部腐蚀状况等综合指标要求在工厂定做加工，其材料厚度根据企业技术标准制定。在工厂制备时先将软管材料按旧管口径和工作段长度预制成筒状，隔水层向外。而后将混合好的树脂灌入其中，经碾压机具擀平。往返折叠放置在冷冻箱内，运送到施工现场，以防止树脂过早地发生化学反应。

用于重力管道的热养护内衬层由无纺布和聚酯树脂组成。有的系统也用毡和玻璃纤维的复合材料代替无纺布。内衬织物通常织在软管的外层，翻转之后成为维修管道的内层，这一层的表面由一层膜构成，膜的主要成分是聚酯、聚乙烯、聚氨酯。这层膜的主要作用是在运输与浸渍过程中容纳树脂，在翻转过程中吸纳水和空气，保持低摩擦力。也可在翻转过程中加一层单独的膜，该膜在内衬完成后拆除。

2）树脂准备

根据施工段的长度准备复合筒状材料和胶黏剂。

3) 浸渍工艺

根据 ASTM F1216-03 标准，内衬软管必须在抽真空状态下浸渍树脂，使内衬软管材料的所有厚度和径向分布的空间都浸透树脂。

真空处理：对纺织内衬软管和树脂体系进行真空处理的目的是消除树脂中的气泡、脱去纤维之间和纤维表面上吸附的气体，有利于树脂对纤维的浸渍，减少基体内部包裹的气泡。

浸渍：在真空状态下，将树脂倒入装有纺织内衬软管的真空袋中并且漫过内衬软管。树脂对纺织内衬软管的浸渍时间为 40min，然后撤掉真空，并对整个系统进行加压，以利于树脂进一步对内衬软管的浸润。

5. 置入内衬管

在工地将柔性软衬管置入旧管道中的方法有绞车拉入法和翻转法两类。

1) 绞车拉入法

施工时，用一根钢丝绳穿过旧管，将浸有树脂的衬管连接在钢丝绳的自由端上，随后拉入待维修的旧管内。最后拆去钢丝绳，堵塞两端，利用热气、热水或蒸汽使衬管膨胀，并加速树脂固化。衬管的拉入一般仅需 24~45min，而树脂的固化则需 3~6h。

2) 翻转法

翻转法有水压翻转和气压翻转两种形式。

水压翻转的工作原理是：衬管首端经输送平台和脚手架上端的定位辊垂直穿过导入管，在导入管出口处将首端外翻，用卡箍固定在导入管出口外壁上。经检查无误后开启注水阀门，向导入管中注水。控制流量和衬管输送速度使水位液面恒定，衬管就会匀速地经导向端头进入工作段，并沿工作段边外翻边前进。当衬管翻转到工作段的一半时，其尾端将进入导入管。此时用收尾卡箍将尾端紧紧锁死，并在卡箍上扎一条粗缆绳，用以控制衬管输送速度。最终衬管尾端自出口坑内的导向端头引回地面。翻转使衬管饱含树脂的无纺毡面向外，朝向旧管内壁。

根据我国燃气管道维修相关规定，启动翻转设备，将翻转速度控制在 2~3m/min，内衬材料的拖拽力应小于其测得的拉伸强度，翻转所需的压力应控制在 0.1MPa 以下。

气压翻转则是利用空气压力来实现软管的翻转就位，以蒸汽的潜热使软管内的树脂固化成型。

6. 树脂养护

在软衬管拖放到位后，需要用适当的方法养护一定的时间，以使软衬层紧贴到旧管道壁上，并使软衬层上的树脂硬化，达到设计的强度。养护的方法有热水养护法、温水喷淋养护法、紫外线养护法、常温养护法、蒸汽养护法等。根据我国燃气管道维修相关规定，翻转完毕，连接好管道两端并配备带有自动记录功能的压力表后加压固化，固化所需的压力应控制在 0.1MPa 以下。固化压力保持时间不得少于 24h。固化结束后，应缓慢泄压，不应使管内形成负压。

1) 热水养护法

用热水养护法固化软衬管的典型流程是：

（1）在检查井边上搭建一个水塔或利用水泵车，以提供必要的水头高度。下水道较深时，不必搭建水塔。

(2) 在下水道的入口和水塔或水泵车的出口连接，在连接软衬管的一端装上一个刚性管接头。

(3) 软衬管的首段由手工翻转完成，通常几米长。然后连接到导管的刚性接头上，其后面连接一个软管，可以推动内衬管在维修长度内实现翻转。

(4) 在翻转段导入压力水流，使软衬管实现连续翻转，水的压力使翻转的内衬贴紧到旧管壁上。

(5) 翻转结束，内衬管中的水通过锅护循环装置保持一段时间，循环水的温度由树脂的需要确定。加热设施由加热软管、燃油锅炉、缓冲槽、耐热泵等设施连接而成，当水温达到50~60℃时停止加热。

(6) 内衬管表面不同点的温度由热电偶测出。

(7) 一旦树脂固化完成，使水逐渐冷却到38℃以下，用泵抽出放掉。

(8) 剪断两端多余的内衬管。有时在检查井壁多留几厘米的内衬管，以便更好地通过机械方法锁定，达到更好的密封。

(9) 如需要，侧向分支管可通过机器人开孔器重新打开。

2) 温水喷淋养护法

温水喷淋养护（ICP法）是指在翻转完成之后，利用空气压力使树脂软管膨胀并紧贴在旧管上。然后利用循环的方式通过温水喷淋系统将温水均匀地喷洒在管顶和管壁，循环的温水保证了硬化温度的一致，使内衬新管的材质保持均匀。与常规热水养护法不同的是，温水的使用量较少，不是将水充满整个管道断面，而只是沿管道下部的一部分，这与满管灌水硬化法相比，可以节约水量和能源，大幅缩短施工时间。

ICP法不仅适用于下水管道，在自来水管道、煤气管道、通信电缆管道等地下管道的维修方面也开始得到应用，其主要应用范围见表6-48。

表6-48 温水喷淋养护法的适用范围

适用管材	钢筋混凝土管，陶土管，钢管，铸铁管，硬塑管（PVC），砖砌管，其他管材
适用管径	$\phi75~\phi2500mm$
内衬管壁厚	2.5~80mm，取决于旧管管径
施工时间	一般在1d内完成
旧管损伤情况	损伤，腐蚀，裂缝，渗入水，错位等

3) 紫外线养护法

紫外线养护法所需的现场设备较少，紫外线养护施工的内衬常用玻璃光纤或玻璃光纤与聚酯针毡复合物。在储存、运输和施工过程中为防止损坏内衬层，配有外层保护膜和内部临时保护套筒。在常温下，树脂可保存几周时间，不需要冷藏。

紫外线养护法的养护速度通常为0.5~0.9m/min，可以连续内衬的长度为200m，适用内径为100~1000mm，内衬层厚度为3~15mm。

施工时的主要流程是：

(1) 清理旧管道后，将浸满树脂的内衬管翻转到位。

(2) 将紫外线光源插入内衬管中，两端检查孔通过膨胀器密封住。

（3）给内衬管加压，通常为 0.6bar。内部保护套筒将压力通过衬层传到管壁上。外层保护膜阻止了树脂的溢出。

（4）通过电动小车拖动紫外线光源在内衬管中行走，行走的速度取决于化学反应速度。

（5）养护流程结束后，泄压，抽出内部保护套筒。

4）常温养护法

常温养护是指在周围环境自然温度下的养护。这种养护方法主要用于小口径下水道的维修，包括直立雨水管道。常温养护法使用的树脂同热水养护法的树脂一样，通常还有一个防护毡层。

由于是在常温下养护，不需要高温养护下的锅炉或其他热源设备，因而成本较低。这种方法维修的质量一般较高温养护的要差，所以一般不用于直径 150mm 以上的管道维修，也不适用于维修长管道。

在翻转内衬完成后，要加压固化，通常的固化压力为 0.07~0.1MPa。固化时间与固化压力无关，只与温度有关。固化时间所对应的环境温度如下：10℃需固化 36h；15℃需固化 24~28h；25℃需固化 14h；30℃需固化 12h。为了缩短固化时间，当环境温度低于 15℃时，可以严格按要求加入催化剂，使固化时间缩短至 6~12h。

常温养护方法的流程是：

（1）在内衬管上的树脂浸润是在工地进行的，根据工地当时的温度，决定混合料中树脂、催化剂和其他添加剂的量。

（2）将带有保护层的软衬管铺在马路上或硬土地上，从软衬管的一端倒入树脂，使用辊子挤压树脂，使内衬管均匀充分地浸满树脂，并排除气泡。

（3）通过绞车拉入浸满树脂的内衬管，内部插入临时性的内层套管。

（4）在内层临时套管中通入空气或水，使软衬层贴到旧管道壁上。

（5）养护足够的时间后，泄压并抽出内层套管。

（6）切除两端多余的管节，打通支管。

5）蒸汽养护法

利用气压翻转的软衬管常用蒸汽养护法。利用蒸汽锅炉将蒸汽注入衬管中，通过将蒸汽的高温保持一段时间使衬管固化。为利于蒸汽的扩散，有时利用空气压缩机吹送。固化的时间与蒸汽锅炉功率、空气压缩机气量、管道直径、工作段的长度、地温等条件相关。当树脂固化后，停止输入蒸汽，通入冷空气或水冷却降温，直到内衬管内的温度降为常温。

7. 端头和支管处理

对翻转后软衬管两端的毛边进行切割处理，采用黏合剂密封衬层与原管间形成的空隙，缠绕玻璃钢进行防腐、加固、密封，并在玻璃钢外加固。CIPP 法维修完后，在支管开孔过程中，特别是在遥控开孔时，注意不要让多余的树脂进入分支管道。也可以从主管道中用 CIPP 法维修分支管道，支管翻转常用空气作为动力。

在采用翻转法维修的燃气管道上接支管时，应选择连接短管处开孔，其他部位严禁开孔接支管。翻转法维修的燃气管道受损泄漏时，应停气断管，实施抢修。断管后，应将受热影响的内衬材料割除并按规定进行端口处理后连接一段新管。

8. 质量检验

1）闭路检查

翻转工艺完成后，启动闭路电视系统对管道进行内窥录像检查，整个翻转段应连续、光滑，没有污浊、空鼓和分层现象。用内窥仪器检查衬管质量并录像，在工作段两端连接测压盲板，进行承压测试。

用内窥检测车在三通支线处按记录的位置打孔。分段做完内衬后，可按常规的燃气管道施工办法焊接各段管线，并做打压测试。每一节内衬管都应做360°完整的摄像。摄像时前行的速度不要超过10m/min，并以标准速度拍摄。在支管连接处，摄像机应能停下来，拉伸镜头仔细观察。在录像画面中应标注上清晰的距离计数。

2）验收试验

（1）燃气管道验收试验。

试验用的压力表应在校验有效期内，其量程不得大于试验压力的两倍。弹簧压力表应采用标准压力表，精度不得低于0.4级。

强度试验：被维修管道做强度试验前，应根据不同的维修工艺对其过程检查验收的资料进行检查，符合设计、施工要求的管道方可进行强度试验。若为燃气管道，被维修管道的强度试验应符合国家现行标准《城镇燃气输配工程施工及验收标准》（GB/T 51455—2023）的规定。

严密性试验：严密性试验应在强度试验合格后进行。若为燃气管道，严密性试验应符合国家现行标准 GB/T 51455—2023 的规定。

（2）污水管道验收试验。

根据美国标准，新维修的管道在启用之前应进行密封性试验。可接受的试验方法包括低压空气试验或静水压试验。

① 低压空气试验：对试验段加压至 4.0psi，并且保持 3.5psi 的压力 2min 以上。压力下降到 3.5psi 以下时补充空气。在 2min 后，记下当时的压力（必须至少在 3.5psi 以上），并且开始新的计时。若从此时起空气压力下降 0.5psi 时的时间小于表 6-49 中给出的时间，则认为此段的试验失败。

表 6-49　污水管道的最小测试时间

污水管道规格，in	8	10	12	15	18	21	24	27	30
最小测试时间 s/100ft	72	90	108	126	144	180	216	252	288

若地下水位高于测试的下水道，则地下水位每高出管道 1ft，应将测试压力增加 0.43psi。即：测试压力增加值=0.43×地下水位高出管顶的英尺数。

若试验中压力下降 0.5psi 的时间在表 6-49 中给定时间的 1.25 倍以内时，应将内衬管重新加压至 3.5psi 并重复这项试验。

若主管道中接有支管，则支管也应看作是试验的一部分，试验时间也不做调整。

② 静水压试验：试验用翻转立管中的静水压进行，保持静水液面稳定 30min。在此时间内加入的水量不要超过表 6-50 中的数值。

表 6-50　静水压试验中 30min 内最大允许加水量

下水道尺寸，in	6	8	10	12	15	18	21
每 30min 每 100ft 加水量，gal	0.48	0.63	0.79	0.94	1.19	1.40	1.66

五、喷涂法

(一) 一般要求

(1) 喷涂法主要用于管道的防腐处理，特别是维修小口径非进入压力管道，通常用于管道的非结构性缺陷的维修，包括煤气管道、自来水管道及污水排放系统等。

(2) 喷涂法适用直径为 75~4500mm，一次喷涂管道长度可达 200m。

(3) 喷涂法要求现有管道的壁厚必须满足强度要求的最小值，用环氧树脂时不得有管道小孔存在。

(二) 设计

1. 内涂层等级

内涂层设计应根据输送介质腐蚀性评估、管材应用条件以及工艺技术要求来确定。

(1) 设计前宜收集以下输送介质中腐蚀性杂质：细菌、二氧化碳、氯化物、硫化氢、有机酸、氧、固体或沉淀物、其他含硫的化合物、水及水质。

(2) 设计应考虑的腐蚀危害主要有：

① 由于减薄、点蚀、氢脆、氢致开裂、硫化物应力开裂或应力腐蚀开裂导致的管道损害。

② 腐蚀产物对管输介质的污染。

(3) 应根据介质的腐蚀性选择合适的内涂层材料及结构。管道内介质的腐蚀性评价，可根据表 6-51 给出的指标进行判断。

表 6-51　介质腐蚀性评价表　　单位：mm/年

项目	级别			
	低	中	较重	严重
平均腐蚀速率	<0.025	0.025~0.125	0.125~0.254	>0.254
点腐蚀	<0.305	0.305~0.610	0.610~2.438	>2.438

2. 内涂层厚度

风送挤涂内涂层应至少涂敷两道，其等级及厚度应符合表 6-52 的规定。

表 6-52　内涂层等级及厚度

等级	普通级	加强级
涂敷道数	≥2	≥3
干膜厚度，μm	≥200	≥300

（三）材料性能

（1）液体涂料应有通过计量认证的第三方检验机构出具的检验报告。

（2）液体涂料在使用前应进行性能复验，各项性能指标应符合设计规定。

（3）采用液体环氧涂料时，可选择溶剂型或无溶剂型液体环氧涂料，涂料性能指标应符合现行行业标准《钢质管道液体环氧涂料内防腐技术规范》（SY/T 0457—2019）的规定，并满足挤涂工艺及施工条件的要求。液体环氧涂料内涂层的性能指标应符合表6-53的规定。

表6-53 液体环氧涂料内涂层性能指标

项目		性能指标	试验方法
外观		表面应平整、光滑、无气泡、无划痕	目测或内窥镜
硬度（2H铅笔）		表面无划痕	GB/T 6739
耐化学稳定性（常温，90d，圆棒试件）	10%NaOH	防腐层完整、无起泡、无脱落	GB 9274
	10%H_2SO_4		
	3%NaCl		
耐盐雾性（1000h）		1级	GB/T 10125
附着力，MPa		≥8	GB/T 5210
耐弯曲（1.5°，25℃）		涂层无裂纹	SY/T 0442
耐冲击（25℃），J		≥6	SY/T 0442
耐磨性（CS17，1kg/1000r），mg		≤120	GB/T 1768
耐油田污水（80℃，1000h）		防腐层完整、无起泡、无脱落	GB/T 1733
耐原油（80℃，720h）		防腐层完整、无起泡、无脱落	GB 9274

（四）施工作业及质量控制

喷涂施工的主要流程如图6-35所示。

图6-35 喷涂法施工工艺流程

1. 施工准备

（1）施工前应全面了解管道的相关信息，根据现场条件，选取合理的施工起、末端。

（2）待涂管段应已经进行过通球清扫并试压合格，且通球、测径结果应符合现行国家标准《油气长输管道工程施工及验收规范》（GB 50369—2014）或《油气田集输管道施工规范》（GB 50819—2013）的规定。

（3）待涂管段上不应有三通等分支和阀组、流量计等不需要进行内涂敷的组件，管道上的仪表接口、温井、取样口等细小开口，应预先予以封堵保护。

（4）待涂管段和临时收发球筒之间应设置过渡、检测管段。过渡管段的长度不宜小于12m。检测管段两端应采用法兰连接，并进行严密性试验。

（5）内涂层施工应满足下列条件：

① 防腐设计及有关技术文件齐全。

② 施工机具、检测仪器等施工设施齐备、完好。
③ 安全防护设施可靠。
④ 施工用水、电、气等能满足连续施工的需要。
⑤ 管道及其附件安装完毕，并检查合格。

2. 管道清洗、喷砂除锈

钢质管道喷涂施工可根据管道内的表面状况，选择化学除锈或喷砂除锈表面处理方式。化学除锈方式应包括机械清洁、化学清洗和管道干燥等步骤。在役管道应根据管道内壁的积垢成分和腐蚀情况确定清洗方案和清洗设备。

1) 机械清洁

进行机械清洁之前，应按照管道的积垢程度和实际内径，合理选择所使用的清管器。

清管器在管道中的运行速度宜控制在 0.5~5m/s，运行过程中应保持速度稳定，可在管道内预先建立一定的背压。

清管器运行到管道末端，应目视检查清管器的损伤和排出污物情况。当清管器完好无缺损，且无明显固体物排出时，可结束机械清洁。

管道整体机械清洁后，应及时进行化学清洗和除锈等后续施工步骤。

2) 化学清洗

化学清洗宜包括图 6-36 所示的基本程序，应根据管道积垢的具体情况进行优化和调整。

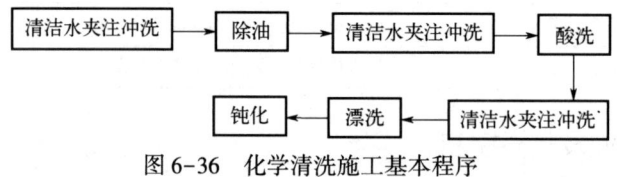

图 6-36 化学清洗施工基本程序

宜使用夹注清洗的方式进行管道的化学清洗。对于长度较短或管径较小的管道，在现场条件允许时也可使用循环清洗、浸泡清洗等方式。

化学清洗所用的药剂应根据待清洗管道的材质及清洗要求选用。

化学清洗各步骤应连续进行，合格后应立刻进行干燥和风送挤涂施工。不能及时进行喷涂施工时，应在管道完成干燥后充入干燥空气或氮气，使管道内保持微正压（50~70kPa）并密封进行保护。

3) 管道干燥

管道的干燥施工可使用干空气法或真空法，也可采用干燥剂法与干空气法或真空法的组合方式。

管道干燥施工宜按照现行行业标准《天然气管道、液化天然气站（厂）干燥施工技术规范》（SY/T 4114—2016）执行。

(1) 干燥剂法管道干燥应符合下列规定：
① 应选用非易燃易爆型的干燥剂。
② 排出最后一段干燥剂时，应对干燥剂进行含水量测试，含水量不应超过 20%。
③ 干燥剂法干燥结束后，应立即采取后续干燥措施。

(2) 干空气法管道干燥应符合下列规定：
① 采用干空气法进行干燥施工时，气流出口应连接回收装置。
② 管内残留的液体较多时，可间隔开闭管道末端的排气阀。
③ 当管道末端排出气体的常压露点不高于-20℃时，可结束干燥过程。
(3) 真空法管道干燥应符合下列规定：
① 采用真空法进行管道干燥前，应确认管道能够承受负压。
② 应根据管道内容积选用合适的真空泵，施工时应检测管道温度，管道的温度不应低于5℃。
③ 当管内压力降低到0.1kPa时，可结束干燥过程。

4) 喷砂除锈

管道进行喷砂除锈前，应清除管壁上的油垢、结垢和腐蚀产物等。

管道的喷砂除锈应符合下列规定：

(1) 管道喷砂除锈所使用的磨料应符合现行行业标准《涂装前钢材表面处理规范》(SY/T 0407—2012) 的规定。

(2) 管道喷砂除锈时，空气压缩机的压力应控制在0.6~0.8MPa。

(3) 管道喷砂除锈的时间可按下式计算：

$$t = \pi(D_0 - 2N)LQK^n/60 \tag{6-40}$$

式中 t——喷砂所用时间，min；
D_0——管道外径，m；
N——管道壁厚，m；
L——施工管道长度，m；
Q——不同规格管线每平方米所用时间，s，取5~10s；
K——喷砂系数，取1~1.25；
n——管道长度，km，取整数。

整体喷砂除锈后，应用清洁、干燥、无油的压缩空气将管道内部的砂粒、尘埃、锈粉等清除干净，并对管端进行密封。

管道除锈后与涂覆时间间隔不应超过4h，当出现返锈或表面污染时，应重新进行表面处理。

3. 涂内衬管

(1) 进行风送挤涂施工作业时，施工环境温度宜为5~40℃，环境相对湿度应小于80%。

(2) 管道涂敷前，应按下式计算涂料用量：

$$G = K'\pi D_i LT\rho/A \tag{6-41}$$

式中 G——涂料计算用量，kg；
K'——裕度系数，取1.5~1.8；
D_i——管道内径，m；
L——施工管道长度，m；
T——涂层湿膜厚度，m；
ρ——涂料密度，kg/m³；
A——涂料固体含量百分数。

(3) 涂料涂敷应符合下列规定：
① 涂敷前，应按产品说明书要求将涂料各组分按比例混合搅拌均匀。
② 应根据管道尺寸选择合适的挤涂器。按照风送内挤涂操作规程加压挤涂。
③ 涂料夹注段在运行过程中应保持速度稳定。
④ 当涂料夹注段到达管道末端，应根据排出涂料的数量测算涂层厚度。
⑤ 每道挤涂完成后，应通入洁净干燥的压缩空气或临时封闭管端。
⑥ 下一道涂敷应在前道涂层表干后且未完全固化前进行。

4. 内壁烘干

为了使内涂材料的各种性能达到有关要求，在温度低于10℃的施工环境下，需对已维修的管道进行烘干处理；在温度高于10℃的施工环境下，对已维修的管道可采用自然干燥的方式进行处理。

5. 质量检验

1) 一般规定

(1) 质量检验所用检验仪器应经计量部门检定合格，且在有效期内。
(2) 涂敷施工应进行过程及最终质量检验，并应建立自检记录和工序交接记录制度。
(3) 涂敷施工过程中应有各道工序的质量检验记录。

2) 机械清洁及化学清洗质量检查

(1) 管道经机械清洁及化学清洗后，表面应清洁，无残垢，无浮锈，无金属粗晶析出的过酸洗现象，并有完整的钝化膜。对含铜材质的清洗系统应无镀铜现象。
(2) 管道酸洗后，残余酸液的浓度降低不应大于10%；漂洗液的固体物含量应小于2%，Cl^-含量应小于300mg/L，排出液的pH值应控制在6~8。
(3) 管道钝化后排出液的Cl^-含量应小于300mg/L，pH值应为7~10。

3) 管道喷砂除锈质量检查

(1) 管道整体喷砂除锈后，应目测或用内窥镜检查，采用现行国家标准《涂覆涂料前钢材表面处理 表面清洁度的目视评定 第1部分：未涂覆过的钢材表面和全面清除原有涂层后的钢材表面的锈蚀等级和处理等级》（GB/T 8923.1—2011）规定的标准照片或标准板对照进行目测评定，除锈等级应达到Sa2½级。
(2) 应采用粗糙度测量仪或锚纹深度试纸测量除锈锚纹深度，测量结果应满足设计或涂料说明书要求。若设计无要求，锚纹深度应控制在40~100μm。
(3) 应按照现行国家标准《涂覆涂料前钢材表面处理 表面清洁度的评定试验 第3部分：涂覆涂料前钢材表面的灰尘评定（压敏粘带法）》（GB/T 18570.3—2005）规定的方法进行表面灰尘度评定，表面灰尘度不应超过3级。

4) 管道内涂层质量检查

(1) 管道内涂层的检测可采用管道本体检测或检测段检测的方式。管道本体检测宜在管端进行，检验后应对损伤的内涂层采取修补措施。
(2) 应采用目测或内窥镜检查涂层外观质量，在可见的区域内应表面平整、光滑、无气泡、无明显划痕等外观缺陷，涂覆器运行造成的浅表痕迹不应视为外观缺陷。
(3) 涂层实干后，应使用无损测厚仪在距管口大于150mm位置沿圆周方向上下左右均匀分布的四点上测量厚度，任意一点的厚度均应满足规定。

（4）涂层实干后，应按现行行业标准《管道防腐层性能试验方法 第11部分：漏点检测》（SY/T 4113.11—2023）规定的方法进行漏点检测，以无漏点为合格。

（5）涂层固化后，应按《钢质管道液体涂料风送挤涂内涂层技术规范》（SY/T 4076—2016）附录A中的方法进行涂层附着力检测，检测结果为4A级或更高为合格。

六、在线挤涂法

（一）一般适应性

（1）在线挤涂法主要用于小口径在役钢制管道的内防腐工艺，随着油田开发规模扩大，地面集输管道输送介质多为含水油和采出水等，存在溶解氧、H_2S、CO、细菌和高矿化度等腐蚀成分。尤其是老油田进入中后期开发阶段，采出液含水率不断升高，油田多层系开发导致水型的不配伍，也会造成地面在役管道内腐蚀加剧，需要进行内防腐处理。

（2）单根预制的内防腐管道在现场施焊时，高温会使焊缝两侧附近的涂层或内衬烧焦而脱落，使焊口成为整条管道的防腐薄弱环节，为保证管道焊口部位的抗腐蚀性能，必须采取焊后内补口或其他工艺措施，解决管道接头的连接和防护问题。

（二）内涂层材料

1. 材料组成

纤维增强环氧内衬材料以高性能的防腐树脂作为基体，高强度纤维作为增强体，树脂中的羟基、醚键等极性基团与许多极性材料的表面通过偶极或离子的作用产生次价键，或通过极性基团的作用形成氢键等化学键，构成强有力的物理和化学黏附，降低了界面张力，形成稳定的黏结界面，从而兼具了良好的防腐性能和黏结性能。也可用于旧管道的修补，给旧管道提供防腐和一定的强度补充；同时该产品采用多元复合引发体系，控制固化时间，保证黏结表面在常温条件下自然流平，且达到良好的固化效果。

2. 性能特征

纤维决定复合内衬层的力学强度，复合内衬层用纤维的长径比变化范围很大，可在100倍范围内变化。采用结晶树脂作为增稠剂，克服了传统涂料黏度较低时容易流挂，黏度较高时，力学性能低、黏附性能差的缺点。加入固化剂，组成配方树脂，进而生成三维立体网状结构，形成一种不溶、不熔的聚合环氧材料。

普通涂料使用大量溶剂，对体系的性能影响较大。纤维增强环氧内衬材料不含溶剂，避免了这一缺陷。安全环保是石油化工领域对防腐的特殊要求，溶剂类防腐易燃易爆、安全隐患大，纤维增强环氧内衬材料成分中不含溶剂，无挥发成分，可保证施工的安全性。

纤维增强环氧内衬材料具有优异的附着力，可保证内衬层在工作环境下不开裂、不脱落、不掉渣。与铁表面的剥离强度可达17kN/m。固化后，在200℃以下内衬层正常，不影响性能。纤维增强环氧内衬材料一次涂敷厚度可达300μm以上，表面光滑，较好地解决了传统涂料由于黏度较小，难以一次达到较厚涂层厚度的问题。同时，对于防腐要求较高的工程可进行多层涂敷，其层间黏结性能优异，且能很大程度缩短施工周期。采用CP

树脂改性和多元复合引发体系，根据环境温度的改变，通过对 CP 树脂调整以适宜不同工艺的需要和环境的需要。

（三）在线喷砂内表面处理

管道的防腐质量很大程度取决于涂层与管壁的黏结力，而这种黏结力又取决于管道内表面的除锈质量。除锈质量在管道防腐中占有相当重要的地位，必须高度重视。

喷砂除锈是利用高速砂流的冲击作用来清理和粗化基体表面，受管径和长度等因素的影响，普通喷砂枪不能直接进入长距离管道，内壁处理时难以达到防腐施工的 Sa2.5 级别。本工艺喷砂作业是利用高硬度石英砂在压缩空气及导向叶片的作用下从管道一端送入，另一端喷出，达到彻底清除管道内壁铁锈的目的。主要设备有足够排量的空气压缩机、储砂罐。喷砂除锈管道长度依据管道走向而定，走向起伏不大的管道一般控制在 3~5km，起伏较大时以不超过 3km 为宜，排气量的选择以末端扬砂不小于 1m 为最低限度。

（四）挤涂施工内表面处理

挤涂施工就是把配制好的涂料夹在清管器中间，由压缩空气推动清管器在管内移动，进行挤压涂衬。基本过程就是首先在待修复管道两端安装发射装置和接收装置，然后投放清管器，最后回收清管器和过剩涂料。采用的挤涂设备主要有料桶、注料泵、挤衬器、发球装置、收球装置、输料管及各类阀门等。

挤涂施工前需要注意两个事项：一是在安装好发射装置及接收装置后，持续向管内注入干燥气体，使管道内壁保持干燥。二是根据待处理的管道的管径和管道敷设地势，选择合理的挤涂速度和挤涂起始端。

根据涂层厚度选择挤涂遍数，一般挤涂 1~3 遍，其中第一次涂层挤压压力比第二次、第三次的压力大，在两次挤衬中间，应留足够的时间保证涂层固化。将已选好的一组挤衬器加入管内并把内衬原料注入，通风挤涂，挤衬器的运行速度控制在 2~3m/s。

每遍施工完成后，利用压缩空气鼓风机向管内通风，以利于管内衬层固化。每遍施工以上遍施工表干为宜，待整体内挤涂完成后应间隔通风 72h，正常投用应在最后一层完成 5~7d 后。

（五）焊口处理技术

补口必须在涂层完全固化后进行，内补口可采取的方式有内涂层补口机涂覆法、机械压接连接、内衬短接焊机、记忆合金热膨胀等。目前应用较为成熟的工艺为喇叭口加套管补口结构（图 6-37）。

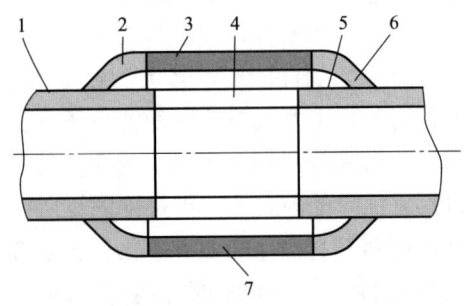

图 6-37 喇叭口加套管补口结构示意图
1,5—防腐管道；2,6—喇叭口；3,7—外补口钢管；4—内补口钢管

第五节 阴极保护系统维修

一、一般要求

（一）施工流程

阴极保护系统维修施工一般按图 6-38 所示施工流程进行。

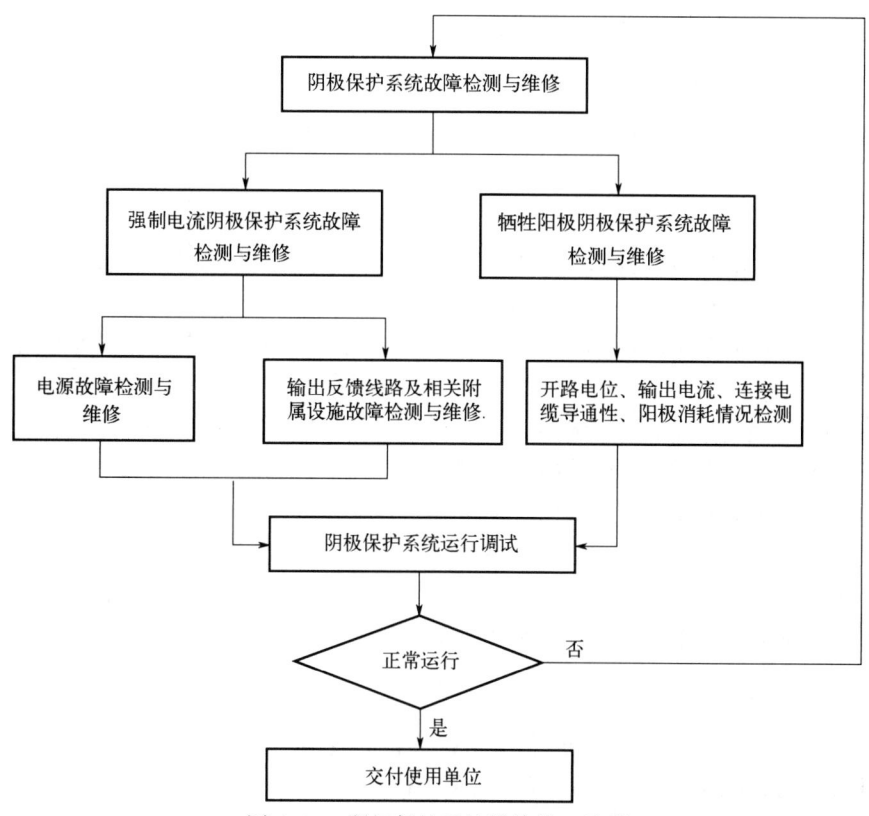

图 6-38 阴极保护系统维修施工流程

（二）维修材料

阴极保护系统中的牺牲阳极材料、连接电缆、参比电极、辅助阳极等维修材料性能应满足 GB/T 21448—2017《埋地钢质管道阴极保护技术规范》的要求；汇流点安装材料、电工耗材、阴极保护电源元件等维修材料应符合相关标准要求。

（三）电缆故障维修

电缆故障维修应根据电缆故障类型选择以下维修方式：

（1）若电缆发生断路，且断开处两侧电缆有足够的余量可以使之连接，则可采取在电缆断路处重新制作电缆接头的方式维修。

（2）若电缆发生断路，但是断开处两侧电缆没有足够余量使之连接，则需采用补充敷设新的电缆的方式维修。

（3）若电缆绝缘层或保护层出现较小的破损，可采取在破损处截断电缆，去除破损绝缘层和保护层，重新制作电缆接头的方式维修。

（4）若电缆破损或缺失距离较长，不具备采取制作电缆接头维修方式的条件，则需采用新的电缆置换破损段电缆的方式维修。

（5）若电缆长距离破损、多处破损或多处断路，使局部维修不经济，可采取全线更换电缆的方式维修。

（6）补充敷设的新电缆、用于置换的新电缆、用于全线更换的电缆规格宜与原电缆规格一致或相近，采用制作电缆接头的方式与原电缆连接。

（四）电缆与管道连接

测试电缆的连接故障、汇流点故障维修应采用重新安装汇流点的方式。汇流点的安装应符合下列要求：

（1）焊接位置不宜在弯头上或管道焊缝两侧 150mm 范围内。

（2）电缆与管道的连接宜采用铝热焊方法，当电缆截面积大于 $16mm^2$ 时，宜将电缆分成若干股，每股电缆截面积小于 $16mm^2$，分开进行焊接。

（3）在运行管道上实施铝热焊时，应制定安全防范措施，并应分析下列因素对焊接的影响：

① 焊接前管道的完整性。

② 输送介质对焊接热量传输与散失的影响。

③ 焊接热量对输送介质的影响。

（4）在耐蚀合金管道上不应实施铝热焊。

（5）若有其他被证明性能可靠的连接方法，并有适当的文件支持，也可用于汇流点的安装，如铜针焊接、软焊、熔焊、导电黏结剂黏结等方法。

（五）电绝缘故障

测试桩、被保护管道与非保护金属结构间的电绝缘故障，应按照 SY/T 0086—2020《阴极保护管道的电绝缘标准》的要求实施检测和维修。

（六）交直流干扰

被保护管道的交、直流干扰的处理应按照 GB/T 50698—2011《埋地钢质管道交流干扰防护技术标准》和 GB 50991—2014《埋地钢质管道直流干扰防护技术标准》的规定执行。

（七）竣工验收

维修施工竣工验收应按照 GB/T 21246—2020《埋地钢质管道阴极保护参数测量方法》的要求进行系统测试，测试指标应达到标准 GB/T 21448—2017《埋地钢质管道阴极保护技术规范》规定的阴极保护准则。

（八）人员、工具设备和物资配件的要求

1. 人员要求

从事强制电流阴极保护系统维修工作的人员，应拥有一定的电力技术、电子技术、腐蚀电化学方面的专业知识，并接受过相关技术培训或受过阴极保护电源生产厂家的针对其产品维修技术的培训，能熟练使用相关的仪器仪表。

2. 工具设备

进行强制电流阴极保护系统维修所需的工具设备主要是电力技术、电子技术、腐蚀电化学方面检验测试设备和工具，例如万用表、示波器、便携式参比电极、接地电阻测量仪、绝缘电阻测试仪、成套机修工具、成套电工工具、压线钳、成套仪表工工具、铝热焊工具、发电机、卫星同步断流器等。

3. 物资配件

进行强制电流阴极保护系统维修所需的物资配件主要是阴极保护系统中常用的各种型号的电缆、长效参比电极、铝热焊材料、常见电工耗材、阴极保护电源中常发生故障的元件等。

二、阴极保护系统故障检测与维修

（一）牺牲阳极阴极保护系统故障检测

牺牲阳极阴极保护系统主要故障是管线保护电位过低，主要通过测试保护电位、牺牲阳极输出电流及开路电位是否满足要求，附近是否存在第三方杂散电流干扰等方式检测。

采用检验测试工具对牺牲阳极的开路电位、输出电流、连接电缆的导通性等进行检测。通过逐步排查的方式，发现故障点。

（二）牺牲阳极阴极保护系统维修

牺牲阳极阴极保护系统常见故障主要有牺牲阳极过快消耗，牺牲阳极数量不足，牺牲阳极与管道连接线不导通，牺牲阳极附近被保护管道的外防腐层大面积破损或出现与非保护金属结构搭接。

明确故障位置后，对故障进行评估，进一步确定维修对策，将维修波及面尽可能控制在最小的范围内。

（1）对于牺牲阳极过快消耗或者牺牲阳极数量不足的问题，通过补充安装牺牲阳极的方式维修。

（2）对于牺牲阳极与管道连接线不导通的问题，要修复或更换连接导线，导线与被保护管道的连接处要做防水处理。

（3）对于牺牲阳极附近被保护管道的外防腐层大面积破损或出现与非保护金属结构搭接的问题，要及时修复破损的防腐层，或采取措施使搭接非保护金属结构与被保护管道电绝缘。

（三）强制电流阴极保护系统故障检测

1. 故障检测流程

强制电流阴极保护系统组成相对复杂，其故障原因也比较复杂，一般情况下，宜按照图 6-39 所示故障检测流程对其故障进行检测，找出故障原因。

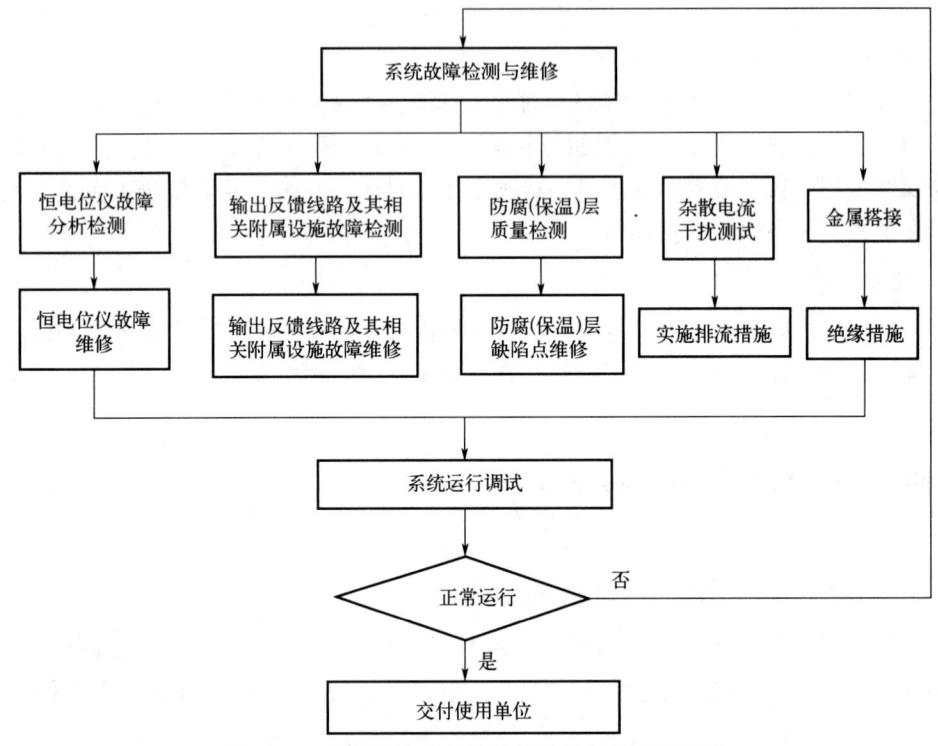

图 6-39 强制电流阴极保护系统故障检测流程图

2. 常见故障

强制电流阴极保护系统常见故障现象及成因见表 6-54。

表 6-54 强制电流阴极保护系统常见故障排查简表

故障类型	故障现象	故障检测	处理方法
阴极保护电源故障	恒电位仪无法开机	1. 输入电源电缆是否开路，电源开关是否接触不良，机内输入熔断管是否熔断、稳压电源变压器熔断管是否熔断； 2. 恒电位仪输入电源线连接端子部位检查	1. 维修输入电源电缆，更换或维修电源开关，更换熔断管； 2. 连接紧固恒电位仪输入电源线连接端子
	恒电位仪表头显示数据异常或与实测数据不符	1. 输出熔断管熔断； 2. 恒电位仪自检； 3. 数字式或指针式表头故障； 4. 恒电位仪接线端子连接部位故障； 5. 确定线缆连接方式是否正确； 6. 对恒电位仪实施系统重启	1. 更换输出熔断管； 2. 更换或维修恒电位仪故障配件； 3. 更换数字式或指针式表头； 4. 将恒电位仪接线端子重新连接稳固

续表

故障类型	故障现象	故障检测	处理方法
输出反馈线路及其相关附属设施故障	1. 有输出电压、输出电流为零或输出电压升高至仪器报警、输出电流为零，仪器"自检"正常； 2. 输出电压、输出电流均为零； 3. 输出电压变大，输出电流不变或变小，仪器"自检"正常； 4. 输出电压、输出电流突然变小，仪器"自检"正常； 5. 管道保护距离缩短； 6. 跨接的管道无阴极保护； 7. 恒电位仪输出电流增大，或输出电流增大后管道保护电位不能达到标准要求，仪器"自检"正常； 8. 输出电压显示1V左右，输出电流为零，管道保护达标； 9. 未保护端电位升高	1. 检查阴极电缆、阳极电缆是否开路，阴极通电点是否脱落； 2. 检查零位电缆通电点是否脱落，零位参比电缆是否开路，参比电极是否损坏； 3. 检查阴极电缆、阳极电缆是否存在破损，均压线是否开路，均压线与管道连接点、阴极通电点是否虚接，测试阳极地床是否因为阳极损耗或土壤干燥、气阻导致阳极电阻过大，超过标准要求； 4. 用便携式参比电极检查参比电极是否失效或参比井土壤干燥情况； 5. 现场踏勘阳极地床埋设位置距离管线是否过近，检查附近是否存在第三方杂散电流干扰或金属物屏蔽； 6. 检查均压电缆是否脱落或开路； 7. 检查绝缘接头（法兰）是否失效，绝缘接头两端管道有无金属物搭接，用便携式参比电极检查参比电极是否失效； 8. 相邻阴极保护站输出电流太大或管道防腐（保温）层质量很高； 9. 确定绝缘接头（法兰）两端无金属物搭接以及线缆连接完好，测试绝缘接头（法兰）两端电位，测试管线保护段和未保护端电流大小以及流动方向	1. 维修阴极电缆、阳极电缆故障点，重新安装通电点； 2. 重新安装零位电缆通电点，维修零位参比电缆故障，更换参比电极； 3. 维修阴极电缆、阳极电缆故障点，重新安装通电点，更换阳极或新建阳极地床，定期对阳极地床降阻； 4. 更换参比电极或选择接地电阻小的地点重新埋设参比电极或给参比井降阻； 5. 增加阳极地床，消除第三方杂散电流干扰或金属物屏蔽； 6. 重新安装均压电缆； 7. 更换失效绝缘接头（法兰），对绝缘接头两端金属物搭接进行绝缘处理，更换参比电极； 8. 将设定电位负向调整； 9. 更换失效绝缘接头（法兰），对绝缘接头两端金属物搭接进行绝缘处理
防腐（保温）层质量问题	恒电位仪输出电流过大，管线保护电位不能达到标准要求，管线某处电位衰减较大	1. 对管线实施通断电位测试，分析防腐（保温）层的基本状况； 2. 对电位异常点附近进行现场踏勘，确定无第三方电流干扰； 3. 应用PCM管道探测仪等仪器对管线防腐（保温）层进行综合评价，找出防腐（保温）层破损点位置，对破损点开挖验证	依据管道外防腐（保温）层维修时间响应表对破损防腐层进行维修
杂散电流干扰	管线某处保护电位异常，管线某处腐蚀情况较严重，PCM电流起伏较大，甚至无法准确确定管道位置或埋深	1. 对管线实施通断电位测试，找出电位异常点； 2. 现场踏勘，结合杂散电流测试仪对电位异常点进行长时间检测（24h以上），确定干扰源类型（测试电压等级、负荷电流及最大短路电流、运行（负荷变化）状况、杆塔高度、塔/杆头几何形状及尺寸等）、干扰源与被干扰体相互关系（相对位置距离、平行长度、交叉角度等并给出简图表示）； 3. 测量管地交流电压及其分布，确定最大干扰电位以及电流的流入、流出点位置	根据检测结果，依据相关标准确定是否需要实施排流，确定排流点位置以及排流方式（调整阴极保护参数、极性排流、隔直排流等）

续表

故障类型	故障现象	故障检测	处理方法
埋地管道与其他金属搭接	恒电位仪输出电流过大；管线某些位置电位衰减较快；管线某些位置腐蚀情况较严重	1. 对电位异常点附近进行现场踏勘，确定无第三方杂散电流干扰； 2. 在管线异常点附近金属物上测试电位是否异常； 3. 在管道上架设 PCM 管道探测仪等仪器，检测管道内电流变化梯度，同时检测附近金属物上是否有电流以及电流流向； 4. 对异常点开挖验证	对未保护金属构筑物搭接采取措施绝缘

（四）强制电流阴极保护系统维修

1. 阴极保护电源故障检测和维修

1）故障检测

采用检验测试工具对阴极保护电源的输出、反馈、显示等部分进行检测，并利用其自身的自检功能，或者借助假负载，对阴极保护电源进行测试。通过逐步排查的方式，发现故障点。

（1）阴极保护电源输出参数的校对。

将阴极保护电源开启，电压表的红表笔连接输出正极，黑表笔连接输出负极，电压表电压读数和恒电位仪电压读数一样；将万用表黑表笔连接参比电极，红表笔连接零位接阴，电压表读数和阴极保护电源参比电位一致；用针形电流表或把电流表串联在阴极回路中，测量的电流值应该和设备显示电流值一致。注意针形电流测量精度一般较低，串联电流表会影响回路电阻导致测量的电流小于实际电流（测量值和恒电位仪显示值应该一致）。最好在恒电位仪输出回路中安装标准电阻（分流器），通过测量标准电阻的压降计算输出电流。

（2）自检功能。

对带有自检功能的阴极保护电源，可参照阴极保护电源使用说明书，对阴极保护电源系统进行自检。

（3）借助假负载对阴极保护电源进行检测（图 6—40）。

调节电位器 W 可调节输出电压，事先应将 W 滑动触点移向靠近 R_1 的一端，通电后再逐渐将 W 滑动触点向靠近 R_2 的一端，使输出电压逐渐变大，但应注意勿使输出电压超过仪器额定输出电压值。

2）故障维修

明确故障位置后，对故障进行评估，进一步确定维修对策。将维修波及面尽可能控制在最小的范围内，对于元件局部的损坏，局部修补或修复后可正常使用的，就进行局部修复，而不要更换整个元件。通过更换故障配件、修复或修补故障点等方式排除故障。

2. 阴极保护输出反馈线路及其相关附属设施故障检测和维修

1）故障检测

（1）阴极保护系统电缆的区分。

阴极保护电源面板上有 4 根电缆线，正极连接阳极地床，负极连接被保护管道，零位

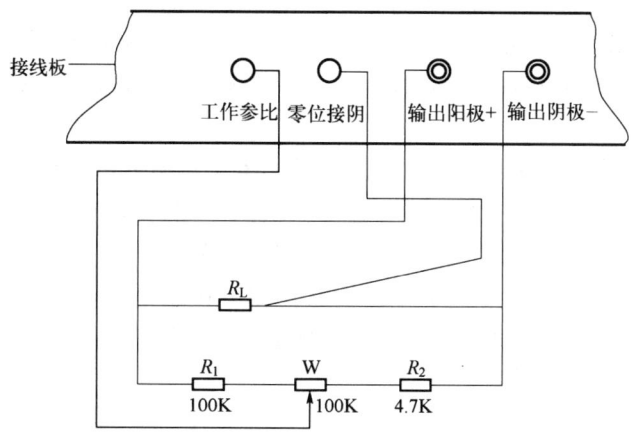

图 6-40　恒电位仪内部原件图

$$R_L \geq \frac{仪器额定输出电压}{仪器额定输出电流}$$

接阴连接被保护管道，参比电极连接埋地参比电极。可以通过测量两两电缆之间的电阻把阴极电缆线和零位接阴线与其他电缆线区分开。剩余的 2 根电缆线可以用万用表黑表笔连接其中一根线，红表笔连接零位接阴线，如果读数为 $-0.6V_{cse}$ 左右，则黑表笔连接的是参比电极，剩余的一根电缆线为阳极电缆线。根据阳极材料以及填包方式的不同，电位可能是 $0.2V_{cse}$、$-0.6V_{cse}$、$-0.9V_{cse}$ 等。如果测量的电缆电位为 $-0.2V_{cse}$，可能是电缆线断路，铜芯与土壤接触。

（2）输出电路检测，包括对阴极电缆、阴极通电点、均压线、阳极电缆、阳极地床等的检测。

阴极电缆、阳极电缆的检测主要是检测其通断情况和破损情况，可以采用 PCM 法与 A 型架配合，检测电缆的通断情况或确定电缆的走向及开路点和破损情况。测量时，PCM 信号可通过阴极保护系统阳极电缆施加到阳极上。该方法适用的前提是电缆开路处与土壤接触，否则很难施加信号。

阴极通电点的检测主要通过开挖方式，直接检查其防腐密封情况，以及与保护体的连接导通情况；阳极地床的检测主要是检测每组阳极的接地电阻、各电缆连接点的腐蚀状况、通电后接地电阻的稳定性等。

（3）反馈电路检测，包括零位参比电缆、零位接阴点、参比电极等的检测。

零位参比电缆的检测主要是检测电缆的通断情况、短路情况，方法与输出电路电缆的检测方法相同。

零位接阴点检测主要通过开挖方式，直接检查其防腐密封情况，以及与保护体的连接导通情况。

参比电极检测主要是检测参比电极的老化状况，通过开挖方式，观察其表观状况，然后通过标准的便携式参比电极进行校对，确定其是否可继续使用。埋地参比电极的校对主要通过将已校正的便携式参比电极在通电点测试桩处测得的管道去极化电位（测试时便携式参比电极应尽量靠近埋地参比电极）与用埋地参比电极测得的管道去极化电位相比较，正常情况下，二者的差值应小于 50mV。现场使用的便携式参比电极的校对可通过实验室预留的另外一支参比电极作为标准参比电极，也可用饱和甘汞电极。如在室内对现场使用的便携式饱和硫酸铜参比电极进行校对时，可将两支电极同时放入盛水的塑料盆中，测量参比电极间电位差应小于5mV；现场校对时，应将两支参比电极尽量靠近，测量它们之间的电位差。

（4）阴极保护相关附属设施检测，包括保护体与非保护体之间的绝缘接头、与绝缘接头并联的防电涌保护装置（去耦隔直装置）、保护体接地极、保护体与接地极之间串联的防电涌保护装置（去耦隔直装置）。绝缘接头的检测主要是检测其绝缘状况；防电涌保护装置（去耦隔直装置）主要有避雷保护器、接地电池、极化电池、二极管保护器、固态极化电池等类型，对此类装置的检测主要是检测其对交流的导通作用和对直流的隔离作用。

2）故障维修

（1）埋地电缆故障维修。埋地电缆的主要故障包括开路、破损、不合格接头。对于存在故障的埋地电缆，首先通过探测设备查找确定故障点，然后，按照电工规范对故障点实施开挖和维修。

（2）阴极电缆（或均压电缆）和零位电缆的通电点安装维修。通电点的主要故障包括脱落、虚接、防水损坏。对于存在故障的通电点，维修步骤如下：

① 通过地面标志、标识，或者通过探测设备查找，确定通电点的准确位置。

② 实施开挖，并对原通电点进行清除，用砂纸打磨保护体，直至管体露出金属光泽。

③ 用铝热焊接和对应的模具，将电缆焊接在清理好的保护体上。

④ 防水处理。用黏弹体防腐带对通电点进行覆盖，并在黏弹体外覆盖聚丙烯防腐胶带外护带；若有保温层，要对保温层原样恢复；若保温层的外护层为防水层，则要用黏弹体和聚丙烯防腐胶带外护带对外护层实施防水处理。

⑤ 回填，恢复地表。

（3）长效参比电极安装。参比电极的故障主要是损坏、老化。对于存在故障的参比电极，主要通过更换的方式维修，维修步骤如下：

① 通过地面标志、标识，或者通过探测设备查找，确定参比电极埋设的准确位置。

② 实施开挖，挖出原参比电极。

③ 用水混合参比电极专用填料至膏状，装入布袋，将新的长效参比电极竖直浸入布袋内的膏状填料内。

④ 将装有填料和新长效参比电极的布袋埋置被保护体附近的土壤中，埋设深度不小于当地的最大冻深。

⑤ 回填，恢复地表。

（4）阳极地床维修。

阳极地床故障主要有阳极脱落、气阻、电缆接头腐蚀。

对于开孔式阳极地床，不会出现气阻现象。如果出现阳极脱落，可以通过更换的方式，补充进新的阳极。

对于闭孔式阳极地床，如果出现气阻，可通过向排气管中注水的方式进行排气；如果发生阳极脱落等故障，是不可维修的，只能重新打井，建造新的阳极地床。

阳极地床的防爆接线箱内受潮进水，容易引起裸露的电缆接头、汇流铜板等的腐蚀，此类故障主要通过重做电缆接头和更换汇流铜板的方式修复，并采取措施防止防爆接线箱再次进水。

三、阴极保护系统运行调试

（一）强制电流阴极保护系统运行调试

维修完毕，系统开机调试，同时，对阴极保护系统进行有效性检测与评价。检测评价的指标主要是保护对象的极化电位（即断电电位）和系统保护率。对存在杂散电流干扰的系统，还要实施杂散电流检测。系统调试的目标是使保护对象的所有埋地部分的极化电位均处于 GB/T 21448—2017《埋地钢质管道阴极保护技术规范》要求的范围内。检测评价和系统调试交替进行，反复多次，直至使保护对象的所有埋地部分的极化电位尽可能多地处于标准要求范围内。

极化电位测量点的选取原则（未要求必须采用密间隔电位检测的管道）：首先，必须保证管道起点和终点各有 1 个测量点；在管道轴向上，每 1000m 间隔设 1 个测量点；若管道较短，则必须保证至少在管道起点、中点、终点处各设 1 个测量点；若发现阴极保护极化电位不在准则要求范围内的点，可以考虑缩短测量点间隔，直至明确正常保护、过保护（或欠保护）管段的界线。然后，继续排查原因，实施维修，直至保护范围内管道的极化电位全都达标。

（二）牺牲阳极阴极保护系统运行调试

维修完毕，将牺牲阳极与被保护管道恢复连接，待被保护管道极化稳定后，测量该处牺牲阳极保护范围内管道的极化电位。在保护范围内，管道极化电位应满足 GB/T 21448—2017《埋地钢质管道阴极保护技术规范》的要求。若极化电位不能满足要求，应继续排查原因，实施维修，直至保护范围内管道的极化电位全都达标。

第六节　管道日常管理与维护

一、管道日常巡护

（一）一般要求

1. 人员配置

在确定人员配置时应考虑以下几个要点：
(1) 管道类别：应考虑集输管道与注水（聚）管道的差异。
(2) 管道分级：按管道分级分类，对Ⅰ类管道进行优先考虑。
(3) 地形地貌：应考虑草地、耕地、住宅区、芦苇地等地形带来的额外巡检工作量。

（4）地理区域：按照管线分布区域以场站为中心进行区域分配。

2. 人员要求

（1）熟悉管道保护有关的法律、法规。

（2）熟悉所巡管道现状（输送介质、压力等）。

（3）熟悉所巡管道的具体位置、穿越情况、沿线地形地貌及周边环境。

（4）熟悉油田管道及设施、阴极保护设施维护的有关知识，能够对出现的问题进行及时临时处理。

（5）懂得现场应急及急救程序。

（6）会使用安全、防护器具及巡检设备。

3. 装备要求

巡检过程宜具备下列装备：GPS定位仪、照相设备、通信设备、安全防护装具及其他工具。

（二）日常现场巡检

1. 巡检周期

（1）厂（处）级单位应根据管道分类分级管理要求，建立并完善管道巡检制度，明确巡检周期和内容，应按照《中国石油天然气股份有限公司油田管道和站场地面生产管理规定》的要求，确定巡检周期。

① 单井管道巡回检查周期原则上不宜超过15d。

② 站间管道巡回检查周期原则上不宜超过10d。

③ 伴生气管道巡回检查周期原则上不宜超过7d。

④ 净化油输送管道巡回检查周期原则上不宜超过3d。

⑤ 对于处于沙漠、戈壁、草原及无人区停用但未报废管道，巡检周期根据实际情况确定。

（2）下列情况，应缩短巡检周期和制定专项监控方案：

① 通过管道风险评估被确认为安全风险较大的管道、管段或区域。

② 管道两侧保护范围内存在大型机械施工、钻探、取土、挖塘等第三方施工。

③ 出现地质滑坡及其他自然灾害的区域。

④ 处于环境敏感区或人口密集区。

（3）宜采用GPS等手段，靠近管道中心线进行巡检，以保证巡线质量。

2. 巡检内容及要求

（1）管道标志桩、测试桩、警示牌完好齐全。

（2）管道沿线护坡、堡坎：无垮塌、无新开裂缝、无损坏，无管道移位、浮动。

（3）埋地管道：无露管；沿线地形、地貌和植被无明显变化；无保护措施埋地管道上方严禁重型车辆行驶，采取有效的警示及保护措施，防止管线损坏。

（4）地上管道跨越管段：跨越结构稳定，管体、支撑、支架完好无损、无锈、无明显变形及移位等异常变化，管道防腐层完好，管道上无其他杂物和重物；管道跨越支撑与管道之间绝缘层完好未破损。

(5) 铁路、公路穿越段：穿越两端警示标识、测试桩、穿越桩完好有效，标示信息应清楚无缺失；穿越段套管或涵洞设施应完好，排水沟通畅，排气管、阴极保护设施应完好，路面无下陷。

(6) 隧道穿越段：两端隧道封堵完好、无垮塌、滑坡等，泄压管完好有效；两端警示标识、测试桩、穿越桩完好有效，标示信息清楚无缺失。

(7) 穿越河流、沟渠管段：在穿越河流的管道线路中心线两侧各500m地域范围内，禁止抛锚、拖锚、挖砂、挖泥、采石、水下爆破；两岸护堤、护坡、堡坎无垮塌，穿越的两岸警示标志、定位桩（穿越桩）应完好，无管道裸露和浮管。

(8) 根据国家法律、法规及行政管理部门的要求，禁止下列危害管道安全的行为：

① 擅自开启、关闭管道阀门；采用移动、切割、打孔、砸撬、拆卸等手段损坏管道；移动、毁损、涂改管道标志；在埋地管道上方巡查便道上行驶重型车辆；在地面管道线路、架空管道线路和管桥上行走或者放置重物。

② 在管道附属设施的上方架设电力线路、通信线路或者在储气库构造区域范围内进行工程钻探、采矿。

③ 在管道线路中心线两侧各5m地域范围内，种植乔木、灌木、藤类、芦苇、竹子或者其他根系深达管道埋设部位可能损坏管道防腐层的深根植物；取土、采石、用火、堆放重物、排放腐蚀性物质、使用机械工具进行挖掘施工；挖塘、修渠、修晒场、修建水产养殖场、建温室、建家畜棚圈、建房以及修建其他建筑物、构筑物。

④ 在穿越河流的管道线路中心线两侧各500m地域范围内，抛锚、拖锚、挖砂、挖泥、采石、水下爆破。在保障管道安全的条件下，为防洪和航道通畅而进行的养护疏浚作业除外。

⑤ 在管道专用隧道中心线两侧各1km地域范围内，采石、采矿、爆破。若国家建设修建铁路、公路、水利工程等公共工程，确需实施采石、爆破作业的，应经管道所在地县级政府主管部门批准，并采取必要的安全防护措施后，方可实施。

（三）第三方施工巡检

建立和完善第三方作业信息管理机制和管道保护沟通机制，及时获取、掌握、上报管道周边交叉工程动态信息，提出相关管道保护要求，具体要求如下：

(1) 建立针对第三方施工项目的管理台账，收集整理相应第三方施工保护技术档案。

(2) 防止任何单位或个人在未经审批、未采取相应保护措施前，擅自在管道安全保护范围内施工作业。

(3) 第三方施工前，管道管理单位应指派专门人员到现场进行管道保护安全指导，加强第三方施工过程监护。

(4) 发生管道打孔盗油、第三方占压事件时，应按相关规定及时报告动态和处置信息，积极组织或协助有关部门做好事件处置。

(5) 对穿越农田区域的管道，可根据实际情况，采用有效的防管道农耕损坏措施。

（四）巡检记录汇报要求

(1) 巡检人员应准确记录管道巡检各类活动和事件并及时汇报，为管道巡检工作提供可追溯的材料，便于上级能够及时了解和掌握管道巡检工作和外部风险状态，指导管道外部风险管控。

(2) 主要巡检资料包括巡线记录、管道保护宣传记录、第三方施工管理记录等；第三方施工管理记录应包括来往的各类函件、协调记录、管道保护或迁改工程全过程资料等，资料应长期保存，以备检查和追溯。

(3) 管道巡检人员发现危害管道安全的情形或者隐患，应当按照规定及时处理和报告。

(4) 管道巡检人员应填写管线巡查维护工作记录，并及时上报。管道技术管理人员应及时将收集到的巡查维护工作记录整理、汇总，形成管道巡线检查月报表，并上报到厂（处）级主管部门，巡检原始记录存档保持不得少于 2 年。

二、管道日常维护

（一）一般要求

(1) 里程桩、标志桩、警示牌：缺（损）增补，倾斜、倒地的护正，对字迹不清的标识重新喷涂。

(2) 大型护坡、堡坎：清理排洪沟、疏通泄水孔。

(3) 穿跨越管道的日常维护：

① 对大型跨越管道的出入地端进行除锈刷漆保养，对防震绳、拉绳的螺栓进行紧固、除锈、刷黄油保养。

② 穿跨越管道：跨越管段钢索出现防腐层损伤时，应及时进行防腐处理。一般情况下，5~8 年进行一次防腐层修复处理；跨越钢结构防腐涂层有大于 5% 的局部锈蚀或涂层露底漆、龟裂、剥落或吐锈面积超过 50% 时，应清理全部旧涂层，重新涂漆。

③ 架空线路避雷针完好，接地良好；每年雷雨季节前后，应对阳极架空线的避雷设施进行一次检查测试，防雷接地电阻不大于 10Ω。

(4) 对管道沿途各阀室、阀门及相关的设备、仪表进行防腐、清洁、润滑、验漏、保养等工作。

(5) 线路阀室（井）维护：干线阀门每月维护一次；阀室其他阀门每半年至少维护保养一次，保持阀门操作灵活。

(6) 对回填管道露管部分，进行绝缘层损坏部分修复。

(7) 当管线风险等级发生变化后，对新增的高后果区、高风险等管段应增加相应的警示标志和监控措施，变化后的管道风险等级按照相应风险等级巡线周期开展巡管。

(8) 对第三方施工造成的影响，要在第三方施工结束后，及时恢复原状。

（二）强制电流阴极保护系统维护

1. 强制电流阴极保护系统日常维护

(1) 强制电流阴极保护系统的测试参数，主要包括恒电位仪输出电流、输出电压、保护电位，保护对象的保护电流和极化电位、汇流点处电位、阳极地床接地电阻等。

(2) 对于不具备数据自动远传功能的恒电位仪，应每日巡检、记录并及时调整其输出电流、输出电压、保护电位等数据；对于具备数据自动远传功能的恒电位仪，可适当减少巡检频次，宜每周现场巡检 1 次，但应每日不少于 1 次对其输出电流、输出电压、保护电位等运行数据进行远程查询，并根据实际情况及时调整其运行数据。

（3）应每季度在汇流点处测量汇流点电位一次，汇流点处电位测量宜采用极化探头法进行测试。

（4）应每季度检测一次保护电流和极化电位，调整恒电位仪的控制参数达到规定要求。

（5）阳极地床接地电阻应每 6 个月测试一次，两次测试间隔时间最多不能超过 9 个月。当接地电阻值上升幅度超过 50% 时，应及时上报维修，由专业人员进行原因分析，采取措施进行处理。

（6）管道自然电位应每年测试一次，存在杂散电流干扰的管段宜采用极化探头法进行测试。当测得的自然电位较上次测试值正向偏移 100mV 以上时，应及时上报维修，由专业人员进行原因分析，采取措施进行处理。

（7）阴极保护间（室）应保持清洁、通风、干燥，设备、仪器、工具摆放整齐，阴极保护间绝缘胶垫、防鼠网完好。阴极保护间（室）应保存强制电流阴极保护系统的平面布置图、保护管道走向图、埋地电缆分布示意图；确保恒电位仪等电源设备提供功率充足、连续不间断供电。

① 恒电位仪等电源设备应确保接地良好。
② 每月对电源设备维护保养 1 次，做到设备无灰尘、无缺件、无外来物，以保证仪器设备技术性能达到出厂技术指标。
③ 定期对运行机与备用机进行切换运行，宜每月切换一次；备用机应完全切断与阴极保护系统的电连接；雷暴雨前及时停机，雷暴雨后及时开机。
④ 强制电流阴极保护系统的恒电位仪等电源设备出现故障无法正常运行时，应及时报修。

（8）阴极保护系统埋地电缆应敷设规范，走向、标示清楚。

（9）每月对阳极线路情况巡检一次，阳极架空线路电杆无倾斜、瓷瓶无损坏、金具无锈蚀、拉线无锈蚀或断线、终端连接头接触良好、阳极线路无其他物体搭接；埋地阳极电缆无损坏、无裸露；每年对阳极线路金具、瓷瓶、电杆、线路连接头进行一次维护保养和整改。

（10）架空线路避雷针完好，接地良好；每年雷雨季节前，应对阳极架空线的避雷设施进行一次检查测试，防雷接地电阻不大于 10Ω。

（11）阴极保护测试桩：测试桩芯与外套绝缘性良好，不能产生搭接；测试桩无歪倒和丢失，毁损的测试桩应立即组织修复或者更新。对测试桩桩体除锈刷漆、编号，排除漏电，对活动部位进行保养。

（12）地面上安装的绝缘装置，应定期进行检测、清扫，防止灰尘、水分等外来物造成绝缘不良或短路失效。

（13）每周检查恒电位仪、控制器（配电装置）及通电点的测试桩、连接头是否接触良好。

（14）每月检查一次阴极保护对象（包括管道和储罐）电绝缘法兰（接头）及其防雷保护装置的有效性，发现问题，应立即采取措施。

2. 强制电流阴极保护系统日常测试方法

1) 阴极保护电源测试

如果阴极保护电源具有自检功能，且自检功能正常，可采用其自检功能判断其完好情况；若阴极保护电源不具备自检功能，或者不能确定其自检功能是否正常，可采用连接假负载的方法判断其完好情况。假负载可以是一个能够承受较大电流的电阻（阻值不小于 0.5Ω），也可以是一个临时构建的大地回路（例如两个互相独立的防雷接地体）。如果阴极保护电源是恒电位仪，其所需的零位接阴和参比电极反馈信号，可以从与假负载并联的电位器上获得，或通过其他方式从假负载上获得。为了保证安全，整个测试过程中，操作人员一定要确保阴极保护电源的输出电压和电流是从 0 开始，逐渐增大，其最大输出不得超过参试各单元的最大承受能力。

2) 阳极地床测试

阳极地床测试主要有长接地体接地电阻测试和短接地体接地电阻测试两种方式，根据现场阳极地床的情况来选择。

长接地体接地电阻测试适用于强制电流辅助阳极地床（浅埋式或深井式阳极地床）、对角线长度大于 8m 的棒状牺牲阳极组或长度大于 8m 的锌带。短接地体接地电阻测试适用于对角线长度小于 8m 的棒状牺牲阳极组或长度小于 8m 的锌带。测量前，将牺牲阳极与管道断开。

（1）长接地体接地电阻测试。

本方法适用于测量对角线长度大于 8m 的接地体的接地电阻。

① 测量接线如图 6-41 和图 6-42 所示。

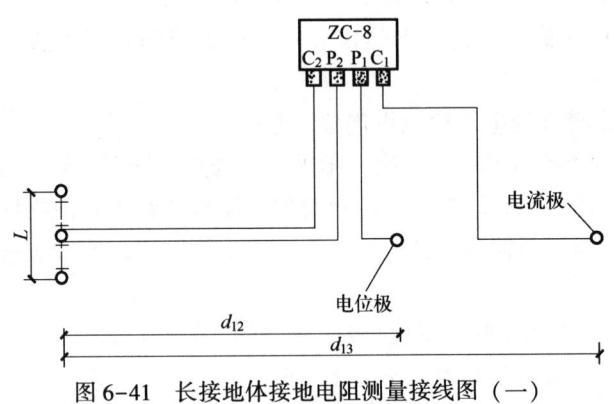

图 6-41 长接地体接地电阻测量接线图（一）

② 当采用图 6-41 所示接线测量时，d_{13} 不得小于 40m，d_{12} 不得小于 20m。在土壤电阻率较均匀的地区，d_{13} 取 $2L$，d_{12} 取 L；在土壤电阻率不均匀的地区，d_{13} 取 $3L$，d_{12} 取 $1.7L$。

③ 在测量过程中，电位极沿接地体与电流极的连线移动 3 次，每次移动的距离为 d_{13} 的 5%左右，若 3 次测量值接近，取其平均值作为长接地体的接地电阻值；若测量值不接近，将电位极往电流极方向移动，直至测量值接近为止。长接地体的接地电阻也可以采用图 6-42 所示的三角形布极法测试，此时 $d_{13}=d_{12} \geq 2L$。

④ 转动接地电阻测量仪的手柄，使手摇发电机达到额定转速，调节平衡旋钮，直至电表指针停在黑线上，此时黑线指示的度盘值乘以倍率即为接地电阻值。

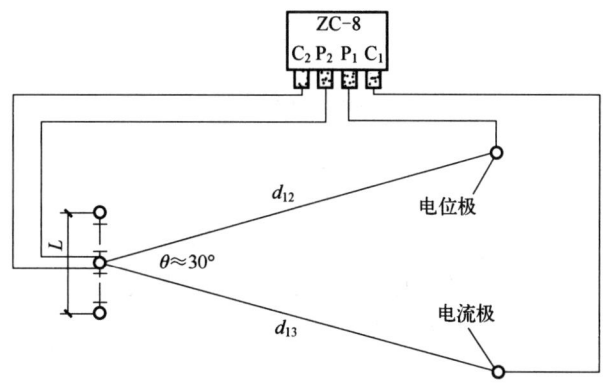

图 6-42　长接地体接地电阻测量接线图（二）

（2）短接地体接地电阻测试。

本方法适用于测量对角线长度小于 8m 的接地体的接地电阻。测量前，应将接地体与管道断开，然后按图 6-43 所示的接线图沿垂直于管道的一条直线布置电极，d_{13} 约为 40m，d_{12} 取 20m 左右，按"长接地体接地电阻"测量方法中操作步骤④测量接地电阻值。

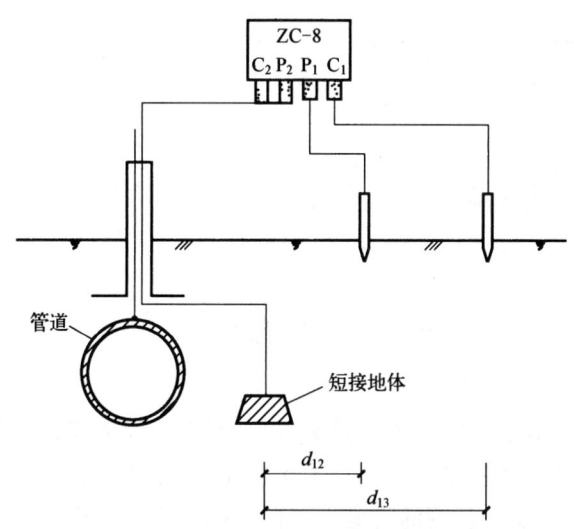

图 6-43　短接地体接地电阻测量接线图

3）电绝缘性能测量

GB/T 21246—2020《埋地钢质管道阴极保护参数测量方法》中给出了 4 种绝缘接头（法兰）绝缘性能测量方法，包括兆欧表法、电位法、PCM 漏电率测量法、接地电阻仪测量法。

（1）兆欧表法。

本方法适用于测量未安装到管道上的绝缘接头（法兰）的绝缘电阻值。

① 兆欧表法测量接线如图 6-44 所示。测量导线与管道的连接宜采用磁性接头或夹子，连接点应除锈。

② 测量仪器宜为 500V/500MΩ（误差不大于 10%）兆欧表。转动兆欧表手柄达到规定的转速，持续 10s，兆欧表稳定指示的电阻值即为绝缘接头（法兰）的绝缘电阻值。

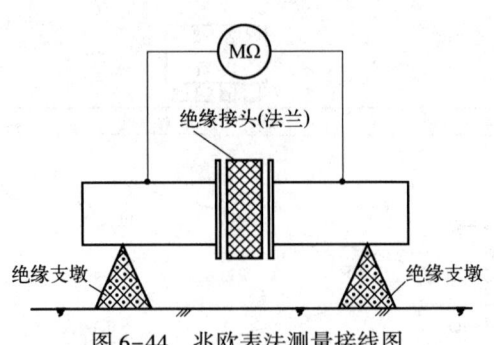

图 6-44　兆欧表法测量接线图

（2）电位法。

本方法适用于定性判别有阴极保护运行的绝缘接头（法兰）的绝缘性能。

① 电位法测量接线如图 6-45 所示。

② 保持硫酸铜电极位置不变，采用数字万用表分别测量绝缘接头（法兰）非保护端 a 点的管地电位 V_a 和保护端 b 点的管地电位 V_b。

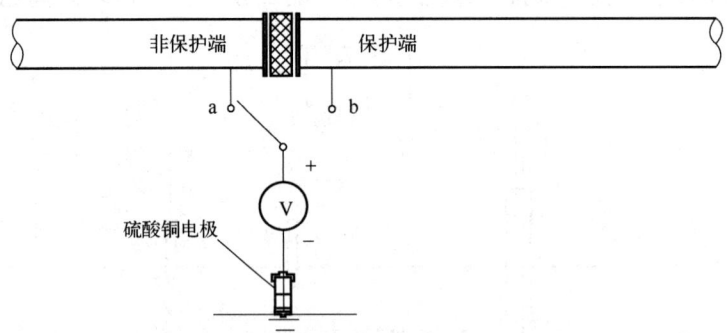

图 6-45　电位法测量接线示意图

③ 数据分析。

若 V_b 明显地比 V_a 更负，则认为绝缘接头（法兰）的绝缘性能良好；若 V_b 接近 V_a 值，则认为绝缘接头（法兰）的绝缘性能可疑。若阴极保护系统的辅助阳极距绝缘接头（法兰）足够远，且判明非保护端的管道未与保护端的管道接近或交叉，则可判定为绝缘接头（法兰）的绝缘性能很差（严重漏电或短路）；否则应按"PCM 漏电率测量法"或"接地电阻仪测量法"进一步测量。

（3）PCM 漏电率测量法。

本方法适用于用 PCM 测量在役管道绝缘接头（法兰）的漏电率，判断其绝缘性能。

① 测量接线如图 6-46 所示。

② 断开保护端阴极保护电源和跨接电缆。

③ 按 PCM 操作步骤，用 PCM 发射机在保护端接近绝缘接头（法兰）处向管道输入电流 I。

④ 在保护端电流输入点外侧，用 PCM 接收机测量并记录该侧管道电流 I_1。

⑤ 在非保护端用 PCM 接收机测量并记录该侧管道电流 I_2。

⑥ 数据处理。

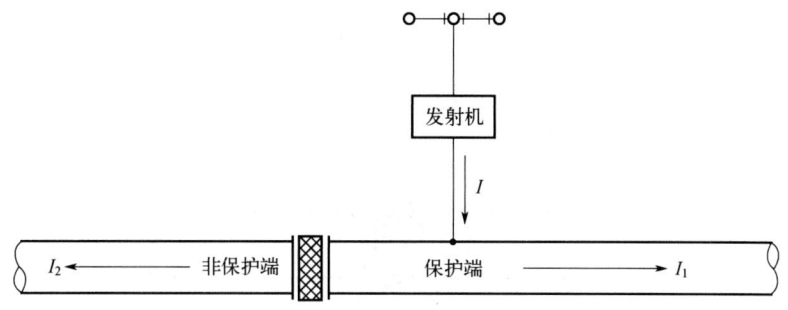

图 6-46 漏电率测量接线图

用下式计算绝缘接头（法兰）漏电率：

$$\eta = \frac{I_2}{I_1+I_2} \times 100\% \qquad (6-42)$$

式中　η——绝缘接头（法兰）漏电率；
　　　I_1——接收机测量的绝缘接头（法兰）保护端管内电流，A；
　　　I_2——接收机测量的绝缘接头（法兰）非保护端管内电流，A。

（4）接地电阻仪测量法。

本方法适用于用接地电阻仪测量在役管道绝缘接头（法兰）的绝缘电阻。

① 先测量绝缘接头（法兰）两端管道的接地电阻，其测量接线如图 6-47 所示。分别对 a 点和 b 点测量接地电阻值 R_a 和 R_b。

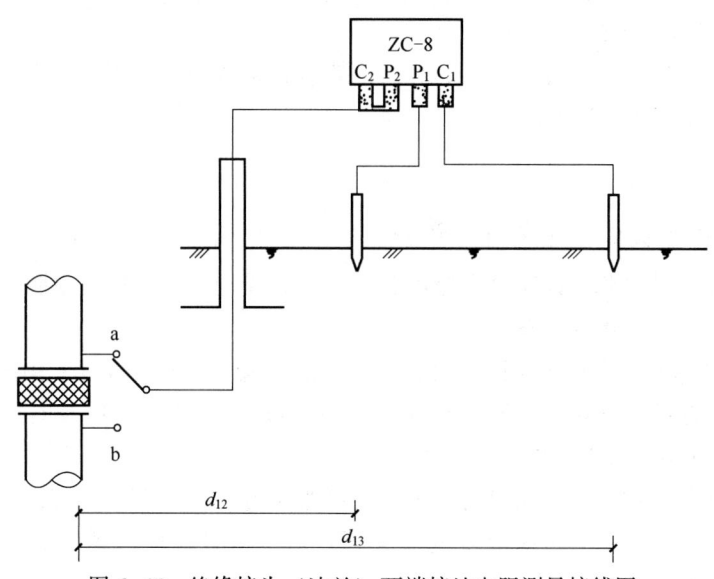

图 6-47　绝缘接头（法兰）两端接地电阻测量接线图

② 再测量 a、b 两点的总电阻，其测量接线如图 6-48 所示。测量接地电阻值 R_r。当 $R_r \leq 1\Omega$ 时，相邻两测量接线点的间隔应不小于 πD；当 $R_r > 1\Omega$ 时，相邻两测量接线点（a 点与 c 点，b 点与 d 点）可合二为一，此时 C_1 与 P_1、C_2 与 P_2 可短接。

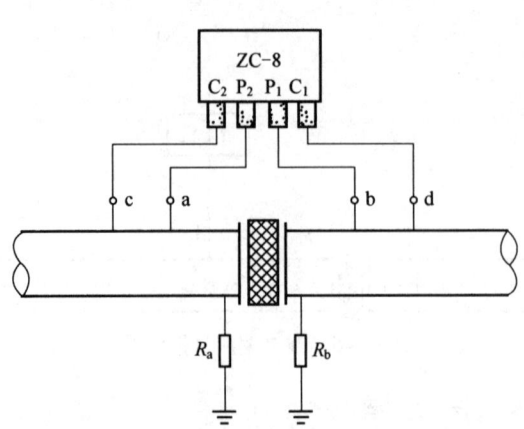

图 6-48 接地电阻仪法测量接线图

③ 数据处理。

绝缘接头（法兰）的绝缘电阻按下式计算：

$$R = \frac{R_r(R_a+R_b)}{(R_a+R_b)-R_r} \tag{6-43}$$

式中　R——绝缘接头（法兰）的绝缘电阻，Ω；

　　　R_r——a、b 两点的总电阻，Ω；

　　　R_a——绝缘接头（法兰）保护端接地电阻，Ω；

　　　R_b——绝缘接头（法兰）非保护端接地电阻，Ω。

4）管地电位测量方法

具体测量方法参考 KT/OIM/ZY-0507《油田管道阴极保护系统有效性检测作业规程》中"3.2 实施有效性检测"。

（三）牺牲阳极阴极保护系统维护

1. 牺牲阳极阴极保护系统日常维护

（1）应每 6 个月检测一次牺牲阳极的输出电流、管地电位、接地电阻、电缆连接的有效性，发现问题及时维修或申报。

（2）管道自然电位应每年测试一次，存在杂散电流干扰的管段宜采用极化探头法进行测试。当测得的自然电位较上次测试值正向偏移 100mV 以上时，应及时上报维修，由专业人员进行原因分析，采取措施进行处理。

（3）阴极保护测试桩：测试桩芯与外套绝缘性良好，不能产生搭接；测试桩无歪倒和丢失，毁损的测试桩应立即组织修复或者更新。对测试桩桩体除锈刷漆、编号，排除漏电，对活动部位进行保养。

（4）地面上安装的绝缘装置，应定期进行检测、清扫，防止灰尘、水分等外来物造成绝缘不良或短路失效。

（5）每月检查一次阴极保护对象（包括管道和储罐）电绝缘法兰（接头）及其防雷保护装置的有效性，发现问题，应立即采取措施。

2. 牺牲阳极阴极保护系统日常测试方法

1）输出电流测量方法

（1）标准电阻法。

当测试单位有 0.1Ω 或 0.1Ω 标准电阻时，牺牲阳极（组）的输出电流测量可采用标准电阻法。

① 标准电阻法测量接线如图 6-49 所示。

② 标准电阻的两个电流接线柱分别接到管道和牺牲阳极的接线柱上，两个电位接线柱分别接数字万用表，并将数字万用表置于 DC 电压最低量程。接入导线的总长不大于 1m，截面积不宜小于 2.5mm^2。

③ 标准电阻的阻值宜为 0.1Ω，准确度为 0.02 级；为了获得更准确的测量结果，标准电阻可为 0.01Ω，此时采用的数字万用表的 DC 电压量程分辨率应不大于 0.01mV。

④ 数据处理。

牺牲阳极的输出电流按下式计算：

$$I = \frac{\Delta V}{R} \tag{6-44}$$

式中　I——牺牲阳极（组）输出电流，mA；
　　　ΔV——数字万用表读数，mV；
　　　R——标准电阻阻值，Ω。

（2）直测法。

牺牲阳极（组）的输出电流测量也可采用直测法。

① 直测法测量接线图如图 6-50 所示。

② 直测法应选用 $4\frac{1}{2}$ 位的数字万用表，用 DC 10A 量程直接读出电流值。

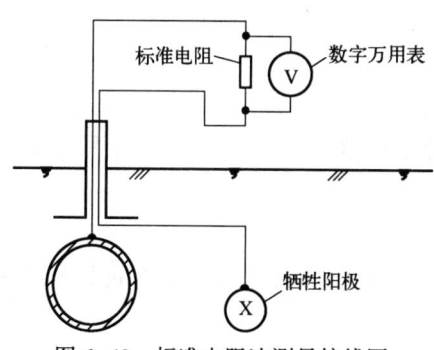　　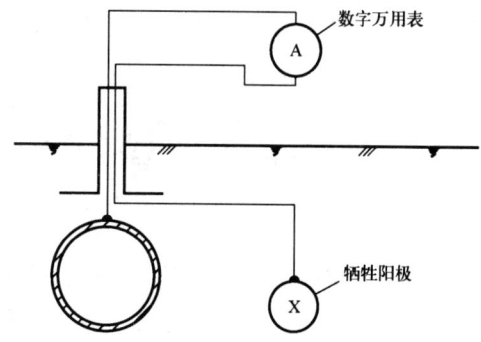

图 6-49　标准电阻法测量接线图　　　　图 6-50　直测法测量接线图

2）管地电位测量方法

牺牲阳极阴极保护系统的管地电位测量宜优先采用极化探头或者检查片进行断电电位测量；满足同步中断法测试条件时，可采用同步中断法在所有测试桩进行断电电位测量。

3）其他

管地电位和电绝缘性能测量与强制电流阴极保护系统维护中的要求一致。

第七章 效能评价

第一节 基本要求

完整性管理作为管道安全管理的公认模式,已在国内外油气管道企业得到了广泛推行和应用。随着市场竞争的日益加剧,企业对管道完整性管理开展效果及其产生的效益提出了更高要求。为此,管道企业必须对其完整性管理进行审核,对完整性管理的效能进行科学度量和评价,以提高企业综合完整性管理水平和资源利用效率。

进行管道完整性管理效能评价首先要开展效能审核,其主要目的是使效能评价团队获取管道完整性管理效能证据,并据此对受审核方完整性管理体系及水平进行客观评价,以确定其满足审核准则的程度,其是对管道完整性管理实施效果的审核和验证。

管道完整性管理效能评价通过分析评价完整性管理过程中存在的不足,发现提升空间,不断改进并完善完整性管理系统,持续提高管道完整性管理水平,保障管道安全可靠运行,并促进资源高效利用,是深入开展和实施管道完整性管理的重要保障。

如何科学开展管道完整性管理的审核与效能评价,是目前全球管道企业面临的共同话题,也是管道完整性管理顺利开展的一项重要基础工作。

管道与站场完整性管理效能评价与审核应符合具体性、可衡量性、可实现性、相关性和时限性要求,即SMART原则;应基于独立性原则,科学、公正地开展;效能评价应设定评价指标,对比历年各项指标变化情况,评价完整性管理工作成效。

第二节 评价流程

效能评价流程包括明确评价目标、确定评价范围、选择评价指标、数据收集与处理、开展评价、结论分析、改进建议、编制评价报告,如图7-1所示。

一、明确评价目标

效能评价宜每年开展一次。应根据管道完整性管理实际需要,明确管道完整性管理效能评价所要达到的目标。

二、确定评价范围

应选定开展效能评价的管理单元,确定评价范围。
(1) 油田公司级完整性管理效能评价,由油气和新能源分公司组织。
(2) 厂处级完整性管理效能评价,由油田公司组织。
(3) 作业区级完整性管理效能评价,由厂处级单位组织,技术支持单位配合实施完整性管理效能评价。

三、选择评价指标

应根据油气田管道完整性管理关注重点及效能评价目标,选择效能评价指标。效能评价指标根据管道完整性管理工作中的危害因素进行确定,包括外腐蚀、内腐蚀/磨蚀、应力腐蚀开裂/氢致损伤、与制管有关的缺陷、与焊接/施工有关的因素、设备因素、第三方/机械损坏、误操作、自然灾害和外力因素共计九大类。对于管道各类危害因素及风险消减情况设置,可根据管理中关注的完整性管理工作或危害因素选择效能评价指标。

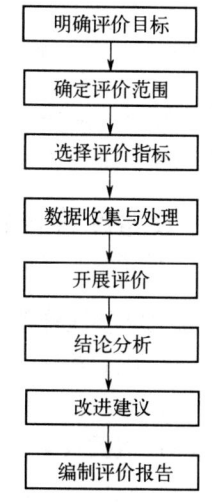

图 7-1 效能评价流程

四、数据收集与处理

应针对评价单元的效能评价指标开展数据收集调研,计算各评价指标值,并保存相关数据收集过程记录及文档资料,同时收集历年来开展实施完整性管理工作的数据,确保数据资料客观、准确及可追溯。

五、开展评价

管道效能评价应分析失效率变化情况和更新改造维护费用变化情况。
进行效能评价时,可根据管道具体的危害因素分项进行效能评价,通过对比分析开展各项完整性管理工作前后各相关效能评价指标历年数据变化情况,分析其不同责任部门对于各种危害因素风险削减、预防控制效果情况,发现可提升空间。管道管理单位可根据本单位实际情况自行建立管道失效率分项评估指标。

六、结论分析

应根据各项工作的效能评价结果及问题记录,给出效能评价分析结论。结论分析包括但不限于以下内容:
(1) 分析失效率、单因素失效率、费用投入、单位长度费用投入等变化。
(2) 综合分析费用投入与失效率,比较费用投入对失效率变化的影响。

七、改进建议

应针对效能评价分析结果及评价过程中发现的问题，提出改进建议。改进建议应结合高后果区识别和风险评价、完整性检测评价、维修维护建议制定。

八、效能评价报告

管道完整性管理效能评价报告应包括但不限于如下内容：
（1）项目概述。
（2）评价方法简介。
（3）数据收集及处理。
（4）效能评估。
（5）结论和建议。

第八章　腐蚀防护

第一节　金属腐蚀的基本原理

一、原电池与腐蚀电池

金属与电解质溶液发生电化学作用而遭受的破坏称为电化学腐蚀。在自然环境和各种生产领域内金属所发生的腐蚀，就其机理而言多为电化学腐蚀。例如碳钢、铸铁、低合金钢、各类不锈钢、铜、铝、铅及其合金等工业上常用的金属，在各种酸溶液、碱溶液、盐溶液、大气、土壤、工业用水、海水等中的腐蚀都属于电化学腐蚀。

电化学腐蚀是指通过失去电子的氧化过程（金属被氧化）和得到电子的还原过程（氧化剂被还原），相对独立而又同时完成的腐蚀历程。由于金属的电化学腐蚀是通过电极反应实现的，因此必须先弄清楚与电极有关的一些概念。

（一）导体

能够导电的物体称为导体。在电场的作用下通过电子或带正电荷的电子空穴的定向移动形成电流的导体称为电子导体，如普通的金属导体和半导体。在电场的作用下通过带正电荷或带负电荷的离子的定向移动形成电流的导体称为离子导体，如油气田产出水。

（二）电极系统

在腐蚀学科中，如果一个系统由电子导体和离子导体组成，且有电荷从一个相通过两个相的界面转移到另一个相，这个系统称作电极系统。这样定义的电极系统的主要特征是：伴随着电荷在两相之间转移，不可避免地同时会在两相之间的界面上发生物质的变化——由一种物质变为另一种物质，即化学变化。

原电池体系是利用两个电极电位的不同产生电位差，从而使电子流动，产生电流，又称非蓄电池，是电化学电池的一种。其电化学反应不能逆转，即只能将化学能转换为电能。如将铜和锌两种电极同时浸入稀硫酸时，由于锌比铜活泼，容易失去电子，锌被氧化成二价锌进入溶液，电子由锌片通过导线流向铜片，溶液中的氢离子从铜片获得电子，被还原成氢原子，如图8-1所示。

电解池体系（图8-2）由外加电源、电解质溶液和阴阳电极组成，是将电能转化为化学能的装置，使电流通过电解质溶液在阴极、阳极引起还原氧化反应的过程。其中，阴极是与电源负极相连的电极，得到电子发生还原反应，阳极是与电源正极相连的电极，失去电子发生氧化反应。

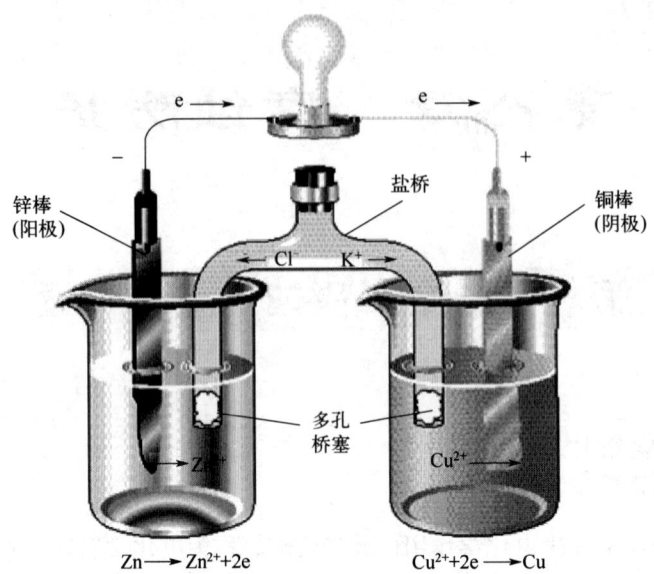

图 8-1 铜锌原电池示意图

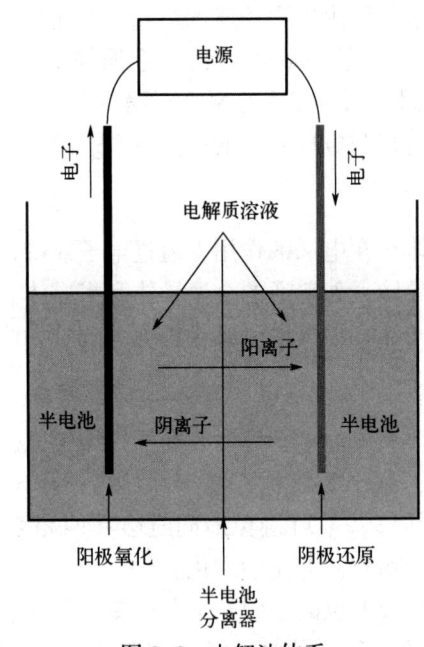

图 8-2 电解池体系

（三）电极反应

在电极系统中伴随着两个非同类导体之间的电荷转移而在两相界面上发生的化学反应，称为电极反应。对于由金属与电解质水溶液两种不同类型的导体组成的电极系统，存在着四种不同类型的电极反应。

（1）将金属铜片浸在清除了氧的 $CuSO_4$ 水溶液中，该电极系统由电子导体金属铜片和离子导体 $CuSO_4$ 水溶液组成，当两种导体之间发生电荷转移时，在与溶液接触的铜片表面上同时发生如式(8-1) 所示的电极反应,其中（sol）表示水溶液或水合状态。

$$CuM \rightleftharpoons Cu^{2+}(sol) + 2eM \tag{8-1}$$

（2）将表面上覆盖有 AgCl 膜层的银片浸在 NaCl 水溶液中,在电子导体 Ag 与离子导体 NaCl 水溶液两相之间有电荷转移时,发生如式(8-2) 所示的电极反应。该电极反应与式(8-1) 所示的电极反应的差别在于电极反应的产物是处于两相界面上的固体 AgCl。

$$AgM + Cl^- \rightleftharpoons AgCl(s) + eM \tag{8-2}$$

（3）将铂片浸在 H_2 气体下的 HCl 溶液中,在电子导体 Pt 和离子导体 HCl 水溶液两相之间存在电荷转移时,发生如式(8-3) 所示的电极反应。

$$1/2H_2(g) \rightleftharpoons H^+(sol) + eM \tag{8-3}$$

（4）将铂片浸在含有正铁离子（Fe^{3+}）和亚铁离子（Fe^{2+}）的水溶液中,发生如式(8-4) 所示的电极反应。

$$Fe^{2+}(sol) \rightleftharpoons Fe^{3+}(sol) + eM \tag{8-4}$$

在电极系统中（图8-3）,把金属氧化的反应（即金属失去电子称为阳离子的反应）称为阳极反应,而把还原反应（即接收电子的反应）称为阴极反应。把失去电子发生氧化反应的电极称为阳极,把得到电子发生还原反应的电极称为阴极。把金属上发生阳极反应的表面部位称为阳极区,发生阴极反应的表面部位称为阴极区。电化学即是研究电极/溶液界面及其附近区域中物质的输送及反应规律的科学。

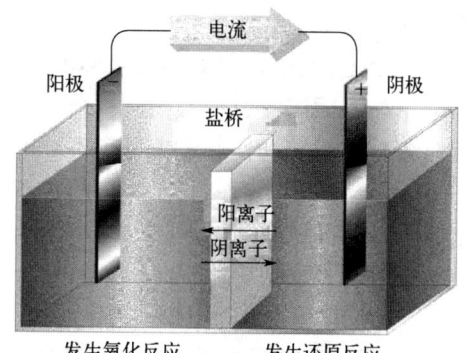

图 8-3 电极体系示意图

（四）腐蚀电池

腐蚀电池在金属表面与电解液接触的地方形成,是由于金属和电解液之间的能量差所致。金属表面不同区域相对于电解液也可能存在不同的电位。这些不同与冶金因素和环境因素有关。冶金因素包括化学组成、显微组织、夹杂物、析出相、热处理、机械轧制与回火、焊接、加工硬化、制造、安装以及外力因素。环境因素包括连接电池、环境诱发 SCC（应力腐蚀开裂）、SSC（硫化氢应力腐蚀）、HIC（氢致开裂）、微生物的 MIC（微生物腐蚀）、温度诱发腐蚀、机械环境诱发冲蚀、微动及空化、电流、阴极保护、外加电流阳极溶解、杂散电流、阴极脆化等。

腐蚀电池是只能导致金属材料破坏而不对外界做有用功的原电池。根据组成腐蚀电池的电极大小、形成腐蚀电池的主要影响因素和腐蚀破坏的特征,一般将腐蚀电池分为宏电池（宏观腐蚀电池）和微电池（微观腐蚀电池）两大类。宏电池的阴极、阳极可以用肉眼或不大于10倍的放大镜分辨出来，而微电池的电极无法凭肉眼分辨。

1. 宏电池

当锌与铜直接接触或彼此连通置于稀盐酸中，此时电位较负的锌作为阳极不断溶解，而铜上将连续析出氢气泡。即阳极锌上发生氧化反应使锌原子离子化，而铜上发生消耗电子的去极化反应即氢离子还原反应。这种腐蚀系统的工作原理与原电池并未有本质区别，所不同的只是腐蚀系统的电子回路短接，电流不对外做功。因此，腐蚀电池实际上是一个不对外做有用功的短路原电池，反应所释放的化学能不能被利用，都是以热能的形式耗散掉。

生产上常见的宏观腐蚀电池除了异种金属偶接电池的形式外，还有浓差电池和温差电池。

2. 微电池

工业用金属或合金表面因电化学不均一性而存在大量微小的阴极和阳极，它们在电解质溶液中会构成短路的微电池系统。微电池系统中的电极不仅很小，并且它们的分布以及阴极、阳极面积比都无一定规律。

通常，构成金属表面电化学不均一性的主要原因如下：

(1) 化学成分不均一：工业用的金属常常含有各种杂质，有时为了改善金属的力学或物理化学性能，还人为地加入某些微量元素。这些微量组分或杂质对基体金属可能是阴极也可能是阳极，从而形成金属腐蚀微电池。

(2) 组织结构不均一：金属和合金微观组织结构的不均一是显而易见的。例如：铸铁存在着铁素体、渗碳体和石墨三相；固溶体合金的偏析；金属结晶的各向异性、位错、空位以及晶粒与晶界的存在等。各种组织结构在溶液中具有不同的电极电位，从而形成腐蚀微电池。

(3) 物理状态不均一：金属在机械加工过程中，由于受力、变形不均而形成残余应力，这些高应力区通常只有更低的电位而成为阳极。例如：铆钉头、铁板弯曲处、焊缝附近的热影响区等。

(4) 表面膜不完整：金属表面具有的保护性薄膜（金属镀层、钝化膜等）如果不完整，则膜与未被覆盖的金属基体的电极电位将会不同，从而形成腐蚀微电池。

3. 腐蚀电池工作历程

宏电池和微电池仅仅在形式上有区别，工作原理完全相同，具体如下：

(1) 阳极溶解过程。阳极发生氧化反应，金属失去电子并以离子形式进入溶液，而等电量的电子留在金属表面并通过电子导体向阴极区迁移。

(2) 阴极去极化过程。阴极发生还原反应，电解液中能够接收电子的去极化剂从金属阴极表面捕获电子形成新物质。

(3) 电荷传递过程。体系中电荷的流动形成电流，电荷传递在金属中依靠电子从阳极流向阴极，在溶液中主要依靠离子的电迁移。

因此，腐蚀电池的电极过程实际上是一个"四传一反"的过程，即除了一般化工过程中的"传质、传热、动量传递、反应"的"三传一反"过程外，还包括一个电荷传递过程。腐蚀电池的阳极过程、阴极过程、电荷传递（电子传递和离子传递）缺一不可，否则

第八章 腐蚀防护

腐蚀电池就不能形成。

常见的阴极反应有三种，即氧还原反应（快速）、氢从中性水的演化反应（慢速）以及酸析氢反应（快速）。对于铁的生锈（图 8-4），其阳极反应为铁的氧化反应（Fe ⟶ Fe^{2+}+2e），阴极反应可能为酸性溶液中的氧还原反应（O_2+4H^++4e ⟶ 2H_2O）、中性或碱性溶液中的氧还原反应（1/2O_2 + H_2O + 2e ⟶ 2OH^-）、酸性溶液中的氢析出反应（2H^++2e ⟶ H_2）和中性溶液中的氢析出反应（2H_2O+2e ⟶ H_2+2OH^-）。每个半电池反应都有一个电位，称为半电池电极电位。阳极反应电位 E_a 加上阴极反应电位 E_c 即为电池电位 E。如果整个电池电位为正，反应会自发进行。

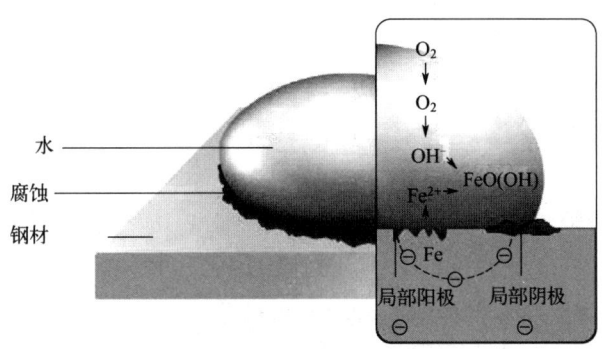

图 8-4　铁的腐蚀电池

二、金属电化学腐蚀历程

金属的腐蚀是金属与周围介质作用转变成金属化合物的过程，实际上就是金属和介质之间发生了氧化还原反应。化合价为零的金属受到介质中氧化剂作用而被氧化成正价离子转移到腐蚀产物中去，与此同时，介质中的氧化剂被还原。金属腐蚀的电化学过程如图 8-5 所示，即金属腐蚀的氧化还原反应有着两个同时进行却又相对独立的过程，阳极反应式金属失去电子形成金属离子 M^{2+}，阴极反应式氧化剂得到电子形成 OH^- 离子，进而金属离子 M^{2+} 与 OH^- 离子结合形成金属氢氧化物沉积在金属表面。

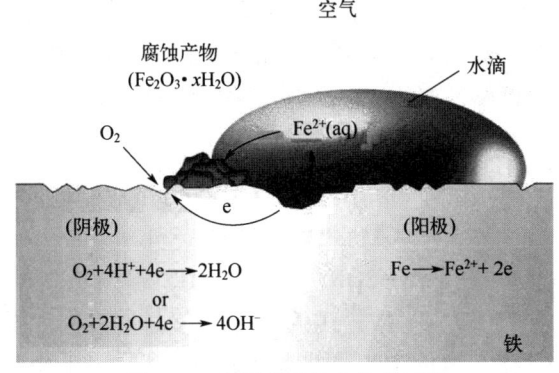

图 8-5　金属腐蚀的电化学过程

电化学腐蚀过程的阳极反应是一个使金属化合价升高的氧化反应，其通式如式(8-5)所示。阴极反应式能够吸收电子的物质（即去极化剂，以 D 表示）在阴极区吸收来自阳极的自由电子所发生的还原反应，通常称为去极化反应，其通式如式(8-6)所示。

$$M \longrightarrow M^{n+} + ne \tag{8-5}$$

式中　M——金属原子；

　　　M^{n+}——金属离子；

　　　n——金属转移的自由电子数（等于金属的化合价变化数）。

$$D + ne \longrightarrow D \cdot ne \tag{8-6}$$

工业上常见的去极化反应有以下几种：

（1）阳离子还原：

$$2H^+ + 2e \rightleftharpoons H_2 \tag{8-7}$$

$$Cu^{2+} + 2e \rightleftharpoons Cu \tag{8-8}$$

$$Fe^{3+} + 3e \rightleftharpoons Fe \tag{8-9}$$

（2）中性分子离子化：

$$O_2 + 2H_2O + 4e \rightleftharpoons 4OH^- \tag{8-10}$$

$$Cl_2 + 2e \rightleftharpoons 2Cl^- \tag{8-11}$$

（3）阴离子还原：

$$NO_3^- + 2H^+ + 2e \longrightarrow NO_2^- + H_2O \tag{8-12}$$

$$S_2O_8^{2-} + 2e \longrightarrow S_2O_4^{4-} \longrightarrow 2SO_4^{2-} \tag{8-13}$$

上述各种去极化反应在阴极进行时，阴极的电极材料本身不发生任何变化，只是当反应物在其表面氧化或还原时起带走或输送电子的作用，且氧化或还原的产物留在溶液中而不在电极上析出，这种电极称为氧化还原电极。

以金属锌在含氧的中性水溶液中的腐蚀为例，其总反应如式(8-14)所示，虽然也是一个氧化还原反应，即锌被氧化而氧被还原，但是反应产物 $Zn(OH)_2$ 不是通过氧分子与锌原子直接碰撞结合形成的，其反应步骤如式(8-15)至式(8-17)所示。其中式(8-15)和式(8-16)是同时但又相对独立地进行，即式(8-15)中的锌原子并没有同式(8-16)中的氧分子直接碰撞；锌原子被氧化成锌离子进入溶液，它释放出的电子通过金属锌本身传递到式(8-16)发生的表面部位，再同氧分子结合并将其还原；直接生成的腐蚀产物（从金属表面进入溶液的 Zn^{2+} 和 OH^-）称为一次产物，这两种离子在水溶液中扩散相遇，按式(8-17)反应生成白色腐蚀产物 $Zn(OH)_2$，称为二次产物。

$$Zn + 1/2 O_2 + H_2O \longrightarrow Zn(OH)_2 \tag{8-14}$$

$$Zn \longrightarrow Zn^{2+} + 2e \tag{8-15}$$

$$1/2 O_2 + H_2O + 2e \longrightarrow 2OH^- \tag{8-16}$$

$$Zn^{2+} + 2OH^- \longrightarrow Zn(OH)_2 \tag{8-17}$$

微观上来讲，电化学腐蚀是在金属与电解质溶液接触的界面上发生的。当金属浸入电解质溶液中，其表面的原子与溶液中的极性水分子、电解质离子相互作用，使界面的金属和溶液侧分别形成带有异性电荷的双电层，如图8-6所示。这类双电层具有以下特点：
（1）双电层两层"极板"分别处于不同的两相——金属相（电子导体相）和电解质溶液

（离子导体相）中。（2）双电层的内层有过剩的电子或阳离子，当系统形成回路时，电子即可沿导线流入或流出电极。（3）双电层犹如平板电容器，由于两侧之间的距离非常小（一般约为 5×10^{-8} cm），这个"电容器"中的电场强度高，据估计可达 $10^7 \sim 10^8$ V/cm。

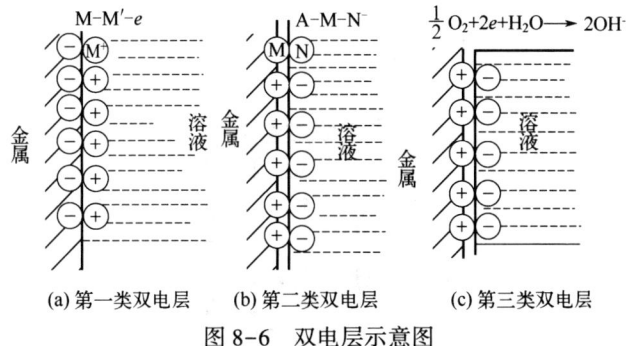

图 8-6 双电层示意图

三、电极电位

双电层的形成必然在金属—溶液界面引起电位跃，如图 8-7 所示，φ 为总电位跃，φ_1 为紧密层 d 的电位跃，φ_2 为分散层 δ 的电位跃。习惯上通常把由电极反应使电极和溶液界面上建立起的双电层电位称为电极电位（也称电极电势，简称电位）。电极电位是一个矢量，其数值由电极本身、电解液浓度、温度等因素决定，包括平衡电极电位和非平衡电极电位。绝对的电极电位无法测得，可以通过测量电池电动势的方法测出一个电极相对于某一电极的相对电极电位。常见的电极电位是半电池反应"O（氧化态）+e $\rightleftharpoons$ R（还原态）"相对于标准氢电极（SHE）而言的，有正负之分。

（一）平衡电极电位

当电极反应正逆过程的电荷运送速度和物质迁移速度相等时，反应达到动态平衡状态，此时的电极电位称为平衡电极电位或可逆电位，用 E_e 表示，没有特殊说明时一般将"E_e"简写为"E"。特别地，当参加电极反应的物质处于标准状态下，即溶液中该种物质的离子活度为 1、温度为

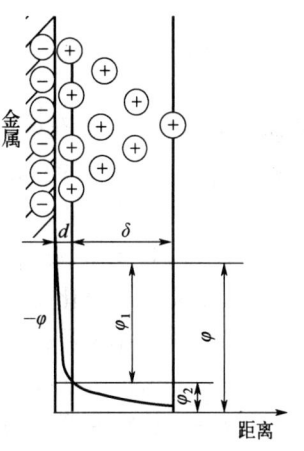

图 8-7 双电层电位跃

298K、气体分压为 1atm 时的平衡电极电位称为标准电极电位，用 E^0 表示。国际上规定标准氢电极（图 8-8）电位为零，在没有特殊说明条件下，其他电极的电极电位都是以标准氢电极为基准。

可逆氧化还原反应的电极电位可以由能斯特方程进行计算。一般的可逆氧化还原电极反应如式(8-18)所示，其电极电位可通过式(8-19)求得。与常见的氧化还原方程式一样，电极反应中氧化态物质和还原态物质的反应系数不一定相同。利用能斯特方程进行计算时，当电极反应中氧化态物质和还原态物质的反应系数相同时，不必考虑系数的影响；但是，当电极反应中氧化态物质和还原态物质的反应系数不同时，必须考虑反应系数对电

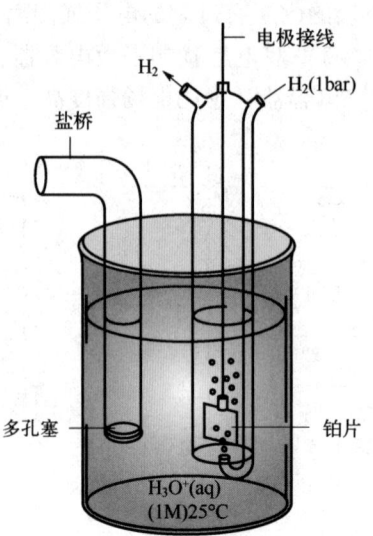

图 8-8 标准氢电极示意图

极反应的影响。表 8-1 列出了部分金属的标准电极电位并将其按大小从低到高依次排序，即金属的电动序或标准电位序，它表明了金属以离子状态进入溶液的倾向大小，值越小，金属越容易失去电子，以离子状态进入溶液的趋势越大。

$$v_1 O + ne \rightleftharpoons v_2 R \tag{8-18}$$

$$E_{O/R} = E^0_{O/R} + \frac{RT}{nF} \ln \frac{a_O^{v_1}}{a_R^{v_2}} \tag{8-19}$$

式中 $E_{O/R}$——电极在给定条件下的平衡电极电位，V；

$E^0_{O/R}$——电极的标准电极电位，V；

O——氧化态物质；

R——还原态物质；

v_1，v_2——氧化态物质和还原态物质的反应系数；

R——气体常数，8.314J/(K·mol)；

F——法拉第常数，96500C/mol；

T——绝对温度，K；

n——电极反应中转移的电子数，等于金属化合价的变化数；

a_O——氧化态物质的活度；

a_R——还原态物质的活度。

表 8-1 部分金属的标准电极电位

金属	电极反应	标准电极电位，V
锂	$Li \rightleftharpoons Li^+ + e$	-2.99
钾	$K \rightleftharpoons K^+ + e$	-2.92
钙	$Ca \rightleftharpoons Ca^{2+} + 2e$	-2.87
镁	$Mg \rightleftharpoons Mg^{2+} + 2e$	-2.37

续表

金属	电极反应	标准电极电位, V
铝	$Al \rightleftharpoons Al^{3+}+3e$	-1.66
钛	$Ti \rightleftharpoons Ti^{2+}+2e$ $Ti \rightleftharpoons Ti^{3+}+3e$	-1.63 -1.21
钒	$V \rightleftharpoons V^{2+}+2e$	-1.18
锰	$Mn \rightleftharpoons Mn^{2+}+2e$	-1.18
铌	$Nb \rightleftharpoons Nb^{3+}+3e$	-1.1
锌	$Zn \rightleftharpoons Zn^{2+}+2e$	-0.762
铬	$Cr \rightleftharpoons Cr^{3+}+3e$	-0.71
铁	$Fe \rightleftharpoons Fe^{2+}+2e$	-0.44
钴	$Co \rightleftharpoons Co^{2+}+2e$	-0.277
镍	$Ni \rightleftharpoons Ni^{+}+e$	-0.25
锡	$Sn \rightleftharpoons Sn^{2+}+2e$	-0.136
铅	$Pb \rightleftharpoons Pb^{2+}+2e$	-0.126
铁	$Fe \rightleftharpoons Fe^{3+}+3e$	-0.036
氢	$H_2 \rightleftharpoons 2H^{+}+2e$	0
铜	$Cu \rightleftharpoons Cu^{2+}+2e$ $Cu \rightleftharpoons Cu^{+}+e$	+0.345 +0.521
银	$Ag \rightleftharpoons Ag^{+}+e$	+0.799
汞	$Hg \rightleftharpoons Hg^{+}+e$	+0.854
钯	$Pd \rightleftharpoons Pd^{2+}+2e$	+0.987
铂	$Pt \rightleftharpoons Pt^{2+}+2e$	+1.2
金	$Au \rightleftharpoons Au^{3+}+3e$	+1.42

（二）气体电极的平衡电极电位

在一些电极系统中，惰性电极（如金属 Pt）和其他金属及能导电的非金属材料表面能够吸附氢形成氢电极和吸附氧形成氧电极等气体电极。这些金属或非金属作为载体，不参与电极反应。氢的平衡电极电位 E_H 可以根据能斯特方程计算，常温下氢电极的平衡电极电位可通过式(8-20)求得。

$$E_H = 0.0259 \lg \frac{a_{H^+}^2}{P_{H_2}} \tag{8-20}$$

式中　a_{H^+}——氢离子活度；

P_{H_2}——氢分压，Pa。

（三）电极电位的测量

无论是平衡电位还是非平衡电位，目前均无实验的或理论的方法来确定单个电极电位的绝对值，但是可以用一个电位很稳定的电极作参照基准来测量任一电极的电极电位的相对值，这种参照基准电极称为参比电极。将待测电极与参比电极组成原电池，其电动势 E

就近似等于待测电极的电极电位 $E_{待测}$ 与参比电极的电极电位 $E_{参比}$ 的电位差。其中的电动势 E 可以用电压表或万用表等仪表进行测量，大小等于仪表的电压读数，这样若知道参比电极的电极电位，就可求出待测电极的电极电位。当电位差为正值时，说明待测电极比参比电极的电极电位高；当电位差为负值时，说明待测电极比参比电极的电极电位低。图 8-9 和图 8-10 所示是没有外加极化时测量电极电位的装置示意图，其中盐桥的作用是：导通试验溶液和参比电极溶液；减小液体接界电位；避免溶液间的污染。

参比电极必须是自身电位稳定的不极化或难极化的电极体系。国际上统一将标准氢电极的电极电位规定为零，并将其作为参比电极。但在实际测量时，经常采用比较方便的甘汞电极、氯化银电极、硫酸铜电极等作为参比电极。表 8-2 列出了一些常用参比电极。

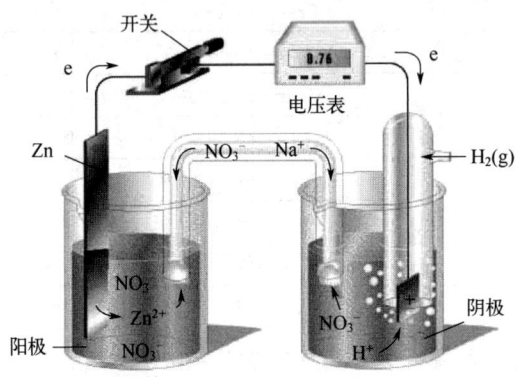

图 8-9 Zn/Zn^{2+} 标准电极电位的测量

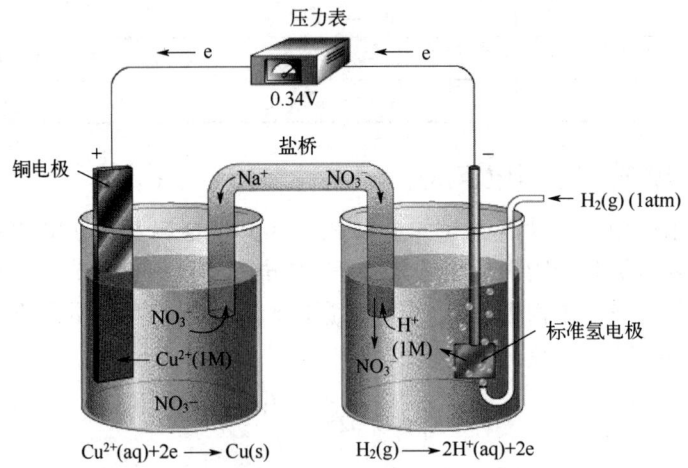

图 8-10 Cu/Cu^{2+} 标准电极电位的测量

表 8-2 一些常用的参比电极

名称	结构	电极电位①，V	温度系数②，mV	适用介质	代码
标准氢电极	Pt [H$_2$]$_{1atm}$ | H$^+$ (a=1)	0.000	0	酸性介质	SHE
饱和甘汞电极	Hg [Hg$_2$Cl$_2$] | 饱和 KCl	0.244	-0.65	中性介质	SCE

续表

名称	结构	电极电位[①], V	温度系数[②], mV	适用介质	代码
1mol/L甘汞电极	Hg［Hg$_2$Cl$_2$］｜1mol/L KCl	0.280	-0.24	中性介质	NCE
标准甘汞电极	Hg［Hg$_2$Cl$_2$］｜Cl$^-$（a=1）	0.2676	-0.32	中性介质	
海水甘汞电极	Hg［Hg$_2$Cl$_2$］｜海水	0.296	-0.28	海水	
饱和氯化银电极	Ag［AgCl］｜饱和 KCl	0.196	-1.10	中性介质	
1mol/L氯化银电极	Ag［AgCl］｜1mol/L KCl	0.2344	-0.58	中性介质	
标准氯化银电极	Ag［AgCl］｜Cl$^-$（a=1）	0.2233	-0.65	中性介质	
海水氯化银电极	Ag［AgCl］｜海水	0.2503	-0.62	海水	
1mol/L氧化汞电极	Hg［HgO］｜1mol/L NaOH	0.114		碱性介质	
标准氧化汞电极	Hg［HgO］｜OH$^-$（a=1）	0.098	-1.12	碱性介质	
饱和硫酸铜电极	Cu［CuSO$_4$］｜饱和 CuSO$_4$	0.316	+0.02	土壤、中性介质	CSE
标准硫酸铜电极	Cu［CuSO$_4$］｜SO$_4^{2-}$（a=1）	0.342	+0.008	土壤、中性介质	

① 各电极的电极电位值是指25℃时相对于标准氢电极的电位值。
② 温度系数是指每变化1℃时电极电位变化的数值。

四、电位—pH图及其应用

溶液中的H$^+$或OH$^-$的活度，即溶液的pH值，往往对金属腐蚀体系中各种反应的平衡电极电位有较大的影响，将二者的函数关系绘制形成电位—pH图（又称Pourbaix图），就能从图中曲线直观判断给定条件下金属发生腐蚀和钝化（即由活性溶解状态到非常耐蚀状态的突变过程）的可能性。金属的电位—pH图通常指在分压1atm和温度25℃时金属在水溶液中不同价态的平衡电位为纵坐标，pH值为横坐标的电化学平衡相图，揭示了电极电位受pH值的影响规律，判断腐蚀有关的电极反应自发进行的可能性。

图8-11所示是铁在25℃的含水或潮湿环境下的电位—pH图，由于所考虑的稳定相不同，Fe-H$_2$O系的电位—pH图有两种形式。图8-11(a)所示是将稳定平衡固相考虑为Fe、Fe(OH)$_3$和Fe(OH)$_2$，其可能的反应见表8-3。图8-11(b)是将稳定平衡固相考虑为Fe、Fe$_2$O$_3$和Fe$_3$O$_4$。当电位大于-0.6V且pH值低于9时，Fe^{2+}是稳定的，这表明在这种条件下铁将会被腐蚀。在图8-11中，区域①为钝化区，区域②为未腐蚀区，区域③为腐蚀区，区域④和⑤为产物区。

表8-3 潮湿环境中Fe-H$_2$O体系可能存在的反应

序号	反应式
1	2e+2H$^+$══H$_2$
2	4e+O$_2$+4H$^+$══2H$_2$O
3	2e+Fe(OH)$_2$+2H$^+$══Fe+2H$_2$O
4	2e+Fe^{2+}══Fe
5	3e+Fe(OH)$_3$+3H$^+$══Fe+3H$_2$O
6	e+Fe(OH)$_3$+H$^+$══Fe(OH)$_2$+H$_2$O

续表

序号	反应式
7	$Fe(OH)_3+H^+ \rightleftharpoons Fe(OH)_2+H_2O-e$
8	$e+Fe(OH)_3 \rightleftharpoons Fe(OH)_3^-$
9	$Fe^{3+}+3H_2O \rightleftharpoons Fe(OH)_3+3H^+$
10	$Fe^{2+}+2H_2O \rightleftharpoons Fe(OH)_2+2H^+$
11	$e+Fe^{3+} \rightleftharpoons Fe^{2+}$
12	$Fe^{2+}+H_2O \rightleftharpoons FeOH^++H^+$
13	$FeOH^++H_2O \rightleftharpoons Fe(OH)_{2(sin)}+H^+$
14	$Fe(OH)_{2(sin)}+H_2O \rightleftharpoons Fe(OH)_3^-+H^+$
15	$Fe^{3+}+H_2O \rightleftharpoons FeOH^{2+}+H^+$
16	$FeOH^{2+}+H_2O \rightleftharpoons Fe(OH)_2^++H^+$
17	$Fe(OH)_2^++H_2O \rightleftharpoons Fe(OH)_{3(sin)}+H^+$
18	$FeOH^++H^+ \rightleftharpoons Fe^{2+}+H_2O$
19	$e+Fe(OH)_2^++2H^+ \rightleftharpoons Fe^{2+}+2H_2O$
20	$e+Fe(OH)_{3(sin)}+H^+ \rightleftharpoons Fe(OH)_{2(sin)}+H_2O$
21	$e+Fe(OH)_{3(sin)}+2H^+ \rightleftharpoons FeOH^++2H_2O$
22	$e+Fe(OH)_{3(sin)}+3H^+ \rightleftharpoons Fe^{2+}+3H_2O$

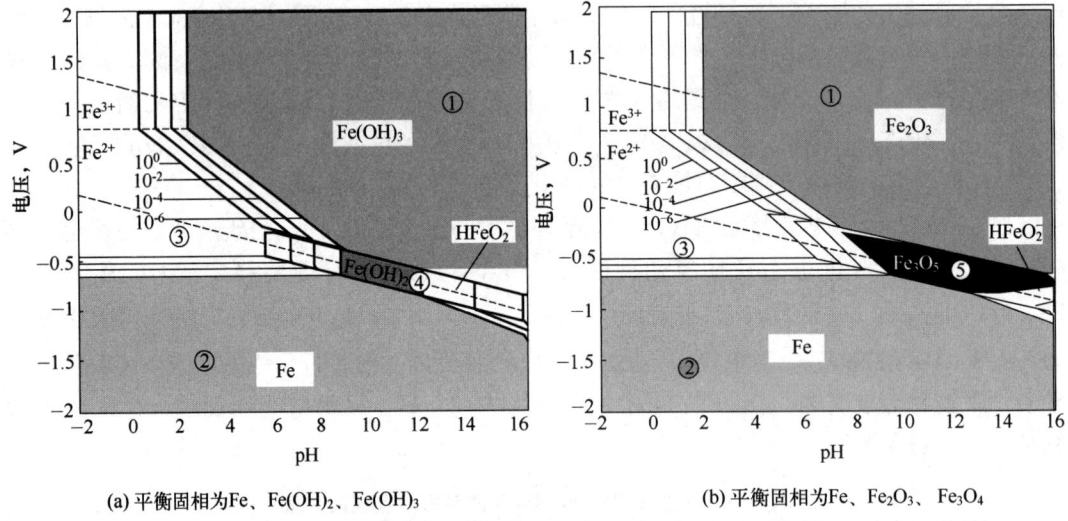

(a) 平衡固相为Fe、Fe(OH)₂、Fe(OH)₃   (b) 平衡固相为Fe、Fe₂O₃、Fe₃O₄

图 8-11 铁在 25℃ 的含水或潮湿环境下的电位—pH 图

根据电位—pH图，可判断反应自发进行的方向和可能的腐蚀行为，可估计腐蚀产物的组分，预测控制腐蚀的措施。但是，由于电极—pH图采用平衡电极电位绘制，存在以下局限性：以热力学为基础，只能预测金属腐蚀发生的可能性；以平衡条件为基础，而实际的体系很难达到平衡状态；理论电位—pH图只考虑了H^+和OH^-对平衡的影响，没考虑其他阴离子的影响；理论电位—pH图不能反映生成的固体产物膜是否具有保护性。

五、腐蚀动力学

腐蚀的热力学条件仅仅反映了金属发生电化学腐蚀的倾向程度，而不能直接表明腐蚀速度的大小。因为具有很大腐蚀倾向的金属不一定必然对应着高的腐蚀速度。例如，铝的平衡电极电位很负，从热力学角度看它的腐蚀倾向很大，但在某些介质中铝却比一些腐蚀倾向小很多的金属更耐蚀。因此，弄清电化学腐蚀动力学规律及其影响因素，在工程上具有更现实的意义。

（一）极化现象

金属的腐蚀过程大多属于电化学过程，因此采用电化学方法是研究金属的腐蚀与防护最重要和最有效的手段。当电极电位偏离腐蚀电极反应的平衡电位时，电极反应的平衡状态被破坏，称为极化现象。实验表明，在电化学体系中，发生电极极化时，阴极的电极电位总是变得比平衡电位更负，阳极的电极电位总是变得比平衡电位更正。因此，电极电位偏离平衡电位向负移称为阴极极化，向正移称为阳极极化。在一定的电流密度下，电极电位与平衡电位的差值称为该电流密度下的过电位，它是表征电极极化程度的参数，在电极过程动力学中有重要的意义。

产生极化现象的根本原因是阳极或阴极的电极反应与电子迁移（从阳极流出或流入阴极）速度存在差异。众所周知，电子在金属导体中的流动速度是非常迅速的，而任何物质的化学反应或电化学反应速度由于受各种动力学因素的影响，比电子迁移速度要缓慢得多。因此，只要阴极、阳极之间有电流流动，必然出现极化现象。

极化作用有以下几种情况。

1. 电化学极化

阴极上由于去极剂与电子结合的反应速度迟缓，来不及全部消耗自阳极送来的电子，必然有电子堆积，造成阴极电子密度增大，使得电位向负方向移动；阳极上金属失去电子（称为水化离子）的反应速度落后于电子流出阳极的速度，这样就破坏了双电层的平衡，使得双电层内层电子密度减小，进而使得阳极电位向正方向移动。这种由于电化学反应与电子迁移速度差异引起电位的降低或升高，称为电化学极化。换句话说，因为阳极或阴极的电化学反应需要较高的活化能，所以必须使电极电位正移或负移到某一数值才能使阳极反应或阴极反应得以进行。因此，电化学极化又称为活化极化。

2. 浓差极化

在溶液中去极剂向阴极表面的输送是依靠浓度梯度推动的扩散过程，也是质量传递过程。如果这一过程的速度跟不上去极剂与电子反应的需要，或者在阴极表面形成的反应产物不能及时离开电极表面，都会阻碍阴极反应的进行而造成阴极上的电子堆积，使得电极电位向负方向移动。阳极反应产生的金属离子从金属—溶液界面附近逐渐向溶液深处扩散，如果迁移速度比金属离子化反应速度慢，就会造成阳极表面附近的金属离子浓度增大而使得阳极电位向正方向移动。阴极或阳极的这种计划作用称为浓差极化。

3. 电阻极化

在一定条件下，金属表面上会形成保护性的薄膜。因此，阳极过程受到强烈阻滞，并使阳极电位急剧正移。同时由于保护膜的存在,系统的电阻大幅增大,当电流流过时将产生很大的欧姆电压降。这种保护膜引起的极化,通常称为电阻极化。

对于一个实际的腐蚀系统来说,上述三种极化作用不一定同时出现。有时即使都存在,但作用程度往往相差很大。例如,溶液处于流动状态或有强烈搅拌的情况下,浓差极化的作用就很弱;金属处于活性状态下腐蚀时,阳极的电化学极化作用一般都很小;如果金属由于钝化形成了保护膜,那么电阻极化往往成为整个过程的主要阻力。

(二) 极化曲线

表示极化电位与极化电流或极化电流密度之间关系的曲线,称为极化曲线。根据极化曲线的形状能够很清楚地判断电极材料的极化特性。极化曲线可以借助于电化学工作站来进行测定,这种用实验方法测出的极化曲线称为实测极化曲线或表观极化曲线。图8-12所示即是纯铁在去氧的0.5mol/L H_2SO_4 溶液中的表观极化曲线。另一种极化曲线称为理论极化曲线,它是以理想电极得出的。所谓理想电极是指该电极上无论处于平衡状态或极化状态时只发生一个电极反应。但实际金属由于电化学不均匀性,总是同时存在阴极区和阳极区,在电极表面常常有两个或两个以上相互共轭的电极反应,而局部的阴极区和阳极区又很难区分或根本分不开,所以理论极化曲线往往是无法直接得到的。

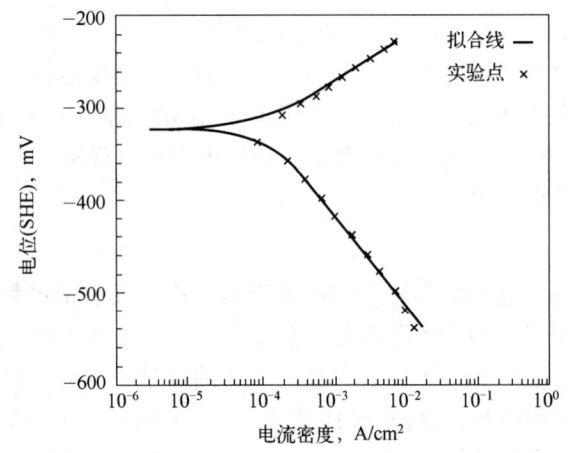

图8-12 纯铁在去氧的0.5mol/L H_2SO_4 溶液中的典型极化曲线

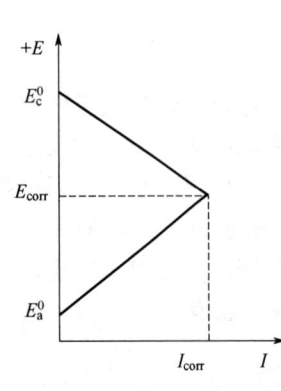

图8-13 伊文思极化图

把构成腐蚀电池的阴极和阳极的极化曲线绘在同一个 E-I 坐标上,得到的图线称为腐蚀极化图,它是研究电化学腐蚀动力学的重要工具。若忽略电位随电流的变化细节,将阳极极化曲线画成直线,即得到伊文思极化图,如图8-13所示。若腐蚀系统的欧姆电阻等于零,则阴极、阳极极化曲线相交于 S 点,该点所对应的电流即为腐蚀电池在理论上可能达到的最大电流 I_{corr}。此时这个短路偶接的腐蚀系统,在腐蚀电流的作用下,阴极和阳极的电位将分别从 E_c^0 和 E_a^0 极化到同一电位,即交点 S 对应的电位 E_{corr},这个电位称为系统的腐蚀电位。由于实际系统中总有欧姆电阻的存在,所以实际上阴极、阳极极化曲线不能相交,只是接近于 S 点而已。

腐蚀极化图可用来判断腐蚀过程的控制因素。在腐蚀过程中如果某一步骤与其他步骤相比阻力最大，则这一步骤就称为影响腐蚀速度的主要因素，通常称为腐蚀过程的控制因素。对于一个给定的腐蚀系统，腐蚀电流可通过式（8-21）描述，根据腐蚀极化图能够很容易地判断 I_{corr} 主要取决于阴极极化率 P_c 还是阳极极化率 P_a 或者欧姆电阻 R。根据图 8-14 所示的伊文思腐蚀极化图，可以判断图 8-14（a）受阴极控制，图 8-14（b）受阳极控制，图 8-14（c）为阴极、阳极混合控制，图 8-14（d）受欧姆电阻控制。

$$I_{corr} = \frac{E_c^0 - E_a^0}{P_c + P_a + R} \tag{8-21}$$

式中　E_c^0——阴极的开路电位，V；
　　　E_a^0——阳极的开路电位，V；
　　　P_c——阴极极化率；
　　　P_a——阳极极化率；
　　　R——欧姆电阻，Ω。

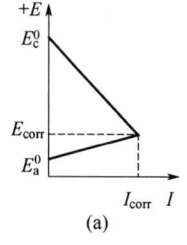 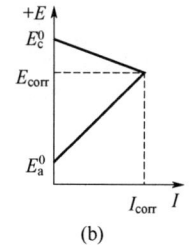 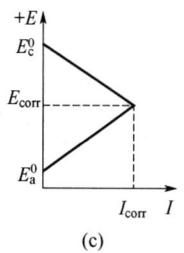 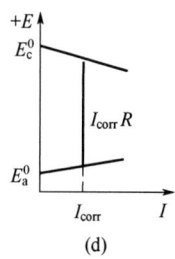

图 8-14　伊文思腐蚀极化图判断腐蚀控制因素

（三）腐蚀速度计算

金属在电解质溶液中构成腐蚀电池而发生电化学腐蚀，其腐蚀速度可以用腐蚀电池的腐蚀电流来表征。电化学腐蚀过程严格遵守电当量关系。即一个一价的金属离子在阳极区进入溶液，必定有一个一价的阳离子在阴极获得一个电子；一个二价的金属离子在阳极区进入溶液，必定有一个二价的或两个一价的阳离子（或中性分子）在阴极取走两个电子，依此类推。金属溶液的数量与电量的关系遵循法拉第定律，即电极上溶解（或析出）1mol 的物质所需要的电量为 96500C。因此，已知腐蚀电流或腐蚀电流密度，即可根据式（8-22）计算出所溶解（或析出）物质的数量。

$$W = \frac{QA}{Fn} = \frac{ItA}{Fn} = \frac{It}{F}N \tag{8-22}$$

式中　W——在时间 t 内被腐蚀的金属量，g；
　　　Q——在时间 t 内从阳极上流过的电量，C；
　　　t——在金属遭受腐蚀时间，s；
　　　I——电流强度，A；
　　　A——金属的原子质量，g；
　　　n——金属的原子价；
　　　N——化学当量；
　　　F——法拉第常数，96500C/mol。

单位时间单位面积上的腐蚀量（即腐蚀速度）如式（8-23）所示。

$$K = \frac{3600IA}{FnS} = 3600\frac{i_A A}{Fn} \tag{8-23}$$

式中　K——腐蚀速度，g/(m²·h)；
　　　S——阳极区面积，m²；
　　　i_A——阳极区电流密度，A/m²。

对于单一金属的腐蚀速度计算，式（8-23）中面积 S 通常就取包括所有微阳极和微阴极的总面积，电流密度 i_A 就是金属的自腐蚀电流密度。

对于实测极化曲线，根据电流—电位的相对大小，可分为微极化区（线性极化区）、弱极化区（非线性区）和强极化区（塔菲尔区）三个区域，如图 8-15 所示。

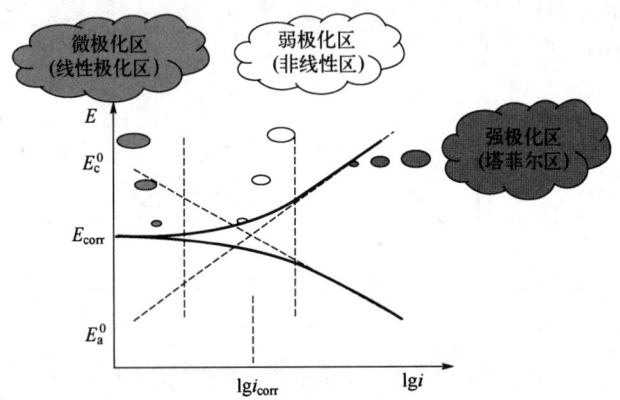

图 8-15　外加极化电流与电位的关系

在微极化区，过电位 η 与外电流 i 之间呈线性关系：

$$i = i_0 \frac{nF}{RT}\eta \tag{8-24}$$

式中　i_0——平衡电位，V；
　　　R——普适气体常数，8.314；
　　　T——温度，℃。

在弱极化区，即过电位位于 0.01~0.1V 时，过电位 η 与外电流 i 之间既不是直线关系也不是对数关系。

在强极化区，过电位 η 与外电流 i 之间的关系可用塔菲尔公式来描述：

$$\eta = a + b\lg i \tag{8-25}$$

式中，a 和 b 为塔菲尔常数，a 与电极材料、表面状态、溶液组成及温度有关，b 与电极材料关系不大。

阳极和阴极塔菲尔直线相交于自然腐蚀电位 E_{corr} 时，此时 $i_c = i_a = i_{corr}$。因此，将塔菲尔直线延伸到 $E=0$ 处或 $E=E_{corr}$ 处，相应的极化电流密度即自然腐蚀电流密度 i_{corr}，即可根据式（8-22）和式（8-23）求得腐蚀速度。

第二节　油气田管道面临的腐蚀环境

油田集输系统的腐蚀分为外腐蚀和内腐蚀两种。

一、管道面临的腐蚀问题

埋地管道穿越各种不同类型的土壤，土壤冬季、夏季的冻结与融化，地下水位变化，以及杂散电流等复杂的埋设条件是造成外腐蚀的环境。管道外腐蚀主要是土壤作为介质造成的腐蚀，土壤腐蚀的类型主要包括以下几类：

（1）充气不均匀引起的腐蚀：金属构件通过结构不同、潮湿程度不同和深度不同的土壤时发生充气不均匀导致的氧浓差电池腐蚀，沙土区富氧阴极、黏土区乏氧阳极腐蚀加速；储罐底部中心腐蚀加速；与微观腐蚀电池规律相反。

（2）杂散电流腐蚀：地下导电体绝缘不良导致泄漏电流形成杂散电流。金属腐蚀量与流过的杂散电流电量成正比。1A 杂散电流每年腐蚀掉 9.15kg 铁。交流电也能导致杂散电流腐蚀，但仅为 1%。

（3）微生物腐蚀：主要是嗜氧的硫杆菌和厌氧的硫酸盐还原菌。

管道内输送介质的腐蚀性差异也很大，内腐蚀主要是由于内部介质所导致的腐蚀，可归纳为以下几种：

（1）CO_2 的腐蚀：腐蚀严重的程度与伴生气中 CO_2 的含量以及水质有关。污水中 Cl^- 的存在，使得碳钢容易发生点蚀穿孔。

（2）H_2S 腐蚀：硫化氢在水中会发生电化学反应，呈现酸性，在硫化氢进行水解后，分解出 HS^- 以及 S^{2-}，两种阴离子在集输管道的金属表面吸附，与集输管道材料中的阳离子 Fe^{2+} 产生电化学反应，获取阳离子，产生氢气以及其他化学物，进而导致金属集输管道的腐蚀现象。

（3）SRB 的腐蚀：管线内的环境适合于 SRB 生长时，SRB 可造成管线底部点蚀穿孔。某采油厂一条集输管线，其规格为 $\phi 273mm \times 7mm$ 螺纹管，日输液约 $350m^3$，含水 80%。因液量少，流速只有 0.1m/s 左右，下游温度只有 38℃，正好适合于 SRB 生长。经测试，管线底部污水中 SRB 含量达到 4.5×10^6 个/mL，腐蚀产物中含有大量硫化物。该管线使用 3 年后发生穿孔。

（4）O_2 的腐蚀：一般情况下，集输管线污水中不含有溶解氧。在流程不密闭、管线液量不够以及油井掺水降黏掺入含氧清水后，可能含有少量溶解氧。即使含有微量氧，腐蚀也是很严重的。

（5）碱性类物质腐蚀：碱性物质主要是指油田采出水中的硫化钠等物质，硫化钠在油田环境下，对集输管道具有强烈的腐蚀性，而且腐蚀速率和腐蚀效果都很严重。碱性物质在油田中广泛存在，且对金属材料的腐蚀主要是氧化作用，从而导致金属材料的失效与腐蚀。随着硫化钠浓度升高、所处环境温度升高，其对金属材料的氧化作用会随着温度和浓度的升高而变得快速和强烈。

二、压力容器及储罐面临的腐蚀问题

由于储存或操作介质、温度和压力不同，油田储罐/压力容器主要面临的腐蚀问题是内腐蚀，内壁会产生全面腐蚀、局部腐蚀等，严重影响生产装置的正常运行，甚至引发泄漏、爆炸等安全生产事故。例如，2016年12月在某油田转油站发现1#三相分离器容器底部有渗漏现象，具体渗漏穿孔部位如图8-16所示。

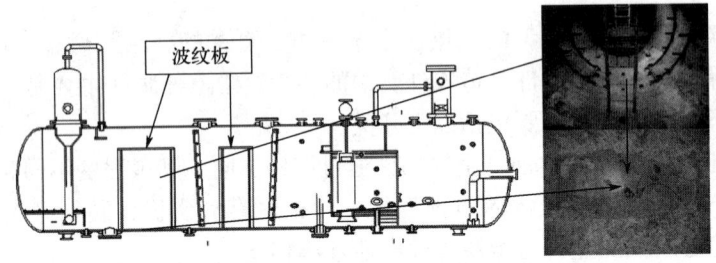

图8-16 某油田转油站1#三相分离器穿孔部位示意图

储罐/压力容器内腐蚀有以下种类：

（1）电化学腐蚀：电化学腐蚀是油罐内部最主要、最严重、危害最大的一种腐蚀，主要发生在罐底、罐壁和罐顶。油品中含有水、氯化物、硫酸钠和钙镁铁盐以及盐酸、硫酸等，是造成电化学腐蚀的主要原因。

（2）浓差腐蚀：主要发生在油罐内壁液面以下，是由于氧的浓差引起的。

（3）硫酸盐还原菌及其他细菌引起的腐蚀：主要发生在罐底。

（4）摩擦腐蚀：主要发生在浮顶罐的浮动伸缩部位。

图8-17所示为某油田联合站工艺流程简图，图中标注了不同装置区运行介质、温度及压力，运行介质中的水作为电解质溶液主要参与腐蚀反应，天然气或油中的腐蚀性气体（H_2S、CO_2等）溶入电解质溶液中，作为去腐蚀电化学体系中的极化剂，电解质中的Cl^-加速了容器的腐蚀速度。

三、易发生腐蚀的主要部位

（一）单井管线易发生腐蚀的主要部位

（1）腐蚀性强（高含H_2S、CO_2）的井。

（2）同一生产区块（或单元）产液量相对较大，温度、含水、氯离子相对较高的井。

（3）不同区块，不同层系的井。

（二）集输干线易发生腐蚀的主要部位

（1）同一区块的汇管。

（2）输液量相对较大、腐蚀较严重的管线。

（3）穿孔刺漏较多的管线。

第八章　腐蚀防护

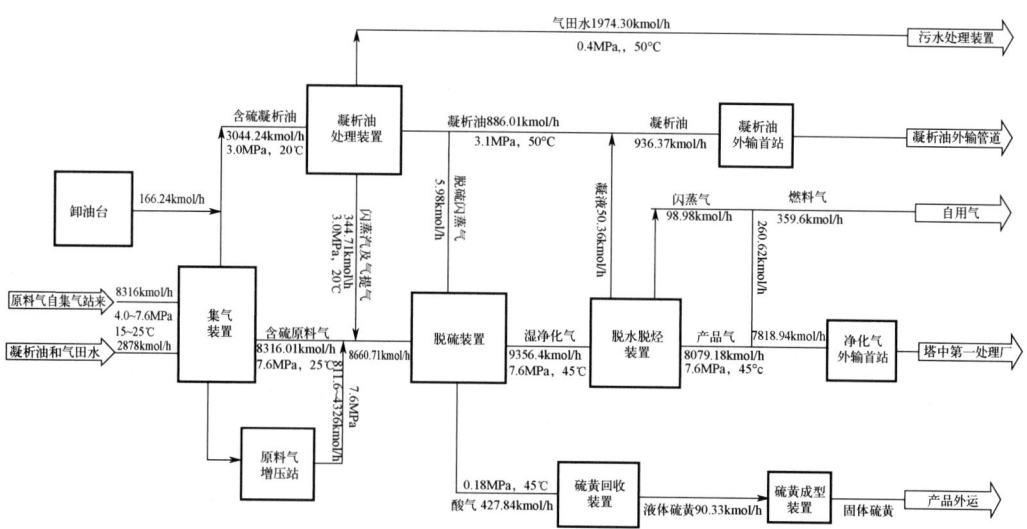

图 8-17　某油田联合站工艺流程简图及运行工况条件

（三）油气处理站场内易发生腐蚀的主要部位

（1）三相分离器进口、液相出口、气相出口。
（2）流动突变（如汇管）的部位。
（3）压缩机之后的天然气管线。
（4）污水处理系统的，了解来水腐蚀性及经过处理后的水质腐蚀性。

总之，集输管线的腐蚀是多方面的，与工艺流程设计（流速、输液量）、输送介质（水质、砂）和管材质量有关。因此，集输管线的防腐蚀应采取综合治理的措施。

第三节　油气田管道常见腐蚀类型

腐蚀是一个十分复杂的过程。由于服役中的材料构件存在化学成分、组织结构、表面状态等差异，所处的环境介质的组成、浓度、压力、温度、pH 值等千差万别，还处于不同的受力状态，因此材料腐蚀的类型众多。所采用的标准不一样，腐蚀类型可以有不同的划分方法。

一、按腐蚀机理分类

按照腐蚀机理将金属腐蚀分为化学腐蚀与电化学腐蚀。两类腐蚀的区别见表 8-4。

表 8-4　化学腐蚀与电化学腐蚀的区别

项目	化学腐蚀	电化学腐蚀
介质	干燥气体或非电解质溶液	电解质溶液
温度	主要在高温条件下	常温和高温条件下，以常温条件下为主

续表

项目	化学腐蚀	电化学腐蚀
反应区	在碰撞点上瞬间完成	在相对独立的阴、阳区同时独立完成
反应式	$\sum v_i M_i = 0$（v_i表示反应系数；M_i表示反应物质）	$\sum v_i M_i^{n+} \pm ne = 0$（$v_i$表示反应系数；$M_i$表示反应物质；$n$表示转移电子数）
过程规律	化学反应动力学	电极过程动力学
推动力	化学位不同，主要依靠外加能量	电位差，通过自身能量也可以完成
能量转换	化学能与机械能和热能	化学能与电能
电子转移	直接传递，不具备方向性，测不出电流	间接传递，有一定的方向性，能测出电流
产物	在碰撞点上直接形成	一次产物在电极上形成，二次产物在一次产物相遇处形成

（一）化学腐蚀

化学腐蚀是指金属与非电解质直接发生化学作用而引起的破坏。腐蚀过程是一种纯氧化和还原的纯化学反应，即腐蚀介质直接与金属表面的原子相互作用形成腐蚀产物。反应进行过程中没有电流产生，其过程符合化学动力学规律。例如：铅在四氯化碳、三氯甲烷或乙醇中的腐蚀，镁或钛在甲醇中的腐蚀，以及金属在高温气体中的腐蚀均属于化学腐蚀。

（二）电化学腐蚀

电化学腐蚀是金属与电解质溶液发生电化学作用而引起的破坏。反应过程同时有阳极失去电子、阴极得到电子以及电子的流动，其历程服从电化学动力学的基本规律。金属在大气、海水、工业用水及各种酸、碱、盐溶液中发生的腐蚀都属于电化学腐蚀。

二、按腐蚀形态分类

按照腐蚀形态，可将金属腐蚀分为均匀腐蚀、点蚀、晶间腐蚀、电偶腐蚀、缝隙腐蚀、应力腐蚀开裂、腐蚀疲劳和冲刷腐蚀等。

（一）均匀腐蚀

均匀腐蚀是最常见的腐蚀形态（图8-18），其特征是腐蚀分布于金属的整个表面，使金属整体减薄。发生均匀腐蚀的条件是：腐蚀介质能够均匀地抵达金属表面的各部位，而且金属的成分和组织比较均匀。例如，碳钢或锌板在稀硫酸中的溶解以及某些材料在大气中的腐蚀都是典型的均匀腐蚀。均匀腐蚀的电化学特点是腐蚀原电池的阴极、阳极面积非常小，甚至用微观方法也无法辨认，而且微阳极和微阴极的位置随机变化。整个金属表面在溶液中处于活化状态，只是各点随时间（或地点）有能量起伏，能量高时（处）呈阳极，能量低时（处）呈阴极，从而使整个金属表面遭受腐蚀。

在油气田生产中，钢质管道和储罐普遍都面临着均匀腐蚀的风险。NACE RP 0775中对油田生产系统中碳钢腐蚀速率进行了定性分类，见表8-5。参照该标准，可对碳钢的腐蚀程度进行分级，并针对性地施加防腐措施。

图 8-18　油田集输管道内壁的均匀腐蚀

表 8-5　油田生产系统碳钢腐蚀速率的定性分类

程度	mm/y①	mpy②
低	<0.025	<1.0
中等	0.024~0.12	1.0~4.9
重度	0.13~0.25	5.0~10
严重	>0.25	>10

① mm/y=millimeters per year。
② mpy=mils per year。

（二）点蚀

点蚀是指腐蚀集中在金属表面的很小范围内并深入到金属内部的小孔状腐蚀形态（图 8-19 至图 8-21），蚀孔直径小，深度深。

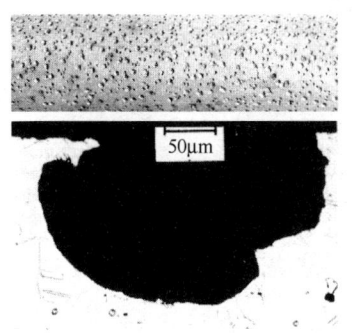 

图 8-19　Cr-Ni 不锈钢在 HCl 溶液中的点蚀形貌　　图 8-20　LN59 井集输管线内壁点蚀穿孔

点蚀是破坏性和隐患性最大的腐蚀形态之一，仅次于应力腐蚀开裂。点蚀导致金属的失重非常小，但由于阳极面积小，腐蚀很快，常使设备和管壁穿孔，从而导致突发事故。对点蚀的检查比较困难，因为蚀孔尺寸很小，而且经常被腐蚀产物遮盖，因而定量测量和比较点蚀的程度也很困难。此外，点蚀同其他类型的局部腐蚀的发生，如缝隙腐蚀和应力腐蚀，有着密切的关系。

在油气田生产中，油井管、集输管道、压力容器和设备等因点蚀穿孔导致油气泄漏、

图 8-21 管线钢腐蚀的点蚀形态

环境污染、生产停运等不良后果,严重影响生产运行。若点蚀部位同时受拉应力或交变应力时,小孔底部成为应力集中源,会诱发应力腐蚀破裂或腐蚀疲劳开裂,十分危险。

点蚀穿孔失效在各油气田生产中时有发生。据统计,2010年塔里木油田公司地面系统管线穿孔次数为664次,2011年达到676次。因此,点蚀失效及由此衍生的断裂失效已经成为影响油气生产的本质安全,必须引起足够的重视。

点蚀的过程可分为蚀孔成核(发生)和蚀孔生长(发展)两个阶段(图8-22)。现有点蚀成核理论有钝化膜破坏理论和吸附理论等,蚀孔生长理论以"闭塞电池"的形成为基础,形成"活化—钝化腐蚀电池"的自催化理论。

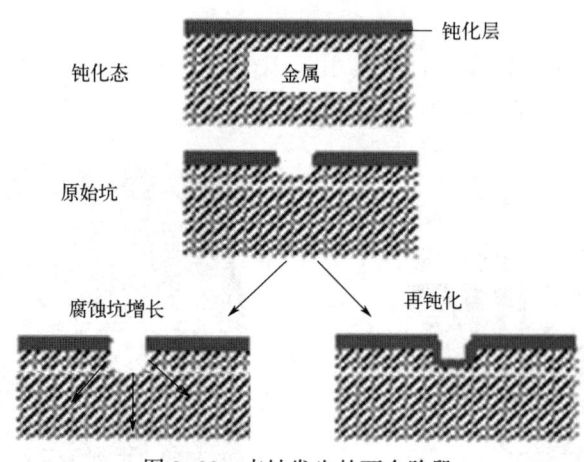

图 8-22 点蚀发生的两个阶段

钝化膜破坏理论是指当电极阳极极化时,钝化膜中的电场强度增大,吸附在钝化膜表面上的腐蚀性阴离子(如氯离子)因其离子半径较小而在电场的作用下进入钝化膜,使钝化膜局部变成了强烈的感应离子导体,钝化膜在该点上出现了高的电流密度。当钝化膜—溶液界面的电场强度达到某一临界值时,就发生了点蚀。金属表面组织和结构的不均匀性使表面钝化膜的某些部位较为薄弱,从而成为点蚀容易形成的部位,如晶界、夹杂、位错和异相组织。

吸附理论认为蚀孔的形成是阴离子(如氯离子)与氧的竞争吸附的结果。在除气溶液中金属表面吸附是由水形成的稳定氧化物离子，一旦氯的络合离子取代稳定氧化物离子，该处吸附膜被破坏，而发生点蚀。

蚀孔生长（发展）模型如图 8-23 所示，蚀孔口腐蚀产物的塞积导致局部传质困难，形成"闭塞电池"，孔内为活化态，孔外为钝态，从而形成活化态—钝态微电偶腐蚀电池，同时闭塞电池引起孔内酸化，从而加速孔蚀的发展。

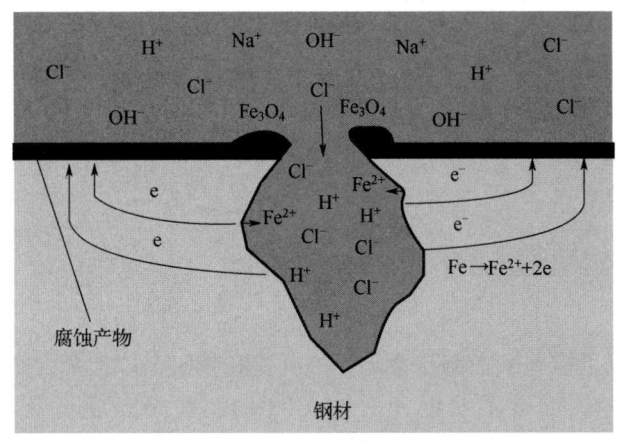

图 8-23　蚀孔生长的闭塞电池模型

（三）晶间腐蚀

晶间腐蚀是金属材料在特定的腐蚀介质中沿晶界发生腐蚀，而使材料性能降低的现象（图 8-24）。不锈钢、铝及其合金、铜合金和镍合金都会发生晶间腐蚀。

晶间腐蚀的诱因如下：多晶体的金属和合金本身的晶粒和晶界的结构和化学成分存在差异；晶界处的原子排列较为混乱，缺陷和应力集中、位错和空位等在晶界处积累，导致溶质、各类杂质（如 S、Pb、Si 和 C 等）在晶界处吸附和偏析，甚至析出沉淀相（碳化物等），导致晶界与晶粒内部的化学成分出现差异，产生了形成腐蚀微电池的物质条件；在晶界和晶粒构成的腐蚀原电池中，晶界为阳极，晶粒为阴极。由于晶界的面积很小，构成"小阳极—大阴极"。

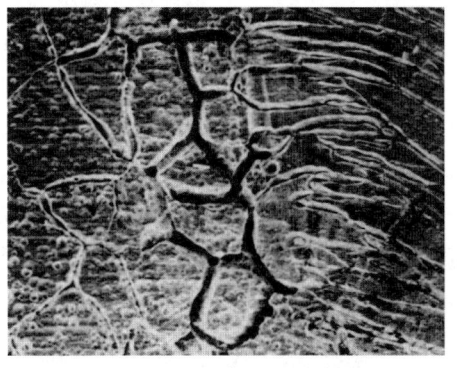

图 8-24　晶间腐蚀的形貌特征

关于晶间腐蚀的机理，目前广泛接受的理论是贫 Cr 理论（图 8-25）。Ni-Cr 奥氏体不锈钢通常都是经固溶处理（1050℃保温 2h）后使用的。当经过固溶处理、碳含量大于 0.03% 的奥氏体不锈钢在 427～816℃ 的温度区间内保温或受热缓冷后（通常称为敏化处理），在腐蚀介质中使用时就会出现严重的晶间腐蚀。这是因为敏化处理后在晶界析出了连续 $Cr_{23}C_6$ 型碳化物，使晶界产生严重的贫 Cr 区。当碳化物沿晶界析出并进一步生长时，所需要的 C 和 Cr 从晶内向晶外扩散，由于 C 的扩散速度比 Cr 高，于是固溶体中几乎所有的 C 都用于生成碳化物，而在此期间只有晶界附近的 Cr 能够参与碳化物的生成反应，结果在晶界附近形成了 Cr 的质量分数低于发生钝化所需要的 12% 的区域。因此,在弱氧化性介质中,就会导致晶界贫 Cr 区的快速溶解,导致晶界弱化,直至出现开裂。

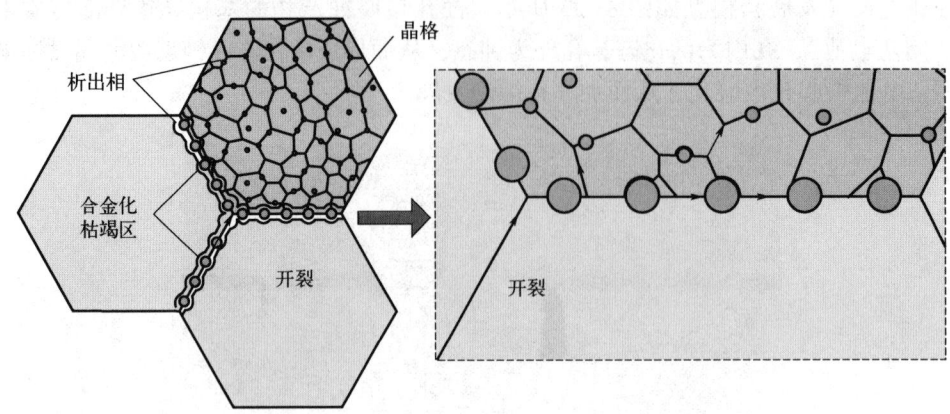

图 8-25 晶间腐蚀的贫 Cr 理论示意图

生产中常通过以下措施来控制合金晶界的沉淀和吸附,以提高合金耐晶间腐蚀能力。

(1) 降低碳含量。低碳不锈钢 ($w_C \leq 0.03\%$),甚至是超低碳不锈钢 ($w_C + w_N \leq 0.002\%$),可有效减少碳化物析出造成的晶间腐蚀。

(2) 合金化。在钢中加入 Ti 或 Nb,例如在 Cr_{18}-Ni_9(304) 不锈钢基础上加 Ti 成为 Cr_{18}-Ni_9-Ti(321)、加 Nb 成为 Cr_{18}-Ni_9-Nb(347),再经过 850~900℃ 保温 2~4h 的"稳定化处理",就会使 $Cr_{23}C_6$ 全部溶解,析出 TiC 或 NbC,避免贫 Cr 区的形成。还可以通过调整钢的成分,形成双相不锈钢,例如在奥氏体中加入 5%~10% 的铁素体,由于相界的能量更低,碳化物择优在相界析出,从而减少了在晶界的沉淀。

(3) 适当的热处理。对碳含量较高 (0.06%~0.08%) 的奥氏体不锈钢,要在 1050~1100℃ 进行固溶处理;对铁素体不锈钢在 700~800℃ 进行退火处理;加 Ti 和 Nb 的不锈钢要经稳定化处理。

(四) 电偶腐蚀

由于腐蚀电位不同,造成同一介质中异种金属接触处的局部腐蚀,就是电偶腐蚀(图 8-26),也称接触腐蚀或双金属腐蚀。当两种或两种以上不同金属在导电介质中接触后,由于各自电极电位不同而构成腐蚀原电池,电位较正的金属为阴极,发生阴极反应,导致其腐蚀过程受到抑制;而电位较负的金属为阳极,发生阳极反应,导致其腐蚀过程加速。它会造成热交换器、船体推进器、阀门、冷凝器等的腐蚀失效,是一种普遍存在的腐蚀类型。电偶腐蚀往往会诱发和加速应力腐蚀、点蚀、缝隙腐蚀、氢脆等其他各种类型的局部腐蚀,从而加速设备的破坏。

发生电偶腐蚀时,电极电位较负的金属通常会加速腐蚀,而电极电位较正的金属的腐蚀则会减慢。Zn 和 Fe 组成的电偶对,由于 Zn 的电位更负,因此 Zn 的腐蚀加速,而 Fe 则不腐蚀,如图 8-27 所示。

合金中呈现不同电极电位的金属相、化合物、组分元素的贫化或富集区,以及氧化膜等也都可能与金属间发生电偶现象,钝化与浓差效应也会形成电偶型的腐蚀现象,这些微区中的电偶现象通常称为腐蚀微电池,不称作电偶腐蚀。

第八章 腐蚀防护

图 8-26　TZ16 计转站异金属电偶腐蚀

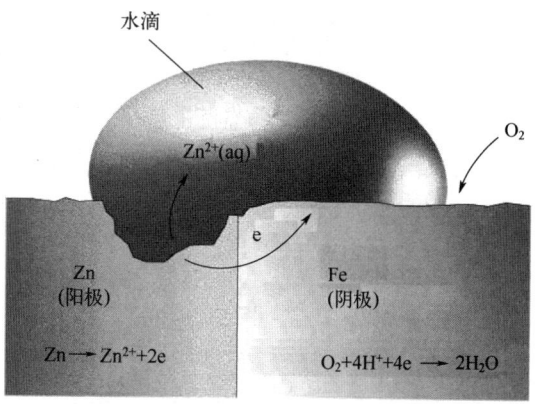

图 8-27　Zn-Fe 电偶腐蚀示意图

在工程技术中，不同金属的组合是不可避免的，几乎所有的机器、设备和金属结构件都是由不同的金属材料部件组合而成，电偶腐蚀非常普遍。利用电偶腐蚀的原理，可以采用贱金属的牺牲对有用的部件进行牺牲阳极阴极保护。

不同金属接触产生电偶腐蚀必须具备三个条件：一定的电位差、存在腐蚀电解液（形成电子通道）、电连接（金属间接触区）。三个条件缺一不可。以下用双金属复合钢管为例介绍。

1. 电位差

电位较正的"不锈钢管"和电位较负的"碳钢管"偶接，"不锈钢管"呈阴极，"碳钢管"呈阳极，二者的电位差越大，则电偶腐蚀倾向越大。

2. 形成电子通道

经导线连接或直接接触后形成电子通道。"碳钢管"中的铁失去的电子到达"不锈钢管"表面被腐蚀剂吸收（内衬不锈钢复合钢管，没有电解质成为离子通道）。

3. 金属间接触区

两种金属的接触区有电解质覆盖或浸没。"碳钢管"中的铁失去的电子形成离子进入溶液，"不锈钢管"表面的电子被电解质中的腐蚀剂（如空气中的氧）拿走。电解质成为离子通道。内衬不锈钢复合钢管，没有电解质成为离子通道，没有铁失去的电子形成离子进入溶液，只有两金属电位差。因此，没有形成电偶腐蚀。

2016 年 3 月，塔里木油田公司 DN2-17 井采气支线发生爆管。该支线使用材质为 L245+316L 的双金属复合管。爆管段的基管内壁腐蚀严重，呈现大量沟槽状腐蚀坑（图 8-28）。试验分析发现，腐蚀性介质由焊缝刺漏点进入基管与衬管之间，形成异种金属接触的电偶腐蚀（满足一定的电位差、存在腐蚀电解液、电连接三个条件），使得基管优先腐蚀（图 8-29），导致壁厚减薄，无法承受内压而发生爆管。

根据电化学理论可以对电偶腐蚀现象作定性判断，但对腐蚀的结果还难以作出动力学分析。对各种常见的金属或合金在某些腐蚀介质内的标准电极电位虽已充分了解，但还不能从电偶中不同金属的可逆电极电位之差直接得到各部位电偶腐蚀速度的定量关系。在工程设计中，往往需要结合在实际介质中的腐蚀电位和可能掌握的极化曲线特征作出判断，

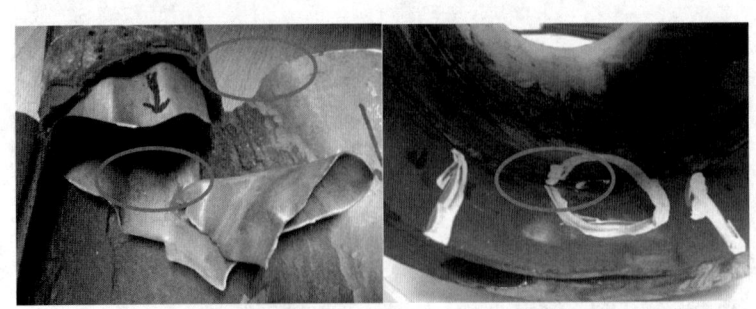

图 8-28 DN2-17 井采气支线爆管段宏观形貌

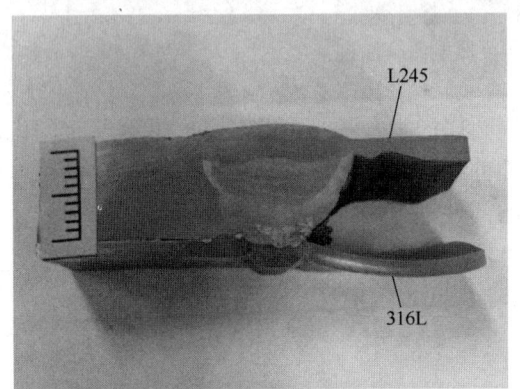

图 8-29 DN2-17 井采气支线爆管段焊缝处宏观形貌

并作必要的实际测定和验证。在腐蚀过程中，随着条件的变化，金属的电偶腐蚀偶序有可能发生变化，甚至出现极性倒转。电偶腐蚀的结果也直接与电极的面积大小有关。

影响电偶腐蚀速度的因素主要有：(1) 所形成的电偶间的电极电位差；(2) 腐蚀介质的电导；(3) 金属表面的极化和由于阴极、阳极反应生成表面膜或腐蚀产物的影响；(4) 电偶间的空间布置（几何因素）。电偶腐蚀速度，在数量上服从法拉第电解定律。两金属之间的电极电位差越大、电流越大，则腐蚀越快。电路中的各种电阻则按欧姆定律影响电偶腐蚀电流，介质的电导率高，则加速电偶腐蚀。

电偶作用有时也会促进阴极的破坏，如等面积的铝（阴极）和镁（阳极）在海水中，电偶作用将加速镁阳极的腐蚀，而在充气条件下阴极表面上的主要产物 OH^- 也会同时促进铝的破坏，所以电偶中的两极最终都会加剧腐蚀。

偶对中的阴极和阳极的面积的相对大小，对腐蚀速度影响很大。在一般情况下，随着阴极对阳极面积的比值增加，腐蚀速度增加。阴极、阳极面积比对阳极的腐蚀速度影响可以这样来解释：在氢去极化时，腐蚀电流密度为阴极电流控制，阴极面积越大，阴极电流密度越小，阴极上氢超电压就越小，氢去极化速度也越大，结果阳极的溶解速度增大。在氧去极化腐蚀时，其腐蚀速度为氧扩散条件控制，若阴极的面积相对增加，则溶解氧更易抵达阴极表面进行还原反应，因而扩散电流增加，导致阳极的加速溶解。

从生产实际来看，不同金属组合起来，在不同的电极面积比下，对阳极的腐蚀速度就有不同的加速作用。铜板用钢铆钉铆接，前者属于大阳极—小阴极的结构，后者属于大阴极—小阳极的结构。从防腐的角度考虑，大阴极—小阳极的连接结构是危险的，因为它可使腐蚀电流急剧增加，连接结构很快受到破坏。而大阳极—小阴极的结构则较为安全，因为阳极面积大，阳极溶解速度相对减小，不至于短期内引起连接结构的破坏。

（五）缝隙腐蚀

金属表面因异物的存在或结构上的原因而形成缝隙，从而导致狭缝内金属腐蚀加速的现象，称为缝隙腐蚀（图8-30）。造成缝隙腐蚀的狭缝或间隙的宽度必须足以使腐蚀介质进入并滞留其中，当缝隙宽度处于 25~100μm 时是缝隙腐蚀发生最敏感的区域，而在那些宽的沟槽或宽的缝隙中，因腐蚀介质易于流动，一般不发生缝隙腐蚀。缝隙腐蚀是一种很普遍的局部腐蚀，因为在许多设备或构件中缝隙往往不可避免地存在着。缝隙腐蚀会导致部件强度的降低，配合的吻合程度变差。缝隙内腐蚀产物体积的增大，会引起局部附加应力，不仅使装配困难，而且可能使构件的承载能力降低。

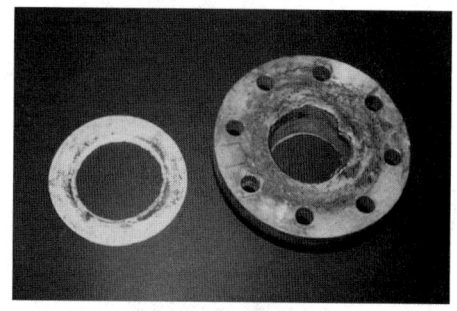

图8-30　缝隙腐蚀形态

金属的缝隙腐蚀有以下主要特征：

（1）不论是同种或异种金属的接触还是金属同非金属（如塑料、橡胶、玻璃、陶瓷等）之间的接触，甚至是金属表面的一些沉积物、附着物（如灰尘、砂粒、腐蚀产物的沉积等），只要存在满足缝隙腐蚀的狭缝和腐蚀介质，几乎所有的金属和合金都会发生缝隙腐蚀。自钝化能力较强的合金或金属，对缝隙腐蚀的敏感性更高。

（2）几乎所有的腐蚀介质（包括淡水）都能引起金属的缝隙腐蚀，而含有氯离子的溶液最容易引起缝隙腐蚀。

（3）遭受缝隙腐蚀的金属表面既可表现为全面性腐蚀，也可表现为点蚀形态。耐蚀性好的材料通常表现为点蚀型，而耐蚀性差的材料则为全面腐蚀型。

（4）缝隙腐蚀存在孕育期，其长短因材料、缝隙结构和环境因素的不同而不同。缝隙腐蚀的缝口常常为腐蚀产物所覆盖，由此增强缝隙的闭塞电池效应。

缝隙腐蚀通常分为孕育阶段、开始阶段和增殖阶段3个阶段。其中孕育阶段是必经阶段，对缝隙腐蚀的发生发展有重大影响。每个阶段的持续时间与缝隙的几何条件、溶液水化学环境以及冶金学条件等密切相关。事实上，金属材料本身并不具备必然发生缝隙腐蚀的条件，只有当腐蚀次生效应引起缝隙内外金属阳极溶解速率产生差异并逐渐加强，才会发生缝隙腐蚀。

早期研究认为，缝隙内外溶液的氧浓度差是导致缝隙腐蚀的原因，即由 Evans 提出的氧浓差电池理论（图8-31）。在氧浓差电池与自催化效应共同作用下，当水溶液化学参数达到临界值时，局部腐蚀开始发生。在孕育阶段，随着缝隙内金属不断溶解，缝隙内 O_2 被不断消耗，如果缝隙外部的 O_2 无法及时补充到缝隙内，则缝隙内的 O_2 将被消耗殆尽，缺氧抑制了缝隙内阴极反应的发生。随着此过程不断进行，缝隙内正电荷增加，为了保持电中性负离子如 Cl^- 等进入缝隙内发生反应使溶液酸化，导致缝隙内溶液 pH 值降低而进一步加剧缝隙内金属溶解，上述过程反复进行最终造成严重的缝隙腐蚀。

另外一种解释是 IR 降理论，最早是由 Pickering 等通过对缝隙腐蚀的孕育阶段及发生

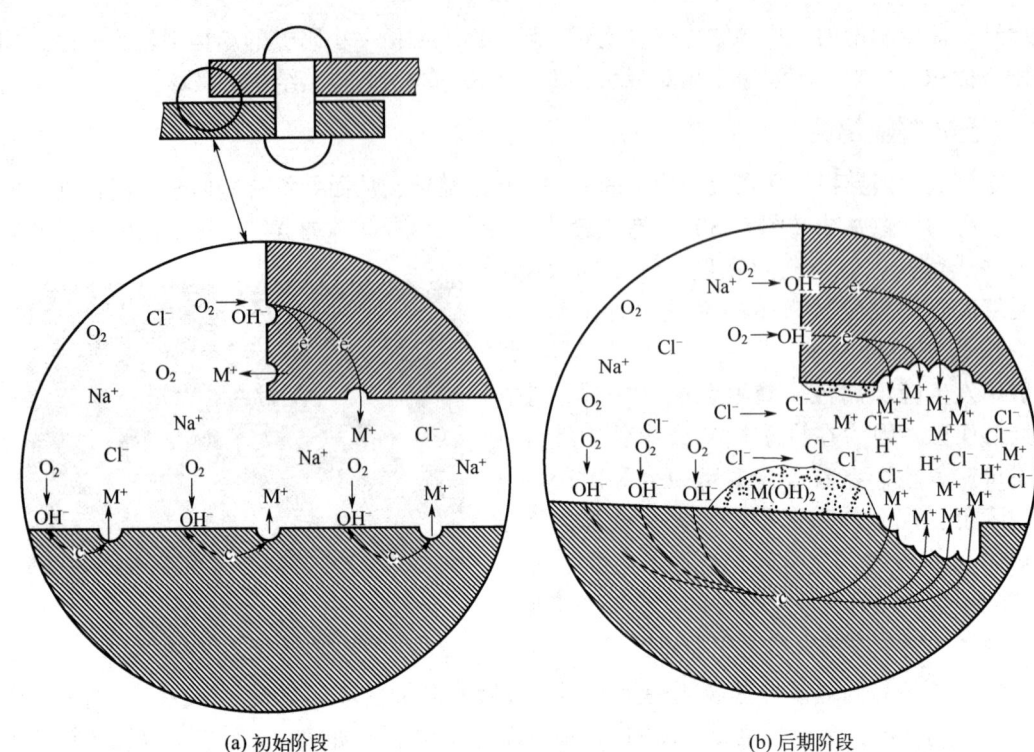

(a) 初始阶段　　　　　　　　　　(b) 后期阶段

图 8-31　缝隙腐蚀的氧浓差电池理论

条件进行深入研究后提出的。认为不锈钢等钝化金属材料发生局部腐蚀的机理可以用 IR 降机制来解释。当缝隙内 O_2 被消耗殆尽后，缝内阳极区和缝隙外阴极区之间会出现很长的电流通路，若此通路流经的溶液介质电阻为 R，当电流 I 流经此介质时会产生一个 $I×R$ 的电压降，这个电压降导致缝隙内和缝隙外产生电位差，从而导致缝隙腐蚀发生。所以，缝隙腐蚀的发生与缝隙内溶液的 IR 降有关；当缝隙内的 IR 降足够大时，会使电位在不需要改变 pH 值的情况下即可造成活化区域发生缝隙腐蚀的结果。

（六）应力腐蚀开裂

应力腐蚀开裂是指受一定拉伸应力作用的金属材料在某些特定介质中，由于腐蚀介质和应力协同作用而发生的脆性断裂现象。例如，黄铜的"氨脆"（图 8-32）、低碳钢的"硝脆"（图 8-33）、奥氏体不锈钢的"氯脆"（图 8-34）、锅炉钢的"碱脆"（图 8-35）、油气田硫化氢环境中管线钢的"硫脆"（图 8-36）。

图 8-32　黄铜的"氨脆"

第八章 腐蚀防护

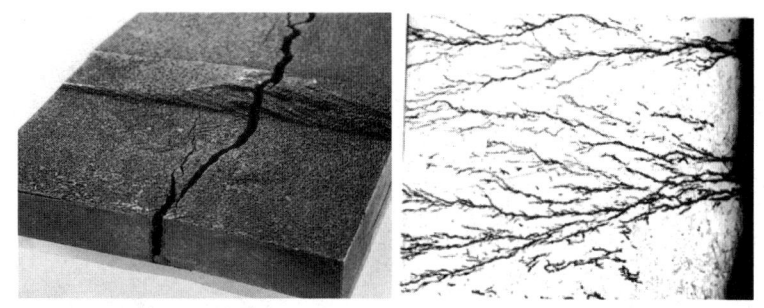

图 8-33 低碳钢的"硝脆"

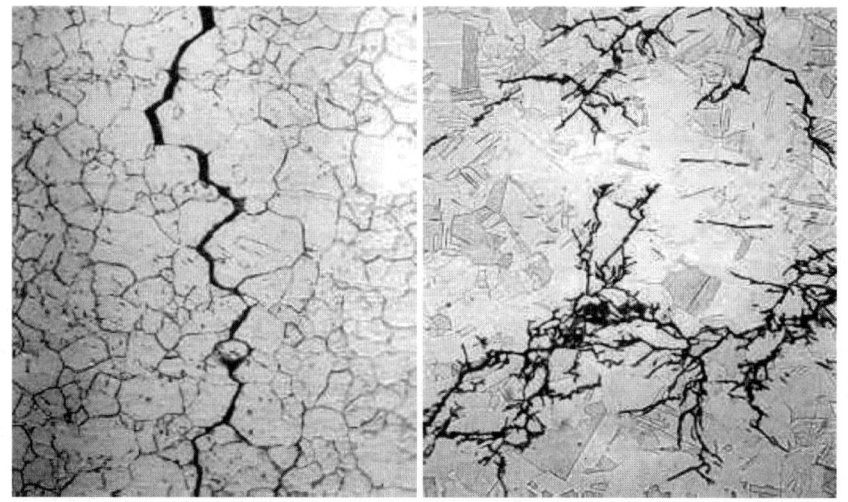

图 8-34 奥氏体不锈钢的"氯脆"

图 8-35 锅炉钢的"碱脆"

通常在某种特定的腐蚀介质中,材料在不受应力时腐蚀甚微;若受到一定的拉伸应力时(可远低于材料的屈服强度),经过一段时间后,即使是延展性很好的金属也会发生脆性断裂。应力腐蚀开裂往往事先没有明显的预兆,容易造成突发性的、灾难性的事故,被认为是破坏性和隐患性最大的腐蚀形态。

产生应力腐蚀开裂必须同时具备以下三个条件:特定的合金成分结构、足够大的拉应

图 8-36 油气田硫化氢环境中管线钢的"硫脆"

力及特定的腐蚀介质。腐蚀和应力是相互促进，不是简单叠加的，两者缺一不可。一些产生应力腐蚀开裂的敏感材料—介质组合情况见表 8-6。

表 8-6 产生应力腐蚀开裂的材料—介质组合

金属或合金	腐蚀介质
软钢	NaOH，硝酸盐溶液，硅酸钠+硝酸钙溶液
碳钢和低合金钢	42%$MgCl_2$ 溶液，HCN
奥氏体不锈钢	NaCl 溶液，海水，H_2S 水溶液
铜和铜合金	氯化物溶液，高温高压蒸馏水
镍和镍合金	氨蒸气，汞盐溶液，含 SO_2 大气
蒙乃尔合金	NaOH 水溶液
铝合金	HF 酸，氟硅酸溶液
铅	熔融 NaCl，NaCl 水溶液，海水，水蒸气
镁	海洋大气，蒸馏水，$KCl-K_2CrO_4$ 溶液

应力腐蚀开裂的发生需同时满足敏感材料、特定介质和拉伸应力三方面的条件，往往呈现出以下特征：

（1）典型的滞后破坏，即材料在应力和腐蚀介质共同作用下，需要经过一定的时间使裂纹形核、裂纹亚临界扩展，最终失稳断裂。

（2）裂纹分为晶间型、穿晶型和混合型三种，然而裂纹始终起源于表面，扩展方向一般垂直于主拉伸应力方向，一般呈树枝状。

（3）裂纹扩展速率比均匀腐蚀快约 106 倍。

（4）应力腐蚀开裂为低应力脆性断裂，断裂前没有明显的宏观塑性变形，大多数条件为脆性断口（即解理、准解理或沿晶）。

从宏观断裂力学角度来看，当金属材料不存在裂纹或缺陷、蚀坑的前提下，其应力腐蚀开裂可分为裂纹孕育期、裂纹扩展期和裂纹急剧生长期三个阶段。第一阶段为裂纹孕育期，即局部腐蚀和拉应力使裂纹形核，并逐渐形成裂纹或蚀坑。第二阶段为裂纹扩展期，即微裂纹或蚀坑所承受应力达到极限应力值时，裂纹开始扩展。第三阶段为裂纹急剧生长期，即失稳扩展期，应力的局部集中使得裂纹迅速扩展，最终导致材料断裂。裂纹孕育期通常是形成蚀坑并萌生裂纹的过程，其时间长短取决于材料表面状态和应力水平，有时可

第八章 腐蚀防护

占总断裂时间的 90%。当材料本身存在缺陷（如微裂纹或蚀坑）时，应力腐蚀开裂只经历裂纹扩展和失稳断裂阶段。

应力腐蚀开裂是腐蚀和应力耦合作用的结果。拉应力是产生应力腐蚀开裂的必要条件。在实际生产中，外加载荷、残余应力、热应力和结构应力是金属材料发生应力腐蚀开裂的应力来源。据统计，外加载荷导致应力腐蚀开裂事故发生的比例只有 3.5%。因此，单纯的工作应力并不危险，残余应力诱发材料发生应力腐蚀开裂事故往往是不可估计和测量的。在一个特定的开裂体系中，应力可能起到以下一种或几种作用：

（1）应力引起塑性变形，阻止裂纹尖端形成保护膜，或者使得裂纹尖端不断开裂，滑移台阶露出表面，尖端表面活性增大，从而促进局部电化学腐蚀的发生。

（2）应力使得腐蚀产生的裂纹向纵深打开，导致新鲜电解液源源不断流入向前延伸的裂缝，使得应力腐蚀持续进行。

（3）对于晶间腐蚀的裂纹尖端，应力使得晶界晶粒脱离开裂，裂缝沿着与拉伸应力垂直的方向向内延伸。

（4）应力使得弹性能局部集中，导致腐蚀裂缝以脆化方式扩展。

从微观角度来看，金属材料应力腐蚀开裂机理有阳极溶解型和氢致开裂型两种。阳极溶解型是指裂纹尖端位于阳极区，以阳极的快速溶解反应为主，奥氏体不锈钢的"氯脆"（图 8-37）和黄铜的"氨脆"均属于阳极溶解型机理的应力腐蚀开裂。氢致开裂型是指裂纹尖端位于阴极区，阴极反应占主导地位，阴极析出的氢进入金属晶格后，对裂纹形核和扩展起决定作用，高强钢在水介质中的开裂和湿硫化氢中的开裂均属于此种机理的应力腐蚀开裂。

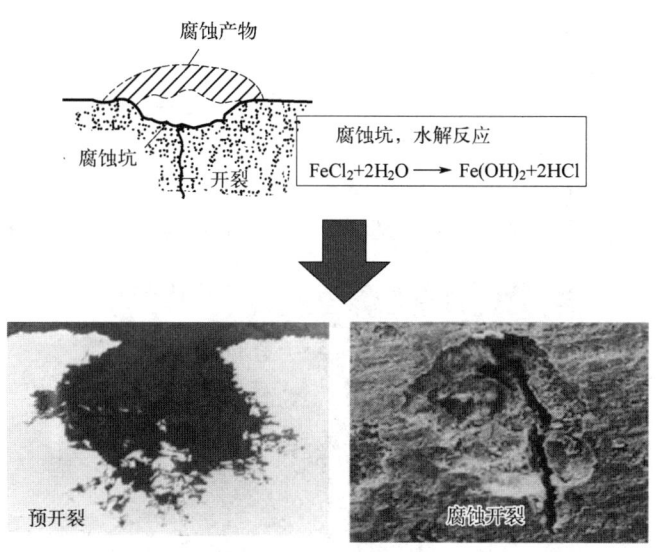

图 8-37 "氯脆"——点蚀诱发的应力腐蚀开裂

氢致开裂型应力腐蚀开裂是由于氢在应力集中的位错、裂纹尖端等缺陷处富集并向拉伸应力集中处扩散和富集而导致的，又称氢脆。第一类氢脆是指材料加载前内部已存在裂纹源，包括氢腐蚀、氢鼓泡（图 8-38）、氢化物型氢脆三种类型。第二类氢脆是指材料加载前并不存在裂纹，如应力诱发氢化物型氢脆（图 8-39）。

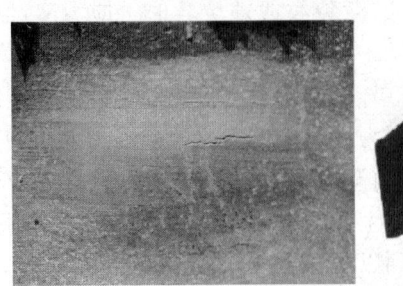

图 8-38　高含 H_2S 天然气集输管线内表面氢鼓泡

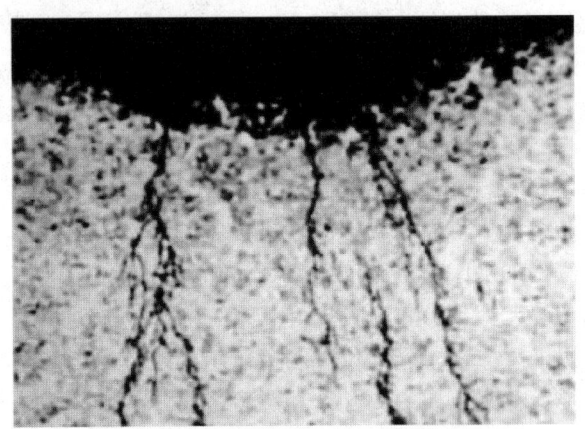

图 8-39　油套管硫化物应力腐蚀开裂

(七) 腐蚀疲劳

腐蚀疲劳（即腐蚀疲劳开裂）是指材料或构件在交变应力与腐蚀环境的共同作用下产生的脆性断裂，如图 8-40 所示。这种破坏要比单纯交变应力造成的破坏（即疲劳）或单纯腐蚀造成的破坏严重得多，而且腐蚀环境不需要有明显的腐蚀性。船舶的推进器、涡轮和涡轮叶片，汽车的弹簧和轴、泵轴和泵杆及海洋平台等常出现这种破坏。

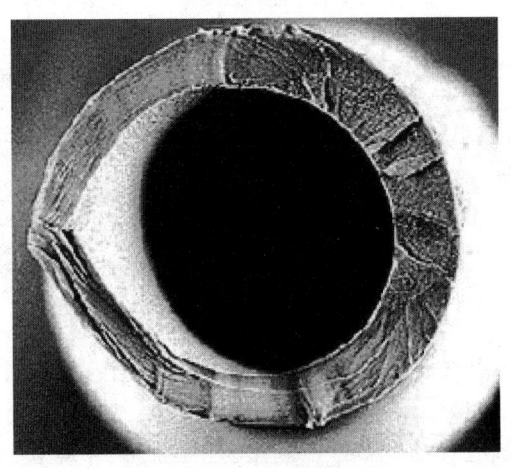

图 8-40　腐蚀疲劳断口

腐蚀疲劳存在以下特征：

（1）不存在疲劳极限。

（2）与应力腐蚀开裂不同，纯金属也会发生腐蚀疲劳，而且发生腐蚀疲劳不需要材料—环境的特殊组合。只要存在腐蚀介质，在交变应力作用下就会发生腐蚀疲劳。金属在腐蚀介质中可以处于钝态，也可以处于活化态。

（3）金属的腐蚀疲劳强度与其耐蚀性有关。耐蚀材料的腐蚀疲劳强度随抗拉强度的提高而提高，耐蚀性差的材料腐蚀疲劳强度与抗拉强度无关。

（4）腐蚀疲劳裂纹多起源于表面腐蚀坑或缺陷，裂纹源数量较多。腐蚀疲劳裂纹主要是穿晶的，有时也可能出现沿晶或混合的，并随腐蚀发展裂纹变宽。

（5）腐蚀疲劳断裂是脆性断裂，没有明显的宏观塑性变形。断口有腐蚀的特征，如腐蚀坑、腐蚀产物、二次裂纹等，又有疲劳特征，如疲劳辉纹。

腐蚀疲劳机理有蚀孔应力集中模型和滑移带优先溶解模型两种。蚀孔应力集中模型认为腐蚀环境使金属表面形成蚀孔，在孔底应力集中产生滑移，滑移台阶的溶解使逆向加载时表面不能复原，成为裂纹源，反复加载，使裂纹不断扩展。滑移带优先溶解模型针对那些在腐蚀疲劳裂纹萌生阶段并未产生蚀坑或虽然产生蚀孔但没有裂纹从蚀孔处萌生的合金提出。认为在交变应力作用下产生驻留滑移带，挤出、挤入处由于位错密度高，或杂质在滑移带沉积等原因，使原子具有较高的活性，受到优先腐蚀，导致腐蚀疲劳裂纹形核。变形区为阳极，未变形区为阴极，在交变应力作用下促进了裂纹的扩展。

（八）冲刷腐蚀

冲刷腐蚀又称为磨损腐蚀，是金属表面与腐蚀流体之间由于高速相对运动而引起的金属破损现象，是材料冲刷和腐蚀交互作用的结果，是一种危害性较大的局部腐蚀。冲刷腐蚀在石油、化工等领域广泛存在，暴露在运动流体中的所有类型的设备（如料浆泵的过流部件、弯头、三通和换热器管）都会遭受冲刷腐蚀的破坏，尤其是在含固相颗粒的双相流中破坏更为严重，它将大大缩短设备的使用寿命。图8-41和图8-42所示是管道弯头处的冲刷腐蚀。

冲刷腐蚀的金属表面一般呈现沟槽、凹谷、泪滴状及马蹄状，表面光亮且无腐蚀产物积存，与流向有明显的依赖关系，通常是沿着流体的局部流动方向或表面不规则所形成的紊流（图8-43和图8-44）。

冲刷腐蚀是以流体对电化学腐蚀行为的影响、流体产生的机械作用以及二者的交互作用为特征的。冲刷对腐蚀的影响主要表现为：

（1）冲刷能加速传质过程，促进去极化剂如 O_2 到达材料表面和腐蚀产物脱离材料表面，从而加速腐蚀。

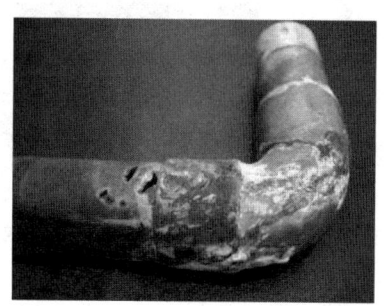

图8-41 管道弯头处的冲刷腐蚀

（2）冲刷的力学作用使材料钝化膜减薄、破裂或使材料发生塑性变形，局部能量升高，形成"应变差电池"，从而加速腐蚀。

（3）冲刷造成材料表面出现凹凸不平的冲蚀坑，增加了材料的比表面积，加剧腐蚀。

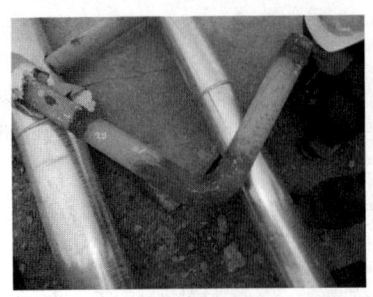
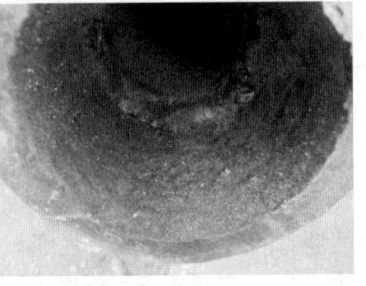

图 8-42 阿克 1-H3 井口弯管内壁冲刷腐蚀

图 8-43 冲刷腐蚀的形态

图 8-44 DN2-22 井油管刺穿（冲蚀）形貌

腐蚀对冲刷的影响主要表现为：

（1）腐蚀粗化材料表面，尤其在材料缺陷处等产生局部腐蚀，造成微湍流的形成，从而促进冲刷过程。

（2）腐蚀弱化材料的晶界、相界，使材料中耐磨的硬化相暴露，突出基体表面，使之易折断甚至脱落，促进冲刷。

（3）腐蚀有时使材料表面产生较松软的产物，它们容易在冲刷力作用下剥离。

（4）腐蚀可溶解掉材料表面的加工硬化层，降低其疲劳强度，从而促进冲刷。

第四节　油气田管道内腐蚀监测技术

腐蚀监测就是指对设备的腐蚀或破坏进行系统测量，以便弄清腐蚀过程、了解腐蚀控制的应用情况以及控制效果，并通过腐蚀监测来获得设备的腐蚀状况、腐蚀类型，评价化学药剂和防腐工程的最终效果等，指导生产，确保设备处于良好的运行状态，以预防重大安全事故的发生。

对设备与管道进行内腐蚀监测的目的是：

（1）随时掌握管道和设备的腐蚀情况，及时发现异常现象，防止出现突然的腐蚀破坏事故造成停产抢修。

（2）积累设备、管道的腐蚀资料，为计划检修提供依据，减少停工期间设备腐蚀检查的工作量，也有利于提高检修质量。

（3）在生产过程中研究环境参数对材料腐蚀的影响，分析腐蚀规律，为解决腐蚀问题提供基础。

（4）评估腐蚀控制和防腐技术的有效性，如化学缓蚀剂法，并找出这些技术的最佳应用条件。

（5）工艺参数与生产设备的腐蚀有直接关系，腐蚀监测资料为生产的控制和管理提供支持，使设备在接近最佳设计条件下运行。

腐蚀速率决定了工艺设备能安全、有效运转的时间。腐蚀的监测以及为降低腐蚀速率所采取的措施可以使设备运行达到最佳效益，并降低设备寿命周期内的运行成本。因此腐蚀监测的任务就是：

（1）对可能导致腐蚀失效的各种破坏性工况进行早期报警。

（2）观察过程参数的相关变化以及它们对系统腐蚀性的影响。

（3）诊断特殊的腐蚀问题，识别其起因和控制腐蚀速率的参数，如压力、温度、pH值、流速等。

（4）评估腐蚀控制和防腐技术的有效性，如化学缓蚀剂法，并且找出这些技术的最佳应用条件。

（5）提供与当前设备运行情况和各种维护要求有关的管理信息。

一、监测技术与装置的选择

（一）监测技术的选择

目前国内外油气田常用的腐蚀监测技术有失重挂片法、电阻或电感探针法、电化学法、电位监测法、极化阻力法（线性极化法）、磁感法、电视成像法、分析法（金属离子浓度、pH值法等）、超声波法、涡流法、红外成像法（热像显示）、声波发射法、警戒孔法、零电阻电流表法、氢显示法、辐射显示法、谐振频率以及薄层激活技术等。由此可见，腐蚀监测技术多种多样，各种方法提供的信息参数不尽相同，每种方法都有其局限性存在。根据设备的实际工作环境，合理使用多种腐蚀监测技术，对油气田的安全生产有着至关重要的作用。

各种腐蚀监测技术都有其特点和局限，因而有一定的适用范围（表8-7）。

表8-7 腐蚀监测方法及适用范围

监测方法	腐蚀信息	适用范围
失重挂片法	均匀腐蚀和局部腐蚀	气液相介质腐蚀性和缓蚀效果监测
电阻或电感探针法	均匀腐蚀	气液相介质腐蚀性和缓蚀效果监测
线性极化探针法	均匀腐蚀	导电液相介质腐蚀性和缓蚀效果监测
电化学噪声探针法	半定量测量点蚀倾向	导电液相介质点蚀倾向测量和缓蚀效果监测
测试短节法	腐蚀状态，可观察到腐蚀产物	管道腐蚀状态和缓蚀效果监测
鱼腹测试短节法	积液部的均匀腐蚀和局部腐蚀，可察到腐蚀产物	管道低洼部位腐蚀速率和缓蚀效果监测
氢探针（氢通量）法	氢渗透速率，反映腐蚀的剧烈程度	缓蚀剂效果监测
冲蚀探针	冲蚀	流体中含有固体杂质或流速较高的工况
全周向监测系统	均匀腐蚀和局部腐蚀	预期腐蚀较为严重的位置

各种腐蚀监测技术不是相互竞争的，而是相互补充的。由于腐蚀的复杂性和多样性，往往需要使用几种监测技术，才能得到更为可靠的信息。所以选择时要考虑：

（1）适于测量的腐蚀种类。

测量腐蚀速率的技术一般只适用于均匀腐蚀，如失重挂片法、线性极化技术、电阻测量技术。失重挂片法为最常用的监测方法，常用来校对其他监测方法所得数据，可获得平均腐蚀速率、点蚀速率及腐蚀产物，但不包含晶间腐蚀、应力腐蚀开裂（SCC）或硫化物应力开裂（SSC）监测的信息。

（2）所得信息与设备腐蚀情况的关系。

失重挂片法监测所得到的信息并不完全是生产设备的腐蚀数据。虽然试样暴露在生产工艺环境中，即使试样的材质与设备相同，但试样和设备是有差别的。所以，失重挂片法监测结果更多的是反映生产环境腐蚀性的变化，与设备的腐蚀有着密切关系。另外，试样的安装部位和安装方式对监测结果也有很大的影响。

（3）环境适应性。

电化学技术只能用于电解质水溶液。失重挂片法和电阻测量对于气相、液相、电解质溶液、非电解质溶液都是适用的。超声波测厚是在设备外表面进行，对设备内部环境没有要求。

（4）得到的信息的种类。

各种腐蚀监测技术所获得的信息是不同的。有些是腐蚀总量（或者设备残留壁厚），有些是腐蚀速率。在后一种情况，有的只是两次测量期间的平均腐蚀速率，如失重挂片法、电阻探针法。有的可以获得瞬时腐蚀速率，如线性极化技术。有些监测技术可以检查设备腐蚀的类型（均匀腐蚀或局部腐蚀），以及腐蚀破坏的分布。

（5）对环境条件变化的响应速率。

如果测量的是腐蚀总量或者腐蚀破坏分布，需一定的积累时间，不能迅速反映生产环境条件的变化。电化学技术能够对环境条件变化作出快速响应。

（6）一次测量所需的时间。

各种腐蚀监测技术需要的测量时间很不相同，如失重挂片法、监测孔法需要很长时间，线性极化测量、电偶电流测量、电位测量需要的测量时间较短，这与响应快慢有直接关系。

（7）整理分析测量数据的难易程度。

（二）监测装置的选择

由于同一种腐蚀监测方法，可采用不同装置类型来完成腐蚀情况监测，而不同类型的腐蚀监测装置具有不同使用条件或范围，因此对于腐蚀监测装置的选择就需要考虑如下两个方面：（1）试件设备的带压取放操作。在线监测的最大优势就是随时掌握现场生产的腐蚀情况，所选设备必须做到不停产取放试件，并且保证带压取放操作的简易性和安全性。（2）现场管线的温度与压力等级。由于大多数在线腐蚀监测装置为插入式，因此所选设备的温度和压力等级必须满足现场设计要求，且密封必须良好，保证生产的正常进行。目前国内应用时间较长、应用较多的装置见表8-8。国产腐蚀监测设备组件较少。进口设备组件较多，各套设备部件见表8-9。

表8-8 国内油气田常用腐蚀监测设备型号及主要参数

装置类型	型号	温度等级，℃	压力等级，MPa	材质	备注
低压失重设备	DFCZ-50	120	<1.6	316L	焊接部位20#
低压失重设备	HP	−28.9~176.6	<10	A105（20#）/316L	美国 Metal Samples
高压失重设备	CS	120	30	A105（20#）/316L	带法兰盘
高压失重设备	HP	−28.9~176.6	24.5	A105（20#）/316L	美国 Metal Samples
高压电阻探针	ER7100	−28.9~176.6	24.5	A105（20#）/316L	美国 Metal Samples
低压电阻探针	ER4100	−28.9~176.6	10	A105（20#）/316L	美国 Metal Samples

表8-9 进口腐蚀监测设备型号、组件及主要参数

设备名称	单位	压力等级，MPa	备注
高压挂片装置（带挂具、保护帽）	套	24.5	1点1套
中压挂片装置（带阀体、挂具、保护帽）	套	10.0	1点1套
高压电阻探针系统合计	套	24.5	1点1套
1. 带空心旋塞的安装座（带保护帽）	个		
2. 延伸接头	个		
3. 高压探针	个		
4. 腐蚀测试仪（带一个PROVER）	个		
5. 专用数据传输线	个		
低压电阻探针系统	套	10.0	1点1套
1. 每台带安装座、服务阀	个		
2. 可伸缩ER探针	个		
3. 带压取放支架	个		

续表

设备名称	单位	压力等级，MPa	备注
4.腐蚀测试仪（带一个PROVER）	个		
5.专用数据传输线	个		
数据处理软件	个		1点1套
手持式数据采集器	个		多点1套，公用
高压探针、挂片取放装置	个	24.5	多点1套，公用
腐蚀测试仪安装支架	套		1点1套
高压三通	个	待定	国产，选用

低压失重装置（DFCZ-50）耐压5MPa，耐温120℃，适合于低压环境，安装方便，操作简单。一般用于小口径管道，内部挂片只有一组，最多两组，多用于单井管线、集输干线及油气处理站内的管道上（图8-45）。进口高压失重装置（MS）最高耐压42MPa，耐温-28.9~176.6℃，适合于高压环境，其取放挂片装置的耐压也要达到同样的等级。

腐蚀监测装置可带压开孔安装，或者安装在预制三通上，焊接或用法兰连接到管线上（图8-46）。

1. 失重挂片法

失重挂片法（也称为挂片法）是简单、常用的腐蚀监测技术，塔里木油田公司地面系统腐蚀监测点的监测设备90%左右都采用腐蚀监测挂片。

图8-45 国产低压腐蚀监测设备（DFCZ-50）

失重挂片法使用专门的夹具固定试片，并使夹具与试片之间、试片与试片之间相互绝缘，以防电偶腐蚀效应；尽量减少试片与支撑架的支撑点，以防缝隙腐蚀效应；将装有试片的支架固定在设备内，在生产过程中经过一定时间的腐蚀后，取出支架和试片，进行表观检查和腐蚀速率计算。

腐蚀挂片监测的优点为可用于所有的腐蚀环境，包括气体、液体、固体等；可同时进行几种材料的平行试验；可定量地测量腐蚀速率和研究一些最普通的腐蚀形式；可识别的腐蚀形貌，判断腐蚀的基本类型，是均匀腐蚀为主，还是局部腐蚀为主；可观察和分析腐蚀沉积物；可评估缓蚀剂性能等。它的缺点是不能用于测定瞬时腐蚀速率，如果在暴露时间内发生腐蚀波动，单独使用挂片不能判断波动发生的时间，不能根据波动的峰值和时间段记录重量损失显著增加的时间。

失重挂片一般为条状挂片（图8-47），SY/T 6970—2013《高含硫化氢气田地面集输系统在线腐蚀监测技术规范》附录B中规定了挂片形式。可根据现场工况环境和监测目的选择其他类型挂片，如圆柱状挂片、平面盘状挂片、盘状挂片、环状挂片、杆状挂片等（图8-48至图8-52）。杆状挂片的设计优点是几个挂片安装在一个位置，同时还为管线内

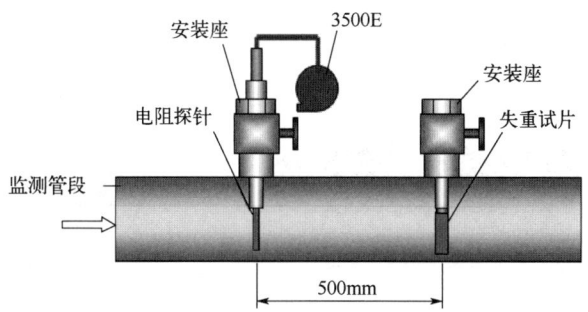

图 8-46　低压电阻探针、失重挂片法腐蚀监测管段联合监测安装示意图
说明：（1）腐蚀监测装置与监测管段对焊，监测管段割口直径 50mm
　　　（2）电阻探针带旋塞的安装座，监测管段割口直径 35mm
　　　（3）监测管线割口要求圆滑无毛刺

流动介质提供大的接触面积，可在规定时间间隔内撤回一对杆状挂片，而留下其余的挂片继续暴露。

图 8-47　条状挂片试样

图 8-48　圆柱状挂片试样

图 8-49　平面盘状挂片试样　　图 8-50　盘状挂片试样 　　图 8-51　环状挂片试样

图 8-52　杆状挂片与支架及其装配

特殊用途挂片：其中外加应力挂片（图 8-53）主要用于应力腐蚀开裂环境，残余应力挂片主要用于脆化环境，而积垢挂片（图 8-54）则用于可能结垢的环境。

失重挂片的取放属于带压操作，应由经过专业培训的操作人员严格按照操作规程完成并符合 QHSE 管理要求。

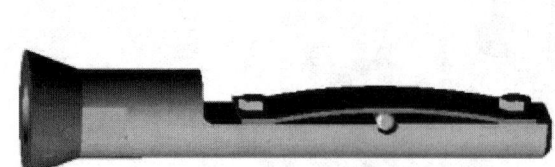
图 8-53　外加应力挂片与支架及其装配

图 8-54　积垢挂片试样

2. 腐蚀监测探针

腐蚀监测探针的体积小，重量轻，可用作生产工艺的腐蚀监控、耐腐蚀金属材料筛选、缓蚀剂工业评价等工作。探针工作电流小，灵敏度高，对于腐蚀速率为 0.2mm/a 的环境，仅需要 4h 即可取得读数。与失重挂片法相比，速度快且更接近当时的操作条件下的阶段腐蚀速率。

1) 电阻探针

（1）类型与特点。

常用电阻探针的结构示意图如图 8-55 所示。

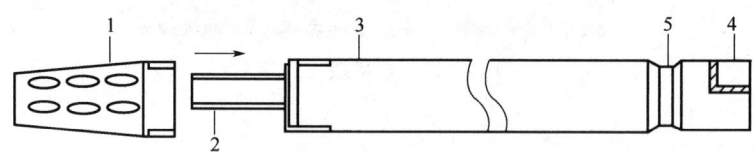

图 8-55　常用的电阻探针示意图
1—保护帽；2—测量元件；3—探头杆；4—信号接口；5—卡槽

减小敏感元件的厚度可以增加这些传感器的灵敏度，但是灵敏度的提高会缩短传感器的使用寿命，应考虑折中平衡。电阻探针可以测定由于腐蚀和磨损腐蚀共同引起的厚度损失。电阻探针实质上只适用于监控均匀腐蚀破坏，但局部腐蚀是工业中更常见的腐蚀形态。当存在导电腐蚀产物（如硫化铁）或沉积物时，这种探针就不适用了。探针的传感器的元素组成和待监测的材料要尽可能一致。

用于腐蚀监测的电阻探针有许多不同类型，主要根据电阻探针测量元件的不同形状和适用介质温度进行分类。

电阻探针的测量元件（传感器）可以制作成不同几何形状，商品化的腐蚀探针有板状、管状或丝状的，可适用于不同的腐蚀环境，直观形象的立体结构图如图 8-56 所示，其不同试片形状的结构与应用见表 8-10。

表 8-10　不同试片形状的结构与应用

试片形状	结构和应用
线环形试片	这种试片形状，具有高灵敏度，而且不易受到系统干扰的影响，用于大多数腐蚀监测系统，一般这种试片焊接在探针的顶端，之后对焊接部位作密封处理

续表

试片形状	结构和应用
管状环形试片	应用在需要监测低的腐蚀速率环境下，具有很高的灵敏度，普遍使用碳钢材料制作成空心管道形状
带状环形试片	与上述的线环形和管状环形试片的结构类似；不同之处在于这种试片是用扁平状环形材料制成的，底部与探针焊接的地方也需要用环氧或者玻璃密封；这种结构的试片易碎，只适用于极低速的腐蚀环境监测
圆柱状试片	采用两个不同直径的空心管叠加套装而成，底部要完全焊接在探针上，由于使用了大面积的焊接工艺，所以要采取严密密封措施，尤其是不能用玻璃密封；这种结构的试片多使用在比较苛刻的腐蚀环境下，例如在高流速、高温度的情况下
螺旋环形试片	用很细的金属带环绕而成，是高流速环境下腐蚀监测的理想试片
内壁型试片	把试样安装在管状容器的内壁模拟真实的内壁腐蚀环境；由于经常受到冲刷作用，加载电压不能太大，以保护试片受损速度不会太快；用于监测腐蚀环境对管线内壁产生的影响，也可用于需要清理作业的管线系统
外表面型试片	将较薄矩形试片固定在探针上，保证试片只有一个面暴露在腐蚀环境下；这种结构能够灵敏地监测非均匀腐蚀对工件的影响，一般用于监测使用阴极保护电流时，埋地管线外表面受到腐蚀的情况

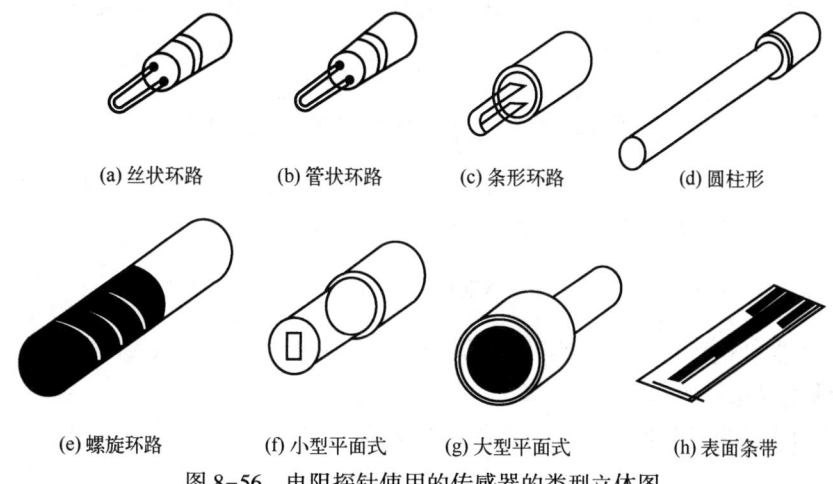

(a) 丝状环路　(b) 管状环路　(c) 条形环路　(d) 圆柱形

(e) 螺旋环路　(f) 小型平面式　(g) 大型平面式　(h) 表面条带

图 8-56　电阻探针使用的传感器的类型立体图

对于不同形状试片，其腐蚀减薄量的计算公式也不同，丝状测量元件比片状测量元件在相同寿命条件下灵敏度要高，因此电阻探针多采用丝状测量元件。

电阻探针最高耐温 430℃，最高耐压 20MPa。为避免因介质温度变化引起的测量误差，在探针内部置入温度补偿元件，并与测量元件串联在电路中。在测量时利用腐蚀前后被测量元件与温度补偿元件电阻比值来推算腐蚀减薄量，也可以把腐蚀前后的电阻比值看成是第一次测量和第二次测量的电阻比值。

（2）电阻探针腐蚀监测的基本原理。

根据金属试样由于腐蚀作用使横截面积减小，从而导致电阻增大的原理，测量试样腐蚀前后电阻的变化，就可以评定金属遭受腐蚀的程度。

① 金属探针电阻的变化。

腐蚀元件横截面积减小（金属损失），会导致元件电阻成比例增大。在一般情况下，测量结果可以用电阻变化的百分数 K_t 表示：

$$K_t = \frac{R_0 - R_t}{R_0} \times 100\% \tag{8-26}$$

式中，R_0 和 R_t 分别是腐蚀前后试样的电阻，单位为 Ω。

当均匀腐蚀，且试样具有简单形状时，可由电阻变化计算其尺寸变化，求出腐蚀速率。对于不同形状的电阻探针，其腐蚀速率的计算公式各有不同。

② 矩形长条电阻探针的腐蚀速率计算。

电阻探针横截面的宽和厚分别用 a、b（单位为 mm）表示，则初始横截面积为：$S_0 = ab$。经过时间 t（单位为 h）的腐蚀，试样的宽和厚都减小了，如果用 Δh（单位为 mm）表示腐蚀深度，那么试样的横截面积为：

$$S_t = (a - 2\Delta h) \times (b - 2\Delta h) \tag{8-27}$$

实验时使试样的长度 L 保持不变，因为电阻与横截面积成反比（$R = \rho L / S$，ρ 为材料的电导率，属材料本身固有的特性，S 为横截面积），即有下式：

$$\frac{R_t}{R_0} = \frac{S_0}{S_t} = \frac{ab}{(a-2\Delta h)(b-2\Delta h)} = \frac{ab}{ab - 2(a+b)\Delta h + 4\Delta h^2} \tag{8-28}$$

式中，R_0 和 R_t 分别是试样未受腐蚀时的电阻和经受 t 时间腐蚀以后的电阻。由此可以解出 Δh：

$$\Delta h = \frac{1}{4}\left[(a+b) - \sqrt{(a+b)^2 - 4ab\left(\frac{R_t - R_0}{R_t}\right)}\right] \tag{8-29}$$

因为 a、b、R_0（出厂时的测试电阻值）都是已知常数，所以 Δh 和 R_t 构成一一对应函数关系，测量出 R_t 就可以计算出 Δh，然后计算腐蚀速率：

$$v_p = 8760 \frac{\Delta h}{t} (\text{mm/a}) \tag{8-30}$$

注：电阻探针电极极片厚度和宽度要求为厚 0.1mm，宽 1.15~1.2mm。

③ 丝状电阻探针的腐蚀速率计算。

使用截面为圆形的丝状试样，可以得到更为简单的公式：

$$\Delta h = r_0 \left(1 - \sqrt{\frac{R_0}{R_t}}\right) \tag{8-31}$$

式中，r_0 是试样原来的截面半径，单位为 mm。

④ 温度补偿。

电阻探针和金属一样，其电阻也随温度的变化而变化。一般是温度升高时电阻率增大，并有如下的关系：

$$\rho_T = \rho_0(1 + \alpha T) \tag{8-32}$$

式中，ρ_0 和 ρ_T 分别是 0℃ 和 T℃ 时的电阻率。对于软钢试样来说，温度系数 α 约为 0.0033；如果温度升高 10℃ 时，电阻率增大 ρ_0 的 3.3%。在横截面积不改变的情况下，试

第八章　腐蚀防护

样的电阻也增大 3.3% 左右，这相当于在温度不变的情况下试样截面积减小了 3.3% 左右，这个影响是很大的。

为了消除温度波动对电阻测量的影响，一个方法是维持测量系统温度恒定。在实验室中可以这样做，但要使温度波动范围在 ±0.05℃ 以内也是困难的。另一个常用的方法是进行温度补偿，即制作与被测试样材质和尺寸都相同的温度补偿试样，与被测试样暴露在相同环境中。补偿试样表面涂覆耐蚀涂料，因而不受腐蚀。补偿试样与被测试样处于同一环境，因而经受的温度变化也相同。在惠斯通电桥中，因为补偿试样和被测试样是同样材质、同样尺寸，因此它们的电阻率温度系数相同。

在经受相同的温度变化时，电阻的变化也成比例，即在温度 $T℃$ 时两个试样的电阻之比应等于 0℃ 的电阻之比：

$$\frac{(R_x)_{T℃}}{(R_0)_{T℃}} = \frac{(R_x)_{0℃}}{(R_0)_{0℃}} \tag{8-33}$$

所以 R_x 与 R_0 的比值不受温度变化的影响。而 R_0 不受腐蚀介质的作用，在温度不变化时 R_0 也不改变，即 R_0 与试验时间无关。于是可以得出：

$$\frac{R_0}{R_t} = \frac{\left(\frac{R_x}{R_0}\right)_0}{\left(\frac{R_x}{R_0}\right)_t} \tag{8-34}$$

这样，用电阻比值的测量来代替电阻的测量，就解决了温度波动的影响温度。

（3）电阻探针的优点与局限性。

电阻探针具有以下优点：

① 不受腐蚀介质的限制，气相、液相、电解质溶液、非电解质溶液都可以使用。也可用于固相环境中，例如在混凝土中模拟监测钢筋的腐蚀。

② 测量时不必像失重挂片法那样要取出试样和清除腐蚀产物，可以连续进行测量和记录，用一个试样（最好是一组平行试样）就可以做出腐蚀—时间曲线。

③ 灵敏度较高，可以测量出几个微米的厚度变化。

④ 可在管道或设备运行条件下定量监测腐蚀速率。

电阻探针具有以下局限性：

① 电阻探针法对均匀腐蚀的测量是准确可靠的，因此也主要用于测量均匀腐蚀。如果试样各段截面减小程度不同，用电阻探针法测得的是最细截面的电阻变化，即腐蚀最严重部位的电阻变化。而失重法挂片得到的重量损失是整个暴露表面的平均值。所以电阻探针法求出的腐蚀速率往往比失重挂片法所得的数据大。腐蚀不均匀度越大，二者偏差越大。

② 为了提高电阻探针法测量的灵敏度，试样的截面积必须很小（薄片或细丝）。这样，在腐蚀深度相同时电阻的变化才足够大，能够被测量出来。试样的组织结构和初始尺寸要尽可能均匀，内、外部的缺陷尽可能少，以减少腐蚀以外的其他影响电阻变化的因素。因此，用于电阻探针法测量的试样，制备要求严格，加工较困难。

③ 虽然使用截面很小的试样，但当腐蚀速率很低时，就要较长时间才能测出电阻的

变化，因此所得腐蚀速率仍是两次测量之间的平均速率。

④ 附着在探针上的腐蚀产物如果有较大的导电性（如硫化物），会影响到测量结果的精度和可靠性。

⑤ 温度补偿试样上有保护涂料，这种涂料要满足耐蚀性、导热性、电绝缘性能的要求。虽然如此，补偿试样对温度波动（特别是温度快速变化）的反应仍然比测量试样滞后，这也会带来测量误差。

电阻探针得到的数据可以用来说明腐蚀的倾向和变化趋势，从而可以用来估计操作条件。它不直接测量金属的腐蚀速率，但是腐蚀速率可以由电阻—时间曲线的斜率定量地求得。该方法不容易检测出局部腐蚀。

要避免高速流体直接冲刷探头（研究腐蚀—磨蚀作用除外）。如果流体速度可能有重要影响，则可以采用与设备表面贴平安装的平嵌式探针，以获得更为精确的结果。

2) 电位探针

这种监测技术是基于金属或合金的腐蚀电位与它们的腐蚀状态之间存在着某种对应的特定关系。由极化曲线或电位—pH 图可以得到电位监测所对应的材料的腐蚀状态。监测具有活化/钝化转变体系的电位，从而确定它们的腐蚀状态是该技术适用范围的一个例子。由于孔蚀、缝隙腐蚀、应力腐蚀开裂以及某些选择性腐蚀都存在各自的临界电位或敏感电位区间，因此可以通过电位监测来作为是否产生这些腐蚀类型的判据。

此外，电位探针可以监视其应力腐蚀开裂过程，还可监测在体系中是否出现了能诱发局部腐蚀的物质和条件。因此，电位监测可用来指示危险工作状态，在阴极保护系统监测中已应用多年，管道/土壤电位监测的应用就是一个实例。

腐蚀电位监测最早使用的测量仪表是类型繁多的市售电子电压表或 pH 计，实际上用一个高阻（输入阻抗 10MΩ）的直流电压表就可实现。测量腐蚀电位时，最关键的是选择参比电极。在生产设备中使用最广的参比电极是 Ag/AgCl 电极，适用于高温高压条件、含有少量氯化物的体系中。铂丝（铂钮）、银丝也可作为参比电极，它们的使用就和热电偶一样方便。也可采用铜/硫酸铜、铅/硫酸铅参比电极。在很多情况下，可以用不锈钢作参比电极，此时它是一个氧化还原电极；其他还有钨电极、锑电极和钽电极等，它们是对 pH 值稳定的电极。参比电极可以根据腐蚀探针的结构加以改进。

作为一种腐蚀监测技术，电位监测可以在不改变金属表面状态、不扰乱生产体系的条件下从生产装置本身得到快速响应，但它也能用来测量插入生产装置的试样。

电位监测只适用于电解质体系，且要求溶液中的腐蚀性物质有良好的分散性。

主要有以下几个领域应用电位监测：阴极保护和阳极保护；指示系统的活化—钝化行为；探测腐蚀的初期过程；探测局部腐蚀。

3) 电感探针

电感探针方法也是一种物理方法，利用电磁感应的原理来测量介质的腐蚀速率，是一种新型可靠的检测方法。

测量原理：探头上围绕试样的线圈电感 L 可由匝数 N 和磁阻 R_M 得到（$L = N^2/R_M$），而线圈磁阻可由磁力线强度 S 与通过磁力线的截面积 A、真空磁导率 μ_0、材料相对磁导率 μ_r [$R_M = S/(\mu_0 \times \mu_r \times A)$] 求得。由于线圈的磁阻表达式可简化为 $R_M = S/(\mu_0 \times A)$，当探头表面试样由于腐蚀或磨蚀而变薄时，S 随之增大。在事先对 L 和 S 作标定的条件下，测量

出线圈电感的变化 ΔL，即可得到 S 的变化 ΔS，从而确定腐蚀或磨蚀损失量。

如图 8-57 所示，测试系统工作时，将金属试片置于测试线圈所产生的磁场中，测量探头内围绕试样的线圈感抗，当探头试样由于腐蚀或磨蚀而变薄时，线圈内空气中磁力线强度增大，从而影响测试线圈的等效电感及感抗，通过检测电感变化量，推算出金属试片的腐蚀减薄量。探头被测部分的形状为管状，温度补偿试片被包在被测试片的里面，使得电感探针的测量数据由于温度变化带来的影响很小。电感探针既可用于测量电解质环境的腐蚀，也可用于测量非电解质环境的腐蚀，包括含水介质和非含水介质，以及油、气、水不连续的电解质等。电感探针的主要组件如图 8-58 所示。

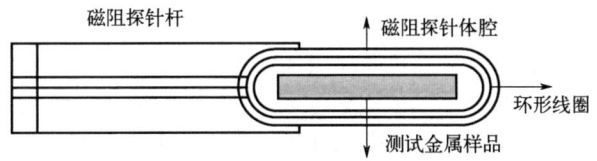

图 8-57 电感探针结构示意图

与电阻测量技术相比，电感测量具有响应速率快（是电阻探针的 100 倍左右），测量精度高，受温度影响小的突出优势，可广泛应用于各种系统，响应时间大大缩短，也可时实获得数据。

缺点：电极需更换，价格较高。

4) 线性极化探针

线性极化探针是用来监测工厂设备腐蚀速率并已获得广泛使用的技术之一。该技术的原理是：在腐蚀电位附近极化电位和电流之间呈线性关系，极化曲线的斜率反比于金属的腐蚀速率：

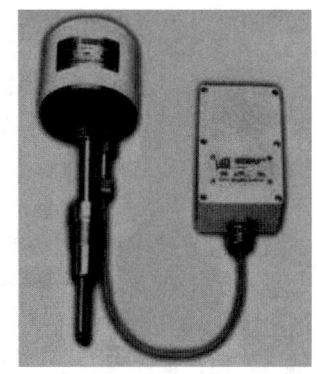

图 8-58 电感探针的主要组件

$$\Delta E/\Delta I = R_P = B/I_{corr}（其中 \Delta I \to 0） \tag{8-35}$$

$$(\Delta E/\Delta I)\Delta E \to 0 = R_P = B/I_{corr} \tag{8-36}$$

式中 R_P——极化阻力，$\Omega \cdot m^2$；

B——极化阻力常数，V；

I_{corr}——腐蚀电流，A/m^2。

线性极化探针的特点是：响应迅速，可以快速灵敏地定量测定金属的瞬时全面腐蚀速率，这有助于解决诊断设备的腐蚀问题，便于获得腐蚀速率与工艺参数的对应关系，可以及时而连续地跟踪设备的腐蚀速率及其变化。

此外，还可提供设备发生孔蚀或其他局部腐蚀的指示，这被称为"孔蚀指数"。"孔蚀指数"的依据是：局部腐蚀是由于电极表面阴极区、阳极区的不均匀分布而造成的。当表面腐蚀电池分布不均匀时，则在变换极化方向时极化电流将产生大的变化，孔蚀指数反映了极化电位 $\pm\Delta E$ 时，极化电流的不对称变化量。孔蚀指数可以用来作为报警或控制系统的信号。例如在循环冷却水系统中，加入氯气等杀菌剂后均匀腐蚀速度仅稍有增大，但孔蚀指数却产生很大变化。在自动控制加入缓蚀剂时，无疑用孔蚀指数作为指示信号是更合适的。

该技术还经常用于实验室研究。但是线性极化探针与电阻探针不同，它仅适用于具有足够导电性的电解质体系，并且在给定介质中，主要适用于预期金属发生全面腐蚀的场合。

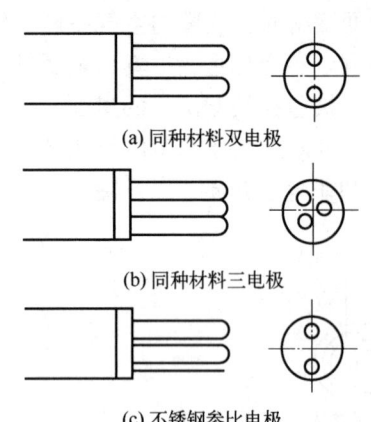

图 8-59　线性极化探针的电极配置

实际应用的线性极化探针也是一种插入生产装置的探头，有同种材料双电极型、同种材料三电极型和采用不锈钢（也可以用铂或氯化银电极）参比电极的三电极系统（图 8-59）。由于测量时所汲取的溶液欧姆电压降不同，三电极型探针可用于电阻率更大的体系。双电极型和三电极型都可用于测定表征全面腐蚀的瞬时腐蚀速率。双电极系统简单，但受溶液电阻的影响较大；三电极系统测量则相对比较准确。双电极系统还可用于测定所谓"孔蚀指数"。

三电极型探针测量与经典的极化测量过程相同。双电极探针的测量过程是：先在两电极之间施加 20mV 的电压，测量正向电流 I_1，然后改变两电极之间的相对极性并施加相反方向的 20mV 极化电压，测量反向电流 I_2。电流差（I_1-I_2）即所谓"孔蚀指数"。I_1 与 I_2 的算术平均值则表征瞬时腐蚀速率。这两个参数都可以从仪器直接读出。由探针测定的全面腐蚀速率、孔蚀指数或者这两个参数的组合反馈到控制系统，通过操纵工艺参数可把腐蚀抑制在允许水平之下，而且有可能实现生产过程最优化。

5）交流阻抗探针

交流阻抗技术可看作线性极化技术的继续和发展，在理论上它适合于多种体系。其基本原理是当电极系统受到一个正弦波形电压（电流）的交流信号的扰动时，会产生一个相应的电流（电压）响应信号，由这些信号可以得到电极的阻抗或导纳。一系列频率的正弦波信号产生的阻抗频谱，称为电化学阻抗谱。它不但可以求得极化阻力 R_P、微分电容 C_d 等重要参数，还可用于研究电极表面吸附、扩散等过程的影响。一个电极反映的交流阻抗内容较为复杂，它涉及腐蚀反应过程的各分量。此外，还有扩散过程、吸附过程及电极表面膜产生的电阻、电容和电感等分量。这些都同时在交流阻抗的测量中反映出来。在单一频率下所作的任何测量都不可能将这些阻抗区分开，在较宽频率范围内测量电极反应阻抗，就可把复杂的阻抗分解成相应的单个分量，可测量计算出极化阻力 R_P、溶液电阻 R_1、扩散阻力及容抗等各参数。

交流阻抗技术在实验室中已是一种较完善、有效的测试方法。测试和数据处理工作均需采用一些先进的仪器设备。为了适应在工业设备上作在线的和实时的测量，现已发展出了一种基于交流阻抗技术测量原理且又能自动测量记录金属瞬时腐蚀速率的腐蚀监测装置，即交流阻抗探针。

6）氢探针

氢气是许多腐蚀反应的产物，当阴极反应为析氢反应时，可以用这个现象来测量腐蚀速率。氢探针所测量的是生成氢，其探针有基于力学原理的压力型和基于电学原理的真空型两种。压力型氢探针（图 8-60）由一根细长的薄壁钢管和内部环形叠片构成。钢管外壁因腐蚀而产生的氢原子扩散通过管壳（厚 1~2mm）进入体积很小的环形空间，在此处结合形成气态氢分子。扩散的氢量根据压力增加来确定，压力直接由压力计指示出来。为了达到最高灵敏度，重要的是使环形空间、连接管线和压力表内的体积尽可能小。压力型氢探针对有利于形成新生态氢的条件是敏感的，它在监测为防止钢发生氢鼓泡和开裂而采取措施的效能时是很有用的。

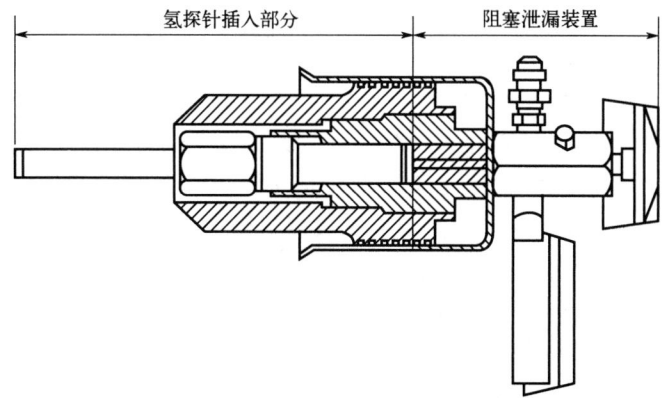

图 8-60　压力型氢探针结构示意图

真空型氢探针也是由一根钢管组成，其原理是：在外壁由析氢反应放出的氢原子，经扩散通过钢管壳后，在真空中离子化，直接测定其离子化的反应电流，即可计算出析氢腐蚀速率。这种真空型氢探针可用于酸性油田管道系统的腐蚀监测。

此外，还有一种用电化学方法测定渗氢的探针（图8-61）。在氢探针内部装满 0.1mol/L 的 NaOH 溶液，用 Ni/NiO 电极控制钢管内壁面的电压，使之保持在氢原子很容易离子化的电位。在探针前端装有一个由金属片制的试片，试片内表面与 NaOH 溶液接触，外表面与腐蚀介质接触。试片外表面腐蚀生成的氢原子可以扩散通过试片而进入探针内部，在钢管内壁表面与 Ni/NiO 电极组成的原电池内，氢将在钢表面被氧化成离子。测量该原电池电流，可以求得从探针外部扩散通过试片渗入的氢量，由此可监测析氢腐蚀的强度。

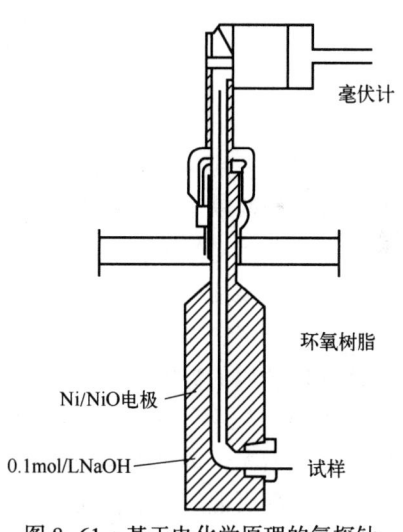

图 8-61　基于电化学原理的氢探针

氢探针可用于监测碳钢或低合金钢在某些介质中遭受到的氢损伤，即氢裂、氢脆或氢鼓泡。氢探针反映的是渗氢速率，实际上测定的是表征全面腐蚀的总腐蚀量，但不反映孔蚀型局部腐蚀。虽然它的测量是连续的，但对腐蚀变化的响应很慢。氢探针不能定量测定氢损伤，但它是确定氢损伤的相对严重程度以及评价生产过程变化可能引起的氢损伤影响的一种有效方法。

氢探针在炼油厂中是一种监视氢活性的有效手段，根据测量结果调整工艺参数和缓蚀剂的添加量，以防止产生氢损伤，防止碳钢在 H_2S 介质中发生开裂。氢探针还被成功地用于监测酸性油气输送管道、高压油气井及化工设备中的酸腐蚀。

此外，还有电偶探针、电流探针、离子选择探针（介质分析法）等，这些类型的探针在油气田现场应用较少，想了解其原理可查阅相关文献资料。

3. 场信号法

场信号法（Field Signature Method，FSM，也称为全周向腐蚀监测技术、电指纹监测、区域性特征法）技术是通过监测电流在金属结构上流动方向的细微变化来检测由于腐蚀引起的金属损失、脆裂和凹坑。

1）FSM 腐蚀监测原理

FSM 通过传感针或电极呈矩阵式分布在被监测区域来检测电场方向的变化，将测量电压与最初的参考电压进行比较，依此来检测由于腐蚀等引起的金属损失、裂纹、凹坑或凹槽。探针间距一般为壁厚的 2~3 倍。FSM 系统提供图解曲线表明凹坑和脆裂的位置和严重程度，计算实际腐蚀趋向和腐蚀速率。

依据欧姆定律，当通过导线的电流与导线的长度不变时，则导线的电压只与导线的横截面积成反比。如果导线是矩形且高度（或宽度）不会发生变化（如管道上安装 FSM 探针的矩形区域，其长度和宽度可认为是不变的），则导线电压只与导线的厚度成正比（图 8-62）。

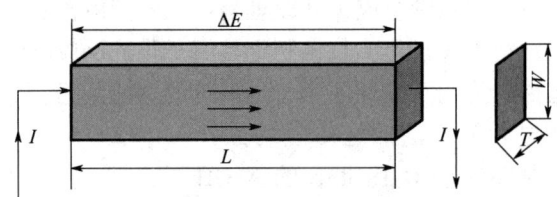

图 8-62　FSM 监测原理示意图

因此管道上某一矩形区域安装 FSM 系统时，就可以通过测量其电流或电压的变化间接测量管道的壁厚。由于管道安装 FSM 探针矩阵区域的长度 L 和宽度 W 不变，电流 I 由 FSM 仪器调节为已知的，所以仅有两个变量：管壁厚度 T 和电压降 ΔE。

当管壁被腐蚀（壁厚 T 减小），电压降 ΔE 将增大（此电压降由仪器读取）。所以 FSM 可以监测到固定在管壁上的探针之间的腐蚀情况。

FSM 以金属的导电性为基础，通过受控的电磁电流来形成特定的电场，金属结构的导电性（电阻）发生任何变化都将导致电场分布或电场强度的变化。一般地，均匀腐蚀将引起电场强度增大，裂纹或非均匀腐蚀将引起电场分布和强度的变化。

具有局部腐蚀的焊缝，在通以电磁电流后的电场分布如图 8-63 所示，图中显示了电流及电压在缺陷区域的分布变化。图 8-64 所示是采用 FSM 监测含焊缝和含被腐蚀焊缝时电流的分布与流向，通过测量腐蚀前后在焊缝两侧的电压降及其随长度的变化来判断腐蚀的大小、位置与方位。

FSM 是一种无干扰的腐蚀和裂纹的监测技术，其测量用的电极和所有配套设备都安装在被监测对象（如储罐、管道等）外部。在监测的金属管段上通直流电，通过测量所测部件上微波的电位差确定电场模式，将电位差进行适当解剖或直接根据电位差的变化来判断整个设备的壁厚减薄情况。

FSM 的独特之处在于将所有测量的电位同监测的初始值相比较。FSM 准确监测管道的实际情况有助于减少智能清管（内检测）的次数，如果安装位置合适，能对缓蚀剂的使用进行优化。目前来看，需要准确判断并安装在腐蚀严重部位，才能达到预期效果。

第八章 腐蚀防护

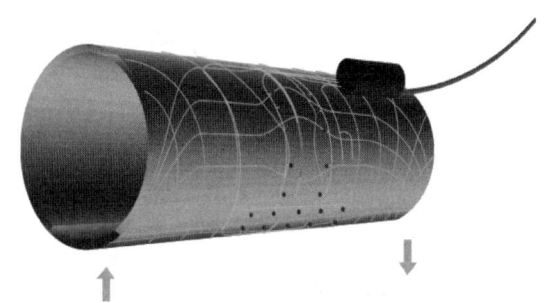

图 8-63 管道电场分布图

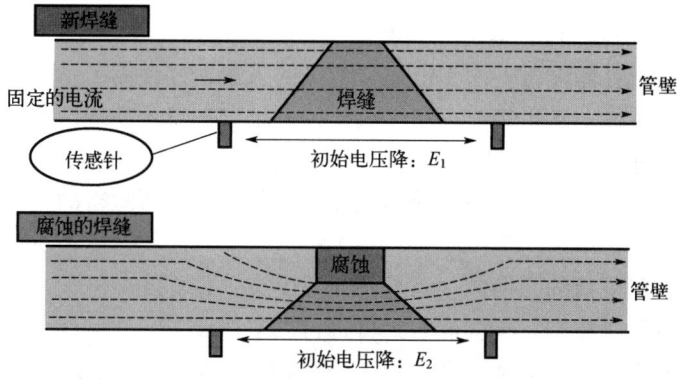

图 8-64 穿孔焊缝的电场分布情况

为使监测数据精确,需要消除回路电流波动,通过安装参考盘得以消除(图 8-65)。参考盘始终在励磁电流回路中。参考盘通常与被监测对象具有相同材质,它与被监测对象电导通,数据采集时同时采集参考盘电压和温度。

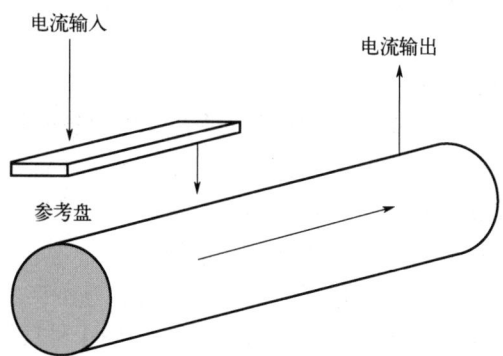

图 8-65 参考盘及电流流向示意图

2)FSM 的系统组成及应用

FSM 系统主要由以下五部分组成(图 8-66):

(1)监测管道:被用来监测的对象。

(2)矩阵探针:FSM 设备带有一套细小的测量电极(也称触针,直径 1mm),这些电极均焊接或黏结在被监测对象易于测量的表面上,形成一个探针矩阵。

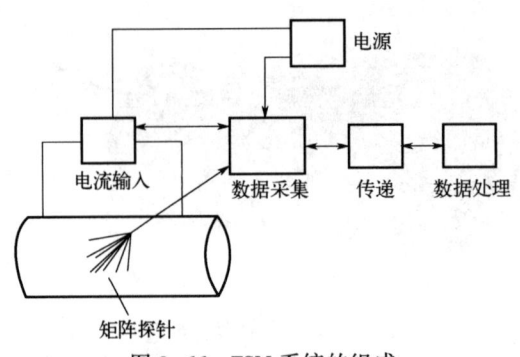

图 8-66 FSM 系统的组成

(3) 电源（输入/输出）：对系统供电。

(4) 数据采集及存储设备：用于电信号数据的采集，并存储于系统自带的存储设备。

(5) 数据处理软件：对采集或存储的数据按一定数据特征处理，并可输出。

FSM 具有以下特点：

(1) 具有较高检测精度且检测结果不受操作者的影响；所获得的是管壁真实发生的腐蚀状况。

(2) 可用于监测复杂的几何体（弯头、T 型接头、Y 型接头和焊缝等）。

(3) 由于具有远程监测、检测能力，可进行高空作业。

(4) 对于一般腐蚀，其灵敏度高于剩余壁厚的 0.5%，也就是说，实际灵敏度随着腐蚀的增加而提高。

(5) 非插入性，没有杂物引进管道的危险；不破坏弯头、管线的整体性和强度，同时不影响投球清管作业。

(6) 无须去掉涂层或保温层，可大大节省监测、检测费用和时间。

(7) 由于没有元件暴露在腐蚀、磨蚀、高温高压环境中，因此高温式监测仪器工作温度可达 500℃。

(8) 不存在监测部件的损耗问题。

从 FSM 的原理和特点来看，FSM 主要用来对管道或设备的特殊部位进行腐蚀及缺陷监测，可应用于储罐或其他金属构筑物上，也可用于高温工况而没有温度漂移和降低精度的问题，是对常规腐蚀监测的补充。因其较高的灵敏度和精确度，可在早期探测到腐蚀速率的变化，从而可在腐蚀损害发生之前优化预防措施。

对于不同部位或目的，FSM 系统的设置或应用情况各有不同。目前在塔里木油田公司共有 4 套 FSM 系统，其中迪那凝析气田设计了 1 套、塔中 I 号气田设计了 3 套。

FSM 腐蚀监测方法数据解析复杂，随着探针对数的增加，牵扯因子相应增加，对电压测量结果的影响增大。在 H_2S 腐蚀环境中形成导电型的腐蚀产物（硫化物）会影响监测结果，降低腐蚀速率测量精度。

二、监测点的设置原则

各种腐蚀监控技术的有效性都与监测点（监测位置）的选择有关。应当根据生产工艺条件、结构材料以及介质的特点、环境因素（如温度和流速等）、系统的几何形状和以往的经验等，选择合适的监测位置。

腐蚀监测数据要求可靠性和重现性。因此，腐蚀监测点在生产现场腐蚀环境最苛刻、最能反映生产现场介质的腐蚀性、现场经常发生腐蚀的部位安装。

（一）"缓蚀剂评价"原则

缓蚀剂评价为现场监测的主要功能之一。在加注缓蚀剂的管线安装腐蚀监测装置的原则为：加药点前、加注后及管线末端。加药前、后进行缓蚀剂效果评价，在管线末端评价缓蚀剂用量是否满足要求。

（二）遵循"区域性、代表性、系统性"原则

"区域性"是指某一个区块或某一个油气田，不同区块不同层系统的介质腐蚀性是不相同的。

"代表性"是指在生产系统中能达到以点代面的点。选定油气田中日产气量、日产液量、含水量、CO_2/H_2S含量、总矿化度、Cl^-含量等相对较高的单井；在生产系统中选在水处理容器或罐出口。

"系统性"是指围绕和贯穿整个油气田生产系统的各环节，即从油气井井筒（不同深度）、油气井井口、计转站（汇管）、场站进站（干线末端）、分离器进口（介质汇合后的腐蚀性）、三相分离器液相、污水处理系统、注水站、配水间、注水井井口、注水井井筒（不同深度）。

油气田生产系统工程腐蚀监测网络布局如图8-67所示。产出水及污水处理系统是油气田腐蚀最严重的回路之一，可进一步认识介质的腐蚀性。污水沉降罐前后、水处理装置前后，以及注水井的腐蚀性监测，可分析水质的合格性、稳定性及是否存在二次污染（如生长SRB等）等情况。

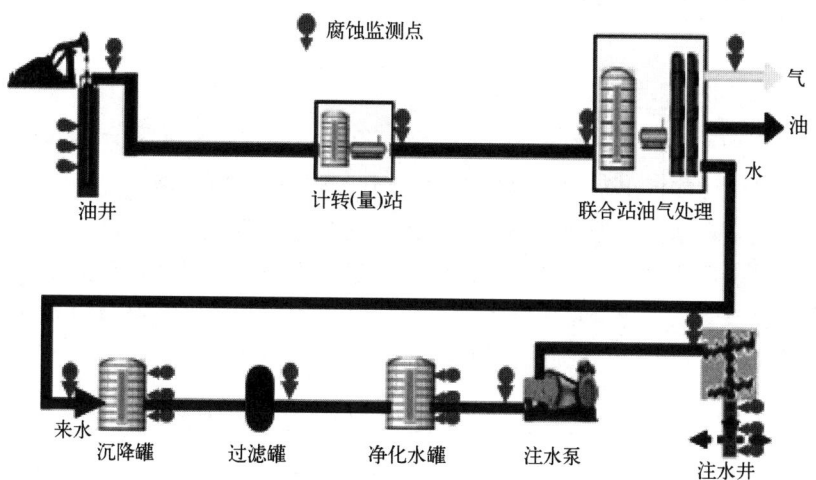

图8-67 油气田生产系统工程腐蚀监测网络的布局

（三）油气田腐蚀监测点选择的一般要求

（1）符合SY/T 6970—2013《高含硫化氢气田地面集输系统在线腐蚀监测技术规范》

的要求。含硫化氢介质的腐蚀监测要考虑安装位置，监测装置制作在预制三通上。

（2）如果在某个指定的位置难以安装监测装置，可考虑采用旁通管路的替代方法。

（3）可能发生严重腐蚀的部位，主要包括：

① 生产装置中物料流动方向和流态发生突然变化的位置，如肘管、三通管、弯头及管径尺寸发生突然变化的部位。

② 存在"死角"、缝隙、旁路支管、障碍物或其他呈异突状态的部位。这些部位容易产生静滞区域；沉积物或腐蚀性产物的积聚形成闭塞电池；提高该部位的酸气分压；由该处产生的湍流引起冲刷腐蚀。

③ 管线和设备的受应力区，例如焊缝、铆接处、螺纹连接处、经受温度交替变化或应力循环变化的区域。这些部位容易产生应力腐蚀、焊缝腐蚀、缝隙腐蚀和腐蚀疲劳等。

④ 管线和设备中异金属接触部位，此处可能产生电偶腐蚀。

⑤ 地势低洼处，含水管线、容器的低洼处（即可能积液部位）。

（4）监测装置安装后数据易于采集。监测装置可触及介质的关键部位。

要求（3）所列举五个方面的部位，可能无法实现插入式监测装置，但可选择无损检测的方法检测其内腐蚀情况，例如超声波测厚等。

对于已建流程，可用检修期间的宏观检测结果和腐蚀穿孔统计分析，确定腐蚀严重部位并安装监测装置。

第五节 油气田管道腐蚀控制技术

一、管道外腐蚀控制技术

（一）常用外防腐层

20世纪70年代以来，由于油气长输管道向极地、海洋、冻土、沼泽、沙漠等严酷环境延伸，对防腐层性能提出更加严格的要求，因此在管道防腐材料研究中，各国都着眼于发展复合材料或复合结构，强调防腐层具有良好的介电性能、物理性能、稳定的化学性能和较宽的温度适应性能等，满足防腐、绝缘、保温、增加强度等多种功能要求。各国根据本国的资源情况、管道工作环境和技术水平等，逐步形成了各种防腐材料系列，其技术性能和使用条件见表8-11，可作为油气田外防腐层选择的依据。

表8-11 外防腐层的技术性能和使用条件简表

分项	涂层类别					
	石油沥青	煤焦油磁漆	环氧煤沥青	塑料胶黏带	聚乙烯包覆层（夹克）	环氧粉末涂层
底漆材料	沥青底漆	焦油底漆	煤沥青、601#环氧树脂混合剂等	压敏型胶黏剂或丁基橡胶	丁基橡胶和乙烯共聚物	无

续表

分项	涂层类别					
	石油沥青	煤焦油磁漆	环氧煤沥青	塑料胶黏带	聚乙烯包覆层（夹克）	环氧粉末涂层
涂层材料	石油沥青，中间材料为玻璃网布或玻璃毡等	煤焦油沥青，中间材料为玻璃网布或玻璃毡等	煤沥青、634#环氧树脂混合剂、玻璃布等	聚乙烯、聚氯乙烯（带材）	高（低）密度聚乙烯（拉料）	聚乙烯、环氧树脂、酚醛树脂（粉末）
涂层结构	薄涂多层结构	薄涂多层结构	薄涂多层结构	普通：1层内带，1层外带；加强：2层内带，1层外带；特强：2层内带，2层外带	涂料连续紧密黏接在管壁上，形成硬质外壳	涂层熔化在管壁上，形成连续坚固的薄膜
厚度，mm	普通≥4.5、加强≥5.5、特强≥7	普通≥3、加强≥4.5、特强≥5.5	普通≥0.2、加强≥0.4、特强≥0.6	0.7~4	1~3.5	0.2~0.3
适用温度，℃	-20~70	-20~70	-20~110	一般：-30~60；特殊：-60~100	-40~80	-40~107
施工及补口方法	工厂分段预制或现场机械连续作业，补口用石油沥青现场补涂	多采用工厂预制，补口多用热烤带	工厂分段预制或现场机械连续作业，补口用相同材料涂刷	现场机械连续作业	采用模具挤出或挤出缠绕法，工厂预制，补口用热收缩套	采用静电喷涂、等离子喷涂工厂分段预制，用热收缩套或喷涂后固化补口
优缺点	技术成熟，防腐可靠，物理性能差，且受细菌腐蚀	吸水率低，防腐可靠，物理性能差，抗细菌腐蚀，现场施工略有毒性	机械强度高，耐热、耐水、耐介质腐蚀能力强，常温固化时间长，要求除锈严格，表面干燥	绝缘电阻高，易于施工，物理性能差	很好的通用防腐层，物理性能和低温性能好，技术复杂，成本高	防腐性能好，黏结力强，强度高，抗阴极剥离好，技术复杂，成本高
适用范围	材料来源丰富地区	材料来源丰富地区	适用于普通地形及海底管道	干燥地区	各类地区	大口径、大型工程、沙漠热带地区

（1）石油沥青防腐蚀层：石油沥青用作管道防腐材料已有很长历史。由于这种材料具有来源丰富、成本低、安全可靠、施工适应性强等优点，在我国应用时间长、使用经验丰富、设备定型，不过和其他材料相比，已比较落后。其主要缺点是吸水率差，耐老化性能差，不耐细菌腐蚀等。

（2）煤焦油瓷漆防腐蚀层：煤焦油瓷漆（煤沥青）具有吸水率低、电绝缘性能好、抗细菌腐蚀等优点，即使在新型塑料防腐蚀层迅猛发展的近30年，美国油、气管道使用煤焦油瓷漆仍占约半数。目前我国只在小范围内使用，有待进一步推广。主要原因是热敷过程毒性较大，操作时需采取劳动保护措施。

（3）环氧煤沥青防腐蚀层：由环氧树脂、煤沥青、同化剂及防锈颜料所组成的环氧煤沥青涂料，具有强度高、绝缘好、耐水、耐热、耐腐蚀介质、抗菌等性能，适用于水下管道镀金属结构防腐。同时具有施工简单（冷涂工艺）、操作安全、施工机具少等优点，目前已在国内油气管道推广应用。不过这种防腐蚀层属于薄形涂料，总厚度小于1mm，对钢管表面处理、环境温度、湿度等要求很严，稍有疏忽就会产生针孔，因此施工中应特别注意。

（4）塑料胶黏带防腐蚀层：在制成的塑料带基材上（一般为聚乙烯或聚氯乙烯，厚0.3mm左右），涂上压敏型黏合剂（厚0.1mm左右）即成压敏型胶黏带，是目前使用较为普遍的类型。它是在掺有各种防老化剂的塑料带材上，挂涂特殊胶黏剂制成的防腐蚀材料，在常温下有压敏黏结性能，温度升高后能固化，与金属有很好的黏结力，可在管道表面形成完整的密封防蚀层。

胶黏带的另一种类型为自融剂带，它的塑料基布薄（0.1mm左右），黏合剂厚（约0.3mm），塑料布主要起挂胶作用，黏合剂则具有防腐性能。由于黏合层厚，可有效地关闭带层之间的间隙，防止水分从间隙侵入。

（5）聚乙烯包覆层：通过专用机具将聚乙烯塑料热塑在管道表面，形成紧密粘在管壁上的连续硬质塑料外壳，俗称"夹克"，其应用性能、机械强度、适用温度范围等指标均较好，是性能优良的防腐涂层之一，我国自1978年以来，陆续在各油田试用。夹克防腐层的补口，一般可采用聚乙烯热收缩套（带、片）。

（6）环氧粉末涂层：环氧粉末涂层是将严格处理过的管子预热至一定温度，再把环氧粉末喷在管子上，利用管壁热量将粉末熔化，冷却后形成均匀、连续、坚固的防腐薄膜。热固性环氧粉末涂层由于其性能优越，特别适用于严酷苛刻环境，如高盐高碱的土壤、高含盐分的海水和酷热的沙漠地带的管道防腐。环氧粉末喷涂方法自20世纪60年代静电喷涂研究成功到现在，已形成了完整的喷涂工艺，正向高度自动化方向发展。

（二）电化学保护

电化学保护法是根据电化学原理在金属设备或管道上采取措施，使之成为腐蚀电池中的阴极，从而防止或减轻金属腐蚀的方法，主要有以下两种。

1. 牺牲阳极保护法

该方法是用电极电势比被保护金属更低的金属或合金做阳极，固定在被保护金属上，形成腐蚀电极，被保护金属作为阴极而得到保护。牺牲阳极一般常用的材料有铝、锌及其合金。

1）牺牲阳极基本要求

作为牺牲阳极，金属或合金必须具有以下几个条件：

（1）要有足够的负电位，且很稳定。

（2）工作中阳极极化要小，溶解均匀，产物易脱落。

（3）阳极必须有高的电流效率，即实际电容量与理论电容量的百分比要大。

（4）电化学当量高，即单位重量的电容量要大。

（5）腐蚀产物无毒，不污染环境。

(6) 材料来源广，加工容易。
(7) 价格便宜。

通常纯金属作牺牲阳极都存在着某些不足，通过合金元素来改性，就可大大提高其性能，有时某些金属的杂质含量也对阳极性能造成影响，不得不在阳极成分上对杂质含量加以限制。

工程中常用的牺牲阳极材料有铝合金、锌合金等。对于特殊场合下采用铁阳极和锰阳极进行电化学保护，因其应用特殊，极为少见，本书将不作讨论。

2) 铝合金阳极材料

油气田罐内常用的牺牲阳极材料是铝合金材料。铝是自钝化金属，无论是铝还是铝合金，表面都极易钝化，若开发铝作牺牲阳极材料，只能通过合金化限制和阻止表面形成连续性氧化膜，促进表面活化，使合金具有较负的电位和较高的电流效率。

在铝中单独添加锌、镉、镁和钡，可使铝的电位变负 0.1~0.3V；单独添加汞、铟、镓等元素，只要很少量就可使铝的电位变负 0.3~0.9V。单独添加这些元素，可使铝合金的电位达到要求，但电流效率较低，并随时间延长而下降。

为改善铝合金的电化学性能，既使电位足够负，又使电流效率较高，就得在二元合金基础上开发三元合金、四元合金。目前最常见的为 Al-Zn-Hg 系和 Al-Zn-In 系。铝合金牺牲阳极的化学组成要求见表 8-12。

表 8-12 铝合金牺牲阳极的化学组成要求

种类	化学成分, %							杂质, 不大于			Al
	Zn	In	Cd	Sn	Mg	Si	Ti	Si	Fe	Cu	
铝-锌-铟-镉 A11	2.5~4.5	0.018~0.050	0.005~0.020	—	—	—	—	0.10	0.15	0.01	余量
铝-锌-铟-锡 A12	2.2~5.2	0.020~0.045	—	0.018~0.035	—	—	—	0.10	0.15	0.01	余量
铝-锌-铟-硅 A13	5.5~7.0	0.025~0.035	—	—	—	0.10~0.15	—	0.10	0.15	0.01	余量
铝-锌-铟-锡-镁 A14	2.5~4.0	0.020~0.050	—	0.025~0.075	0.50~1.00	—	—	0.10	0.15	0.01	余量
铝-锌-铟-镁-钛 A21	4.0~7.0	0.020~0.050	—	—	0.50~1.50	—	0.01~0.08	0.10	0.15	0.01	余量

Al-Zn-Hg 系合金是由 1966 年美国 DOW 化学公司开发的 Galvalum Ⅰ 型铝阳极，其成分为 Al-0.45Zn-0.045Hg，电位为 -1.02V(SCE)，理论发生电量为 2965Ah/kg，电流效率为 95%。由于这种成分的阳极在海水中性能优良，而在海泥中性能变劣，导致了 1971 年 Galvalum Ⅱ 型阳极的开发，其成分为 Al-(3.5~5.0)Zn-(0.035~0.048)Hg，仍为 Al-Zn-Hg 系。添加汞元素，可极大地促进铝的表面活化，钝化倾向趋小，生成微薄膜，容易破坏，增大合金的阴极保护性能。这是由于汞在晶格中均匀分布，阻碍 Al_2O_3 膜在合金表面形成的缘故。不过由于汞会污染环境，熔炼时产生的汞蒸气对人体有害，所以，已逐渐遭淘汰。

Al-Zn-In系合金是目前公认的有前途的铝阳极系列。此系的基础成分为Al-2.5Zn-0.02In，它的电位在-1.10V(SCE)，电流效率在85%左右。工作时，表面生成一层胶状的腐蚀产物，较为松软，易被水冲掉。但腐蚀形态不够均匀，有蚀坑。为了进一步改善阳极性能，国内外研究者又在Al-Zn-In中添加了第四种、第五种元素。

根据不同的用途，牺牲阳极有各种各样的形状和尺寸。为增加阳极的表面积，阳极通常要做成梯形截面和D形截面；为减少船在水中的阻力，有时阳极要做成流线形；为增加单位重量阳极的输出，适应高电阻率环境，阳极又可制造成线形（带状），在GB/T 4948—2002《铝—锌—铟系合金牺牲阳极》标准中，对铝类阳极的尺寸有具体的规定（表8-13和图8-68）。

表8-13　储罐内用牺牲阳极

型号	规格，mm $A\times(B_1+B_2)\times C$	铁脚尺寸，mm			净重，kg	毛重，kg
		D	F	G		
A□C-1	750×（115+135）×130	900	16	8~10	32.0	35.0
A□C-2	500×（115+135）×130	650	16	8~10	22.0	23.0
A□C-3	500×（105+135）×100	650	16	8~10	15.0	16.0
A□C-4	300×（105+135）×100	400	10	8~10	9.7	10.0

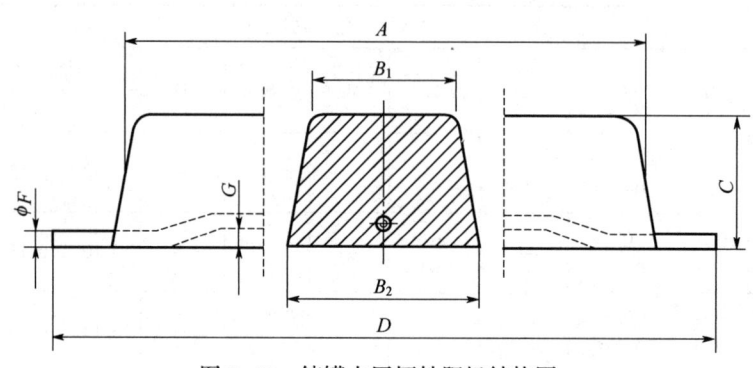

图8-68　储罐内用牺牲阳极结构图

3）锌合金牺牲阳极

作为油气田管道与设备特别是埋地管道外部常用的牺牲阳极材料是锌合金材料，当然它也可用于油田装置内防腐蚀。锌是一种很普通的金属，相对原子质量为65.4，相对密度为7.14，化合价为2，熔点为420℃。锌是电负性金属，标准电位为-0.76V（E_H），高纯锌在海水中的稳定电位是往负向偏移，达-0.82V（E_H）。锌的腐蚀与介质的pH值相关。当pH值<6时和pH大于12时，锌的腐蚀率较大；而在pH值6~12范围内锌的腐蚀率较小。

杂质对锌的阳极行为和腐蚀率有很大的影响。杂质的存在，形成了局部的腐蚀电池，这些微电池的作用，使得锌表面上形成氢氧化物或氢氧化物—碳酸盐沉淀的速度加快，形成坚固的覆盖层，阻止锌进一步溶解。锌是最早用于牺牲阳极的金属（1824年）。

目前应用的锌阳极化学成分见表8-14。

表8-14 锌阳极的化学成分

阳极型号	化学成分, %						
	Al	Cd	Zn	Fe	Cu	Pb	Si
高纯Zn	<0.005	<0.003	余量	<0.0014	<0.002	<0.003	—
Zn-Al合金	0.3~0.6	—	余量	<0.005	<0.005	<0.006	<0.125
Zn-Al-Cd合金	0.3~0.6	0.05~0.12	余量	<0.005	<0.005	<0.006	<0.125

（1）高纯锌。

锌含量大于99.995%，铁含量小于0.0014%的高纯锌可直接制作牺牲阳极。铁、铜和铅是锌中的有害杂质，其中铁为最有害元素，它对锌的电位和电流效率影响很大。

高纯锌通常用来制造挤压的带状阳极或作为固体参比电极用，工作时在表面上形成疏松的腐蚀产物。

（2）Zn-Al合金。

与其他锌合金一样，对于Zn-Al合金的研究也是从合金元素Al的作用及杂质元素Fe的含量对阳极的电化学性能的影响两个方面进行的。研究结果表明，含有0.3%~0.6%Al和0.001%~0.005%Fe时，Zn-Al合金具有良好的电化学性能。

Zn-Al合金在共晶温度时，铝在锌中最大溶解度是1.02%，随着温度的降低，溶解度下降，在室温时为0.05~0.08%。随着含Al量从0到0.4%~0.6%变化，合金的电流效率从91.3%增加到96.5%，当Al含量大于1%时，电流效率急剧下降，在Al含量为3.0%时，电流效率为81.3%。

铁杂质对Zn-Al合金的电流效率影响非常明显，当Fe含量从0.004%升高到0.01%时，含有0.6%Al的Zn-Al合金的电流效率从88.5%降到76.0%。

（3）Zn-Al-Cd合金。

Zn-Al-Cd合金是常见的三元锌牺牲阳极材料。Zn-Al-Cd合金具有溶解性能好，电流效率高，保护效果可靠，制造容易，价格低廉等特点，所以得到了广泛应用。

在GB/T 4950—2002标准中，对锌类阳极的尺寸有具体的规定，用于油田埋地管道的锌合金牺牲阳极的规格见表8-15，结构如图8-69所示。

表8-15 埋地管道用锌合金牺牲阳极规格

型号	规格, mm	铁脚尺寸, mm				净重, kg	毛重, kg
	$A×(B_1+B_2)×C$	D	E	F	G		
ZP-1	1000×(78+88)×85	700	100	16	30	49.0	50.0
ZP-2	1000×(65+75)×65	700	100	16	25	32.0	33.0
ZP-3	800×(60+80)×65	600	100	12	25	24.5	25.0
ZP-4	800×(55+64)×60	500	100	12	20	21.5	22.0
ZP-5	650×(58+64)×60	400	100	12	20	17.6	18.0
ZP-6	550×(58+64)×60	400	100	12	20	14.6	15.0
ZP-7	600×(52+56)×54	460	100	12	15	12.0	12.5
ZP-8	600×(40+48)×45	360	100	12	15	8.7	9.0

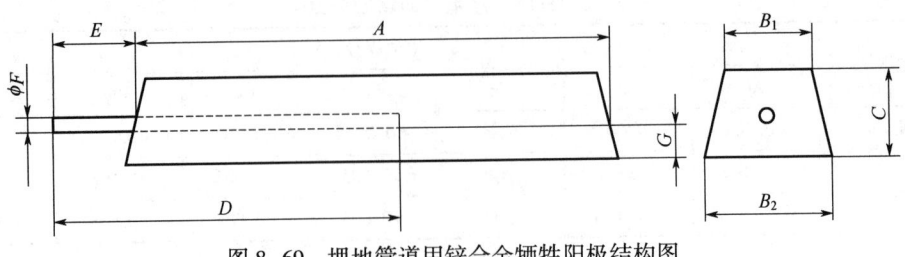

图 8-69　埋地管道用锌合金牺牲阳极结构图

2. 外加电流法（阴极保护法）

外加电流阴极保护是通过外部电源来改变周围环境的电位，使得需要保护的设备的电位一直处在低于周围环境的状态下，从而成为整个环境中的阴极，这样需要保护的设备就不会因为失去电子而发生腐蚀了。这种强制外加电流的阴极保护系统是由整流电源、阳极地床、参比电极、连接电缆组成的，主要用在大型设备的阴极保护或者土壤电阻率比较高的环境中设备的阴极保护，例如长距离输油输气等埋在地下的工业管道、大型的储备石油等工业原料的储罐群都是使用这种外加电流的阴极保护方式。

1）外加电流阴极保护系统的辅助阳极

外加电流阴极保护是防止地下金属结构如管道、储罐等腐蚀的有效方法。辅助阳极是外加电流系统阴极保护的重要组成部分。地下结构物外加电流阳极保护用阳极通常并不直接埋在土壤中，而是在阳极周围填充碳质回填料而构成阳极地床。碳质回填料通常包括冶金焦炭和石墨颗粒等。回填料的作用是降低阳极地床的接地电阻，延长阳极寿命。

辅助阳极的作用是将直流电源输出的直流电流由介质传递到被保护的金属结构上。可作辅助阳极的材料有很多，如废钢铁、石墨、铅银合金、高硅铸铁、镀铂钛以及混合金属氧化物电极等。这些材料各有其特点，适用于不同的场合。

（1）辅助阳极的工作原理。

强制电流的阴极保护系统中，负电荷从阳极到阴极的传递不是自发的，而是靠外部电源的电动势提供的电能来实现的。理论上讲，任何电的导体，金属或非金属，都可以用作辅助阳极。

在不含氯离子的游离水中，在惰性电极上主要的阳极反应是 O_2 的析出和 H^+ 的形成，实际上 H^+ 将水化成 H_3O^+：

$$2H_2O \longrightarrow H_3O^+ + OH^- \tag{8-37}$$

氯化物含量较大的区域，被消耗掉阳极处的反应结果是增加氯气的生成量。

$$2Cl^- \longrightarrow Cl_2 \uparrow + 2e \tag{8-38}$$

然后氯气与水反应生成盐酸和次氯酸，次氯酸不稳定，在一定程度上与许多酸一样形成氢离子。氯气的逸出降低了阳极表面的 pH 值，但是比氧气的逸出对 pH 值的影响小。

当用焦炭作外加电流阳极的回填料时，焦炭表面将发生阳极反应：

$$C + H_2O \longrightarrow CO + 2H^+ + 2e \tag{8-39}$$

第八章 腐蚀防护

$$C+2H_2O \longrightarrow CO_2+4H^++4e \tag{8-40}$$

焦炭颗粒的阳极消耗使阳极周围 pH 值降低。所有主要的阳极反应都将降低阳极周围介质的 pH 值。对 OH^- 而言，其标准氧化还原电位为 +0.40V（SCE），氯离子为 +1.36V（SCE）。从热力学的观点看，如果电极在含有 OH^-、Cl^- 的电解质中极化时，氧气先产生，然后是氯气。然而，实际上并不总是这样。例如，在石墨上，氧气逸出的过电位比氯气高得多，当进行阳极极化时，石墨电极将产生氯气。

土壤环境中，由于黏土的透气性差，使得阳极生成物的气体（O_2、Cl_2 等）排放不畅，造成阳极接地电阻的增加，在电化学保护中称之为"气阻"。

（2）辅助阳极的性能要求。

针对阳极的工作环境，结合实际工程的要求，理想的埋地用辅助阳极应当具备以下性能：

① 良好的导电性能，工作电流密度大，极化小。
② 在苛刻的环境中，有良好的化学和电化学稳定性，消耗率低，寿命长。
③ 机械性能好，不易损坏，便于加工制造、运输和安装。
④ 综合保护费用低。
⑤ 阳极极化低，并与阳极反应无关。
⑥ 耐磨蚀，抗侵蚀。
⑦ 材料易得，价格低廉，容易制造成各种形状。

（3）辅助阳极的分类。

根据阳极表面发生反应的性质和阳极消耗率来划分阳极类型，可分为以下几种阳极。

① 可溶性金属和合金。

金属的表面呈活化态（无膜），钢、铸铁、铝、锌等属于这一范畴。

② 整体非金属导体。

表面和整体材料类似，主要的电极反应是气体的析出，如 O_2、Cl_2 和碳阳极的 CO_2 的析出，这类材料有碳（石墨）和磁性氧化铁等。

③ 部分钝化的金属和合金。

这类金属在钝化状态下的腐蚀由表面膜所控制，通常为氧化膜，这种控制取决于金属/溶液体系中金属离子和电子的传递速率。这类材料在阳极氧化中形成一层厚厚的金属氧化物导电膜。主要的阳极反应是气体析出，并伴随有基体金属或多或少的腐蚀。属这一范畴的有形成不纯净的水化 SiO_2 导电膜的 SiFe 合金和形成 PbO_2 导电膜的 Pb 合金中的 Pb-Pt 和其他复合电极、$Pb-Fe_3O_4$ 及其他成分。

④ 完全钝化的金属。

这类金属在阳极氧化条件下形成一个很薄（几个单分子层）电子导电的氧化膜。属于这一范畴的材料有整体 Pt 及 Ti、Nb 基上电沉积或包覆的 Pt 覆盖层。

从现场应用情况来看，常见的阳极主要有以下几种：

① 钢铁阳极。

钢铁阳极是指角钢、扁钢、槽钢、钢管制作的阳极或其他用作阳极的废弃钢铁构筑物，阳极的消耗率 8~10kg/（A·a）。废钢铁是早期外加电流阴极保护常用的阳极材料，其来源广泛，价格低廉。由于是溶解性阳极，表面很少析出气体，因而地床中不存在气阻问题。其缺点是消耗速率大，使用寿命短，多用于临时性保护或高电阻率土壤中。

② 混合金属氧化物柔性阳极。

混合金属氧化物柔性阳极是一种新型柔性阳极，用钛丝替代了导电聚合物。该阳极是将钛丝阳极每隔10m与电缆连接一次，并放置在填料带中，具有更好的机械强度，局部大电流输出也不会造成阳极的损坏，电流分布更为均匀，克服了聚合物柔性阳极的缺点。

③ 网状阳极。

网状阳极是混合金属氧化物带状阳极与钛金属连接片垂直铺设、交叉点焊接组成的外加电流阴极保护辅助阳极。将该阳极网预埋在储罐基础中，为储罐地板提供保护电流。网状阳极的优点是电流分布均匀；输出可调；产生的杂散电流很少，不会对其他结构造成腐蚀干扰；不需要回填料，安装简单；由于大量工作已经在工厂内完成，质量容易保证；储罐与管道之间不需要绝缘，不需对电气以及防雷接地系统做任何改造；不易受今后工程施工的损坏，使用寿命长。

④ 聚合物柔性阳极。

聚合物柔性阳极是在铜芯上包覆导电聚合物（聚合物中添加炭粉）而构成的连续性阳极，也称柔性阳极或缆行阳极。铜芯起导电的作用，而导电聚合物则参与电化学反应。由于铜芯具有优良的电导性，因此可以在数千米长的阳极上设一通电点，聚合物柔性阳极在土壤中使用时，需在其周围填充焦炭粉末而构成阳极地床，其最大允许工作电流为82mA/m。尽管与其他阳极相比，其工作电流密度很低，但由于可靠近被保护结构物铺设连续地床，因此可提供均匀的、有效的保护。

⑤ 高硅铸铁阳极。

高硅铸铁阳极具有良好的导电性能，允许电流密度为 $5\sim80A/m^2$，消耗率小于 0.5 $kg/(A·a)$。除用于焦炭地床中以外，高硅铸铁阳极有时也可直接埋在低电阻率土壤中。

2) 外加电流阴极保护系统的阳极地床

阳极地床是埋地的牺牲阳极或强制电流辅助阳极系统，一般多指辅助阳极地床，它是外加电流阴极保护系统的重要组成部分。阳极地床的用途是通过它把保护电流送入土壤，再经土壤流入管道，使管道表面进行阴极极化而防止腐蚀。阳极地床在保护管道免遭土壤腐蚀的过程中自身会遭受腐蚀破坏，因此阳极地床代替管道承受了腐蚀。

(1) 阳极地床的位置。

在阴极保护系统中，能量损失与回路电阻成正比，阳极地床接地电阻占直流回路电阻的60%~80%，大部分能量损失由它造成，因此合理选择阳极地床位置十分重要。在最大的预期保护电流需要量时，应保证地床接地电阻上的电压降应小于额定输出电压的70%，并避免对邻近埋地构筑物造成干扰影响。

① 阳极地床与管道的距离。

(a) 阳极地床与管道的距离将决定保护电位分布的均匀程度，与管道的距离越远，电位分布就越均匀。阳极地床远离管道，还可在一定程度上减弱阳极电场的有害影响。但无限制地拉长距离，会使阳极导线增长，电阻增大，投资升高。

(b) 一般认为，长输管道阳极地床与管道通电点的距离在300~500m较为适宜，在管道较短或管道密集的地区，采用50~300m的距离较为适宜。

(c) 当然，对于特殊地形环境的管道，阳极地床与管道的距离应根据现场情况慎重选定。

(d) 阳极地床相对管道布置的形式有一字垂直、平行分布、呈角度按几何形状安装等，要因地制宜，不可强求一致。

② 阳极地床位置的选择。

在选择阴极保护站的同时，应在预选站址处管道的一侧或两侧选择阳极地床的安装位置，条件是：

(a) 地下水位较高或潮湿低洼地带。

(b) 土层厚、无块石、便于施工。

(c) 土壤电阻率一般在 $50\Omega \cdot m$ 以下，特殊地区也应小于 $100\Omega \cdot m$。

(d) 对邻近的金属构筑物干扰小，阳极地床与被保护的管道之间不得有其他金属管道。

(e) 考虑阳极地床附近地带及管道的发展规划，以避免今后可能出现的搬迁。

(f) 阳极地床位置与管道通电点距离适当。

(2) 阳极地床的结构。

① 浅埋式阳极地床。

(a) 浅埋阳极地床是指一支或多支阳极垂直（或水平）安装于地下 1m 或更深的土壤中，以提供阴极保护的阳极地床。

(b) 浅埋阳极地床是管道阴极保护一般选用的阳极地床埋设形式。优点是保护范围大、经济、保护装置寿命长。但受地形限制较大，存在阳极地床气阻随时间增大、电阻率增大的问题，它会造成地电位正移、电位梯度增大，导致对周围其他构筑物的杂散电流干扰不断严重。

(c) 浅埋式阳极地床又可分为立式、水平式两种。

立式阳极地床（图 8-70）：由一根或多根垂直埋入地下的阳极排列构成，阳极间用电缆或其他导体连接。其优点是全年接地电阻变化不大；当尺寸相同时，较水平式阳极地床的接地电阻小。

水平式阳极地床（图 8-71）：水平式阳极地床是将阳极以水平方式埋入一定深度的地层中。其优点是安装土石方量较小，易于施工；容易检查阳极地床各部分的工作情况。

② 深井阳极地床。

深井阳极地床是指一支或多支阳极垂直安装于地下 15m 或更深的井孔中，以提供阴极保护的阳极地床。深井阳极地床根据埋设深度不同可分为次深（20~40m）、中深（50~100m）和深（超过 100m）三种。

与常用的浅埋阳极地床相比，深井阳极地床具有使用时不受地形限制、干扰小、接地电阻小、能提供比浅埋阳极地床更均匀的保护电流、保护效果好等优点。其缺点是施工复杂，技术要求高，单井造价贵。

深井阳极地床应在地下金属构筑物密集、无法设置浅埋阳极且如果使用普通的浅埋阳极会对邻近的金属构筑物产生干扰，或者地表的土壤电阻率高的场合使用。典型的深井阳极地床如图 8-72 和图 8-73 所示。

③ 地床填充料。

辅助阳极通常埋置在作为填充料的焦炭地床中，由此构成了阳极地床。填充料的作

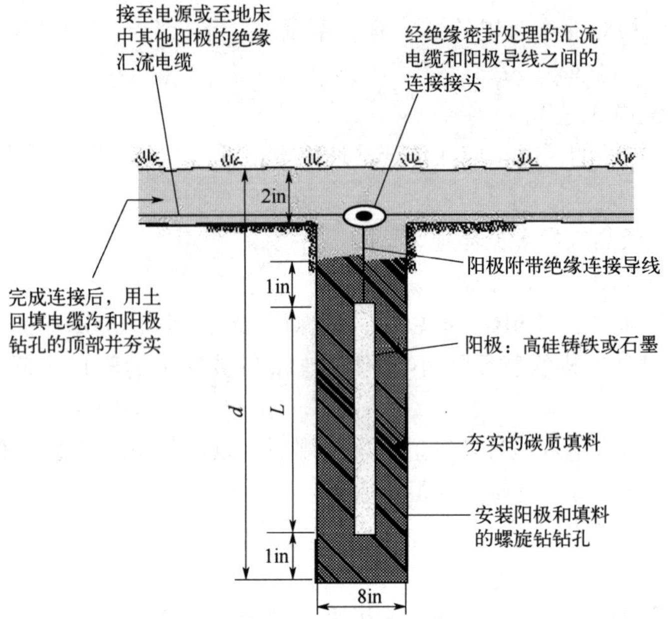

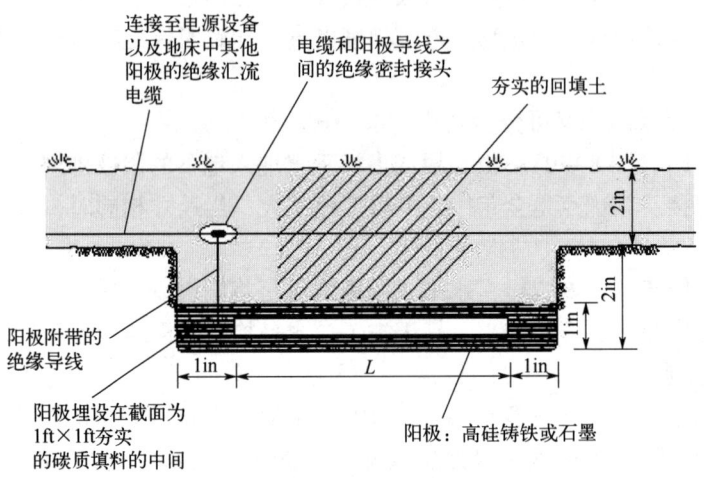

图 8-70 典型的立式阳极地床
L—所给阳极的长度；d—L+5ft（最小）

图 8-71 典型的水平式阳极地床
L—所用阳极的长度

用：一是可显著降低辅助阳极材料的实际消耗率，延长阳极的使用寿命；二是可阻止阳极表面形成腐蚀产物膜，保证阳极的有效电流输出。

填充料可采用石油焦、冶金焦以及天然石墨颗粒或碾碎的人造石墨渣等，要求其含碳量在85%以上。

阳极地床的焦炭渣应由几种不同粒径的颗粒合理配伍。颗粒度太大，将会出现局部接触电阻增大现象，导致不均匀消耗；颗粒度太小，将不利于排气，会产生"气阻"现象。

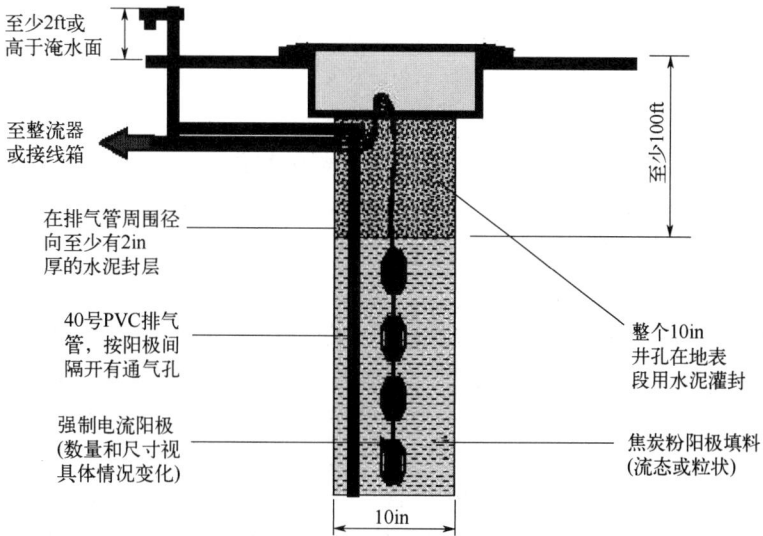

图 8-72 在通常土质条件下的典型的深井阳极地床

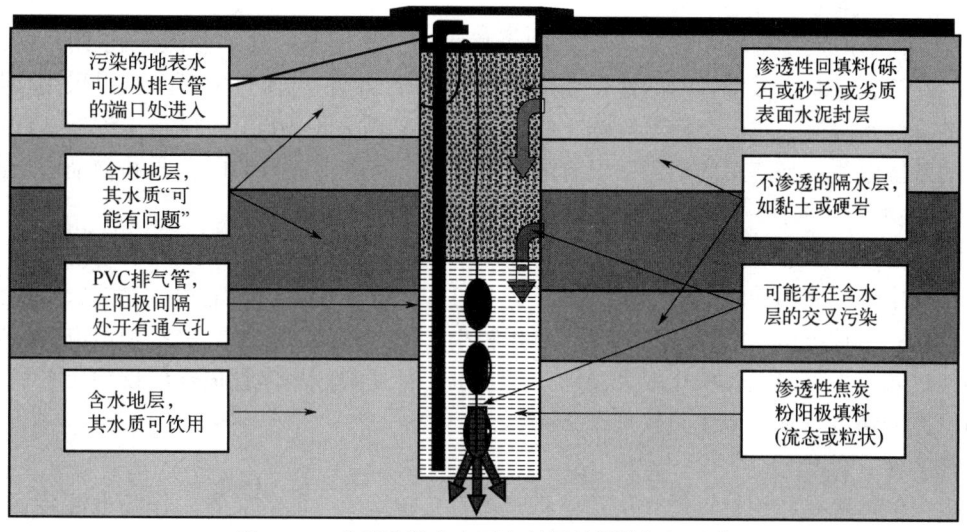

图 8-73 典型的没有表面密封层的深井阳极地床

④ 阳极地床结构的选择。

选择深井阳极地床或浅埋阳极地床时应考虑以下几点：

（a）岩土地质特征和土壤电阻率随深度的变化。

（b）地下水位。

（c）不同季节土壤条件极端变化。

（d）地形地貌特征。

（e）屏蔽作用。

（f）第三方破坏的可能性。

存在下面一种或多种情况时，应考虑采用深井阳极地床，否则应采用浅埋阳极地床：

(a) 深层土壤电阻率比地表的低。
(b) 存在邻近管道或其他埋地构筑物的屏蔽。
(c) 浅埋型地床应用受到空间限制。
(d) 对其他设施或系统可能产生干扰。

深井阳极地床的设计、安装、运行与维护等技术要求应符合 SY/T 0096—2013《强制电流深阳极地床技术规范》的规定。在计算地床电阻时，应采用位于阳极段长度中点深度的土壤电阻率值，并应考虑不同层次土壤电阻率差异的影响。

3) 外加电流阴极保护系统的电源

对于阴极保护电源，基本的要求是具有恒电位输出、恒电压输出、恒电流输出功能。阴极保护电源还要求具有同步通断功能、数据远传功能、远控功能。处于安全方面的考虑，恒电位仪输出电压一般限定在 50V，如果必须提高输出电压，应对阳极地床位置进行安全防护，如用围栏围护或安装导电网、安全垫层等。

外加电流阴极保护的电源有整流器、恒电位仪、太阳能电池、热电发生器、CCVT、风力发电机、蓄电池。在交流电源可以到达的地方，和其他外加电流阴极保护电源相比，整流器无疑具有明显的经济性和操作优越性。

(1) 整流器。

为了避免对周围环境中金属构筑物的干扰影响，整流器的功率多限制在 1000W 以内（20A/50V），这对于城市管网的保护尤为重要。当所需保护电流过大时，可以采用增加保护站的方法来解决；对于杂散电流强干扰区，可能要用大于 100A 的强制排流器，以应付强大的杂散电流；当使用的辅助阳极有限压要求时，所选整流器的电压要和辅助阳极的击穿电压相吻合。

(2) 恒电位仪。

工程中广泛使用的恒电位仪主要有三类：可控硅恒电位仪、磁饱和恒电位仪和晶体管恒电位仪。可控硅恒电位仪功率较大、体积较小，但过载能力不强。磁饱和恒电位仪紧固耐用、过载能力强，但体积比较大，加工工艺也比较复杂。晶体管恒电位仪输出平稳、无噪声、控制精度较高，但线路较复杂。

(3) 太阳能电池。

太阳能电池是利用材料的光伏效应将光能直接转换成电能的装置。作为电源装置，太阳能电池要与蓄电池配合使用，当太阳落下后或阴天无太阳时也能保证供电。

(4) 热电发生器。

热电发生器也称温差发电器。工作原理是当两个不同的导体两端相接，组成一个闭合回路，如两个接头处有不同的温度，则回路中便有电流流动，这就是温差效应，也称塞贝克效应，有时温差电动势也称为塞贝克电动势。把两种金属换成 P 型和 N 型半导体，因半导体的塞贝克系数很大，就可以制作把热能转变为电能的温差发电器。

(5) CCVT 电源系统。

CCVT（Closed Cycle Vapor Turbogenerator），中文直译为密闭循环蒸汽发电机，是为满足无市电或市电不可靠的地区通信、管道监控、阴极保护的电源需要而发展起来的。CCVT 是将飞机设计的热力学原理和航空发动机的先进技术应用于发电方面，使之具有前所未有的可靠性。CCVT 无须定期维修，可连续工作 20 年，一年内只需要几次清除燃烧系统烟灰积炭和冷凝系统的积尘。CCVT 可使用多种燃料，常规的液体、气体燃料均可使用。

（6）风力发电机。

风能来源于太阳能，是自然能源的一种形式。风力发电机的不足之处是可靠性差，风力大时易造成机械损坏，但它的造价低，可多份备用来提高其可靠性，也可把它作为其他能源的补充方式来降低整个电源系统的造价。

（7）蓄电池。

蓄电池包括铅酸蓄电池、碱性镉镍蓄电池等，是常用的风力发电机和太阳能的储能装置。

4）外加电流阴极保护系统的绝缘

为防止阴极保护电流流到与大地连接的非保护构筑物上，应对阴极保护管道系统进行电绝缘。电绝缘可以起到以下作用：防止电流流失；减轻电偶腐蚀；减轻杂散电流干扰；避免不必要的干扰；控制电流流向。

（1）电绝缘的设置原则。

① 管道所有权改变的分界处。

② 干线管道与支线管道的连接处。

③ 干线管道进、出站的连接处。

④ 杂散电流干扰区。

⑤ 异种金属、新旧管道连接处。

⑥ 裸管和涂敷管道的连接处。

⑦ 采用电气接地的位置处。

⑧ 套管穿越段。

⑨ 混凝土加重块的钢筋与管道要电绝缘。

⑩ 跨越管段的支架与管道要电绝缘。

⑪ 大型穿、跨越段的两端。

在工程中，管道的绝缘连接需根据腐蚀控制的不同需要加以选用。在选用时还要考虑输送介质的电导率、压力、温度及环境的防火等级要求等。一般来说，输送导电性介质要考虑内部介质导电在绝缘接头两边产生的影响，常需要配合以内部覆盖层或采用绝缘管段。对于管道绝缘连接的设置，应注意避开有可燃气体的封闭场所；严禁设在张力弯附近；也不宜长期浸泡在水中；同时应考虑对雷电和故障电流的保护措施。

（2）电绝缘的方法。

① 绝缘法兰。

绝缘法兰是指在两法兰间垫入绝缘垫片实现电绝缘，它由绝缘垫片、绝缘紧固件和绝缘密封圈组成。绝缘垫片与法兰有配套的外径，可装在法兰螺栓分布圆范围内，或装在环槽里。法兰连接螺栓要用绝缘套筒套入螺栓体及在螺母下设绝缘垫圈，将螺栓同法兰绝缘。绝缘法兰通常采用工程预组装方式，经检测合格后在现场将管节与干线管道焊接在一起；对于旧的管道，可采用原有法兰改造或现场组装式法兰。

② 整体型绝缘接头。

针对绝缘法兰密封性能不佳，现场组装很难保证干燥、洁净，安装中因泥土、潮湿而影响绝缘值，绝缘电阻值随时间延长而下降，接头处易造成短路，耐击穿电压能力弱，不能直埋等不足，20世纪60年代出现了整体型绝缘接头。这种接头在工厂里预组装；内涂环氧聚合物；埋地后不用管理；在工厂里进行严格的机械、电性能和压力参数测试；整体型结构不容拆开；具有很高的耦合电阻。

③ 绝缘短管。

当绝缘装置安装在输水或其他电解质溶液的管道中时，装置内存在着一个内阻 R，其阻值取决于管道内径 D，绝缘垫圈的厚度 d 和管道中介质的电阻率 ρ。在这种管道中应使用绝缘短管，可用钢管内衬绝缘材料或采用绝缘材料制作短管，短管的两头与管体采用绝缘连接。

④ 管道与套管的电绝缘。

对于采用套管方式穿越公路、铁路和河流时，管道应与套管电绝缘，通常的做法是套管中采用塑料的绝缘支撑，对管道固定和定位，两端采用绝缘密封，严防地下水的渗入。

⑤ 管桥上的电绝缘。

采用架空式跨越河流，为防止阴极保护电流的流失，通常可采用两种电绝缘方式，一是在跨越段两端加设绝缘接头；二是管道与管支撑架之间采用绝缘垫。前一种方式简单易行，但要通过电缆将管桥两侧的干线管道进行电跨接，以保证保护电流的连续。后一种方式较复杂，要注意材料在大气中的老化及管道在管桥上的机械移动引起绝缘性能的破坏等问题。

(3) 电绝缘性能检测。

管道电绝缘连接装置的性能检测有两种情况：一是预组装后与管道未连接时的性能检测；二是与管道连接后的性能检测。第一种情况，可使用常规的电工仪表进行绝缘性能测量。第二种情况比较复杂，因两侧管道可视为良好接地，或管道内有水，兆欧表已摇不出阻值，必须采用专门的测量技术，主要有电位差法、电压电流法、漏电百分率法。不论采用什么方法测试，绝缘装置两侧都应设有预埋的测试导线，有了测试导线，就可在地表上很容易进行测量。

(4) 高压电的防护。

为防止雷电和供电系统的故障电流对电绝缘装置的破坏，通常电绝缘装置上都应装有高电压的防护装置，防护的装置有避雷器、电解接地电池、极化电池及二极管保护器。使用中应严格遵守制造厂家说明书的有关规定，连接电缆的截面应足够大，装置的耐电压应适应应用场合。

5) 外加电流阴极保护系统的其他部分

(1) 汇流点。

汇流点又称通电点，它是用电缆将恒电位仪"输出阴极"端接至管道上，向被保护管道施加阴极极化电流的接入点，是外加电流必不可少的设施之一。

(2) 均压线。

为避免干扰腐蚀，用电缆将同沟埋设、近距离平行敷设或交叉敷设的管道连接起来，以平衡保护电位，此电缆称为均压线。安装均压线的原则是使两管道间的电位差不超过50mV，均压线的连接可采用铝热焊技术。

(3) 检查片

埋设检查片是研究、了解管道腐蚀的重要手段，通过它可定量得出阴极保护效果，从中总结管道阴极保护的经验。可按 SY/T 0029—2012《埋地钢质检查片应用技术规范》的有关规定进行检查片的加工、安装与测试。

检查片的材质与埋地管道用的钢管材质相同，其外形尺寸为 100mm×50mm×5mm，检查片要统一进行编号。检查片埋设前必须进行表面清理和称重，记录原始重量和表面积。

检查片的埋设点要选择有代表性的土壤和比较典型的环境，如盐碱地带，沼泽、稻田地区，杂散电流干扰大的地区等，同时应兼顾交通方便、便于管理等条件，并且应远离阴极保护的汇流点，一般应距汇流点 10km 以上。检查片每 12 片为一组，6 片与管道连接，6 片不连接。

检查片埋设后，应在里程桩上作明显的永久性标志，按月测试电位，定期取出分析，每次分析取出通电保护与未通电保护的检查片各 2 片，初期每隔一年进行一次。

对于长输管线及集气干线，一般应采用防腐层与阴极保护相结合的腐蚀控制方法。

二、管道内腐蚀控制技术

油气田集输管道内腐蚀防护，通常采用加注缓蚀剂的方式降低腐蚀速率，以及采用内涂层管、非金属管、不锈钢管等方式减缓腐蚀进程。同时，采用加强现场管理、定期检验、定期清管等方式来提前预防腐蚀的发生。

（一）加注缓蚀剂

多数金属管线都在含水率较高的腐蚀环境下发生了一次或多次穿孔或刺漏，如注水、污水、含水原油或油气水混合物等。某些油气处理站只在污水处理流程的污水沉降罐出口加注了缓蚀剂，后面经过了污水除油器、过滤器、精细过滤器、污水缓冲罐，最后通过污水注水泵到注水站注入注水井中。可见，所加缓蚀剂经过了多道处理过程，对注水管线的减缓作用逐渐变得微弱，这导致了注水单井管线特别是金属管线在注水泵增压后的管道容易产生腐蚀穿孔或刺漏。

研究结果和生产实践证明，加注缓蚀剂是一种简单且行之有效的防腐措施，然而要发挥其很好的防腐效果，关键要评价缓蚀剂的性能和筛选缓蚀剂的最佳加注浓度。因此，以塔里木油田公司应用的某型号缓蚀评价方案为例介绍缓蚀剂的评价筛选过程。

1. 依据标准

（1）SY/T 5273—2014《油田采出水处理用缓蚀剂性能指标及评价方法》。
（2）GB/T 3535—2006《石油产品倾点测定法》。
（3）GB/T 261—2021《闪点的测定　宾斯基—马丁闭口杯法》。
（4）Q/SY 111—2007《油田化学剂、钻井液生物毒性分级及检测方法　发光细菌法》。
（5）SY/T 5757—2010《油田注入水杀菌剂通用技术条件》。
（6）GB 6920—1986《水质 pH 值的测定　玻璃电极法》。
（7）SY/T 5329—2022《碎屑岩油藏注水水质指标技术要求及分析方法》。
（8）SY/T 5796—2020《油田用絮凝剂评价方法》。

2. 水样配制

腐蚀试验用水样可以来自现场采集水或者通过化学试剂配制的模拟水。根据现场水样分析结果（表8-16），采用配制模拟水的方法，化学试剂用量见表8-17。

表8-16 水样分析结果

样品名称	取样位置	pH值	HCO_3^- mg/L	Cl^- mg/L	SO_4^{2-} mg/L	Ca^{2+} mg/L	Mg^{2+} mg/L	K^++Na^+ mg/L	总矿化度 mg/L
水样	零位罐	6.61	341	107000	304.3	15020	936.2	50930	174500

表8-17 配置3L模拟水的化学试剂用量   单位：g

$NaHCO_3$	Na_2SO_4	NaCl	$CaCl_2$	$MgCl_2$	KCl
1.41	1.35	378.73	125.04	11.12	6.03

3. 试片制备

取该作业区现场管段，加工成50mm×10mm×3mm（含5mm的孔），试片逐级（240#、400#、600#、800#）打磨后，先用丙酮超声清洗5min，再用无水乙醇超声清洗5min，之后吹干，用滤纸将试片包好，储存于干燥器中。

4. 外观

目测缓蚀剂外观，要求为均匀液体为合格。

5. pH值

依据GB 6920—1986《水质 pH值的测定 玻璃电极法》中的规定测定，pH值在6.0~9.0范围内为合格。

6. 倾点

依据GB/T 3535—2006《石油产品倾点测定法》的规定测定，结果倾点≤-5℃为合格。

7. 溶解性

依据SY/T 5273—2014《油田采出水处理用缓蚀剂性能指标及评价方法》的规定测定，评价结果为水溶或水分散，无沉淀为合格。

8. 闭口闪点

依据GB/T 261—2021《闪点的测定 宾斯基—马丁闭口杯法》的规定测定，闭口闪点≥50℃为合格。

9. 乳化倾向

依据SY/T 5273—2014《油田采出水处理用缓蚀剂性能指标及评价方法》的规定测定，以无乳化倾向为合格。

10. 配伍性

依据SY/T 5273—2014《油田采出水处理用缓蚀剂性能指标及评价方法》的规定测定，以不降低其他药剂性能为合格。

第八章 腐蚀防护

11. 成膜性

依据 SY/T 5273—2014《油田采出水处理用缓蚀剂性能指标及评价方法》的规定测定,达到较好或好为合格。

12. 高温高压釜试验

试验参数根据现场实际工况条件确定,动态腐蚀试验参数见表 8-18,如果是静态腐蚀试验则转速为 0。

表 8-18 缓蚀剂评价动态釜试验参数

温度	60℃
压力	2MPa
H_2S 分压	0.1MPa
CO_2 分压	0.5MPa
转速	1m/s
试验时间	8d

缓蚀剂加注浓度为:0(空白试验)、50mg/L、100mg/L、150mg/L、200mg/L,评价不同浓度下的试片腐蚀速率和缓蚀率。依据 SY/T 5273—2014,进行以下计算:

① 计算均匀腐蚀速率。

② 计算缓蚀率,缓蚀率达到 70% 为合格。

③ 若有点蚀,计算点蚀速率。

(二)选择非金属管

非金属管道的应用是地面管道防腐的有效手段。非金属管道具有优异的耐蚀性能,且不结垢、重量轻、成本低以及不需要内涂层或阴极保护的特点,在国内外油田得到广泛应用。但与金属管道相比,其施工过程的要求更加苛刻,很多配套工艺都需在现场完成。因此,严格要求非金属管道现场规范施工,保证非金属管道的正确使用以及加强日常维护管理显得至关重要。非金属管耐蚀性的突出优势在油田集输、注水生产中表现出了极强的适应性,再加以施工过程的保护和技术管理,将会产生明显的经济效益。

塔里木油田公司应用较多的非金属管为玻璃钢管、塑料合金复合管、钢骨架增强聚乙烯管和增强热塑性塑料连续管等,大多应用于注入系统,集输系统次之,站内系统用量最少。它们之间的主要性能、使用范围对比见表 8-19。

表 8-19 常用不同类型非金属管性能、使用范围对比

管材类型	主要优点	局限性	使用范围
玻璃钢管	耐温性能相对较好,理论最高使用温度: 酸酐固化:80℃; 胺类固化:93℃(Ameron 的产品最高使用温度 ≥120℃) 价格较低	抗冲击性能差; 接头性能较弱; 属于硬管,地形起伏大时接头与管体易发生剪切破坏	地面集输、注水、注聚合物、油井管和站内污水管线等

续表

管材类型	主要优点	局限性	使用范围
塑料合金复合管	抗冲击性、气密性优于玻璃钢管	耐温性能受内衬和接头黏结剂的影响，通常低于70℃；接头为金属材料，需外防腐；属于硬管，地形起伏大时接头与管体易发生剪切破坏	地面集输、注水和站内污水管线等
钢骨架增强聚乙烯管（定长）	可做大口径（600mm以上）	承压能力在4MPa以下；接头连接和质检需专业人员；使用温度低于60℃	适用于石油、天然气工业油、气、污水输送及混输；也适用于饮用水、消防水及腐蚀性液体输送；但不适用于硫化氢分压大于0.3kPa的酸性环境
增强热塑性塑料连续管（包括柔性复合高压输送管、钢骨架增强热塑性塑料连续管）	连续成型，单根可达数百米，接头少；柔性好，抗冲击性能优良；重量轻，运输成本低；安装快速简单	耐温性能好的产品价格较高；口径较小，通常低于150mm	油气集输、高压注醇、油田注水、污水处理等

（三）使用内涂层管

内涂层管也是目前金属管道防腐效果较好的一种防腐措施，在国内外许多油田得到了广泛应用。内涂层管从成本上来说，与本身裸管相比增加不多，一般增加1~3倍基管的成本，最高可达到6倍左右。但是不同的内涂层管，其防腐效果是不同的，与其所用涂层有很大的关系，而不同的涂料成本也不同。据报道，有一种涂层其防腐效果可达到与超级13Cr不锈钢的耐蚀性相近，其价格也接近超级13Cr不锈钢的价格。

塔里木油田公司内涂层管的应用较少，主要因为内涂层生产过程的质量难以确保100%不存在缺陷，以及现场内涂层补口的质量更难以保障。但并不是说内涂层管就不能在油田上应用，实际上内涂层管在油田成功应用的案例也有很多，关键是涂层质量的控制和生产过程的严格检测监控，以及对现场补口施工的严格把关。

管道内涂层主要有两个功能，一是防腐，二是减阻。首先，内涂层管主要用于油田腐蚀严重的集输管道、污水处理及回注管道上，以延长管道的寿命，为石油开发和生产提供保障，通常口径较小、距离较短。其次，以减阻、节能为目的的内涂敷技术，在我国西气东输管道工程中首次应用。天然气管道的减阻内涂层技术是一项经济效益显著的高新技术，虽然各国的参数取值不尽相同，但结论却是一致的，认为初期投入的成本将会有几倍的收益，管径越大、线路越长、输气量越大，收益就越高。

1. 防腐涂料

管道内防腐涂料多达几十种，常用的有液体环氧涂料（H87、HT515、环氧玻璃鳞片、环氧陶瓷等）、熔结环氧粉末、水泥砂浆衬里和酚醛树脂涂料等。美国气体协会（AGA）对25种涂料进行了研究和筛选，认为环氧树脂型涂料最适用于输气管道的内涂层。美国石油学会（API）规范一般推荐采用胺固化的环氧涂料。试验和实践证明，环氧型及环氧聚氨酯型防腐涂料的耐油、耐温、耐油田污水性能较好，如果施工质量可靠，能达10年以上的保护。

2. 涂覆工艺

国内各油田先后对管道内涂层技术进行了深入研究，取得了许多成果，并已形成了标准，如《钢质管道熔结环氧粉末内防腐层技术标准》（SY/T 0442—2018）、《钢质管道内防腐补口技术规范》（SY/T 4078—2023）、《钢质管道液体涂料风送挤涂内涂层技术规范》（SY/T 4076—2016）、《钢质管道液体环氧涂料内防腐技术规范》（SY/T 0457—2019）等。特别是最近几年，各大油田从国外引进了整套液体环氧内涂层涂敷作业线，可完成60~920mm管径的内涂敷作业。图8-74所示为熔结环氧粉末内涂层施工工艺，图8-75所示为液体涂料内涂层施工工艺。

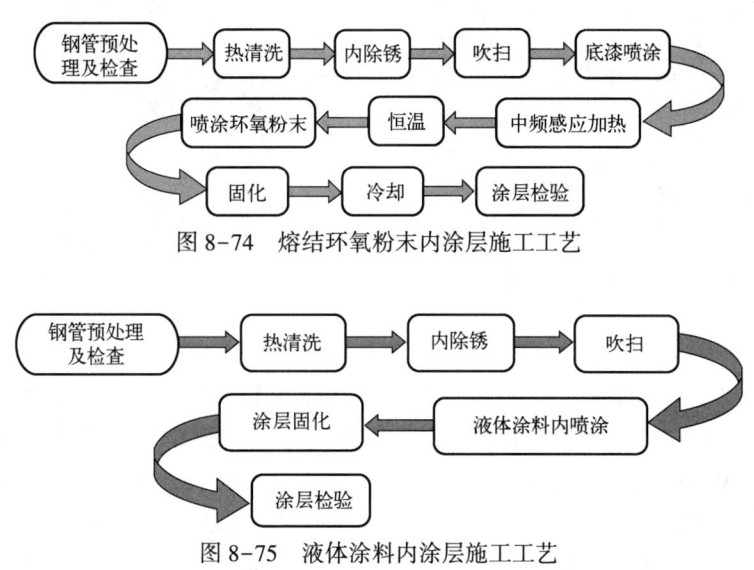

图8-74　熔结环氧粉末内涂层施工工艺

图8-75　液体涂料内涂层施工工艺

3. 内补口

管道补口是管道防腐层应用技术中的关键和难点，尤其对小口径管线的内补口来说更是如此。由于补口不当造成焊缝处涂层过早破坏、管道腐蚀穿孔的事故屡见不鲜，因此补口技术的好坏直接影响整个防护层的保护效果和使用寿命。随着国内外管道内防腐技术的不断发展，内补口技术研究也越来越受到重视和加强，涌现出了一些新型的补口材料、机具和工艺。

目前国内外比较成熟的管道内防腐补口技术主要有补口机法、无焊管道压接法、记忆合金法、焊接式内衬接头法等，这些补口方法各有优点和不足。

（四）双金属复合管的应用

在油气田开发过程中，腐蚀是自始至终存在的严重问题，管材会不可避免地接触含有H_2S、CO_2、Cl^-等的腐蚀性介质，这些介质对管材具有很强的腐蚀性。一般价格低廉的碳素或低合金钢管的耐蚀性较差，而耐蚀性好的不锈钢、镍基合金管价格昂贵。双金属复合管不仅成本低廉，而且具有良好的机械性能、抗腐蚀能力，很好地解决了腐蚀性油气的输送问题。

1. 双金属复合管的结构及优点

双金属复合管是由两种或两种以上不同材料通过一定组合或结合方式而构成的管材。其中，衬里复合管（机械复合管）是通过全长扩径、冷拉拔成型或其他方式，将内层耐蚀合金材料紧附于碳钢基体材料表面上的复合钢管；而内覆钢管（冶金复合管）是通过热轧、热挤压、堆焊、爆炸、离心浇铸等冶金结合的方式将耐蚀合金层与基管紧密结合的复合钢管。由此看出，从结构形式来说，双金属复合管主要有机械复合管（图8-76）和冶金复合管（图8-77）两种，主要区别在于基管与耐蚀管的接触方式不同，一个是机械式贴合，一个是冶金结合。

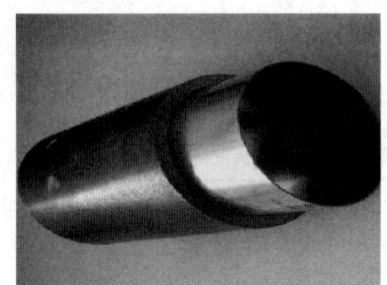
图8-76 机械双金属复合管

图8-77 冶金双金属复合管

双金属复合管的材质可以选择的较多。如内衬或覆层可选用：（1）铁基合金，有奥氏体不锈钢（304、316、316L、321、409L等）、马氏体不锈钢（0Cr13和1Cr13等）、双相不锈钢（2205、2507等）、高镍不锈钢等；（2）非铁基合金，有铜基合金、镍基合金（Monel合金如M-400等，Inconel系列，Incoloy系列如625和718等，Hastelloy系列如C-276和G-3等）、钛合金等；（3）有色金属纯材，有镍、钛等。

基材：基本上全部是碳钢或低合金钢，如碳钢或低合金钢有20、20G、09MnNiDR、15CrMoR等；Q系列钢有Q235、Q235B、Q245R、Q335B、Q345B、Q345R等；X系列钢有X42、X52、X65、X65QO、X70、X80等；L系列钢有L245N、L360、L360NS、L360QB、L415QB、L485MB等。

由于机械双金属复合管结构、基管和内衬或覆层的理化性能的特殊性，带来了其性能上和经济上的优越之处是其他管材无法比拟的，因此目前在油田广泛应用的双金属复合管就是机械双金属复合管。机械双金属复合管与其他管材的综合性能比较见表8-20。

表8-20 不同管材综合性能对比分析

管道种类	承压能力	耐蚀能力	焊接性能	连接性能	耐高温能力	力学性能	价格	综合评价
双金属复合管	2	2	2	2	2	2	2	14
镍磷镀管	2	1	1	2	2	2	2	12
碳钢管	2	0	2	2	1	2	2	11
不锈钢管	1	2	2	2	2	1	0	10
涂层管	2	2	1	1	0	1	2	9
钛合金	1	2	2	1	2	1	0	8

续表

管道种类	承压能力	耐蚀能力	焊接性能	连接性能	耐高温能力	力学性能	价格	综合评价
锆合金	1	2	1	1	2	1	0	8
玻璃钢内衬钢管	2	2	0	1	0	1	1	7
玻璃钢管	1	2	0	1	0	0	1	5
铝塑管	0	0	0	0	0	0	0	0

注：数字代表专家打分的分值，0 代表差，1 代表较好，2 代表好，总分越高越有优势。

2. 不同制造工艺及其比较

机械双金属复合管的生产方法有十几种，机械双金属复合管主流制造方法的原理与优缺点见表 8-21。

表 8-21　机械双金属复合管主要制造方法原理与优缺点

方法名称	方法原理	优点	缺点
机械滚压法	利用两种不同材质的机械性能，在滚压机具螺旋进给的挤压下，使内衬管连续局部塑性变形，外基管始终保持在弹性变形范围之内。当外力去除后，外基管弹性收缩，内衬管由于已呈塑性变形无法收缩，从而使内衬管外表面强力嵌合在外基管的内表面中，复合成型	摩擦阻力小，能耗低，驱动功率低	易造成内管壁变薄，严重时导致内管开裂，且易在内管形成加工硬化
机械旋压法	旋压装置主轴带动组合在芯棒上的复合管坯旋转的同时，三个呈锥形的旋转轮反方向地旋转并前进，使外层的碳钢管均匀地贴在不锈钢管之上，形成静配合细螺纹状的连接	工艺简单，成型效率高	加工大管径较困难，且管层间接合力较低，易分离或脱落等
爆炸复合法	将装配好的内外管放置在水槽内，将集束炸药放置在内衬管轴线上，通过炸药瞬间产生的爆炸力，引起水槽内水压瞬间升高，瞬间推动内衬管在直径方向向外扩张至外基管的内表面上，并随外基管继续扩张，直至压力消失，而外基管在轴向内收缩，最终复合成型	一次性瞬间成型，各点的压力基本相同	内衬与基管的接合力较小
机械拉拔法	扩径挤压拉拔法：内管和外管在拉挤模的作用下发生胀形而成型；扩径缩径拉拔法：管坯在夹头作用下，通过成型模具，内外管同时发生缩径变形	工艺简单，成型效率高	接合强度低，在高温状态下复合管会分层
液压胀形法	将内、外管套在一起放入模具，然后对内管壁加内压，随着内压升高，内管由弹性变形逐渐进入塑性变形，并贴紧外管；当内压升高到一定值时，外管将产生弹性变形并贴紧模具；当内压泄除，外管回弹，内管保持塑性变形，则内外管紧密结合在一起	工艺简单，界面接触压力分布均匀，内表面无擦伤或破坏现象	界面接合力较小，高温下易产生松弛；装置结构复杂，密封技术要求高

图 8-78 所示为典型的机械双金属复合管的制造生产流程（液压胀形法），其实其他机械双金属复合管的生产流程与此大体上相同，主要差异在于成型工序的不同。机械双金属复合管与其他管材的性能相比，具有明显的技术、性能和价格优势，所以近几年在油田得到广泛应用。

3. 油田上应用机械双金属复合管要求

塔里木油田公司应用机械双金属复合管可追溯到 2005 年，当时在牙哈作业区选择了

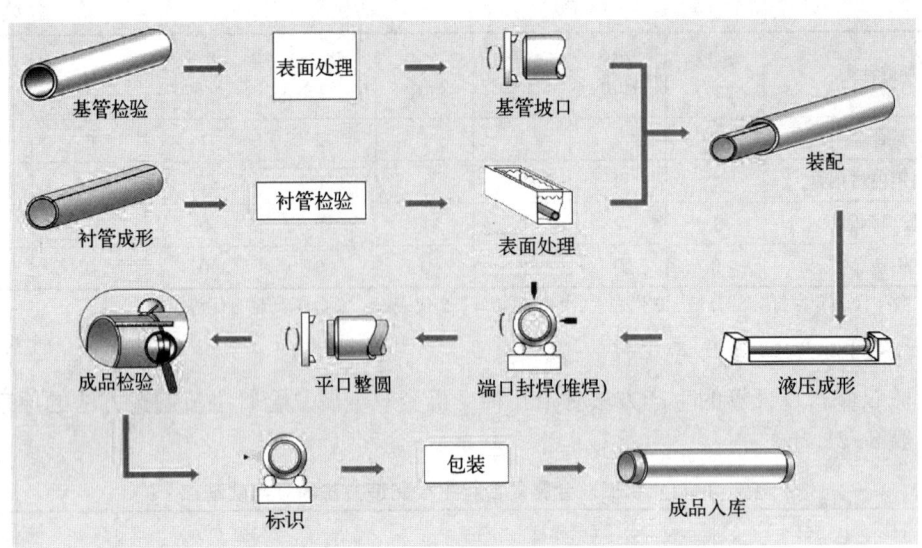

图 8-78 液压胀形法制造机械双金属复合管的生产流程

一口井的单井管线安装了一段试验段，取得了较好的应用效果。由此开始逐步对该作业区的井口管线、阀组管线、集输管线进行更换，其中集输管线全部更换为20G+316L复合管，总长度49.15km。至此，双金属复合管由于其优异的耐蚀性能和比纯材更有优势的经济性，逐步在塔里木油田公司进行规模化使用。截至2023年，双金属复合管陆续在库车山前地区的克拉3、迪那、克深一期、大北、吐孜洛克、克深二期、博孜等的单井和集输管线大量使用。

使用的过程中，双金属复合管陆续出现管端封焊、管口对接焊、内覆层塌陷鼓包、对接焊口开裂、内衬层腐蚀等问题。在油田公司相关单位、制造厂家、库车项目部、施工单位和地面系统腐蚀防护专家队伍的共同努力下，大部分问题已经得到了较好解决，为双金属复合管在油田安全使用打下了坚实的基础。机械双金属复合管在油田应用时必须注意以下几点：

（1）根据油气田介质腐蚀性和运行工况选择合适结构和耐蚀性衬层的机械双金属复合管。

（2）选用生产技术过硬、业绩多而广、大品牌厂家制造的双金属复合管产品。

（3）机械双金属复合管口径不宜过大（DN≤200mm），衬层不能太薄（≥2.5mm）。

（4）根据双金属复合管订货技术条件加强入场检验。

（5）对机械双金属复合管进行外防腐层施工时温度不能太高，尽量不超过200℃。

（6）机械双金属复合管做完外防腐层后要对其内衬层是否存在缺陷进行检验。

（7）现场对焊施工是最为关键的环节，必须强化施工质量的监控，严格执行机械双金属复合管的焊接技术要求、工艺规范和质量检验；内衬层与基管采取堆焊结构，堆焊长度5~10cm；对接环焊缝全部采用825焊丝焊接。

（8）机械双金属复合管线投运后要定期对焊缝和基管进行检测。

（9）机械双金属复合管线运行期间，尽量减少温度变化、压力变化和段塞流的形成等。

第八章 腐蚀防护

（10）运行期间同时减少突然泄压、关停或开车，如需要时须缓慢操作。

（五）其他内防腐辅助措施

（1）定期清管作业。

腐蚀穿孔或刺漏是管线内表面局部腐蚀的最终结果，而局部腐蚀与管线内固体杂质和结垢的不均匀性沉积有很大的关系。同时，含水蒸气的气管线容易在低洼处凝结液体水，造成此处的局部腐蚀甚至腐蚀穿孔。因此，要及时进行地面管线的清管工作，防止管线内的局部结垢和生成凝结水，以免造成局部腐蚀甚至腐蚀穿孔。

高含蜡原油管道内壁石蜡沉积层的存在使管道的有效流通面积减小，甚至可能造成凝管，需要定期清管。虽然成品油管道和输气管道较少存在或不存在石蜡沉积层，但为了确保其长期正常、安全运行，也需要定期清管。根据工作原理管道清管分为物理清管和化学清管。物理清管：一是利用清管器的摩擦、刮削作用，剥离垢层或使其破碎；二是利用清管器周围泄漏流体产生的冲力对附着于管壁的垢层及剥离的污垢产生冲刷、粉化作用，借助搅拌力将污垢悬浮分散并排送出去。化学清管是指向管道内投入化学清洗剂，沉积物与之发生反应后通过管输流体冲洗和排送。

（2）强化现场焊接质量的监督管理。

对于裸管的油田现场应用，多数都采用焊接连接，而焊接都是在现场完成的，主要包括管口对接、固定、预热（冬季施工时）、打底焊、过渡焊、表焊、修理、热处理、无损检测等环节，每个环节都比室内焊接有更多难以实现的条件，如温度、湿度、热处理、保护气等。因此，在现场焊接时容易产生裂纹、气孔、咬边、夹渣、未焊透、未熔合、错边等，导致许多穿孔或刺漏都发生在焊接部位或其附近。

此外，现场管道对接焊时不等壁厚焊接常会出现未焊透缺陷，一旦介质的腐蚀性较强便会在未焊透处开始腐蚀。如塔里木油田公司某作业区计量间来油汇管不等壁厚焊接，在焊缝处发生大面积腐蚀坑，如图 8-79 所示。为了进一步了解环焊缝内部情况，采用 X 射线探伤机对管样的焊缝进行全周向 X 射线无损探伤，结果显示焊缝均出现大面积的未焊透缺陷，评定结果为Ⅳ级不合格。为查看未焊透的宏观形貌，在焊缝上取样并削去台阶表面，有一条未焊透缝隙，如图 8-80 所示。

图 8-79 焊缝处发生腐蚀

可见，强腐蚀性介质首先将进入焊缝未焊透缺陷，形成点蚀坑。其次，管道内壁焊缝处的台阶凸起结构，引起介质流速流态的改变，对台阶部位产生冲刷腐蚀，冲刷能加速传

图8-80　未焊透缺陷

质过程，腐蚀产物脱离材料表面，从而加速腐蚀。因此，在外径相同的不等壁厚（壁厚差大于2mm）的管口对接焊时，按照GB 50517—2010《石油化工金属管道工程施工质量验收规范（2023年版）》要求，应进行内削边或削薄处理，如图8-81、图8-82所示。

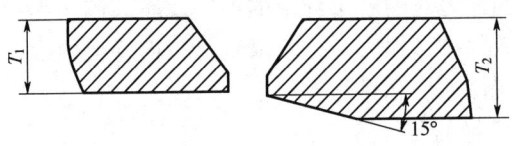

图8-81　外径相同的不等壁厚焊接削边处理

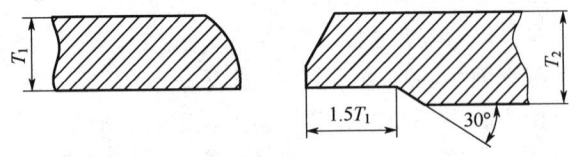

图8-82　外径相同的不等壁厚焊接削薄处理

所以强化现场焊接质量监督，控制现场焊接人员资质许可和施工技术水平，严格按照焊接规范或程序操作，提高焊接后检测水平和准确性，才能够保证现场焊接的质量和可靠性，从而保障管线的安全运行。

（3）对管线定期无损检测，对不安全管线及时更换。

对管线的无损检测，可及时发现管线在一些关键部分或区域产生穿孔或刺漏的可能性，并根据无损检测结果，对管线的安全等级作出判断和剩余寿命的预测，明确需要更换的新管线、高度关注的管线、修补的管线、缩短无损检测周期的管线，尽早对发现的安全隐患进行消除。因此，定期的无损检测和剩余寿命预测是非常必要的，对管线的安全运行具有重要的意义。

针对不同的腐蚀环境，人们研究了各种各样的管道腐蚀检测技术。常用于管道内腐蚀检测评价的主要方法有低频长距超声波检测（导波检测）技术、高频导波检测技术、C扫描检测技术、超声波壁厚检测技术、管体腐蚀漏磁检测技术及远场涡流检测技术，见表8-22。各种检测方法提供的信息参数不同，如总腐蚀量、腐蚀速度、腐蚀状况等，具体由油田技术人员根据仪器性能、工况条件、管线规格有机结合优选。

表 8-22 油气腐蚀管道内腐蚀检测评价方法

仪器名称	仪器性能参数	适用管道规格 mm	适用环境温度 ℃	打磨要求	适用管材
低频导波	使用范围：不停输的埋地和架空管线，埋地需挖检测坑； 灵敏度：3%横截面损失，检测出壁厚腐蚀的9%； 距离：埋地管线长度30~40m，架空管线理想情况下±150m。	DN80~DN600	-5~125 实际-5~85	探头处打磨0.5m（涂层≤1mm，不用打磨）	碳钢、低合金钢
高频导波	使用范围：不停输的埋地和架空管线，需要管道裸露，埋地的需要开挖； 灵敏度：2%横截面损失； 距离：长度为1.5~3m	DN100~DN600（壁厚：4~30）	-5~125 实际-5~85	探头处打磨（0.1m）	钢管、低合金钢
C扫描	使用范围：不停输的埋地和架空管线，需要管道裸露，埋地需要开挖； 腐蚀成像系统：实现腐蚀缺陷三维成像，可在线检验	DN100及以上	0~150 实际-5~85	检测部位都需要打磨	碳钢
外壁漏磁	使用范围：不停输的埋地和架空管线，埋地需挖检测坑； 灵敏度：检测出壁厚腐蚀的20%； 磁泄漏方法：不受管道介质流动的影响	DN150~DN2400（壁厚6~21）	-5~80 实际-5~60	涂层光滑且厚度≤6mm时不用打磨；其他需要打磨	碳钢
远场涡流	使用范围：埋地和架空管线； 内穿式探头：需要停输，无须清管，打开管道放检测器，可连续检测100m，只能通过弯头≤3D管线； 外爬式探头：不停输，需要将管道挖出裸露； 灵敏度：内、外腐蚀凹坑、裂缝和壁厚整体减薄腐蚀成像	内穿式：2in、3in、4in、6in 外爬式：φ108、φ159、φ168、φ219、φ273、φ323、φ325、φ426	0~60 实际-5~45	内穿式探头：不用去防腐涂层； 外爬式探头：涂层厚度≤5mm不用去除，否则需要去掉	碳钢
超声波	使用范围：不停输的埋地和架空管线，埋地需挖检测坑； 灵敏度：检测出壁厚腐蚀的3%； 距离：只是固定的某一个点	无限制	实际-0~50	检测部位都需打磨	碳钢、中低合金钢

（六）湿气输送管道新型清管技术

天然气集输管道在运行过程中，受环境和输送介质等因素影响，会在管道内积存凝析油、水、粉尘、机械杂质等污物。这些杂物是影响气体质量、降低输气能力与计量精度、堵塞仪表、加剧管线内壁腐蚀的主要因素。当管径大于200mm时，输气管道一般采用发送清管球或皮碗清管器等清管方法来清除管内污物，清管球和皮碗清管器对清除管内的液状污物有良好的效果。清管球通过充液来控制过盈量，密封效果好，可有效清除管内积液，并能较好地分割介质；皮碗清管器在管内运行时保持固定的方向，可以携带各种检测仪器和装置，且制造和使用都比较简单。清管作为一种成熟的作业方式，可延缓管道内的积液腐蚀，已被业界认可。

随着气田的滚动开发，管网系统日益复杂，清管工作量也随之增加。采用常规清管器进行清管作业，需要上游通过开井或关井的方式来控制清管器的运行压差，影响气井的正常生产。特别是部分气田集输系统尚未设置段塞流捕集器，处理厂存储段塞流的空间一般为 500m³ 左右，液体储存和处理能力较低，短时间内几乎没有能力处理清管产生的大量液体，而大量积液进入压缩机会导致压缩机停机，甚至可导致处理厂停产，造成外输气量损失。因此，研发一种能够在不降产情况下，降低运行速度、控制段塞流出现的新型清管器，可以降低或消除清管作业对正常生产的影响，具有重要的意义。

1. 可溶球清管技术

由于采气管线采用串接工艺及错综复杂的敷设方式，采气管线在清管过程中易造成丢球、清管器遇卡遇阻等问题，在现有工艺条件下，采气管线极少进行清管作业。如长庆靖边气田、子洲气田、庆阳气田，山大沟深、地势起伏较大的区域，采气管线易积液，若未进行有效清管，管道低洼处易产生积液腐蚀。

1）技术原理

针对目前气田安全生产运行的实际需求，研发了可溶性清管球，清管球由聚合物材料制成，具备一定承压性能，具有遇水可溶、遇阻可破碎、免收球等特点，可根据管线距离、压力、气液比、输送介质不同设定多种溶解时间；在一定压差下，可溶球可破碎分解成碎片，避免对管道造成卡球、堵球。常规清管器与可溶球清管器对比如图 8-83 所示。

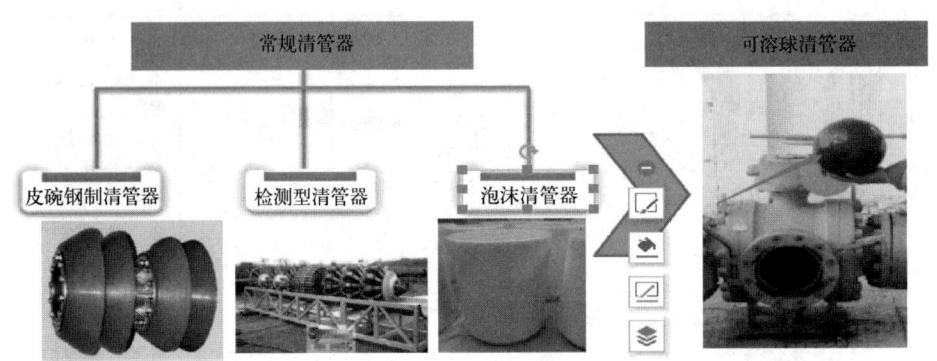

图 8-83　常规清管器与可溶球清管器对比图

2）适用条件

适用于 DN200mm 以下的小口径集气管线及不具备收球装置的采气管线，可实现顺利清管，定期清除积液，延缓管线腐蚀。

3）应用案例

2021—2022 年，可溶球清管技术在长庆油田所辖的苏里格、神木、靖边等气田已推广应用，不仅提高了气井产量，而且降低了管线冬季冻堵风险，有效减缓了积液腐蚀。同时，通过一系列现场试验，形成了可溶球清管技术适用手册，为采气管线清管研究探索出了新途径。神木气田应用效果见表 8-23。

第八章 腐蚀防护

表8-23 神木气田6条采气管线清管效果数据表

管线名称	规格,mm×mm×km	清管日期	清除积液,m³	干管压差降低值,MPa
神14站2#干管	φ168×5×9.3	2022年9月20日	12	0.2
神13站5#干管	φ168×5×11.06	2022年9月21日	8	0.4
神13站3#干管	φ168×5×9.83	2022年9月26日	9	0.42
神10站1#干管	φ168×5×7.36	2022年9月27日	8	0.22
神10站1#干管	φ168×5×5.22	2022年9月28日	6.25	0.17
神13站4#干管	φ168×5×10.4	2022年9月30日	14	0.46

通过长庆气田现场应用，获得了可溶性清管球在不同管道使用的过盈量，见表8-24。

表8-24 长庆气田常用规格采气管道可溶性清管球壁厚及过盈量设计要求统计表

管道规格 (内径×壁厚)mm×mm	管道长度 km	可溶性清管球壁厚 mm	可溶性清管球过盈量 %	可溶性清管球最小直径 mm
168×5	10~15	12~15	5~6	165
	5~10	10~12	5~6	164
	0~5	8~10	3~5	162
114×4	10~15	10~15	5~6	110
	5~10	8~12	5~6	109
	0~5	6~9	3~5	108
76×5	10~15	8~10	5~6	70
	5~10	6~10	5~6	69
	0~5	5~8	3~5	68

2. 可控速射流清管技术

针对集输支干线常规清管需要批量开关井控制速度、影响气井正常生产、易产生积液段塞、严重影响下游分离装置运行的现状，研发了可控速射流清管器（图8-84）。

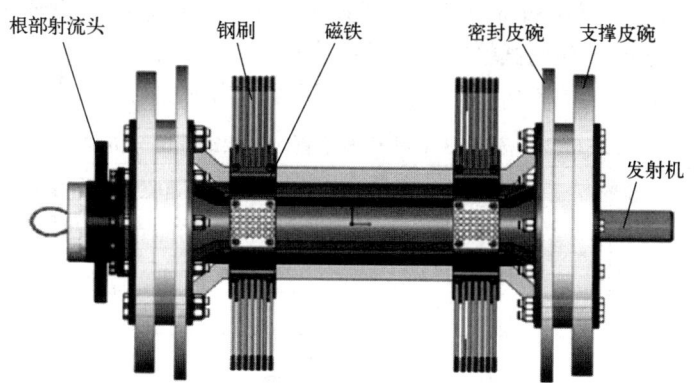

图8-84 可控速射流清管器示意图

1）技术原理

利用根部射流（图8-85）技术清除前端杂质，避免偏磨、延长清管器运行距离，降低运行速度；利用自动泄压装置（图 8-86）解决在某些特定情况下，因管道输量造成的常规射流装置无法使用的问题（当压力超过设定值时射流系统打开，低于设定值时射流系统关闭）；利用清管跟踪系统实现迅速定位、停球跟踪。

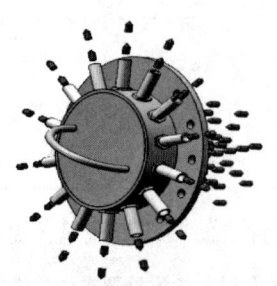

图 8-85　根部射流示意图

图 8-86　自动泄压装置示意图

（1）针对清管过程中杂质堆积导致清管器偏磨的情况，增加根部射流技术，利用其产生的湍流效应，使清出的杂质及水分始终处于半悬浮状态，并随清管器及油气流抵达管道末端，彻底清出管道。同时，可以减缓因清管器前端杂质堆积而造成的皮碗偏磨。

（2）管道清管时，加装的块状钢刷可以有效清除管壁孔隙内的机械杂质。同时块状钢刷可为清管器提供有效支撑，减缓皮碗磨损，保证皮碗始终可以形成有效密封，增加清管器的运行距离。

（3）低输量、输量不稳定的管道清管时，可加装自动泄压装置，清管器根部射流通过调压阀进行调节，在压力超过调压阀设定值时，射流系统开始运行；低于调压阀设定值时，射流系统关闭，保证清管器正常运行。

2）技术优势

（1）减少清管段塞流，消除下游分离器溢流风险。

（2）无须降低输量来降低速度，减少对管道沿线的气井生产影响。

（3）终端气量波动幅度降低，对下游设备影响小。

3）应用案例

2021 年，通过根部射流和自动泄压装置技术攻关，在苏里格气田苏 3-3 干线 C 段进行了可控速射流清管技术现场试验，实现了不关井、不影响生产情况下的清管作业，减少关井 110 口，减少影响气量 $8.9 \times 10^4 m^3$，应用跟踪情况见表 8-25。

表 8-25　苏 3-3 干线 C 段清管过程跟踪情况一览表

时间	位置 km	压力 MPa	实际耗时 min	实际速度 m/s	各段平均 速度,m/s	平均速度 m/s
11:50:00	0(出站)	3.1	0	0.00		
11:58:00	1	3.1	8	2.08	1.97	
12:34:00	5	3.1	44	1.85		2.77
13:13:00	9.8(三通)	—	83	2.05		
13:53:00	19	—	123	3.83	3.89	
14:12:00	23.58(收球筒)	2.7	142	4.02		

第八章　腐蚀防护

2022 年，在神木气田北干线开展了扩大试验，进一步评价该项技术的适用性。经过折算，新型清管技术作业减少关井 57 口，减少影响气量 $3.35×10^4 m^3$，并得出试验总结：皮碗上轻微划痕若干，无中度、重度划伤，皮碗磨损较为均匀，过盈量 2% 合适；清管过程中，瞬时气量波动比较大，证明了自动泄压装置的有效性；清管后，管线压差减小 0.14MPa。神木气田常规清管与新型清管影响气量对比见表 8-26。

表 8-26　神木气田常规清管与新型清管影响气量对比表

类型	神 2 站(起点) 井数 口	神 2 站(起点) 气量 $×10^4 m^3/d$	神 1 站(进气点) 井数 口	神 1 站(进气点) 气量 $×10^4 m^3/d$	神 3 站(进气点) 井数 口	神 3 站(进气点) 气量 $×10^4 m^3/d$
常规清管器清管	124	48.56	160	75	200	93.35
新型清管器清管	124	48.56	203	100.37	214	99.88

3. 适用性评价

湿气输送管道两类新型清管技术的研究与应用，实现了采气管道、集输支干线清管全覆盖，不仅减少了清管关井对产量的影响、降低了清管作业费用、提升了生产组织效率，而且对于后期优化气田集输管道清管周期、减缓管道积液腐蚀及气田提质增效也有重要意义。

第六节　油气田管道腐蚀管理

油气田企业腐蚀管理是一门交叉学科，也是一门系统工程，涉及的学科较多，主要包括材料科学、机械工程、力学、化学、物理、统计学、安全工程、计算机科学以及管理学科等。以上各个学科中最应当重视就是管理学科，往往油气企业会采用一些新技术、新方法来降低管道的腐蚀，但是在管理的改革上，采用的方法较少。为了进一步加强防腐技术和管理办法，根据各油气田的腐蚀特点，采用一系列的腐蚀管理程序延长油气田的腐蚀检测周期，有效减少腐蚀对油气田造成的影响，降低腐蚀造成的各项损失，实现油气田的长效生产。

一、组织机构与管理理念

（1）构建强有力的管道腐蚀组织机构。

要使油气田管道的腐蚀管理具有针对性、高效性和组织性，就必须构建一个强有力的管道腐蚀管理组织机构。这一机构可由油气田一名主管领导牵头，由下面的主管部门专人主管负责，各基层单位包括完整性和防腐工艺等负责人为成员，各基层单位有管道腐蚀管理专职人员，构建一个"三级层次"油气田腐蚀管理工作小组。这一组织机构发布工作职责和推进计划，明确工作要点、时间节点、责任人；领导和组织油气田管道腐蚀工作，整体策划推动现场专项检查、经验分享、问题研讨、资源保障、资金协调、防腐立项、项目审批等；同时明确各个层级和岗位及承包商的具体工作职责清单。

（2）强化油气管道腐蚀与防护是一项长期复杂的工作理念。

油气田管道腐蚀及其控制技术是一项长期复杂的工作，采取一些防腐蚀措施不能即刻显现其防腐蚀效果，需要在后续的生产过程体现，同时管道正常运行也是防腐蚀措施实现的结果。因此，油气田管道腐蚀管理也是一项需要长期坚持的日常工作，必须在领导层、技术人员和具体操作人员中建立这样的理念，形成一种管道腐蚀管理的制度，并需要常抓不懈。

（3）油气田管道腐蚀的综合治理要从源头抓起。

长期研究与应用的结果表明，在管道建设初期设计时就考虑防腐蚀控制，与后续再增加防腐蚀措施相比，前者的经济性和操作简便性要比后者好得多。因此，油气田管道腐蚀的控制要从设计源头开始，方能取得最大的经济效益。先由设计单位对管道的防腐蚀措施进行设计，形成最初的设计文件，再由相关研究单位对管道设计的各种版本和施工方案进行防腐审查与讨论，最终形成防腐蚀措施完善的设计和施工方案才能投入生产建设中，通过后续运行实践，持续改进完善设计审查方法和内容，并固化成防腐设计审查规范，不断提高设计与审查的水平。

二、管道腐蚀管理软件环境

（1）编制系统全面的管道腐蚀管理文件。

油气田管道的管理涉及许多方面，如防腐蚀措施管理包括选材、缓蚀剂、内外涂层、阴极保护、非金属管、修复油管、双金属复合管等；管道腐蚀管理软件有管道管理组织机构运行管理平台、防腐蚀专职人员或专家库管理平台、管道腐蚀数据管理平台等。这些方面都需要形成一套行之有效的针对油气田管道腐蚀的管理办法或规章制度。

（2）构建油气田管道腐蚀与防护的数据库与信息平台。

油气田管道腐蚀与防护的数据量和信息量很大，如加注缓蚀剂就可产生加注管线、加注类型、加注量（日加注量、月加注量和年加注量）、评价取样点、取样时间、评价结果（未加注腐蚀速率、加注腐蚀速率、缓蚀效率等）等数据；腐蚀监测会产生监测管线、监测点位置、监测装置类型、监测结果等腐蚀监测数据；阴极保护会产生阴极保护管线或装置、保护方式(强制电流、牺牲阳极)、电位仪输出电位和电流、测试桩保护电位等阴极保护监测数据；其他腐蚀环境参数如管线或装置、投用时间、操作温度、压力、气液比、油水比、气相组成、地层水组成、周期性检测结果等；还有管道因腐蚀而发生刺漏或穿孔情况，也产生刺漏或穿孔管线、具体位置、母材或焊缝、钟点方向、发生时间、累计次数等数据。以上这些数据每年都大量产生，通过这些数据，可以分析管道介质的腐蚀性变化，管道腐蚀失效的原因，了解管道腐蚀状态，为决策和设计部门提供采取防腐蚀措施的依据等。因此，建立油气田管道腐蚀与防护的数据库和信息平台是非常重要的。

（3）加强油气田腐蚀与防护人才队伍的建设。

油气田管道腐蚀与防护是需要一定专业知识和技能的，是需要专业队伍、专业人才和防腐蚀专家来完成的具有专业特征的技术工作，因此建设和壮大油气田腐蚀与防护人才队伍是极为重要的油气田腐蚀控制战略布局，是油气田持续稳定发展的必然需求。

三、管道腐蚀与防护基础研究与"四新"应用

（1）加强油气管道腐蚀与防护的基础研究。

油气管道的腐蚀问题是相当复杂的多专业交叉的综合学科，据报道金属腐蚀过程的影响因素达到上千个，因此管道的腐蚀机理是非常复杂的问题，但它对理解管道发生的腐蚀过程和失效具有重要意义，只有弄清了管道的腐蚀机理和过程，才能很好地采取科学合理、针对性强的防腐蚀措施。要弄清管道的腐蚀机理及防腐蚀技术，就需要进行管道腐蚀环境的基础研究，确定哪些是影响具体环境下腐蚀特征的主要因素或关键因素，根据研究成果就可为具体管道的腐蚀环境选取合适的材质以及针对性的防腐蚀技术。

（2）强化油气管道腐蚀与防护"四新"应用。

"四新"就是新技术、新方法、新产品和新工艺，可能带来较可观的经济效益，或节省人力，或效率更高。如在管道防腐蚀方面有"四新"，通过分析研究确定适合管道腐蚀与防护，那么就应当积极采用。可对"四新"采取先示范或试验的方法，待试验结果较理想再应用。

（3）充分利用好现有的防腐措施，使其发挥最佳的防腐蚀效能。

对油气田管道上已有内外防腐蚀措施，要通过分析研判，根据管道腐蚀环境的特点以及变化情况，通过科学合理的优化完善，使其发挥最佳的防腐效果，从而保证管道腐蚀在可控的范围内。不管是加注缓蚀剂和阴极保护，还是腐蚀监测和定点测厚，都应当在一定使用周期后对其重新评估完善，以适应新腐蚀环境。

（4）以管道腐蚀问题为导向，积极开展防腐蚀技术及其优化的研究与应用，提高管道管理安全保障。

管道运行中出现的问题多数都是腐蚀原因造成的，但不同的管道输送不同介质在不同的操作工况下产生的腐蚀问题千差万别，导致腐蚀问题发生的影响因素也各不相同。因此，只有对具体的管道腐蚀问题进行具体分析，才能采取针对性有效防腐蚀措施。要让防腐蚀措施高效地发挥作用，需对各种防腐蚀技术的适用性和优缺点掌握得很清楚才行，所以有必要深入开展管道防腐蚀技术的研究与应用，不断优化现有的防腐蚀措施和生产工艺流程，提高管道的腐蚀管控能力，保障管道的本质安全。

四、管道防腐蚀措施管理

应用于油气田管道腐蚀控制的技术有好几种，它们又有各自的适用性，而管道腐蚀又是具有较复杂的自然进行过程。因而要依据各防腐蚀技术特点和适用性，加强对油气田管道防腐蚀措施或技术管理，才能有效管控管道腐蚀问题，使其始终处于可控范围内。

（一）直接减缓介质腐蚀性技术管理

1. 脱碳

脱碳就是将天然气中的 CO_2 脱除掉。CO_2 是油气开采过程中的伴生气，在有水或水蒸气存在情况下会对金属管道构成较大的电化学腐蚀破坏，具有很大的腐蚀隐患，因此在能

够脱除的情况下应予以清除，特别是在一些高含 CO_2 的油气开发中有必要将其除去。目前关于 CO_2 除去的方法与脱除 H_2S 的方法相似，油气田上都先通过有机胺法脱除绝大部分，再采用干法脱碳或脱硫，这样可以将99%的 CO_2 或 H_2S 脱除。是否要在生产过程中进行脱碳操作，还要根据需要进行，并通过经济技术性分析后来确定。

从世界范围来看，脱碳操作并将脱除的 CO_2 消除掉是未来的发展趋势。超临界 CO_2 注入技术试验是一种超前的技术储备，是绿色发展的必然要求，必将会得到广泛应用和发展。

2. 脱硫

脱硫一般是指将油气中 H_2S 或单质硫脱除掉。例如，塔里木油田公司在一些含硫区块已进行这方面的操作，这是因为 H_2S 及其硫化物对油气生产的管道与设备造成很大的破坏作用，已成为含硫区域开发的最大安全隐患。从脱硫方法来看，目前已有成熟的脱硫工艺流程和腐蚀控制技术，因此在含硫油气田采用脱硫技术，可以有效降低硫化氢对生产人员的伤害，同时可以减缓对输送管道和生产设备的腐蚀破坏，所以管理好含硫管道与设备的运行和腐蚀控制问题就成为油气田最重要的工作之一。

3. 除氧

在油气田的生产过程中，为了提高石油采收率，我国许多油田（如塔河油田）采取了注氮气及天然气驱油工艺；各储油罐、事故罐、污水沉降罐或其他油气处理装置都可能引入少量的氧，包括从晒水池回收的原油、加入的缓蚀剂及其他药剂中都有可能带来少量的氧等。由于氧的引入和溶解，会导致比 CO_2 或 H_2S 更为严重的腐蚀。因此除氧也是一个非常重要的环节，除氧防腐是油气田系统生产中一个重要的研究课题，应当引起大家的足够重视，需要加强管理。

4. 杀菌

在油田采油所生产过程中，或多或少都带来一些采出水，包括处理或未处理的污水回灌和大量回注。由于这些污水中一般都含有硫酸盐还原菌（SRB）、腐生菌（TGB）和铁细菌等，它们易引起管道腐蚀、地层堵塞、加注的化学剂变质等一系列不利于油气生产的细菌腐蚀问题。因此，必须采取有效杀菌措施，减缓细菌腐蚀对管道的破坏。

（二）内防腐蚀措施的管理

1. 选材

选材是控制内腐蚀首选的防腐措施，合理适当的选材可以减少后续运行过程的检维修投入的人力、财力和因维修而影响油气产量。选材需要注意：一是由技术人员根据管道腐蚀环境的要求制定订货技术协议或执行标准；二是管材的制造过程质量监控，这需要专业技术人员依据订货技术协议负责对管材的制造过程进行监理；三是成品管材的入场质量检验，以确定管材是否达到订货协议的技术要求和是否满足现场腐蚀环境的防腐蚀要求；四是管材的现场施工，除管材不能有任何机械损伤外，重要的是对管材现场焊接质量把控；五是在使用过程中注意管道操作工况和腐蚀环境参数不能超过订货技术条件或管材设计的使用条件。以上这些环节都需要严格把控管理。

2. 加注缓蚀剂

加注缓蚀剂是油气田最简便有效的管道内防腐蚀控制措施，在各油气田得到了广泛应用。虽然管道内加注缓蚀剂的效果显著，但是需要精心管理，严格操作。需要从以下几方面加强质量控制：第一，从合成缓蚀剂所用的原料采购需要质量把控。第二，在其制备过程中要及时检测以确定各步包括中间体和最后成品是否反应到要求的程度，这要通过反应时间、反应温度、反应压力、反应原料配比、搅拌快慢等严格控制来实现。第三，要注意检测最终产品的有效成分和各类助剂等是否达到技术指标。第四，现场要进行入场检验，确定成品是否有合格证和类型与加注管道的腐蚀环境是否匹配等问题。第五，注意现场加注位置（是否在腐蚀监测点的后面）、加注方式、加注量、加量指示、记录表、加注流程、加注使用说明和加注注意事项等。第六，管道内采取加注缓蚀剂的防腐蚀措施，一定要与清管作业相结合，在正式加注缓蚀剂之前，要在清管后进行缓蚀剂预膜操作。这一点要高度重视，因为一般油气田管道用缓蚀剂基本都是覆盖型的，所以没有预膜操作，直接进行加注缓蚀剂可能就达不到完全覆盖的要求，缓蚀剂的缓蚀作用也就没有充分发挥出来。第七，要定期现场取样对缓蚀效果进行评价和监测，以及根据环境的变化对其进行评价、更换和筛选。同时注意属地还要有专人负责这项工作。

3. 用好防腐蚀内涂层

防腐蚀内涂层也是一种常见的管道内外腐蚀控制措施。它的应用涉及内涂层选型、管道内表面处理、涂敷、固化、检测（表观、厚度和电火花等）和现场补口等环节。同样的，各环节也都需要质量把控，只有将涂层质量管理好，管道用防腐涂层才会发挥显著的防腐蚀效果。

4. 双金属复合板（管）

尽管双金属复合管特别是机械双金属复合管在实际应用过程中出现了一些问题，但通过分析与研究很快得到解决，因其相比其他管材具有许多优势，从而在油田特别是气田得到广泛应用。双金属复合板（管）同纯材管材一样，重要的是质量把控，需要从采购材料、制造过程、热处理程序、成品检验、外防腐蚀施工入场检验、外防腐蚀施工、检测、应用现场再入场检验、焊接（机械双金属复合管还要先堆焊处理后再对焊）、焊接质量检测、补口等环节进行质量监管，才能保障双金属复合管成品的应用质量。

5. 非金属管材及其内穿插管

对于非金属管材及其内穿插管，对其质量与金属管材有同样的要求，但它具有自己的特殊性和明显的环境适用性问题，如温度受限、耐压不高、易受外部机械损伤、特殊接头等，因此在制造和应用过程中要注意这些问题，需要特别的质量监控。

6. 修复油管

修复油管是井下用过后用于地面的油管，其耐压性能和管材内表面光滑程度不能与新油管相比，但可用于地面临时而腐蚀性较强的介质输送情况，如污水输送、临时注水管线等。因此对修复油管在质量上虽然要求不高，但对修复油管的质量要求也不能放松，特别是一些高压环境如高压注水管线的情况，更具有较严重的安全隐患。把控修复油管质量的关键是修复后油管的检测，因此修复油管的质量监控重点就应关注这一点。现在修复油管在油田应用较多，多数连接方式是焊接或是接箍工厂端焊接密封后螺纹连接，因此现场应用修复油管应注意现场焊接质量和接箍螺纹连接的密封问题。

（三）外防腐蚀技术管理

1. 外防腐层

外防腐层是管道外防腐蚀常用的措施之一。外防腐层的类型较多，选择余地也较大，但要注意其适用性。确定了管道的外防腐层类型后，由于管道的外防腐层一般都在工厂制作的，因此其防腐蚀性能主要取决于工厂的生产质量，加强管道外防腐层在工厂制作过程的质量监督是关键环节；再就是提高现场的补口质量和防止防腐层的机械损伤。同时，有外防腐层的管道在运行时，还要定期对外防腐层破损情况或防腐蚀效果进行检测和评估，以确定继续运行还是进行修复维护。

2. 阴极保护

外加电流阴极保护作为一种非常普遍的管道外防腐蚀措施在油气田和长输管道中广泛应用。阴极保护系统涉及的设备较多，如恒电位仪（整流电源）、阳极地床、测试桩、万用电表、检测用硫酸铜参比电极以及连接的导线与接线柱等。所以对外加电流阴极保护系统的管理，一个很重要的方面就是对这些设备的管理，还有就是日常检测和维护管理。在日常定期检测和维护过程中，如发现欠保护或过保护情况以及设备存在问题的情况，要及时上报属地主管人员，并赶快维修或更换，确保管线的外防腐蚀时刻处于控制之中；对检测结果及时真实地作好记录，以便对管道的防腐保护进行评估，如有问题采取相应的措施。

（四）辅助手段管理

1. 清管

清管作为管道防腐蚀重要的辅助措施要给予高度重视，要制定清管操作规范与流程，属地每年要对集输干线和区块之间输油气干线定期进行清管作业，这是减少管道内局部腐蚀及其腐蚀穿孔或刺漏的有效措施，需要坚持下去。清管时既重视次数，也要重视每次清管的质量，并做好每次清管记录，以备用来分析管道的内腐蚀情况，从而采取内防腐蚀措施。有的需要清管的管道，其内要加注缓蚀剂，这时清管操作应与缓蚀剂预膜工作关联起来。

2. 外补强

外补强也是一种非常有效的外防腐蚀技术，但主要针对管道局部有外腐蚀缺陷、裂纹、机械损伤（凹陷、沟槽等）、焊缝缺陷或材质缺陷发生时所采取的一种防腐蚀措施。外补强的关键是所用材料和施工，进行管道外补强时要做好材料与现场施工的质量控制，才能使外补强达到很好的防腐性能和补充强度的效果。

3. 腐蚀监测

腐蚀监测是了解和掌握油气田管道腐蚀状况和变化的重要手段。为了保证油气田的腐蚀监测工作质量，使腐蚀监测提供的数据客观、公正、准确、可靠，实施过程规范、可控，分析结果实时指导防腐工作的开展，必须明确从事腐蚀监测的现场操作人员、室内分析人员、作业区腐蚀监测管理人员及现场监督等的职责和要求，对开展腐蚀监测工作包括实验室和现场的各种试验或监测设备或仪器以及操作进行规范管理，同时对油气田、研究院和属地的相关部门及承担各采油气管理区腐蚀监测项目的运维单位进行有效管理和监督。油气田、研究院和属地的相关部门要制定油气田管道腐蚀监测管理办法，运维单位要制定管道腐蚀监测工作运行和维护相关规章制度以及实验室和现场各类试验和操作规程，这样才能保证油气田管道腐蚀监测工作顺利、可靠、准确、持续进行。

五、管道腐蚀智能化管理

现在人工智能发展相当迅猛，在很多领域有多方面的应用。塔里木油田公司和其他油气田也在进行人工智能应用推广，已开始在个别区块进行试点。在管道腐蚀管理方面也完全可以进行人工智能的应用，以提高管道腐蚀管理的效率和水平。

（一）外加电流阴极保护智能化管理

外加电流阴极保护通过规划、设计一体化的智能测试桩和测试桩远程监测管理系统，实现阴极保护参数自动采集、分析、传输和处理的目标。智能测试桩每天定时自动采集通电电位、断电电位、腐蚀电流、设备自身电池电压等数据，并通过4G/NB-IoT网络定时上传云服务器。

智能阴极保护系统综合了互联网、人工智能、大数据、通信技术、数字控制、电力电子等多种技术，可提供数据自动采集、智能终端远程监控、AI故障诊断分析、阴极状况诊断评估、辅助决策等应用。为油气储运系统提供全方位、智慧化解决方案，全面提升了管道阴极保护的管理水平，引领阴极保护行业进入了智能化新时代。

智能阴极保护管理系统由智能阴极保护管理中心系列智能终端和配套混合通信系统组成。阴极保护管理中心由各类服务器组成，系统提供4G北斗光纤、以太网等多种通信方式，通过布设于管道沿线的各种智能终端实现对阴极保护系统的远程智能控制。对阴极保护效果，实现在线实时监测。运用物联网、大数据、人工智能技术对传输到管理中心的智能感知数据进行分析计算，对阴极保护状况做出诊断评估，对日常运维做出辅助决策。提供智能状态感知、智能运行控制、智能数据分析、智能越限报警、智能信息发布、智能设备管理、智能诊断评估、智能辅助决策、手机远程访问、智能业务管理等功能。

系列智能阴极保护系统，包括智能电位采集仪、数据记录仪、智能恒电位仪、固态去耦耦合智能监测仪、恒电位仪远程监测仪、卫星同步通断器等。智能恒电位仪和智能电位采集仪是其中核心产品。智能恒电位仪可实现智能恒换、电位控制、远控同步通断、站场区域多路智能横断电位均衡控制、运行状态远传远控。智能电位采集仪可实现自动采集通电电位、断电电位、自然电位、交直流电流密度、交直流杂散电流、干扰电压。

（二）腐蚀监测智能化管理

人工智能在油田腐蚀监测系统里也可得到应用。如中国石化西北局就开发了以智能化在线监测技术为核心的智能腐蚀监测系统，在规定局域网内，便可实现远距离数据读取，打破常规人工取放分析的局限，对监测点进行连续、实时腐蚀速率监测。监测频次最短仅为2min/次，最长无上限，其灵敏度可达0~250μm，数据采集只需1min，满足了不同情况下对监测的需求。通过数据跟踪，实现风险早提醒，可谓是"人在屋内坐，看到千里外；键盘轻轻敲，数据远方来"。

在满足获取腐蚀速率的同时，系统还可对其腐蚀程度及安全风险进行评估，一次安装后，便可长期通过数据传输获取信息。经测评，5 年内配套硬件不需进行带压更换，既降低了安全风险和污染隐患，又节约了人力物力成本。图 8-87 所示为一套典型集输管线远程腐蚀监测系统。

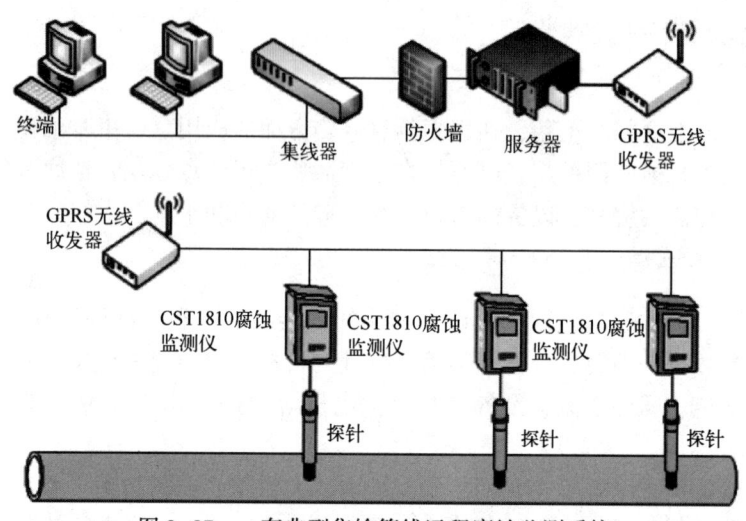

图 8-87　一套典型集输管线远程腐蚀监测系统

（三）缓蚀剂加注人工辅助半智能化管理

管道腐蚀速率是评价管道腐蚀严重性的重要指标，也是评价各种缓蚀剂现场表现和实现缓蚀剂自动加药控制的关键参数。对于智能化缓蚀剂加注系统，作为缓蚀剂智能加注的输入端，腐蚀监测数据首先导入到远程服务器数据库中，然后由服务器软件依据各监测点的位置、腐蚀速率、流速、温度和管径等关键参数，通过神经网络、模糊控制或者 PID 控制算法，将反馈量依次通过 PLC 控制器、变频器来驱动缓蚀剂加药泵，从而控制缓蚀剂的加注量，使油/水管网的腐蚀速率保持在一定安全范围内。利用神经网络或者系统辨识法对腐蚀速率与缓蚀剂加药量之间的关系曲线进行数学建模，得到系统的数学模型（传递函数）。通过 MATLAB/Simulin 软件对腐蚀速率变化趋势与缓蚀剂加药量之间的函数关系进行仿真。在仿真环境下，根据稳定边界法公式对系统 PID 控制参数进行整定，并将得到的 PID 控制参数运用于缓蚀剂加药单元。通过仿真获得的传递函数还需要经过加药试验进行修正，最终得到了理想的 PID 参数。

第九章 油气田管道失效识别与统计

油气田管道输送介质复杂，管道材质多样，周边环境多变，管道建设年限参差不齐。随着服役时间的延长，其失效风险越来越高。经初步分析，油气田管道失效原因主要包括管道建设期间因材质或施工造成的缺陷、管道运行期间内/外腐蚀穿孔、自然灾害、误操作、第三方破坏等。在油气管道失效事件发生后，及时对管道失效类型和原因进行识别、分类与统计，对于提升管道风险识别能力，减少管道失效事件的发生具有重要意义。同时，失效数据统计是快速获得管道风险特征的有效方法，有助于采取有针对性的维修维护方法，延长管道使用寿命。

第一节 油气田管道失效类型

一、失效定义

为了对油气田管道的失效事件进行分类，首先需要明确其"失效"的范畴。根据"失效"的通用定义，一般认为产品丧失规定的功能称为失效，如美国《金属手册》认为，机械产品的零件或部件处于下列三种状态之一时就可定义为失效：完全不能工作；仍然可以工作，但已不能令人满意实现预期的功能；受到严重损伤不能可靠和安全继续使用，必须立即从产品或装备拆下来进行修理或更换。从工程角度而言，我国国家标准GB/T 2900.99—2016《电工术语 可信性》中给出明确的定义："（产品的）失效——执行要求的能力的丧失。产品失效是导致产品故障的一次事件。"对于可修复产品，通常也称为故障。

本书根据油气田管道的失效的特点，规定了油气田管道"失效"的定义：管道发生泄漏、断裂、爆炸、塌陷等而完全丧失功能的现象。

二、常见失效类型

（一）欧洲输气管道事故数据组织

欧洲输气管道事故数据组织（EGIG）统计结果显示，输气管线平均失效概率以及管线平均失效概率总体上呈逐年下降趋势。欧洲输气管道事故数据组织将长输输气管道的失效类型分为六大类，各失效类型所占比例见表9-1。

表 9-1　欧洲输气管道失效类型占比统计

失效类型	第三方破坏	施工和材料缺陷	腐蚀	地层运动	带压维修失误	其他
占比	49.7%	16.7%	15.1%	7.1%	4.6%	6.8%

(二) 俄罗斯

俄罗斯将天然气长输管道的失效类型分为腐蚀、外部影响、材料缺陷、焊接缺陷、施工缺陷、误操作、设备缺陷、其他八大类，其中腐蚀、外部影响和材料缺陷是排在前三位的失效原因，分别占总数的 39.9%、16.9%、10.8%。

(三) 美国运输部

美国运输部将天然气长输管线的各种失效原因分为五大类：外部影响、腐蚀、焊接和材料缺陷、设备和操作及其他。其中外部影响是第一位的，占比 43.6%；其次是腐蚀，占比 22.2%；焊接和材料缺陷居第三位，占比 15.3%。

(四) 国际管道研究委员会

国际管道研究委员会 (Pipeline Research Committee International, 简称 PRCI) 基于美国和欧洲输气管线的失效统计数据，按照危害的时间因素和事故模式将油气长输管道失效类型分为 3 种时间类型、9 种失效类型、21 种细类 (图 9-1)。3 种时间类型包括时效性相关、稳定不变及与时间无关。时效性相关包括内腐蚀、外腐蚀及应力腐蚀 3 种；稳定不变包括制造缺陷、焊接施工缺陷及设备缺陷 3 种；与时间无关包括第三方/机械破坏、不正确操作及气候/外力作用 3 种。21 种细类包括内腐蚀、外腐蚀、应力腐蚀、管体缺陷、管体焊缝缺陷、环焊缝缺陷、制造焊缝缺陷、褶皱弯头或屈曲、螺纹支管接头损坏、O 形垫片损坏、控制/泄放设备故障、密封/泵填料失效、其他失效、永久性立即失效、以前损伤滞后性失效、故意破坏、操作程序不正确、寒流、雷电、暴雨洪水和大地运动 (地震)。

该分类方法有以下几个优点：

(1) 从失效原因上对失效类型进行划分，界定更加清晰。

(2) 不同的失效原因对应不同的失效机理，有利于各种失效机理的深入研究，为失效防护提供理论基础。

(3) 每类失效类型相应采取的控制措施不同，基于失效的原因进行分类，有助于快速提出科学有效的防护措施。

(五) 国内

国内根据油气长输管道失效的后果将油气长输管道的失效模式分为爆炸、泄漏、断裂、变形、表面损伤 5 大类。

以上油气管道的失效分类方法均是基于长输管道进行的，而油气田管道在管道类型、输送介质、地区环境以及管理特点上与长输管道有着明显的不同，长输管道的失效分类方法在油气田管道中不能直接应用。

第九章 油气田管道失效识别与统计

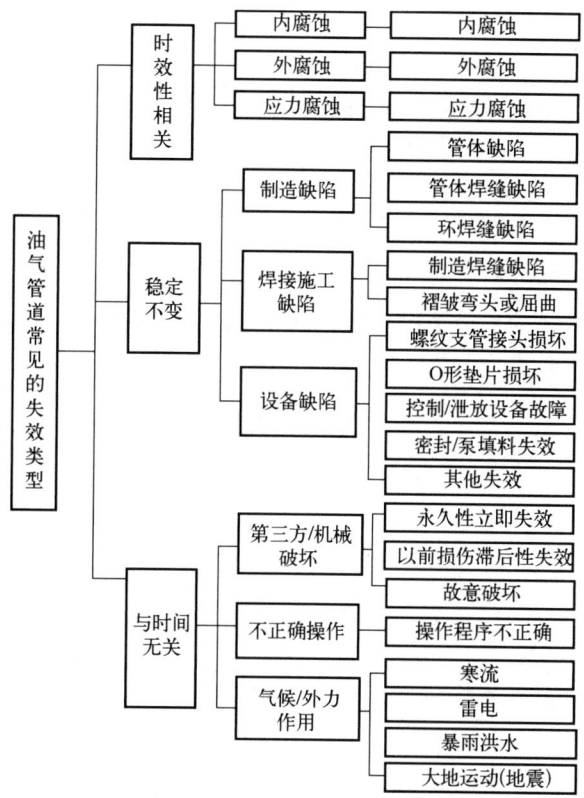

图 9-1 国际管道研究委员会失效类型统计

三、失效分类方法

（一）油气田管道常见失效因素

国内典型油气公司历年管道失效原因统计情况见表 9-2。可以看出，内、外腐蚀是导致油气田管道失效的主要原因。

表 9-2 国内典型油气田公司历年管道失效原因统计表

油气田公司	失效类型	主要失效类型
A 油气田	腐蚀、外力干扰、地质灾害、制造与施工缺陷、误操作、其他	腐蚀
B 油气田	内腐蚀、外腐蚀、机械损伤、人为破坏	外腐蚀、内腐蚀
C 油气田	内腐蚀、外腐蚀、材料疲劳、第三方破坏、制造与施工缺陷、其他	内腐蚀
D 油气田	内腐蚀、外腐蚀、焊口弯头施工质量、第三方破坏、地质灾害	内腐蚀
E 油气田	腐蚀、机械损伤、焊接质量、材质缺陷	腐蚀
F 油气田	内腐蚀、外腐蚀、环境敏感断裂、制造与施工缺陷、第三方破坏、运行操作不当、自然灾害	内腐蚀、外腐蚀
G 油气田	内腐蚀、外腐蚀、环境敏感断裂、制造与施工缺陷、第三方破坏、运行与维护误操作、自然与地质灾害	外腐蚀

续表

油气田公司	失效类型	主要失效类型
H油气田	内腐蚀、外腐蚀、应力腐蚀开裂、制造施工缺陷、第三方破坏、运行操作不当、自然灾害、本厂施工破坏	内腐蚀
I油气田	内腐蚀、外腐蚀、施工缺陷、制造缺陷、第三方破坏	内腐蚀、外腐蚀

(二) 油气田管道失效分类

根据陆上油气田管道的失效情况，结合其失效的典型特征，瞄准其失效原因，可将陆上油气田金属管道的失效类型分为7大类24小类，见表9-3。

表9-3　油气田管道推荐失效分类

失效大类	失效小类
内腐蚀 (10小类)	CO_2腐蚀
	H_2S腐蚀
	CO_2/H_2S共同作用下腐蚀
	CO_2/Cl^-共同作用下腐蚀
	溶解氧腐蚀
	细菌腐蚀
	焊缝腐蚀
	冲刷腐蚀
	垢下腐蚀
	水线腐蚀
外腐蚀 (5小类)	土壤自然腐蚀
	阴极保护失效引起的腐蚀
	杂散电流腐蚀
	保温层下腐蚀
	补口腐蚀
环境敏感断裂 (2小类)	内部介质引起的环境敏感断裂
	外部介质引起的环境敏感断裂
制造与施工缺陷 (2小类)	管体缺陷
	施工焊接缺陷
第三方破坏	第三方破坏
运行操作不当 (2小类)	结垢堵管
	误操作
自然灾害 (2小类)	水文灾害
	地质灾害

部分腐蚀失效类型，如汞腐蚀、酸化液腐蚀等内腐蚀小类，以及电偶腐蚀、出入土段的氧浓差等外腐蚀小类，由于在油气田集输管道中并非普遍存在，尚未纳入本分类，油气田企业可以根据自身管道情况进行调整。

第二节 油气田管道失效识别

一、识别策略

失效分析是对失效事件的失效现象进行分析，以明确失效的原因。失效现场的识别工作是失效分析的首要工作，也是至关重要的工作之一。油气田管道失效原因复杂，涉及材料本身、服役环境、工艺流程及工况条件等多个方面，且涉及材料科学、电化学、普通化学、流体学、力学等多个学科，其现场识别工作包含的点多、面广，不同于简单的观察和作业，识别工作复杂且难度大，需要有一定的策略作为指引。

为了理清现场失效识别的工作思路，明确现场失效识别的工作内容，降低现场失效识别工作难度，确保油气田管道现场失效识别工作顺利开展，宜采用"三级识别"策略，如图9-2所示，具体包括：

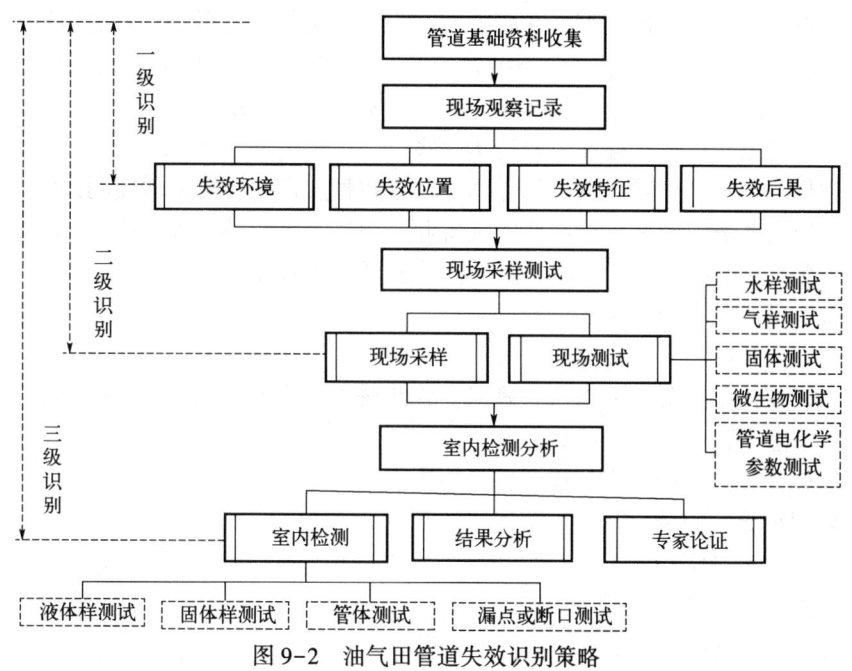

图 9-2　油气田管道失效识别策略

（1）每一起失效事件均应开展一级识别并统计记录。一级识别的主要内容包括对失效环境、失效位置、失效特征和失效后果的观察与分析。

（2）对于通过一级识别无法确认类型的失效事件，宜开展二级识别。二级识别是在一级识别的基础上开展现场采样测试，包括对现场水样、气样、固体、微生物以及管道电化学参数的测试与分析。

（3）对于通过二级识别无法明确类型的失效事件，宜开展三级识别。三级识别是在二级识别的基础上开展室内检测分析，通过室内测试、结果分析和专家论证，实现对失效的识别。

油气田管道失效识别精度分为识别到大类或小类 2 个层级。失效管道采取切割换管的维修方式时，宜通过观察和试验，确定失效大类和小类；采取其他维修方式时，根据现场识别条件确定识别精度。

二、工作流程

油气田管道失效识别工作流程包括组织与保障、失效识别、失效统计、审核与上报等 4 个步骤，如图 9-3 所示。

（一）组织与保障

组织与保障包括人员组织、仪器设备配置以及 HSE 保障三个方面。在进行人员组织时，需要考虑以下几个方面：

（1）腐蚀调查方案的制作。制作整体的内腐蚀调查方案，并提供或组织相关培训。

（2）调查工作的通知。通知调查工作中涉及的时间节点。调查工作中，告知的时间非常关键，该时间可以保证调查人员在管线切割时到达到场。

（3）开挖和管道的更换。需要在腐蚀调查人员到场就位之后进行管道切管工作。

（4）样本的收集。在附近的设备设施中收集样本，同时需要对历史运营数据进行收集，如管道阴极保护运行数据、管道入口和出口运行压力及温度等。

（5）样品的运送。运送样品到分析实验室。

（6）数据的分析。回顾调查结果并通过调查数据决定是否需采取监测或缓解措施。

（7）调查的预算。对调查所需要的装备和服务进行相关的预算。

现场调查人员应明确自己的工作内容，其主要工作内容包括：

（1）管线基础数据与历史运行数据调查。

（2）仪器设备准备及安全保障。

（3）与开挖或更换负责人沟通，确保在管线修复、更换、回填前到达现场。

（4）在附近的设备设施中收集样本。

（5）对失效管段现场采集的样品进行检测。

（6）数据统计及记录。

（7）失效类型判定。

（8）帮助运送样品到分析实验室。

现场调用仪器设备的准备应注意以下内容：

（1）现场调查用的仪器设备必须提前采购，并在第一时间无障碍提供。

（2）具体的设备工具包明细见表 9-4。需要注意的是，调查人员必须熟悉使用仪器设备的程序。为确保测试结果正确和有效，应将仪器设备的使用方法对调查人员进行培训，如果一些调查任务需要操作员资质要求，还需要进行专业的培训。

（3）开展现场调查工作前需要提前做好安全防护工作。

（4）在现场调查实施前应与现场主管沟通，充分了解工作现场的环境及危害，并采取相应的措施以提高安全环保水平，包括但不限于以下措施：

第九章　油气田管道失效识别与统计

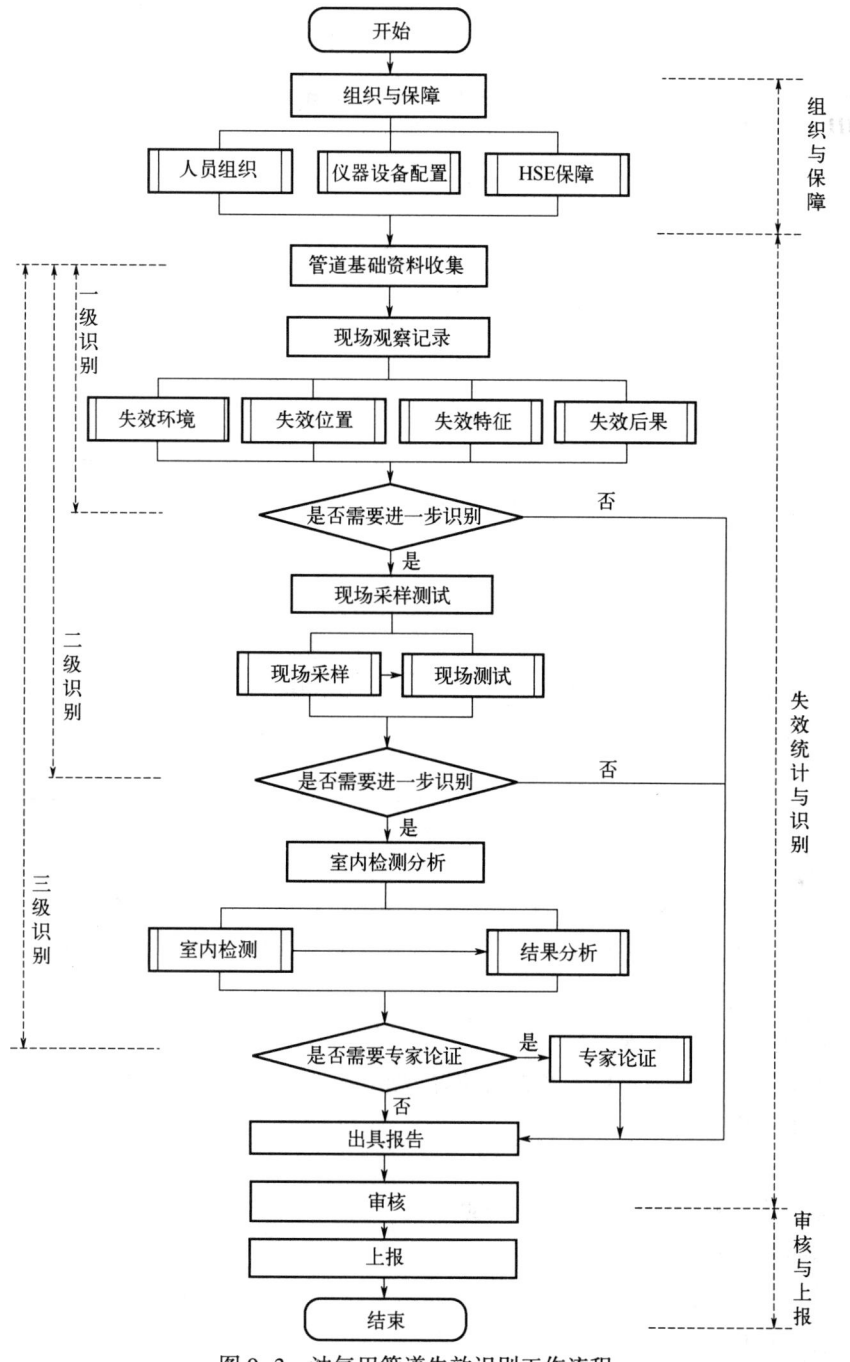

图9-3　油气田管道失效识别工作流程

① 为保证开挖工作的安全，现场取样和测试工作需在管道被切割后并移动到安全区域后进行。

② 在有易燃气体或蒸气存在的工作环境下，需提前询问是否可以使用相机闪光灯。

③ 在挖掘和重型设备附近工作时需注意周围的环境，注意识别安全风险，采取必要的防护措施。

④ 现场调查人员确保在调查现场不遗留任何物品，在开挖或地面上不宜处理化学品或固体废物，用于接种细菌生长培养基的注射器必须按照国家规定予以销毁和处理。

表 9-4　现场失效分析常用工具

类型	名称
取样器具	样品瓶/袋
	滤纸
数据记录器具	放大镜
	数码相机
测量器具	钢尺
	里氏硬度计
	温度计
	精密 pH 值试纸
	数字万用表
	硫酸铜参比电极
测试器具	一次性注射器
	细菌测试瓶
	气体采集器
	快速气体检测管（H_2S）
	快速气体检测管（CO_2）

（二）基础信息收集

基础信息收集包括管道及周边环境信息、管道运行信息、腐蚀性介质及水质信息。其中管道及周边环境信息包括管道属性、设计参数、运维参数。具体内容如下：

（1）管道起点和终点名称。
（2）管道的高程和里程。
（3）管道管径、壁厚、长度及失效位置埋深。
（4）管道材质等级。
（5）管道外防腐层类型。
（6）是否有管道内涂层，内涂层类型。
（7）管道阴极保护方式。
（8）管道投产时间。
（9）管道运行状况。
（10）药剂添加情况。
（11）管道更换与维护情况。

管道运行信息包括管道输送介质信息及运行参数。具体内容如下：

（1）油管道收集输液量、含水率及气油比数据。
（2）气管道收集输气量、产水量及产油量数据。
（3）注水管道收集输水量。

(4) 管道入口压力及出口压力。
(5) 管道入口温度及出口温度。

腐蚀性介质及水质信息具体内容如下：
(1) 油管道收集伴生气中 CO_2 和 H_2S 含量等。
(2) 气管道收集输送气体中的 CO_2 和 H_2S 含量等。
(3) 水管道收集介质中 SRB 细菌及溶解氧含量等。
(4) 油田采出水或注水管道中的 Cl^- 含量、矿化度及 pH 值。

（三）现场观察记录

现场调查人员应观察并记录失效环境、失效后果、失效位置及失效特征等信息。

其中失效环境信息包括失效管道周边水文地质情况、地区类别、第三方活动、干扰源等，干扰源包括交流输电线路、高铁、地铁、交流电气化铁路、轻轨、磁悬浮列车、阳极地床（包括阴极保护辅助阳极地床、排流阳极地床等）、电焊区、直流接地极以及矿区等。

失效后果信息包括人员伤亡情况、泄漏量或污染面积、是否存在着火或燃爆等。

失效位置信息包括失效发生的管道里程点、时钟位置、失效点与环焊缝距离等，如管道内壁、管道外壁、管道顶部、管道底部、管道弯头、管道三通、管道变径处、异种金属焊接接头边线附近、管道接头及管道焊缝等。

失效特征信息包括防腐层和管体破损尺寸、破损形态及照片等。

（四）现场采样测试

现场采样包括失效管道周边样品和管道输送介质样品。其中失效管道周边样品包括保土壤样品、温层样品、补口情况、腐蚀产物样品（若有的话）、管道失效本体样品（若有截管）、管道内部的液体样品、气体样以及固体和泥状物样品等；管道输送介质样品包括管段失效位置上游液体和气体样品等。

基于现场采集样品，在现场开展液体样温度测试、pH 值测试，气体样中二氧化碳和硫化氢（气相）含量测试，固体和泥状样中组分测试（含水率，硫酸根离子、钡离子、钙离子、氯离子含量等测试）、土壤电阻率测试、土壤 pH 值测试、防腐层附着力/剥离强度测试，微生物样中 SRB 含量测试，管道电化学参数测试，如管道腐蚀电位、管道自然电位、管道极化电位、管道交流干扰电压、管道交流电流密度等，见表 9-5。

表 9-5 现场测试项目清单

测试类型	测试内容	备注/测试位置
水样	温度	管道内部样品
	pH 值	管道内部样品
气样测试	气体中 CO_2 和 H_2S 含量	管道内部样品
固体和泥状样品测试	组分	管道内部样品
	土壤电阻率	管道外部样品
	土壤 pH 值	管道外部样品
	防腐层附着力/剥离强度	管道外部样品

续表

测试类型	测试内容	备注/测试位置
微生物测试	SRB 含量	管道外部样品
管道电化学参数测试	管道腐蚀电位	管道基体样品
	管道自然电位	管道基体样品
	管道极化电位	管道基体样品
	管道交流干扰电压	管道基体样品
	管道交流电流密度	管道基体样品

（五）室内检测分析

承担三级识别的实验室应具备测试和失效分析的能力和业绩，同时取得省部级以上部门颁发的 CNAS 和 CMA 资质。实验室应结合具体送检样品，合理设置检测项目，科学判断失效类型，提交失效分析报告。实验室应具备的相关检测能力包括但不限于以下内容：

(1) 电导率和 pH 值。
(2) 溶解氧含量。
(3) 管道内部固体/泥状样品碳酸盐含量。
(4) 微生物数量。
(5) 简易腐蚀产物测试，根据气味判断是否含 FeS 或 $FeCO_3$。
(6) 腐蚀电化学测试。
(7) 高温高压腐蚀模拟实验。
(8) 金相组织测试。
(9) 硬度测试。
(10) 强度测试。
(11) 韧度测试。
(12) XRD 测试。
(13) 微观形貌测试—扫描电镜（SEM）。
(14) 化学成分测试（化学法）。

表 9-6 列出了可能需要开展的测试项目清单，具体测试哪些项目，需要结合失效具体情况和专业工程师的意见确定。若基于检测结果能识别出管道失效的类型，则可直接识别，否则需要邀请行业的专家进行论证。

表 9-6 实验室可能检测项目清单

样品	液体样品	固体/泥状/垢样样品	漏点或断口	管体
测试项目	水质分析（pH 值测试、离子色谱分析、有机酸分析、微生物培养鉴定）	XRD 测试、离子色谱测试、AAS、色谱/质谱分析、电导率测试、SEM 测试、TEM 测试、AES 测试、SIMS 测试、FTIR 测试、化学法测试、显微组织测试、力学性能测试、腐蚀电化学测试、高温高压气腐蚀模拟实验	漏点或断口金相组织测试、漏点或断口化学成分测试、漏点或断口力学性能测试（冲击韧度、抗拉强度、硬度）、漏点或断口微观形貌测试	金相组织测试、化学成分测试、力学性能测试（冲击韧度、抗拉强度、硬度）

为了科学合理地利用有限的经费，并不是所有现场不可识别的失效事件均需要开展室内检测分析，只需选择典型的失效事件（多次重复出现且现场不可识别的失效事件）送至专业失效分析实验室开展室内检测分析，并出具检测分析报告。

三、识别流程

图 9-4 所示为油气田管道失效大类的识别流程。现场调研人员达到失效现场后，首先判断是否为钢质管道。若为钢质管道，则观察失效形貌，是否为腐蚀导致的失效（即腐蚀穿孔或开裂等）。

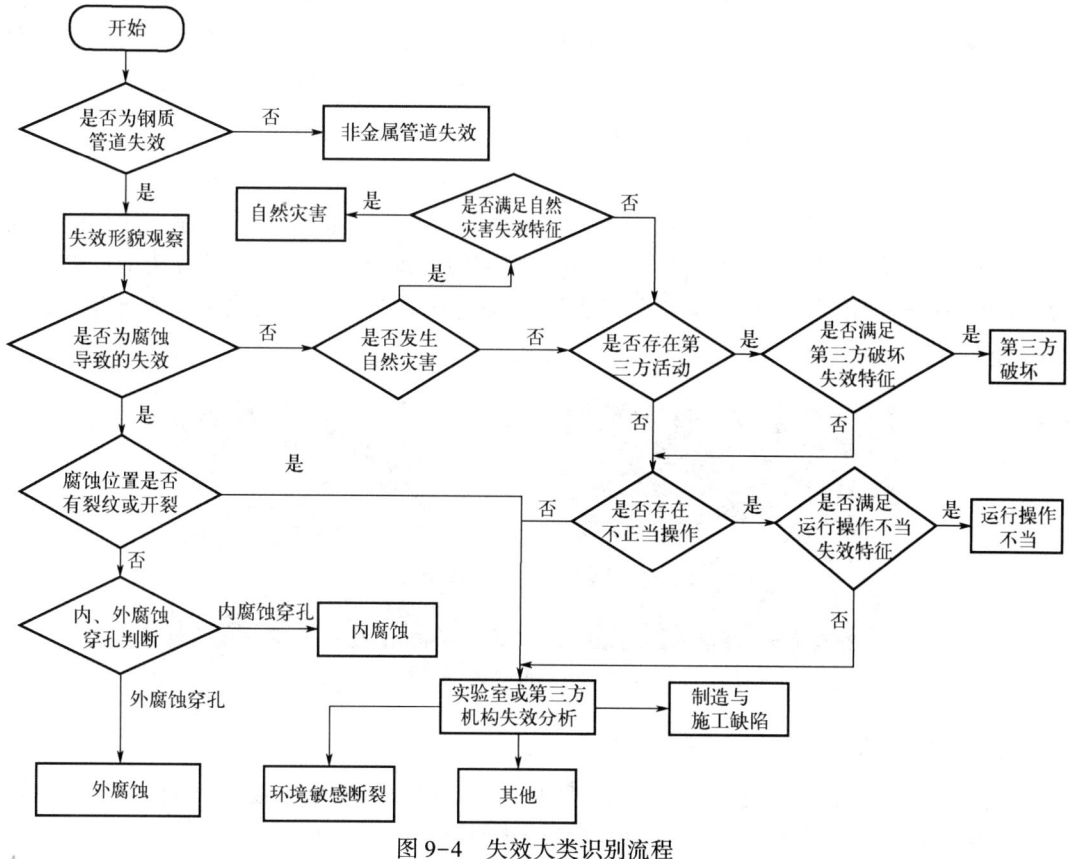

图 9-4　失效大类识别流程

若失效位置有腐蚀穿孔或裂纹，则查看是否有开裂或裂纹等，若有则将样品送至实验室或第三方机构进行失效分析，判断是否为环境敏感断裂失效；否则，判断是内腐蚀穿孔还是外腐蚀穿孔。若为内腐蚀穿孔，则归类为内腐蚀失效；否则归类为外腐蚀失效。

若失效位置没有腐蚀穿孔或开裂，则查看天气情况，是否发生了自然灾害。若发生了自然灾害，则对照自然灾害的识别判据，若满足则归类为自然灾害失效。若没有发生自然灾害或不满足自然灾害的失效特征，则查看是否有第三方活动，包括管道所属单位的施工和第三方的施工等。若有第三方活动，对照第三方破坏的识别判据，若满足则归类为第三方破坏失效。若不存在第三方活动或不满足第三方破坏失效特征，则判断是否存在不正当操作。若有不正当操作，对着运行操作不当识别判据，若满足，则归类为运行操作不当失效；若不存在不正当操作或不满足运行操作不当失效特征，则将样品送至实验室或第三方机构进行失效分析，判断是否属于制造与施工缺陷、其他失效类型。

四、识别判据

鉴于三级识别情况复杂，且往往需要专家论证，本书只介绍一级识别和二级识别可以识别的失效类型的判据。

（一）一级识别判据

通过一级识别可以将内腐蚀失效大类中的电偶腐蚀、冲刷腐蚀、垢下腐蚀、水线腐蚀，外腐蚀失效大类中的保温层下腐蚀和补口腐蚀，第三方破坏及运行操作不当失效大类中的结垢堵管和误操作，以及自然灾害失效大类中的水文灾害和地质灾害等失效类型识别出来。同时可以将制造与施工缺陷中部分管体缺陷和施工焊接缺陷进行识别。

1. 电偶腐蚀

通常发生在两种不同金属相互接触（或焊接接头）、有内涂层和无内涂层涂覆的边线附近。通常表现为一侧金属腐蚀严重，呈现沟槽装腐蚀特征。例如，焊缝接头的电偶腐蚀表现为焊缝一侧的沟槽形貌，常常导致管道、储液槽等设备穿孔。电偶腐蚀的典型形貌如图 9-5 所示。

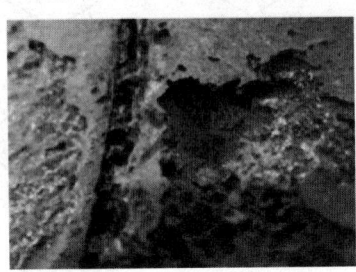
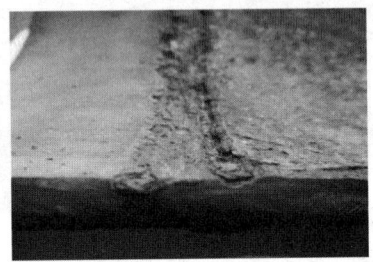

图 9-5　电偶腐蚀典型形貌

2. 冲刷腐蚀

通常发生在管道的弯头、三通、变径等特定的部位。失效特征通常表现为带有方向性的槽、沟、波纹、圆孔和山谷形。冲刷腐蚀的典型形貌如图 9-6 所示。

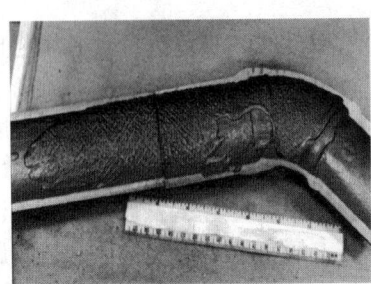
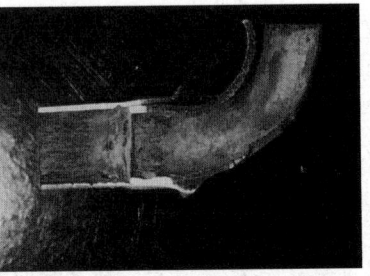

图 9-6　冲刷腐蚀典型形貌

3. 垢下腐蚀

通常发生在管线内部各时钟位置，且均有垢形成，部分由于流型、流态和流速不同在管线底部出现垢层。失效特征通常表现为呈规则圆形蚀坑，与细菌腐蚀协调作用时的蚀坑呈规则圆锥形。垢下腐蚀的典型形貌如图9-7所示。

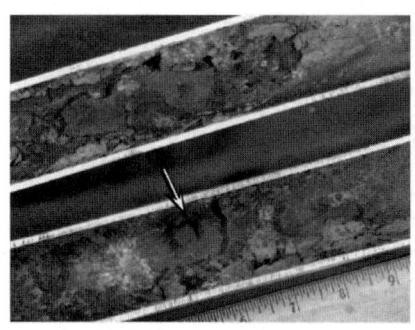
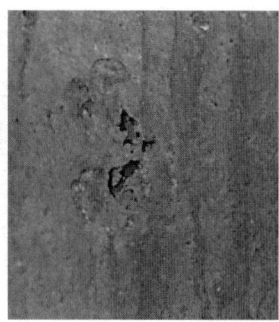

图9-7 垢下腐蚀典型形貌

4. 水线腐蚀

通常处于管道内部有水的环境，通常分布于管线底部4点~7点油水界面处或水气界面处。失效特征表现为沿某个时钟位置的局部腐蚀，其他时钟位置呈现均匀腐蚀或无显著腐蚀。水线腐蚀的典型形貌如图9-8所示。

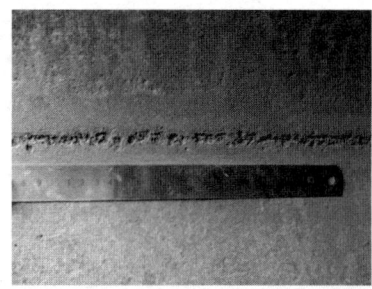
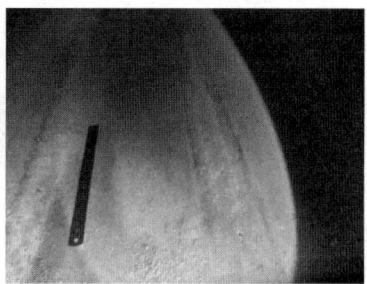

图9-8 水线腐蚀典型形貌

5. 保温层下腐蚀

通常发生在带有保温层的管道，且保温层内含有一定水分。失效特征通常表现为坑蚀或腐蚀减薄。保温层下腐蚀的典型形貌如图9-9所示。

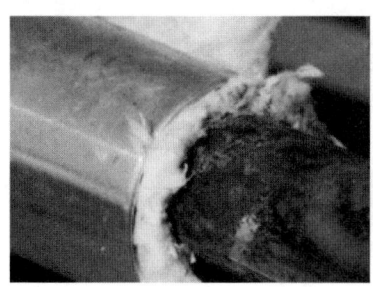

图9-9 保温层下腐蚀典型形貌

6. 补口腐蚀

通常发生在 3PE 管道热收缩带补口位置，或防水帽接口位置，且外部补口位置热熔胶与主体管道 PE 防腐层及管体黏结不良，补口处金属表环氧底漆脱落。失效特征通常表现为均匀腐蚀形貌，特殊情况下为环状。补口腐蚀的典型形貌如图 9-10 所示。

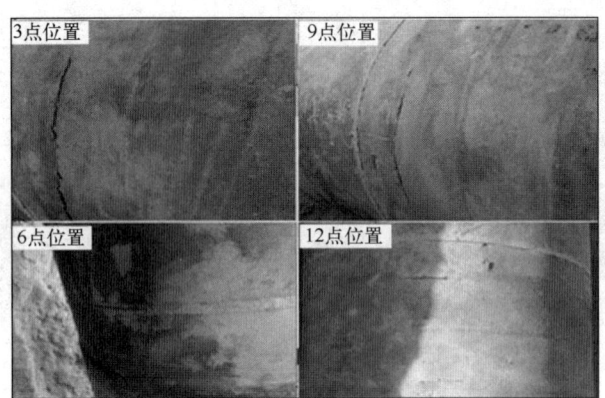

图 9-10 补口腐蚀典型形貌

7. 第三方破坏

失效附近往往存在第三方施工、人口活动、采挖、耕种、偷盗等人为活动行为，失效特征主要表现在直接导致管道破裂，引起介质泄漏、着火爆炸事故。管道通常表现为孔洞、凹陷致断裂等失效方式。第三方破坏引起的典型失效形貌如图 9-11 所示。

 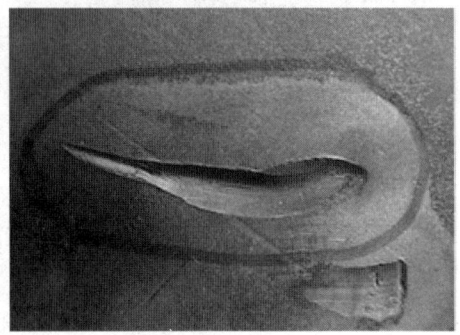

图 9-11 第三方破坏引起的典型失效形貌

8. 结垢堵管

一般发生在注水管线内部，内部介质含 Ca^{2+}、Mg^{2+}、Ba^{2+}、Sr^{2+}、CO_3^{2-}、SO_4^{2-} 等结垢型离子，产出介质中含 SiO_2 砂垢，服役过程中产生 $FeCO_3$ 等锈垢。失效特征通常表现为管道内部产生大量结垢产物，无腐蚀穿孔，但结垢产物致密并充满整个管体。结垢堵管引起的典型失效形貌如图 9-12 所示。

9. 误操作

通常发生在管道基体、焊缝、阀门、法兰，以及密封性较差或承压能力较薄弱的位置。管道基体和焊缝的失效特征主要表现在电火花烧蚀产生的腐蚀穿孔，或管壁减薄时承

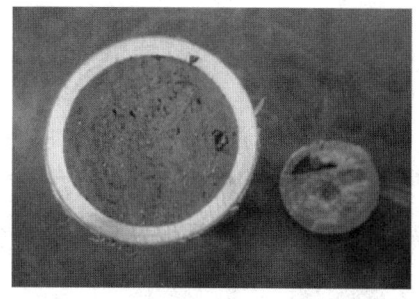
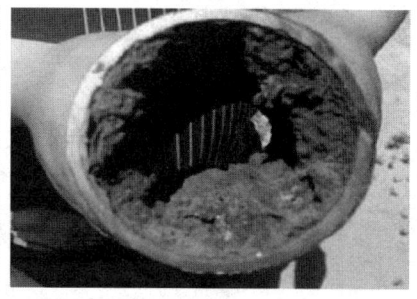

图 9-12　结垢堵管引起的典型失效形貌

压能力差导致的"先漏后破"的泄漏与断裂现象。阀门和法兰的失效特征主要表现在由于误操作导致的构件密封能力差而产生的泄漏。

10. 水文灾害

水文灾害包括寒流、雷电、暴雨、洪水等。

寒流导致的失效往往发生在有季节性冻土环境下的冬季、初春或气温骤变的寒流天气。其失效特征表现在两个方面，一是管道外部的季节性冻土导致地基隆起，进而引发管道或构件变形而开裂；二是管道内部介质尤其是气管线，一般表现为出站管线在压力急剧降低时内部介质温度的骤降，管道的失效表现为外部结霜。寒流引起的典型失效形貌如图 9-13 所示。

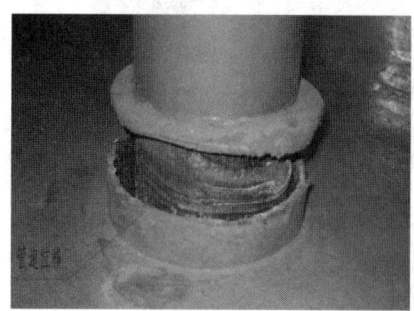
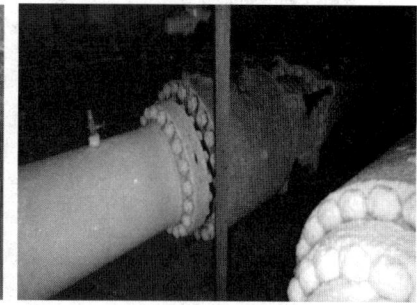

图 9-13　寒流引起的典型失效形貌

雷电导致的失效往往发生在雷电天气，其失效特征通常表现为管壁熔融，熔融处表现为规则圆形蚀坑，几乎无显著腐蚀产物。当产生管壁熔融时，管壁由于承压不足而导致破裂。雷电引起的典型失效形貌如图 9-14 所示。

暴雨导致的失效往往发生在穿跨越浅滩、河流、沟渠等水流活动地区的管道上，通常出现河床变化较为剧烈或遇洪水、水流冲刷造成管道裸露、漂浮、悬空、变形、断裂等破坏现象。其季节性特征非常明显，集中发生在雨季或汛期，水流冲刷导致管道上敷土层松动脱离、河岸毁坏，管道半埋于河床或悬浮于水中，受（含沙土）水流的强大冲击作用发生变形、振动、甚至断裂。暴雨引起的典型失效形貌如图 9-15 所示。

11. 地质灾害

通常有地震、滑坡、泥石流、地面沉降等地质活动发生，失效特征表现为管道发生位移、开裂或折弯。地质灾害引起的典型失效形貌如图 9-16 所示。

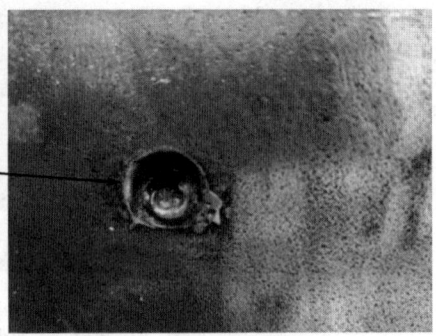

图 9-14 雷电引起的典型失效形貌

图 9-15 暴雨引起的典型失效形貌

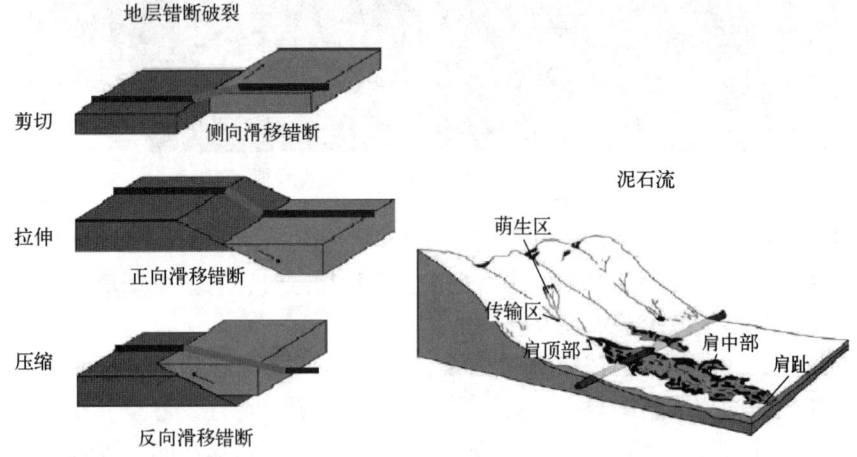

图 9-16 地质灾害引起的典型失效形貌

12. 管体缺陷

常见管体陷分为两大类，即管体表观缺陷和管体内部缺陷，涉及两类识别。管体表观缺陷可通过一级识别进行识别，管体内部缺陷通常通过三级识别进行识别。

其中管体表观缺陷通常位于母材、焊缝、阀门、三通、弯头等部件，其失效特征通常表现为管壁厚度不均、偏心、砂眼等常规管体缺陷。该缺陷为管材的非冶金特征。

管壁厚度不均主要体现为螺旋状或直线状，通常分布于管端，体现为偏厚或偏薄；偏心主要体现在管道内外表面中心轴线不重合，导致的某一给定截面处的壁厚沿圆周方向不均匀；砂眼主要体现为由于杂粒失落或其他行为，导致管壁上形成的单个凹缺陷。

13. 施工焊接缺陷

常见施工焊接缺陷分为两类：施工焊接表面缺陷和施工焊接内部缺陷。

其中施工焊接表面缺陷（包括咬边、弧坑裂纹、未焊透、表面夹渣、表面气孔、引弧烧伤等）可通过一级识别进行识别。部分施工焊接内部缺陷（如内部裂纹或气泡）可通过二级识别（现场无损检测，如 X 射线探伤）进行识别，失效特征为焊缝内部裂纹或气泡等。部分施工焊接内部缺陷需通过三级识别进行识别，实验室检测内容通常包括焊接接头的金相组织、化学成分、抗拉强度、冲击韧度、硬度等理化性能的检测。失效特征为理化性能不符合相关标准要求。

（二）二级识别判据

通过二级识别可以将内腐蚀失效大类中的 CO_2 腐蚀和细菌腐蚀，外腐蚀失效大类中的土壤腐蚀、阴极保护失效引起的腐蚀、杂散电流腐蚀进行识别。

1. CO_2 腐蚀

失效管道内通常含水和伴生气 CO_2。油管线容易发生在管道底部和水线位置，气管线容易发生在顶部（和底部），有垢存在的注水管线容易发生在管线底部。失效特征表现为呈现局部点蚀、癣状腐蚀和台地状腐蚀，其中台地状腐蚀是腐蚀过程中最严重的一种情况，腐蚀穿孔率很高。如根据上述特征不能识别出失效类型，宜开展气相中的 CO_2 含量测试，并计算 CO_2 分压。若 CO_2 分压>0.021MPa 时，可归类为二氧化碳腐蚀导致的失效。CO_2 腐蚀的典型形貌如图 9-17 所示。

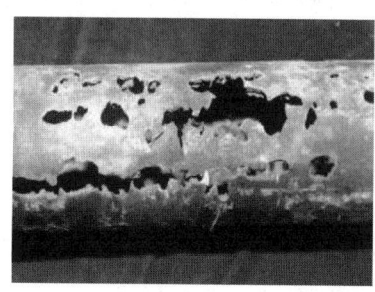 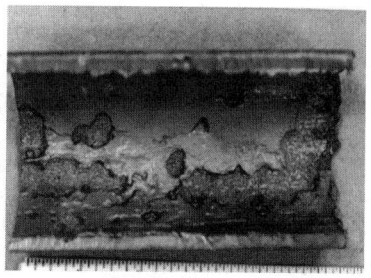

图 9-17　CO_2 腐蚀典型形貌

2. 细菌腐蚀

细菌腐蚀很少发生在正常运行的凝析油管道、湿气管道、干气管道。其失效特征多为高度的局部点蚀，去除表面腐蚀产物后，金属表面保护膜脱落，呈现光亮活性的表面极易发生腐蚀，蚀坑是开口的圆孔，纵切面呈锥形，孔内部是许多同心圆形或阶梯形的圆锥。如根据上述特征不能识别出失效类型，宜开展 SRB 含量测试。若测得 SRB 含量达到 10 个/mL 时，可归类为细菌腐蚀导致的失效。典型细菌腐蚀形貌如图 9-18 所示。

图9-18 细菌腐蚀典型形貌

3. 土壤腐蚀

通常发生在土壤电阻率较低的区域,管道未施加阴极保护和保温层,且周边无铁路、地铁、轻轨、高压交直流输电线路、电焊等干扰源。其失效特征通常表现为管道防腐层有破损,且表现为均匀腐蚀,打磨产物后表面粗糙,边缘不整齐。如根据上述特征不能识别出失效类型,宜开展管道腐蚀电位测试。测得管道腐蚀电位在$-0.4 \sim -0.85V(CSE)$时,可归类为土壤腐蚀导致的失效。土壤腐蚀典型形貌如图9-19所示。

图9-19 土壤腐蚀典型形貌

4. 阴极保护失效引起的腐蚀

通常发生在施加了阴极保护的埋地钢质管道,其失效特征表现为管道外壁发生腐蚀泄漏,其腐蚀形貌表现为均匀腐蚀。若根据上述特征不能识别出失效类型,宜开展土壤电阻率和管道极化电位测试。若测得管道土壤电阻率和管道极化电位不满足国标GB/T 21448—2017《埋地钢质管道阴极保护技术规范》中"阴极保护准则"的相关规定时,可归类为阴极保护失效导致的腐蚀。

5. 杂散电流腐蚀

杂散电流腐蚀包括交流杂散电流腐蚀和直流杂散电流腐蚀。交流杂散电流腐蚀通常发生在周边1km范围内存在高压交流输电线路、交流电气化铁路、高铁、交流电焊机等的管道上。其失效特征通常表现为外面为凸起的坚硬"瘤"状,里面为圆形点蚀坑,去除产物后光亮,边缘整齐,典型形貌如图9-20所示。

直流杂散电流腐蚀通常发生在周边10km范围内有地铁、轻轨、(特)高压直流输电线路接地极、直流电气化铁路、矿厂、阳极地床以及直流电焊机等的管道上。其失效特征通常表现为圆形的点蚀坑,打磨后点蚀坑光滑,典型形貌如图9-21所示。

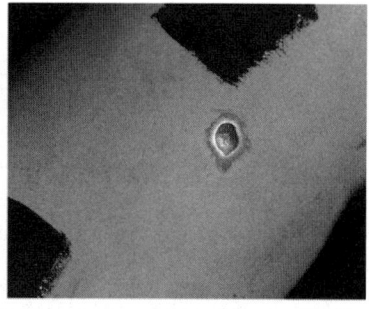

图 9-20 交流杂散电流腐蚀典型形貌

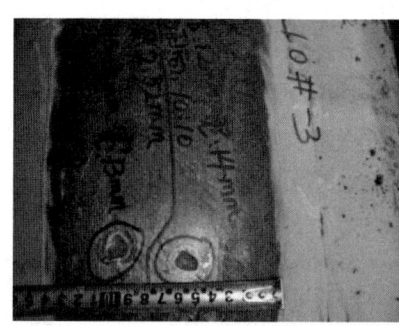

图 9-21 直流杂散电流腐蚀典型形貌

如根据上述特征不能识别出失效类型,则应开展管道腐蚀电位 E_{corr}、管道自然电位 $E_{free-corr}$、管道断电电位 $E_{IR-Free}$、阴极保护电流密度 J_{dc} 以及管道交流电流密度 J_{ac} 测试。若测得的交流电流密度 $J_{ac}>100A/m^2$ 或者 $30A/m^2<J_{ac}<100A/m^2$ 且 $E_{IR-Free}>-0.9V$ 或 $E_{IR-Free}<-1.15V$ 或者 $30A/m^2<J_{ac}<100A/m^2$ 且阴极保护电流密度 $J_{dc}>1A/m^2$ 且 $E_{IR-Free}>-0.9V$,则可归类为交流杂散电流腐蚀导致的失效。若未施加阴极保护的管道,$E_{corr}>E_{free-corr}+0.1V$,或施加阴极保护的管道 $E_{IR-Free}>-0.85V$ 时,可归类为直流杂散电流腐蚀导致的失效。

五、识别报告

通常,油气田管道失效识别报告包括但不限于以下内容:
(1) 失效事件概况。
(2) 失效管道基本情况。
(3) 管道及周边环境信息。
(4) 管道运行信息。
(5) 现场测试。
(6) 实验室测试。
(7) 失效原因分析。
(8) 失效识别结论。

第三节 油气田管道失效统计

一、单次失效统计

单次失效统计可为失效类型的识别提供基础数据。单次失效事件完成识别工作后,应编制失效识别报告。表9-7给出了典型单次失效识别报告的示例。该报告由管道及周边环境信息、管道运行信息、观察记录、现场测试以及失效类型几部分组成。

表9-7 典型单次失效识别报告示例

| 油田　厂(矿)　　　　　　报告日期：　　年　月　日 |
管道单次失效分析报告　　　　　编　　号：
管道及周边环境信息
1. 管道名称： 2. 管道所属单位：　采油厂　　作业区　　油气矿　　采油(气)队 3. 管道规格：外径　　mm　壁厚　　mm　长度　　km　埋深　　m 　管道起点名称　　　　　　　管道终点名称 4. 管道材质：钢管　　　钢级 5. 投产时间：　年　月 6. 更换情况：是否更换　更换时间　年　月 7. 防腐方式：外防腐(防腐层　　等级　　阴极保护　　)　内防腐 8. 最近一次检测及修复情况：检测时间　　年　　检测方法 　修复时间　年　　修复方式 9. 补充说明：
管道运行信息
1. 输送介质： 2. 产液量($10^4 m^3/d$)：　　　　3. 产气量($10^4 m^3/d$)： 4. 含水率： 5. 气油比：　　　　　　　　　6. 气液比： 7. 入口压力：　　　　　　　　8. 出口压力： 9. 入口温度：　　　　　　　　10. 出口温度： 11. 伴生气腐蚀介质：CO_2(体积百分数)　　　　H_2S(mg/m³) 12. 采出水信息：Cl^- (mg/L)　　　矿化度(mg/L)　　　pH
观察记录
1. 失效时间：　　年　月　日　时　分 2. 地理位置：　　　(区)　　　镇(号) 3. 管道里程：距管道(段)起点　　　站　　km　　m 4. 地区等级：○一类　　　○二类　　　○三类　　　○四类 5. 发现方式：○巡管时发现　○沿线群众报告　○管道作业时发现　○SCADA系统监测发现 6. 失效部位：管道埋深　　m时钟位置　　点钟 7. 失效部位：○管体　　○管体焊缝　　○接头　　○管件 8. 失效尺寸：长　　　mm　宽　　　mm 9. 外防腐层破损尺寸：

续表

现场测试
1. 水样：温度　　　　　　　　pH 值 2. 气样：气体中 CO_2 含量（体积百分数） 3. 固体和泥状样品： 　　管道内部固体/泥状样品含水率　　　　　管道内部固体/泥状样品 pH 值 　　管道内部固体/泥状样品硫酸根离子含量 　　土壤电阻率　　　　　　　　　　　　土壤 pH 值 　　防腐层附着力　　　　　　　　　　　防腐层剥离强度 4. 微生物：SRB 数量 5. 管道电化学参数：管道自然腐蚀电位　　　　管道交流干扰电压 　　管道交流电流密度　　　　管道极化电位
失效类型
1. 失效大类：○内腐蚀　　○外腐蚀　　○环境敏感断裂　○制造与施工缺陷　○第三方破坏 　　○运行操作不当　○自然灾害 2. 失效小类：○CO_2 腐蚀　○H_2S 腐蚀　○CO_2/H_2S 共同作用下腐蚀　○CO_2/Cl^- 共同作用下腐蚀　○溶解氧腐蚀 　　○细菌腐蚀　　○焊缝腐蚀　　○冲刷腐蚀　　○垢下腐蚀　　○水线腐蚀 　　○土壤自然腐蚀　○阴极保护失效引起的腐蚀　　○杂散电流腐蚀　○保温层下腐蚀 　　○内部介质引起的环境敏感断裂　　○外部介质引起的环境敏感断裂 　　○管体缺陷　　○施工焊接缺陷　　○第三方破坏　　○结垢堵管　　○误操作 　　○水文灾害　　○地质灾害 3. 失效后果（包括但不限于污染面积、经济损失、产量损失等）： 4. 现场照片： 5. 结论：
识别人：　　　　　　　　审核人：

其中管道及周边环境信息主要包括管道名称、管道所属单位、管道规格、管道材质、投产时间、防腐方式以及最近一次检测及修复情况等；管道运行信息主要包括输送介质、产液量、产气量、含水率、气油比、气液比、入口压力、出口压力、入口温度、出口温度、伴生气腐蚀介质以及采出水信息等；观察记录信息主要包括失效时间、地理位置、管道里程、地区等级、发现方式、失效位置、失效部位、失效尺寸、外防腐层破损尺寸、失效特征描述、周边环境描述、第三方活动（包括干扰源情况）、失效后果、污染面积、失效类型及现场照片等；现场测试信息包括水样、气样、固体和泥状样品、微生物以及管道电化学参数测试结果，具体包括温度、pH 值、总碱度、二氧化碳含量、含水率、硫酸根离子含量、SRB 数量、管道自然腐蚀电位、管道极化电位、管道交流干扰电压以及交流电流密度等；失效类型分为 7 大类 24 小类。

二、年度失效统计

年度失效统计的目的是弄清管道失效的原因，明确影响管道完整性的因素及占比情况。作为日常管理，主要从总体失效率、年度失效率、单个失效类型（大类）年度失效率及其失效占比三个方面来统计管道失效情况。

总体失效率是按照管道失效数据分析对象，统计某个时期（一般以年为单位）内每千

米管道的失效次数 F_z：$F_z=N_{inc}/\sum(L_iY_i)$。其中，N_{inc} 为统计时期内的失效总次数；L_i 为管道的长度（km）；Y_i 为对应 L_i 统计时期内的运行时间（a）；i 代表某类统计的管道。

年度失效率是当年每千米管道的失效次数，即 $N_a/\sum L_i$。其中，N_a 为当年管道失效总次数，L_i 为各类管道的总长度（km）。

单个失效类型（大类）年度失效频率即内腐蚀、外腐蚀、环境敏感断裂、制造与施工缺陷、第三方破坏、运行操作不当以及自然灾害 7 大类失效当年每千米管道的失效次数，即 $N/\sum L_i$。其中，N 为当年由某一失效因素导致的管道失效次数。

单个失效类型（大类）引起的管道失效占比即由内腐蚀、外腐蚀、环境敏感断裂、制造与施工缺陷、第三方破坏、运行操作不当以及自然灾害引起的管道失效次数占失效总次数的百分比，即 $N/N_总$。其中，N 为当年由某一失效类型导致的管道失效次数，$N_总$ 为当年所有管道的失效总次数。

从业务需求的角度，除了以上三个方面外，还需结合失效管理目标（Ⅰ类、Ⅱ类、Ⅲ类管道年度失效率，不同厂处管道失效率）和影响管道失效的因素（如管道材质、输送介质、所处环境、腐蚀控制情况等）进行统计，包括但不限于：

（1）Ⅰ类、Ⅱ类、Ⅲ类管道年度失效率及其占比。
（2）不同厂处管道年度失效率及其占比。
（3）不同材质管道年度失效率及其占比，如碳钢管道、非金属管道等。
（4）不同输送介质管道年度失效率及其占比，如净化油管道、净化气管道、湿气管道（包括单井和集支干线管道）、多相流管道（包括单井和集支干线管道）、注水管道、污水管道等。
（5）不同地区管道年度失效率及其占比，如沙漠地区管道、戈壁地区管道、草原地区管道、穿越湖泊/河流等管道、沼泽地区管道、湿地地区管道、滩海地区管道等。
（6）不同类型防腐层管道年度失效率及其占比。
（7）不同防护类型管道年度失效率及其占比。
（8）施加/不施加阴极保护管道年度失效率及其占比。

以上因素的统计方法与单个失效类型（大类）年度失效率及其占比的统计方法完全相同。

三、油气田管道失效数据库

失效数据库可以深化管道管理人员对管道风险的认识，为风险识别、评价、消减与减缓提供重要依据。根据失效数据库中失效类型及其失效频次占比，可以识别出管道面临的风险因素和各因素的权重，为失效概率的计算提供重要数据参考。同时失效数据库也可以为管道设计和线路选择提供参考。

目前国际上常用的管道失效数据库主要包括美国的 PHMSA 数据库、欧洲的 EGIG 数据库、英国的 UKOPA 数据库等。这些数据库的共同特点是，集中在长输管道，尤其是天然气管道，油气田集输管道数量很少。

因油气田集输管道失效类型和失效规律与长输管道差别非常大，中国石油自 2018 年开始开发适用于油气田集输管道的失效数据库，即"油气田管道失效与识别统计系统"。

第九章　油气田管道失效识别与统计

该系统由 BS 端和 APP 组成，采用三层架构，即应用层（数据呈现）、传输层（数据通信）和采集层（采集设备）。其中，应用层（数据呈现）主要对采集的数据信息自动经过计算处理，并以图形、数显等方式反映实时情况；传输层（数据通信）主要对采集的数据信息进行分析、分类统计、存储等工作，将数据信息上传云平台；采集层（采集设备）用于连接网络中系统采集数据的各类采集终端、无线传输装置等。

通过搭建先进信息化系统平台，应用管道现场失效数据采集、失效识别分析、查询统计、数据上报、经验交流等功能，为管道风险评价与针对性维修维护措施的制定提供数据支持和技术支撑。

"油气田管道失效与识别统计系统"包括基础信息管理、现场采集、失效识别、查询统计、知识库等功能。系统首页提供管道失效数量、失效率、失效类型、失效次数及失效趋势的图形化展示，如图 9-22 所示。

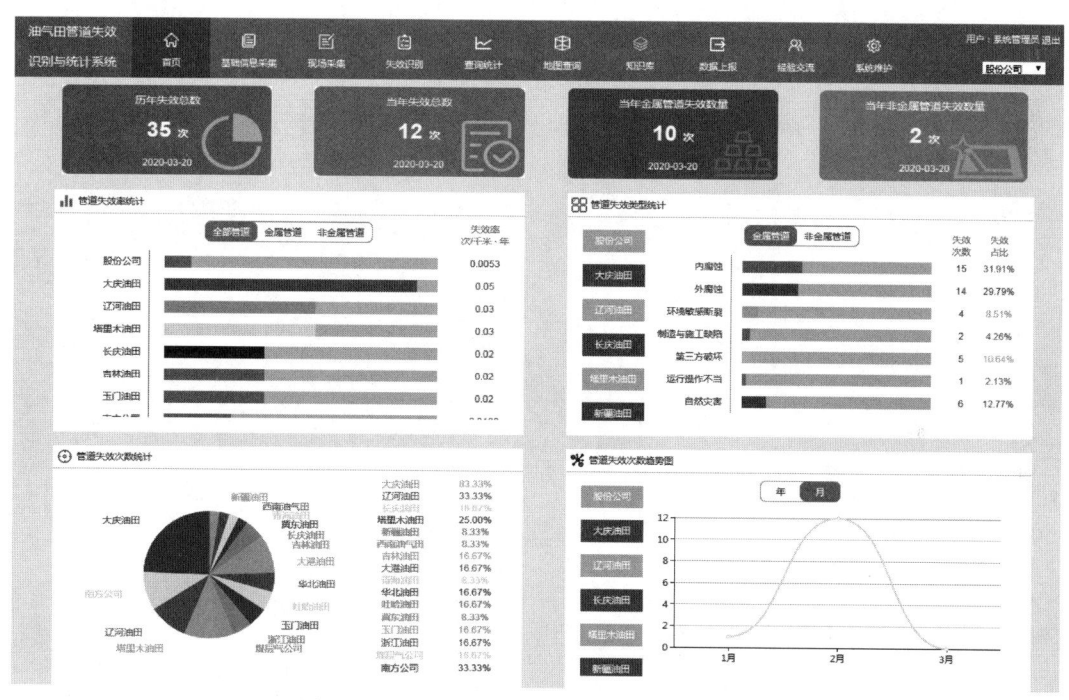

图 9-22　油气田管道失效与识别统计系统首页

"基础信息管理"提供管道基础信息的维护，包括管道属性、设计参数、运行信息、腐蚀性介质及水质信息等，同时提供下载模板和批量导入数据的功能。

"现场采集"包括"现场观察记录"和"现场采样测试"。"现场观察记录"是由现场调查人员记录失效点基本信息，填写管道及周边环境信息、失效位置、失效特征描述、失效后果等信息，以及拍摄现场照片。同时，系统提供下载模板和批量导入数据的功能。"现场采样测试"在现场观察记录不足以进行失效识别的情况下开展。现场采样物质包括管道周边样品和管道输送介质，同时拍摄照片；采样结束即可进行现场测试，并填写水、气、固体和泥状物、微生物、阴极保护等测试记录。

"失效识别"提供失效三级识别的功能。基于管道基础信息和现场采集的数据，自动开展失效三级识别工作，并提供失效识别结果，出具失效分析报告。

"查询统计"功能主要包括失效统计、地图查询、数据上报。"失效统计"功能包括上报状态统计、所属单位统计、失效次数统计、管道类型统计、失效类型统计、输送介质统计、组合条件统计等。"地图查询"功能通过坐标定位显示各油气田公司，并实时统计显示其失效数量。

目前，该系统已在中国石油12家油气田上线运行，累计采集集输管道基础数据20万余条，典型失效案例2.5万余个。通过该数据库，可以实时掌握油气田企业集输管道失效状况，包括不同单位、不同类型管道的失效原因、失效次数、失效率、失效占比、失效目标完成情况及各指标随时间的变化趋势等，为地面系统完整性管理、生产运行、工程建设、老油田改造、安全隐患治理、资金配置等提供数据支撑。

第十章　完整性管理展望

针对油气田领域完整性管理行业的快速发展、油气管网设施迅猛扩张导致的愈发突出的油气田地面工程安全问题，结合基于风险的完整性管理手段，展望了建设期完整性管理、站场设备完整性管理、海上生产设施完整性管理、燃气完整性管理、储气库完整性管理、新能源完整性管理方面的内容，为油气田领域各完整性管理行业主管部门和企业决策机构制定完整性管理规划、技术方案等提供决策参考。

第一节　建设期完整性管理

一、作用

为全面提升地面系统完整性管理水平，以建设期为着力点，通过明确管道和站场建设期完整性管理工作，从设计、采购、施工安装、调试、试生产等阶段，实施风险评价和高后果区识别等一系列技术手段，预判管道和站场在今后运行过程中可能发生的风险，并在建设期各个阶段采取相应的风险减缓措施，将风险控制在可控范围，保证管道和站场全生命周期的结构和功能完整，以及设备设施的本质安全。

二、管理策略

油气田管道和站场建设期完整性管理主要策略为：以完整性管理设计专章、施工阶段专项方案、施工阶段专项监理和质量监督、施工阶段专项检查、施工阶段专项验收及数字化专项交付等"六专"为管理抓手，辅以设计选标、技术规格书和定商、设备监造和出厂验收、入场检验、单点单项验收、数据质量控制等"六控制"为推手，明确了建设工程项目各阶段相关责任方的角色定位和职责，加强建设期各关键节点的质量控制及协调沟通，将风险管控关口前移，实现由"被动应对"向"主动管控"的根本转变，确保地面工程基于质量管理的"优生"。

完整性管理设计专章（以下简称"专章"）的编制涵盖整个项目的设计阶段，包括可行性研究（预可行性研究）、初步设计、施工图设计。设计单位根据各阶段设计深度及要求合理编制专章，编制完成后组织专章审查，邀请与该项目相关的单位部门等一同参加专章审查，严格按照审查相关要求执行审查，并通过梳理更新管道和站场完整性管理标准清单，强化设计选标管理，提升完整性管理设计专章水平和质量。

施工阶段专项方案（以下简称"专案"）是地面建设项目施工方案中的一部分，是针对施工全过程完整性管理的专项方案，进一步提升管道和站场建设期质量。专案应响应设计专章的要求，充分识别、评估项目实施过程中的风险，将消除、消减、控制措施落实到技术措施中，最终经过审查和有相关项目负责人审核、审批，完成后方可按照专案施工。

施工阶段专项监理和质量监督（以下简称"专监"）贯穿于地面建设工程项目的开工准备至交工验收全过程。需在监理规划和监理实施细则中明确专项监理要求的内容，在工程质量监督计划（方案）中明确专项质量监督要求的内容。在开展专监时，应编制专项监理清单和质量监督清单，发现并督促施工单位对专项监理和质量监督中记录的问题进行整改、销项，监理单位和质量监督部门负责对问题整改闭环复核。通过推进专监的实施，加强设备监造和出厂验收、入场检验、特种设备安装监督检验的质量控制，严把出厂验收关，确保设备质量控制，降低后期设备运行的故障率。

施工阶段专项检查（以下简称"专检"）与地面建设工程项目的投运前审查一并开展，以专案、施工记录、设计文件及相关技术标准规范等为依据，制定相应的专检清单，专检完成后形成专检问题记录，督促施工单位落实问题整改情况，并对发现问题闭环复核。此阶段需对甲乙双方提供的物资进行到货验收，做好记录，对直接入场的物资也委托具有相关资质的检验单位按照相关要求进行入厂检验，控制入场设备物资的完好率。

施工阶段专项验收（以下简称"专验"）是油气田管道和站场新、改、扩建工程项目（含EPC项目）交工验收的一部分，由使用、设计、施工、监理等相关人员一同参加现场验收，并依据相关标准规范、规章制度和项目业务范围编制专验清单，按照验收清单实施验收，验收结束后由相关部门督促施工单位对验收意见中不符合项进行整改与销项，并由使用单位复核整改结果。严格把牢设备安全投用关口，确保整个工艺装置的有效运行。

数字化专项交付（以下简称"专交"）是对工程建设阶段产生的静态信息进行数字化创建至移交的工作过程。数据采集与整合工作应从可行性研究阶段开始，并包括设计、施工、验收等阶段产生的所有关键数据，严格落实岗位责任制，控制数据源头质量，确保数据采集的及时性、准确性、完整性，以及数字化专项交付的专业性。

三、预期效果

通过开展油气田管道和站场建设期"六专""六控制"完整性管理这一重要举措，预期实现"114"（1个转变、1个降低、4个提升）管理成效。

（1）1个转变：全员思想意识发生重大转变，领导加大对完整性管理工作的重视程度。

（2）1个降低：后期设备隐患整改治理费用大幅度降低。

（3）4个提升：设计质量与施工质量大幅度提升；全员参与度得到大幅度提升，由目前的只有完整性管理部门参与到建设单位、设计单位、施工组织单位及人员、监督单位等多家单位共同参与；设备设施符合完整性管理要求程度得到大幅度提升；数据的采集和移交质量得到提升。

第二节　站场设备完整性管理

站场是指油气田区域各类井场和各种功能站的总称，主要用于采集、储存和处理原油和天然气。常见的站场有井场、计量站、接转站、处理站（净化厂）、油库等，站内设备设施主要有抽油机、泵、压缩机、管道、储罐、加热炉、锅炉、压力容器（含气瓶）、电梯、起重机械、场（厂）内专用机动车辆、防爆电气设备等。在油气田站场运行过程中，设备的完整性直接影响着生产安全、环境保护和企业的经济效益。

站场设备完整性管理是油气田站场安全管理的重要组成部分，通过加强设备完整性管理，可以有效降低设备故障率，提高设备使用寿命，减少生产事故的发生，保证油气田站场的安全生产。因此，对油气田站场设备完整性管理进行系统的研究和探讨，建立适用于油气田站场关键设备的完整性管理体系，针对油气田站场关键设备设施，通过科学分析评价和检测维修将风险控制在可接受的范围内，并优化管理成本的投入，对于提高油气田站场设备的管理水平具有重要意义。

一、油气田站场设备完整性管理技术现状

由于站场工艺流程和设备设施的差异比较大，完整性管理所需的分析评价、检测维修技术各异，且须考虑与传统管理方式的结合，无法像管道一样针对单一研究对象，形成一系列有针对性的管道完整性管理技术体系，国内外迄今尚未提出系统的理论和方法。目前，一些油气企业更多的还只停留在设备资产管理层面（设备的调拨、借用归还、折旧、报废等），缺乏对设备进行科学评价与分析，在站场完整性管理方面，还没有形成一套成熟的、行之有效的管理办法。主要表现在以下几个方面：

（1）设备管理体系不完善：未建立集设计选型、采购制造、安装验收、操作运行、检测监测、维护保养等全生命周期的设备完整性管理体系，并且没有和传统的管理方式有效融合，导致设备管理过程中存在漏洞，无法满足设备"安、稳、长、满、优"运行的要求，影响设备管理的效果。

（2）设备监测技术水平较低：设备监测技术落后，未形成压缩机、泵等动设备的诊断数据库，无法及时发现和诊断设备故障，影响设备的正常运行。

（3）设备数字化管理落后：设备缺乏完善的管理功能平台及数据管理系统，两者没有有效融合形成整体的完整性管理系统平台。

（4）设备风险识别及评价未有效开展：对设备的风险识别及评价认识不足，未结合自身情况有效应用现有的评价方法。

二、站场设备完整性管理的发展方向及重点

站场设备完整性管理属于资产管理的一部分。由于油气田站场设备设施类型和运行参

数的多样性、工艺流程的复杂性、已有管理模式的差异性、处理介质的多变性，结合站场设备完整性管理的目标和理念，针对如何将站场设备完整性管理技术有效地应用在现有的比较成熟的站场管理中，以提高油气田站场安全运行水平，提出以下几点思路：

（1）完善设备管理体制：将完整性管理技术与现有管理体制和机制融合，以"前期选好、实现优生—中期用好、实现优治—后期管好、实现优化"为原则，强化设备全生命周期的管理策略，建立设备分级分类管理程序，实施过程安全管控，严格管住关键环节，确保设备功能完整、性能可靠、风险受控、高效运行，提升设备完整性管理水平。

（2）提高设备监测技术水平：引进先进的设备监测技术，开展设备状态信息的实时感知、数据分析与智能诊断及可视化展示等技术的攻关及应用研究，提高设备故障的诊断和预测能力，确保设备正常运行。

（3）加强完整性管理系统平台建设：完整性管理是基于大量数据的管理方式，站场设备完整性管理系统是一个信息共享、流程规范、业务协同、监督有效的信息管理平台。将各站场的设备进行分类登记、信息汇总；按照设备性质进行分类编码，制定评价模型；定期对设备进行完整性评价。根据设备数据模型建立数据库，用于存储站场设备风险管理所需的各类数据项与检测、监测历史数据等，其功能平台用于完整性管理过程中数据采集、风险评价、检测维护、效能评价等各环节工作的信息化和自动化管理，同时实现与关联系统的数据交换。

（4）开展设备风险识别与评价：风险识别与评价是站场完整性管理的核心，采用适宜的风险识别与评价技术对站场工艺和设备设施进行分析，进而对其发生失效的风险进行定性和定量分析，制定有针对性的预防措施，使有限的维修维护资金在规避不可接受的风险过程中发挥最大的作用，实现站场维护维修的最优化。站场常用的风险识别与评价方法包括危险与可操作性分析（HAZOP）、基于风险的检测（RBI）、以可靠性为中心的维护（RCM）以及安全完整性分级（SIL）等方法。

第三节　海上生产设施完整性管理

从20世纪80年代，大港油田滩海区域围海造田开始，40年来中国石油一步一个脚印，在海上油气的开发建设和生产运行管理方面不断开拓创新。近年来陆续在冀东、大港、辽河渤海区建设32座人工岛（含陆域平台、滩海陆岸）、11座导管架平台，形成年生产原油$190×10^4$t、天然气$2×10^8 m^3$的开发规模，构建了海陆联动勘探开发一体化的开发模式，打造了海洋油气钻采装备集群，形成了海洋油气开采的技术能力。

由于滩海油气开发所涉及的区域均属于环境敏感区域，海上生产设施的在役状态直接对安全生产造成影响。为加强海上设施的管理，中国石油一直积极探索海上油气生产设施完整性管理的技术、方法，目前已构建了滩海人工岛、固定式平台、海底管缆三项完整性管理体系，形成了人工岛构筑物在役状态分级评价、海工建（构）筑物监（检）测、海底管道缺陷精准评价等多项专有技术，覆盖了滩海区域人工岛、海洋平台、上部设施、海底管缆的完整性管理应用，为海上油气生产设施的安全平稳运行提供了支撑，海上勘探开发从未出现过重大安全与环保事故。

随着海上生产设施运行年限的不断增加，部分海工结构逐步进入老龄化阶段，中国石油最年轻的人工岛已使用近 16 年，部分人工岛曾出现岛体回填区局部塌陷、空洞、防浪墙基础沉降和侧向变形等现象；多数导管架平台也使用超过 15 年，部分平台已投运使用 20 年，达到了设计使用寿命，结构稳定性也存在一定的风险。为此，需要持续加大完整性管理的应用领域与应用方向，推动海上生产设施完整性管理 2.0 建设。今后，应从以下几个方向开展工作：

（1）进一步完善海工设施完整性管理体系文件，实现全流程管理。

各涉海单位要加强合作，积极固化实践成果，完善体系文件，科学指导海上生产设施完整性管理工作的实施。借鉴陆上生产设施完整性管理"一规三则"的成功做法，进一步梳理海上生产设施尤其是人工岛设施的完整性管理文件，明确管理机构和职责，规范管理范围和内容，引入设计与建设期完整性管理要求，构建三级管理文件，使海上设施生产管理工作有章可循，确保本质安全，提升管理水平。

（2）加快完整性管理专项技术的研发，为完整性管理技术应用提供有效手段。

结合海洋平台、上部设施完整性管理缺乏有效检测方法及风险管理基础较为薄弱的特点，需各科研单位和油气田共同努力，突破制约海上油气生产设施完整性管理发展的瓶颈，推动完整性管理工作的全面开展。

下一步应重点开展以下技术攻关：海上生产设施完整性管理数据平台设计研究、海上油气生产设施失效识别与分析、上部设施检测推荐技术研究、海上设施风险管控大数据分析技术研究、海上生产设施修复新技术评价研究、检测数据比对分析技术研究。

（3）稳步推进海上生产设施完整性管理系统的建设，构建数智化管理系统。

海上生产设施监（检）测、完整性评估、智能巡查等功能相对独立，需要推动建立涵盖工艺、设备、人员、环境评价共享、互联、互动的管控综合应用系统，构建通用的海上完整性管理基础平台，打造通用体系架构，使数据结构、格式、数据信息在系统间转换的协议标准化，实现数据移交、施工管理、竣工验收、运行管理的全业务集成，达到提高工作效率、智能化管理、减少事故发生的目标。

（4）探索深水油气生产设施监（检）测与评价技术，掌握完整性管理前沿技术。

深水开发是中国石油未来产量增长的主要方向，深水开发大多为非标类设备设施，目前对深水生产设施的结构特点和风险缺乏系统的研究与梳理，需要开展专项的设备设施检测与评价技术的探索性研究，为今后的大规模开发做好技术储备。

第四节　燃气完整性管理

近年来，国内发生湖北省十堰市"6·13"燃气爆炸事故等多起燃气重特大事故，国务院安全生产委员会部署要求国务院安全生产委员会办公室、应急管理部、住房和城乡建设部、国家市场监管总局等开展燃气安全"百日行动"、全国城镇燃气安全专项整治等工作，燃气安全管理要求升级。而完整性管理作为保障系统安全运行的重要抓手，其优势与效果已在油气长输管道系统、油气田上游系统中得到充分印证。为确保燃气管道与站场全生命周期安全平稳运行，建立燃气管道与站场全生命周期完整性管理体系至关重要。

城镇燃气管道完整性管理是在长输油气管道完整性管理的基础上提出的。长输油气管道完整性管理经过多年的发展，已成为国际上公认的行之有效的管道管理方法。

以美国为例，2000年开始研究城镇燃气管道完整性管理，2001年11月颁布了ASME B31.8S《天然气管道完整性管理系统》国家标准，美国运输部（DOT）分别在2000年和2003年发布了危险液体管道和输气管道的完整性管理规章。2006年，美国运输部下属管道和危险品安全管理局（PHMSA）组织燃气企业股东代表、燃气管道行业以及国家管道安全代表等完成了燃气管道完整性管理的调研报告，指出了燃气管道完整性管理的必要性。在2009年颁布的联邦法规《49 CER Part 192 Sub Part P》中加入了燃气管道完整性管理的基本要求，开始立法推行城镇燃气管道完整性管理（DIMP），并要求燃气管道运营商在2011年8月前提交完整性管理计划书，且计划书内容必须满足法规中的相关规定。PHMSA作为主管部门负责制定相关标准、规范和检查监督，各个运营商的完整性管理计划书、管道泄漏失效报告、管道机械连接泄漏失效报告和年报等都需要上报给PHMSA，美国燃气协会（AGA）下属的天然气管道技术委员会（GPTC）则负责制定完整性管理的技术指南。

为推进完整性工作实施，美国政府部门、行业协会等机构，从不同角度制定了标准、指南文件，规范了燃气管网完整性管理工作内容和要求。其中，以联邦法规P部分《城镇燃气管网完整性管理》为总纲领性文件，政府主管部门PHMSA制定了《城镇燃气管网完整性管理实施导则》《小型液化石油气完整性管理指南》和《城镇燃气管网完整性管理检查手册》，行业协会美国燃气协会（AGA）制定了《城镇燃气管网完整性管理指南》等，基本构建了城镇燃气管网完整性管理标准体系，支撑完整性管理工作的实施。

对于国内来说，中国石油结合长输管道完整性管理经验，从2010年开始立项研究城镇燃气管网完整性管理，针对燃气管网体系建设、风险评价、检测监测等关键技术开展了科技攻关。编制并发布了《城镇燃气管网完整性管理导则》（Q/SY 05015—2016）、《城镇燃气管网泄漏检测技术规范》（Q/SY 05014—2016）、《城镇燃气埋地钢质管道外防腐层检测技术规范》（Q/SY 05018—2017）等共9项城镇燃气管网完整性管理技术标准。2017年开始中国石油天然气销售公司（昆仑能源）组织开展燃气管网完整性管理体系建设、试点与推广工作。

西南油气田公司燃气业务从2012年开始组织开展燃气系统完整性管理工作，根据西南油气田公司燃气管网建设、运行、停用等各阶段管理与技术的特点，提出并建立了燃气管网全生命周期完整性管理体系，制定《城镇燃气生产技术管理指导意见》，构建1个总体要求+7个指导意见+X个配套规范和标准的燃气管理体系，编制发布《西南油气田分公司燃气管道及站场完整性管理手册（A版）》。针对不同类别的燃气管道和站场采取差异化的技术策略：按照管道性质和敷设环境等因素，将管道划分气源管道、市政管道、庭院管道三大类；根据管道性质和最高工作压力（MPa），将管道划分为Ⅰ级、Ⅱ级、Ⅲ级。对燃气管道分级分类开展高后果区/事故后果影响区识别和风险评价后，依据风险评价结果确定检测范围，并实施有针对性的检测评价，根据评价结果及时采取维修维护措施，使风险处于可控状态。将站场划分为储配站、CNG站、LNG站、门站、调压站、计量调压橇六大类和Ⅰ级、Ⅱ级、Ⅲ级三个级别，针对性开展风险评价、检验检测、维修维护等工作。通过完整性管理工作开展，西南油气田公司燃气管道失效率连续8年实现下降，处于国内同行业上游水平。

北京燃气集团有限公司重点针对燃气管道完整性管理体系、完整性管理关键技术、基础信息的共建共享、老旧燃气管道升级改造等方面做了较多的研究和实践工作，开发了城镇燃气管网完整性管理系统和安全风险评估系统两个信息化平台，用于推进完整性管理工作的实施。

深圳燃气集团在2009年成立了城市管道完整性管理专门推进小组，致力于燃气管道完整性管理工作的研究与落实。制定了管网完整性数据采集标准，发布体系文件，开发了完整性数据采集系统，初步建立了燃气管网完整性管理体系，实现了管道风险预控管理，提升了燃气安全管理水平，取得燃气业务优良安全业绩。

中国城市燃气协会近年来也在积极推行城市输配管道的完整性管理工作。2009年中国燃气协会理事长在安全管理经验交流会上，明确提出"必须学习和开展完整性管理、风险管理和环境管理，切实提高安全工作的科学水平"。后续发布了《燃气系统运行安全评价标准》，应用了定性安全评价方法和定量安全评价方法相结合的评价方法体系，分别采用评价对象现场评价表和安全管理检查表进行评价打分，对燃气管道的风险评价比较系统、全面。

针对后续燃气系统的完整性管理发展，需要进一步运用先进技术进行管网完整性管理。一是合理运用数据管理技术和完整性评价技术，将数据管理作为体系文件建设的重要环节，高度重视燃气管网全生命周期数据采集工作，加强建设期数据收集，实现管道数据的源头采集，保障数据准确性。完整性评价技术通常结合管道实际运行状态进行合理化评估，之后基于评估结果确定输配管道维修周期与维修方案，充分提升管理系统的完善性与科学性。二是科学运用监测技术，为管道管理以及后续决策制定提供科学依据，并可有效预防安全事故发生。三是有效运用管道修复技术，针对燃气管道较大埋深、城区内更换工作难度大的特点，优化选择适用的修复方法。四是合理运用监控技术，通过视频、泄漏、腐蚀等实时监测预警，对管道当中燃气输配状况实现动态监控，提升管理的有效性。五是促进管道完整性管道智能化进程，利用互联网+、人工智能、大数据、云计算等技术手段发展智能化管网和智能化完整性管理，利用知识图谱技术，实时追踪参数关联变化趋势，有效挖掘利用海量数据的潜在价值，实时追踪问题发生的苗头，异常问题超前预警，指导技术人员主动管理、超前优化、超前处置和预测性维护，最大程度上避免管道、设备异常停运等问题发生，降低生产成本。通过辅助决策系统，对管道缺陷数据、失效库数据、效能评价数据等进行分析、抽取，进行原因分析、事件预警、制定维修计划等，为决策者或管理者提供科学支持。

第五节　储气库完整性管理

地下储气库建设是我国天然气安全供应保障中的重要环节之一。储气库完整性管理既是贯穿于储气库整个生命周期的全过程管理，又是应用技术、操作和组织措施的全方位综合管理。储气库在运行过程中可能受地质灾害、地层应力、腐蚀、盐岩蠕变等因素影响，存在稳定性和安全可靠性降低的风险，一旦发生天然气泄漏，极易引发火灾和爆炸，并可能造成灾难性后果。为降低各种危险、危害因素对地下储气库运行安全的影响，避免事故发生，开展储气库完整性管理十分必要。

储气库完整性管理可定义为：地质体、注采井、地面工程设施各单元在物理上和功能上是完整的，在设计、建设、注采运行和废弃等全生命周期始终处于受控状态，不断采取技术、操作和组织管理措施防止泄漏事故或在设计寿命期内全库报废现象发生。

根据该定义，储气库完整性管理的对象为地质体、注采井、地面注采设施，完整性管理阶段主要包括库址筛选及设计、建设、生产运行、废弃等4个阶段。

西南油气田公司在相国寺储气库建设和运行过程中，引入完整性管理理念，分为地质体、储气库井、地面系统3个专业，形成"气藏—井筒—地面"一体化储气库完整性管理体系，结合储气库运行压力高、强注强采、交变载荷的特点，从储气库建设期、运营期、废弃期全生命周期角度编制程序文件19个，作业文件100个。

建立地质体完整性管理流程，提出"数据录取、风险识别、完整性监测、密封性评价、风险处置"5步循环法地质体完整性管理工作流程，建立储气库四维地质力学模型及微地震监测系统，通过圈闭完整性和力学稳定性分析，综合评价储气库地质体密封性。运行期持续开展地质体"动态分析+动态监测"，应用注采动态分析、地质力学评价、微地震监测3项技术，实现地质体完整管理"由点到面全覆盖，静动结合成体系"，确保地质体完整性。

精细井完整性管理流程，围绕"屏障维护、实时监控、异常诊断、风险评估、分级管理"建立"五位一体"精细管理流程，对标开展注采井风险评价，对井分级管理，实现注采井完整性检测制度化、完整性评价定量化、完整性分级图版化。制定常态化完整性检测制度，实施井口装置腐蚀检测、油套管腐蚀检测、井口装置抬升沉降检测、环形空间保护液液面监测、井下漏点检测5项监（检）测技术，井口出砂分析、环形空间带压诊断分析2项分析方法。新投产井建立腐蚀基线信息，后每3~4年检测1次，异常环形空间带压气井开展压力测试和漏点检测，制定了井口检测和环形空间带压测试标准流程，保障储气库井本质安全。

深化地面设施完整性管理流程，严格执行"五步循环法"，通过强化管道和站场数据管理、风险识别、检测评价、维修维护、效能评价，实现全流程管理，确保地面系统安全受控。应用卫星遥测InSAR技术、阴极保护数据智能远传、压缩机组在线状态监测、激光甲烷遥测+气云成像多项监测技术，提高现场监测精度和巡检效率，加强运行数据动态分析。通过管道阴极保护系统大修、低温冻胀治理、压缩机组振动治理、尾气热能利用、乙二醇再生装置大修5项适应性改造，有效解决管道及站场的风险和隐患，提高设备设施运行效率。从储气库设计—施工—运营全生命周期维度，建立了适用于不同阶段特点的风险因素辨识方法，创新形成了储气库全生命周期风险因素辨识清单，建立基于复杂网络的风险量化分级评估方法与风险关联溯源方法，为储气库安全管理与关键屏障的定位提供动态指导。

数智化建设方面搭建"气藏—井筒—地面"一体化耦合模型，依托数字化升级改造试点项目，优化完善地质模型、地质力学模型等5类模型，开展气藏—井筒—地面一体化耦合，形成了智能配产/配注、井筒智能诊断、地面管网智能分析4大工作流，打破了各学科专业模型彼此独立的现状，消除了专业壁垒，实现了技术突破。

业内数据管理正向智慧管道发展，其突出特点是管道数据深度挖掘与智能化决策支持，储气库业务应充分利用大数据分析相关技术，开展应用研究，构建完整性数据资源；重点针对厚壁注气管道，提升内检测技术适用性，研究多种内检测技术可行方案与复杂条件下缺陷评价技术；研究智能化内外腐蚀控制技术、基于可靠性的设备运行管控技术，开展综合系统效能分析指标、分级方法优化研究，构建完整性管理方案改进决策方法。

第六节 新能源完整性管理

新能源所引发的绿色经济浪潮正在席卷全球，新能源产业的发展不仅带来了一场重大的能源革命，而且引发了新一轮的科技革命和产业革命。中国石油深入实施绿色低碳发展战略，按照"清洁替代、战略接替、绿色转型"三步走战略部署，坚持"四个融合，一个转型"的原则，加强油气和新能源业务融合发展。通过生产过程清洁化、用能结构低碳化、供能形式多样化，推进油气上游领域高质量油气保障、低排放油气生产、大规模清洁供能，加快构建"油气热电氢"综合能源供给新格局，夯实建设基业长青世界一流企业的发展基础。

新能源是中国石油三大主营业务之一，业务范围包括光伏发电、风力发电、风光气电融合、地热利用、光热利用、余热（压）利用、储能、氢能、CCUS/CCS、伴生资源、碳资产开发及管理、产品交易等方面。新能源设备设施安全平稳运行直接影响着油气田生产系统的生产安全、环境保护和经济效益。

一、油气田新能源完整性管理技术现状及问题

新能源设备设施涉及类型和范围比较广，包括风力发电机组、光伏发电系统、储能系统、热泵系统、光热系统等，在建设和运营过程中存在着一定的安全风险和灾害风险，例如光伏发电系统的安全风险存在电气安全、火灾、设备安全、人员安全、自然灾害、环境等风险（表10-1）。新能源作为上游业务一项新兴产业，目前尚未开展油气田新能源完整性管理，新能源完整性管理制度、风险评估方法、关键技术等属于空白阶段，无成熟案例可借鉴，更无相关的标准体系和技术体系做支撑，亟须开展油气田新能源完整性管理，加强对风险评估和管控，构建安全、绿色、高效、智能的新能源体系。

表10-1 光伏发电系统的安全风险

风险类别	风险内容
电气安全风险	光伏电站涉及大量的电气设备，如逆变器、电缆、配电柜等。如果设备质量不过关或安装不当，可能导致短路、漏电等安全事故
火灾风险	光伏电站的火灾风险主要来自设备故障、电气线路短路、材料自燃等。火灾不仅会导致设备损坏，还可能威胁到人员安全

续表

风险类别	风险内容
设备安全风险	光伏电站的设备在运行过程中可能出现故障、损坏等问题，影响电站的正常运行和发电效率
人员安全风险	在光伏电站的建设和运维过程中，作业人员可能面临高空作业、电气作业等安全隐患
自然灾害	光伏电站可能面临的自然灾害包括台风、暴雨、洪水、雪灾、地震等。这些灾害可能导致光伏电站设备损坏、基础设施破坏、发电能力下降等问题
环境风险	光伏电站所处的环境可能会对设备造成腐蚀、老化等影响。此外，土壤侵蚀、沙尘暴等环境问题也可能对光伏电站产生负面影响

二、新能源完整性管理发展方向

（1）制定新能源完整性管理体系。按照新能源管理方式，结合油气田生产运行管理特点，研究制定新能源完整性管理体系。

（2）攻关新能源完整性管理技术。开展新能源完整性管理技术跟踪梳理和评价，形成技术推广目录，重点研究分析新能源完整性管理风险评估方法、监（检）测等技术，为新能源快速发展提供技术支持。

（3）建立油气田新能源管理平台。结合油气田新能源系统建设现状，建立统一高效的系统平台，依托统建系统的数据基础，整合各类数据资源，集成评价技术，进行工作流程固化。系统平台将有助于规范和提升油气田完整性管理水平。

参 考 文 献

[1] 帅健,董绍华. 油气管道完整性管理. 北京:石油工业出版社,2017.
[2] 董绍华,姚伟,王振声,等. 管道完整性管理体系建设. 北京:中国石化出版社,2020.
[3] Mohitpour M,等. 管道完整性保障——实践途径. 路民旭,陈少松,张雷,译. 北京:石油工业出版社,2014.
[4] 陈宏健. 以风险管理为核心的油气田管道完整性管理理念. 北京:石油工业出版社,2022.
[5] 张维智,陈宏健. 油气田管道和站场完整性管理. 北京:石油工业出版社,2022.
[6] 《管道完整性管理技术》编委会. 管道完整性管理技术. 北京:石油工业出版社,2011.
[7] 马廷霞,周俊鹏,李安军. 长输管道高后果区识别系统软件的设计. 油气储运,2014,33(7):719-722.
[8] 张庶鑫. 管道高后果区智能识别及管理软件设计. 石油管材与仪器,2021,7(5):47-51.